Nr. 37 — 1956
S. 10153—10364 — 12. September

Chemisches Zentralblatt

Vollständiges Repertorium für alle Zweige der reinen und angewandten Chemie

1830 gegründet. 1897—1945 von der Deutschen Chemischen Gesellschaft fortgeführt.
Im Auftrage der Deutschen Akademie der Wissenschaften zu Berlin, der Chemischen Gesellschaft in der Deutschen Demokratischen Republik, der Akademie der Wissenschaften zu Göttingen und der Gesellschaft Deutscher Chemiker

herausgegeben von Prof. Dr. **Maximilian Pflücke**

127. Jahrgang

1 9 5 6

Chefredakteure: Dr. Eugen Klever und Prof. Dr. Maximilian Pflücke

Akademie-Verlag GmbH., Berlin — Verlag Chemie, GmbH., Weinheim/Bergstr.

Inhalt

Namenregister

Chemisches Zentralblatt

1956 Nr. 37 12. September

Geschichte. Unterricht.

B. Helferich, *Karl Freudenberg zum 70. Geburtstag. Die Beiträge von Karl Freudenberg zur Entwicklung der Chemie der Kohlenhydrate.* Kurzer Lebenslauf u. Würdigung des wissenschaftlichen Werkes von K. FREUDENBERG aus Anlaß seines 70. Geburtstages am 29/1. 1956. Außer Arbeiten über die Blutgruppensubstanzen u. über das Insulin umfassen seine Unterss. die 4 großen Gebiete: Unterss. über Gerbstoffe u. Catechine, Arbeiten zur Konfigurationslehre, Unterss. über Kohlenhydrate u. über das Lignin u. verwandte Substanzen. — Bild. (Angew. Chem. **68.** 81—84. 7/2. 1956.) E. KLEVER. 1

—, *Hermann Stadlinger.* Dem unermüdlichen Publizisten der Chemie, Prof. HERMANN STADLINGER, bis 1945 Leiter der Chemiker-Zeitung, zum 80. Geburtstag am 28/5. 1955. — Bild. (Chemiker-Ztg. **79.** 329—30. 20/5. 1955.) W. KUNTZ. 1

Karel Kácl, *Emil Švagr 80jährig.* Überblick über Arbeiten u. Leben des Professors für Gerichtschemie u. Toxikologie Dr. E. ŠVAGR (geb. 17/10. 1875). (Českoslov. Farmac. **4.** 385—86. Okt. 1955.) E. VEVERA. 1

S. N. Bose, *Albert Einstein.* Nachruf auf ALBERT EINSTEIN (1879—1955): Lebensbild u. Würdigung seiner wissenschaftlichen Leistungen u. Bestrebungen. — 2 Bilder. (Sci. and Cult. **20.** 513—16. Mai 1955.) W. KUNTZ. 1

F. X. Mayer, *Alois Gatterer †.* Nachruf auf Prof. P. Dr. ALOIS GATTERER, geb. 1886 in Reichraming, Oberösterreich, gest. 17/2. 1953 in Innsbruck; Arbeiten über Spektrochemie, Errichtung des astrophysikal. Labor. der vatikan. Sternwarte. (Österr. Chemiker-Ztg. **54.** 128—29. April 1953. Wien.) W. KUNTZ. 1

Masaichi Masima, *Eine Ehrung für Dr. Kotaro Honda, der Überragendes zum Fortschritt der Wissenschaft in Japan beitrug.* Nachruf auf Prof. Dr. KOTARO HONDA (geb. 23/2. 1870 in Yahagi Machi, gest. 12/2. 1954 in Tokio). Forschungen über Magnetismus, physikal. Metallurgie u. Geophysik. — Bild. (J. sci. Res. Inst. [Tokyo] **49.** I—III. März 1955.) W. KUNTZ. 1

—, *P. P. Kobeko (11/6. 1897—6/1. 1954).* Nachruf auf den engen Mitarbeiter JOFFES; Hauptarbeitsgebiete: Hochmolekularphysik; elektr. Festigkeit; Isolationsmaterialien. — Bild. (Журнал Технической Физики [J. techn. Physik] **24.** I—IV. April 1954.) R. AMBERGER. 1

—, *Prof. Dr. Ivan Plotnikov.* Kurzer Lebenslauf des bekannten Photochemikers Prof. Dr. IVAN PLOTNIKOV, geb. am 4/12. 1878 in Tambow in Rußland, 1901—1907 Schüler von Wilhelm Ostwald, Professor in Moskau, kurze Zeit Leiter des wissenschaftl. Labors der AGFA in Berlin, von 1920 bis 1944 Direktor des physikal.-chem. Inst. der techn. Fakultät der Univ. Zagreb, Arbeiten auf dem Gebiet der Photochemie u. Photophysik, phototechn. Lichtabsorption, Fluorescenz, Lichtstreuung, Infrarotphotographie u. Chemiluminescenz, gest. am 31/7. 1955 in Zagreb. (Photogr. Koresp. **91.** 150. 1955.) W. GÜNTHER. 1

Yves René Naves, *Hugo von Soden. 1858—1954.* Inhaltsgleich mit C. **1955.** 4265 referiertem Nachruf. (Parfümerie u. Kosmet. **35.** 162. 164. Mai 1954.) H. MÜHLMEISTER. 1

Helmut Wilsdorf, *Präludien zu Agricola.* Als Vorläufer der bergbaukundlichen Arbeiten AGRICOLAS wird das Joachimsthaler Bergbüchlein des HANS RUDHART 1523 sowie einige kleinere Joachimsthaler Dichtungen eingehend besprochen. Anschließend wird die Kosmographie des vielseitigen Gelehrten SEBASTIAN MÜNSTER (geb. 1498, gest. 26/5. 1552 in Basel) behandelt, bes. die Abschnitte über geol. Phänomene u. Bergbautechnik wiedergegeben. (Freiberger Forschungsh., Reihe D Heft **5.** 1—224. 1954.) W. KUNTZ. 1

G. Evelyn Hutchinson, *Marginalia.* Die Arbeit behandelt die Verdienste von SIR GEORGE GABRIEL STOKES (* 13/8. 1819, † 1/2. 1903). Die persönlichen Bemerkungen heben bes. den Gang seiner wissenschaftlichen Ausbildung hervor. (Amer. Scientist **41.** 117—24. Jan. 1953. Yale Univ.) H. PREUSS. 1

—, *Clemens Winkler, Gedenkschrift zur 50. Wiederkehr seines Todestages.* Ausführliches Lebensbild von CLEMENS WINKLER (geb. 26/12. 1838 in Freiberg/Sachsen, gest.

8/10. 1904 in Dresden), Prof. der anorgan. Chemie an der Bergakademie Freiberg, u. Würdigung seiner Forschungen. — Ausgestaltung der Gasanalyse, Entdeckung des *Ge* (1886), Vervollkommnung des Schwefelsäurekontaktverfahrens u. anderes Verzeichnis seiner Veröffentlichungen. (Freiberger Forschungsh., Reihe D Heft **8.** 1—104. 1954.) W. KUNTZ. 1

A. I. Korolew, *Zum 100. Jahrestag der Entdeckung des ersten synthetischen Anilinfarbstoffes.* Der poln. Chemiker J. NATANSSON (1832—1884) hat an der Universität Dorpat 1855 bei Unters. der Rk. zwischen Anilin u. „Chlorelayl" (heute 1.2-Dichloräthan) im Schießrohr bei 200° eine blutrote Färbung der M. beobachtet u. darüber in Ann. Chem. Pharmaz. **98** [1856] 297 berichtet; er hat damit ca. 2 Jahre vor A. W. HOFMANN einen p-Rosanilinfarbstoff gefunden. Im Anschluß an diese Erinnerung wird die Geschichte der Entw. des Forschungsgedankens auf dem Gebiet der synthet. Farbstoffe skizziert u. die Aufgabe der Farbstoffchemie für die nächste Zukunft umrissen. (Химическая Промышленность [Chem. Ind.] **1955.** Nr. 4. 3—10. Juni.) R. K. MÜLLER. 2

L. Granger und **J. Papier,** *Hundert Jahre Metallurgie.* Stand der Metallurgie um 1854, Weiterentwicklung durch das BESSEMER-Verf. 1856, den MARTIN-Ofen 1864, das Verf. von THOMAS u. GILCHRIST 1878, den bas. MARTIN-Ofen 1879, die elektr. Öfen seit 1908 u. Überblick über die derzeitige Metallurgie. (Doc. métallurg. **1955.** Nr. 22. 5—28.) W. KUNTZ. 2

John H. Galvin, *Fünfundvierzig Jahre Betriebserfahrung am Siemens-Martin-Ofen.* Lebenserinnerungen. (Blast Furnace Steel Plant **43.** 44—48. April 1955.) K. STEIN. 2

Herbert Weisz, *Die Schäden am gotischen Taufbecken in der Stadtpfarrkirche zu Steyr.* Analysen der Füllm., Korrosionsschichten (Cu-Ausblühungen) u. des Metallkerns (Sn mit 3—4% Pb u. 0,4—1,8% Cu, teilweise von Sn-Pest befallen) der auf Holz mit Fe-Nägeln befestigten, getriebenen Metallreliefs lassen keine dauernde Erhaltung des aus dem Jahre 1567 stammenden Beckens erhoffen, sondern nur einen prophylakt. Schutz gegen zu schnelle weitere Zerstörung. (Mh. Chem. **86.** 426—29. 1955. Wien, TH, Inst. für Mikroanalyse.) K. BLUMRICH. 2

C. Lüdecke, *Die Verwendung von Wachs in vergangenen Zeiten.* Histor. Überblick. (Fette Seifen einschl. Anstrichmittel **57.** 53—60. Jan 1955. Mailand.) G. TREWENDT. 2

Juan A. McMillan, *Die Vorführung der Wärmediffusion in Gasen.* Ein senkrecht angebrachtes, 50 cm langes u. 8 mm weites Glasrohr, das mit einem Pt-Draht von 0,1 mm versehen ist, wird mit Br-gesätt. Luft von Zimmertemp. u. 1 at Druck gefüllt. Beim Anlegen eines Wechselstroms (25 V) fließt 1 A durch den Pt-Draht; der Strom bewirkt sofort eine Trennung von Br_2 u. Luft, so daß das im oberen Ende des Rohres befindliche Gas in wenigen Min. fast farblos wird. An der unteren, kalten Wandung des Rohres kondensiert Br_2. (Amer. J. Physics **22.** 490—91. Okt. 1954. Buenos Aires, Com. Nac. de la Energía Atóm.) W. WESLY. 6

R. H. Smith, *Elektrolyse von Kupfersulfat mit Kupferelektroden.* Ein Versuchsaufbau zeigt, daß die Anode an Gewicht verliert. (School Sci. Rev. **36.** 420. Juni 1955. Farnborough, Hants., Grammar School.) H.-G. MOSLÉ. 6

J. H. Wilkinson, *Darstellung von Essigsäureäthylester (Semimikro-Bereich).* Unterrichtsversuch. Die Darst. erfolgt in einem Kolben mit aufgesetztem Rückflußkühler, der einen absteigenden LIEBIG-Kühler trägt. (School Sci. Rev. **36.** 421. Juni 1955. Sunderland Techn. Coll.) H.-G. MOSLÉ. 6

A. Allgemeine, physikalische und anorganische Chemie.

Linus Pauling, Chemie. Eine Einf. Weinheim: Verl. Chemie. 1956. (VIII + 624 S. m. 191 Abb., 39 Tab., 3 Taf. u. 1 Bildn.) 8°. DM 32,—.

Joseph A. Babor y José Ibarz Aznarez, Química General Moderna por. 5ª edición original. Barcelona: Manuel Marin. 1956. (XXV + 902 S. mit Abb.) 220,00 ptas.

Werner Schulze, Allgemeine und physikalische Chemie. T. 2. 4., neubearb. Aufl. Berlin: de Gruyter. 1956. (175 S. m. 37 Abb.) 8° = Sammlung Göschen. Bd. 698/698a. DM 4,80.

Friedrich Wilhelm Küster, Logarithmische Rechentafeln für Chemiker, Pharmazeuten, Mediziner u. Physiker. Begr. v. **F. W. Küster,** fortgef. v. **A. Thiel,** neu bearb. v. **K. Fischbeck.** 68—73., verb. u. verm. Aufl. Berlin: de Gruyter. 1956. (XV + 302 S.) 8° = Arbeitsmethoden der modernen Naturwissenschaften. DM 16,80.

Edward Mack and others, Textbook of chemistry; 2nd ed. Boston: Ginn. 1956. (863 S. m. Abb. u. Diagr.) 8°. $ 6,50.

G. R. Shutt, Elementary practical chemistry, 2nd edn. London: U. Tutorial Pr. 1956. (IV + 128 S.) 8°. 3 s. 6 d.

S. M. Brooks, Basic facts of general chemistry. London: W. B. Saunders. 1956. (354 S. m. Abb.) 8°. 33s.

S. M. Brooks, Selected experiments in general chemistry. London: W. B. Saunders. 1956. (113 S. m. Abb.) 8°. 14s.

A_1. Kernphysik und Kernchemie.

L. Infeld, *Über die jüngste Entwicklung der klassischen Elektrodynamik.* Quantentheoret. Einwände gegen die Theorien von MAXWELL u. LORENTZ sowie ein Vers., über diese Theorien hinauszugehen. Skizze einer Elektrodynamik ohne Potentiale. (Fortschr. Physik **1.** 88—98. 1953.) GERHARD SCHMIDT. 80

A. Sittkus, *Untersuchung des Tagesganges der Höhenstrahlung mit einer großen Ionisationskammer.* Mit Hilfe von Dauerregistrierungen an einer Ionisationskammer von 60 cm Durchmesser u. 180 cm Länge in Freiburg werden die tägl. Schwankungen der Höhenstrahlung untersucht. (J. atmospheric terrestr. Physics **7.** 80—89. Aug. 1955. Freiburg/Br., Univ., Phys. Inst.) E. HAHN. 85

C. Baccalin, P. Bassi und **C. Manduchi,** *Messungen an Protonen aus Höhenstrahlen.* Mittels eines Teleskops von GEIGER-MÜLLER-Zählern in Koinzidenz u. eines ČERENKOV-Zählers in Antikoinzidenz wird an Protonen von $\sim$ 400 MeV aus Höhenstrahlen die absol. Intensität, die Zenitverteilung, der barometr. Effekt u. die Intensitätsänderung zwischen 0 u. 2000 m über Seehöhe gemessen. Mit derselben Anlage werden nach entsprechender Abänderung das Verhältnis zwischen den Intensitäten der Neutronen u. Protonen von $\sim$ 400 MeV in Höhenstrahlen u. die mittleren freien Weglängen der unelast. Kernwrkg. in C u. Pb für Protonen gemessen, wobei Ergebnisse erhalten werden, die sich in die geltende theoret. Auffassung der Nucleonenkaskade in der Atmosphäre einfügen. (Nuovo Cimento [10] **1.** 657—68. April 1955. Padova, Univ., Ist. di Fis. u. Ist. Naz. di Fis. nucl.) R. K. MÜLLER. 85

M. Deutschmann, *Die neuen instabilen Teilchen in der kosmischen Strahlung.* Überblick über die künstliche Erzeugung der schweren Mesonen u. Hyperonen u. Zusammenstellung der Massen, Spins, mittleren Lebensdauern u. Zerfallsarten der Leptonen, L-Mesonen, K-Mesonen, Nucleonen u. Hyperonen (Y). Ausführlicher behandelt Vf. unter den K-Mesonen das τ, das χ, das ϑ^0, bestimmte V-Zerfälle, weiterhin die Kernwechselwirkungen. Unter den Hyperonen geht Vf. auf das Λ^0-Teilchen u. geladene Teilchen, wie Σ^+, Σ^- u. Ξ^- ein. Die Häufigkeit der K-Mesonen u. Hyperonen, ihre Entstehung, ihr Vork. gebunden in leichten Atomkernen, die relativ lange Lebensdauer u. das paarweise Auftreten werden diskutiert. (Naturwissenschaften **42.** 499—506. Sept. 1955. Göttingen.) M. WIEDEMANN. 85

Abraham Klein und **Bruce H. McCormick,** *Mesonenpaartheorie.* Es wird eine Behandlung der Mesonenpaartheorie vom Standpunkt der Møller-Streumatrix u. der S-Matrix ausgegeben. (Physic. Rev. [2] **98.** 1428—45. 1/6. 1955. Cambridge, Mass., Harvard Univ.) M. WIEDEMANN. 90

G. Szamosi und **G. Marx,** *Klassische Bewegung der Nucleonen in einem skalaren Mesonenfeld.* Ausführliche Darst. der C. **1955.** 6675 referierten Arbeit. (Acta physica Acad. Sci. hung. **4.** 219—36. 30/3. 1955. Budapest, Roland Eötvös Univ., Inst. for Phys.) GERHARD SCHMIDT. 90

Hironari Miyazawa, *Feynman-Amplituden und Pionentheorie starker Kopplung.* Nach einer von GELL-MANN u. GOLDBERGER vorgeschlagenen Meth. für die mathemat. Behandlung des Pion–Nucleon-Problems berechnet Vf. den Fall starker pseudoskalarer Kopplung. (Physic. Rev. [2] **99.** 944—56. 1/8. 1955. Chicago, Ill., Univ., Inst. for Nucl. Stud.) GERHARD SCHMIDT. 90

G. B. Shdanow, *Erzeugung von π-Mesonen der kosmischen Strahlung durch kernaktive Teilchen mittlerer Energie.* (Fortschr. Physik **3.** 133—62. 1955. — C. **1955.** 10907.) E. KLEVER. 90

Gaurang B. Yodh, *Erzeugung geladener Pionen bei N–P-Zusammenstößen.* (Vgl. C. **1956.** 911.) Das 400 MeV-Neutronenbündel eines Synchrocyclotrons fiel auf ein Target aus fl. H_2, u. im Abstand von 22 cm wurden unter Winkeln von 65 u. 90° (Laboratoriumssyst.) mittels eines Stapels ILFORD G-Emulsionen von 1,8 mm Dicke die positiven Pionen durch den Zerfall $\pi^+ \rightarrow \mu^+$ u. die negativen durch die Sterne am Bahnende nachgewiesen. Das Energiespektr. der Neutronen wurde durch Messung der Reichweite der Rückstoßprotonen aus H_2 bestimmt. Die Energiespektren u. Wirkungsquerschnitte der Pionen wurden unter 90° an 325 Teilchen, unter 65° an $22\pi^+$ u. $50\pi^-$ ermittelt. Unter 65° war die Zahl der π^+ u. π^- etwa gleich, unter 90° das Verhältnis $\pi^+/\pi^- \sim 2$. Die differentiellen Wirkungsquerschnitte betrugen unter 90° für π^+ für Energien (τ) > 14 MeV $2{,}296 \pm 0{,}363$, für π^- $1{,}56 \pm 0{,}357$; unter 65° für T > 41 MeV für π^+ $1{,}22 \pm 0{,}30$ u. für π^- $1{,}31 \pm 0{,}63 \cdot 10^{-29}$ cm²/Raumwinkel. Für eine Neutronenenergie von 409 MeV ist der totale Querschnitt $\sigma(\pi^+) = \sigma(\pi^-) = 0{,}16 \pm 0{,}04$ mbarn, der differentielle Querschnitt $(d\sigma/d\omega)^\pm = (1{,}07 \pm 0{,}39) \mp (1{,}38 \pm 0{,}78) \cos\Theta + (0{,}57 \pm 1{,}14) \cos^2\Theta\ 10^{-29}$ cm²/Raumwinkel. Physic. Rev. [2] **98.** 1330—47. 1/6. 1955. Chicago, Ill., Univ., Inst. for Nucl. Stud. M. WIEDEMANN. 90

Robert W. Birge, Roy P. Haddock, Leroy T. Kerth, James R. Peterson, Jack Sandweiss, Donald H. Stork und **Marian N. Whitehead,** *Bevatron–K-Mesonen.* (Vgl. auch C. **1956.** 7700.) Um die Suche nach K-Mesonen aus dem Bevatron zu erleichtern, wurde ein starkfokussierendes Spektrometer konstruiert, das aus magnet. Quadrupollinsen u. einem analysierenden Magneten bestand. In 107 ILFORD G 5-Emulsionen von 0,6 mm Dicke u. 3,5 × 3,5 in. Fläche wurden die 114 MeV-K-Teilchen abgebremst. Bei 300 Zerfällen entstand meist ein leicht ionisierendes Sekundärteilchen. Für die τ-Mesonen ergab sich im Mittel 974 ± 6 m_e, für die übrigen etwa 20 m_e weniger. (Physic. Rev. [2] **99.** 329–30. 1/7. 1955. Berkeley, Calif., Univ. of California, Radiat. Labor.)
M. WIEDEMANN. 90

J. Hornbostel und **E. O. Salant,** *Weitere Beobachtungen negativer K-Mesonen.* (Vgl. C. **1956.** 5181.) Durch 2,8 GeV-Protonen wurden Mesonen erzeugt, die unter einem Winkel von 4 ± 1° emittierten u. mittels Emulsionen nachgewiesen. Es wurden 22 K^--Mesonen gefunden, die am Ende ihrer Reichweite einen Stern bildeten, ferner wurden 5 beobachtet, die im Flug einen Stern gaben. Zwischen Kollimator u. Emulsionsstapel befand sich ein Magnet mit 10000 Gauss. Der mittlere Impuls der K^- ergab sich zu 313 ± 3 MeV/c, die mittlere Reichweite zu 45,8 ± 0,8 mm u. die mittlere M. zu 931 ± 24 m_e. (Physic. Rev. [2] **99.** 338–39. 1/7. 1955. Upton, N. Y., Brookhaven Nat. Labor.)
M. WIEDEMANN. 90

T. D. Lee, *Absorptionsversuche, bei denen schwere Mesonen beteiligt sind.* (Vgl. auch C. **1956.** 7700.) Vf. schlägt einige Verss. über die Absorption von K^- durch Deuteronen sowie durch ^4He oder ^{12}C vor, die über die Eigg. der schweren Mesonen Aufschluß geben können, so z. B. über den gesamten Isotopenspin u. die Gültigkeit der Hypothese der Ladungsunabhängigkeit. (Physic. Rev. [2] **99.** 337–38. 1/7. 1955. New York, Columbia Univ.)
M. WIEDEMANN. 90

D. B. Williams, D. M. Haskin, M. Koshiba und **Marcel Schein,** *Einfang des K^--Mesons mit Emission eines energiereichen Elektrons als einzige sichtbare Zacke.* Ein Stapel aus 136 ILFORD G 5-Emulsionen von 2 × 4 in. u. 0,6 mm Dicke wurde dem K^--Bündel des Bevatrons mit ~ 306 MeV/c ausgesetzt. Unter 68 Ereignissen wurde der Einfang eines K^- mit einer M. von ~ 1000 m_e nach der Korndichte beobachtet, von dessen Bremspunkt als einzige die Bahn eines energiereichen negativen Elektrons ausging. (Physic. Rev. [2] **100.** 1547–48. 1/12. 1955. Chicago, Ill., Univ., Dep. of Phys.)
M. WIEDEMANN. 90

L. R. B. Elton, *Über die Unbegrenztheit in der zweiten Bornschen Approximation für das Coulomb-Feld.* Vf. zeigt, daß sich die bei der 2. BORNschen Approximation an die Streuamplitude eines durch ein COULOMB-Feld gestreuten Teilchens ergebende Unbegrenztheit von der Distorsion bei Unbegrenztheit von COULOMB-Wellen herrührt. (Proc. Cambridge philos. Soc. **51.** 333–43. April 1955. London, King's Coll., Wheatstone Dep. of Phys.)
Gerhard SCHMIDT. 90

S. Courtenay Wright, *Phasenverschiebungsformeln für Nucleon–Nucleon-Streuung.* Unter Annahme der Ladungsunabhängigkeit der Kernkräfte leitet Vf. in nichtrelativist. Behandlung die Streumatrix im Spinraum als Funktion der Phasenverschiebungen u. Mischungsparameter ab. (Physic. Rev. [2] **99.** 996–98. 1/8. 1955. Chicago, Ill., Univ. of Chicago, Inst. for Nucl. Stud.)
D. GEISSLER. 90

Chiao-Min Chu und **Stuart W. Churchill,** *Numerische Lösung von Problemen bei der Mehrfachstreuung elektromagnetischer Strahlung.* Vff. entwickeln Gleichungen für die numer. Lsg. des Problems der Mehrfachstreuung elektromagnet. Strahlung (einschließlich der Neutronenstreuung) bei Teilchenverteilung endlicher Dicke u. anisotroper Verteilung der Streuenergie. Die Lösungen werden, ausgehend von der allg. Transportgleichung, an Hand eines Modells, welches die Winkelverteilung der Streustrahlung in 6 Komponenten aufteilt, entwickelt. Auch der Spezialfall der Aufteilung in 2 Komponenten wird behandelt. Die verschied. Modelle werden in einigen Beispielen graph. verglichen. Als Vergleichsmaßstab dient die berechnete Durchlässigkeit der Strahlung. (J. physic. Chem. **59.** 855–63. Sept. 1955. Ann Arbor, Mich., Univ. of Michigan, Dep. of Chem. and Metallurg. Engng.)
G. HARTMANN. 90

R. Ascoli, *Über die Emission von Photonen in der Approximation von Bloch und Nordsieck.* Nach BLOCH u. NORDSIECK (C. **1937.** II. 2638) findet bei jedem Prozeß, bei dem ein geladenes Teilchen von bestimmtem Anfangsimpuls einen anderen bestimmten Endimpuls annimmt, Emission einer unendlichen Anzahl von Photonen statt. Bei Elektronenladungen beträgt die Wahrscheinlichkeit, daß eines dieser Photonen in den für gewöhnliche Versuchsbedingungen in Frage kommenden Frequenzbereich fällt, höchstens einige %. Bei Kernstößen höherer Energie, wie sie bei Höhenstrahlen vorliegen, kann sich diese Wahrscheinlichkeit 100% annähern. Wenn die Ladung makroskop. ist, genügen bereits sehr geringe Energien für eine Mehrfacherzeugung von Photonen.

(Nuovo Cimento [10] **2.** 1—10. 1/7. 1955. Torino, Univ., Ist. di Fis., Ist. Naz. di Fis. Nucl.) R. K. Müller. 90

Jun Fujimura, *Einige Bemerkungen über die Photozertrümmerung des Deuterons.* 2. Mitt. (1. vgl. Nagahara u. Fujimura, Progr. theoret. Physics [Kyoto] **8.** [1952.] 49.) Vf. untersucht elektr. Wechselwrkgg. bei hohen Energien an der Photozertrümmerung des Deuterons. Die Beiträge des Protonenstromes u. des Austauscheffektes werden getrennt berechnet. Es zeigt, daß die Einteilchenapproximation bei dem Photozertrümmerungsprozeß des Deuterons nicht zwingend gültig ist. Die Winkelverteilung dieses Prozesses unter Berücksichtigung magnet. Austauschwechselwrkg. wird wiedergegeben, wobei sich befriedigende Übereinstimmung mit den experimentellen Daten ergibt. (Progr. theoret. Physics [Kyoto] **9.** 132—36. Febr. 1953. [Orig.: engl.] Nagoya Univ., Inst. for Theoret. Phys.) Gerhard Schmidt. 90

Shigeo Minami, *Die Streuung des γ-Strahls am Nucleon und an Nucleonisobaren.* Unter der Annahme der Nucleonenisobare mit Spin $J = 3/2$, Isotopenspin $I = 3/2$ u. M. = 1210 MeV untersucht Vf. die Streuung von γ-Strahlen an Nucleonen nach der kovarianten Störungsmethode. Wie erwartet variiert der totale Querschnitt sehr stark mit dem einfallenden γ-Strahl, bei der Anregungsenergie der Isobare wird jedoch eine merkliche Resonanzstreuung gefunden. Die Winkelverteilung hat eine Tendenz, mit Zunahme der auftreffenden Energie in Vorwärtsrichtung vorherrschend zu werden. (Progr. theoret. Physics [Kyoto] **9.** 108—16. Febr. 1953. Osaka, Univ., Dep. of Phys. [Orig.: engl.]) Gerhard Schmidt. 90

Burton J. Moyer, *Neutronenphysik, soweit sie den Biologen betrifft.* Die physikal. Eigg. des Neutrons sowie dessen Verh. bei dem Zusammenstoß mit Protonen u. anderen Kernen werden dargestellt. Die Energieübertragung von therm. u. schnellen Neutronen wird behandelt. Die Meßmethodik für schnelle u. therm. Neutronen sowie bei gemischter Neutronen- u. γ-Strahlung wird beschrieben. (Radiation Res. **1.** 10—22. Febr. 1954. Berkeley, Calif., Univ. of California, Phys. Dep. and Radiat. Labor.) W. Reusse. 90

H. C. Volkin, *Wirkung der asymmetrischen Sauerstoffstreuung auf den Bremsweg von Neutronen in Wasser.* Vf. berechnet den Bremsweg von Neutronen in W. ohne die vereinfachende Annahme einer sphär. symm. Streuung an O. Unter Annahme einer asymm. Streuung ergibt sich ein nur um weniger als 3% höherer Wert als für symm. Streuung. (J. appl. Physics **26.** 127—28. Jan. 1955. Cleveland, O., Lewis Flight Propuls. Labor., Nat. Advis. Comm. for Aeronaut.) Max Schmidt. 90

M. A. Melvin, *Das Strahlungsflußfeld außerhalb von Sternen und sphärischen Reaktoren.* Vf. untersucht die Energiedichte U, die Flußdichte F u. den Druck P im Felde eines heißen sphär. Syst. zusammen mit ihren Neutronenflußanalogen. Allg. Ausdrücke für U, F u. P werden erhalten u. bes. angegeben, 1. außerhalb sphär. Körper, die nach dem Lambertschen Gesetz strahlen u. 2. außerhalb von Sternen oder sphär. Reaktoren. Mathemat. Ableitungen. (Physic. Rev. [2] **99.** 371—75. 15/7. 1955. Tallahassee, Fla., Florida State Univ., Dep. of Phys.) Gerhard Schmidt. 90

I. E. Dayton und **G. Schrank,** *Elastische Streuung von 17 MeV-Protonen durch Kerne.* Der absol. differentielle Querschnitt der elast. Streuung an *Be, C, Al, Fe, Co,, Ni, Cu, Zn, Rh, Ag, Pt* u. *Au* wurde für Protonen der Energie $(17{,}00 \pm 0{,}05)$ MeV gemessen. Die gestreuten Protonen wurden mit einem NaJ(Tl)-Kristall mit 2,5% Energieauflösung nachgewiesen. Mit zunehmender Kerngröße nimmt der Abstand der Minima der Querschnitte ab. Das Verhältnis der auf den Massenmittelpunkt bezogenen Querschnitte zu den Rutherfordschen wird in Abhängigkeit vom Streuwinkel dargestellt, dsgl. die Lage der Minima der Querschnitte in Abhängigkeit vom Kernradius. (Physic. Rev. [2] **101.** 1358—67. 15/2. 1956. Princeton, N. J., Univ., Palmer Phys. Labor.) H. Liepack. 90

G. J. B. Crawford, *Spinechos mit vier Ausschlägen.* Betrachtungen über die Transformation des „virtuellen" Echos. (Physic. Rev. [2] **99.** 600. 15/7. 1955. Montreal, McGill Univ., Radiat. Labor.) Gerhard Schmidt. 95

R. W. King, *Supermultipletts und spinabhängige Kräfte.* (Vgl. C. **1956.** 916.) Vf. zeigt, daß das Versagen der üblichen Supermultiplett-Theorie bei bevorzugten β^--Übergängen von Kernen mit $N - Z = 3$ durch die Spinabhängigkeit der Kernkräfte erklärt werden kann. (Physic. Rev. [2] **99.** 67—70. 1/7. 1955. Washington, D. C., Nat. Res. Counc. Nucl. Data Proj.) D. Geissler. 95

G. P. Maitak, *System der Atome.* Vf. betont bes., wie wichtig es für das Auffinden allg. Regeln ist, daß man die Isotope mit gerader Ordnungszahl u. diejenigen mit ungerader Ordnungszahl in zwei getrennten Diagrammen darstellt. An Hand solcher Diagramme werden die bekannten Daten über Stabilität u. Häufigkeit der verschied. Kernarten diskutiert. (Журнал Общей Химии [J. allg. Chem.] **25** (**87**). 1829—43. Sept. 1955.) G. Kirschstein. 95

G. P. Maitak, *Über die Anomalien der Atomgewichte im Periodischen System von D. I. Mendelejew.* (Vgl. vorst. Ref.) In Ergänzung zu l. c. legt Vf. die Zusammenhänge zwischen der Häufigkeit der einzelnen Isotope u. dem At.-Gew. für diejenigen Elemente dar, die im Period. Syst. nicht in der Reihenfolge der wachsenden At.-Geww. eingeordnet sind. (Журнал Общей Химии [J. allg. Chem.] **25** (**87**). 2017–23. Okt. 1955.) G. Kirschstein. 95

N. Je. Sajew, *Berechnung der Atomradien der Elemente nach D. I. Mendelejew.* Die Berechnung, der die D. zugrunde liegt, ergibt nur für 60 von 84 behandelten Elementen befriedigende Resultate, für 14 weitere geringe Abweichungen. Bei 10 Elementen, darunter P, S, Se, Br u. J, ist der theoret. Wert mit dem experimentell ermittelten Atomradius nicht vereinbar. (Журнал Общей Химии [J. allg. Chem.] **25** (**87**). 1844–59. Sept. 1955. Wiss. Forschungsinst. für organ. Zwischenprodd. u. Farbstoffe.) G. Kirschstein 95

W. I. Ssemischin, *Das Periodische System der Elemente von Mendelejew und die Struktur der Elektronenschalen der Atome.* In der vom Vf. gewählten Darstellungsform wird die 4. Periode in 2, die 5., 6. u. 7. in je 3 Zeilen unterteilt; damit entsteht die Möglichkeit, die successive Auffüllung der Teilschalen durch Einsetzen der Elementsymbole in die verschied. Zeilen zu kennzeichnen. (Журнал Общей Химии [J. allg. Chem.] **25** (**87**). 2375–80. Dez. 1955.) G. Kirschstein. 95

A. I. Bas, *Struktur des zweiten Anregungsniveaus von ^5He und ^5Li.* Aus der Rk. ^{3}He + d → ^{5}Li + γ u. der geringen Breite für die Rk. ^{3}He + d → ^{4}He + p folgt nach dem Schalenmodell, daß ein Nucleon von der (1 s)^4-Schale auf das 1 $p_{3/2}$-Niveau übergeht. Daraus ergibt sich für den angeregten Zustand von ^{5}Li die Konfiguration $(1\,s)^3(1\,p_{3/2})^2$. Für den spiegelisomeren Kern ^{5}He gilt dasselbe. (Известия Академии Наук СССР, Серия Физическая [Nachr. Akad. Wiss. UdSSR, physik. Ser.] **19**. 360–62. Mai/Juni 1955.) K.-E. Seyb. 95

Karl-Erik Larsson, *Die Verwendung der Reaktion $^3T(d,n)^4He$ zu einem Vergleich einiger Methoden für die absolute Messung eines Flusses schneller Neutronen. Die Ausbeute einer Ra-α-Be-Quelle.* Vf. vergleicht direkt einige Methoden zur absol. Best. des Flusses schneller Neutronen bzgl. der Genauigkeit u. der gegenseitigen Übereinstimmung zwischen den verschied. Schätzungen der erhaltenen Neutronenflüsse. Als typ. Beispiel direkter Flußmessungen wird die Rückstoßteilchenmeth. gewählt. Da diese Meth. einen monoenerget. Neutronenfluß erfordert, wird die Rk. ^{3}T(d, n)^{4}He als Neutronenquelle benutzt; der Vorteil dieser Rk. besteht in seinem hohen Q-Wert von 17,58 MeV, der α-Teilchen einer Energie von 3 MeV liefert. Überdies gestattet die Meth., das Target mit einem geeigneten Moderator zu umgeben u. das Verlangsamungsverf. für eine dritte Absolutmessung des Flusses zu verwenden. (Ark. Fysik **9**. Nr. 18. 293–333. 1955. Stockholm, AB Atomenergi, Dep. of Phys.) Gerhard Schmidt. 103

B. Ss. Dshelepow, N. N. Shukowski und **W. G. Nedowessow,** *γ-Strahlung von $^{152,154}Eu$.* Das γ-Spektr. eines mit therm. Neutronen aktivierten Eu-Präp. wird mit einem γ-Spektrometer mit verbesserter Fokussierung untersucht, das ebenfalls auf der Verwendung von Rückstoßelektronen beruht. Von 10 γ-Strahlen werden Energien u. erstmalig relative Intensitäten bestimmt. (Известия Академии Наук СССР, Серия Физическая [Nachr. Akad. Wiss. UdSSR, physik. Ser.] **19**. 296–99. Mai/Juni 1955. Chlopin-Radium-Inst. der Akad. der Wiss. der UdSSR.) K.-E. Seyb. 103

Jacques Tobailem, *Genaue Messungen von Halbwertszeiten.* (Vgl. C. **1956**. 3203.) Die Best. der Halbwertszeiten erfolgte mittels zweier, über eine Elektrometerröhre gegeneinander geschalteter Ionisationskammern, an die eine entgegengesetzte Spannung von 400 V angelegt war. Als Vergleichsquelle diente Ra, dessen Halbwertszeit gegenüber der der zu messenden Elemente als groß angesehen werden kann. Folgende Werte wurden erhalten: ^{60}Co 5,27 ± 0,07 Jahre, ^{222}Rn 3,825 ± 0,005 Tage, ^{227}Ac 21,6 ± 0,4 Jahre, ^{67}Ga 77,9 ± 0,3 Std., ^{24}Na 14,90 ± 0,05 Std., ^{64}Cu 12,8 ± 0,03 Std. u. ^{198}Au 2,686 ± 0,005 Tage. (J. Physique Radium **16**. 48–53. Jan. 1955. Paris, Inst. du Radium, Labor. Curie.) H. Menke. 103

J. Guéron, *Allgemeines über die industrielle Trennung von Isotopen.* 1. Mitt. Übersicht über die Methoden zur Trennung stabiler Isotope, bes. zur Darst. von D_2 O, u. ihre Brauchbarkeit für großtechn. Anlagen. (Ind. nationale **1955**. 27–36. April/Juni. Paris, Comm. à l'Énergie Atom.) G. Herrmann. 104

Vojislov Jezdić, *Verfahren zur Bereitung einer Poloniumquelle durch Vakuumsublimation.* Eine Ni-Folie mit spontan elektrolyt. ausgefälltem Po wurde in eine Ampulle getan, die in einem Spezialofen 15–20 Min. auf 500° erhitzt wird, wobei das Po bis zu 98–99% auf ein Pt-Blech im Vakuum aufsublimiert, die Hauptmenge des Restes verbleibt im Oberteil der Ampulle. Geringe Po-Mengen sind unsichtbar, starke (bis

10 mC/mm²) bilden einen recht schwachen schmutzig-schwarzen Anflug. Ausbeute 95% (gegenüber 60—90% in anderen Verfahren.). (Гласник Хемиског Друштва Београд [Ber. chem. Ges. Belgrad] **18.** 325—28. 1953. Vinča bei Belgrad, Inst. für Strukturprüfung der Materie, Phys.-chem. Labor.) A. v. WILPERT. 104

I. Joliot-Curie, *Die natürlichen und künstlichen Radioelemente und ihre Anwendung in der reinen und angewandten Forschung.* Übersicht. (Chem. Techn. **6.** 1—6. Jan. 1954. Paris, Fac. des Sci.) GERHARD SCHMIDT. 106

A. Montens, *Die praktische Nutzanwendung radioaktiver Isotope in der Technik.* (Berufsdermatosen **3.** 177—82. Sept. 1955. Essen, Ruhrverband.) MAX SCHMIDT. 106

Hedi Fritz-Niggli und **J. Schmidlin-Mészáros,** *Die Oxydation von Ferrosulfat mit ionisierenden Strahlen. Experimente mit 31 MeV- und 180 keV-Strahlen.* Eine Lsg. von $FeSO_4 \cdot 7\,H_2O$ in Acetatpuffer (p_H 4) wurde mit 10000—80000 r einer 31 MeV-Röntgenstrahlung behandelt, u. der Geh. der Lsg. an $FeSO_4$ mit der Ortho–Phenatrolin–Ferro-Rk. bestimmt. Vergleichsbestimmungen wurden mit einer 180 kV-Röntgenstrahlung durchgeführt. Der Restgeh. an Fe^{2+} nimmt linear mit der Dosis ab, bei 90000 r ist vollständige Strahlenoxydation erreicht. Die Werte mit 31 MeV- u. 180 kV-Strahlen stimmen bis 25000 r überein, oberhalb wird die Fe^{2+}-Best. weniger genau u. es ergeben sich stärkere Streuungen. Durch 1000 r werden 0,6 γ Ferroionen oxydiert. (Strahlentherapie **95.** 551—55. Dez. 1954. Zürich, Kantonsspital, Radiotherapeut. Klinik, Strahlenbiol. Labor.) W. REUSSE. 108

W. Kenneth Davis, *Die Entwicklung von Leistungsreaktoren in den Vereinigten Staaten.* Vortrag. (Mines Mag. **45.** Nr. 8. 30—33. 48. 1955. U. S. AEC, Div. of Reactor Developm.) G. HERRMANN. 110

László Heller, *Neue thermodynamische Gesichtspunkte und Möglichkeiten beim Aufbau der Atomkraftwerke.* Die Möglichkeiten der Erhöhung des therm. Wirkungsgrades bei der Energiegewinnung durch Reaktoren werden vom Standpunkt des Wärmetechnikers behandelt. Es werden Wege angedeutet, bei denen die Irreversibilität des Wärmeaustausches zwischen Reaktorkühlmaterial u. W. auf ein Minimum red. u. dadurch die Entropiezunahme vermindert wird. Wegen der bisher niedrigen Reaktionstemp. in den Reaktoren (300—350°) muß der therm. Wirkungsgrad zwangsläufig niedrig ausfallen. Vf. schlägt eine Kombination der beiden Energiequellen (Reaktor u. klass. Energiequellen) vor, indem die Reaktorwärme zum Vorwärmen des Speisewassers eines Dampfkessels vorgeschaltet werden soll. (Magyar Energiagazdaság [Ung. Energiewirtsch.] **9.** 329—39. 1955.) R. SCHRAUF. 110

Atma Ram, *Keramische Werkstoffe bei der Entwicklung der Kernenergie.* Übersicht. (Sci. and Cult. **20.** 584—87. Juni 1955. Calcutta, Central Glass & Ceram. Res. Inst.) G. HERRMMNN. 110

R. F. Koenig und **E. G. Brush,** *Baustoffe zur Wärmeübertragung in Reaktoren.* 1. Mitt. *Auswahl von Werkstoffen für Systeme mit flüssigem Natrium.* Das Verh. von fl. Na, rein u. mit O u. C verunreinigt, gegenüber den Baustoffen für Reaktoren bei 500 bis 705° wird an 1 Schaubild u. 1 Tabelle besprochen. Cu u. Al sind nur kurze Zeit, Ag, Au, Pt, Sn, Zn u. Mg nicht geeignet. Bis 540° wird austenit. nichtrostender Stahl 347, darüber 304 empfohlen. Auch niedriger u. mit Cr legierte ferrit. Stähle kommen in Frage, sind aber empfindlich gegen Entkohlung durch O, bes. in Verb. mit austenit., u. haben die Neigung zur Übertragung von Stoffen, die sich an den heißen Stellen im fl. Na lösen u. an den kälteren abscheiden. Ni-, Nb-, Mo-, Ta- u. W-Legierungen sowie die mit Ni oder Co gebundenen Carbide von W, Ti u. Cr sind geeignet, eigentliche keram. Körper sind zwar chem. beständig, aber mechan. unbrauchbar. C in jeder Form bewirkt Korngrenzenentkohlung, als inerte Deckgase sind He u. Ar geeignet, aber teuer, N bildet Fe-Nitride. Hinweis auf die durch mechan. Reibung bewirkte Abnutzung u. das Zusammenschmelzen zusammengepreßter Metalle z. B. in Ventilen, Ta- u. Co-freie Werkstoffe verhüten Übertragung langlebiger Radioaktivität. (Materials and Methods **42.** Nr. 6. 110—14. Dez. 1955. Gen. Electr. Co., Knolls Atom. Power Labor.) H. MÜHLMEISTER. 110

D. E. Thomas und **F. Forscher,** *Baustoffe zur Wärmeübertragung in Reaktoren.* 2. Mitt. *Eine Zirkonlegierung für Systeme mit Wasser.* (1. vgl. vorst. Ref.) Die Festigkeits- u. korrosiven Eigg. von Zr, das wegen seiner geringen Neutronenabsorption als Reaktorbaustoff besonders geeignet ist, werden in *Zircaloy-2* (**I**) durch Legierung mit 1,5(%) Sn, 0,12 Fe, 0,05 Ni u. 0,10 Cr verbessert. An kalt- u. heißgewalztem, bei 845° 10 Min. bzw. 750° 20 Std. im Vakuum verglühten Material wird der Einfl. der Temp. auf die mechan. Eigg. in 2 Diagrammen u. 2 Tabellen, auf Gewichtszunahme in 1 Diagramm gezeigt. Nichtlegiertes Zr bildet eine Haut von ZrO_2, die nach einiger Zeit abblättert, besonders schnell unter dem Einfl. von N u. a. Verunreinigungen des Metalls. In I haftet sie u. ist ziemlich unempfindlich gegen Verunreinigungen. Verglühen über 900—1000°

erhöht die Korrosion. Aufnahme von H aus heißem W. scheint dem Ausmaß der Korrosion proportional zu sein. (Materials and Methods **42.** Nr. 6. 115—17. Dez. 1955. Westinghouse Electr. Co., Atom. Power Div.) H. MÜHLMEISTER. 110

C. R. Sutton und **D. O. Leeser,** *Beeinflussung der Bauwerkstoffe durch Strahlungseinwirkung.* 1. u. 2. Mitt. (Vgl. C. **1955.** 9957.) Ermittelt wird die Strahlungseinw. auf ungehärtete u. gehärtete Werkstoffe für Kernreaktoren. Hierbei wird der Einfl. der Kernstrahlung auf die Härte, Zugfestigkeit (Proben mit u. ohne Kerb), Bruchdehnung, Kerbschlagzähigkeit u. den elektr. Widerstand bei unlegiertem u. nichtrostenden Stählen, Ni u. Ni-Legierungen, Co-Legierungen, Ti, Ta u. W festgestellt. Auf Grund der Untersuchungsergebnisse wird ein Vgl. der Strahlungseinw. mit der Kaltverfestigung angestellt. Die bestrahlten Stähle zeigen im allg. eine höhere Streckgrenze, geringere Dehnung u. etwas höher liegende Übergangstemperatur. Der Grad dieser Veränderung scheint von der Strahlungsintensität u. der Aussetzungszeit abhängig zu sein. Die Härte steigt in den Werkstoffen merklicher, wenn sie im Ausgangszustand weich sind. (Iron Age **174.** Nr. 8. 128—31. 19/8. Nr. 9. 97—100. 26/8. 1954. Lemont, Ill., Argonne Nat. Labor; Detroit, Detroit Edison Co.) H. HOCHSTEIN. 110

Lawrence R. Hafstad, *Die industrielle Anwendung der Atomkernenergie.* Vortrag. (Mines Mag. **45.** Nr. 8. 25—29. 1955. New York, N. Y., Chase Manhattan Bank, Atom. Energy Div.) G. HERRMANN. 110

Clifford Mannal, *Kann Kernenergie interplanetarische Raketen antreiben?* Vgl. von Kernenergie u. chem. Treibstoffen als Antriebsmittel für Raketen. (Gen. Electr. Rev. **58.** Nr. 3. 49—52. Mai 1955. Schenectady, Knolls Atom. Power Labor.) G. HERRMANN. 110

G. E. Driver, *Eine zweckentsprechende und betriebssichere Hochspannungsquelle mit Transistoren.* Vf. beschreibt ein Hochspannungsgerät für tragbare GEIGER- u. Scintillationszähler. Das Gerät gibt unter Verwendung von 2 Se-Gleichrichtern bei einer Abmessung von $<5\,in^3$ 900 V ab. (Nucleonics **14.** Nr. 3. 74—76. März 1956. Richland, Wash., General Electr. Comp., Hanford Atomic Prod. Operat.) H. LIEPACK. 112

N. Warmoltz und **P. P. M. Schampers,** *Ein Taschendosimeter für Röntgen- und γ-Strahlung mit eingebauter Ladeeinrichtung.* Vff. beschreiben eine Neukonstruktion ohne Ablesemikroskop u. mit eingebauter Ladeeinrichtung. Das Syst. befindet sich in einem vakuumdichten Kolben aus leitendem Glas, der in einem Al-Gehäuse montiert ist. Durch geeignete Wahl der Abmessungen u. des Gasdrucks wird der volle Skalenausschlag bei einer Dosis von 0,2, 70 u. 250 r oder einer noch größeren erhalten. Die Entladung ohne Bestrahlung beträgt viel weniger als 1%/24 Stunden. Die Ladeeinrichtung besteht aus einem Glasröhrchen, in dem sich ein Hg-Tropfen befindet. (Philip' techn. Rdsch. **16.** 135—40. Okt./Nov. 1954.) GERHARD SCHMIDT. 112

W. Bambynek und **V. Freise,** *Über das Verhalten von Zählrohren mit Zinntetramethylfüllung.* Vff. untersuchen die Brauchbarkeit von Zinntetramethyl (I) als Zählgas in GEIGER-MÜLLER-Zählrohren. Zählrohre mit reiner Füllung von I bei ~10 mm Hg sind selbstlöschende Zähler mit Proportional- u. Auslösebereich. Ihre Charakteristik besitzt ein ausgeprägtes Plateau. Der Plateauanstieg beträgt ~4% pro 100 V Spannungssteigerung. Einsatzspannung u. Plateaulänge hängen bei konstanter äußerer Einstrahlung vom Druck ab. Die Plateaulänge durchläuft bei 10 mm Hg ein Maximum. Die mittlere Plateauhöhe ist druckunabhängig. Ar-Zusatz wirkt wie eine Druckerhöhung. Die Totzeit beträgt $\sim 10^{-4}$ sec. Wird die äußere Strahlenquelle durch mit ^{14}C markiertes I ersetzt, so erhält man ebenfalls selbstlöschende Zähler. Bei konstantem Gasdruck von 10 mm Hg hängt die mittlere Plateauhöhe linear von der Menge an zugesetztem markiertem I ab. Es können hierbei ^{14}C-Aktivitäten bis zu 10^{-9} C mit einem Faktor von ~2% nachgewiesen werden. (Z. Naturforsch. **11a.** 168—69. Febr. 1956. Göttingen, Max-Planck-Inst. für physikal. Chem.) MAX SCHMIDT. 112

Edward B. Butler, *Bestimmung von tritiumhaltigem Wasser bei hohen Feuchtigkeitsgehalten im Geiger-Bereich.* Vf. beschreibt ein Verf., mit dem die Aktivität von T-haltigem W. direkt in einem Durchströmzähler bestimmbar ist. Als Trägergas dient 1,3% *Isobutan* in He. Das Gas wird bei bestimmten Tempp. durch das T-haltige W. u. anschließend durch das Zählrohr geleitet. Aus den Meßergebnissen geht hervor, daß eine absol. Zählung von T in der Form von TOH möglich ist. (Nature [London] **176.** 1262—64. 31/12. 1955. Toledo, O., Libbey-Owens-Ford Glass Co.) MAX SCHMIDT. 112

J. F. Cameron, *Messung von Tritium in Wasserproben.* Vf. beschreibt eine Meth. zur Best. des T-Geh. von Wasser. In einem Gaszähler von 50 cm³ empfindlichem Vol. wird Wasserdampf beim Sättigungsdampfdruck des W. eingelassen u. dann bis zu 100—150 mm Hg eine Mischung von 90% Ar u. 10% A.-Dampf zugegeben. Die Empfindlichkeit dieser Anordnung ist 98% verglichen mit einer 100 mm Hg Ar-Füllung u. einer äußeren ^{60}Co-Quelle. Die Zähler sind nicht lichtempfindlich. (Nature [London] **176.** 1264. 31/12. 1955. Harwell, Atom. Energy Res. Establishm.) Max Schmidt. 112

H. J. C. Tendeloo und **J. W. van Wijk,** *Eine kontinuierlich arbeitende Nebelkammer.* (Chem. Weekbl. **50.** 555—56. 7/8. 1954. Wageningen, Landbouwhageschool, Labor. voor Phys. en Kolloidchem.) W. Wesly. 112

I. Iori und **A. Roveri,** *Über die Berechnungen der Körnergruppen in Kernemulsionen.* Bedeuten n die Zahl der von einem entwickelten Korn besetzten Stellen, L die Bahnlänge u. d = L/n den mittleren Durchmesser des entwickelten Korns, so errechnet sich die Zahl der Körnergruppen zu $\sigma_a^2 = 1 - ad/L$, wobei $a = np\ (1 - p)$ ist. Hierbei ist p = Wahrscheinlichkeit für das Ereignis des entwickelten Korns. Die danach berechneten Kurven entsprechen befriedigend den experimentellen Werten. (Nuovo Cimento [10] **2.** 165—67. 1/7. 1955. Modena, Univ., Ist. di Fis.) R. K. Müller. 112

A$_2$. Optisches Verhalten der Materie.

Andrew McKellar und **E. H. Richardson,** *Identifizierung der interstellaren Linie λ 3143.* Das Spektr. des ς-Persei wurde bei einer Dispersion von 3,8 Å/mm aufgenommen u. der genaue Wert der Linie λ 3143 zu 3143,25 Å in guter Übereinstimmung mit früheren Autoren bestimmt. Die von anderen Autoren angegebene Deutung einer $Q_2(1) + Q_{R_{12}}(1)$-Linie des Überganges $^2\Sigma^+$, $^2\Pi$ von CH wird an Hand der vorliegenden Beobachtungen diskutiert u. mit großer Sicherheit bestätigt. (Astrophysic. J. **122.** 196. Juli 1955. Victoria, B. C., Dominion Astrophys. Observ.) G. Heinsohn. 113

George H. Herbig, *Emissionsliniensterne in galaktischen Nebeln.* Die Arbeit behandelt Sterne, die nur in Verbindung mit Nebelmaterie auftreten u. zwar Veränderliche vom Typ T Tauri u. Sterne vom Typ RW Aurigae. Diese zeichnen sich durch Emissionsspektren aus, die starke Linien des H, CaII u. oft des SII u. HeI zeigen. Speziell untersucht werden daraufhin der Orionnebel, NGC 2264 u. die Taurus-Auriga-Wolken. Die Ergebnisse sind tabellar. wiedergegeben. Hieraus lassen sich einige Folgerungen ziehen bzgl. der absol. Helligkeit dieser Emissionssterne in den Taurus-Auriga-Wolken. Die graph. Darst. dieser Ergebnisse läßt gewisse Gesetzmäßigkeiten in der Abhängigkeit der Helligkeit vom Spektraltyp erkennen. Zum Schluß werden Absorptionsspektren dieser Sterne u. die damit zusammenhängende Frage der Rotation behandelt. (J. Roy. astronom. Soc. Canada **46.** 222—33. Nov./Dez. 1952. Univ. of California, Lick Observ.) H. Preuss. 113

John A. Crawford, *Sterne mit Helium-Energiequellen.* Vf. bespricht reine He-Sterne, die ihre Energie aus den Salpeterschen Rkk. beziehen, bei denen ^{8}Be, ^{12}C, ^{16}O u. ^{20}Ne aus ^{4}He entsteht. Für diese Sterne läßt sich im Hertzsprung-Russel-Diagramm eine theoret. Kurve eintragen. Es wird die folgende Hypothese aufgestellt: Die Kerne der planetar. Nebel ziehen sich unter steigender Temp. durch die Gravitation zusammen bis sie diese Kurve erreichen, woraufhin dann die He-Rk. bei einer Temp. von ca. $2 \cdot 10^8$ °K einsetzt. Auf Wolf-Rayet-Sterne angewandt, müßten sich danach Emissionsbanden zeigen. Es ist jedoch nur ein Beispiel, nämlich der Nebel NGC 6571 bekannt. Unter gewissen Voraussetzungen sind jedoch auch Abweichungen von dieser Entw. möglich. (Publ. astronom. Soc. Pacific **65.** 210—13. Aug. 1953. Univ. of California, Berkeley Astronom. Dep.) H. Preuss. 113

E. Margaret Burbidge und **G. R. Burbidge,** *Das zusammengesetzte Spektrum von HD 50820.* Die von Plaskett gefundenen Besonderheiten im Spektr. von HD 50820 könnten gedeutet werden, wenn es sich um einen spektroskop. Doppelstern handelte. Die H- u. He-Linien deuten auf einen B 3-Stern hin, während die Metallinien zwischen H$_β$ u. H$_δ$ auf den Typ F weisen. Der Stern ähnelt den Sternen 11 Camelopardalis, 12 Auriga, HD 37998 u. HD 58050. Eine Spektralaufnahme von 1953 zeigt Absorptionslinien von FeI, CaI, TiI, MgI u. CrI. Radialgeschwindigkeitsmessungen lassen Schlüsse auf die Achsenneigungen zu, die gut mit der Theorie übereinstimmen. Es lassen sich noch Vermutungen über die Lichtstärke anstellen, die ebenfalls gut in das Bild dieser Sternart passen. (Astrophysic. J. **119.** 686—87. Mai 1954. Cambridge.) H. Preuss. 113

Guro Gjellestad und **Horace W. Babcock,** *Der magnetische Veränderliche HD 153882.* Es wird das wechselnde magnet. Feld des A-Typ Sternes HD 153882 an Hand von 20 Spektrogrammen untersucht. Mittels des Zeeman-Effektes wird an 30 Linien festgestellt, daß die effektive magnet. Polfeldstärke, H_p, period. zwischen den Grenzen +4500 u. —4000 Gauß schwankt. Die Periode wird zu 6,005 Tagen ermittelt. Messungen von H_p u. der Radialgeschwindigkeit sind für verschied. Elemente bei verschied. Phasen tabellar. zusammengestellt. Die mittlere Geschwindigkeitskurve ist anharmon. mit einer Streuung von 5,3 km/sec. Systemat. Geschwindigkeitsdifferenzen zwischen den betreffenden Elementen sind gering, was wahrscheinlich damit zusammenhängt, daß das Spektr. fast keinerlei Veränderungen in den relativen Linienintensitäten aufweist. In dem Spektr. sind CrI, CrII u. MnI sehr stark, die K-Linie scharf. Jedoch ist der Stern kein typ. Spektrumvariabler. (Astrophysic. J. **117.** 12—20. Jan. 1953. Mount Wilson and Palomar Observatories, Carnegie Inst. of Washington, California Inst. of Techn.) H. PREUSS. 113

A. A. Nikitin, *Über die relativen Intensitäten der Ca II-Linien in Sternspektren.* Vf. berechnet das Besetzungsverhältnis der Niveaus 4 ^{2}S u. 4 ^{2}P bei Ca II, wobei er sich bei der Aufstellung der Stationaritätsgleichungen auf die Betrachtung des Niveaus 4 ^{2}S (Hauptniveau) u. 3 ^{2}D (metastabiles Niveau) beschränkt. Alle höheren Niveaus u. das Kontinuum werden als ein allg. Niveau aufgefaßt. Die Besetzung der Niveaus 4 ^{2}S u. 3 ^{2}D soll durch Ionisation durch Sternstrahlung, Rekombination, unelast. Elektronenstöße u. Quadrupolübergänge 3 ^{2}D — 4 ^{2}S bestimmt sein; durch einen Faktor wird die Eigenabsorption berücksichtigt. (Доклады Академии Наук СССР [Ber. Akad. Wiss. UdSSR] [N. S.] **99.** 689—90. 11/12. 1954. Leningrad, Shdanow-Univ.) J. GEIGER. 113

David Layzer, *Energieniveaus in Ca XV.* Unter Vernachlässigung der Kopplung zwischen dem ($1^2 2^4$)-Komplex u. höheren Komplexen werden die Energieniveaus des ($1^2 2^4$)-Komplexes in Ca XV durch Berechnung der Matrixelemente ermittelt. Für die Übergänge 2p^2 $^3P_{2\to1}$ u. $^3P_{1\to0}$ ergeben sich Wellenlängen von 5456 u. 5650 Å. Mit den Coronalinien von 5445 u 5694 Å ergibt sich innerhalb der Rechenfehler befriedigende Übereinstimmung. (Monthly Notices Roy. astronom. Soc. **114.** 692—99. 1954. Cambridge, Mass., Harvard Coll. Observ.) G. HEINSOHN. 113

Bengt Edlén, *Über die Identifizierung von Ca XV und ArXIV in der Sonnencorona.* Vf. betrachtet die isoelektron. Folgen der Konfiguration 2s ^{2}2p^2 u. erreicht durch Berechnung u. Extrapolation eine Zuordnung der Linien 5694 u. 5446 Å zu Ca XV. In gleicher Weise wird die bisherige Identifizierung der Linie 4359 als Übergang von Ar XIV $2s^2 2p^2P_{3/2}$ — $^2P_{1/2}$ auf die kürzlich in der Sonnencorona entdeckte Linie 4412 Å übertragen. (Monthly Notices Roy. astronom. Soc. **114.** 700—03. 1954. Lund, Univ., Dep. of Phys.) G. HEINSOHN. 113

Harold Zirin, *Wellenfunktionen, Spinbahnen und Spin–Spin-Parameter für die isoelektronische $1s^2 2s^2 2p^4$-Sequenz.* Für die isoelektron. $1s^2 2s^2 2p^4$-Sequenz für die Ionen O I durch Ca XIII werden die Wellenfunktionen angegeben, mit deren Hilfe die Berechnung der Spinbahnen u. der Spin-Spin-Parameter dieser Ionen möglich ist. Gute Übereinstimmung mit empir. Werten. (Astrophysic. J. **122.** 52—54. Juli 1955. Harvard Coll. Observ.) G. HEINSOHN. 114

S. Bratož, *Eine Näherungsmethode zur Berechnung der Schwingungsfrequenzen mehratomiger Moleküle.* Vf. entwickelt eine Näherungsmeth. zur Berechnung von Molekülschwingungsfrequenzen vielatomiger Moll., die das untersuchte Mol. als ein nur schwach mit einander gekoppeltes Aggregat von Teilschwingungssystemen behandelt. Die Wechselwrkg. zwischen diesen Schwingungssystemen wird durch eine Störungsberechnung nach SCHRÖDINGER-RAYLEIGH erfaßt. Für den Erfolg des Verf. ist vor allem die Wahl der Teilschwingungssysteme ausschlaggebend. Vf. empfiehlt diese unter Berücksichtigung folgender Gesichtspunkte vorzunehmen: 1. Äquivalente bzw. nahezu äquivalente Wasserstoffvalenzschwingungssysteme. 2. Wasserstoffdeformations- u. Gerüstvalenzschwingungssysteme. 3. Gerüstdeformations- u. andere niederfrequente Schwingungssysteme. Die Meth. wird am Beispiel des *Chloroform-Mol.* durchgerechnet; die Berechnung gestaltet sich bes. einfach bei Benutzung der WILSONschen F- u. G-Matrizen. (J. chem. Physics **23.** 159—61. Jan. 1955. Ljubljana, Yugoslavia, Kemični Inšt. Slovenske Akad. Znanosti in Umetnosti „Boris Kidrič".) K. FRENKLER. 114

M. A. Jaswon und **H. Aghajanian,** *Die Wechselwirkung von zwei angeregten Wasserstoffatomen.* Theoret. Betrachtungen. (Proc. physic. Soc., Sect. A **68.** 444—47. 1/5. 1955. London, Imp. Coll., Dep. of Math.) G. HEINSOHN. 114

J. T. Lewis, *Ionenkonfigurationswechselwirkung in einigen angeregten Zuständen des Wasserstoffmoleküls.* Theoret. Betrachtungen über die von den Konfigurationen [H(1s), H(2s oder p)], [H^+, $H^-(1s)^2$] u. [H(1s), H(3s, p oder d)] ausgehenden $^1\Sigma$-Zustände des H_2-Mol. im Bereich der Übergänge vom ion. zum homöopolaren Charakter. Der ion. Anteil wird definiert u. für [H(1s), H(3s, p oder d)] berechnet. Er variiert stark in dem betrachteten Übergangsbereich. (Proc. physic. Soc., Sect. A **68.** 632—36. 1/7. 1955. Belfast, Queen's Univ., Dep. of Appl. Math.) G. HEINSOHN. 118

J. T. Lewis, M. R. C. McDowell und **B. L. Moiseiwitsch,** *Eigenschaften des Wasserstoffmolekülions. 5. Mitt. Übergänge zwischen den niedrigsten geraden und niedrigsten ungeraden π-Zuständen und den höheren σ-Zuständen.* (4. vgl. BATES, C. **1955.** 4274.) Die den

Übergängen $2p\pi_u - 2s\sigma_g$, $2p\pi_u - 3s\sigma_g$, $2p\pi_u - 3d\sigma_g$ u. $3d\pi_g - 3p\sigma_g$, $3d\pi_g - 4p\sigma_u$, $3d\pi_g - 4f\sigma_u$ entsprechenden Übergangsintegrale von H_2^+ werden aus den exakten Zwei-Zentren-Wellenfunktionen berechnet. (Proc. physic. Soc., Sect. A **68.** 565—68. 1/7. 1955. Belfast, Queen's Univ., Dep. of Appl. Math.) G. Heinsohn. 118

N. R. Tawde und **K. S. Korgaonkar,** *Relative Einflüsse von Sauerstoff und Luft bei der Entwicklung einiger Stickstoffbandensysteme.* Die Entladungsspektren von N_2–O_2-Mischungen in verschied. Mischungsverhältnissen wurden spektroskopiert u. der Einfl. auf das Intensitätsverhältnis des N_2–1(P)- zum N_2–2(P)-Bandensyst. untersucht u. gefunden, daß beide Systeme auch bei größeren O_2-Konzz. vorhanden sind, u. daß durch O_2 das 1(P)-Syst. stärker unterdrückt wird. Die selektive Erhöhung der Intensität des 2(P)-Syst. wird an Hand der Theorien der Elektronenanregung, der Anregung durch metastabile Zustände, Deaktivierungsprozesse u. des akt. N_2 diskutiert. Das charakterist. Molekülspektr. der Luft wird hauptsächlich auf den O_2-Geh. zurückgeführt. (Bull. Soc. roy. Sci. Liège **23.** 435—50. Dez. 1954. Dharwar, Karnatak Univ., Dep. of Phys.; Bombay, Indian Cancer Res. Center.) G. Heinsohn. 118

Kiyoshi Murakawa und **Shigeki Suwa,** *Revision der Hyperfeinstruktur des Quecksilberspektrums.* (Vgl. C. **1951.** I. 560.) Die Hyperfeinstruktur der HgI-Linien 5790, 5789,7, 5769 u. 4047 Å wurde untersucht. Das Verhältnis der Hyperfeinstrukturkonstante von ^{199}Hg zu ^{201}Hg wurde für die Terme $6p\,^1P_1$, $6p^3P_2$ u. $7s^3\,S_1$ berechnet u. gefunden, daß es für $6p\,^1P_1$ anomal ist. Das Quadrupolmoment von ^{201}Hg ergab sich zu $0,35 \cdot 10^{-24}\,cm^2$. Das Aufspaltungsverhältnis der geraden Isotope (204 — 202) : (202 — 200) : (200 — 198) ist mit 1:0,933:0,880 konstant für alle untersuchten Linien. Die gleiche Regel wurde qualitativ bei Linien anderer schwerer Elemente gefunden. (J. physic. Soc. Japan **5.** **429**—**34.** Nov./Dez. 1950. Tokyo, Komaba, Meguro-Ku, Inst. of Sci. and Technol. [Orig.: engl.]) G. Heinsohn. 118

Shigeki Suwa, *Anomale Hyperfeinstruktur im Spektrum von Al II.* Vf. berichtet über Messungen der anomalen Hyperfeinstruktur an den Übergängen 4^3P—n^3D u. $4^{1,3}F$—nG von Al II. Das magnet. Moment von ^{27}Al wurde zu $3,62 \pm 0,01$ n.m. in Übereinstimmung mit Messungen anderer Autoren berechnet. (J. physic. Soc. Japan **6.** 231—38. Juli/Aug. 1951. Tokyo, Komaba-machi, Meguro-ku, Inst. of Sci. and Technol. [Orig.: engl.]) G. Heinsohn. 118

Franz Rosendahl und **Heinrich Kaiser,** *Periodische Vorgänge beim Abfunken von Berylliumbronze.* Unterss. des Intensitätsverhältnisses der Be-Linie 2650 Å zur Cu-Linie 3247 Å beim Abfunken eines zylindr. Stäbchens aus Be-Bronze mit einem photoelektr. registrierenden Spektrometer zeigen period. Schwankungen des Intensitätsverhältnisses mit verhältnismäßig gut definierter Frequenz. Dabei ändern sich die Intensitäten der beiden Linien gegenläufig. Diese Erscheinung wird auf eine period. Oxydation der Elektrodenoberflächen zurückgeführt, wie analoge Verss. bei Einblasen von N_2 in die Funkenstrecke zeigen. Unter diesen Bedingungen verschwinden die period. Änderungen u. es bleiben nur die n. statist. Schwankungen des Intensitätsverhältnisses. (Naturwissenschaften **41.** 497. Nov. 1954. Dortmund-Aplerbeck, Inst. für Spektrochem. u. Angew. Spektroskopie.) B. Müller. 118

Joseph F. Mulligan, *Die tieferen angeregten Zustände von Kohlendioxyd.* Die Energien der tieferen angeregten Zustände wurden für CO_2 nach der Meth. der linearen Kombination von Schalen u. self-consistent-field berechnet u. mit dem Experiment verglichen. Die Möglichkeiten zur Erzielung besserer Übereinstimmung werden diskutiert. (J. chem. Physics **19.** 1428—29. Nov. 1951. Washington, D. C., Catholic. Univ. of America, Phys. Dep.) G. Heinsohn. 118

V. G. Krishnamurty, *Das komplexe Bandenspektrum von Nickelchlorid.* (Vgl. C. **1953.** 3034.) Das mit Gleichstromentladung von 2 kW angeregte Bandenspektr. von zweiatomigem NiCl wurde zwischen 3800 u. 4900 Å untersucht u. die schon früher gefundenenen Bandenfolgen beobachtet. Für die Systeme 3 u. 4 führten zusätzlich festgestellte Folgen zur Annahme von 0,0-Köpfen u. v'- u. v''-Werten. Neben den schon bekannten Systemen erscheinen dadurch vier neue. Die Schwingungskonstanten für die 8 Systeme werden, aus den Bandenköpfen ermittelt, angegeben. Die Systeme zeigen komplexe Intensitätsverteilung. Wahrscheinlich sind hohe Multiplizitätsterme bei den elektron. Übergängen vorhanden. (Current Sci. **21.** 66. März 1952. Waltair, Andhra Univ., Dep. of Phys.) G. Heinsohn. 118

S. Tolansky, *Die schnelle Abschätzung von dielektrischen hochreflektierenden Vielfachschichten.* Hochreflektierende Dielektrika (Quarz, ZnS, Kryolith) werden in der opt. Technik u. Forschung (Interferometrie, Interferenzfilter usw.) in zunehmendem Maße verwendet. Ihre Dicke kann annäherungsweise während der Herst. durch visuelle

Betrachtung (Interferenzfarben) u. photoelektr. Reflektions- u. Durchlässigkeitskontrolle bestimmt werden. Vf. diskutiert an Hand von Beispielen die verschied. Methoden. (Lab. Pract. **4.** 361—64. Sept. 1955. Egham, Surrey, Univ. of London, Roy. Holloway Coll.) D. Hahn. 119

I. Ss. Frolow, *Brechungsindex von Wasser und wässerigen Natriumsulfatlösungen im Meterwellenbereich.* Vf. mißt mit Hilfe der Meth. von Drude [1895] die Wellenlängen- u. Temperaturabhängigkeit des Brechungsindex von *W.* u. wss. Na_2SO_4 (I)-Lsgg. bei 2—32° u. I-Konzz. von 0,001—0,01 N. Mit einer Temperaturerhöhung von 0 auf 30° nimmt der Brechungskoeff. von W. u. der Lsgg. linear ab, eine anomale Dispersion fehlt im Meterwellenbreich. Bei gegebener Temp. nimmt der Brechungskoeff. der I-Lsgg. gegenüber dem von W. mit steigender Konz. zu. Bei 0,01 N beträgt die Zunahme 8%. Im Meterwellen- (u. längerwelligen) Bereich ist diese Zunahme des Brechungskoeff. u. damit auch der DK. durch die Steigerung der Konz. der Lsg. bedingt u. von der Frequenz des angelegten elektromagnet. Feldes unabhängig. Die erhaltenen Werte des Brechungskoeff. der I-Lsgg. können zur Best. der DK. im stat. Feld verwendet werden. (Журнал Экспериментальной и Теоретической Физики [J. exp. theoret. Physik] **27.** 477—86. Okt. 1954. Uljanow, Pädagog. Inst.) R. Amberger. 119

D. H. Rank und **Jean M. Bennett,** *Ein vorgetäuschtes Kanalspektrum.* Zur genauen opt. Wellenlängenmessung wird die Theorie der Gesamtintensität, integriert über die Höhe des Eintrittsspaltes eines Fabry-Perot-Interferometers, angegeben. Paralleles, monochromat. Licht wird vorausgesetzt. Gemessene u. berechnete Werte stimmen gut überein. Für den Fall eines kontinuierlichen Wellenbandes (Kanalspektr.) kann eine mathemat. Annäherung dadurch erzielt werden, daß das Wellenband durch verschied. Wellenlängen ersetzt wird, deren größte Differenz der Bandbreite entspricht. Dieser Fall kann auch bei Verwendung von monochromat. Licht dadurch realisiert werden, daß die Wellenlänge statt am Eintrittsspalt lediglich im Interferometer durch Druckänderung variiert u. so ein Kanalspektr. vorgetäuscht wird. (J. opt. Soc. America **45.** 46—50. Jan. 1955. State College, Pa., Pennsylvania State Univ., Phys. Dep.) H. Lindberg. 119

William Klemperer, *Infrarotspektrum von LiH.* Es wird das Infrarotspektr. von mol. LiH in Emission zwischen 1500 u. 970 cm^{-1} unterhalb 1400°K beobachtet. Die Linien im P-Zweig des 0—1-Schwingungsüberganges von J = 0 bis J = 21 u. im R-Zweig von J = 1 bis J = 12 sowie 17 Linien des 1—2-Übergangs werden aufgelöst. (J. chem. Physics **23.** 2452. Dez. 1955. Cambridge, Mass., Harvard Univ., Dep. of Chem.) E. Hahn. 120

N. G. Bassow und **A. M. Prochorow,** *Anwendung von Molekularstrahlbündeln zur radiospektroskopischen Untersuchung von Molekülrotationsspektren.* Vff. diskutieren die Anwendungsmöglichkeiten von Molekularstrahlen zur Unters. von Molekülrotationsspektren; es lassen sich damit schmale Spektrallinien mit einer Breite von ~7 kHz gewinnen u. die Rotationsspektren von Substanzen untersuchen, die sich unter n. Umständen im festen Zustand befinden. (Журнал Экспериментальной и Теоретической Физики [J. exp. theoret. Physik] **27.** 431—38. Okt. 1954. Physikal. Lebedew-Inst. der Akad. der Wiss. der UdSSR.) R. Amberger. 121

L. M. Beljajew, M. D. Galanin, S. L. Morgenstern und **S. A. Tschishikowa,** *Abhängigkeit der γ- und Photoluminescenzausbeute von KJ-Tl-Kristallen von der Thalliumkonzentration.* Die relative Luminescenzausbeute von KJ–Tl in Abhängigkeit von der Aktivatorkonz. wird bei Lichtanregung u. Anregung durch γ-Strahlen untersucht. Die Best. der Tl-Konz. ($2{,}35 \cdot 10^{-6}$ bis $1{,}12 \cdot 10^{-3}$) erfolgt mittels Absorptions- bzw. Polarisationsmessungen. Bei Anregung mit γ-Strahlung (^{60}Co) steigt die Luminescenzausbeute unabhängig von der Gestalt u. Lage des Kristalls an. Die Sättigung wird bei den vorliegenden Versuchsbedingungen nicht erreicht. Die Photoluminescenzausbeute bei Anregung in den Absorptionsbanden des Aktivators (λ = 287 u. 240—245 mμ) ist von der Tl-Konz. unabhängig, jedoch erhält man bei λ = 240—245 mμ, wo die Tl-Absorption die Kante der Eigenabsorption überdeckt, anfangs einen steilen Anstieg der Ausbeute. Erfolgt die Anregung im Absorptionsbereich der Grundsubstanz, so wächst zunächst die Photoluminescenzausbeute linear mit der Aktivatorkonz. u. geht schließlich in eine Sättigung über. (Доклады Академии Наук СССР [Ber. Akad. Wiss. UdSSR] [N. S.] **99.** 691—94. 11/12. 1954. Physikal. Lebedew-Inst. u. Kristallograph. Inst. der Akad. der Wiss. der UdSSR.) J. Geiger. 125

N. Riehl und **H. Ortmann,** *Über Elektronen-Anlagerungsstellen sehr geringer energetischer Tiefe in Zinksulfid.* Kurze Mitt. über Messungen der Ausleuchtkurven von verschied. ZnS(Cu)-Phosphoren bei Tempp. unterhalb —180°. Es ergeben sich äußerst

scharfe Ausleuchtmaxima im Temperaturgebiet von —210 bis —180°, deren Temperaturlage jedoch bei den verschied. untersuchten ZnS-Luminophoren nicht völlig gleich zu sein scheint. Vff. schließen aus ihren Ergebnissen auf sehr dicht unterhalb des Leitfähigkeitsbandes liegende Anlagerungsterme, deren Abstand vom Band durchweg endlich ist u. einige 10^{-1} bis 10^{-2} eV betragen dürfte. Diese Anlagerungsterme treten sowohl bei aktivatorfreiem ZnS wie bei Aktivierung mit Cu auf; auch der O-Geh. des Präp. scheint keinen Einfl. auf die Stärke des Ausleuchtmaximums auszuüben. Vff. weisen abschließend auf die Möglichkeit hin, mit Hilfe der Ausleuchterscheinungen geringe Temperaturveränderungen im Gebiet um 60—80° K opt. festzustellen. Die besondere Empfindlichkeit der Ausleuchtung gegenüber Ultrarot gibt ferner Möglichkeiten zur Sichtbarmachung ultraroter Abbildungen. (Z. Naturforsch. **10a.** 896—97. Nov. 1955. München.)
R. STEIN. 125

E. Waibel und **R. Seiwert,** *Die Quantenausbeute der roten Luminescenz von Cadmiumsulfid bei Zimmertemperatur und Anregung mit UV-Licht.* Auf Grund von Luminescenzunterss. an *CdS*-Phosphoren u. des Vgl. mit Messungen an ZnS ist für die CdS-Banden anzunehmen: 1. Selbstaktivierung durch Cd verursacht eine Emissionsbande zwischen 730 u. 745 mμ. 2. Bei Ag-Aktivierung (10^{-4} bis 10^{-5}-Gew.-%) rückt die Bande unter Abnahme der Halbwertsbreite etwas nach kurzen Wellen. 3. Cu-aktiviertes CdS ($\sim 10^{-5}$ Gew.-%) hat eine Bande um 900—920 mμ. An aus der Dampfphase hergestellten Phosphorkristallen werden durch Aufnahme einer Indikatrix u. mittels einer Hohlspiegelmeth. der Gesamtlichtstrom der Luminescenz (Erregung mit 365 mμ) ermittelt. Die gemessene räumliche Emissionsverteilung verschied. geometr. geformter Kristalle wird im Zusammenhang mit innerer (η_i) u. äußerer (η_a) Quantenausbeute diskutiert. Die höchsten η_a-Werte bei 20° waren 0,2, denen η_i zwischen 0,3 u. 0,6 entsprechen dürften. (Z. physik. Chem. **205.** 266—84. April 1956. Berlin, Humboldt-Univ., II. Phys. Inst.; Weissenau, Max-Planck-Inst. für Phys. der Stratosph.) J. RUDOLPH. 125

A₃. Elektrizität. Magnetismus. Elektrochemie.

A. Bardócz und **F. Varsányi,** *Erzeugung zeitlich aufgelöster Spektren von Hochfrequenz-Funkenentladungen kleiner Energie.* Durch Steuerung des zeitlichen Einsetzens der Funkenentladung durch Aufgabe eines Zeichens auf das Gitter einer Thyratronröhre kann das zeitliche Auflösungsvermögen von Spektren einer Hochfrequenz-Funkenentladung unter 1 μSek. herabgedrückt werden. Es wird eine genaue Beschreibung der App. gegeben. (Z. Naturforsch. **10a.** 1031. Dez. 1955. Budapest, Ungar. Akad. der Wiss., Zentralforsch.-Inst. für Phys., Spektroskop. Abt.) B. MÜLLER. 131

W. W. Wladimirski, *Prinzipielle Teilungsmöglichkeit von Bündeln geladener Teilchen mit verschiedener Polarisation im Magnetfeld.* Vf. diskutiert die Möglichkeit, ein Analogon zum STERN-GERLACH-Vers. bei geladenen Teilchen durchzuführen, vollständig polarisierte Bündel von Teilchen zu erhalten u. diese im Magnetfeld zu trennen. (Доклады Академии Наук СССР [Ber. Akad. Wiss. UdSSR] **102.** 1099—1100. 21/6. 1955.)
M. WIEDEMANN. 131

M. I. Rodak, *Zur Berechnung der Wärmebewegung von Elektronen im zweistrahligen Verstärker.* Der Einfl. der Wärmebewegung der Elektronen auf die Verstärkung im Elektronenstrom mit zwei Geschwindigkeitskomponenten wird untersucht. Die therm. Geschwindigkeitsstreuung der Elektronen wird durch eine der MAXWELLschen Geschwindigkeitsverteilung ähnliche Verteilungsfunktion berücksichtigt. Es ergibt sich, daß die therm. Verbreiterung des Geschwindigkeitsspektr. die Bandbreite u. den Verstärkungsgrad verkleinert u. schließlich eine Verstärkung unmöglich machen kann. (Журнал Технической Физики [J. techn. Physik] **25.** 644—48. April 1955.) J. GEIGER. 131

G. Medicus, *Über die Sättigung des Elektronenstromes in einer „Feuerball"-Diode.* Zur Deutung der Arbeitsweise einer „Feuerball"-Diode wird in Analogie zur Theorie der Sondentechnik die Ausbldg. einer LANGMUIR-Schicht entlang der Anode im Sättigungsgebiet angenommen, die alle Elektronen aufnimmt u. die Ionenbewegung durch das entgegengerichtete Feld hemmt, so daß die Ionen die Anode nicht mehr erreichen, sondern zwischen Kathode u Anode als „Ionenwind" zur Glaswand diffundieren. (Physic. Rev. [2] **93.** 649. 1/2. 1954. Wright Air Developm. Center.) B. MÜLLER. 131

J. H. Piddington, *Hydromagnetische Wellen in ionisiertem Gas.* An Hand einer vom Vf. gegebenen Gleichung für schwache Störungen in anisotrop leitenden Medien kann die Theorie der magnetohydrodynam. Wellen wesentlich erweitert werden. Danach pflanzen sich 3 definierte Wellen fort, eine ordentliche, eine außerordentliche u. eine den Schallwellen ähnliche Welle, deren Geschwindigkeit, Polarisation u. POYNTINGsche Vektoren in Abhängigkeit vom Werteverhältnis von Gasdruck u. „magnet. Druck" untersucht werden. (Nature [London] **176.** 508. 10/9. 1955. Sydney, Commonwealth Sci. and Ind. Res. Organ., Div. of Radiophys.) B. MÜLLER. 131

Sol Krasner, *Querschnitte des Elektronenverlusts für Heliumatome beim Durchgang durch Gase.* Vf. bestimmte die Querschnitte aus der Ablenkung eines Bündels ursprünglich neutraler He-Atome (100—450 keV) in einem starken Magnetfeld beim Durchgang durch eine Gaszelle. Das Verf. ergab die Summe der Querschnitte pro Atom für die Abspaltung von 1 u. 2 Elektronen. Die Querschnitte nahmen nahezu gleichförmig mit der Energie zu. In Einheiten von 10^{-17} cm² betragen die Querschnitte bei einigen μ Druck bei 100 bzw. 450 keV: *Luft* $30{,}2 \pm 0{,}8$ bzw. $43{,}9 \pm 1{,}5$; H_2 $5{,}8 \pm 0{,}6$ bzw. $12{,}5 \pm 0{,}8$; *He* $11{,}6 \pm 0{,}6$ bzw. $16{,}8 \pm 0{,}4$. (Physic. Rev. [2] **99.** 520—26. 15/7. 1955. Chicago, Ill., Univ. of Chicago, Dep. of Phys. and Inst. for Nucl. Stud.) H. LIEPACK. 131

H. W. Berry, *Streuung schneller Neonatome in Neongas.* Es wurde die Winkelverteilung im Bereich von 16—24° von in Ne-Gas gestreuten 0,30—3,0 keV-Ne-Atomen gemessen. Für Atomabstände von 0,4—1,0 Å kann das zwischenatomare Potential dargestellt werden durch $V(r) = 10{,}4 \cdot 10^{-9} \exp(-4{,}25\, r)$ erg, r in Å. Es wurde ferner die Winkelverteilung der bei Stößen neutraler Atome gebildeten Ionen gemessen. Der Querschnitt nahm linear als Funktion der Quadratwurzel aus der Energie von $14{,}0 \cdot 10^{-16}$ cm² bei $(300\text{ eV})^{1/2}$ auf $8{,}5 \cdot 10^{-16}$ cm² bei $(3000\text{ eV})^{1/2}$ ab. (Physic. Rev. [2] **99.** 553—55. 15/7. 1955. Syracuse, N. Y., Syracuse Univ., Phys. Dep.) H. LIEPACK. 131

Jack G. Powles, *Über die dielektrischen Eigenschaften von HBr und DBr im flüssigen und festen Zustand.* Inhaltlich gleich mit der C. **1954.** 2763 referierten Arbeit. (C. R. hebd. Séances Acad. Sci. **230.** 836—38. 27/2. 1950.) O. FUCHS. 132

G. Jacobs, *Dielektrische Verluste in durch Zusätze verfärbtem NaCl und KBr.* Vf. untersucht das dielektr. Verh. von mit zweiwertigen Ionen verunreinigtem NaCl u. KBr im Bereich von 0,1—100 kHz. Der dielektr. Verlustfaktor zeigt ein Maximum, daß sich bei Temperaturerhöhung zu höheren Frequenzen verschiebt. Daraus u. aus der Beobachtung, daß reines NaCl u. KBr den Effekt nicht zeigen, vermutet Vf., daß das Maximum der dielektr. Verluste der Relaxation der Farbzentren zukommt. (J. chem. Physics **24.** 629—30. März 1956. Ghent, Belgien, Univ., Crystallograph. Labor.)
H. MÜLLER. 132

W. A. Ioffe, *Dielektrieche Verluste in Silicatgläsern.* Die Unters. der Temperaturabhängigkeit der dielektr. Verluste von *X-Oxyd-*, *Titandioxyd-*, *Bleioxyd-* u. *(Na, K)-Oxyd-*SiO_2*-Gläsern* (X = K, Pb, Na) im Bereich 12—420°K bei 10^6 Hz zeigt, daß bei 50—80°K die Verluste ein Maximum aufweisen u. relaxationsbedingt sind, wobei die Elemente des Si—O-Gitters die Relaxation verursachen dürften. Im Gegensatz zu den Bleigläsern tritt bei den Alkaligläsern nach einem relativen Verlustminimum bei 100 bis 150°K eine steile Verlustzunahme ein, was die Existenz von Relaxationsverlusten der schwach gebundenen Ionen in den Alkaligläsern unmittelbar beweist. Aus der Temperaturfrequenzabhängigkeit der dielektr. Verluste berechnet sich die Aktivierungsenergie zu 500—1000 cal/Mol u. die Eigenschwingungsfrequnez der Gitterelemente zu 10^7—10^{10} sec^{-1} Der sehr kleine Wert für die Aktivierungsenergie erklärt das Fehlen eines Verlustmaximums bei höheren Temperaturen. Messungen bei 10^{10} Hz ergaben bei den meisten Gläsern neben einer schwachen Verlustabhängigkeit von der Zus. eine vermutlich resonanzbedingte Zunahme der Verluste mit der Frequenz. Die Existenz von Relaxationsmaxima der dielektr. Verluste, als deren Ursache die Relaxation der Gitterlemente anzusehen ist, läßt auf den ungeordneten Charakter der Struktur der untersuchten Gläser zumindestens in einem gewissen Bereich schließen. Die Existenz bestimmter chem. Verbb. in den untersuchten Gläsern erscheint wenig wahrscheinlich. (Журнал Технической Физики [J. techn. Physik] **24.** 611—21. April 1954.) R. AMBERGER. 132

H. Fetz, *Elektronenbefreiung durch Ionen niedriger Energie aus Metalloberflächen und in Gasen.* Beschreibung einer App. zur Messung des Rückwirkungskoeff. γ, der in der TOWNSENDschen Zündbedingung $\gamma(\exp\int\alpha\, dx - 1) = 1$ eine entscheidende Rolle spielt. Die Meßanordnung gestattet eine getrennte Messung der verschied. Rückwirkungsprozesse, bes. der Elektronenauslösung durch Ionen auf Metalloberflächen u. im Restgas unter Ausschaltung der lichtelektr. Ionisation. Bei Impulsbetrieb der Ionenquelle kommen wegen der relativ langen Laufzeit der Ionen die photoelektr. ausgelösten Elektronen eher auf der Sammelelektrode an als die durch Ionenstoß ausgelösten, wodurch eine oscillograph. Trennung beider Prozesse möglich wird. Die Elektronenausbeute beim Aufprall von 1 eV-Ionen auf durch Red. gereinigte Cu-Oberflächen ist für N u. Ar relativ groß (bis zu 1%), für H u. O unter 10^{-6}. Von oxydierten Oberflächen ist die Ausbeute auch für N u. Ar wesentlich geringer. Steigert man E/p auf Werte von einigen hundert Volt/cm · Torr, so wird für alle Gase die Elektronenauslösung durch Zusammenstöße von

Ionen mit Gasatomen merklich. Für diese Volumenionisation durch Ionenstoß scheint eine Mindestenergie gleich der doppelten Ionisierungsenergie erforderlich zu sein. (Brit. J. appl. Physics **6.** 288—91. Aug. 1955. Würzburg, Univ., Physikal. Inst.) F. LENZ. 134

Ralph Klein, *Untersuchung von Oberflächenreaktionen mit dem Feldelektronenmikroskop.* Mit dem Feldelektronenmikroskop wird die Rk. von C oder O_2 mit einer W-Oberfläche untersucht. Beim Heizen der mit C u. O bedeckten Kristallspitze ist der geschwindigkeitsbestimmende Schritt die Lösung der W—O-Bindung des chemosorbierten Sauerstoffes. Die Elektronenaustrittsarbeit von W mit einer C-Schicht unterscheidet sich kaum von der Austrittsarbeit des reinen W. (Physic. Rev. [2] **92.** **854.** 1/11. **1953.** Pittsburgh, Pa., Bur. of Mines.) M. DRECHSLER. 134

J. L. H. Jonker, *Die Winkelverteilung der Sekundärelektronen von Nickel.* (Vgl. C. **1954.** 15.) Unter bestmöglicher Vermeidung störender Einfll. wurde die Winkelverteilung der Sekundärelektronen von einer elektrolyt. polierten Ni-Fläche (Kristallitgrößen ca. 0,1 mm) bei Beschuß mit Elektronen von 25, 100, 450 V, $<10^{-6}$ A, unter Winkeln von 0, 30, 45° (prim. gegen Flächennormale) gemessen. Die Messung der sek. Winkelverteilung erfolgte jeweils für 3 Gruppen von Elektronen getrennt: a) solche mit minimal 80% der prim. Energie; b) mit mittleren Energien (40—60%); c) mit Energien maximal 6—15 V. Die zur Messung gelangenden sek. Elektronen wurden in einem schwenkbaren Käfig eingefangen, dessen Aufladung (10^{-12} A, Quarzisolation) mit einer Verstärkeranordnung bestimmt wurde. Durch eine bes. durchdachte Konstruktion wurde dafür gesorgt, daß die nach Richtung sorgfältig ausgeblendeten Elektronen ein Vakuum von 10^{-7} bis 10^{-10} Torr u. ein Verzögerungsfeld nur in Feldrichtung durchliefen, wobei Abweichungen leicht abgeschätzt werden konnten. — Die Meßergebnisse sind in Kurven dargestellt u. ihre charakterist. Eigentümlichkeiten u. Unterschiede diskutiert. (Philips Res. Rep. **6.** 372—87. Okt. 1951. Eindhoven, Philips Res. Labor.) H. NIEHRS. 134

K. Seeger, *Physik und Technik der Nachemission von Elektronen (Exo-Elektronen).* Übersicht über Entdeckung u. Erscheinungsformen, physikal. Deutung, techn. Anwendungsmöglichkeiten u. Verff. zum Nachw. der Nachemission. — Zahlreiche Literaturzitate. (Angew. Chem. **68.** 285—91. 21/4. 1956. Heidelberg, Univ., II. Physikal. Inst.) R. STEIN. 134

K. W. Böer, *Zum Problem elektronischer Eigenleitung von Halbleitern.* Kurze Mitt. über nichtstationäre Leitfähigkeitsunterss. an *CdS* im Temperaturgebiet der sogenannten elektron. Eigenleitung. Zur Deutung der gefundenen trägen Effekte der Leitfähigkeit nimmt Vf. an, daß oberhalb 250° eine nicht durch Fremddotierungen bedingte Fehlordnung des Gitters einsetzt, so daß im Gebiet höherer Tempp. nicht von einer Eigenleitung, sondern eher von einer Eigenstörstellenhalbleitung gesprochen werden kann. Ähnliche experimentelle Ergebnisse wie beim *CdS* sind bei *ZnO, ZnS* u. *Se* erhalten. (Z. Naturforsch. **10a.** **898**—99. Nov. 1955. Berlin, Humboldt-Univ., II. Physikal. Inst.) R. STEIN. 135

W. Heywang und **M. Zerbst,** *Zur Bestimmung von Volumen- und Oberflächenrekombination der Ladungsträger in Halbleitern.* Um die Volumen- u. Oberflächenrekombination in hochgereinigten Halbleitern getrennt bestimmen zu können, wählen Vff. zwei verschied. Anregungsbedingungen derart, daß die beiden Rekombinationsarten mit unterschiedlichem Gewicht in die Meßwerte eingehen. Eine Meßapp., die es gestattet, die Dauer des Lichtblitzes in einfacher Weise zu regeln u. zu messen, wird beschrieben. Für eine als Beispiel herausgegriffene Probe von hochreinem *p-Si* ergab sich eine Oberflächenrekombinationsgeschwindigkeit von $s = 2500 \pm 200$ cm/sec., während über die Volumenlebensdauer nur ausgesagt werden kann, daß sie zwischen 1000 u. 3000 μsec liegt. (Z. Naturforsch. **11a.** 256—57. März 1956. Karlsruhe, Siemens & Halske A. G., Werkstoff-Hauptlabor.) H. W. LEVI. 135

R. E. Burgess, *Thermische Effekte in Punktkontaktgleichrichtern.* Krit. Bemerkungen zu zwei Notizen von ARMSTRONG (vgl. C. **1955.** 284 u. 8554.) (J. appl. Physics **26.** 1058. Aug. 1955. Vancouver, Univ. of Brit. Columbia.) G. KIRSCHSTEIN. 135

E. H. Borneman, R. F. Schwarz und **J. J. Stickler,** *Gleichrichtereigenschaften von Metall-Halbleiterkontakten.* Wird *Ge* mit Überschußelektronen (5 Ω cm) mit Metallen plattiert, so ist Gleichrichtung zu beobachten. Bei den untersuchten Metallen: *Pt, Rh, Au, Zn, Sn, Cd, Cu, Pb, Ni* ist zwischen Sättigungsstromdichte u. Austrittsarbeit oder andern elektr. Kenngrößen keine Beziehung zu entdecken. Die Kontakte dieser Metalle sowie von *As, Sb, Bi* mit Ge mit Defektelektronen stellen OHMsche Widerstände dar. Wird Ge mit *In* plattiert, so nimmt die Gleichrichterwrkg. allmählich ab, wenn man von n- zu p-leitendem Geh übergeht. Die Ge-Metallkontakte üben demnach nur auf Elektronen, nicht aber auf Löcher eine Sperrwrkg. aus. (J. appl. Physics **26.** 1021—28. Aug. 1955. Philadelphia, Pa., Philco Corp.) G. KIRSCHSTEIN. 135

Gottfried Landwehr, *Über den Einfluß allseitigen Drucks auf die Driftbeweglichkeit von Defektelektronen in Germanium.* Die Driftbeweglichkeit von Defektelektronen in n-Ge wurde bei Drucken bis zu 10000 kp/cm² u. einer Temp. von 22° gemessen. Sie erwies sich innerhalb der Meßgenauigkeit von ca. ±2% als Druckunabhängig. Im einzelnen deuten die Ergebnisse auf eine Zunahme der Oberflächenrekombinationsgeschwindigkeit mit dem Druck hin. Zur Messung wurde die etwas abgeänderte Meth. von LAWRENCE u. GIBSON (vgl. Proc. physic. Soc., Sect. B **65.** [1952.] 994) verwendet. (Z. Naturforsch. **11a.** 257. März 1956. Braunschweig, Physikal.-Techn. Bundesanstalt.) H. W. LEVI. 135

J. E. Verschaffelt, *Über die Thermomechanik der elektrischen Leitung.* (Vgl. C. **1956.** 5741 u. 9625.) Thermodynam. Betrachtungen über die Strömung von elektr. geladenen Teilchen mit einer Anwendung auf Konzentrationselemente u. einer Erklärung des Potentialsprungs an den Elektroden. (J. Physique Radium **15.** 742—49. Nov. 1954. Den Haag.) G. KIRSCHSTEIN. 136

M. R. Schafroth, *Supraleitfähigkeit eines geladenen Bosonengases.* In Fortführung der früher (vgl. C. **1955.** 2366) vom Vf. angestellten Betrachtungen wird gezeigt, daß im idealen Gas geladener Bosonen die typ. Merkmale eines Supraleiters (Vorliegen einer Übergangstemp. T_c u. Auftreten des MEISSNER-OCHSENFELDT-Effektes unterhalb T_c) vorhanden sind. (Physic. Rev. [2] **96.** 1149. 15/11. 1954. Sydney, Univ., School of Phys., Falkiner Res. Labor.) O. FUCHS. 136

M. A. Rosenblat, *Entmagnetisierungskoeffizienten von Stäben hoher Permeabilität.* Vf. prüft experimentell die Abhängigkeit der Entmagnetisierungskoeffizienten kompakter u. eingelegter Stäbe mit rechteckigem Querschnitt u. von kompakten u. hohlen Zylindern hoher Permeabilität von ihren geometr. Abmessungen u. schlägt zur Best. des Entmagnetisierungskoeff. eine halbempir. Formel vor. (Журнал Технической Физики [J. techn. Physik] **24.** 637—61. April 1954.) R. AMBERGER. 137

T. M. Shaw und **R. H. Elsken,** *Die Technik magnetischer Kernresonanzmessungen bei körnigen, hygroskopischen Stoffen.* Die Unters. der magnet. Kernresonanz von festen Stoffen wird durch die bei Gasen u. Fll. nicht vorhandene Ungleichförmigkeit des Probenmaterials erschwert. Das von den Vff. entwickelte Verf. beseitigt diese Schwierigkeit u. gestattet durch Unters. der magnet. Resonanzabsorption der H-Atomkerne eine Best. der Feuchtigkeit körniger, hygroskop. Stoffe im Bereich von ca. 7—16% Wassergehalt. Als Anwendungsbeispiel wurde unter anderem in Weizenkörnern 11% W. gefunden. (J. appl. Physics **26.** 313—17. März 1955. Albany, Calif., U. S. Dep. of Agric., Agric. Res. Serv.) K. REICHEL. 137

A. Ss. Borowik-Romanow, M. P. Orlowa und **P. G. Strelkow,** *Magnetische und thermische Eigenschaften von drei festen Sauerstoffmodifikationen.* Aus dem Temperaturverlauf der spezif. Wärme für den festen O_2 ergibt sich, daß es sich bei dem Übergang von der α- zu β-Modifikation (23,88° K) um einen Übergang II. Art, bei dem $\beta \rightleftharpoons \gamma$-Übergang (43,80° K) um einen Übergang I. Art handelt. Mit ballist. Methoden wird die magnet. Susceptibilität des O_2 zwischen 26,5 u. 77,5° K gemessen. Die magnet. Susceptibilität der γ-Modifikation u. des fl. O_2 gehorcht dem CURIE-WEISSschen Gesetz. Beim $\gamma \rightleftharpoons \beta$-Übergang fällt die magnet. Susceptibilität stark u. nimmt mit fallender Temp. ab, es tritt Antiferromagnetismus auf. Der $\beta \rightleftharpoons \alpha$-Übergang ist ebenfalls von einem Abfall der Susceptibilität begleitet, jedoch gibt die Temperaturabhängigkeit keinen Grund zur Annahme, daß dieser Übergang mit dem Auftreten von Antiferromagnetismus verknüpft ist. (Доклады Академии Наук СССР [Ber. Akad. Wiss. UdSSR] [N. S.] **99.** 699—702. 11/12. 1954. Moskau, Inst. für Maße u. Meßgeräte.) J. GEIGER. 137

C. Dean, *Zeeman-Aufspaltungen von Kern-Quadrupol-Resonanzen.* Es wird eine Theorie der ZEEMAN-Aufspaltung für alle möglichen elektr. Feldgradienten gegeben. Wenn das magnet. Feld zu einer der drei Hauptachsen des elektr. Feldgradienten parallel ist, sind gewisse Vereinfachungen möglich. Die Aufspaltung der Spektren (Quadrupol-Energieniveaus für Kerne) wird diskutiert, genaue Rechnungen u. mögliche experimentelle Anwendungen werden angegeben. (Physic. Rev. [2] **96.** 1053—59. 15/11. 1954. Pittsburgh, Pa., Univ., Radiat. Labor.) E. HAHN. 137

H. H. Waterman und **G. M. Volkoff,** *Das magnetische Kernresonanzspektrum des ^{11}B in Kernit.* An einem Einkristall von $Na_2B_4O_7 \cdot 4\,H_2O$ (Kernit) haben Vff. Unterss. mit Hilfe des Hochfrequenz-Kernresonanzspektr. des ^{11}B durchgeführt. An Hand der Versuchsergebnisse werden Berechnungen der Kristallstruktur durchgeführt. (Canad. J. Physics **33.** 156—75. Mai 1955. Vancouver, Univ. of Brit. Columbia, Dep. of Phys.) K. REICHEL. 137

R. G. Barnes und **P. J. Bray,** *Kern-Quadrupol-Resonanzen von ^{75}As,* Vff. führen die Best. der Resonanzen von ^{75}As u. deren Temperaturabhängigkeit (77° K u. Raumtemp.) für $AsCl_3$, $AsBr_3$, AsJ_3 u. $As(C_6H_5)_3$ sowie von ^{81}Br in $AsBr_3$ durch. Aus der Temperaturabhängigkeit werden Aussagen über die Struktur der Verbb. gemacht. Zu Vergleichszwecken wird das Spektr. $^{121,123}Sb$ von $SbCl_3$ bestimmt. (J. chem. Physics **23.** 407. Febr. 1955. Newark, Del., Univ. of Delaware, Phys. Dep.; Troy, N. Y., Rensselaer Polytechn. Inst., Phys. Dep.) GRETCHEN MÜLLER. 137

Alexander I. Popov und **Norman E. Skelly,** *Untersuchungen über die Chemie von Halogenen und Polyhalogenen.* 3. Mitt. *Die elektrische Leitfähigkeit von Polyhalogenkomplexen in Acetonitril bei 25°.* (Vgl. C. **1954.** 3183.) Es wurde die elektr. Leitfähigkeit in Acetonitril bei 25° von folgenden Substanzen bestimmt: $(CH_3)_4 \cdot NJBr_2$ (**I**); $(CH_3)_4NJBr \cdot Cl$ (**II**); $(CH_3)_4NBr_3$ (**III**); $(CH_3)_4NCl$ (**IV**); $(CH_3)_4NBr$ (**V**); $(CH_3)_4NJ$ (**VI**); $CsJBr_2$ (**VII**). Durch die Instabilität von **III** sind hier die Werte nur ungenau. Die Verbindungen **I, II, III, VII** verhalten sich wie starke Elektrolyte u. gehorchen der ONSAGER-Gleichung weitgehend, während **IV, V, VI** davon abweichen, was durch Assoziation erklärt wird. Experimentelle Leitfähigkeitswerte (nach ONSAGER berechnete in Klammern): **I** 385 (367); **II** 367 (370); **IV** 743 (367); **V** 696 (367); **VI** 473 (369); **VII** 333 (363). Die extrapolierten, gemessenen λ_0-Werte: **I** 193,4 (193,0); **II** 197,3 (197,2); **III** 201; **IV** 195,8 (193,1); **V** 196,9 (192,7); **VI** 195,3 (195,3); **VII** 186,9 (187,1). Die Dissoziationskonstanten$\cdot 10^2$, berechnet nach FUOSS u. KRAUS (J. Amer. chem. Soc. **55.** [1933.] 476), in Klammern die Werte nach FUOSS u. SHEDLOWSKY, C. **1950. I.** 1322) sind: **IV** 1,30 (1,29); **V** 4,58 (2,41); **VI** 4,94 (3,62). **I, II, III, VII** sind in Acetonitril leicht, die anderen Substanzen schwer löslich. (J. Amer. chem. Soc. **76.** 5309—11. 5/11. 1954. Iowa City, Io., State Univ., Dep. of Chem.) V. BRAUN. 138

Norman N. Lichtin und **Harry P. Leftin,** *Ionisations- und Dissoziationsgleichgewichte in flüssigem Schwefeldioxyd.* 3. Mitt. *Die Dissoziation kugelförmiger Ionen.* (2. vgl. C. **1952.** 6030.) Vff. berichten über die Ergebnisse von Leitfähigkeitsunterss. an Lsgg. von *KCl, KBr, KJ* u. $(CH_3)_4NBr$ in fl. SO_2 bei 0,12 u. —8,93°. Im Konzentrationsbereich von 2000 bis 80000 Liter pro Mol läßt sich die Meth. von SHEDLOVSKY auf die Äquivalentleitfähigkeitsdaten anwenden u. liefert Werte für die Ionenpaardissoziation u. die Grenzleitfähigkeit. Die mit Hilfe der BJERRUM-Gleichung berechneten Werte für die geringste Entfernung der Ionen voneinander differiert nur wenig (0,0—0,3 Å) von den entsprechenden Ionenradiensummen. Die auf Grund des STOKESschen Gesetzes berechneten Grenzleitfähigkeiten sind für KCl, KBr u. KJ deutlich größer als die beobachteten, während sie für $(CH_3)_4Br$ kleiner sind. Die Reihenfolge der gelösten Stoffe in bezug auf die thermodynam. Daten steht in Übereinstimmung mit der Theorie. (J. physic. Chem. **60.** 160—63. Febr. 1956. Boston, Mass., Univ., Dep. of Chem.) W. NIEMITZ. 139

Norman N. Lichtin und **Harry P. Leftin,** *Ionisations- und Dissoziationsgleichgewichte in flüssigem Schwefeldioxyd.* 4. Mitt. *Alkyl- und Arylderivate des Triphenylchlormethans bei 0 und —8,9°.* (3. vgl. vorst. Ref.) In gleicher Weise wie in der 3. Mitt. (l. c.) werden Leitfähigkeitsdaten von Lsgg. von *Triphenylchlormethan* u. dessen *Mono-, Di-* u. *Tri-m-phenyl, Mono-, Di-* u. *Tri-p-phenyl, Mono-m-* u. *Mono-p-tert.-butyl*-Derivv. in fl. SO_2 bei —8,9 u. 0° ermittelt u. nach der Meth. von SHEDLOVSKY ausgewertet. Weiter werden unter der Annahme einer prakt. Temperaturunabhängigkeit im untersuchten Bereich annähernde Werte für ΔH^0_{exp} berechnet. Die Beziehungen zwischen diesen Werten u. den für ΔF^0_{exp} weichen wesentlich ab von denen bei der 3. Mitt. gefundenen. Diese Differenz wird zurückgeführt auf das Auftreten einer kovalenten Assoziation im vorliegenden Fall. Die Ionenpaardissoziationskonstanten werden unter der Annahme eines Modells berechnet u. einige Folgerungen dieses Vorgehens besprochen. (J. physic. Chem. **60.** 164—69. Febr. 1956.) W. NIEMITZ. 139

A. E. Cameron, W. Herr, W. Herzog und **A. Lundén,** *Isotopenanreicherung beim Brom durch elektrolytische Überführung in geschmolzenem Bleibromid.* Vor einer Lösungsanode aus geschmolzenem Pb wurde ^{79}Br durch elektrolyt. Überführung in geschmolzenem $PbBr_2$ angereichert. Bei einer Stromdichte von 5,3 A/cm^2 wurde in 7,8 Tagen ein Trennfaktor 1,28 erreicht. Die relative Differenz der Wanderungsgeschwindigkeiten der Br-Isotope betrug 0,11%; das entspricht einem Masseneffekt von $\mu = -0{,}044 \pm 0{,}001$. Die Isotopenhäufigkeiten wurden sowohl mit einem Massenspektrometer als auch durch Neutronenaktivierung gemessen. Apparative Details sind angegeben. (Z. Naturforsch. **11 a.** 203—05. März 1956. Göteborg, Chalmers TH, Physik. Inst; Mainz, Max-Planck-Inst. für Chem.) H. HOFMANN. 141

Tsutomu Yanagase und **Gerhard Derge,** *Elektrochemische Eigenschaften von Schmelzen in dem System Sb–Sb_2S_3.* Fl. Sb_2S_3 wird mit metall. *Sb* gesätt. u. in einer näher beschriebenen Zelle zwischen einer Sb-Anode u. einer Sb_2S_3-Kathode elektrolysiert. Die Experimente dienen der Best. der Stromausbeute u. werden zwischen 635 u. 690° bei Stromdichten von 0,25—1,5 A/cm^2 durchgeführt. Die ermittelten Stromausbeuten liegen stets unterhalb von 60%, was darauf hindeutet, daß der Stromtransport in den Schmelzen z. T. über einen elektron. Mechanismus erfolgt. Zur Sicherstellung dieser Hypothese werden Leitfähigkeitsmessungen an Sb enthaltenden Sb_2S_3-Schmelzen durchgeführt. Es zeigt sich, daß die Leitfähigkeit mit der Menge an gelöstem Sb zunimmt u. einen positiven Temperaturkoeff. besitzt. Außerdem übersteigt die spezif. Leitfähigkeit (5 $\Omega^{-1}\cdot cm^{-1}$ oberhalb von 800°) die bei einfacher Ionenleitfähigkeit üblichen Werte Die ebenfalls gemessene Leitfähigkeit der mit Sb_2S_3 bei 790° im Gleichgewicht befindlichen metall. Phase besitzt einen schwach positiven Temperaturkoeff. (9200 $\Omega^{-1}cm^{-1}$ bei 800° u 9300 $\Omega^{-1}cm^{-1}$ bei 900°). (J. electrochem. Soc. **103.** 303—06. Mai 1956. Pittsburgh, Pa., Carnegie Inst. of Technol.) W. Krönert. 141

M. Hennig, *Über die Dicke der in Ammoncitratlösung anodisch hergestellten Aluminiumoxydhäutchen.* Die Dicke von anod. in Ammoniumcitratlsg. hergestellten Al_2O_3-Schichten wurde in Abhängigkeit von der Elektrolytkonz. im Bereich zwischen 0,1 u. 10% interferometr, bestimmt. Zwischen 0,1 u. 1,5% wächst die Dicke linear mit der Spannung mit 1,65 mm/Volt. Bei 1,5% gilt dieser Wert nur für Formierungsspannungen unter 130 V, dann nimmt er wieder ab. Bei höherer Konz. werden die Abweichungen von der Linearität immer größer. (Naturwissenschaften **42.** 604. 2. Nov.-H. 1955. Halle/Saale, Univ., II. Physik. Inst.) H. C. Wolf. 141

M. Haissinsky, *Untersuchungen über die Heterogenität von Elektrodenoberflächen mit radioaktiven Indicatoren.* Zusammenfassung von Unterss. über die elektrolyt. Abscheidung radioakt. Isotope auf Metallen aus 10^{-3} bis $3\cdot10^{-16}$ mol. Lösung. Untersucht wurden 1. die krit. Abscheidungsspannungen in Abhängigkeit von Konz. (Gültigkeit des Nernstschen Gesetzes) u. Oberflächenzustand (bes. die Wrkg. vorheriger Polarisation der Elektroden), 2. die abgeschiedene Menge in Abhängigkeit vom Elektrodenpotential (Gleichung von Herzfeld) u. 3. die Verteilungsgleichgewichte zwischen Lsg. u. Elektrode bei konst. Potential (Freundlich-Isothermen). Die Ergebnisse zeigen, daß die Bindungsenergie für die Abscheidung auf der Oberfläche statist. schwankt. Daneben liegen zufällige Heterogenitäten, wie chem. Verunreinigungen u. mechan. Unvollkommenheiten, vor. Sie führen zur Anhäufung u. zum Eindringen von Atomen in die Unterlagen. Über den Einfl. vorheriger Polarisation auf die Abscheidung von Po, Bi, Ru u. Pa wird eingehender berichtet. (Z. Elektrochem., Ber. Bunsenges. physik. Chem. **59.** 750—52. 1955. Paris, Inst. du Radium.) G. Herrmann. 141

Wolfgang Lorenz, *Zusammenhang zwischen galvanostatischer und potentiostatischer Ladekurve und Frequenzspektrum der Doppelschichtimpedanz an Elektroden.* In der theoret. Unters. des Verh. anomaler Doppelschichtkapazitäten an Elektroden werden voneinander abhängige Beziehungen zwischen den drei Erscheinungen abgeleitet u. diskutiert: nichtlineare Ladekurve bei konstantem Strom (galvanostat. Ladekurve), frequenzabhängige u. verlustbehaftete Doppelschichtkapazität sowie verzögerte Doppelschichtaufladung beim Spannungsstoß (potentiostat. Ladekurve bei konstanter Überspannung). Das Beispiel der Doppelschichtimpedanz einer ideal polarisierbaren *Pt*-Elektrode in 1n K_2SO_4 wird diskutiert. (Z. physik. Chem. **205.** 311—16. April 1956. Leipzig, Univ., Phys.-Chem. Inst.) J. Rudolph. 142

R. Piontelli, G. Serravalle und **R. Ambrosetti,** *Untersuchungen über das elektrochemische Verhalten von Zinn.* 1. Mitt. Im Zusammenhang mit der Arbeitsweise des T. I. R wurde das elektrochem. Verh. des Sn, für das bisher nur wenig zuverlässige Daten vorlagen, systemat. untersucht. Die Elektrodenherst. aus Reinst-Sn, Herst. der galvan. Bäder, App. u. Arbeitsweise werden im einzelnen ausführlich beschrieben u. die Ergebnisse der potentiometr. u. galvanometr. Messungen in 8 Diagrammen u. 3 Tabellen wiedergegeben. Das elektrochem. Verh. des Sn erwies sich als ausgesprochen n., d. h. gek. durch sehr niedrige anod. oder kathod. Überspannung. Untersucht wurde das Verh. in chlorid- u. fluoridhaltigen Lösungen. (Metallurgia ital. **47.** 200—03. Mai 1955. Milano, Polytechn., Ist. di Chim. Fis., Elettrochim. e Metallurgia.) A. Sander. 142

Charles L. Rulfs und **Graham A. Stoner,** *Die polarographische Reduktion von Ferri-Ionen in Fluorionen enthaltenden Lösungen.* Vff. bestimmen bei 25° mit einer Hg-Tropfelektrode in einer Eisenionen enthaltenden 1 mol. KF-Lsg. die Red. von Fe^{3+}- zu Fe^{2+}-Ionen bei einem Halbwellenpotential von —0,49 V u. einem p_H-Wert von 5,8. Das Halbwellenpotential ist prakt. unabhängig vom p_H-Wert, die Größe des Diffusionsstromes dagegen ist stark p_H-abhängig. Durch die Abhängigkeit des Halbwellenpotentials vom log der Fluorionenkonz. wird die komplexe Bindung eines Fe-Ions nahegelegt. Der Diffusionskoeff. des Eisenfluoridkomplexes wird bei den genannten Bedingungen zu $5,8\cdot10^{-6}$ [$cm^2\cdot sec^{-1}$] abgeschätzt. (J. Amer. chem. Soc. **77.** 2653—54. 5/5. 1955. Ann Arbor, Mich., Univ., Dep. of Chem.) H. List. 142

R. Piontelli, *Passivierungserscheinungen der Metalle und Legierungen.* Überblick über das Passivierungsproblem u. die verschied. Untersuchungsverfahren. Die Passivierung von Metallen u. Legierungen entsteht nach Vf. durch Bldg. oberflächlicher Schutzschichten durch spontane Oxydation u. elektrochem. Reaktionen. Bldg. von Potentialdifferenzen wird hierbei durch heterogene Struktur begünstigt. Die im Schrifttum gebräuchlichen Definitionen u. Symbole bzgl. des Passivitätsbegriffs werden im Anhang erwähnt. (Metallurgia ital. **46.** 5—28. 1954. Milano, Politecnico, Ist. di Elettrochim., di Chim. Fis. e Metallurg.) A. Sander. 143

G. Bianchi, *Die Passivität des Zinks in Beziehung zur Belüftung.* In bewegter belüfteter NaCl-Lsg. wird Zn durch fest haftende Schutzschichten von Korrosionsprodd. passiviert. Bei Störung der Belüftung treten starke Lokalkorrosionen auf, ebenso beim Puffern mit Borsäure infolge Zerstörung des Schutzfilms. Salznebel bei gleichzeitiger Belüftung korrodieren Zn stark. Bei ruhender Salzlsg. u. Differentialbelüftung hängt die Passivierung von der Bldg. etwaiger Lokalelemente u. von der Verteilung des O in der Lsg. ab. (Metallurgia ital. **46.** 29—30. 1954. Milano, Politecnico, Ist. di Elettrochim, di Chim. Fis. e di Metallurg.) A. Sander. 143

A. Ferri, *Passivitätserscheinungen bei nichtrostenden Stählen.* Potentialbestimmungen ergaben bei *18/8-Cr-Ni-Stahl* nach 5 Min. langem Beizen in sd. 2n H_2SO_4 bei Luftzutritt Passivierung vermutlich durch oberflächlich absorbierten O, da bei Vakuumbehandlung die Passivierung ausbleibt. (Metallurgia ital. **46.** 33. 1954. Porto Marghera, Soc. Ind. Chim. Edison.) A. Sander. 143

A$_4$. Thermodynamik. Thermochemie.

Kurt Claus, *Eine Methode zur Bestimmung der Poisson'schen Zahl durch direkte Messung von Querkontraktion und Längsdehnung.* Grundsätzliche Erörterungen zur Best. der Poissonschen Zahl. Beschreibung eines Querdilatometers zur Messung der Querkontraktion u. Angaben über die Eichmeth., Temperaturkompensation u. Meßgenauigkeit. Die Längsdehnung wird gleichzeitig mit dem Martens-Gerät gemessen. Die Poissonsche Zahl läßt sich bei einer Querkontraktion von $2 \cdot 10^{-5}$ mm/mm auf ca. 5% genau bestimmen. Bei 10^{-4} mm/mm beträgt die Ungenauigkeit nur noch 1%. (Z. Metallkunde **46.** 589—92. Aug. 1955. Stuttgart, Max-Planck-Inst. für Metallforsch.) H. Hochstein. 148

George Antonoff und **Raymond Madrazo jr.**, *Knickpunkte bei der graphischen Darstellung der Dichte des Wassers in Abhängigkeit von der Temperatur.* (Sitzungsbericht.) Wie früher gezeigt wurde (C. **1953.** 2079 u. **1954.** 2770), kann man Knicke gut feststellen, wenn man $d^{1/8}$ ($d = d_l - d_v$) (D. der Fl. $= d_l$, ihres Dampfes $= d_v$) gegen die absol. Temp. aufträgt. Jedoch wird die Meth. bei niedriger Temp. unempfindlicher. Man trägt dann den Assoziationsfaktor X gegen Temp. in einem stark verkleinerten Maßstab für X auf, u. die Knicke erscheinen als Schnittpunkt nahezu gerader Linien. Für *W.* werden folgende X-Werte angegeben: 4, 8, 16, 32, 64, 128, 256, 512, 1024, 2048, 12288, 24576, 75728 u. 147402 bei 4,9°. Die gleichen Knicke sind in den Kurven von d_l u. d_v gegen Temp. bei hohen Tempp. sichtbar. Die Tempp. werden von einem willkürlich nahe dem krit. Punkt angenommenen Nullwert abwärts gezählt. Die Gleichungen $d_l = A_1 + B_1T - CT^2$ u. $d_v = A_2 - B_2T + CT^2$, die zwischen zwei anliegenden Knicken gültig sind, zeigen gute Übereinstimmung mit den experimentellen Daten. (Physic. Rev. [2] **89.** 899. 15/2. 1953.) V. Butschak. 148

U. Grossmann-Doerth, *Maximum des Dichteverhältnisses von schwerem zu leichtem Wasser.* Zur Klärung der Diskrepanzen, die sich bei der Messung der D. von D_2O (C. **1956.** 6876) gegenüber den Daten von Schrader u. Wirtz (C. **1954.** 4096) sowie Chang u. Tung (C. **1949.** E. 369) ergeben haben, bestimmt Vf. das Verhältnis der D. von schwerem zu der von n. W. bei Sättigungsdampfdrucken von 60—100° in Abständen von 5° mit der beschriebenen Apparatur. Bis 80° stimmen die Daten mit denen der anderen Autoren überein. Oberhalb dieser Temp. biegt die Kurve ab, um nach Durchlaufen eines flachen Maximums bei 95 ± 5° oberhalb von 100° wieder langsam zu fallen. Die abweichenden Ergebnisse der anderen Autoren in diesem Gebiet können mit deren Meßmeth. zusammenhängen. (Z. Naturforsch. **11a.** 254—55. März 1956. Göttingen, Max-Planck-Inst. für Phys.) W. Krönert. 148

Roger A. Strehlow, *Eine Methode, um Zustandsgleichungsgrößen auf höhere Temperaturen zu extrapolieren.* Beschreibung einer graph. Meth., die sich für Ar u. N_2 als geeignet erwies u. vermutlich für alle einatomigen u. nichtpolaren zweiatomigen Moll. gilt. Die Anwendung auf CO_2 ergab keine brauchbaren Resultate. (J. chem. Physics **23.** 1562. Aug. 1955. Aberdeen Proving Ground, Md., Ballistic Res. Labor.) G. Kirschstein. 149

Robert W. Zwanzig, John G. Kirkwood, Kenneth F. Stripp und **Irwin Oppenheim**, *Die statistisch-mechanische Theorie der Transportprozesse.* 6. Mitt. *Die Berechnung der Scherungs- und Volumviscosität von Flüssigkeiten.* (5. vgl. Irving u. Zwanzig, C. **1953.** 975.) Unter Benutzung einer neuen radialen Verteilungsfunktion werden die Koeffizienten der Scherungs- u. Volumviscosität für fl. *Ar* beim n. Kp. mit Hilfe der statist. Theorie der Fll. berechnet. Die auftretenden Differentialgleichungen werden numer. gelöst. Für das zwischenmol. Potential wird $V = 4\varepsilon\,[(a/R)^{12} - (a/R)^6]$ angesetzt. Für ε u. a werden die Werte von MICHELS verwendet, u. zwar a = $3{,}405 \cdot 10^{-8}$ cm u. $\varepsilon = 1{,}653 \cdot 10^{-15}$ erg. In die radiale Verteilungsfunktion g_2 (c·R/a) im Gleichgewicht wird noch ein Parameter c aufgenommen, der so gewählt wird, daß der experimentell bestimmte Druck herauskommt. Es ist dann c = 1,026 zu nehmen. Die statist. Formeln für φ u. η führen für Volum- u. Scherungsviscosität zu den Ausdrücken $\varphi = \zeta/a \cdot 0{,}038$ u. $\eta = \zeta/a \cdot 0{,}0784$. ξ bedeutet die BROWNsche Reibungskonstante ($\zeta = 2{,}85 \cdot 10^{-10}$ g/sec). Damit folgen für φ u. η die Werte $\varphi = 0{,}36 \cdot 10^{-3}$ poise u. $\eta = 0{,}73 \cdot 10^{-3}$ poise. Ein Vgl. mit dem Experiment zeigt, daß η um einen Faktor 3 zu klein ist. Weiter ergibt eine Diskussion, daß φ stark vom Parameter c abhängig ist. (J. chem. Physics **21.** 2050—55. Nov. 1953.)

H. FALKENHAGEN. 149

Robert W. Zwanzig, John G. Kirkwood, Irwin Oppenheim und **Berni J. Alder,** *Statistisch-mechanische Theorie der Transportprozesse.* 7. Mitt. *Das Wärmeleitvermögen von einatomigen Flüssigkeiten.* (6. vgl. vorst. Ref.) Vff. wenden die in 1. u. 4. Mitt. (vgl. KIRKWOOD, C. **1946.I.** 423 u. IRVING, **1951.I.** 2696) gegebenen Theorien der Transportprozesse an u. berechnen das Wärmeleitvermögen von fl. *Ar* beim n. Siedepunkt. Sie knüpfen an die verallgemeinerten CHANDRASEKHAR-Gleichungen für die höheren Verteilungsfunktionen an u. ermitteln die Störungen, die ein Temperaturgradient an den mol. Gleichgewichtsverteilungen hervorruft. Die Gleichung für das Wärmeleitvermögen wird dann so umgeformt, daß gewisse auftretende Terme durch experimentell bestimmbare thermodynam. Größen ausgedrückt werden können. Dieses gelingt beim kinet. u. zu einem gewissen Teil auch beim potentiellen Beitrag zum Leitvermögen. In den Restanteil geht die radiale Verteilungsfunktion g(r) ein. Vff. nehmen g(cr) an Stelle von g(r). Die Konstante c wird so gewählt, daß der richtige Druck beim n. Kp. herauskommt. Es zeigt sich, daß der kinet. Anteil zum Leitvermögen K bei Ar vernachlässigt werden kann. Es dominiert der Anteil, der durch die mol. Kräfte hervorgerufen wird. Die theoret. ermittelten Werte für K lauten: $2{,}4 \cdot 10^{-4}$ cal/g sec °K für c = 1 u. $4{,}1 \cdot 10^{-4}$ cal/g sec °K für c = 1,026. (J. chem. Physics **22.** 783—90. Mai 1954. Chicago, Ill., Illinois Inst. of Technol., Dep. of Chem.)

H. FALKENHAGEN. 149

A. B. Osborn, *Ein Versuch der Trennung von Titan und Sauerstoff durch Vakuumsublimation und einige Messungen der Verdampfungsgeschwindigkeiten.* Hergestellt wurden Ti-Proben mit 2, 6 u. 16 Gew.-% O_2. Jede Probe wurde im Vakuum bis zur freien Verdampfung bei 1500—1600° erhitzt. Der Dampf wurde kondensiert u. auf O_2 untersucht. In jedem Falle enthielt das Sublimat wesentlich weniger O_2 als die Legierung, aus welcher es verdampft war. Dieser Vorgang ist für die industrielle Reinigung von Ti unwirksam, da er eine sehr hohe elektr. Energie erfordert. Die Verdampfungsgeschwindigkeit von Ti mit 6 Gew.-% O_2 bei 1530° wurde ungefähr gleich mit der veröffentlichten Geschwindigkeit für reines Ti gefunden, unterschied sich aber von der der Probe mit 16 Gew.-%, die nur $^1/_7$ der n. Geschwindigkeit betrug. Die Angabe, daß Ti mit 6,25% O_2 leichter verdampfbar sei als die anderen Ti–O-Legierungen, wurde nicht bestätigt. (J. Inst. Metals **83.** 185—88. Jan. 1955. Farnborough, Roy. Aircraft Establishment.) H. HOCHSTEIN. 150

Carl Kröger und **Wilhelm Janetzko,** *Die Direktcalorimetrie reaktionsträger Prozesse.* Es wird eine Anordnung u. Arbeitsmethodik zur calorimetr. Direktbest. der Wärmetönung endothermer u. exothermer Hochtemperaturprozesse beschrieben. Die zu untersuchenden Substanzen werden in einer Calorimeterbombe in einem elektr. Öfchen innerhalb einiger Min. von Zimmertemp. auf die gewünschten Reaktionstempp. gebracht. Die Messung der vom Öfchen aufgenommenen Heizenergie erfolgt mit einem Wattsekundenzähler. Obwohl das Verhältnis von Heizenergie zu Wärmetönung Werte bis zu 750 : 1 annehmen kann, gelingt, es die Heizenergie mit so großer Genauigkeit festzulegen, daß die Meßergebnisse denen anderer calorimetr. Methoden gleichkommen. Das Verf. ist anwendbar zur Best. der Wärmetönungen von therm. Dissoziationen, therm. Umsetzungen von Festkörpern untereinander u. mit Schmelzen u. Glasbildungsprozessen. Ebenfalls sind Schmelz- u. Umwandlungswärmen auch in solchen Fällen direkt meßbar, in denen die Lösungscalorimetrie versagt. Die Wärmetönungen der folgenden Umsetzungen werden ermittelt (eckige Klammern beziehen sich auf den kristallinen Zustand): 1. Carbonatschmelze $[Na_2CO_3] + 2\,[SiO_2]_{\alpha\text{-Quarz}} = Na_2Si_2O_{5(\mathrm{Glas})} + (CO_2)$ (+ 25,3$_1$ ± 0,19 kcal/Mol); 2. Hydroxydschmelze $2\,[NaOH] + 2\,[SiO_2]_{\alpha\text{-Quarz}} = Na_2Si_2O_{5(\mathrm{Glas})} + H_2O_{\mathrm{fl.}}$ (—18,5 ± 0,4 kcal/Mol). 3. Metasilicatbldg. $[Na_2CO_3] + Na_2Si_2O_{5(\mathrm{Glas})} = 2\,Na_2SiO_3 + (CO_2)$ (+ 13,07 ± 0,12 kcal/Mol Na_2SiO_3); 4. Entglasungswärmen bzw. Wärmetönung des Vorgangs Kristall → Glas $[\alpha\text{-}Na_2Si_2O_5] \rightarrow Na_2Si_2O_{5(\mathrm{Glas})}$ (+ 8,81 ± 0,12 kcal/Mol bei 20°); $[\beta\text{-}Na_2Si_2O_5] \rightarrow Na_2Si_2O_{5(\mathrm{Glas})}$ (+ 7,22 ± 0,14 kcal/Mol bei 20°); 5. die unvollständige Entglasungswärme von Na_2SiO_3 (+ 4,07 ± 0,01 kcal/Mol). Ferner werden einige Bildungswärmen sowie die Wärmetönung der Rk. $2\,[NaOH] = [Na_2O] + H_2O_{\mathrm{fl.}}$ ($\Delta H = +3{,}28$ kcal) berechnet. (Z. anorg. allg. Chem. **284.** 83—96. März 1956. Aachen, TH, Inst. für Brennstoffchem.)

W. KRÖNERT. 156

Kurt Wohl, *Die Verbrennungsgeschwindigkeit nicht begrenzter turbulenter Flammen. Die Theorie der turbulenten Verbrennungsgeschwindigkeit.* Mathemat. Behandlung des Problems. (Ind. Engng. Chem. **47.** 825—27. April 1955. Newark, Del., Univ., Dep. of Chem. Engng.) E. Roeder. 157

Kurt Wohl und **Leon Shore,** *Versuche mit Butan–Luft- und Methan–Luft-Flammen.* (Vgl. vorst. Ref.) Es wurden die Flammen von *Butan*–Luft- bzw. *Methan*–Luft-Gemischen bis hinauf zu mittleren Flammengeschwindigkeiten U = 49 feet pro Sek. untersucht. Allg. wurden die Verss. in 1 inch weiten, mit W. gekühlten Brennern durchgeführt. Die Verbrennungsgeschwindigkeit S_T wurde aus der Gesamtfläche maximaler Helligkeit errechnet. Diese wurde mit einem Densitometer sowie nach der Schlieren-Meth. bestimmt. Turbulenz wurde durch den Einbau von Sieben verschied. Maschenweiten (MW) erzeugt. In Kurven wird die Abhängigkeit der Größe S_T von U, MW u. dem stöchiometr. Verhältnis aufgezeichnet. **I** u. **II** verhalten sich insofern unterschiedlich, als S_T bei **I** durch Turbulenz u. größere U-Werte zwar zunimmt, die größten Werte von S_T aber beim stöchiometr. Verhältnis erhalten bleiben; bei **II** dagegen bewirkt eine Erhöhung von U u. die Einführung der Siebe eine Verschiebung des maximalen S_T-Wertes zu Äquivalenzverhältnissen bis über 1,2; d. h. zu **II**-reicheren Gemischen. Bei **I** wurde eine gute Übereinstimmung mit den theoret. zu erwartenden Bedingungen gefunden, bei **II** dagegen wird bei schwächeren Gemischen die Strömungsturbulenz unterdrückt, bei reicheren Gemischen verstärkt. Diese Erscheinung wird dadurch erklärt, daß **II** einen kleineren Diffusionskoeff. hat als O_2, **I** dagegen einen wenig größeren. Ebenfalls wurde der Einfl. der Brennerweiten untersucht. Die Dicke der Flammen $H_{Fl.}$ nimmt mit wachsender Turbulenz zu. $H_{Fl.}$ definierten Vff. als Abstand zwischen den Punkten mit 10 u. 90% O_2-Verbrauch. Bei **II** nimmt $H_{Fl.}$ mit wachsenden **II**-Konzz. in den Gemischen ab. U hat wenig Wrkg. auf $H_{Fl.}$ (Ind. Engng. Chem. **47.** 828—34. April 1955.) E. Roeder. 157

G. Schmid und **W. Schmidt,** *Ein Beitrag zur Messung der Schalldispersion in Flüssigkeiten.* Die von Fox u. Marion (vgl. C. **1954.** 4555) beschriebene Meth. zur Schalldispersionsmessung wurde von den Vff. verbessert, so daß Messungen nun auch mit kleineren Substanzmengen (1—9 Liter gegen 10000 Liter vorher) ausgeführt werden können. Frequenzbereich 350 kHz bis 5,25 MHz. — Ohne Meßergebnisse. (Naturwissenschaften **42.** 123. 1. März-H. 1955. Köln, Univ., Inst. für physik. Chem. u. Koll.-Chem.) O. Fuchs. 159

Maurice Dubois, *Wasserstoffstrahlen, die gegen Ultraschallwellen empfindlich sind. Ausströmen des Wasserstoffstrahles in Luft.* Forführung der C. **1955.** 3078 beschriebenen Verss. unter Verwendung von H_2, der mit großer Geschwindigkeit in Luft ausströmt; Frequenzbereich 18—250 kHz. (C. R. hebd. Séances Acad. Sci. **236.** 992—93. 9/3. 1953.) O. Fuchs. 159

Alan E. Crawford, *Erzeugung von Sprudel bei leistungsstarken magnetostriktiven Schallwandlern.* Vf. zeigt, daß unter bestimmten Bedingungen auch bei Magnetostriktionsschallgebern auf der schwingenden Fläche Flüssigkeitssprudel erzeugt werden analog denen bei piezoelektr. Schallgebern. Der Schwinger wird dabei so gelagert, daß die akt. Fläche nur wenig in die Fl. eintaucht u. sich auf dieser Fläche ein Flüssigkeitshäutchen bildet. Die Tröpfchengröße ist wesentlich größer als bei den piezoelektr. Gebern. (J. acoust. Soc. America **27.** 176—77. Jan. 1955. Wandsworth, London, Redifon Ltd.) Hans Jacob. 159

J. Elmer Rhodes jr., *Thermische Energie in fast normalen Arten.* Vf. bringt eine theoret. Abhandlung über stehende Wellen auf einer Übertragungslinie. Die Ergebnisse sind auf jede ebene Welle anwendbar, bei der man die Übertragung der Welle durch einen charakterist. resultierenden Widerstand u. eine Übertragungskonstante kennzeichnen kann. Für eine eindimensionale Welle, bei der ein charakterist. resultierender Widerstand für das Medium $Z_0 = R_0 + i X_0$ existiert, wird die wahre therm. Energie, die eine Welle E_{sw} kennzeichnet, auf die Energie eines Planckschen Oscillators durch $E_{po}/E_{sw} = 1 + X_0^2/R_0^2$ zurückgeführt. (Physic. Rev. [2] **93.** 1—3. 1/1. 1954. Atlanta, Ga., Georgia Inst. of Technol.) V. Burbach. 159

Samuel Glasstone, Termodimámica para quimicos. Madrid: Aguilar. 1955. (XVI + 637 S.) 225.00 ptas.

A_5. Kolloidchemie. Grenzschichtforschung.

T. M. Stross und **F. C. Tompkins,** *Der Diffusionskoeffizient von Wasserstoff in Eisen.* Es werden Bestimmungen des Diffusionskoeff. D von H_2 in Fe auf Grund von Messungen der Diffusionsgeschwindigkeit aus einem mit H_2 gesätt. Fe-Zylinder in ein Vakuum unter verschied. Bedingungen im Temperaturbereich von 150—900° beschrieben

u. diskutiert. Die Berechnung von D erfolgt nach der Gleichung D = (5,31 ± 0,50)·10^{-2} exp[(−3050 ± 100 cal)/RT]·cm^2·Min^{-1}. Die erhaltenen Werte werden mit früheren Ergebnissen verglichen, die nach der *Permeations*-Meth. ermittelt wurden. Die Diffusionsgeschwindigkeit ist unabhängig von dem Grad der absorptiven Sättigung oder der Bldg. von Oberflächenverbb. an der Außenfläche des Fe mit H_2, N_2, NH_3 oder O_2. Vff. schließen daraus, daß unabhängig von Grenzflächenerscheinungen an der Austrittsoberfläche der geschwindigkeitsbestimmende Vorgang die Diffusionsgeschwindigkeit innerhalb des Fe ist. Vermutlich gilt bei Unterss. nach der Permeationsmeth. unter Einschluß der Oberfläche, in die H_2 eintritt, die gleiche Annahme. (J. chem. Soc. [London] **1956**. 230—34. Febr. London, S. Kensington, Imp. Coll. of Sci. and Technol.) H. HOFMANN. 171

Eiji Suito und **Natsu Uyeda**, *Absorptionsspektren und Elektronenmikrogramm von Goldsol.* (Vgl. C. **1954**. 5240.) Die elektronenmikrograph. Best. der Teilchengröße von Au-Sol verhilft zu einer genauen Unters. der Beziehung zwischen der Farbe des Au-Sols u. seiner Teilchengröße. Es werden die Absorptionsspektren dieses Au-Sols mit einem BECKMAN-Spektrophotometer aufgenommen. Die aufgenommenen Absorptionsspektren sind alle ähnlich u. haben ein Maximum bei ca. 5500 Å u. ein Minimum bei ca. 4500 Å. Die Wellenlängen der maximalen Absorption liegen zwischen 5800 u. 5300 Å, wobei die Farbe des Sols von Blau nach Rot variiert. Ferner werden die Elektronenmikrographien des Au-Sols aufgenommen u. die Durchmesser der Teilchen bestimmt. (Bull. Inst. chem. Res., Kyoto Univ. [Kagaku Kenkyusho Hokoku] **30**. Nr. 9. 38—39. Sept. 1952. Suito Labor. [Orig.: engl.]) E. HAHN. 175

Édouard Calvet, *Die Thermokinetik der Adsorption von Aceton durch Nitrocellulose, verglichen mit derjenigen der Adsorption durch kristallisierte Körper.* Es wird ein Mikrocalorimeter zur Messung der Adsorption einer Fl. an einem Festkörper beschrieben. Mit dessen Hilfe wird die Zeitabhängigkeit der Wärmeentw. verfolgt, d. h. die „Thermokinetik der Adsorption“. Messung der Adsorption von *W.* an *Anatas* ergibt nach anfänglichem Anstieg u. längerer Konstanz der Wärmeentw. einen unstetigen Abfall, sobald sich ein monomol. Film gebildet hat. Das Verf. bietet somit die Möglichkeit zur Best. der spezif. Oberfläche. Die Unabhängigkeit der Wärmeentw. von der bereits besetzten Fläche erster Schicht wird darauf zurückgeführt, daß die Adsorption physikal. ist u. die ankommenden Moll. infolge der Beweglichkeit der physikal.-adsorbierten Moll. sich Platz schaffen können. Einen anderen Verlauf gibt die Adsorption von Aceton an Nitrocellulose. Es fehlt sowohl der zeitunabhängige Ast als auch der unstetig einsetzende Abfall der Kurve. Daraus sowie aus der zu 6 kcal/Mol bestimmten Adsorptionswärme wird geschlossen, daß die Adsorption in diesem Falle chem. bedingt ist (Wasserstoffbrücke). (Bull. Soc. chim. France [5] **1956**. 75—77. Jan. Marseille, Fac. des Sci.) K. L. WOLF. 176

Gösta Nilsson und **Ole Lamm**, *Die Adsorption von mit ^{35}S markiertem Natriumtetradecylsulfat an der Grenzfläche Lösung–Luft in Lösungen, die Natriumtetradecyl- und Natriumdodecylsulfat enthalten.* Die Anreicherung von Natriumtetradecylsulfat (**I**), das mit ^{35}S markiert war, an der Oberfläche von Lsgg., die außerdem noch Natriumdodecylsulfat (**II**) enthielten, wurde durch Aktivitätsmessungen mit einem GEIGER-MÜLLER-Zählrohr ermittelt. Die Oberflächenkonz. war dem Verhältnis **I**/**II** proportional. Bei Überschreitung der krit. Micellenkonz. wurde ebenfalls ein Anwachsen der Oberflächenkonz. beobachtet. Bei höheren Konzz. der Lsg. an **I** wurde festgestellt, daß die Oberfläche mehr Moll. **I** enthielt, als einer monomol. Adsorptionsschicht entsprechen würde. (Acta chem. scand. **6**. 1175—85. 1952. Stockholm, Roy. Inst. of Technol., Div. of Phys. Chem.) G. KLAFFKE. 176

I. Je. Neimark und **F. I. Chatzet**, *Über die Rolle der Capillarkondensation bei der Adsorption an Adsorbenten verschiedener Struktur.* Bei der Adsorption bin. Flüssigkeitsgemische aus der Dampfphase an *Silicagel* (**I**) verschied. Porosität treten erhebliche Unterschiede in der Zus. der adsorbierten Phase auf. Bei Sättigung befindet sich der adsorbierte Stoff an grobporigem **I** in der Hauptsache in Form einer 3dimensionalen Fl., an feinporigem **I** liegt er als Adsorptionsfilm vor, bei gemischtporigem **I** in beiden Formen. Bei feinporigem, gleichmäßig grobporigem u. mittelporigem **I** tritt Capillarkondensation (CK) überhaupt nicht oder nur bei großen Mengen von adsorbiertem Stoff auf. Mit zunehmendem Porendurchmesser des Adsorbens nimmt die Adsorptionsgröße, bei der die CK beginnt, zu. Eine wesentliche Rolle spielt sie nur bei grobporigem Adsorbens nahe der Sättigung. (Журнал Физической Химии [J. physik. Chem.] **27**. 50—56. Jan. 1953. Kiew, Inst. für physikal. Chem. der Akad. der Wiss. der UkrSSR.) R. K. MÜLLER. 176

Harold C. Beachell und **Harold S. Veloric**, *Adsorptions-Isothermen, -Isobaren und -Isosteren von Diboran an Bornitrid und Palladium an Kohle.* Es werden die Adsorptions-Isothermen, -Isobaren u. -Isosteren von B_2H_6 an BN u. Pd an Kohle zwischen

200 u. 750 Torr u. 180—300° K bestimmt. Die Isothermen sind vom LANGMUIR-Typ mit vernachlässigbarer Hysterese, auch bei den tiefsten Temperaturen. Aus den Isosteren wird die Adsorptionswärme berechnet. Auf Grund der einzelnen Ergebnisse schließen Vff. auf reine physikal. Adsorption. (J. physic. Chem. **60.** 102—03. Jan. 1956. Newark, Del., Univ. of Delaware, Dep. of Chem.) H. LIST. 176

S. G. Davis, M. R. Foran, J. D. B. Ogilvie, Jesse A. Pearce und **C. A. Winkler,** *Dynamische Adsorption von Ammoniak, Butan, Chlorcyan und Wasserdampf an Kohlen.* Nach ausführlicher Beschreibung der verwendeten Apparaturen u. Materialien (Reinigung) bestimmen Vff. durch Wägung die dynam. Adsorption von trockenem Ammoniak u. Butan an trockener Cocosnußschalenkohle, von trockenem Chlorcyan u. Wasserdampf an 3 Kohlen; Cocosnußschalenkohle, mit Cu imprägnierte Kohle u. Holzkohle u. mit Cu u. Cr imprägnierte Nußschalenkohle. Die erhaltenen Resultate stimmen im allgemeinen mit den bestehenden Theorien überein in bezug auf Verteilung des adsorbierten Gases im Adsorbens, auf die Adsorptionsisothermen u. Konzz. der Adsorbentien u. in der sogenannten „Durchbrechzeit", d. h. in der Zeit, nach der die adsorbierten Gase wieder in dem die App. verlassenden Gasstrom erscheinen, oder in dem Punkt, wenn die Zeit/Mengen-Kurven zum 1. Male die Linearität erreichen. Auch die Tempp. während der Adsorption werden gemessen, ferner wird die Desorption verfolgt. Aus den Adsorptionsdaten für die 4 Gase kann für Cocosnußschalenkohle der mol. Flächenbedarf für diese bei verschied. Partialdrucken berechnet werden. Daraus ist zu folgern, daß Ammoniak als ein Gasfilm, Butan als Monoschicht, Chlorcyan in einer Art, die zwischen den beiden ersten liegt, u. Wasserdampf durch Capillarkondensation adsorbiert werden. (Canad. J. Technol. **29.** 190—216. April 1951. Montreal, Quebec, McGill Univ., Phys. Chem. Labor.; Edmonton, Alta., Univ. of Alberta; Halifax, N. S., Nova Scotia Techn. Coll.; Niagara Falls, Ontario, North Amer. Cyanamid Ltd., Welland Works, Chalk River, Ontario, Health Radiat. Branch, Atomic Energy Proj.) E. JÄGER. 176

L. Pochhali, *Kationaustauscher aus indischer Kohle.* Die Kapazität eines durch Sulfurierung von ind. Kohle mit 40%ig. Oleum bei 150° erhaltenen Kationaustauschers wird zu 2,2—2,4 mÄquivalent/g ermittelt. Außerdem werden die Austauschisothermen für die H^+-, Na^+- u. Ca^{2+}-Form des Austauschers bestimmt. Es wird festgestellt, daß auch hier Ca^{2+} eine größere Affinität zum Harz besitzt als Na^+. (Sci. and Cult. **20.** 194—95. Okt. 1954. Calcutta, Coll. of Engng. and Technol., Phys. Chem. Labor.) GÜNTER LANGE. 177

A. Holroyd und **J. E. Salmon,** *Ionenaustauschuntersuchungen an Phosphaten.* 1. Mitt. *Ionenaustausch-, Sorptions- und p_H-Titrationsmethoden zum Nachweis von Komplexbildungen.* Es werden Unterss. über die Bldg. komplexer Metallphosphatanionen an Hand nachst. Methoden beschrieben u. diskutiert. 1. Sorption von Metall- u. PO_4^{3-}-Ionen aus Lsgg. der entsprechenden Metallphosphate in mol. H_3PO_4 an dem Anionenaustauscher *Zeo Karb IRA 400* (PO_4-Form). Die Ergebnisse zeigen, daß bei Al^{3+}, Cr^{3+} (gealterte Lsg.), Fe^{3+}, In^{3+} u. Bi^{3+} (Lsg. von $BiPO_4$ in HCl) u. in geringem Maße auch bei Mn^{2+} entsprechende Komplexbildungen stattfinden. Dagegen bilden Ba^{2+}, Ca^{2+}, Cd^{2+}, Co^{2+}, Cu^{2+}, Hg^{2+}, Mg^{2+}, Ni^{2+}, Pb^{2+}, Sr^{2+} u. Zn^{2+} keine analogen Komplexe. — 2. Potentiometr. p_H-Titrationen (Glas- gegen gesätt. Kalomelelektrode) der Metallsulfatlsgg. (0,1 mol. an Metallion) mit ca. 1,5 mol. H_3PO_4. Die Komplexbildungen von Al^{3+}, Cr^{3+} (gealterte Lsg.), Fe^{3+} u. In^{3+} werden bestätigt. Cd^{2+}, Co^{2+}, Cu^{2+}, Mg^{2+}, Mn^{2+}, Ni^{2+} u. Zn^{2+} lassen keine nennenswerte Komplexbldg. erkennen. — 3. Sorption wie unter 1. an dem Kationenaustauscher *Zeo Karb 225* (H-Form). Cr^{3+} (gealterte Lsg.) u. in geringem Umfange auch Al^{3+} u. Mn^{2+} werden zusammen mit PO_4^{3-} sorbiert. Fe^{3+}, In^{3+}, Ba^{2+}, Cd^{2+}, Ca^{2+}, Co^{2+}, Cu^{2+}, Hg^{2+}, Mg^{2+}, Ni^{2+}, Pb^{2+}, Sr^{2+} u. Zn^{2+} werden nicht sorbiert. (J. chem. Soc. [London] **1956.** 269—72. Febr. London, Battersea Polytechnic.) H. HOFMANN. 177

Henry C. Thomas und **C. Neale Merriam jr.,** *Kinetik der Chromatographie an Tonen.* Vff. leiten ab, daß man auf Grund von Säulenverss. unterscheiden kann, ob sich die Kinetik allein durch die Diffusion in der Fl. oder allein durch die Diffusion im festen Körper wiedergeben läßt. Man prüfte die Ableitung an dem Tonmineral *Attapulgit,* dispergiert auf Asbest, das man mit CsCl–NaCl-Lsgg. der Gesamtkonz. 0,02 mol. u. variablem Cs-Geh. ins Gleichgewicht brachte. Es ergab sich, daß die Kinetik der Säule befriedigend durch den Diffusionsmechanismus in der Fl. beschrieben werden kann. (J. physic. Chem. **60.** 249—51. Febr. 1956. New Haven, Conn., Yale Univ., Sterling Chem. Labor.) F. UMLAND. 177

H. Grüss, *Ähnlichkeits- und Dimensionsbetrachtungen bei der Permeation und Wasseraufnahme von quellbaren Stoffen.* Die Messung der Wasserdampfdurchlässigkeit von Kunststoffen durch Ermittlung der in bestimmten Zeiten diffundierten Wassermenge wird dadurch erschwert, daß der Diffusionsvorgang anfänglich durch eine direkte Wasseraufnahme oder -abgabe der Probe gestört wird. Zwischen dem Diffusionsvorgang u. der Ausbreitung einer Wärmeströmung besteht vollkommene Analogie. Die Übertragung der Ähnlichkeitstheorie von GRÖBER führt zu einer wesentlichen Vereinfachung der Messung der Wasserdampfpermeation u. Wasseraufnahme, indem ein geeigneter Versuchskörper (z. B. Zylinder) plötzlich einer möglichst hohen Feuchtigkeit ausgesetzt wird u. seine Gewichtszunahme in Abhängigkeit von der Zeit bestimmt wird. Zur Best. des Permeationskoeff. P u. der Wasseraufnahme Q wird das Diagramm der zeitlichen Gewichtszunahme in ein Koordinatensyst. übertragen, in dem die GRÖBERsche Kennzahl gegen den Faktor q/Q aufgetragen ist. Als besonderer Vorteil ergibt sich der Umstand, daß gerade die anfängliche Krümmung der Kurve für die Gewichtszunahme der Probe als Funktion der Zeit zur Best. von Permeation u. Wasseraufnahme benutzt werden kann. Messungen an 5 verschied. Proben (Styrol + Polyester) bestätigen die theoret. Erörterungen. Voraussetzung ist jedoch die Kontrolle der Konstanz der Proportionalitätsfaktoren u. das Ausbleiben chem. Reaktionen. Die Übertragung dieser Überlegungen auf Systeme mit konzentr. Schichten zweier Stoffe mit verschied. P- u. Q-Werten bestätigt die Überlegenheit geschichteter Stoffe mit einerseits möglichst kleinem P_1 u. andererseits möglichst großem Q_2. Vf. erörtert die prakt. Anwendung dieser Ergebnisse im Hinblick auf den Bau von Einbettkörpern. Eine quantitative Gültigkeit des GRÖBERschen Ähnlichkeitstheorems ist bei diesen Körpern, allein aus geometr. Gründen, nicht zu erwarten. Die Zumischung von wasseranziehenden Mitteln zu Einbettmassen ist jedoch nur dann erfolgreich, wenn sich der Prozeß der Wasseraufnahme nicht auf die Benetzung des Füllmaterials (wie im Syst. Kohle/Avaldit) beschränkt, sondern wenn die Wasseraufnahme auf Grund chem. Rkk. (Kristallwasser) erfolgt. (Z. Elektrochem., Ber. Bunsenges. physik. Chem. **58.** 797—800. 1954. Berlin, Siemens & Halske A.-G., Werkstoff-Hauptlabor.) H.-U. WOELK. 178

A. G. Amelin und **M. I. Beljakow**, *Regulierung der Dispersität von flüssigen, nach der Kondensationsmethode erhaltenen Aerosolen.* Bei der Herst. von fl. Aerosolen zur Schädlingsbekämpfung werden als Lösungsm. für die Giftstoffe Substanzen mit hohem Kp. angewandt, so daß beim Vermischen der Dämpfe mit Luft relativ niedriger Temp. eine starke Übersättigung des Dampfes eintritt. Am Beispiel von *Glycerin* u. *Luft* wird gezeigt, daß im Dampfstrom gleichzeitig die Bldg. prim. Tropfen u. ein Wachstum der früher entstandenen Tropfen durch Kondensation von Dämpfen an ihnen u. Koagulation erfolgt. Die Dispersität des Aerosols hängt deshalb vom Verhältnis der Entstehungsgeschwindigkeit der prim. Tropfen zu der Kondensationsgeschwindigkeit der Dämpfe an der Oberfläche der bereits vorhandenen Tropfen ab. Zur Erhöhung des mittleren Tropfendurchmessers im Aerosol sind solche Bedingungen einzuhalten, welche die Kondensation der Hauptmenge des Dampfes an der Oberfläche weniger Tropfen gewährleisten, so daß die Wahrscheinlichkeit einer Bldg. neuer Tropfen sehr gering wird. Sollen die Aerosoltropfen klein gehalten werden, so muß die Bldg. neuer Tropfen während der gesamten Dauer der Vermischung gesichert u. die Dampfkondensation an vorhandenen Tropfen begrenzt werden. (Коллоидный Журнал [Kolloid-J.] **17.** 10—17. Jan./Febr. 1955. Moskau, Ssamoilow-Inst. für Düngemittel u. Insektofungicide.) O. LEBTAG. 180

A_6. Strukturforschung.

H. I. Matthews und **H. Wilman**, *Materialidentifizierung durch Elektronenbeugung im Elektronenmikroskop.* Verfälschungen von Elektronenbeugungsdiagrammen können durch Objektverunreinigungen (Fett, Wachs, Kochsalz), durch Oxydation des Objektes an Luft oder andere chem. Veränderungen durch in der Luft enthaltene Dämpfe u. durch Kohlenstoffablagerung auf dem Objekt während der Elektronenbestrahlung verursacht werden. Wegen der ebenfalls beobachteten Zink- u. Zinkoxyd- (manchmal auch Blei-) Verunreinigungen, die von dem Messing der Objekthalterung stammen, wird die Verwendung eines härteren u. weniger flüchtigen Materials für die Objekthalterung empfohlen. Da bei Kondensation, Kristallisation aus Lsg. u. Adsorption die einzelnen Kristalle häufig so orientiert sind, daß dicht mit Atomen besetzte Netzebenen des Gitters parallel zur Unterlage liegen, ist die Intensitätsverteilung häufig nicht gleich der theoret. bei statist. Verteilung der Kristallorientierungen zu erwartenden. Derartige bevorzugte Orientierungen können durch Neigung des Objektes gegen den Elektronenstrahl nachgewiesen werden. (Brit. J. appl. Physics **6.** 277—80. Aug. 1955. London, Imp. Coll., Chem. Engng. Dep.) F. LENZ. 181

S. R. Rouze und **John H. L. Watson**, *Metallische, unmittelbar abgezogene Gitterabdrucke als interne Eichobjekte für das Elektronenmikroskop.* Metall. Abdrucke von Beugungsgittern wurden mit einer Direktabzugsmethode ohne Schaden für das Gitter erhalten. Die opt. Qualität dieser vorbehandelten Ganzmetallabdrucke ist besser als das der Plastikabdrucke, u. die Gitterkonstante kann opt. besser u. genauer bestimmt werden. Außerdem wird ein Bericht über die Elektronenmikroskopie metall. Abdrucke u. die Genauigkeit u. Konstanz der Vergrößerungsmessung gegeben. (J. appl. Physics **24.** 113. Jan. 1953. Detroit, Mich., Henry Ford Hosp., Edsel B. Ford Inst. for Med. Res.; Gen. Motors Corp., Res. Labor. Div.) W. SCHEFFELS. 181

Irmtraud Pfeiffer, *Kohlenaufdampfschichten aus dem Lichtbogen für elektronenmikroskopische Oberflächenabbildung.* Die angegebene, gegenüber anderen Verff. einfachere Meth. der Herst. von C-Aufdampffilmen für elektronenmkr. Oberflächenabb. besteht darin, daß in einem Lichtbogen (20—30 A) zwischen C-Elektroden (Abstand 40—50 mm) im Vakuum (10^{-5} bis $5 \cdot 10^{-5}$ Torr) die abzubildende Metalloberfläche infolge Elektrodenzerstäubung rasch (1—2 Sek.) mit einem mechan. außerordentlich festen C-Film (300 Å dick) bedeckt wird, dessen Ablsg. in einer 4%ig. Lsg. von Br_2 in Methanol leicht erfolgt. Eine 50000fache Vergrößerung ließ noch keine Eigenstruktur der amorphen Kohlehaut erkennen. (Naturwissenschaften **42.** 508—09. Sept. 1955. Hanau, Vacuumschmelze A.-G.) J. RUDOLPH. 181

Gottfried Butenuth, Oskar Glemser und **Klaus v. Koch,** *Über organische Folien mit hoher Resistenz gegen Elektronenstrahlen.* Unters. dünner Folien von 0,1—10 μ Dicke, die durch Glimmentladung mit *Anilin, Trifluormonochloräthylen* sowie mit *Monofluor-* u. *Difluorbenzol* niedergeschlagen wurden. Die Folien wurden auf ihre chem. Löslichkeit in starken Säuren, KOH, CH_3OH u. Bzl. untersucht, wobei gute chem. Resistenz beobachtet wurde. Die Resistenz gegen Elektronenstrahlen wurde durch die Veränderung des Elektronenbeugungsdiagramms unter Beschuß mit 80 kV-Elektronen untersucht. Die Folien aus Mono- u. Difluorbenzol zeigen im Gegensatz zu fast allen anderen bekannten organ. Folien bei der im Elektronenmikroskop üblichen Objektbelastung keine merkliche Verkohlung. Die Folien sollen als resistente Objektträger für Unterss. der Einw. von Elektronenstrahlen auf anorgan. feste Stoffe verwandt werden. (Naturwissenschaften **41.** 499—500. Nov. 1954. Göttingen, Univ., Anorgan.-Chem. Inst.) F. LENZ. 181

Hugo Seemann, *Neue Methoden zur projektiven Abbildung des Kristallbaues mittels Röntgenstrahlinterferenzen.* Der für die Kegelgeometrie monochromat. Kristallinterferenzen abgeleitete Bündelungssatz wird dazu herangezogen, möglichst ähnliche Abbildungen des Kristallbaues in Gestalt von Konfigurationen sehr langer Spektrallinien beliebig regulierbarer Schärfe zu erzielen, ohne den Kristall u. dessen Reflexstrahlkegel irgendwie zu bewegen. Die dabei unvermeidliche Reziprozität der Linienabstände im Festkristalldiagramm wird auf dem nachträglich vergrößerten Diagramm dadurch wieder rückgängig gemacht, daß das durch den Mittelpunkt gehende Geradenbüschel nullter Ordnung der Spektrallinien eingezeichnet u. längs einer seiner Hauptlinien einmal oder zweimal traslator. äquidistant verschoben wird. Diese reine Winkelübertragung bewirkt zusammen mit dem willkürlichen Translationsweg die Neubldg. des im Diagramm reziprok abgebildeten Kristallnetzes. Es wird bewiesen, daß die Punkte der Drehkristall-Punktdiagramme nicht in die unverrückbaren Ecken der Liniendiagrammnetze fallen, sondern nur auf einem Festkristalldiagramm von Schichtlinien auf den entsprechenden Langliniendiagrammen mit dessen Linien zur Koinzidenz gebracht werden können. Die Transformation beruht auf der in jedem kristallograph. Netz vorhandenen inneren Reziprozität der Linienabstände bei Transversalteilung der Maschen. Aus mindestens dreien derartig umgezeichneten Zonenbildern kann dann der Kristallbau rekonstruiert werden. Als Beispiel wird der hochsymm. C-Kranz aus 6 C-Ringen, das Coronen $C_{24}H_{12}$, mit 3 Zonendiagrammen des monoklinen Kristalls so weit zusammengesetzt, als es mit nur 3 Diagrammen möglich ist. Sämtliche Maße wurden aus den Umzeichnungen entnommen u. stimmen mit den von RUSTON u. RÜDORFF mit FOURIER-Analyse von 7 WEISSENBERG- u. Drehkristalldiagrammen errechneten gut überein. Auf den Originaldiagrammen wurden nur 3 Linienabstände gemessen u. mit der einfachen BRAGGschen Gleichung in Å-Maß verwandelt. (Z. Metallkunde **46.** 722—30. Sept. 1955. Konstanz.) H. HOCHSTEIN. 181

Ernst-Günter Hofmann und **Heinz Jagodzinski,** *Eine neue, hochauflösende Röntgenfeinstrukturanlage mit verbessertem, fokussierendem Monochromator und Feinfokusröhre.* Untersucht werden die Bedingungen, unter denen die bisherigen fokussierenden Aufnahmeverff. bei Röntgenfeinstrukturunterss., bes. bei Pulveraufnahmen, verbessert werden können. Die so gewonnenen Erkenntnisse führten zur Entw. einer neuen hochauflösenden App. mit einer Doppelkammer, verbessertem fokussierendem Monochromator u. einer Feinfokusröhre. Mit dieser Anlage können in relativ kurzen Belichtungszeiten gleichzeitig Aufnahmen des ganzen Beugungswinkelbereichs von drei Präpp. mit der K_{α_1}-Eigenstrahlung allein hergestellt werden. Einige Aufnahmen wurden diskutiert.

Die strenge Monochromatisierung, das hohe Auflösungsvermögen u. die große Lichtstärke eröffnen der Feinstrukturmeth. neue wichtige Anwendungsgebiete. (Z. Metallkunde **46.** 601—10. Sept. 1955. Berlin, AEG-Röhrenfabrik, u. Würzburg, Max-Planck-Inst. für Silicatforsch.) H. HOCHSTEIN. 181

A. J. Bradley, *Röntgenstrahlen und metallographische Mikroskopie.* Die Röntgenstrahlunters. ist wegen ihrer Schnelligkeit geeignet für orientierende Bestimmungen an unbekannten Gleichgewichtsdiagrammen zur Erkennung der Zahl u. Natur der auftretenden Phasen. Eine genaue Best. der Phasengrenzlinien muß durch mkr. Unterss. durchgeführt werden. Das Verf. wird am *Fe–Ni–Al*-Gleichgewichtsdiagramm erläutert. (Metal Ind. [London] **76.** 49—53. 20/1. 1950.) F. VIER. 181

James R. Arnold, *„Verbesserte Potentialtheorie" der chemischen Bindung.* Vf. berechnet nach der C. **1956.** 9374 mitgeteilten Meth. die Bindungsenergien für kovalente Einfachbindungen u. dehnt die Meth. auf Mehrfachbindungen u. geladene Mol.-Ionen aus. Die Bindungsenergie ist danach gegeben durch $E = 219\,[(1/l_A^2) + (1/l_B^2) - (2/l_{AB}^2)] + 23{,}06\,(x_A - x_B)^2$ bzw. für das Potential des harmon. Oscillators $E = 44{,}3\,[(1/a_A^2) + (1/a_B^2) - (2/a_{AB}^2)] + 23{,}06\,(x_A - x_B)^2$, worin $l_A = 1{,}185\,r_{oA}$, $l_{AB} = (l_A + l_B + r_{AB})/2$, $a_A = 0{,}617\,r_{oA}$ u. $a_{AB} = (a_A + a_B + r_{AB})/2$. Es wird gezeigt, daß die Bindungsenergien sich so mit einer Standardabweichung von 10% vorausberechnen lassen. Eine Ausnahme bilden Bindungen, die N, O u. F enthalten; hier liefert die Theorie Werte, die um 20 kcal höher, wenn eines dieser Atome, u. um 45 kcal zu hoch liegen, wenn zwei dieser Atome an der Bindung beteiligt sind. Für Mehrfachbindungen wird E um ca. 25% zu hoch gefunden, während die Anwendung auf die geladenen Mol.-Ionen H_2^+, H_3^+ u. Cl_2^+ mit dem Experiment übereinstimmende Werte ergibt. Die Energieberechnung für zweiatomige Metallmoll. stößt auf Schwierigkeiten, da r_0 u. damit l nicht bekannt sind. Wenn, wie am Beispiel der Alkalimetalle gezeigt wird, deren Größe richtig abgeschätzt werden kann, ergibt sich auch hier eine bemerkenswerte Übereinstimmung zwischen der Theorie u. den experimentell bestimmten Werten. Vf. diskutiert die Grundlagen der vorgeschlagenen Berechnungsmeth. u. weist bes. auf die engen Beziehungen zur „freien Elektronen"-Theorie hin. (J. chem. Physics **24.** 181—84. Febr. 1956. Princetown, N. J., Univ., Dep. of Chem.) K. FRENKLER. 182

Werner Bingel, *Bemerkungen zur numerischen Berechnung von Molekülintegralen bei kleinem Kernabstand.* Für das Übergangsintegral (nuclear attraction integral) $K_{\alpha\beta}(R) = \int [a_\alpha(1) a_\beta(1)/r_{b1}]\,d\tau_1$ gibt Vf. für kleine Werte von R eine neue vorteilhaftere Darstellung. Ausgehend von dem ROOTHAANschen Vorschlag (C. **1953.** 6827), die Ladungsverteilung $a_\alpha(1) \cdot a_\beta(1)$ als eine Summe von Standardladungsverteilungen anzusehen, leitet Vf. das Standardintegral $[b/NL\Sigma_\alpha] = \xi[2^{L+1}/(N + L + 1)!]\{(N-L)! \cdot (2\varrho)^L + (2\varrho)^{N+1}\,[C_{N+L+1}(2\varrho) - C_{N-L}(2\varrho)]\}$ ab, das durch die Hilfsfunktion $C_n(\varrho) = \int_0^1 \xi^n e^{-\varrho\xi}\,d\xi = (n!/\varrho^{n+1}) - A_n(\varrho) = \sum_{k=0}^{\infty} (-1)^K (\varrho^K/K!\,[n + K + 1])$ ausgedrückt wird. Die Werte der Hilfsfunktion $C_n(\varrho)$ werden für n = 0,1—6 u. 0 (0,1) 1 auf 6 Dezimalen berechnet u. tabelliert. Zur Erleichterung der Interpolation werden in der Tabelle auch die ersten Differenzen mit angegeben. (Z. Naturforsch. **11 a.** 85—88. Jan. 1956. Hechingen, Forschungsstelle für Spektroskop. der Max-Planck-Ges.) K. FRENKLER. 182

Hans Gunther Heide, *Zur Definition der Ionenradien.* Vf. nimmt zu dem Begriff Ionenradius Stellung u. weist bes. darauf hin, daß dem einzelnen Ionenradius wegen der unsicheren Aufteilung der röntgenograph. gefundenen Ionenabstände in Einzelradien keine weitreichende Bedeutung zukommt. Der ursprüngliche Sinn der Ionenradien, die bequeme Vorausberechnung von Ionenabständen, ist durch die bekannten Systeme nach GOLDSCHMIDT u. PAULING zusammen mit Korrekturen für Koordinationszahl sowie Ladung u. Art der Nachbarn erfüllt. Physikal. Bedeutung hat also nur die Summe von zwei Radien. Anschließend diskutiert Vf. die Arbeiten von KORDES (C. **1954.** 9702). Die Unterss. von KORDES führen zu keinem wirklich neuen Ergebnis, da das Resultat schon als Voraussetzung in den Berechnungsmethoden enthalten ist. (Z. physik. Chem. **205.** 167—74. Jan. 1956. Berlin-Buch, Deutsche Akad. der Wiss., Arbeitsstelle für Kristallstrukturanalyse.) W. KRÖNERT. 182

Roland S. Barker, Richard L. Snow und **Henry Eyring,** *Energieberechnungen von Systemen multipler Wasserstoffatome durch VB- und MO-Methoden.* Die vollständige Valenzbindungs- (VB) u. die totale Molekülbahnmeth. der Konfigurationswechselwrkg. (CIMO) ergeben für H_2 ident. Ausdrücke, ebenso die von COULSON u. FISCHER (vgl. Trans. Faraday Soc. **33.** [1937.] 1479 u. C. **1950.** I. 1810) benutzte Meth., deren Erweiterung auf halblokalisierte Bahnen von H_3^+ u. H_3 versucht u. als unzureichend erkannt wird. Dies zeigt, daß die einzelne Konfigurationsbehandlung, mögen die Molekülbahnen auch noch so allg. sein, eine schlechtere Annäherung ergibt als die erweiterte VB- oder

CIMO-Behandlung. Weiterhin wird für linearen H_4 die Behandlung nach der Meth. der exakten integralen Molekülbahn (LCI) von TAYLOR (vgl. C. **1952.** 7617) mit der nach der Meth. der exakten integralen kovalenten Bindung (HL) verglichen. Eine einzelne Struktur vom letzteren Typus ergab eine Energie des Grundzustandes von — 57,02 eV gegenüber — 58,59 eV aus der doppelt kovalenten Struktur. Eine Energie von — 55,64 eV wird von TAYLOR aus der besten MO-Einzelkonfiguration erhalten, gegenüber nur — 56,40 eV aus 6 von 12 möglichen MO-Grundzustandskonfigurationen. In Anbetracht der Gleichwertigkeit der verfeinerten Formen beider Behandlungen scheinen die vernachlässigten Konfigurationen höherer Energie mehr zur Energie des Grundzustandes beizutragen als diejenigen niedrigerer Energie. Daraus folgt, daß eine niedrige Energie kein gutes Kriterium für die Einbeziehung von Konfigurationswechselwirkungen darstellt. Neuere Arbeiten von PULLMAN über *Butadien* (vgl. C. **1956.** 662) bestätigen diese Folgerung. (J. chem. Physics **23.** 1686—89. Sept. 1955. Salt Lake City, Ut., Univ. of Utah, Dep. of Chem.) G. RUBAN. 182

J. W. Linnett, *Bindung in einigen zweiatomigen Molekülen.* Vf. untersucht die Elektronenkonfiguration des Grundzustandes u. der angeregten Zustände der zweiatomigen Moll. u. Molekülionen C_2, N_2, N_2^+, O_2, O_2^+, *CN*, *CO*, CO^+ u. *NO*. Es werden nur die Zustände behandelt, für die Bindungslängen, Schwingungsfrequenzen u. Elektronenkonfigurationen mit einiger Sicherheit bekannt sind. Es wird gezeigt, daß es möglich ist, diese in Form einer Kombination von Atom- u. Molekülbahnen zu beschreiben. Auf dieser Grundlage wird die Zahl der Elektronen, die mit großer Wahrscheinlichkeit zwischen den Kernen anzutreffen sind, für die verschied. Zustände abgeschätzt. Näherungsweise hängt die zu den PAULINGschen Einfachbindungslängen relative Bindungslänge nur von der Zahl der Bindungselektronen u. der Art, in der sie auf die σ- u. π-Orbitalen verteilt sind, ab. Die wahrscheinlichsten Elektronenkonfigurationen werden abgeleitet. Vf. diskutiert die Stabilität des *NO* u. anderer Moll. mit ungerader Elektronenzahl. (J. chem. Soc. [London] **1956.** 275—87. Febr. Oxford, Inorgan. Chem. Labor.) K. FRENKLER. 182

H. Schenk und **U. Dehlinger,** *Die Bindung im NiAs und Fe_3C.* Vff. diskutieren die Zusammenhänge zwischen Kristallbau u. Bindungsverhältnissen für das NiAs- u. das Fe_3C-Gitter. Auf Grund der Symmetrieverhältnisse werden die die Bindung bewirkenden s- u. p-Funktionen berechnet. Es wird festgestellt, daß das NiAs-Gitter wahrscheinlich durch folgende elektronentheoret. begründete Forderungen festgelegt ist: 1. Gerichtete prismat. Sechserkoordination zwischen A u. B. 2. Einfach hexagonales Gitter mit nahezu gleichmäßiger Achterkoordination der A-Atome. Bei dem Fe_3C-Gitter tritt an Stelle der Achterkoordination eine Zwölferkoordination. (Z. Naturforsch. **11 a.** 327. April 1956. Stuttgart, MPI für Metallforsch., u. TH, Inst. für Theoret. u. Angew. Physik.) H. W. LEVI. 182

G. Ss. Momdshi, *Über die Anregungspotentiale.* Es werden die Beziehungen zwischen den Ionisations- u. Anregungspotentialen der Elemente verschied. Gruppen des Period. Syst. besprochen. Es werden Gleichungen für die reziproke Abhängigkeit des Ionenradius r_i vom Anregungspotential J abgeleitet: 1. für die isoelektron. Kationen mit einer Außenschale vom Typ des He, Ne u. Ni; 2. für die isoelektron. Kationen mit einer Außenhülle vom Typ des Ar, Kr, Xe u. Rn; 3. desgleichen für den Typ des Pd u. Pt. Die hieraus für 50 Kationen berechneten r_i-Werte zeigen eine bessere Übereinstimmung mit den experimentellen Werten als die Werte von PAULING. Die Annahme von AHRENS (C. **1954.** 1662), wonach der Grenzwert bei J = 20—30 eV eintritt, widerspricht dem Experiment. Es ist unmöglich, allein aus den J-Werten die Ionisationsgrenze zu ermitteln. Sie wird vom Produkt Jr_i bestimmt. Bei dem krit. Wert $Jr_i = 20{,}70$ eV·Å gelingt es nicht, mit chem. Mitteln aus dem Ion oder Atom ein Außenelektron zu entfernen. Eine Ionisation der Atome oder Ionen ist nur möglich bei $Jr < (Jr)_{krit}$ oder $Jr < 20{,}70$ eV·Å. (Доклады Академии Наук СССР [Ber. Akad. Wiss. UdSSR] **101.** 719—22. 1/4. 1955. Allunions Wiss. Forschungsinst. für Mineralrohstoffe.) O. LEBTAG. 182

N. F. Mott, *Physik des festen Zustands.* Zusammenfassender Vortrag unter besonderer Berücksichtigung der Fehlordnungserscheinungen in kristallinen Festkörpern. (Advancement of Sci. **12.** 148—56. 1955.) B. REUTER. 190

F. Münnich, *Diffusion von Zink in Zinkoxyd.* Mittels ^{65}Zn (vorzugsweise γ-Strahler, 1,14 MeV, Halbwertszeit 250 Tage) untersuchte Vf. die Diffusion von Zn in ZnO bei Tempp. von 850—1100°. Die Abhängigkeit der Diffusionskonstante D [cm²/sec] von der Konz. des eindiffundierten Zn [Atome/cm³] wird für verschied. Erhitzungsdauer u. -tempp. (1080° u. 8 bzw. 1 Std., 1100° u. 15 Min., 1000° u. 1 Std.) graph. wiedergegeben. Die Ergebnisse werden mit den von MILLER JR. (vgl. Physic. Rev. [2] **60.** [1941.]

890) an Sinterproben gefundenen verglichen. (Naturwissenschaften **42.** 340—41. Juni 1955. Erlangen, Univ., Inst. für Angew. Phys.) G. RUBAN. 190

Klaus-Thomas Wilke, *Orientierte Ag_2S-Aufwachsungen in silberaktivierten CdS-Einkristallen.* Ag läßt sich durch gleichzeitige Sublimation von Ag_2S in wachsende CdS-Kristalle einbauen. Dabei liegt die Löslichkeitsgrenze für Ag bei $5 \cdot 10^{-5}$ Gew.-%; wird mehr Ag zugegeben, so scheidet sich dieses in orientierten Aufwachsungen auf den CdS-Kristallen ab. Dabei ändert sich die Form der Aufwachsungen mit dem Ag-Gehalt. Für die Entstehung dieser orientierten Schichten wird eine Entmischung der bei höherer Temp. festen Lsg. von CdS u. Ag_2S beim Abkühlen angenommen. Die Abscheidungsform des Ag_2S ist die rhomboedr. Modifikation. Die Ag_2S-Ausscheidungen geben keinen Beitrag zur Luminescenz, sind jedoch gegebenenfalls für Anomalien der Leitfähigkeit verantwortlich zu machen. (Naturwissenschaften **42.** 603—04. Nov. 1955. Berlin, Deutsche Akad. der Wiss., Inst. für Strahlungsquellen). H. C. WOLF. 190

D. A. Vermilyea, *Wachstum von anodischen Ta_2O_5-Filmen bei Belichtung mit ultraviolettem Licht.* Nach BÄR (Z. Physik **115.** [1940.] 658) u. YOUNG (C. **1956.** 9918) sind anod. hergestellte Ta_2O_5-Filme bei sonst gleichen Bedingungen dicker, wenn sie während der Abscheidung mit Licht unterhalb 3000 Å Wellenlänge bestrahlt wurden. Aus Vgl. der Wachstumsgeschwindigkeit von gleichzeitig gezüchteten belichteten u. unbelichteten Filmen, aus dem Verh. gegenüber Ätzung u. aus Beobachtung der Oberflächen im Elektronenmikroskop geht hervor, daß die unter Belichtung gewachsenen Filme aus einer dünnen inneren kompakten u. einer dicken äußeren porösen Schicht bestehen. Schichten ähnlicher Struktur erhält man offenbar beim anod. Oxydieren von Al in 15%ig. H_2SO_4. (J. appl. Physics **26.** 489. April 1955. Schenectady, N. Y., Gen. Electr. Labor.) H. C. WOLF. 190

Henry Leidheiser jr. und **Francis J. Denise,** *„Pseudoeinkristalle" von α-Titan.* Bei der Herst. von Einkristallen von α-Ti beobachten Vff., daß die Prodd. nur äußerlich die Form von Einkristallen zeigen. Die durch verschied. Temperungsverff. erhaltenen Stäbe sind hochorientiert, wie aus Rückstrahlaufnahmen hervorgeht. Die Bldg. der „Pseudoeinkristalle" wird damit erklärt, daß von dem zunächst entstandenen kub.-raumzentrierten Gitter des β-Ti geeignete Kristallflächen zum Aufbau des hexagonalen α-Ti-Gitters benutzt werden. Die Umwandlung verläuft derart, daß eine große Anzahl Fehlstellen in der α-Phase entsteht. (J. chem. Physics **24.** 625—26. März 1956. Richmond, Va., Inst. for Scient. Res.) H. MÜLLER. 190

Hans-Georg Schäfer, *Die Diamant- und Urotropinstruktur.* Die Struktur eines Elementes des Diamantgitters entspricht der Struktur, die vom Urotropin bekannt ist. Vf. bespricht einige anorgan. u. organ. Verbb. mit dieser Urotropinstruktur. (Bergakademie [Freiberg] **6.** 438—44. Okt. 1954. Freiberg.) H.-G. SCHÄFER. 195

John C. Jamieson, *Einige Röntgenbeugungsdaten über KNO_3 IV, eine Hochdruckphase.* Bei Tempp. von 0—200° u. Drucken von 0—900 kg/cm² erscheinen im Phasendiagramm des KNO_3 vier polymorphe feste Phasen (I, II, III, IV) u. zwei Tripelpunkte, einer zwischen I, II, III bei 128,3° u. 115 kg/cm², der andere zwischen II, III, IV bei 21,3° u. 2930 kg/cm². KNO_3 II ist die n. Form, KNO_3 III u. KNO_3 IV sind nur bei höheren Drücken beständig. Vf. untersucht auf röntgenograph. Wege Pulverproben von KNO_3 IV bei ca. 5000 kg/cm² u. ermittelt eine rhomb. Zelle mit den Gitterkonstanten $a_0 = 16{,}12$ (Å) $\pm$ 0,04, $b_0 = 10{,}12 \pm 0{,}04$, $c_0 = 7{,}75 \pm 0{,}01$. Diese Dimensionen erfordern 18 KNO_3 pro Elementarzelle; es wird vermutet, daß die Struktur mit derjenigen der n. Modifikation des $RbNO_3$ verwandt oder ident. ist. (Z. Kristallogr., Kristallgeometrie, Kristallphysik, Kristallchem. **107.** 65—71. Jan. 1956. Chicago, Ill., Univ., Dep. of Geol.) G. RUBAN. 195

Khi-Ruey Tsai, P. M. Harris und **E. N. Lassettre,** *Die Kristallstruktur von Caesiummonoxyd.* Vff. bestimmten durch röntgenograph. Einkristallunterss. die Kristallstruktur von Cs_2O, welches Schichtstruktur vom „anti-$CdCl_2$-Typ", Raumgruppe $D_{3d}^5 - R\bar{3}m$, besitzt. Der veränderliche Parameter für die Cs-Lagen wurde zu u = 0,256 bestimmt, an Stelle von u' = ¹/₄ aus Pulveraufnahmen von HELMS u. KLEMM (vgl. Z. anorg. allg. Chem. **242.** [1939.] 33). Der abnorm große Abstand $Cs^+ - Cs^+ = 4{,}19$ Å zwischen den Schichten u. der leicht verkürzte Abstand $Cs^+ - O^{2-} = 2{,}86$ Å zeigen, daß die Cs-Ionen in diesem Schichtkristall stark polarisiert sind. Eine Neubest. der Gitterkonstanten ergab a = 4,256 $\pm$ 0,004, c = 18,99 $\pm$ 0,002 Å. Die Indizierungen, beobachteten Intensitäten, Absorptionsfaktoren, beobachteten u. berechneten Strukturamplituden sämtlicher Reflexe sind tabellar. aufgeführt. (J. physic. Chem. **60.** 338—44. März 1956. Columbus, O., Ohio State Univ., Dep. of Chem.) G. RUBAN. 195

Khi-Ruey Tsai, P. M. Harris und **E. N. Lassettre,** *Die Kristallstruktur von Tricaesiummonoxyd.* Das aus reinem Cs u. O_2 in Ggw. von Ar bei 170° dargestellte Cs_3O

besitzt metall. Eigg., es krist. in der Raumgruppe D_{6h}^3 mit 2 Formeleinheiten u. den Gitterkonstanten a = 8,78, b = 7,52 ± 0,01 Å. Die beobachteten interatomaren Abstände $Cs^+–O^{2-}$ = 2,86 u. $Cs^+–Cs^+$ = 4,19 Å sind ion. wie im *Cs_2O* (vgl. vorst. Ref.), während andererseits Abstände Cs–Cs = 5,80 ± 0,04 Å (bzw. 5,78 ± 0,05) existieren, die metall. Charakter besitzen u. den im metall. *Cs* (5,36) nur um 8% überschreiten. Die metall. (elektr.) Eigg. werden mit denen anderer Cs-Suboxyde, bes. *Cs_4O*, sowie *Ag_2S* verglichen. (J. physic. Chem. **60.** 345—47. März 1956.) G. Ruban. 195

Robert Juza, Hans Hermann Weber und **Karl Opp,** *Kristallstruktur des Natriumamids.* 28. Mitt. *über Metallamide und -nitride.* (26. vgl. C. **1955.** 8336.) $NaNH_2$-Kristalle werden durch Umsetzung von Na mit fl. NH_3 im Einschmelzrohr hergestellt. Neben Laue- u. Drehkristallaufnahmen werden Schichtebenendiagramme mit dem Schiebold-Sauter-Goniometer angefertigt u. durch zweidimensionale Patterson- u. Fourier-Synth. ausgewertet. $NaNH_2$ krist. rhomb. in der Raumgruppe D_{2h}^{24} mit a = $8{,}04_4$; b = $8{,}91_1$ u. c = $10{,}40_6$ kX. Mit der experimentellen D. 1,39 wird Z = 16. Es liegen 16 Na in 16 (g) mit z = 0,142 u. 16 NH_2 in 16 (e) mit x = 0,233. Die Na-Ionen sind von je 2 NH_2-Ionen in Form eines verzerrten Tetraeders mit den Abständen 2,38 u. 2,50 kX umgeben. Die gleichen Abstände gelten für die vier nächsten Na-Ionen um ein NH_2-Ion. Die Verwandtschaft der Struktur mit der des $LiNH_2$ (Juza u. Opp, C. **1953.** 7493) wird diskutiert. $NaNH_2$ besitzt keine Hochtemperaturmodifikation; der F. liegt bei 208°. (Naturwissenschaften **42.** 125. März 1955. Kiel, Univ., Inst. für Anorgan. Chem.) W. Krönert. 195

Robert Juza, Hans Hermann Weber und **Karl Opp,** *Kristallstruktur des Natriumamids.* 29. Mitt. *über Metallamide und -nitride.* (28. vgl. vorst. Ref.) Einkristalle von $NaNH_2$ werden durch Umsetzen von Na mit fl. NH_3 im Rohr bei Zimmertemp. unter Verwendung eines Pt-Netzes als Katalysator nach einigen Tagen erhalten. Drehkristalldiagramme um die drei rhomb. Achsen, die Flächendiagonalen u. die Raumdiagonale ergeben die Elementartranslationen a = $8{,}04_4$; b = $8{,}91_1$ u. c = $10{,}40_6$ kX. Mit der experimentell bestimmten D. = $1{,}39_0$ errechnet sich Z = 16; die Raumgruppe ist D_{2h}^{24}. Die Ermittlung der Punktlagen erfolgt durch Patterson- u. Fourier-Synthesen: Na in 16 (g) mit z = $0{,}14_2$; NH_2 in 16 (e) mit x = $0{,}23_3$. Die NH_2-Ionen befinden sich in einer stark deformierten kub. dichten Anordnung, die Na-Ionen in Tetraederlücken des NH_2-Gitters. Die Abstände von einem Na sind 2 NH_2 in 2,38 u. 2 NH_2 in 2,50 kX. Die vier nächsten Na umgeben ein NH_2 in den gleichen Abständen. Der mittlere Radius des NH_2 (für die Koordinationszahl 6) beträgt 1,60 kX. Die Verwandtschaftsverhältnisse zu analogen Verbb. werden diskutiert. (Z. anorg. allg. Chem. **284.** 73—82. März 1956. Kiel, Univ., Inst. für Anorgan. Chem.) W. Krönert. 195

William T. Holser, *Zwischenschichtenbindung in einer Schichtstruktur.* Vf. berechnet nach Højendahls Meth. die elektrostat. Bindung innerhalb der Schicht einer Struktur vom CdJ_2-Typ, z. B. *CdJ_2* selbst, u. vergleicht die Ergebnisse mit van der Waalsschen Bindungstypen in anderen CdJ_2-Strukturen, z. B. *Kaolinit*, $Al_2Si_2O_5(OH)_4$, oder *Talk*, $Mg_3Si_4O_{10}(OH)_2$. Durch Vgl. mit Pinskers Wert der gesamten Strukturenergie folgt eine geringe positive elektrostat. Energie von ca. 6 kcal/Mol zwischen den Schichten, während die Zwischenschichtenabstoßungsenergie nach Pinsker zu 13,8 kcal/Mol berechnet wird. Die elektrostat. u. die Abstoßungsenergie sind beide geringer als berechnet, weil ein erheblicher Teil der Cd–J-Bindung homöopolaren Charakter besitzt. Diese Berechnungen ergeben eine quantitative Bestätigung früherer Annahmen, wonach elektrostat. Kräfte außerhalb der Schichten unwirksam werden u. die Zwischenschichtenbindung vom van der Waals-Typ ist. In Hydroxyden des CdJ_2-Typs wird durch eine Substitution von Dipolen die elektrostat. Zwischenschichtenbindungsenergie nicht merklich verändert. Variationen der Elementarzellendimensionen stehen nicht, wie ursprünglich angenommen wurde, mit Veränderungen des Zwischenschichtenbindungstyps in Beziehung, sondern mit den Gitterplätzen der Kationen. (Z. Kristallogr., Kristallgeometrie, Kristallphysik, Kristallchem. **107.** 155—60. Jan. 1956. Columbus, O., Battelle Mem. Inst.) G. Ruban. 195

W. O. Milligan und **J. L. McAtee,** *Kristallstruktur von γ-AlOOH und γ-ScOOH.* Vff. bestimmten die Struktur von γ-AlOOH (*Böhmit*; **I**) u. γ-ScOOH (**II**). Beide krist. in einer auf (100) basisflächenzentrierten rhomb. Zelle mit der wahrscheinlichen Raumgruppe D_{2h}^{17} — A m a m u. den Gitterkonstanten für **I** (**II**): a_0 = 3,69 (4,01), b_0 = 12,24 (13,01), c_0 = 2,86 Å (3,24 Å). Alle Atome liegen in 4(c): 0, u, $^1/_4$; 0, ū, $^1/_4$; usw.; die Al-(Sc-)Atome bilden die Mitten von Oktaedern mit den berechneten Parametern u = — 0,322 (— 0,318); die O_I-Atome sind 4 Oktaedern gemeinsam u. entsprechen O^{2-} mit u_I = 0,291 (0,282), während die O_{II} den OH^- entsprechen u. 2 Oktaedern mit u_{II} = 0,080 (0,071) angehören. Die so entstandenen Schichten werden durch Wasserstoffbindung zusammengehalten. (J. physic. Chem. **60.** 273—77. März 1956. Houston, Tex., Rice Inst., Dep. of Chem.) G. RUBAN. 195

Erwin Hellner und **Günter Leineweber,** *Über komplex zusammengesetzte sulfidische Erze.* 1. Mitt. *Zur Struktur des Bournonits,* $CuPbSbS_3$, *und Seligmannits,* $CuPbAsS_3$. Vff. führten mittels GUINIER-Aufnahmen u. $CuK\alpha_1$-Strahlung ($\lambda = 1{,}5405_0$ Å) eine Neubest. der Gitterkonstanten von Bournonit (vgl. OFTEDAHL, Z. Kristallogr., Mineralog., Petrogr., Abt. A **83.** [1932.] 157) u. Seligmannit (vgl. FRONDEL, Amer. Mineralogist **26.** [1941.] 25) durch u erhielten für Bournonit (Seligmannit) mit einem mittleren Fehler von 0,012%: $a_0 = 8{,}162$ (8,081), $b_0 = 8{,}710_5$ (8,747), $c_0 = 7{,}810_5$ (7,636). Es ergaben sich als endgültige Atomkoordinaten x; y; z für Bournonit (Seligmannit): Pb_I = 0,079; 0; 0; (0,080; 0; 0); Pb_{II} = 0,560; 0,170; 0,500; (0,550; 0,175; 0,500); $Sb_I(As_I)$ = 0,073; 0,050; 0,500; (0,067; 0,110; 0,500); Sb_{II} (As_{II}) = 0,515; 0,125; 0; (0,510; 0,110; 0); Cu = 0,269; 0,440; 0,249; (0,272; 0,440; 0,247); S_I = 0,225; 0,310; 0; (0,236; 0,300; 0); S_{II} = 0,225; 0,310; 0,500; (0,223; 0,310; 0,500); S_{III} = 0,084; 0,706; 0,248; (0,096; 0,695; 0,238); S_{IV} = 0,564; 0,425; 0,267; (0,550; 0,440; 0,266). Die „Superpositions"-Meth. an PATTERSON-Diagrammen führt nicht zu der bisher angenommenen holoedr. Raumgruppe D_{2h}^{13} — P n m m, sondern zu der hemiedr. Raumgruppe C_{2v}^{7} — P n 2 m. Vff. führen die Struktur des Bournonits auf die des Antimonglanzes (*Antimonit,* Sb_2S_3) zurück u. diskutieren einen analogen Vgl. der Struktur des *Aikinits,* $CuPbBiS_3$. (Z. Kristallogr., Kristallgeometrie, Kristallphysik, Kristallchem. **107.** 150—54. Jan. 1956. Marburg, Univ., Mineral. Inst.) G. RUBAN. 195

Shigeto Yamaguchi, *Untersuchung eines Cu-MgO-Gemisches mit Hilfe der Elektronenbeugung.* Ein Cu–MgO-Gemisch wurde mit Hilfe von Elektronenstrahlen der Wellenlängen 0,031, 0,040 u. 0,053 Å untersucht. Die Anwesenheit von Cu u. MgO ist in allen Fällen deutlich. Die Intensität der Cu-Reflexe nimmt mit steigender Wellenlänge ab, während die der MgO-Reflexe unverändert bleibt. Der Effekt wird auf die stärkere Absorption der Elektronenstrahlen durch Cu zurückgeführt, die stark wellenlängenabhängig ist. (Z. Naturforsch. **11 a.** 255—56. März 1956. Tokio, Sci. Res. Inst., Ltd.) H. W. LEVI. 195

Armin Segmüller, *Texturuntersuchungen an dünnen Zinn- und Germaniumschichten.* Eine Elektronenbeugungsanlage zur Herst. u. Unters. dünner Aufdampfschichten bei Tempp. der Unterlage von 90—770° K wird beschrieben. Dünne Sn- u. Ge-Schichten werden auf einkristalline Unterlagen aufgedampft u. in Reflexion untersucht. Sn wächst auf den untersuchten heteropolaren Unterlagen mit verschied. Fasertexturen auf. Gute Einkristalltexturen erhält man bei Sn u. Ge auf der Spaltfläche der *Zinkblende* in einem Temperaturbereich, in dem beide Elemente auf den bisher untersuchten Unterlagen nur mit einer Fasertextur bzw. statist. aufwachsen. (Z. Kristallogr., Kristallgeometrie, Kristallphysik, Kristallchem. **107.** 18—34. Jan. 1956.) G. RUBAN. 196

D. Gilde, *Die Kristallstruktur des* KPb_2. Zur Herst. von KPb_2 werden K u. Pb im stöchiometr. Verhältnis unter N_2-Atmosphäre im zugeschweißten Eisentiegel geschmolzen, bei 300° längere Zeit homogenisiert u. auf Zimmertemp. abgeschreckt. Pulveraufnahmen der Schmelzen zeigen nur KPb_2-Linien. Die Verb. krist. im C 14-Typ (D_{6h}^{4}) mit den Gitterkonstanten a = 6,66 u. c = 10,76 Å (c/a = $1{,}61_4$). Mit den für den idealen Fall (c/a = 1,633) gültigen Parametern (u = $-\,^1/_6$; v = $^1/_{16}$) werden die Intensitäten aller Interferenzen bis $\sin^2\vartheta = 0{,}5$ berechnet u. befriedigende Übereinstimmung mit den aus den Pulveraufnahmen entnommenen Intensitäten gefunden. (Z. anorg. allg. Chem. **284.** 142—43. März 1956. Darmstadt, TH, Eduard-Zintl-Inst. für anorg. u. phys. Chem.) W. KRÖNERT. 197

Erwin Hellner, *Flußspat-Mischtypen (mit einer Strukturbestimmung des* $RhSn_2$ *und* $PdSn_2$). Es wird eine neue Gruppe von Strukturen beschrieben, die sich aus Schichten des $CuAl_2$- u. CaF_2-Typs aufbauen u. Flußspat-Mischtypen genannt werden. Die Strukturen von $RhSn_2$ u. $PdSn_2$, deren Tieftemperaturmodifikationen erkannt wurden, werden mitgeteilt. $CoGe_2$ wird auch als dieser Gruppe zugehörig angesehen. Beim $RhSn_2$ wurde die Umwandlung vom $CuAl_2$-Typ in einen Flußspat-Mischtyp experimentell verfolgt, die dabei auftretenden Fehlordnungen wurden diskutiert u. damit verbundene Intensitätseffekte berechnet. (Z. Kristallogr., Kristallgeometrie, Kristallphysik, Kristallchem. **107.** 99—123. Jan. 1956. Marburg, Univ., Mineral. Inst.) G. RUBAN. 197

H. Jagodzinski und **E. Hellner,** *Die eindimensionale Phasenumwandlung des* $RhSn_2$. Die Unters. des Fehlordnungsgrades der $RhSn_2$-Struktur wurde an 20 verschied. Einkristallen im Temperaturbereich von 400—650° durchgeführt. Alle Kristalle zeigten nach dem Abschrecken auf Zimmertemp. annähernd den gleichen Fehlordnungsgrad. Es ergibt sich folgendes Umwandlungsschema: **I** ($CuAl_2$-Typ) → **II** (fehlgeordnete $RhSn_2$-Phase) → **III** ($RhSn_2$-Typ mit verbleibender reiner Lagenfehlordnung). Von hohen zu tiefen Tempp. erfolgt die Umwandlung **I** → **II** bei ca. 650° (Phasenumwandlung 1. Ordnung). Vollzieht man die Durchschreitung des krit. Bereichs langsam, so erhält man den Übergang **I** → **III**, wobei die Zwischenstufe von untergeordneter Bedeutung ist. Wird der Kristall dagegen abgeschreckt, so erfolgt der Übergang **I** → **II**, während man **III** nur nach erneutem Anlassen oder Abschrecken auf die Anlaßtemp. erreicht. Wird nicht abgeschreckt, so zerfallen die Einkristalle meist in Pulver. Grundsätzlich kann der Umwandlungsvorgang zwei verschied. Wege gehen: 1. über die echte Keimbldg. u. Bruch mit dem ursprünglichen Gitter, 2. über eindimensionale Schichtverschiebungen unter Erhaltung des Zusammenhalts mit dem ursprünglichen Gitter. Vff. führen für die Temperaturabhängigkeit der Bildungswahrscheinlichkeit W_k den Näherungsansatz $W_k = A \cdot \exp(-V_k/kT)$ ein, dabei ist A eine Konstante, V_k die Bildungsarbeit. Der Keimbildungsvorgang friert also bei niedrigen Tempp. bald ein. (Z. Kristallogr., Kristallgeometrie, Kristallphysik, Kristallchem. **107.** 124—49. Jan. 1956. Marburg, Univ., Mineralog. Inst.; Würzburg, Max-Planck-Inst. für Silicatforsch.) G. RUBAN. 197

D. W. Wakeman, *Untersuchung von Legierungssystemen.* Intermediäre Phasen bei Legierungen können durch chem. Herauslösen der Hauptphase isoliert u. chem. u. kristallograph. bestimmt werden. Z. B. werden Al-Legierungen, falls die mikrograph. Unters. das Auftreten von Zwischenphasen, frei von Einschlüssen, ergibt, als Anode in einer elektr. Zelle unter Verwendung eines Elektrolyten aus HCl oder HCl + HNO_3, 2-n, bei einer Stromdichte von 0,1 A/in² (1,555 A/dm²) behandelt. Die Al-Phase löst sich auf, u. die Kristalle der intermediären Phase fallen auf den Boden der Zelle. Das Verf. wird am Beispiel des Auftretens von $MnAl_6$- u. $MnAl_4$-Verbb. bei Al–Mn–Zn-Legierungen u. von Fe–Si-Verbb. bei Al–Fe–Si-Legierungen erläutert. (Metal Ind. [London] **76.** 103—05. 10/2. 1950.) F. VIER. 197

Alfred Boettcher, Günter Haase und **Rudolf Thun,** *Strukturuntersuchung von Mehrstoffsystemen durch kinematische Elektronenbeugung.* Beschrieben wird ein Verf. zur Aufnahme von Elektronenbeugungsdiagrammen, welche die Interferenzbilder der in einem Mehrstoffsyst. auftretenden Phasen in übersichtlicher Anordnung nebeneinander enthalten. Da die Längsachse eines derartigen Diagramms für die Best. der Phasenbereiche Konzentrationsachse ist, können die Zustandsbilder von Mehrstoffsystemen den Diagrammen direkt entnommen werden. Das Verf. setzt eine besondere Präparationsmeth. voraus, bei der durch das Aufdampfen der Systemkomponenten in übereinanderliegenden, gegenläufig keilförmigen Schichten dünne, flächenhafte Objekte hergestellt werden. Durch Temperung wird infolge der hierbei einsetzenden Diffusion das steile Konzentrationsgefälle zwischen den Schichten ausgeglichen, während die Änderung der Konz. in Keilrichtung als Folge der für jeden Punkt der Objektfläche verschied. Schichtdicken erhalten bleibt u. die Ausbldg. der einzelnen Phasen in den entsprechenden Konzentrationsbereichen ermöglicht wird. Die Beugungsdiagramme dieser Objekte werden mit einem Diffraktorgraphen aufgenommen, der durch eine spaltförmige, zwischen Objekt u. Photoplatte angeordnete Aperturblende gek. ist. Die Handhabung der Vorr. wird beschrieben, u. die Grenzen des Verf. werden diskutiert. An Beispielen wird die Auswertung der Diagramme, bes. von *Ag–Sn* u. *Au–Sn*, behandelt. Werden von Keilpräparaten neben den Beugungsdiagrammen auch Serien elektronenmkr. Bilder aufgenommen, so erhält man eine Zuordnung von Feinstruktur u. Gefügebild. Diese strukturmkr. Meth. wird am System Au–Sn besprochen. Das Verf. ergibt übersichtliche Diagramme u. kürzt die Unters. von Mehrstoffsystemen wesentlich ab. Es ist daher bes. für die Gewinnung einer ersten Übersicht u. für den Vgl. verschied. Systeme geeignet. (Z. Metallkunde **46.** 386—400. Mai 1955. Frankfurt/Main.) H. HOCHSTEIN. 197

Hermann Franz und **Ekkehart Kröner,** *Zur Stabilität der Guinier-Preston-Zonen in Aluminium–Kupfer-Legierungen.* Bei der Aushärtung von Al–Cu-Legierungen entstehen zwei verschied. Arten von Komplexen aus Cu-Atomen (G. P. I- u. G. P. II-Zonen). Die energet. Verhältnisse, die den Übergang zwischen diesen GUINIER-PRESTON-Zonen bestimmen, werden mit der Theorie der Eigenspannungen untersucht. Wenn aus dem Al-Gitter ein Netzebenenteil entfernt u. anschließend der Zusammenhang durch eine gegenseitige Verschiebung der Nachbarnetzebenen wieder hergestellt wird, ist eine Versetzung erzeugt worden. Eine in das Al-Wirtsgitter eingelagerte Cu-Schicht verursacht wegen des kleineren Durchmessers der Cu-Atome ebenfalls eine Verschiebung der Nachbarnetzebenen u. eine Gitterstörung längs ihrer Berandung. In beiden Fällen sind die Verzerrungszustände des Gitters sehr ähnlich. Sie unterscheiden sich nur durch ihre Stärke. Daher kann eine eingelagerte einatomare Cu-Scheibe im Al hinsichtlich ihres Spannungsfeldes als Fremdatomversetzung behandelt werden. Neben den durch eingelagerte Cu-Scheiben hervorgerufenen Spannungsfeldern existieren im Mischkristall noch andere, welche auf die immer vorhandenen Versetzungen zurückzuführen sind.

Wenn solche Stufenversetzungen des mit Fremdatomversetzungen entgegengerichteten Burgers-Vektors zusammentreten, kann ein Ausgleich der verschied. Spannungsfelder u. damit ein Absinken der elast. Energie eintreten. Die Berechnung der Wechselwrkg. zwischen beiden Arten von Versetzungen geschieht nach den Verff. der Versetzungstheorie mit Hilfe der von E. Kröner eingeführten Spannungsfunktionen. Sie ermöglichen Angaben über die Größe der eintretenden Energieerniedrigung. Ergebnisse von Unterss. bekräftigen die Aussage, daß der zum Übergang vom G. P. I- zum G. P. II-Zustand führende Abfall der freien Energie auf der Erniedrigung der elast. Energie beruht. Diese Energieerniedrigung beim Zusammentreten von mehreren Cu-Schichten (Fremdatomversetzungen) mit einer Stufenversetzung ist größenordnungsmäßig im Einklang mit den Angaben von H. Dehlinger u. H. Kapp zur Energetik der Aushärtungszustände von Al–Cu-Legierungen. Anhang über die Wechselwrkg. koaxialer Kreisversetzungen. (Z. Metallkunde **46.** 639—46. Sept. 1955. Stuttgart, TH, und Max-Planck-Inst. für Metallforsch.). H. Hochstein. 197

G. T. Murray und **W. E. Taylor,** *Die Wirkung von Neutronenbestrahlung auf übersättigte feste Lösungen von Beryllium in Kupfer.* Neutronenbestrahlungen einer als feste Lsg. vorliegenden Cu–Be-Legierung bei 0 u. 40° ergaben hinsichtlich des elektr. Widerstandes, der Härte u. der D. die gleichen Veränderungen, die Alterung bei tiefer Temp. hervorruft; ebenso verhalten sich die Erholungserscheinungen. Es wird angenommen, daß infolge der an Leerstellen u. Zwischengitterplätzen erhöhten Diffusionsgeschwindigkeit durch Bestrahlung kleine Ausscheidungskeime gebildet werden. In kaltbearbeiteten Proben sind die Geschwindigkeiten der Eigenschaftsänderungen geringer als bei den zur festen Lsg. ausgeglühten Proben. Die Abnahme der Gitterkonstanten durch Bestrahlung entsprach der Dichteänderung. (Acta metallurg. [New York] **2.** 52—62. Jan. 1954. Detroit, Mich., Bendiv Aviat. Labor.; Phoenix, Ariz., Motorola Inc. Res. Labor.) H. C. Wolf. 197

W. Truszkowski, *Drei Stufen in der Verformung von Weichmetallen.* Verss. zeigen, daß die Verformung von Weichmetallen in 3, nicht immer scharf voneinander getrennten Stufen vor sich geht. Die 1. Stufe der Verformung endet mit der Grenze der gleichmäßigen Dehnung, die 2. mit der Streckgrenze. Dieser Ausdruck wird wegen der Ähnlichkeit seiner Erscheinung mit der Grenze der gleichmäßigen Dehnung vorgeschlagen. Die 2. Stufe ist nur im Falle von Spannungen von der 3. Stufe scharf unterscheidbar; in anderen Fällen der Verformung (Walzen, Ziehen) ist diese Stufe weniger deutlich ausgeprägt. Die Verformungen u. mechan. Eigg. von *Al, Cu, Monelmetall, Zn–Cu*-Legierung u. *Zn* werden aufgeführt. (Bull. Acad. polon. Sci., Cl. IV **1.** 65—68. 1953. [Orig.: engl.]) W. Wesly. 200

L. D. Ssokolow, *Über die Kriterien des Spannungszustandes des Diagramms der mechanischen Deformierbarkeit.* Der Spannungszustand beeinflußt den Verformungswiderstand (C) u. die Verformbarkeit (D). Für die Beurteilung des Brucheintritts ist unter gewissen Einschränkungen die Experimentalfunktion $D = \varphi(C)$ anwendbar (D = wahre maximale Hauptverformung). Der Verformungswiderstand $C = p/\sigma$ (p = spezif. Druck oder Verformungswiderstand, σ = wahre Normalspannung unabhängig vom Spannungszustande). Für die Ermittlung des mechan. Formänderungsvermögens wurden mit *Zn*-Proben Zug-, Druck-, Zieh-, Preß- u. Walzversuche bei 20° u. Formänderungsgeschwindigkeiten von $6 \cdot 10^{-3}$ sec^{-1} ausgeführt. (Nur beim Walzen betrug die Verformungsgeschwindigkeit $6 \cdot 10^{0}$ sec^{-1}). Berechnet wurde bei jedem Vers. der spezif. Druck p u. der Verformungsgrad, bei dem der Bruch eintrat. Angeführt werden prakt. Berechnungsbeispiele. (Доклады Академии Наук СССР [Ber. Akad. Wiss. UdSSR] [N. S.] **87.** 905 — 08. 21/12. 1952.) O. Vollenbruck. 200

A$_7$. Gleichgewichte. Kinetik.

W. M. Krawtschenko, *Ideale Typen von Gleichgewichtsdiagrammen flüssiger und kristalliner Phasen.* (Vgl. C. **1954.** 3183.) Für die eutekt. Systeme wird die Beziehung des idealen Diagramms T (Temp.)–X (Zus.) zur Schmelzentropie der Komponenten erörtert. Die Abweichungen der experimentellen Diagramme von den idealen werden theoret. gedeutet. Die eutekt. Diagramme T–X von polymorphen Komponenten sind ein Sonderfall des eutekt. Grundtyps. Bei Systemen mit chem. Rk. ist der ideale Typ nach Einstellung des Gleichgewichtes gekennzeichnet durch das Fehlen einer Dissoziation der Verb., konstante Schmelzwärmen der Komponenten, das Fehlen einer Assoziation der Komponenten u. gleiche Lösungswärmen. Der ideale Diagrammtyp T–X von bin. Systemen fester peritekt. Lsgg. ist gekennzeichnet durch gerade Linien, welche die FF. der Komponenten mit dem peritekt. Punkt verbinden. Die Diagramme für eine begrenzte Löslichkeit der Komponenten im festen Zustand oder die Bldg. von festen Lsgg. mit einem mit der Bldg. der Verb. nicht zusammenhängenden Minimum sind als Zwischentypen zu betrachten. (Журнал Физической Химии [J. physik. Chem.] **27.** 6—25. Jan. 1953. Stalino, Industr. Donez-Chruschtschew-Inst.) O. LEBTAG. 221

Harold T. Smyth, *Die Temperaturverteilung während einer Mineralumwandlung und ihre Bedeutung für die thermische Differentialanalyse.* Ausgehend von der Gleichung für den Wärmefluß wird die Temperaturverteilung innerhalb eines dünnen Streifens berechnet, bei dem die Temp. der Flächen gleichmäßig erhöht wird. Die Berechnungen erstrecken sich über die gesamte Zeitdauer, innerhalb der das betreffende Material in einer endothermen Rk. von einer (polymorphen) Form in eine andere umgewandelt wird. Die Anwendung dieser Berechnungen auf die Deutung des Kurvenverlaufs bei der therm. Analyse wird erörtert. Trägt man die Temperaturdifferenz gegen die Oberflächentemp. der untersuchten Probe graph. auf, so entspricht der Knickpunkt am Ende des geradlinigen Abschnittes der Umwandlungstemperatur. Trägt man dagegen die Differentialtemp. gegen die im Zentrum der Probe bei gleichförmig ansteigender Erwärmung herrschende Temp. auf, so entspricht der Gipfel dieser Kurve der Umwandlungstemperatur. (J. Amer. ceram. Soc. **34.** 221—24. 1/7. 1951. New Brunswick, N. J., Rutgers Univ.) W. HENTSCHEL. 221

G. Schwarzenbach und **G. Anderegg,** *Über die Stabilität großer Chelatringe.* Es wurden die Bildungskonstanten der Chelatbildung von *Cu* u. *Ag* mit *NH_3*, *Äthylendiamin* u. *Trimethylendiamin* u. a. sowie von *Ca, Cd* u. *Hg* mit *Methyliminodiacetationen* u. *Polymethylendiamintetraessigsäure* gemessen. In der Gleichgewichtskonstante kommt nicht nur die Ringspannung, sondern auch die Wahrscheinlichkeit des Ringschlusses zur Auswirkung, welche mit wachsender Gliederzahl des Ringes rasch absinkt. Chelatkomplexe mit 5 u. 6 Ringen sind wesentlich stabiler als Komplexe mit einfachen Liganden. Die Kationen Ag^+ u. Hg^{2+} bilden Ausnahmen, da die beiden ersten angelagerten Ligandatome bevorzugt in linearer Stellung sitzen, so daß auch hier Chelat-5- u. -6-Ringe gespannt sind. Ag- u. Hg-Komplexe lassen sich daher nicht durch Chelatringbildung stabilisieren. (Z. anorg. allg. Chem. **282.** 286—92. Dez. 1955. Zürich, ETH, Labor. für anorg. Chem.) P. WOLF. 223

G. Bähr und **Gerhard Schleitzer,** *Über emprotide Schwermetall-Innerkomplexe der α-Diketondithiosemicarbazone (Thiazone).* 4. Mitt. *Untersuchungen zur Konstitution. Komplexe von Thiazon-Analogen.* (3. vgl. C. **1956.** 6319.) Zur Klärung, ob bei den von den Vff. bis jetzt beschriebenen Verbb. die zwei NH_2-Gruppen an der Komplexbldg. unbeteiligt sind u. ob sie für die Protonenaufnahme der Komplexe beim Behandeln mit starken Säuren wesentlich sind, wurden neue Komplexe mit Liganden dargestellt, die konstitutionell den *Thiazonen* (**I**) nahestehen, aber keine Amidgruppen enthalten. Komplexe von *Cu* u. *Ni* mit *Diacetyldithiobenzhydrazon* (**II**) sind in bezug auf Bildungsweise u. Eigg. den Komplexen mit **I** analog. Sie zeigen Emprotidcharakter, die Protonenaufnahme ist von einem opt. Bathochromeffekt im Sichtbaren begleitet. Ersatz der Amidgruppen durch Phenylgruppen bewirkt starke Steigerung der Löslichkeit der Grund- u. Überkomplexe in organ. Lösungsmitteln. Auch Komplexe von Cu u. Ni mit *Diacetyl-bis-dithiocarbomethoxyhydrazon* (**III**) sind denen mit **I** weitgehend ähnlich. Überkomplexbldg. unter Protonenaufnahme wird in geringerem Maße ebenfalls beobachtet. Die Protonenaufnahme der Komplexe ist demnach nicht an das Vorhandensein von Amidgruppen gebunden; Amidgruppen sind auch für die Alkalilöslichkeit u. die Innerkomplexbldg. nicht notwendig. Die Innerkomplexe von Cu u. Ni mit **I, II** u. **III** entsprechen einander in bezug auf den Emprotidcharakter, es bestehen aber graduelle Unterschiede; die Hydrolysebeständigkeit der entsprechenden Überkomplexe nimmt in der Reihe **II, I, III** stark ab. So kann z. B. das grüne, kristalline, sehr hygroskop. *Cu(II)-Diacetyl-bis-dithiocarbomethoxyhydrazoniumperchlorat* (**IV**) nicht mehr frei von anhaftender Säure erhalten werden. Bei den Innerkomplexen des Benzilmonothiobenzhydrazons ist die Überkomplexbildungstendenz nur mehr andeutungsweise vorhanden. Darst. von **II**: 12 g Thiobenzhydrazid in 25 ml heißem A. lösen, abkühlen, 3,3 g Diacetyl, verd. mit gleichem Vol. A. zusetzen; erhitzen u. mit fertigem **II** impfen. Nach dem Auskristallisieren wird **II** abgesaugt, aus A. umkristallisiert u. im Vakuum getrocknet. Weiße, rhomboedr. Kristalle, F. (Zers.) 176—177°. Ausbeute 90%. Darst. von *Cu(II)-Diacetyldithiobenzhydrazon* (**V**): 3,54 g **II** in 200 ml 2n NaOH unter Zugabe von 100 ml A. unter Rühren bei höchstens 45° lösen, rasch filtrieren, mit W. zum Liter auffüllen u. sofort mit Lsg. von 2,5 g $CuSO_4 \cdot 5H_2O$ u. 200 ml konz. NH_3 in 1 Liter W. umsetzen. 800 ml der Cu-Lsg. unter starkem Rühren zur alkal. Lsg. von **II** tropfen, Hauptmenge der Lsg. vom flockigen **V** abhebern, Rest in Zentrifuge trennen, Nd. 2 mal mit 2n NaOH, 1mal mit 1n NaOH u. 5mal mit W. waschen. Im Vakuum über P_2O_5 trocknen. **V** ist ein tiefbraunes Pulver, lösl. in CS_2, Pyridin, Chlf., Bzl., Isobutanol, Acetanhydrid; lösl. unter Überkomplexbldg. in konz. H_2SO_4, H_3PO_4 u. $HClO_4$. Darst. von *Cu(II)-Diacetyldithiobenz-*

hydrazoniumsulfat (**VI**): 250 ml konz. H_2SO_4 mit $^1/_4$ Vol. W. verdünnen, 750 g gepulvertes $CuSO_4 \cdot 5H_2O$ u. 1,1 g **II** zu geben. Nach einigen Std. wird die grüne Lsg. isotherm im Vakuumexsiccator bei Ggw. von W. langsam verdünnt. **VI** scheidet sich nadelförmig ab. Darst. von *Ni(II)-Diacetyldithiobenzhydrazon* analog **V**. Darst. von *Dithiocarbazinsäuremethylester* (**VII**): 10 g Hydrazinhydrat zu Lsg. von 11,4 g KOH in 70 ml 90%ig. A. geben; unter Kühlung 15,2 g CS_2, verd. mit dem gleichen Vol. A. zugeben. Das ölig ausfallende Kaliumdithiocarbazinat abtrennen, in 40%ig. A. lösen u. unter Schütteln mit 29 g Methyljodid umsetzen. Wenn die ersten Kristalle **VII** ausfallen, unter Kühlung langsam mit W. verdünnen, wobei der restliche **VII** ausfällt. Aus Bzl. lichtbrechende Prismen, F. 82—83°. Darst. von *Diacetyl-bis-dithiocarbomethoxyhydrazon* (**VIII**): 2,47 g Diacetyl zu einer Lsg. von 7 g **VII** in 100 ml 70%ig. Methanol geben. Nach kurzem Aufkochen fällt **VIII** in blaßgelben Nadeln aus. **VIII** ist unlösl. in A., Bzl., Ae. u. Chlf., lösl. in Pyridin u. Dioxan, leicht lösl. mit Farbvertiefung in 2n NaOH, F. 228—229°. Darst. von *Cu(II)-Diacetyl-bis-dithiocarboxyhydrazon* (**IX**): 1,47 g **VIII** u. 1,25 g $CuSO_4 \cdot 5H_2O$ werden in 300 ml 70%ig. $HClO_4$ gelöst, 5 Std. lang mechan. geschüttelt u. dann die tiefgraugrüne Lsg. abgesaugt. Gekühlte Lsg. vorsichtig mit W. verdünnen; dabei fällt das Überkomplexperchlorat aus, das bei weiterem Verdünnen in den Grundkomplex **IX** übergeht, der abgesaugt, mit W. bis zur Säurefreiheit gewaschen u. getrocknet wird. **IX** ist hellrot, lösl. in organ. Medien, umkristallisierbar aus A., Darst. von **IV**: wie unter Darst. von **IX** beschrieben. Wegen der Hydrolyseempfindlichkeit nur mit verd. $HClO_4$ waschen. **IV** fällt in Form irisierender graugrüner Blättchen an, die im Vakuum über P_2O_5 haltbar sind. Darst. von *Ni(II)-Diacetyl-bis-dithiocarbomethoxyhydrazon*: analog **IX** durch Hydrolyse des Überkomplexes, der bei der Umsetzung äquivalenter Mengen $NiSO_4 \cdot 7H_2O$ u. **VIII** in 70%ig. $HClO_4$ entsteht. Darst. von *Benzilmonothiobenzhydrazon* (**X**): zu einer konz. alkal. Lsg. von 6 g Thiobenzhydrazid wird eine Lsg. von 8,29 g Benzil in wenig A. gegeben, 30 Min. erhitzt u. auf das halbe Vol. eingedampft. Beim Abkühlen scheidet sich **X** stäbchenförmig aus. F. 122—123°. Darst. von *Cu(II)-Benzilmonothiobenzhydrazon* (**XI**): 0,7 g **X** in 50 ml A. lösen, filtrieren u. langsam zu einer sd. Lsg. von 0,17 g $[CuCl_2(H_2O)_2]$ in 30 ml A. tropfen. Ausfallendes tiefbraunes nadelförmiges **XI** mit A. waschen u. über KOH trocknen. **XI** ist gut lösl. in Chlf., A., Bzl., CS_2, Acetanhydrid, Pyridin u. Dioxan. Darst. von *Ni(II)-Benzilmonothiobenzhydrazon* (**XII**): analog **XI**, aber bei Raumtemperatur. **XII** fällt in Form sandbrauner Nadeln aus. Darst. von *Zn-Benzil-monothiobenzhydrazon* (**XIII**): 0,7 g **X** in 50 ml heißem Methanol lösen, filtrieren u. mit einer Lsg. von 0,3 g $ZnSO_4 \cdot 7H_2O$ in 40 ml Methanol versetzen. **XIII** fällt in Form blaßgelber Nadeln aus, die in konz. H_2SO_4 mit grüner Farbe lösl. sind. Darst. von *Diacetyldi-S-methylthiobenzhydrazon* (**XIV**): 1,6 g Diacetyl zu einer Lsg. von 8,68 g *S-Methylthiosemicarbazidhydrogenjodid* in 60 ml 96%ig. A. geben u. kurz aufkochen; es fällt das weiße **XIV**-hydrogenjodid aus, das abgesaugt, in W. gelöst u. mit verd. NaOH versetzt wird. Beim Erhitzen fällt die freie Base als gelbes Pulver aus. Nach Umkristallisieren aus A. ist **XIV** rein. Nadeln, F. (Zers.) 164—166°. (Z. anorg. allg. Chem. **280**. 161—79. Aug. 1955. Greifswald, Univ., Inst. für Anorgan. Chem.)

Max Schmidt. 223

P. N. Kowalenko, *Polarographische Methode zur Bestimmung des Bildungsbeginns der festen Phase von Metallhydroxyden.* Da der Diffusionsstrom zu Beginn der Ausfällung von Schwermetallhydroxyden empfindlich fällt, lag die Anwendung des polarograph. Verf. zur Best. des Löslichkeitsprod. der Hydroxyde nahe. Es zeigte sich, daß dieses Löslichkeitsprod. nun zwar vom p_H der Versuchslsg. abhängt, jedoch, wie zu erwarten, nicht konstant bleibt, wenn die Konz. der Ionen u. die Temp. der Lsg. wechseln. Mit steigender Konz. des Schwermetallsalzes fällt das Ausfällungs-p_H, welches auch mit steigender Temp. der Lsg. fällt. Es wurden daher verd. (10^{-2} bis 10^{-3} mol.) Konzz. von $Cd(NO_3)_2$, $Zn(NO_3)_2$ u. $CuSO_4$ visuell polarographiert, wobei zu Beginn der Ausfällung (die oft visuell noch nicht sichtbar auftrat) der Diffusionsstrom knickartig scharf abfiel (bei höherer Temp. blieb dieser Knick nicht scharf). Bei Zimmertemp. u. verd. Lsg. betrugen die p_H-Werte für Cd 6,8—7,3; Zn 6,0—6,3; Cu 4,7. Die diesen Messungen entsprechenden Werte für das Löslichkeitsprod. stimmen mit Messungen anderer Forscher überein. (Журнал Прикладной Химии [J. angew. Chem.] **26**. 814—23. Aug. 1953. Rostow/Don, Univ.)

A. v. Wilpert. 224

B. L. Timan, *Einfluß von Ionen auf chemische Reaktionen in Gasen.* Verschied. Wechselwirkungen der Reaktionsprodd. u. Ausgangssubstanzen mit Ionen können das Ergebnis wesentlich beeinflussen. So besitzen bei der *NH_3*-Synth. im Gegensatz zu NH_3 die Moll. N_2 u. H_2 in Abwesenheit eines elektr. Feldes kein Dipolmoment. Abschätzung des Ioneneinflusses auf die Gleichgewichtskonz. der Moll. liefert die Beziehung $c_2c_3^3/c_1^2 = pK(T) \exp \cdot \{-4\pi\, d^2e^2p_i/3(kT)^3r_0\}$, c_1, c_2, c_3 Konz. von NH_3, H_2, N_2; d Dipolmoment von NH_3; pK(T) Gleichgewichtskonstante der NH_3-Synth.; r_0 Radius, e Ladung, p_i Partialdruck der Ionen. Hieraus folgt, daß sich das Gleichgewicht mit zunehmendem Ionenpartialdruck in Richtung zunehmender Ammoniakkonz. verschiebt. Die NH_3-Synth. in der Glimmentladung (PETERS u. KÜSTER, Brennstoff-Chemie **12.** [1931.] 122) ist z. T. hierauf zurückzuführen. (Журнал Экспериментальной и Теоретической Физики [J. exp. theoret. Physik] **27.** 653—54. Nov. 1954. Dnjepropetrowsk, Berg-Inst.) R. AMBERGER. 225

J. D. McKinley jr. und **David Garvin,** *Die Reaktionen von atomarem Wasserstoff mit Ozon und mit Sauerstoff.* Die Rk. zwischen H u. O_3 bzw. O_2 wurde bei Zimmertemp. u. niedrigen Drucken (0,1—0,3 mm Hg) in einem Strömungssyst. untersucht. Die Reaktionsprodd. wurden in einer mit fl. N_2 gekühlten Falle ausgefroren. Die Ausbeuten an H_2O, H_2O_2 u. „entwickeltem" O_2 unter verschied. Reaktionsbedingungen bestätigen die Annahme, daß die Bldg. der Reaktionsprodd. prim. in der gekühlten Falle über die Radikalrekombinationen verläuft. H_2O wird in jedem Fall durch Rk. mit OH gebildet, während HO_2 (in der Falle) zu H_2O_2 bzw. (vor der Falle) zu OH oder O_2 reagiert. Primär-Rkk. sind (1) $H + O_2 + M \rightarrow HO_2 + M$ u. (2) $H + O_3 \rightarrow OH + O_2$, es folgen in der Falle die Rkk. $H + OH \rightarrow H_2O$; $H + HO_2 \rightarrow H_2O_2$; $OH + OH \rightarrow H_2O_2$ u. vor der Falle die Rkk. $HO_2 + H \rightarrow OH + OH$; $HO_2 + H \rightarrow H_2 + O_2$; $OH + H + M \rightarrow H_2O + M$; $OH + H_2 \rightarrow H_2O + H$; $HO_2 + H_2 \rightarrow H_2O + OH$. Da der nach (2) gebildete O_2 weiter nach (1) zu reagieren vermag, unterscheidet sich die Rk. mit O_3 von der Rk. mit O_2 nur durch die höhere OH-Radikalkonzentration. (J. Amer. chem. Soc. **77.** 5802—05. 20/11. 1955. Princeton, N. J., Univ., James Forrestal Res. Center.) M. SCHENK. 225

E. Abel, *Über das Verhalten alkalischer Permanganatlösung.* Mechanismus u. Kinetik der Rk. von MnO_4^- mit OH^- zu MnO_4^{2-} u. O_2 unter Bldg. von OH-Radikalen als erster Schritt werden erörtert. Die starke Abhängigkeit von der $[OH^-]$ ließ sich nicht aufklären. Für $[OH^-] = 7{,}73$ wird die Geschwindigkeitskonstante zu $5{,}3 \cdot 10^{-3}$ [(Mol/Liter)$^{-1}$· min^{-1}; 25°] aus Daten der Publikation von SYMONS errechnet. (Mh. Chem. **86.** 461—69. 1955. London.) K. BLUMRICH. 225

I. M. Issa und **S. A. Awad,** *Eine neue Stufe bei der quantitativen Reduktion von Permanganat in alkalischen Lösungen (Mn_3O_4). $KMnO_4$* wird durch *Sn(II)* in schwach alkal. Lsgg. unter Bldg. von *Mn_3O_4* reduziert. Es wird ein Verf. zur quantitativen Auswertung dieser Rk. durch potentiometr. Titration beschrieben u. diskutiert. Die Red. verläuft im Konzentrationsbereich $4{,}92 \cdot 10^{-2}$ bis $1{,}63 \cdot 10^{-2}$ g-Atom Sn/Liter quantitativ, vorausgesetzt, daß die Lsgg. frei von gelöstem O_2 sind u. die Titration unter einem N_2-Strom ausgeführt wird. Bei Titration mit O_2-haltiger $KMnO_4$-Lsg. hängt deren Verbrauch von der Geschwindigkeit der Titration ab. Bei $>15\%$ Alkalihydroxyd im Überschuß entstehen Fehler, die sich mit steigendem Alkaligeh. erhöhen. (J. Indian chem. Soc. **32.** 23—28. Jan. 1955. Cairo, Cairo Univ., Fac. of Sci., Chem. Dep.) H. HOFMANN. 225

P. W. Geld, W. G. Wlassow und **N. N. Sserebrennikow,** *Über die Reaktion von Oxyden und ihren Verbindungen mit festem Kohlenstoff.* Die Red. von Oxyden mit C verläuft in 2 Stufen. $MeO + CO = Me + CO_2$; $C + CO_2 = 2\,CO$. Verss. über den Mechanismus wurden bei 1250° im Vakuum vorgenommen. Die vermischten Komponenten werden in Zylinder gepreßt; die entwickelten Gase durch Pumpen ununterbrochen entfernt u. zum Erstarren gebrachtes CO_2 bestimmt. Die Aktivierungsenergie E der Red. von Cr_2O_3, MnO, ZnO u. $Ca_3P_2O_8$ mit Graphit ist etwa die der Rk. von Graphit mit CO_2 (E ca. 45000 cal.). Die Menge CO_2 blieb bei allen Verss. unverändert, was den Schluß zuläßt, daß sich CO_2 nur zu Beginn der Rk. bildet. Ferner wird die Geschwindigkeit der Rk. von der langsamen Phase, der Vergasung des C zu CO_2 bestimmt. Das Reaktionsprod. von Cr_2O_3 u. MnO ist prakt. reines CO. Die Geschwindigkeit der Red. von Cr_2O_3, MnO u. ZnO ist bei n. Druck einigemal größer als im Vakuum, was auf die wichtige Rolle der Gasphase hinweist. Umgekehrt ist es bei $Ca_3P_2O_8$ u. Phosphor. Dies hängt vermutlich mit der Bldg. von gasförmigem P zusammen. Dieser verläßt den Preßzylinder nur durch Diffusion, erhöht die Rolle der Diffusionsetappen, wodurch E ca. 17000 wird u. P sich in der Reaktionszone anhäuft. Vff. widerlegen den Vers. von TAMANN u. BAUKLO, eine Parallelität zwischen der Dissoziationstension der Oxyde u. der Zusammensetzung der prim. gasförmigen Prodd. aufzustellen. Ferner setzen sie sich krit. mit einer Reihe von Arbeiten auf diesem Gebiet auseinander. (Журнал Прикладной Химии [J. angew. Chem.] **25.** 121—33. 1952. Uralsk, Lehrstuhl der Theorie der metallurg. Prozesse des polytechn. Inst.)
O. POLLAK V. EMHOFEN. 225

D. E. Hoare und **A. D. Walsh,** *Die Oxydation von Kohlenmonoxyd.* Die Unters. erfolgt im Zusammenhang mit der Methanoxydation, auf die die CO-Oxydation als Folge- bzw. Teil-Rk. von Einfl. ist. Die langsame Oxydation des CO ist von einem blauen Leuchten begleitet, das wohl von der Flamme der regelrechten Explosion zu unterscheiden ist. Für dieses Leuchten gibt es ebenso eine Druck–Temperatur-Grenze wie für die Explosion. Die Verss. wurden in einem Quarzgefäß von 3,5 cm Durchmesser u. 8 cm Länge ausgeführt; das gut gereinigte CO war mit O_2 stets im Verhältnis 2:1 gemischt. Das blaue

Leuchten ließ sich trotz des Glühens des Ofens durch ein geeignetes Filter beobachten. Die untere Druckgrenze wurde durch Einlassen des Gasgemisches bestimmt, die obere Grenze durch Aufwärmen einer eingeschlossenen Gasmenge oder durch Aufwärmen, verbunden mit teilweisem Absaugen. In der üblichen Auftragung der Reaktionsgrenzen im Temperaturdruckdiagramm ist die Halbinsel des Explosionsbereiches von einem Bezirk des blauen Leuchtens umgeben, das den Reaktionsbereich vornehmlich zu niederen Drucken u. Tempp. erweitert. In reinem Quarzgefäß u. mit reinen Gasen erstreckt sich die Explosionsgrenze von 200 mm u. 650° bis 20 mm u. 540°, die Leuchtgrenze bis 3 mm u. 430°. Zusatz von Ar engt den Reaktionsbereich, bezogen auf den Gesamtdruck, etwas ein, 5% Wasserdampf sind kaum von Einfl., 1% Methan u. noch mehr 1% H_2 erweitern die Halbinsel zu tieferen Tempp. (Spitze bei 400 u. 360°) u. höheren Drucken. 10% Methan u. 1% HCHO sowie 1% HCl verkleinern den Reaktionsbereich u. ergeben erhebliche Induktionsperioden. Zugabe von H_2 beschleunigt die langsame Oxydation des feuchten CO; bei CH_4-Zusatz erfolgt nach anfänglicher Beschleunigung bei höherer Zugabe wieder Abfall der Geschwindigkeit. HCl verzögert, auch Zugabe von N_2 verlangsamt die Reaktion. Bei gleichem Gesamtdruck bewirkt teilweiser Ersatz des N_2 durch O_2 eine Beschleunigung, die noch erheblicher ist, wenn N_2 durch CO ersetzt wird. PbO-Bedeckung der Oberfläche des Reaktionsgefäßes läßt die langsame Oxydation an der unteren Explosionsgrenze verschwinden, verschiebt diese sogar zu höherer Temperatur. An der oberen Grenze macht sich die Oberflächenbehandlung kaum bemerkbar. Die Ergebnisse werden mit älteren Veröffentlichungen verglichen. Bei dem Deutungsvers. des Verh. an der oberen Explosionsgrenze wird ein angeregter Stoßkomplex $(CO_2{*}O_2)^*$ mit hinreichender Lebensdauer diskutiert, der sich aus dem ungesätt. angeregten Triplet-CO_2^* bilden könnte. Für den Geschwindigkeitsverlauf der Oxydation von feuchtem CO wird Hemmung durch die Reaktionsprodd. neben Inaktivierung der Kettenträger im Zweierstoß verantwortlich gemacht. Auch für die anderen experimentellen Befunde werden Deutungen an Hand der vermuteten Elementar-Rkk. gegeben. (Trans. Faraday Soc. **50.** 37—50. Jan. 1954. Leeds, Univ., Dep. of Chem.) H. THEILE. 225

R. F. Strickland-Constable, *Die Kinetik der Kohlenstoffoxydation. Ein Überblick über neuere Ergebnisse.* In einem weiten Temperaturbereich wurde der Ablauf der Rkk. von C mit oxydierenden Gasen untersucht. Wasserdampf u. CO_2 liefern bei einer Reaktionstemp. von 800° ein gemeinsames Prod.: CO, wobei angenommen wird, daß sich in der 1. Stufe ein Oberflächenoxyd bildet, welches später zugunsten der CO-Bldg. zerstört wird. Obgleich CO_2, H_2O u. N_2O bei Tempp. zwischen 900 u. 1600° eine gewisse Ähnlichkeit im Reaktionsmechanismus aufweisen, reagiert N_2O mit Holzkohle schon bei 400° zu CO_2, während CO_2 u. H_2O erst über 700° in Rk. treten. Man kann annehmen, daß die Oxydation durch N_2O bei 400° zuerst als Absorption von mol. N_2O erfolgt, welches in einer 2. Stufe mit einem weiteren N_2O-Mol. reagiert. (Colloques int. Centre nat. Rech. sci. **20.** 10—15. 27/30. 9. 1949, ausg. 1950.) H. SCHÖBERL. 225

L. I. Kaschtanow und **N. W. Kasanskaja,** *Mechanismus der Inhibitorwirkung von aromatischen Aminen auf die Oxydationsgeschwindigkeit von Natriumsulfit.* Es wird die inhibierende Wrkg. von *o-*, *m-*, *p-Toluidin* u. *Anilin* auf die Oxydation von Na_2SO_3 u. die Stabilität der dabei entstehenden Verbb. untersucht. Bei den Verbb. $(C_6H_5NH_2)_2SO_2$, (o-$CH_3C_6H_4NH_2$)SO_2 u. p-Toluidin–SO_2 (wegen geringer Stabilität konnte die Formel nicht aufgestellt werden) handelt es sich um gelbe Kristalle, die sich an der Luft langsam zersetzen. Die Stabilität der Verbb. hängt von der Größe der Polarität des Inhibitors ab. Die inhibierende Wrkg. der Amine auf die Geschwindigkeit der Oxydation wird bei 0,25 u. 40° mit einer Inhibitorkonz. von 0,1% untersucht. Je höher das Dipolmoment u. je niedriger die Temp., desto größer die inhibierende Wirkung. Eine Ausnahme bildet m-Toluidin, das im Gegensatz zu den übrigen Aminen eine größere Oberflächenaktivität hat u. dadurch eine weit größere inhibierende Wrkg. zeigt. (Журнал Физической Химии [J. physik. Chem.] **28.** 1547—49. Sept. 1954. Moskau, Ordshonokidse Inst. für Ingenieurwesen u. Ökonomie.) O. POLLAK V. EMHOFEN. 225

J. I. Fisher und **J. Halpern,** *Korrosion von Kupfer–Gold-Legierungen durch sauerstoffhaltige Lösungen von Ammoniak und Ammoniumsalzen.* Bei O_2-Partialdrucken bis zu 6,8 at wird das Korrosionsverh. von Cu–Au-Legierungen mit Au-Gehh. zwischen 0 u. 15 Atom-% in gerührten Lsgg. von NH_3 u. $(NH_4)_2SO_4$ untersucht. Unter den Versuchsbedingungen löst sich nur Cu unter Zurücklassung eines Au-reichen Films an der Oberfläche der Legierung auf. Mit zunehmendem Au-Geh. verringert sich die Auflösungsgeschwindigkeit des Cu u. ein parabol. Geschwindigkeitsgesetz tritt an die Stelle des linearen. Sowohl aus der Kinetik des Auflösungsvorganges als auch aus den physikal. Eigg. des Oberflächenfilmes läßt sich schließen, daß neben dem Au-Film ein Nd. aus *CuO* oder *Cu_2O* an der Oberfläche entsteht, der die Auflösungsgeschwindigkeit herabsetzt. Der ausgeprägte Einfl. der NH_3- u. bes. NH_4^+-Konz.

auf die Lösungsgeschwindigkeit spricht ebenfalls für eine Passivierung durch Cu-Oxyde, die bei höheren NH_3- u. NH_4^+-Konzz. unter Bldg. von $Cu(NH_3)_4^{2+}$ u. $Cu(NH_3)_2^+$ gelöst werden. Bei genügend hohen NH_3- u. NH_4^+-Konzz. wird die Geschwindigkeit der Auflösung nur noch durch den Transport des O_2 durch den Film bestimmt. Die Abnahme der Korrosionsgeschwindigkeit mit steigender Temp. hängt mit begünstigter Niederschlagsbldg. u. dichterer Ausbldg. der Cu-Oxydfilme zusammen. (J. electrochem. Soc. **103.** 282—86. Mai 1956. Vancouver, B. C., Univ. of Brit. Columbia, Dep. of Mining and Metallurgy.) W. KRÖNERT. 225

Antonino Fava und **Silvano Bresadola,** *Die Kinetik der katalytischen Umlagerung von Tetrathionat.* Die katalyt. Wrkg. von $S_2O_3^{2-}$ auf die Umwandlung von $S_4O_6^{2-}$ wurde bei 50° u. p_H 7,15 kinet. untersucht. Die Geschwindigkeit der Abnahme von $[S_4O_6^{2-}]$ wurde titrimetr. nach der Cyanidmeth. bestimmt. Die Anfangsgeschwindigkeit der Rk. wurde durch graph. Interpolation ermittelt, sie ist proportional $[S_4O_6^{2-}]$ u. $[S_2O_3^{2-}]$. Auf Grund des Reaktionsschemas: $S_4O_6^{2-} + S_2O_3^{2-} \underset{k_{-1}}{\overset{k_1}{\rightleftharpoons}} S_5O_6^{2-} + SO_3^{2-}$ (dessen Konz. stets sehr gering ist); $SO_3^{2-} + S_4O_6^{2-} \xrightarrow{k_2} S_3O_6^{2-} + S_2O_3^{2-}$ wird die Beziehung $k_{-1}/k_2 = 4\,tk_1[S_2O_3^{2-}] - 2\ln(a/[S_4O_6^{2-}])/(a/[S_4O_6^{2-}] - \ln(a/[S_4O_6^{2-}]) - 1)$ abgeleitet, in der a die Anfangskonz. an $S_4O_6^{2-}$ ist. Die experimentellen Ergebnisse bestätigen diese Gleichung; darüber hinaus stimmt k_{-1}/k_2 mit den in der Literatur angegebenen Werten für k_{-1} u. k_2 gut überein. — Der Einfl. verschied. Elektrolyte wird bei konstanter Ionenstärke untersucht u. eine besonders starke katalyt. Wirksamkeit mehrwertiger positiver Ionen festgestellt. (J. Amer. chem. Soc. **77.** 5792—94. 20/11. 1955. Salt Lake City, Ut., Univ., Dep. of Chem.; Padova, Univ., Inst. of General and Inorgan. Chem.) M. SCHENK. 227

Robert Griessbach und **Paul-Dietrich Reinhardt,** *Untersuchungen über Erscheinungen und Veränderungen an Kobaltoxydkontakten.* Die Wirksamkeit des *Co-Al-Oxyd*-Mischkontaktes bzgl. der Oxydation von NH_3 zu *NO* nimmt mit steigender Belastungsdauer des Kontaktes fast linear ab. Röntgenunterss. an neuen u. gebrauchten Kontakten sowie an den reinen Komponenten ergaben eine Rekristallisation des Kontaktes, die bereits nach 2tägigem Gebrauch des Kontaktes prakt. vollendet ist. Gitterumwandlungen im Kontakt konnten nicht festgestellt werden. Spezifitätsunterschiede zwischen gebrauchtem u. ungebrauchtem Kontakt wurden durch katalyt. Zers. von C_2H_5OH festgestellt: ungebrauchter Kontakt, reines $Al_2(SO_4)_3$ u. Al_2O_3 wirken dehydratisierend (ohne Einfl. des überschüssigen Co_3O_4), gebrauchter Kontakt (2—100 Tage) u. bei 400° aus organ. Verb. frisch hergestelltes Co_3O_4 wirken dehydrierend. Der Übergang von der dehydratisierenden zur dehydrierenden Wrkg. des Kontaktes beruht auf seiner Rekristallisation sowie beginnender Bldg. von $CoO \cdot Al_2O_3$. Die mit der Belastungsdauer des Kontaktes zunehmende Spinellbldg. konnte durch fraktionierte Lsg. mit HCl festgestellt werden. Parallel mit der zunehmenden Spinellbldg. geht die NO-Ausbeute zurück. Durch Lsg. neuer sowie gebrauchter Kontakte in Eisessig wurde ihr CoO-Geh. quantitativ bestimmt. Der im ungebrauchten Kontakt geringe CoO-Geh. nimmt während der Benutzung des Kontaktes ab. Durch Glühen des Kontaktes in O_2-freiem N_2 bei 900—1000° wird der CoO-Geh. erheblich vergrößert. Vff. schließen daraus, daß bei der Katalyse kein Wertigkeitswechsel eintritt, katalysierendes Oxyd ist Co_3O_4. Die Bldg. des NO dürfte in folgenden Stufen erfolgen: $NH_3 \rightarrow NH_2 + H$ (am Kontakt); $NH_2 + O_2 \rightarrow NO + H_2O$ (durch therm. angeregten O_2). (Z. anorg. allg. Chem. **281.** 241—61. Dez. 1955. Wolfen, Kr. Bitterfeld, VEB Farbenfabrik Wolfen.) M. SCHENK. 227

G. M. Shabrowa, Ss. S. Roginski und **Je. A. Fokina,** *Anwendung der molekularen Sorption zur Untersuchung des Zustandes von in einen Katalysator eingeführten Zusätzen.* (Vgl. C. **1956.** 6324.) *MgO* (I) wird mit Zusätzen von SnO_2 (II) versehen A) durch Aufbringen von II auf fertiges I, B) durch gemeinsame Fällung von Mg- u. Sn-Salzen mit Na_2CO_3, Trocknen u. Glühen der Hydroxyde. Die Aufnahme der Adsorptionsisothermen von N_2 u. *n-Heptan* an diesen Präpp. ergibt im Falle A höhere Adsorption, als der Summe der Adsorptionsisothermen an I u. II entspricht, im Falle B prakt. dieselbe Adsorption wie an I allein. Dies wird so erklärt, daß bei A die Porenstruktur im Sinne einer Zunahme des Vol. der feinen Poren verändert ist, im Falle B die feinen Poren unverändert bleiben. Bei A könnte sich eine Oberflächenverb. von II mit I mit Auflockerung der I-Oberfläche bilden, während bei B eine Verteilung von II vorzugsweise innerhalb der Mikrokörner erfolgt. (Журнал Физической Химии [J. physik. Chem.] **29.** 558—65. März 1955. Moskau, Inst. für physik. Chem. der Akad. der Wiss. der UdSSR.) R. K. MÜLLER. 227

Alfons Krause und **Jerzy Pawełkiewicz,** *Über die Geschwindigkeit einiger katalytischer Reaktionen in gekoppelten Redoxsystemen.* Es wurden kinet. Messungen des H_2O_2-Zerfalls u. der H_2O_2-Oxydation von *HCOOH* in Ggw. neuer Mehrstoffkatalysatoren (I) durchgeführt. Die Darst. von I erfolgte durch Fällung von Fe^{2+} gemeinsam mit anderen Metallionen mit NaOH u. Trocknen des Gels an der Luft. In Abwesenheit von Mg wird ein schwarzes Fe(II)–Fe(III)-Hydroxyd (**II**) erhalten, in Ggw. von $Mg(OH)_2$ (Fe:Mg = 1:0,5) oxydiert Luft-O_2 quantitativ Fe^{2+} u. es entsteht ein „unfertiger" *Mg-Ferrit* mit α-FeOOH-Struktur. Mg^{2+} besetzt die Kationenstellen des Gitters u. ermöglicht so die Oxydation von Fe^{2+} zu Fe^{3+}. Das mit Mg aktivierte Fe(III)-Hydroxyd katalysiert die HCOOH-Oxydation mit H_2O_2, nicht aktiviertes **II** ist unwirksam. Zusätzliche Aktivierung ließ sich durch $Co(OH)_2$ u. bes. $Cu(OH)_2$ erreichen, nicht durch $Mn(OH)_2$ u. $Ce(OH)_4$. Sehr wirksam ist die Zus. Fe:Mg:Cu = 1:0,5:0,5. Die H_2O_2-Zers. erwies sich daran als Rk. 0,5ter Ordnung (Verf. nach NOYES) u. die Oxydation von HCOOH durch H_2O_2 bei 37° als Rk. 1,5ter Ordnung (Autokatalyse). Der Reaktionsmechanismus wird als Mehrstufenkatalyse gedeutet, in der Peroxydverbb. (**III**) der Metalle autokatalyt. wirken. **III** konnten analyt. festgestellt werden, bes. stark bei Cu-haltigen Katalysatoren. (Roczniki Chem. [Ann. Soc. chim. Polonorum] **28.** 317—27. 1954. Poznań [Posen], Uniw., Zakł. Chem. Nieorg.) F. URBAN. 227

Alfons Krause, Jerzy Rosochowicz und **Krystyna Przyłęcka,** *Über katalytische und Trägereigenschaften des $Mg(OH)_2$ in Redoxsystemen.* (Vgl. vorst. Ref.) Das bei 0° unter CO_2-Ausschluß gefällte $Mg(OH)_2$ (**I**) zeigt im Röntgenogramm verbreiterte Linien, was auf Unordnung im Gitter deutet. Es katalysiert sehr gut die H_2O_2-Wrkg. auf Indigocarmin u. HCOOH bei 37°. Spuren von Ag^+, Mn^{2+}, Co^{2+}, Ni^{2+}, UO_2^{2+}, Cr^{3+}, Fe^{3+} an der Oberfläche von **I** hemmen die Rk., während Cu^{2+} ein guter Aktivator ist. Cu^{2+} ohne den Träger **I** ist unwirksam. Der **I**/Cu^{2+}-Katalysator ist noch empfindlicher gegen obengenannte Ionen. Ebenso verzögert CO_2 die Rk. in Ggw. von Cu^{2+}/**I** sicher durch Bicarbonatbildung. Die katalyt. Wirksamkeit von **I**, z. B. auf den H_2O_2-Zerfall, ist, im Gegensatz zur peroxydativen, gering. Gerade die obengenannten Ionen sind jedoch gute Aktivatoren, da sie an der Oberfläche spurenweise Mehrstoffkatalysatoren bilden. Cu^{2+} aktiviert hier nicht. Es ist ohne Träger ein besserer Katalysator beim H_2O_2-Zerfall. (Roczniki Chem. [Ann. Soc. chim. Polonorum] **28.** 329—36. 1954.) F. URBAN. 227

Alfons Krause und **Stanisław Magas,** *Blei(II)-hydroxyd als Bestandteil von anorganischen Katalasen und Peroxydasen.* (Vgl. vorst. Reff.) Es wird die Wrkg. von $Pb\cdot(OH)_2$ (**I**) auf die H_2O_2-Zers. (Katalasewrkg.) u. auf die Oxydation von Indigocarmin mit H_2O_2 (Peroxydasewrkg.) beschrieben. Die Zers. des H_2O_2 läuft über das oberflächlich gebildete $Pb[PbO_3]$, ist also abhängig vom Verteilungsgrad u. Alter des **I.** Eine intermediäre Bldg. von Pb-Peroxyd konnte nicht festgestellt werden. Cu^{2+} u. Mn^{2+} (Pb:Me = 1:0,1), an **I** adsorbiert, verstärken die Wrkg., Ag^+, Hg^{2+}, Mg^{2+}, Zn^{2+}, Fe^{3+}, Pb^{2+} sind indifferent, Ni^{2+}, Co^{2+}, UO_2^{2+}, NaOH hemmen den Zerfall. Die Wrkg. ist bes. stark bei Cu^{2+} in Ggw. organ. Anionen (Acetat, Formiat), offenbar durch Bldg. von Peracetaten u. Performiaten mit hohem O_2-Potential. Die Aktivierungsenergie (AE) des H_2O_2-Zerfalls ist mit u. ohne Katalysator 18 kcal/Mol H_2O_2. Die katalyt. Wrkg. besteht also nicht in einer Erniedrigung der AE, sondern sicher auf einer Deformierung des H_2O_2-Mol. beim Stoß. — Die Rk. von Indigocarmin mit H_2O_2 wird durch **I** mit Co^{2+} als Aktivator beschleunigt. Auch hier wird nicht die AE herabgesetzt, sondern das H_2O_2-Mol.

H
deformiert nach HOOH ⇌ OO. Dagegen wird die Zers. von H_2O_2 nicht katalysiert. —
H

Das spezif. Verh. von **I** mit Cu^{2+} (Katalase) u. **I** mit Co^{2+} (Peroxydase) erinnert stark an die natürlichen Fermente: **I** ist hier analog einem Apoferment, Cu^{2+} bzw. Co^{2+} einem Coferment. (Roczniki Chem. [Ann. Soc. chim. Polonorum] **28.** 337—48. 1954.)
F. URBAN. 227

Alfons Krause und **Ewa Wosińska,** *Über katalytische Eigenschaften des Kupfer(II)-hydroxyds und dessen Aktivierung.* (Vgl. vorst. Reff.) Es wurde die katalyt. Wrkg. von $Cu(OH)_2$ (**I**) auf die HCOOH-Oxydation mit H_2O_2 bei verschied. Tempp. untersucht. Das mit NaOH gefällte **I** ist aktiver als das mit LiOH bzw. KOH gefällte. Als Aktivatoren erwiesen sich die gemeinsam mit **I** im Molverhältnis 1:1 ausgefällten Hydroxyde $Mg(OH)_2$, $Ca(OH)_2$, $Co(OH)_2$. Bei höherer Temp. (70°) hemmen sie aber die Rk., da freie Metallionen entstehen — HCOOH löst die Hydroxyde auf. Die katalyt. Wrkg. ist also an den festen Zustand gebunden u. besteht aus einem sorptiven Anteil u. einer Rk. im festen Zustand an der Oberfläche (Radikalketten-Rk.). Ähnlich wirkt das Syst. **I**/$Mn(OH)_2$, in dem aber Mn zu 60% als MnO_2 vorliegt (Lufttrocknung des Präp.); MnO_2 selbst zeigt keine katalyt. Wrkg. bei der HCOOH-Oxydation. Der Dreistoffkatalysator **I**–$Co(OH)_2\cdot Mn(OH)_2$ übertrifft nicht die Wrkg. der genannten Zweistoffkatalysatoren, vielleicht wirken die Komponenten entgegengesetzt. $Be(OH)_2$, $Pb(OH)_2$, $Ni(OH)_2$ sind indifferent, $Zn(OH)_2$, $Cd(OH)_2$ hemmen die Reaktion. Alle Präpp. wurden analyt. u. röntgenograph. untersucht. (Roczniki Chem. [Ann. Soc. chim. Polonorum] **28.** 351—58. 1954.)
F. URBAN. 227

Alfons Krause und **Benedykt Stasiński,** *Über die katalytische Oxydation des Indigocarmins mit Luftsauerstoff als Endacceptor.* (Vgl. vorst. Reff.) Luft-O_2 oxydiert eine wss. Lsg. von Indigocarmin bei 37° erst nach Zugabe eines Katalysators, bestehend aus Kalkstickstoff (I) u. einem Metallsalz. I dient als Trägersubstanz. Mit den Ionen Na^+, K^+, Mg^{2+}, Ca^{2+}, Sr^{2+}, Ba^{2+}, Zn^{2+}, Cd^{2+}, Pb^{2+}, Mn^{2+}, Cr^{3+}, WO_4^{2-}, $[Fe(CN)_6]^{4-}$ sowie $Cr^{3+} + Mn^{2+}$, $Mg^{2+} + Pb^{2+}$, $Cu^{2+} + [Fe(CN)_6]^{4-}$ konnte I nicht aktiviert werden, hemmend wirkte I mit Cu^{2+}, Hg^{2+}, Fe^{3+}, Ni^{2+}, $Cu^{2+} + Fe^{3+}$, $Mg^{2+} + Mn^{2+}$, $Cu^{2+} + Fe^{3+} + Co^{2+}$ u. $Cu^{2+} + Fe^{3+} + [Fe(CN)_6]^{4-}$. Aktivierung von I wurde erzielt mit NH_4^+, Co^{2+}, $Pb^{2+} + Mn^{2+}$, $Co^{2+} + [Fe(CN)_6]^{4-}$, $Pb^{2+} + Cr^{3+} + Mn^{2+}$ u. $Mg^{2+} + Pb^{2+} + Mn^{2+}$. Die letztgenannte Kombination war die wirksamste mit 60% ig. Anteil von I an der Katalyse. Der Mechanismus der Katalyse wird erklärt als Radikalketten-Rk., wobei die Aktivierung des O_2-Mol. durch eine oberflächlich gebildete, radikalartige Komplexverb. von I mit dem Metallsalz MeX, vielleicht vom Typ $[(NC)N\cdots\overset{*}{Me}\cdots X]Ca$ erfolgt. Auf einen Zusammenhang zwischen Enzymen u. anorgan. Katalysatoren mit I sowie A-Kohle als Trägersubstanzen wird hingewiesen: alle enthalten C u. N als Grundelemente, wenn berücksichtigt wird, daß A-Kohle stets N-haltig ist. (Roczniki Chem. [Ann. Soc. chim. Polonorum] **28.** 359–65. 1954.) F. URBAN. 227

Alfons Krause und **Edmund Borzeszkowski,** *Über Aluminiumoxydhydrate und deren Charakterisierung mit Hilfe der katalytischen Mutation.* (Vgl. vorst. Reff.) Während die verschied. Al-Oxydhydrate (I) bei 37° 0,3% ig. H_2O_2-Lsg. nicht zers., wirken adsorbierte Metallionen katalysierend, u. zwar stärker ohne Träger. I wirkt also hemmend auf die Zers. von H_2O_2. Bei Verwendung der Kombination $Mn^{2+} + Cu^{2+} + Fe^{3+}$ ist die Zersetzungsgeschwindigkeit abhängig von der Reihenfolge der Präparierung des Katalysators (katalyt. Mutation). Am vorteilhaftesten ist die Folge: $I + Mn^{2+} + Cu^{2+} + Fe^{3+}$, da die Unterschiede in der Zersetzungsgeschwindigkeit in Abhängigkeit von I am größten sind. Die Formen von I lassen sich damit genau unterscheiden. Unterss. zeigten, daß die Struktur von I maßgebend ist für die Ausbldg. komplexer Verbb. mit Radikalcharakter zwischen I u. den Metallsalzen u. somit zur Auslösung der Radikalketten-Rk., nicht aber die Teilchengröße der Trockengabe von I. (Roczniki Chem. [Ann. Soc. chim. Polonorum] **28.** 367–76. 1954.) F. URBAN. 227

Alfons Krause, Sylwester Granieczny und **Włodzimierz Wolski,** *Über amphotere Trägereigenschaften des Aluminiumoxydhydrats in Redoxsystemen.* (Vgl. vorst. Reff.) Lufttrockenes Al-Hydroxydgel (I) verzögert die langsame, wandkatalysierte Rk. von H_2O_2 mit einer Indigocarminlösung. Der Farbstoff wird bis zu 20% vom Gel adsorbiert u. blockiert dort die akt. Zentren. An I adsorbierte Ionen Cu^{2+}, Cr^{3+} u. Co^{2+} beschleunigen die Reaktion. Die Farbstoffadsorption wird zurückgedrängt, u. die akt. Zentren werden durch die Metallionen besetzt, die radikalartige Aluminate bilden u. so die Radikalketten-Rk. auslösen. Bei gleicher Metallionkonz. nimmt die Reaktionsgeschwindigkeit zu, wenn I zugegeben wird. Anscheinend wird die Zahl der akt. Zentren auf I vermehrt u. damit die Radikalkomplexbldg. begünstigt. Mn^{2+}- u. UO_2^{2+}-Ionen verstärken die hemmende Wrkg. von I. Ca^{2+}, Sr^{2+}, Ba^{2+}, Mg^{2+}, Cd^{2+} u. Hg^{2+} sind indifferent. (Roczniki Chem. [Ann. Soc. chim. Polonorum] **28.** 377–84. 1954. Poznań [Posen], Uniw., Zakł. Chem. Nieorg.) F. URBAN. 227

A_8. Präparative anorganische Chemie. Komplexchemie. Metallorganische Verbindungen.

A. Simon und **K. Waldmann,** *Über die Konstitution der sauren Sulfite.* 1. Mitt. *Wässerige Disulfit- (Pyrosulfit-) Lösungen und ihr Verhalten in Abhängigkeit von Konzentration und Alkalisierungsgrad.* In Apparaturen, die luftempfindliche, wss. Lsgg. unter völligem Ausschluß von O_2 herzustellen, zu spektroskopieren u. zu analysieren gestatteten, wurden Alkalidisulfitlsgg., $Me_2S_2O_5$ (Me = Na, K), ramanspektroskop. untersucht. Die Kationen nehmen am Schwingungsvorgang nicht teil. An Hand von Verdünnungs- u. Alkalisierungsverss. lassen sich die beobachteten Frequenzen in 4 Gruppen einteilen, wobei die 1. Frequenzgruppe 586, 1019, 1089, 1125, 2532 cm^{-1} dem in der Lsg. vorherrschenden $H{-}SO_3^-$, die 2. Gruppe 471, 612, 966 cm^{-1} dem SO_3^{2-}, die 3. Gruppe 231, 309, 552, 655, 1052, 1193 cm^{-1} vielleicht dem $HO{-}SO_2^-$, die 4. bei 423, 456, 506 (?) u. 909 cm^{-1} vielleicht dem $S_2O_5^{2-}$ zuzuordnen wäre (vgl. aber 2. Mitt.). Von den beiden am meisten diskutierten Konstitutionsformeln für $S_2O_5^{2-}$, nämlich ${}^{(-)}O_3S{-}SO_2{}^{(-)}$ u. ${}^{(-)}O_2S{-}O{-}SO_2{}^{(-)}$, ist die erstere auszuschließen, da eine S–S-Frequenz im Spektr. nicht auftritt. Die Zuordnung der Frequenz bei 2532 cm^{-1} zur S–H-Schwingung konnte durch Umsetzung von $Me_2S_2O_5$ mit D_2O gemäß $S_2O_5^{2-} + D_2O \rightarrow 2\,DSO_3^-$ gestützt werden: die 2532 cm^{-1}-Frequenz wird dabei nach 1843 cm^{-1} (S–D-Schwingung) verschoben. Die Liniengruppe für das SO_3^{2-} tritt nur in stark alkal. ($HO{-}SO_2^- + OH^- \rightarrow SO_3^{2-} + H_2O$?) Lsgg. auf (in stark konz. $Me_2S_2O_5$-Lsgg. ist die 966 cm^{-1}-Linie schwach angedeutet), in denen die 3. Liniengruppe (des $HO-SO_2^-$?) verschwindet, während die Linien des $H-SO_3^-$ prakt. unbeeinflußt bleiben. Die tautomere Umlagerung $HO-SO_2^- \rightleftharpoons H-SO_3^-$ erfolgt anscheinend nur langsam; das SCHAEFERsche „Zeitphänomen der Bisulfite" läßt sich darauf nicht zurückführen. (Z. anorg. allg. Chem. **281.** 113—34. Nov. 1955. Dresden, TH, Inst. für anorg. u. anorg.-techn. Chem.) U. WANNAGAT. 253

A. Simon und **K. Waldmann,** *Über die Konstitution der sauren Sulfite.* 2. Mitt. *Die Gleichgewichte der sauren Sulfite in wässerigen Lösungen auf Grund der Raman-Spektren der in Wasser und in Methanol gelösten sowie der kristallisierten Alkalisalze.* (1. vgl. vorst. Ref.) Von den in der 1. Mitt. nicht eindeutig zuzuordnenden Liniengruppen 3 u. 4 konnte durch Vgl. der RAMAN-Spektren des festen u. in absol. CH_3OH gelösten $Me_2S_2O_5$ die 3.(!) Gruppe dem $S_2O_5^{2-}$ zugeschrieben werden. Die Zugehörigkeit der in den wss. Lsgg. beobachteten Frequenzen wurde wie folgt abgeändert: $S_2O_5^{2-}$ 211, 231, 309, 372, 423, 471, 506, 552, 586, 620, 655?, 1052, 1089, 1175, 1201? cm^{-1}; $H-SO_3^-$ 457, 586, 709, 1019, 1089, 1125, 2532 cm^{-1}; SO_3^{2-} 966 cm^{-1}; $HO-SO_2^-$ 709? cm^{-1}. In konz. wss. $Me_2S_2O_5$-Lsgg. wie auch in halbneutralisierten H_2SO_3-Lsgg. liegen danach $S_2O_5^{2-}$ u. HSO_3^--Ionen in annähernd gleichen Konzz. vor, die nach $S_2O_5^{2-} + H_2O \rightleftharpoons 2\,HSO_3^-$ im Gleichgewicht stehen. Für die p_H-Abhängigkeit des Syst. spielen ferner die Gleichgewichte $HSO_3^- + H_2O \rightleftharpoons H_3O^+ + SO_3^{2-}$ sowie $HSO_3^- + OH^- \rightleftharpoons H_2O + SO_3^{2-}$ eine Rolle, während das tautomere Gleichgewicht $H-SO_3^- \rightleftharpoons HO-SO_2^-$ fast vollständig auf die Seite der symm. Form mit S–H-Bindung verschoben ist; die Hydroxylform kann höchstens in ganz geringer Konz. vorliegen. Die spektroskop. Befunde stehen in befriedigender Übereinstimmung mit den Ergebnissen der kryoskop. Messungen, die bei hohen Konzz. für einen vorwiegend tern. ($Me_2S_2O_5 \rightarrow 2\,Me^+ + S_2O_5^{2-}$) u. bei verd. Lsgg. für einen vorwiegend quaternären Elektrolyten ($Me_2S_2O_5 + H_2O \rightarrow 2\,Me^+ + 2\,HSO_3^-$) sprechen. Im Hinblick auf den Einfl. der Alkalikationen ergibt sich, daß eine Hydrolyse des HSO_3^- nach $HSO_3^- + H_2O \rightarrow H_2SO_3 + OH^-$; $H_2SO_3 \rightarrow H_2O + SO_2$ beim stark bas. K^+ nicht erfolgt, daß aber aus wss. $Na_2S_2O_5$-Lsgg. durch einen N_2-Strom SO_2 ausgetrieben wird u. daß sich ein $Li_2S_2O_5$ aus wss. Lsgg. überhaupt nicht mehr abscheidet. (Z. anorg. allg. Chem. **281.** 135—50. Nov. 1955.) U. WANNAGAT. 253

Luise Schmidt, H.-P. Boehm und **U. Hofmann,** *Über die „rote Kohle" von Klemenc.* Das Zersetzungsprod. von *Kohlensuboxyd* bei 200—270° u. das Polymerisat von C_3O_2 in Xylol wurde mittels Röntgenstrahlen, UR-Spektr. u. chem. Analyse eingehend untersucht. KLEMENC (vgl. Angew. Chem. **51.** [1938.] 395 u. früher) bezeichnete dieses Prod. als „roten Kohlenstoff". Vff. zeigen, daß die Bezeichnung „rote Kohle" zutreffender ist. Es treten Sechseckebenen bzw. mehrkernige aromat. Systeme auf, die das *Coronen* an Größe etwas übertreffen ($\approx$ 10 Å Durchmesser u. $\approx$ 4 Å Schichtabstand), an deren Rand vorwiegend Ketengruppen, nach Zutritt von Luftfeuchtigkeit Carboxyl- u. Hydroxylgruppen gebunden sind, die durch Rk. mit *Thionylchlorid* u. *Diazomethan* nachgewiesen wurden. Das Polymerisat des C_3O_2 in Xylol zeigt dasselbe Röntgenbild. Die „rote Kohle" wird als Folgeprod. der spontanen Polymerisation des Kohlensuboxyds angesehen. (Z. anorg. allg. Chem. **282.** 241—52. Dez. 1955. Darmstadt, TH, Ed. Zintl-Inst. für anorg. u. physikal. Chem.) P. WOLF. 260

G. Fritz, *Über die Spaltung der Si–O-Bindung mit $LiAlH_4$ unter Bildung von Siliciumwasserstoffverbindungen.* Neben der schon bekannten Überführung der SiCl- in die SiH-Gruppe vermag $LiAlH_4$ auch Verbb. mit SiO-Bindungen gemäß $\equiv Si-O- + =Al-H \rightarrow \equiv Si-H + =Al-O-$ umzusetzen. So entwickelt sich SiH_4 bei der Einw. einer äther. $LiAlH_4$-Lsg. auf $Si(OC_2H_5)_4$ (sehr heftig), $Cl_3SiOSiCl_3$ (stürm.), $(C_3H_7O)_3SiOSi(OC_3H_7)_3$ (**I**) (rasche Rk.), $C_2H_5O[Si(OC_2H_5)_2O]_nC_2H_5$, Quarzsand (langsam), aus Wasserglas gefällte Kieselsäure (daneben H_2-Entw.) u. Siloxen; aus Methylsiliconen (**II**) wird $(CH_3)_2SiH_2$ frei gemacht. Bei **I** u. **II** entstanden gleichzeitig weiße, ätherunlösl., SiH-haltige Rückstände, in denen weitaus mehr Al als Si zu finden war; offensichtlich verlief hier die Weiter-Rk. des prim. gebildeten $=Al-O-SiX_3$ (X = H, R oder OR) nur langsam. (Z. Naturforsch. **10 b.** 423—24. Juli 1955. Marburg, Univ., Inst. für Siliciumchem.) U. WANNAGAT. 261

Robert Klement und **Karl H. Wolf,** *Die Darstellung von Pyrophosphorylchlorid und von Tetraphosphoryldekachlorid.* Die zu Phosphoroxychloriden führende, von GEUTHER u. MICHAELIS (Ber. dtsch. chem. Ges. **4.** [1871.] 766) entdeckte Umsetzung von PCl_3 mit N_2O_4 wurde von Vff. eingehend untersucht. Sie erhielten beim Überleiten von NO_2 auf PCl_3 bei —10°, wobei sich die Fl. unter begieriger Absorption des NO_2 tiefrot färbte, unter Entw. von NO, N_2O_3, NOCl sowie Sublimation von PCl_5 (0,7%) auskristallisierendes $P_2O_6NCl_2$ (**I**) (14%) u. durch fraktionierte Dest. der verbliebenen Fl. $POCl_3$ (58%), $P_2O_3Cl_4$ (**II**) (17%) u. $P_4O_4Cl_{10}$ (**III**) (6%). Die Ausbeute an **II** war höher als bei GEUTHER, **I** u. **III** bisher unbekannt. Der Reaktionsablauf wird von Vff. wie folgt angenommen:

$PCl_3 + NO_2 \rightarrow \{Cl_3PONO\}$; $\{Cl_3PONO\} \rightarrow POCl_3 + NO$ (bevorzugt) sowie $\{Cl_3PONO\} \rightarrow \{Cl_2PO\} + NOCl$; $\{POCl_2\} + NO_2 \rightarrow \{OP(Cl)_2ONO\}$; $\{OP(Cl_2)ONO\} + \{POCl_2\} \rightarrow OP(Cl_2)OP(Cl_2)O$ (II) $+ NO$; $2\{POCl_2\} + 2\,POCl_3 \rightarrow 2\{OP(Cl_2)OP^+Cl_2Cl^-\} \rightarrow$ unter Dimerisierung **III**. — Diphosphorylchlorid, **II**, Kp.$_1$ 65°, $D.^{15}{}_4$ 1,820, ist wasserhell, ölig, stark lichtbrechend, geruchlos, raucht nicht an der Luft, ist aber feuchtigkeitsempfindlich u. reagiert mit W. ähnlich geräuschvoll wie P_2O_5. Es setzt sich leicht mit Alkoholen, prim. u. sek. Aminen um u. löst sich leicht in indifferenten anorgan. u. organ. Flüssigkeiten.—

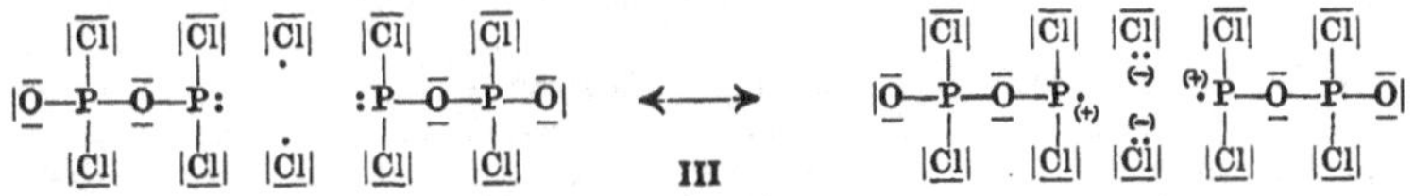

III

Tetraphosphor(IV, V)-tetraoxydekachlorid, **III**, (Tetraphosphoryldekachlorid), F. 37°, Kp.$_1$ 105°, $D.^{40}{}_4$ 2,017, ist farb- u. geruchlos; es zers. sich bei längerem Stehen, ist aber bis 200° therm. stabil. Die außerordentlich feuchtigkeitsempfindliche Verb. reagiert heftig mit W., Alkoholen, prim. u. sek. Aminen. Bei der Hydrolyse entstehen Monophosphat u. Hypodiphosphat, doch wirkt **III** selbst kaum reduzierend. Es löst sich gut in organ. Lösungsmitteln; die mol. Leitfähigkeit in Nitrobenzol (0,19) u. $SOCl_2$ (2,25 $cm^2\,\Omega^{-1}\cdot Mol^{-1}$) ist nur gering. Mit $SnCl_4$ in CCl_4 bildet es das salzartige $[P_4O_4Cl_8][SnCl_6]$. Die ungewöhnliche Konst. der Verb. — das Mol.-Gew. wurde in Camphen entsprechend $(P_2O_2Cl_5)_2$ ermittelt — wird von Vff. als intramol. Zweikernkomplex gedeutet, dessen Stabilität durch Resonanz von 6 π-Elektronen bedingt ist. — **I** bildet sich auch bei der Umsetzung von $POCl_3$ mit N_2O_4; die Konst. der Verb. ist noch nicht ermittelt. (Z. anorg. allg. Chem. **282.** 149–61. Dez. 1955. Regensburg, Phil.-Theol. Hochsch., Inst. für anorg. u. analyt. Chem.) U. WANNAGAT. 264

Erich Thilo und **Dieter Heinz,** *Über die Hydrolyse des Phosphor(III)-chlorides, -bromides und -jodides.* (Vgl. C. **1955.** 4061.) Durch papierchromatograph. u. jodometr. Analyse wird gezeigt, daß bei der Hydrolyse von PCl_3 unter milden Bedingungen bis ca. 75% des P(III) in Pyrophosphit, $Na_2[H_2P_2O_5]$ (**I**) übergehen. Dieses bildet sich aus prim. entstandenem Phosphit, $Na_2[HPO_3]$ (**II**) u. PCl_3. Durch die Bldg. von **I** erklärt sich das „Oxydationsdefizit" bei der J-Oxydation der PCl_3-Hydrolysate in $NaHCO_3$-Lsg.; **I** läßt sich erst nach saurer Hydrolyse durch J erfassen. Bes. im alkal. Medium entstehen außer **I** u. **II** PH_3, *Diphosphit,* $Na_3[HP_2O_5]$ (**III**), Phosphat, Pyrophosphat u. 2 neue Verbindungen. Die eine wurde als „iso-Subphosphat" $Na_3[HP_2O_6]$ (**IV**) identifiziert, das im Gegensatz zum Subphosphat $Na_4[P_2O_6]$ (**V**) eine (P—O—P)-Bindung besitzt u. dementsprechend auch durch Kondensation von Phosphoriger-u. Phosphorsäure hergestellt werden kann. Die „zweite neue Verb." (**VI**) geht bei der Hydrolyse in **IV** u. **V** über u. muß 3 oder 4 P-Atome u. mindestens je eine (P—O—P)- u. (P—P)-Bindung enthalten. Ältere Strukturangaben für **I** u. **III** wurden bestätigt (Best. der Mol.-Geww.). Bei der Hydrolyse von PBr_3 u. PJ_3 in $NaHCO_3$-Lsg. entstehen mehr Verbb. mit (P—P)-Bindung als aus PCl_3. Z. B. bildet sich **I** aus PJ_3 gar nicht mehr, während **IV** u. **VI** sehr reichlich auftreten. Die Suche nach einer α- oder Orthophosphorigen Säure $P(OH)_3$ verlief — auch nach Hydrolyse in stark alkal. Lsg. — ergebnislos. (Z. anorg. allg. Chem. **281.** 303–21. Dez. 1955. Berlin-Adlershof, Dtsch. Akad. der Wiss., Inst. für Anorg. Chem., u. Humboldt-Univ., Chem. Inst.) F. UMLAND. 264

Helmut Behrens und **Lothar Glasser,** *Vergleich der Reaktionsweisen von Arsen(III)-sulfid und Arsen(III)-selenid mit flüssigem Ammoniak.* As_2Se_3 verhält sich bei der Ammonolyse wesentlich anders als das As_4S_6 (vgl. C. **1956.** 1529). Beim Aufkondensieren von fl. NH_3 bei $-33°$ auf As_2Se_3 bildet sich neben einer orangeroten Lsg. ein hellgelber, voluminöser Nd. gemäß $As_2Se_3 + 4\,NH_3 \rightarrow$ *$NH_4(AsSe_2)$* (**I**) (Lsg.) + *$NH_4[AsSe(NH_2)_2]$* (Nd.), der bei 20° über tiefgelbes *$NH_4[AsSe(NH)]$* in tiefrotes, in fl. NH_3 nicht wieder lösl. *Arsen(III)-amidoselenid* (**II**), $AsSeNH_2$, übergeht. **II** löst sich in fl. NH_3 auch nicht mit NH_4Cl oder KNH_2, dagegen aber mit $(NH_4)_2Se$ zu luftempfindlichem *Ammoniumorthoselenoarsenit* (**III**), $(NH_4)_3AsSe_3$, das beim Abkühlen auf $-75°$ in orangegelben Nadeln auskristallisiert. **II** ist gegen W. u. oxydierende Säuren beständig, in Laugen erfolgt unter NH_3-Entw. Lösung zu Oxyselenoarsenit. **I** sieht nach Abdampfen des Lösungsm. braunrot aus, löst sich in NH_3 wieder auf, ist auch in W. etwas lösl.; mit HCl fällt As_2Se_3. Beim Erhitzen auf 150–160° entsteht u. a. $(NH_4)_2Se$. In fl. NH_3 setzt es sich mit $(NH_4)_2Se$ zu **III** um, mit $Mg(NO_3)_2$ fällt zitronengelbes *$[Mg(NH_3)_6]\cdot[AsSe_2]_2$*, mit $Cr(NH_3)_6(NO_3)_3$ das ziegelrote *$[Cr(NH_3)_6][AsSe_2]_3$* aus, mit $LiNO_3$ bildet sich $LiAsSe_2$. Die Äquivalentleitfähigkeiten von **I** wie von $(NH_4)_2As_4S_5(NH_2)_4$ bei $-33{,}5°$ in fl. NH_3 weisen auf eine nur geringe Dissoziation hin. (Z. anorg. allg. Chem. **282.** 12–18. Dez. 1955. München, TH, Anorg.-chem. Labor.) U. WANNAGAT. 265

Albert Nallet und **René A. Pâris,** *Untersuchung der Löslichkeitsgleichgewichte von Natrium- und Kaliumchlorid und -chlorat in Wasser.* 1. Mitt. Vff. untersuchen die Löslichkeitsgleichgewichte der folgenden bin. u. tern. Systeme: *$NaCl$–$NaClO_3$–H_2O; $NaCl$–KCl–H_2O; $NaClO_3$–$KClO_3$–H_2O* u. *KCl–$KClO_3$–H_2O* u. beschreiben im einzelnen die techn. Durchführung der Messungen, sowie die von ihnen verwendeten analyt. Bestimmungsmethoden. Die erhaltenen Ergebnisse werden tabellar. u. graph. dargestellt u. in bezug auf ältere in der Literatur angegebenen Daten diskutiert. (Bull. Soc. chim. France [5] **1956.** 488–94. März. Lyon, Fac. des Sci., Labor. de Chim. Min.) H. SURAWSKI. 275

Albert Nallet und **René A. Pâris,** *Untersuchung der Löslichkeitsgleichgewichte von Natrium- und Kaliumchlorid und -chlorat in Wasser.* 2. Mitt. (1. vgl. vorst. Ref.) In gleicher Weise wie vorst. (l. c.) werden die Löslichkeiten des quasi-tern. Syst. *$NaCl$–$KClO_3$–H_2O* u. des quatern. Syst. *$NaCl$–$NaClO_3$–KCl–$KClO_3$–H_2O* bestimmt. Die erhaltenen Ergebnisse werden graph. u. tabellar. dargestellt u. diskutiert. (Bull. Soc. chim. France [5] **1956.** 494–97. März.) H. SURAWSKI. 275

Ja. Je. Wilnjanski und **Je. I. Ssawinkowa,** *Feste Lösungen von Magnesiumhydroxychlorid in Magnesiumchlorid.* Gemische von reinem MgO u. wasserfreiem $MgCl_2$ (dargestellt aus $MgCl_2 \cdot 6\,H_2O$, das mit NH_4Cl vermischt, bei 160° getrocknet, dann bis zum Schmelzen erhitzt u. mit Cl_2 + CO-Gemisch behandelt wurde) wurden bei Tempp. von 300–550° einem Gemisch von HCl + H_2O (durch Salzsäure perlendes HCl) ausgesetzt. Durch Titrationen wurden die Anteile an MgO u. $MgCl_2$ nach der Einw. (bis 30 Std. bei 400°), damit zugleich die Menge MgOHCl im Reaktionsprod. bestimmt, auch die Menge HCl im Restgas wurde ermittelt. Zur Kontrolle wurden die Gleichgewichtskonstanten der Rkk. berechnet. — Es ergab sich, daß sich hierbei feste Lsgg. von MgOHCl in $MgCl_2$ (oder umgekehrt) bilden u. daß selbst bei großen Mengen HCl u. geringen Mengen W. im Gasgemisch der Geh. an MgOHCl nicht auf Null gebracht werden kann; die Entwässerung von $MgCl_2$ im HCl-Strom erfordert daher Abwesenheit von Wasserdämpfen. (Журнал Прикладной Химии [J. angew. Chem.] **26.** 808–13. Aug. 1953. Uraler Polytechn. Kirow-Inst.) A. v. WILPERT. 282

R. Flatt, G. Brunisholz und **A. Dénéréaz,** *Beitrag zur Kenntnis des quinären Systems Ca^{2+}–NH_4^+–H^+–NO_3^-–PO_4^{3-}–H_2O.* 16. Mitt. *Das quaternäre System Ca^{2+}–H^+–NO_3^-–PO_4^{3-}–H_2O bei 50°.* (15. vgl. C. **1956.** 48.) Vff. untersuchen die tern. Randsysteme des Syst. Ca^{2+}–H^+–NO_3^-–PO_4^{3-}–H_2O bei 50°: 1. Ca^{2+}–H^+–NO_3^-–H_2O. Als Bodenkörper treten auf *$Ca(NO_3)_2$* u. *$Ca(NO_3)_2 \cdot 3\,H_2O$* (**I**). Zweisalzpunkte bei 99 Äquivalent-% Ca^{2+}, 1,0 H^+, 100 HNO_3, 139,4 g mol Wasser. Die Löslichkeitskurve (in Abhängigkeit vom p_H-Wert) verläuft flach. (*$Ca(NO_3)_2 \cdot 2\,H_2O$* (**II**) schm. bei 48,4° u. zerfällt dann nach 3 **II** → 2 **I** + $Ca(NO_3)_2$. — 2. Ca^{2+}–H^+–PO_4^{3-}–H_2O. Als Bodenkörper sind stabil *$CaH_4(PO_4)_2 \cdot H_2O$* (**III**) u. *$CaHPO_4$*. In einem begrenzten Bereich existiert **III** u. $CaHPO_4$ nebeneinander. — Im quaternären Syst. werden die Löslichkeiten ermittelt u. zwar in Gebieten, die einmal an **III** u. einmal an $Ca(NO_3)_2$ gesätt. sind. Als Bodenkörper traten auf: $Ca(NO_3)_2$, **III**, $CaHPO_4$. (Helv. chim. Acta **39.** 473–83. 15/3. 1956. Lausanne, Univ., Labor. de Chim. minér. et analyt.) H.-G. MOSLÉ. 283

R. Flatt, G. Brunisholz und **A. Dénéréaz,** *Beitrag zur Kenntnis des quinären Systems Ca^{2+}–NH_4^+–H^+–NO_3^-–PO_4^{3-}–H_2O.* 17. Mitt. *Das quaternäre System NH_4^+–H^+–NO_3^-–PO_4^{3-}–H_2O bei 50°.* (16. vgl. vorst. Ref.) Ergänzend zu früheren Unterss. bei 25° (C. **1956.** 48) wird das Syst. NH_4^+–H^+–NO_3^-–PO_4^{3-}–H_2O bei 50° untersucht. Die Löslichkeitskurven der beiden tern. Randsysteme werden aufgestellt: 1. im Syst. H^+–NH_4^+–NO_3^-–H_2O ist nur NH_4NO_3 als Bodenkörper stabil. 100 g wasserfreie HNO_3 lösen bei 50° 157,7 g NH_4NO_3, u. 100 g gesätt. Lsg. NH_4NO_3 enthält 61,2 g NH_4NO_3 u. 38,8 g wasserfreie HNO_3. — 2. im tern. Syst. NH_4^+–H^+–PO_4^{3-}–H_2O treten *$(NH_4)H_2PO_4$* (**I**), *$(NH_4)_2HPO_4$* (**II**) u. *$(NH_4)_7H_2 \cdot (PO_4)_3$* als Bodenkörper auf. Löslichkeitsvergleich zwischen 25 u. 50°. — Im quaternären Syst. werden die 2 Zweisalzlinien NH_4NO_3-**I** u. **I**-**II** aufgezeigt. Die Gebiete der Lsgg., die an **I** bzw. an **II** bzw. an NH_4NO_3 gesätt. sind, werden besprochen. (Helv. chim. Acta **39.** 483–91. 15/3. 1956.) H.-G. MOSLÉ. 283

Rune Nylander, *Über den Zerfall von Calciumcarbid bei Erhitzung.* Erörterung der 4 Theorien, Dissoziation, Subcarbidbldg., Acetylidbldg. u. Hydratisierung, zur Erklärung des partiellen Verfalls von CaC_2 bei Tempp. über 300° auf Grund einer krit. Literaturübersicht, wobei die Hydratisierungtheorie — vielleicht in Verbindung mit Acetylidbldg. — als vermutlich richtig bezeichnet wird, sowie Vorschläge zu ergänzenden Untersuchungen. (Chemiker-Ztg. **78.** 834–38. 20/12. 1954. Ljungaverk, Stockholms Superfosf.-Fabr.) H. ECKHARD. 283

Erich Hayek, *Der Einfluß von Oberflächenreaktionen auf die Bildung natürlicher und synthetischer Calciumphosphate.* Die Überführung feinteiliger Fällungen des *Hydroxyl-*

apatits (I) in Prodd. der Zus. eines tert. $Ca_3(PO_4)_2$ bzw. eines „Carbonatapatits", die sowohl bei synthet. wie natürlichen Substanzen häufig in Erscheinung tritt, u. in denen der Gitterbau des Apatits nicht wesentlich beeinflußt ist, kann nach Überlegungen des Vf. nicht durch Adsorptionsvorgänge, sondern nur durch umfassende Oberflächen-Rkk. gedeutet werden: $3\ Ca_{10}(PO_4)_6(OH)_2$ (I) $+ 2\ HPO_4^{2-} \rightarrow 10\ Ca_3(PO_4)_2 + 4\ OH^- + 2\ H_2O$; $2\ I + 3\ HPO_4^{2-} + 2\ H_2O \rightarrow 5\ Ca_4(HPO_4)(PO_4)_2 + 6\ OH^-$ u. $I + HCO_3^- \rightarrow Ca_{10}(PO_4)_6 \cdot CO_3 + OH^- + H_2O$. Es liegen keine neuen chem. Individuen vor, solange nicht durch Wärmebehandlung ein Umbau des Gitters erzielt wird. (Z. Naturforsch. **10b.** 420—21. Juli 1955. Innsbruck, Univ., Chem. Inst.) U. WANNAGAT. 283

M. A. Bredig und **E. R. van Artsdalen,** *Zink- und Cadmiumchlorid-Komplexe in geschmolzenen Salzen.* Vff. diskutieren die Arbeit von BUES (vgl. C. **1956.** 9907), der in geschmolzenen XCl_2–KCl-Mischungen (X = Zn oder Cd) neben tetraedr. XCl_4^{2-}-Komplexen auch ebene XCl_3^--Komplexe gefunden zu haben glaubt. Auf Grund einer Analyse der BUESschen Messungen, bes. des RAMAN-Spektr., sowie unter Berücksichtigung von kryoskop. u. anderen Messungen verschied. Autoren kommen Vff. zu der Ansicht, daß die Existenz von XCl_3^--Komplexen stark angezweifelt werden muß. (J. chem. Physics **24.** 478—79. Febr. 1956. Oak Ridge, Tenn., Oak Ridge Nat. Labor., Chem. Div.) H. W. LEVI. 289

Kaizo Kuwahara, *Einflüsse von Verunreinigungen auf die durch Salzsäure verursachte Korrosion von Aluminium-Einkristallplatten.* Die Korrosionsprüfungen erfolgten an ca. 1×4×40 mm großen Platten aus Reinaluminium mit 0,26% Si bzw. an Proben mit 3% Si, die durch entsprechende Behandlung (vgl. KUWAHARA, C. **1956.** 7728) in Einkristalle überführt wurden. Die durch 10%ig. HCl bei 20° auftretende Korrosion wurde nach verschied. Einwirkungszeiten durch Mikrographie untersucht. Es wurde gefunden, daß allg. die auf der Metalloberfläche entstandenen Löcher bei dem Si-reicheren Al zahlreicher u. größer sind. (J. Sci. Hiroshima Univ., Ser. A **16.** 541—44. Mai 1953. Hiroshima, Univ., Phys. Labor [Orig.: engl.]) S. HÜTTIG. 294

Juan Carlos Müller, *Einwirkung bestimmter Glucide auf die Auflösung des Aluminiums in Natriumhydroxydlösungen.* (Vgl. C. **1953.** 6634.) Die beim Angriff von 0,3n NaOH auf Al von 99,5% Reinheit bei 30° in 40 Min. in Lsg. gegangenen Mengen wurden in Abwesenheit u. in Ggw. von *Glucose* u. *Lactose* bestimmt. Es wurden geringere Glucidkonzz. im Vgl. zum l. c. benutzten Mannit untersucht. Bis zu ca. 1 g Glucid/100 ml Lsg. nimmt die aufgelöste Al-Menge um ca. 50% zu u. bei weiterer Erhöhung der Glucidmenge wieder ab. Um konstante Werte zu erhalten, ist es nötig, daß nach jedem Zusatz zur Lsg. diese sich erst stabilisiert. Beim Vgl. der bei anderen (niedrigeren Tempp.) aufgelösten Mengen gilt die Gleichung von ARRHENIUS. (Rev. Fac. Ing. Quím. **20.** 125—26. 1951.) W. METZENER. 294

F. L. Moore, *Trennung des Zirkoniums von anderen Elementen durch Flüssigkeits–Flüssigkeits-Extraktion.* Es werden eingehende Unterss. über die Extraktion von Makro- u. Mikromengen *Zr* aus wss., HCl-, HNO_3- oder oxalsauren Lsgg. in eine 0,5mol. Lsg. von *2-Thenoyltrifluoraceton* (I) in *Xylol* sowie über eine darauf beruhende Trennung des Zr von anderen Elementen beschrieben u. diskutiert. Zr bildet mit I auch in stark mineralsauren Lsgg. beständige Chelatkomplexe, die in W. wenig, in Bzl., Toluol u. Xylol dagegen gut lösl. sind. Nb u. Pa können nach Komplexbldg. mit H_2O_2 durch vorst. Meth. quantitativ von Zr getrennt werden. In der Diskussion wird bes. auf einige allg. Anwendungen dieser Verteilungstechnik auf Probleme im Zusammenhang mit der Reinigung von radioakt. Zr, der Entfernung von radioakt. Zr als störender Verunreinigung, der Schnellbest. von radioakt. Zr in Lsgg. von radioakt. Isotopen u. Kernspaltungsprodd. sowie der Trennung von radioinakt. Zr von störenden Begleitern vor seiner quantitativen Best. eingegangen. Einzelheiten vgl. Original. (Analytic. Chem. **28.** 997—1001. Juni 1956. Oak Ridge, Tenn., Oak Ridge Nat. Labor.) H. HOFMANN. 322

Otto Johnson, *Germanium und seine Verbindungen.* Inhaltlich ident. mit der C. **1955.** 10461 referierten Arbeit. (Успехи Химии [Fortschr. Chem.] **25.** 105—32. Jan. 1956.) G. FROELICH. 326

Robert Schwarz und **Egon Baronetzky,** *Beiträge zur Chemie des Germaniums. 22. Mitt. Über die Herstellung metallischen Germaniums im Abschreckrohr.* (21. vgl. C. **1954.** 11389.) Aus reinem, As-freiem $GeCl_4$ mit H_2 im Abschreckrohr bei 1050° dargestelltes $(GeCl)_x$ (vgl. C. **1954.** 8762) ließ sich durch anschließende Behandlung im gleichen Syst. bei 650° im H_2-Strom teils unter Red., teils unter disproportionierender Crackung in metall. aussehendes, blättrig-pulveriges Ge überführen, das mit einer spezif. Leitfähigkeit von $10^{-0,4}$ bis $10^{-0,8}$ $\Omega^{-1} \cdot cm^{-1}$ einen sehr hohen Reinheitsgrad besaß. (Z. anorg. allg. Chem. **282.** 280—85. Dez. 1955. Aachen, TH, Inst. für Anorg. Chem. u. Elektrochem.) U. WANNAGAT. 326

Kil S. Lee, Edwin O. Price und **James E. Land,** *Spektrophotometrische Untersuchung des Niob–Pyrogallol-Komplexes.* Der wasserlösl. Nb–Oxalato-Komplex reagiert in alkal. Lsg. (p_H 8,5) mit Pyrogallol unter Bldg. einer gelbgefärbten Komplexverbindung. Vff. untersuchen auf spektrophotometr. Wege die Konst. dieser Verbindung. Absorptionsmessungen bei Zimmertemp. im Bereich von 220—600 mμ mit BECKMAN-Spektrophotometer DU; Absorptionsmaximum bei 315 mμ (berechnet $\varepsilon_{315\,m\mu}$ = 2800 Liter/Mol·cm). Bei Variation des Mol-Verhältnisses beider Komponenten ergibt sich, daß ein definierter Komplex gebildet wird (Nb:Pyrogallol = 1:1), der zur Dissoziation neigt u. dessen Bildungskonstante K = $8{,}7\cdot10^2$ beträgt. (J. Amer. chem. Soc. **78.** 1325—27. 5/4. 1956. Auburn, Ala., Alabama Polytechn. Inst., Ross Chem. Labor.)
D. ERTEL. 331

D. C. Bradley, W. Wardlaw und **Alice Whitley,** *Normale Alkoxyde von fünfwertigem Tantal.* Vff. gelang die Herst. von Tantalpentaalkoxyden $Ta(OR)_5$ (R = Methyl-, Äthyl-, n-Propyl- oder n-Butylgruppe) durch Einw. von NH_3 u. ROH auf $TaCl_5$. Folgende Rk. fand quantitativ statt: $TaCl_5 + 5NH_3 + 5ROH \rightarrow Ta(OR)_5 + 5NH_4Cl$. Die Alkoxyde sind mit Ausnahme von $Ta(OCH_3)_5$ (F. 50°) farblose, leicht bewegliche Fll., die leicht hydrolysieren, aber unter vermindertem Druck unzers. destillieren. Die ebullioskop. Messungen ergaben in Bzl. von der Konz. unabhängige dimere Produkte. Dies konnte unter der Voraussetzung erwartet werden, daß Ta gegenüber O_2 die Koordinationszahl 6 hat. In den entsprechenden Alkoholen haben die Alkoxyde nicht die erwarteten doppelten Mol.-Geww., sondern den geringeren Wert $Ta(OR)_5$ in CH_3OH 1,2; C_2H_5OH 1,78; n-C_3H_7OH 1,70 u. n-C_4H_9OH 1,40. Es werden Überlegungen angestellt, ob stereochem. Einfl., die DK. oder die Elektronendonatornatur der Alkohole auf diesen Vorgang Einfl. hat. (J. chem. Soc. [London] **1955.** 726—28. März. London, Birkbeck Coll.)
E. SAJAK. 332

Ingeborg Schulz, *Über die Verbindungen $Na_2O\cdot2\ WO_3\cdot P_2O_5$ und $Na_2O\cdot2\ MoO_3\cdot P_2O_5$.* Nach einer kurzen Übersicht über die bisher bekannten $MoO_3(WO_3)$–P_2O_5-Verbb. werden eigene Experimente beschrieben: Mischschmelzen aus $WO_3(MoO_3)$ u. GRAHAMschem Salz werden mit verschied. $NaPO_3$–WO_3- bzw. $NaPO_3$–MoO_3-Verhältnis hergestellt u. die aus ihnen beim Tempern entstehenden kristallinen Verbb. untersucht. Kristalle der Zus. $Na_2O\cdot2WO_3\cdot P_2O_5$ entstehen beim Tempern von Schmelzen mit einem WO_3–$NaPO_3$-Verhältnis zwischen 1:1 u. 1:5 in unglasierten Porzellantiegeln bei 500—650° in um so größerer Menge, je näher die Zus. der Schmelze dem Verhältnis 1:1 entspricht. Die Verb. ist schwer lösl. in W. u. Lauge, sie zers. sich beim Kochen mit konz. Säure. Die Verb. $Na_2O\cdot2MoO_3\cdot P_2O_5$ entsteht beim Tempern einer 1:1-Schmelze von $NaPO_3$ u. MoO_3 bei 550° u. ist isomorph mit der entsprechenden W-Verb., wie sich aus dem Vgl. der DEBYE-SCHERRER-Diagramme ergibt. Beide Verbb. sind als Orthophosphate aufzufassen. Das Auftreten weiterer tern. Verbb. wird in den vorliegenden Systemen nicht beobachtet. (Z. anorg. allg. Chem. **284.** 31—35. März 1956. Berlin, Inst. für angew. Silicatforsch.)
W. KRÖNERT. 337

I. N. Kusminych und **M. D. Babuschkina,** *Oxydation von Eisen(II)-sulfat in sauren wässerigen Lösungen durch Luftsauerstoff.* Vff. untersuchten den Einfl. der Säurekonz. bei 25,8—100 g/Liter H_2SO_4, der Fe^{2+}-Konz. bei 10—110 g/Liter, die Wrkg. von Cu^{2+}- bei 0—10 g/Liter u. Fe^{3+}-Zusatz bei 30—100 g/Liter, den Einfl. der O_2-Konz. bei 15 bis 70%, der Durchsatzgeschwindigkeit bei 100—800 ml/Min. u. der Temp. bei 55—83° auf die Oxydationsgeschwindigkeit u. geben die Ergebnisse in Kurven wieder. Die Geschwindigkeit des heterogenen Prozesses nimmt stark mit der Fe^{2+}-, Cu^{2+}- u. O_2-Konz. zu. Schwachen Anstieg zeigen die Kurven bei Erhöhung der Temp. u. der Durchsatzgeschwindigkeit. Erniedrigung der Reaktionsgeschwindigkeit tritt bei steigendem Fe^{3+}- u. H_2SO_4-Geh. ein. Bei Ggw. von 1 u. mehr g Cu^{2+}/Liter wird dagegen der Oxydationsprozeß mit der H_2SO_4-Konz. beschleunigt. Der Einfl. des Cu beruht wahrscheinlich auf Cu^+-Katalyse. Die Erhöhung des O_2-Geh. ist nicht proportional der Geschwindigkeitsvermehrung, was Vff. auf das Vorhandensein von Chemosorptionsvorgängen zurückführen. Diffusionsvorgänge u. Viscosität der Lsg. spielen, wie die Abhängigkeit von der Temp. u. der Durchsatzgeschwindigkeit zeigen, nur bei geringer Fe^{3+}-Konz. eine Rolle. Je höher die Fe^{3+}-Konz. ist u. je niedriger die Gesamtgeschwindigkeit ist, um so mehr ist der geschwindigkeitsbestimmende Schritt die homogene Rk. $Fe^{2+} \rightarrow Fe^{3+}$. Abschließend werden 2 Kurvenbilder wiedergegeben, die den Geh. an Fe^{3+} u. die Änderung der Oxydationsgeschwindigkeit in Abhängigkeit von der Zeit bei verschied. Fe^{3+}-Anfangskonz. zeigen, woraus die starke Abnahme der Oxydationsgeschwindigkeit mit der Zunahme der Fe^{3+}-Konz. ersichtlich ist. (Журнал Прикладной Химии [J. angew. Chem.] **28.** 565—72. Juni 1955. Moskau, Mendelejew-Inst. für chem. Technol.) CH. WEISKE. 354

H. Behrens und **R. Weber,** *Zur Kenntnis der Chemie der Metallcarbonyle in flüssigem Ammoniak.* 1. Mitt. *Über die Reaktionen der Carbonyle des Eisens und Kobalts mit Alkali-*

metallen. (Vgl. C. **1953.** 5998.) Monomere u. mehrkernige Carbonyle des Fe u. Co lassen sich in Suspensionen von fl. NH_3 durch Lsgg. von Alkalimetallen leicht zu den betreffenden Carbonylmetallaten reduzieren. So verläuft die Rk. $[Fe(CO)_4]_3 + 6\,Na \rightarrow 3\,Na_2[Fe(CO)_4]$ (**I**; farbloser Nd.) mit quantitativer Ausbeute. In einer Neben-Rk. entsteht unter H_2-Entw. $NaNH_2$, dessen Bldg. durch das $[Fe(CO)_4]^{2-}$ katalysiert wird u. erst in Erscheinung tritt, wenn sich **I** prakt. vollständig gebildet hat. **I** läßt sich sehr rein darstellen, durch fl. NH_3 langsam aus dem Reaktionsprod. extrahieren. In analoger Weise reagiert $[Co(CO)_4]_2$ bei -75^0 quantitativ unter Bldg. von $Na[Co(CO)_4]$ (**II**), bei -33^0 dagegen setzen verwickelte Neben-Rkk. ein: $3[Co(CO)_4]_2 + 12NH_3 \rightarrow 2[Co\cdot(NH_3)_6][Co(CO)_4]_2$ (**III**) $+ 8CO$ u. **III** $+ 2Na \rightarrow 2$ **II** $+ Co + 6\,NH_3$. $[Co(CO)_3]_4$ (**IV**) setzt sich mit Na in fl. NH_3 selbst bei -75^0 unter Überlagerung der beiden Rkk. 3 **IV** + $24\,NH_3 \rightarrow 4$ **III** $+ 4\,CO$ u. 3 **IV** $+ 8\,Na \rightarrow 8$ **II** $+ 4\,Co + 4\,CO$ um. Die Rk. von $Fe(CO)_5$ verläuft quantitativ gemäß $Fe(CO)_5 + 2Na \rightarrow Na_2[Fe(CO)_4] + CO$, das gebildete Natriumtetracarbonylferrat(II) ist jedoch etwas durch $NaNH_2$ verunreinigt. CO wurde stets zum weitaus überwiegenden Teil von den Reaktionssystemen gebunden, teils als NaCO, teils als $HCONH_2$, u. nichtgasförmig in Freiheit gesetzt. (Z. anorg. allg. Chem. **281.** 190–98. Nov. 1955. München, TH, Anorg.-chem. Labor.)
U. WANNAGAT. 355

B. P. Kreingaus und **D. M. Tschishikow,** *Über den Oxydationsmechanismus von Kobalt in Lösungen mit Ozon.* Durch Überleiten von O_2 mit 3,5% O_3 über eine Lsg. von $CoSO_4$ (**I**) im luftdicht geschlossenen Reaktionsgefäß konnte gezeigt werden, daß durch den aus O_3 freiwerdenden akt. O' **I** zu $Co_2(SO_4)_3$ (**II**) oxydiert wird u. daß aus **II** hydrolyt. $Co(OH)_3$ (**III**) ausgefällt wird. Die **I**-Oxydation beginnt beim Redoxpotential 1,2–1,3. Die **III**-Ausfällung bei p_H 1,8–2,5 findet sowohl in Ggw. eines Neutralisators als auch ohne diesen statt, ein Beweis für den Ionencharakter der **I**-Oxydation. Die **III**-Ausfällung wird beim Auftreten oder beim Zusatz von **III** intensiviert. Oberhalb p_H 3 werden Qualität u. Zus. des Nd. verschlechtert. Bei der Einw. von O_3 auf **I** mit 0,2–10 g/Liter Co wird beim p_H 1,8–2,5 in Ggw. des Neutralisators das Co so weit ausgefällt, daß die Restkonz. nur 0,0045 g/Liter Co beträgt. Chem. lassen sich im krist. Nd. 8–10% an akt. O nachweisen. Der Nd. enthält demnach wahrscheinlich O-Verbb. von Co höherer Wertigkeit. (Известия Академии Наук СССР, Отделение Технических Наук [Nachr. Akad. Wiss. UdSSR, Abt. techn. Wiss.] **1955.** Nr. 4. 141–42. April.)
O. LEBTAG. 355

E. O. Fischer, O. Beckert, W. Hafner und **H. O. Stahl,** *Cyclopentadienylmetallnitrosyle des Nickels, Chroms, Molybdäns und Wolframs.* $Ni(C_5H_5)_2$ setzt sich nicht nur in organ. Lösungsmitteln (wie PAe., vgl. FISCHER u. JIRA, C. **1955.** 7877), sondern besser noch direkt bei 90–110° mit NO zu $(C_5H_5)Ni(NO)$ um, einer rotbraunen, diamagnet. (χ_{mol} 287° K = $-73\cdot10^{-6}$, 90° K = $-68\cdot10^{-6}$ cm^3/Mol), in allen organ. Medien vorzüglich lösl. Fl., $Kp._{715}$ 144–145° (geringe Zers.), $Kp._{15}$ 47–48°, F. -41^0, die in W. untersinkt u. nicht hydrolysiert wird. $[(C_5H_5)Cr(CO)_3]_2$ reagiert mit 2 NO in Bzl. quantitativ zu 2 CO u. 2 $(C_5H_5)Cr(CO)_2(NO)$ (**I**), nach Reinigung durch Sublimation leuchtend orangeroten Kristalle, F. 67–68°, diamagnet. (χ_{mol} 290° K = $-45\cdot10^{-6}$, 90° K = $-51\cdot10^{-6}$ cm^3/Mol), bei Raumtemp. luftbeständig, in allen organ. Lösungsmitteln leicht löslich. $(C_5H_5)Mo(CO)_2(NO)$ (**II**) u. $(C_5H_5)W(CO)_2(NO)$ (**III**) lassen sich nicht mehr analog **I** darstellen, können aber aus wss. $[(C_5H_5)Mo(CO)_3]^-$- bzw. $[(C_5H_5)W\cdot(CO)_3]^-$-Lsgg. mit NO gefällt u. durch Hochvakuumsublimation bei 55–60° gereinigt werden. Die orangeroten, **I** gegenüber etwas helleren Kristalle schm. bei 85° (**II**) bzw. 105–107° (**III**). (Vgl. hierzu C. **1956.** 9944.) (Z. Naturforsch. **10b.** 598–99. Okt. 1955. München, TH, Anorg.-chem. Labor.)
U. WANNAGAT. 356

Ram Sahai Saxena und **N. L. Jain,** *Physikalisch-chemische Untersuchungen von Metall–Thiosulfat-Komplexen.* 1. Mitt. *Konduktometrische Ermittlung von Silberthiosulfat-Komplexen.* Vff. titrieren $^1/_{24}$ u. $^1/_{56}$ mol. $Na_2S_2O_3$-Lsgg. direkt mit $^1/_5$ bzw. $^1/_{15}$ mol. $AgNO_3$-Lsgg. u. umgekehrt sowie $^1/_{50}$ u. $^1/_{90}$ mol. $AgNO_3$-Lsgg. mit $^1/_{10}$ bzw. $^1/_{25}$ mol. $Na_2S_2O_3$-Lsgg. bei gleichzeitiger Messung der elektr. Leitfähigkeit. Die Leitfähigkeitskurven der direkten Titrationen zeigen die Existenz von $Na_3Ag(S_2O_3)_2$, $NaAgS_2O_3$ (**I**), $Na_5Ag_3(S_2O_3)_4$ u. $Ag_2S_2O_3$ (**II**), die umgekehrten dagegen nur die von **I** u. **II**. Die Verb. $NaAg_3(S_2O_3)_2$ ist nach Ansicht der Vff. ein Gemisch von **I** u. **II**. $Ag_2S_2O_3\cdot4Na_2S_2O_3$ konnte nicht nachgewiesen werden. (J. Indian chem. Soc. **31.** 319–22. April 1954. Kotah [Rajasthan], Herbert Coll., u. Agra, Agra Coll., Chem. Labors.)
R. LACMANN. 359

Ernst Raub, Bernhard Wullhorst und **Werner Plate,** *Über die Reaktion von Silber–Palladium-Legierungen mit Schwefel bei erhöhter Temperatur.* In der Dentalpraxis werden S-Schäden an Legierungen auf Ag–Pd-Basis beobachtet. Es wurden thermoanalyt., mkr. u. röntgenograph. Unterss. an Pd–Ag–S-Legierungen durchgeführt. Nur die

Schnitte von Ag_2S zu Pd u. dessen S-Verbb. sind quasibinär. Auf dem Schnitt Ag_2S–Pd wurde eine tern. Verb. der Zus. Ag_2Pd_3S festgestellt, die mit starker Unterkühlung krist. u. mit Ag_2S ein bei 700° schm. Eutektikum bildet. Auf dem Schnitt Ag_2S–PdS wurde keine tern. Phase beobachtet. Die Korrosion der Legierungen Ag–Pd durch S beruht auf der Bldg. von Ag_2Pd_3S u. dem bei 700° schm. Eutektikum. Die in der Dentalpraxis weiter beobachtete S-Korrosion von vergoldeten Ag-Pd-Legierungen ist auf die Porigkeit der Au-Überzüge zurückzuführen. (Z. Metallkunde **45.** 533—37. Sept. 1954. Schwäbisch-Gmünd, Forschungsinst. für Edelmetalle.) F. VIER. 365

Erich Thilo, Anorganische Chemie in Frage und Antwort. 6., verb. Aufl. Leipzig: J. A. Barth. 1956. (133 S. mit 3 Abb.) 8°. DM 3,—.

A₉. Mineralogische und geologische Chemie.

Ernst Schumacher, *Altersbestimmung von Steinmeteoriten mit der Rubidium–Strontium-Methode.* Mit Hilfe der massenspektrometr. Isotopenverdünnungsanalyse erfolgt eine auf ±2% genaue Best. von aus Steinmeteoriten isoliertem Rb u. Sr. Diese Messungen erlauben mit der Ermittlung des radiogenen ^{87}Sr-Geh. eine Altersbest., die $(4{,}7 \pm 0{,}4) \cdot 10^9$ Jahre ergibt. Die zur Auswertung nötigen Modellvorstellungen über die Geschichte der Proben werden diskutiert. Der Vgl. mit anderen Datierungen erlaubt krit. Bemerkungen über die Halbwertszeit von ^{87}Rb. Ein neuer oberer Grenzwert von $6{,}75 \pm 0{,}03\%$ für die „primordiale" Häufigkeit von ^{87}Sr wird erhalten. (Z. Naturforsch. **11a.** 206—12. März 1956. Chicago, Ill., Univ. of Chicago, Inst. for Nucl. Stud.) H. HOFMANN. 378

Asahiko Sugaki, *Thermische Untersuchung über die Entmischungstexturen von Sulfosalzmineralien. Über die Aufhebung des Lösungszustandes sekundärer fester Lösungen.* Entmischungserscheinungen sek. fester Lsgg. wurden an folgenden Beobachtungen erörtert: massiver *Chalkopyrit,* aderförmiger *Chalkocit* oder *Covellin,* tropfenartiger *Klaprothit* u. *Tetraedrit* diffundieren in Gastmineralien, wie *Bornit,* bei 400—500° u. bilden verschied. feste Lösungen. Diese entmischen sich beim Anlassen (ca. 200°) u. liefern Texturen entmischter Lsgg., wie Gitter, Zellen, Emulsionen usw. Diese Erscheinungen können eintreten, wenn vorgebildete Mineralien später hohen Tempp. ausgesetzt werden (z. B. Kontakte) u. langsam abkühlen, so daß durch therm. Metamorphose gebildete Erztexturen besondere Beachtung verdienen. — Schliffphotos. 27 Literaturangaben. (J. geol. Soc. Japan **59.** 1—14. Jan. 1953. Tohoku Univ. [Orig.: japan.; Auszug: engl.]) L. SCHULER. 378

J. C. Bradbury, *Geochemische Prospektierung in dem Zink–Blei-Distrikt im nordwestlichen Illinois.* Über einen bekannten Erzkörper wurden 12 Profile gelegt u. der Boden nach der Dithizonmeth. auf Pb u. Zn untersucht. 4 Profile lagen im nichtvererzten Gebiet. Die Ergebnisse zeigten, daß die Meth. für die Lokalisierung von Erzkörpern nicht ausreichend ist. Sie zeigt aber eine Vererzung des Gebiets durch hohe Pb- u. Zn-Werte in den Sand- u. Schlammablagerungen in den Tälern an. (State Illinois, Divis. State geol. Surv., Rep. Invest. **1955.** Nr. 179. 1—11.) F. ENSSLIN. 378

J. E. Lamar und **Raymond S. Shrode,** *Wasserlösliche Salze in Kalken und Dolomiten.* Aus gepulverten Kalken u. Dolomiten wurden mit W. bis zu 0,3 Gew.-% herausgelöst. Nach dem Eindampfen der Lauge wurde gefunden: NaCl, $CaSO_4$, $CaCO_3$, $MgSO_4$, KCl, $MgCl_2$. (Econ. Geol. **48.** 97—112. März/April 1953; Sitzungsbericht: Bull. geol. Soc. America **62.** 1456—57. Dez. 1951. Urbana, Ill., Illinois Geol. Surv.) W. BAUR. 380

Joh.-E. Hiller, *Über den Falkmanit und seine Unterscheidung von Boulangerit.* Der Falkmanit, $Pb_3Sb_2S_6$, wird durch röntgenograph. Unters., DTA-Kurven u. thermoelektr. Effekt vom Boulangerit, $Pb_5Sb_4S_{11}$, unterschieden. Wahrscheinliche Raumgruppe $C_{2h}^5 - P\,2_1/a$, $Z = 4$, Röntgendichte 5,89, gemessene D. 5,66—69. $a = 15{,}67$; $b = 19{,}06$; $c = 4{,}02$ Å; $\beta = 91^0\,50'$. Syntheseverss. schlugen fehl. (Neues Jb. Mineralog., Mh. **1955.** 1—10. Jan. 1955. Berlin-Charlottenburg.) W. BAUR. 380

J. Jedwab, *Die Oligoelemente bei der Untersuchung der mineralisierten Pegmatite.* (Ann. Soc. géol. Belgique, Mém. **78.** 71—79. 1954/1955. Brüssel, Univ. Libre.) F. ENSSLIN. 380

N. de Kun, *Die Pegmatite von Nord Lugulu.* Beschreibung der zinnführenden, der tantalhaltigen u. der Li_2O-haltigen Pegmatite. (Ann. Soc. géol. Belgique, Mém. **78.** 27—30. 1954/1955. Lubilokwa, Shabunda.) F. ENSSLIN. 380

B. Steenstra, *Beitrag zum Studium der Pegmatite des Nordostrandes der Ostprovinz des belgischen Kongo.* (Ann. Soc. géol. Belgique, Mém. **78.** 51—55. 1954/1955. Utrecht, Univ.) F. ENSSLIN. 380

H. Bernard, *Einige Beobachtungen über die zonaren Gangpegmatite von Manono.* (Ann. Soc. géol. Belgique, Mém. **78.** 41—49. 1954/1955.) F. ENSSLIN. 380

Saurindranath Sen und **Bankim Mukherjee,** *Bemerkungen über das Vorkommen von magnetitführenden Quarziten in der Nähe von Ramchandrapur, E. Manbhum.* Im Süden von Ramchandrapur kommen Metamorphite vor, die aus *Sillimanit* + *Almandin* + *Quarz* + wenig *Kalifeldspat* bzw. aus Quarz + wenig Sillimanit bzw. aus *Diopsid* + *Calcit* + *Labradorit* bestehen. Sie enthalten Linsen u. Bänder von Gesteinen aus Quarz + Almandin + Magnetit mit wenig *Grünerit, Ilmenit* u. *Apatit,* die ihrerseits wieder Bänder von fast reinem Magnetit (mit wenig Almandin) führen, die aber zum größten Teil bereits abgebaut sind. Mit der für metamorphe Entstehung des Magnetits sprechenden Paragenese Magnetit–Grünerit–Almandin scheint dem Verf. die auf hohe Bildungstemp. hinweisende Magnetit–Ilmenit-Entmischung nicht verträglich. (Sci. and Cult. **20.** 561. Mai 1955. Calcutta, Univ., Dep. of Geol., Coll. of Engng. and Technol.) P. NEY. 380

Adolf Helke, *Beobachtungen an türkischen Minerallagerstätten.* 2. Mitt. (1. vgl. C. **1956.** 9394.) Vf. behandelt die exogenen Lagerstätten der Türkei. Auch hier stehen Mangan- u. Eisenerze im Vordergrund, zu welchen bei den Lagerstätten des chem. Kreislaufes noch *Bauxit, Montmorillonit* u. Salzlagerstätten kommen. Bei den letzten handelt es sich um Ausscheidungen der inneranatol. Playa-Seen. (Neues Jb. Mineralog., Abh. **88.** 133–224. Juni 1955. Ankara.) J.-E. HILLER. 380

Robert J. Wright, *Lithologische Kontrolle der Uranerzlagerstätten.* 9% der Uranerzlagerstätten des Colorado-Plateaus sind Sedimente, welche durch Flüsse zusammengeschwemmt wurden. Sie haben alle Farben außer rot, enthalten meist verkohlte fossile Hölzer, welche oft bes. hohe Anreicherung an U enthalten. Die vererzten Sandsteine sind normalerweise glimmerhaltig. Sandsteine mit Zwischenlagerung von Schiefertonen enthalten häufig U-Erze. Ausnahmen bilden einige aeol. entstandene Sandsteine von Temple Mountain u. marine Ablagerungen von Cane Creek, Ut., u. von der Monument No 2. Grube Arizona. (Mining Congr. J. **41.** Nr. 4. 98–100. April 1955.) F. ENSSLIN. 380

Kálmán Barnabás, *Die geologischen Verhältnisse des ungarischen Bauxitbergbaus.* Die ungar. Bauxite können als Karstbauxite bezeichnet werden, da sie ausnahmslos auf karstigem Dolomit u. Kalkstein lagern. Es sind größtenteils prim. Ablagerungen. Vf. beschreibt die Lagerstätten, welche im Gebirge Bakony, Vértes u. Pilis vorkommen. Auf Grund des Aufbaus bildeten sich diese Lager zwischen der oberen Jura- u. unteren Kreidezeit. (Bányászati Lapok **10** (**88**). 455–66. Sept. 1955.) J. PLANK. 382

Peter F. Howard, *Die basischen Tiefengesteine des Blinman Doms.* Der Blinman-*Batholith* ist durch Intrusion eines bas. Magmas in Sedimente während des Spätcambriums entstanden. Es entstanden *Dolerite, dolerit. Gabbros, Melaphyre* u. verwandte Gesteine. (Trans. Roy. Soc. South Australia **74.** 165–88. Dez. 1951.) F. ENSSLIN. 385

J. H. Rattigan und **C. F. Wegener,** *Granite des Palmergebiets und mit vorkommende granitisierte Sedimente.* Ein großer Teil der Granite ist durch Granitisierung von Sedimenten an Ort u. Stelle entstanden. Eine große Rolle spielte dabei die Regionalmetamorphose, welche die Umwandlung in Granite vervollständigte. Die pegmatit. Lsgg., welche sehr verbreitet sind, können durch Einschmelzen sedimentärer Massen entstanden sein. (Trans. Roy. Soc. South Australia **74.** 149–64. Dez. 1951. Adelaide, Univ., School of Geol.) F. ENSSLIN. 385

Kenjiro Kimura und **Makoto Shima,** *Über die Beziehung zwischen Erzlagern und heißen Quellen.* 1. Mitt. *Geochemische Untersuchungen über die Toi-Mine* (*Präfektur Shizuoka*). Nach dem Geh. an Schwermetall u. Alkali (Analysen) des W., Nd. u. der Erzadern scheinen die Quellen innerhalb des Minengebietes dem letzten Stadium der hydrothermalen Tätigkeit zu entstammen u. sind eng verknüpft mit den entlang den Verwerfungen der Erdrinde gebildeten Erzadern. (Rep. sci. Res. Inst. [Kagaku-Kenkyujo-Hokoku] **29.** 517–22. Nov. 1953. [Orig.: japan.]) L. SCHULER. 393

Kenjiro Kimura und **Makoto Shima,** *Über die Beziehung zwischen Erzlagern und heißen Quellen.* 2. Mitt. *Geochemische Untersuchungen an der Yakomo-Mine* (*Hokkaido*). (1. vgl. vorst. Ref.) Die heißen Quellen zeigen hier nicht nur das letzte Stadium der Erzaderbldg. wie l. c., sondern auch das umgekehrte Ergebnis, nämlich Auflsg. der bereits gebildeten Adern. Dabei wird soviel CO_2 entbunden, daß die Luft unmittelbar am Ausgang 6,0% CO_2 gegen durchschnittlich 1,8% in der Minenluft enthält. Das Ca^{2+} im Quellwasser reagiert mit CO_2 zu einem $CaCO_3$-Niederschlag. (Rep. sci. Res. Inst. [Kagaku-Kenkyujo-Hokoku] **29.** 523–25. Nov. 1953. [Orig.: japan.]) L. SCHULER. 393

C. D. Thomas, M. K. Gainer und **T. W. Ball,** *Beziehung von Radon zu nichtaktiven Verunreinigungen der Luft.* In West Virginia, wo sehr viel Kohle verbrannt wird, wurden über vier Monate täglich Luftproben entnommen, gefiltert u. die von Radon herrührende Aktivität sowohl in einer Ionisationskammer als auch, zur Best. der β-Aktivität, mit einem Fensterzähler bestimmt. Gleichzeitig wurde jeweils der Staubgeh. der Luftproben ermittelt. Dabei zeigte sich eine deutlich meßbare Veränderung des Rn-Geh., die auffallend mit der Veränderung des Staubgeh. zusammenhängt. (Nature [London] **175.** 732—33. 23/4. 1955. Morgantown, W. Va., Univ., Dep. of Phys.) MAX SCHMIDT. 396

R. L. Preston und **B. G. Hogg,** *Radioaktiver Niederschlag in Kingston, Canada.* Vff. untersuchten in der Zeit vom 15/2. bis 28/5. 1955 die Aktivität der Ndd. (Schnee, Regen u. Staub) in Kingston, 2200 Meilen nordöstlich des Atomversuchsgebietes. Die Ergebnisse sind tabellar. wiedergegeben. In der Beobachtungszeit wurden 13 Atomexplosionen durchgeführt. Die Werte zeigen, daß bei der großen Entfernung vom Explosionsherd die meteorolog. Faktoren den Einfl. der Größe der Bomben weit überwiegen. (Nature [London] **176.** 459. 3/9. 1955. Kingston, Ontario, Can., Royal Military Coll. of Canada.) MAX SCHMIDT. 396

B. Allgemeine und theoretische organische Chemie.

W. Heitler, *Die Bindungsenergien der Kohlenwasserstoffe.* Vf. berechnet die Bindungsenergien E von einfachen aliphat. gesätt. u. ungesätt. KW-stoffen unter der Voraussetzung, daß nur der ^5S-Zustand des Kohlenstoffs wesentlich zur Bindung beiträgt. Die Berechnung geht von der Meth. der Valenzstrukturen (RUMER u. HEITLER [1931], WEYL [1930]) aus u. liefert unter Vernachlässigung der Überlappungsintegrale für C_2H_2 $E = -2V + 2(b + B) + c + 3C - Cf_3(\xi)$, C_2H_4 $E = -2V + 4(b + B) - 2(a + A) + c + 2C - Cf_2(\xi)$, C_2H_6 $E = -2V + 6(b + B) - 6(a + A) + c + C - Cf_1(\xi)$ u. CH_4 $E = -V + 4(b + B) - 6(a + A)$, worin mit V die Anregungsenergie des ^5S-Zustandes, c, b u. a die COULOMB-Integrale zwischen 2 C-Atomen, benachbarten C- u. H- bzw. benachbarten H-Atomen u. die entsprechenden Austauschintegrale mit C, B u. A bezeichnet sind. Die Funktionen f_1, f_2 u. f_3 hängen nur von $\xi = C/2B$ ab u. werden einem Diagramm entnommen. Wechselwirkungen zwischen Nichtnachbarn sind vernachlässigt; jedoch wird die Wechselwrkg. zwischen den H-Atomen derselben CH_3- bzw. CH_2-Gruppe berücksichtigt. Die Dissoziationsenergie für $CH_4 \rightarrow CH_3 + H$ folgt dann aus $E_{CH_4} - E_{CH_3} = b + B - 3(a + A)$; für die entsprechenden Energien $C_2H_2 \rightarrow C_2H + H$ u. $C_2H_6 \rightarrow C_2H_5 + H$ gelten ähnliche Beziehungen. Für die Parameter wird eingesetzt $A + a = 11{,}5$ kcal u. je nachdem, welcher Wert für die unbekannte Verdampfungswärme des Diamanten (141 bzw. 170 kcal) eingesetzt wird, folgt durch Vgl. mit den experimentellen Werten für C 76 bzw. 88, c 35 (44), B 54 (63) u. b 79 (77) kcal. Nach Festlegung der Parameter können die Bindungs- u. Dissoziationsenergien mit einem Fehler von $<6\%$ berechnet werden. Die Diskussion der Ergebnisse zeigt, daß die vielfach angenommene Additivität der Bindungsenergien aus Atompaarbeiträgen nicht zutrifft. Die Bindungen sind im allg. nicht lokalisiert. Die Wahrscheinlichkeit, daß die Struktur, die der chem. Formel entspricht, vorliegt, ist nahezu gleich 1; jedoch tragen auch davon verschied. Strukturen sehr wesentlich zur Bindungsenergie bei. (Helv. chim. Acta **38.** 5—15. 1/2. 1955. Zürich, Univ., Seminar für Theoret. Physik.)
K. FRENKLER. B 10

J. C. D. Brand und **J. R. Davidson,** *Thermochromie von Verbindungen, die Thiocarbonyl- und Disulfidfunktionen enthalten.* Vff. untersuchen die Absorptionsspektren der Lsgg. von *α-Dithionaphthoesäuremethylester* (F. 55°, **I**; in n-Hexan u. 95%ig. A.), *Diphenyltrithiocarbonat* [F. 98°; in Dekalin (**II**) u. 95%ig. A.], *Naphthyl-(1)-phenylthioketon* (**III**, F. 110°; in **II**), *Diphenylthioncarbonat* (F. 106°, in 95%ig. A.), *Bis-[p-methoxyphenyl]-thioncarbonat* (**V**, in **II** u. 95%ig. A.), *Bis-[benzothiazolyl-(2)]-disulfid* (**VI**, F. 180,5°; in **II** u. Anisol (**IV**)], *Dithionaphthoyl-(1)-disulfid* (**VII**, F. 167°; in Cyclohexan u. **IV**) u. *Bis-[dimethylthiuram]-disulfid* (**VIII**, F. 157° [Zers.]; in Äthylenbromid) bei n. u. erhöhter Temperatur. Beim **I** nimmt die integrale Intensität leicht mit der Temp. zu, jedoch könnte dies auf die der 1. Absorptionsbande benachbarte sehr starke UV-Bande zurückgeführt werden. Beim **III** ist $\int \varepsilon\, d\nu$ der 1. Bande temperaturunabhängig. Für die untersuchten Verbb. kann als Ergebnis der Unterss. allg. Konstanz von $\int \varepsilon\, d\nu$ angenommen werden. Die in Abhängigkeit von der Temp. stattfindenden Änderungen in den Spektren müssen daher entweder Änderungen in der Besetzung der Grundzustandsschwingungsniveaus oder einer Relaxation der Lösungsm.-gelöster Stoff-Wechselwrkg. oder auch beiden Effekten gemeinsam zugeschrieben werden. Als Folge des FRANCK-CONDON-Prinzips wird bei **I** eine „therm. Ausweitung" der Absorptionsbanden bei erhöhter Temp. beobachtet: Die charakterist. $\Delta\varepsilon$-Kurve zeigt je ein Maximum an den Ausläufern der Absorptionsbande u. ein zentrales Minimum. Ein zweites damit verbundenes Phänomen wird in den heißen Lsgg. neu beobachtet, das durch das Nachlassen der Wechselwrkg. mit dem Lösungsm. (der mit der 1. Absorptionsbande verbundene Elektronenübergang N $\rightarrow$ A ist wahrscheinlich mit einer Abnahme des permanenten

Dipolmomentes verknüpft) gedeutet u. von Vff. als „therm. Verschiebung" bezeichnet wird. Hierbei wird die gesamte 1. Absorptionsbande der heißen Lsg. nach Rot verschoben. — Lsgg. des **VII** gehorchen dem BEERschen Gesetz (vgl. SCHÖNBERG, RUPP u. GUMLICH, Ber. dtsch. chem. Ges. **66.** [1933.] 1932); bei 100° wird jedoch eine langsame irreversible Zers. beobachtet. Beim **VI** ist bis 100° der thermochrome Effekt auf die „therm. Ausweitung" u. nicht auf eine reversible Dissoziation in Radikale zurückzuführen. Lsgg. von **VIII** zers. sich schon bei 20° langsam; Vff. konnten keine Abweichungen vom BEERschen Gesetz feststellen. — **V**, $C_{15}H_{14}O_4S$, F. 164,5°, durch Kondensation von Thiocarbonylchlorid mit Hydrochinonmonomethyläther. (J. chem. Soc. [London] **1956.** 15—22. Jan. Glasgow, Univ.) K. FRENKLER. B 118

Donald S. Noyce, Elliott Ryder jr. und **Bradford H. Walker,** *Die Ultraviolettabsorptionsspektren von substituierten Pyrazolen.* Die UV-Spektren von *Pyrazol* (I) u. mehreren seiner Alkylderivv. werden untersucht, sie sind in guter Übereinstimmung mit denen von MANGINI u. Mitarbeitern (Atti Accad. naz. Lincei, Rend., Cl. Sci. fisiche, mat. natur [8] **13.** [1952.] 46 u. Boll. sci. Fac. Chim. ind. Bologna **12.** [1954.] 147). Substitution in 4-Stellung verschiebt das Maximum von **I** bei 210 mμ um ca. 9 mμ, in 3- oder 5-Stellung um 2—3 mμ nach längeren Wellen. Ähnliche Verschiebungen werden in saurer Lsg. beobachtet.

Versuche: *Pyrazol* (I), F. 67,5—69,2°, Kp.$_{16}$ 96°, aus 1.1.3.3-Tetraäthoxypropan u. N_2H_4; 70% (Ausbeute); λ_{max} 210—211 mμ; lg ε = 5,53 (in 6n HCl; 217; 3,67). — *3-Methylpyrazol,* Kp.$_{25}$ 108°; in gleicher Reihenfolge wie oben λ_{max} 214; 3,58 (—; —). — *4-Methylpyrazol,* $C_4H_6N_2$, F. 15,8—18,5°; Kp.$_{18}$ 98,5—99,5°; aus Crotonsäuremethylester u. CH_2N_2 u. Decarboxylierung der gebildeten 4-Methylpyrazolcarbonsäure-(3) bei 300°; n_D^{22} 1,4913; λ_{max} 220; 3,47 (226; 3,65). — *3.4-Dimethylpyrazol,* F. 57—58° (PAe.), Kp.$_{11}$ 106—107°; aus 132 g Isopropylformiat u. 36 g Butanon bei Ggw. von a) Na-Isopropylat, b) Na-Methylat, 2½ Std. im Eisbad, 16 Std. bei Raumtemp.; Umsetzung (ohne Isolierung) des Na-Salzes des gebildeten 2-Methylbutanon-(3)-al (**II**) mit 60 g 85%ig. $N_2H_4 \cdot H_2O$; Ausbeute: a) 72%, b) 55%; λ_{max} 221—223; 3,63 (229; 3,78); *Pikrat,* F. 151—153°. — *1-[2.4-Dinitrophenyl]-3.4(4.5)-dimethylpyrazol,* $C_{11}H_{10}N_4O_4$, F. 136,5 bis 137,5° (wss. A.), aus **II** u. 2.4-Dinitrophenylhydrazin. — *3-n-Propylpyrazol,* $C_6H_{10}N_2$, Kp.$_{11}$ 117—118°, wie vorst. aus 86 g Pentanon-(2) u. 222 g Äthylformiat (**III**) bei Ggw. von Na-Methylat (feinkörnigem Na); Ausbeute 58 (82%); n_D^{24} 1,4897; λ_{max} 215; 218; 3,60 (—; —); *Pikrat,* $C_{12}H_{13}O_7N_5$, F. 142,5—143,0° (wss. A.). — *3-n-Butylpyrazol,* $C_7H_{12}N_2$, Kp.$_{10,5}$ 127—128°, analog aus 50 g Hexanon-(2), 111 g **III** u. Na in A.; 47,3 g; $n_D^{18,5}$ 1,4870; λ_{max} 218; 3,60 (—; —); *Pikrat,* $C_{13}H_{15}O_7N_5$, F. 105,0—106,5° (Bzl.-Hexan). — *3-Äthyl-4-methylpyrazol,* $C_6H_{10}N_2$, Kp.$_{17}$ 124—127°, analog aus Diäthylketon (**IV**) u. **III** mit Na-Methylat; 70%; n_D^{25} 1,4917; λ_{max} 222—223; 3,63 (—; —); *Pikrat,* $C_{12}H_{13}O_7N_5$, F. 132,0—132,5° (Bzl.-PAe.). — *3.5-Dimethylpyrazol,* F. 106,5 bis 107,5°, aus Acetylaceton u. N_2H_4; λ_{max} 216—217; 3,61 (—; —). — *3.5-Diäthylpyrazol,* $C_7H_{12}N_2$, F. 22—24°; Kp.$_8$ 116—117°; aus Dipropionylmethan (n_D^{25} 1,4533) u. N_2H_4 in schwach alkal. Lsg.; 20%; n_D^{25} 1,4853; λ_{max} 214; 3,67 (—; —); *Pikrat,* $C_{13}H_{15}O_7N_5$, F. 149—150° (Bzl.-Hexan). — *3.5-Di-n-propylpyrazol,* $C_9H_{16}N_2$, F. 35—36°; Kp.$_{13}$ 147 bis 148°; aus Dibutyrylmethan u. $N_2H_4 \cdot H_2O$; 31%; $n_D^{23,5}$ 1,4792; λ_{max} 216; 3,69 (221 bis 222; 3,97). — *3-Methyl-5-n-propylpyrazol,* $C_7H_{12}N_2$, Kp.$_{15}$ 130—132°, aus Acetylbutyrylmethan mit N_2H_4 in schwach bas. Lsg.; 35%; n_D^{25} 1,4847; D.$^{25}_4$ 0,9489; λ_{max} 216; 3,66 (—; —); *Pikrat,* $C_{13}H_{15}O_7N_5$, F. 109,8—110,2° (Bzl.). — *3-Äthyl-5-n-propylpyrazol,* $C_8H_{14}N_2$, F. 19—21°; Kp.$_{12}$ 135—135,5°; analog; 35%; n_D^{25} 1,4828; D.$^{25}_4$ 0,9358; λ_{max} 215; 3,69 (—; —); *Pikrat,* $C_{14}H_{17}O_7N_5$, F. 105,5—106,5°, schwach orange. — *3.4-Dimethyl-5-äthylpyrazol,* $C_7H_{12}N_2$, Kp.$_{15}$ 130—131°; durch Kondensation von Äthylacetat mit **IV** mit Na-Äthylat u. Rk. mit $N_2H_4 \cdot H_2O$; 20%; n_D^{25} 1,4928; λ_{max} 223; 3,70 (—; —); *Pikrat,* $C_{13}H_{15}O_7N_5$, F. 191—201° (Bzl.). — *3,5-Diäthyl-4-methylpyrazol,* $C_8H_{14}N_2$, F. 56,0 bis 57,0°; Kp.$_{13}$ 136—137°; analog aus Äthylpropionat u. **IV** mit $NaNH_2$; 38%; λ_{max} 224; 3,71 (—; —); *Pikrat,* $C_{14}H_{17}O_7N_5$, F. 147—149° (Bzl.-Hexan). — *3.5-Di-n-propyl-4-äthylpyrazol,* F. 60—62° (Pentan), Kp.$_{14}$ 160—161°; analog; 25%; λ_{max} 223; 3,72 (231—232; 3,93); *Pikrat,* $C_{17}H_{23}O_7N_5$, F. 85,6—87,7° (Bzl.-Hexan). (J. org. Chemistry **20.** 1681—86. Dez. 1955. Berkeley, Calif., Univ. of California, Dep. of Chem. and Chem. Engng.) G. PÖTZSCHER. B 118

Angelo Mangini, Fernando Montanari und **Riccardo Passerini,** *Untersuchungen über die Benzimidazole: Absorptionsspektren und chromophore Eigenschaften.* Es werden die Absorptionsspektren von *Benzimidazol* (I), *2-Phenylbenzimidazol* (II) u. deren Derivv. untersucht. Bei **I** wird der Teil des Spektr. um 240—250 mμ am stärksten durch saure oder alkal. Rk. oder N-Oxydation verändert; er enthält in der Regel 2 Banden; NH_2- u. NO_2-Substitution beeinflußt das mesomere Syst., so daß eine von den Methyl- u. Halogen-

derivv. verschied. Absorption verursacht wird. Bei **II** wirkt an der Absorption vermutlich auch der Chromophor der SCHIFFschen Base mit (p-Aminoderiv. mit Absorption bei 320 mμ mit log $\varepsilon = 4{,}50$); auch hier kann eine in konjugierbarer Stellung befindliche NO_2-Gruppe eine besondere Form der Mesomerie verursachen. Substitution mit CH_3 oder Cl in o-Stellung führt zum hypsochromen ortho-Effekt im Vgl. zur p-Substitution; bei Substitution mit OCH_3 oder NO_2 ist dies nicht der Fall. Im einzelnen wurden untersucht: **I**, **II**, *2-, 4-, 5-Methyl-, 4-, 5-Chlor-, 4-, 5-Brom-, 4-, 5-Methoxy-, 4-, 5-Amino-, 4-, 5-Nitro-, 2-[o-, m-, p-Methylphenyl]-, 2-[o-, m-, p-Chlorphenyl]-, 2-[o-, m-, p-Methoxyphenyl]-, 2-[p-Aminophenyl]-, 2-[o-, m-, p-Nitrophenyl]-, 2-Phenyl-, 2-Phenyl-4-methyl-, 2-Phenyl-5-methyl-, 2-Phenyl-4-chlor-, 2-Phenyl-5-chlor-, 2-Phenyl-4-methoxy-, 2-Phenyl-5-methoxy-, 2-Phenyl-4-nitro-, 2-Phenyl-5-nitrobenzimidazol.* (Atti Accad. naz. Lincei, Rend., Cl. Sci. fisiche, mat. natur. [8] **12.** 411—19. April 1952. Bologna, Univ., Ist. di Chim. ind.)
R. K. MÜLLER. B 118

W. A. Pliskin und **R. P. Eischens,** *Infrarotspektren von chemisorbierten Olefinen und Acetylen.* Die Infrarotspektren von an Ni auf SiO_2 (9 Gew.-% Ni) chemisorbiertem *Äthylen, Propylen* u. *Acetylen* zeigen, daß alle drei Verbb. in diesem Zustand keine C=C-Bindungen mehr besitzen. Es treten nur CH-Valenzschwingungsbanden, die für gesätt. KW-stoffe charakterist. sind, u. CH_2- u. CH_3-Deformationsschwingungsbanden auf. (J. chem. Physics **24.** 482—83. Febr. 1956. Beacon, N. Y., Texas Company, Beacon Labor.)
L. FISCHER. B 120

D. Chapman, *Die Infrarotspektren von flüssiger und fester Ameisensäure.* Vf. bestimmte die Infrarotabsorptionsspektren von fl. u. fester *Ameisensäure* (**I**) zwischen 3500 u. 650 cm^{-1}. Das Spektr. von fl. **I** zeigt, daß **I** hier als Polymeres existiert. In konz. Lsg. in CCl_4 liegt **I** als Dimeres, in verd. Lsg. als Monomeres vor, die Banden werden hier zugeordnet. Das Spektr. der festen **I** spricht in Übereinstimmung mit den Aussagen der Röntgenanalyse für die Existenz als Polymeres, die Lage der C–O- u. C=O-Bindungen stimmt jedoch nicht zu den Bindungslängen. (J. chem. Soc. [London] **1956.** 225—29. Febr. Port Sunlight, Chestershire, Res. Dep. Unilever Ltd.)
M. L. KLAAR. B 120

R. H. Hughes, R. J. Martin und **N. D. Coggeshall,** *Temperaturabhängigkeit der Infrarotabsorption.* Vff. beobachteten eine Abnahme der Extinktion E der nichtassoziierten OH-Valenzbande (2,75—2,78 μ) bei Erhöhung der Temp. von 25 auf ca 70° um 8—15% bei *2.6-Di-tert.-butyl-4-methyl-* (**I**), *2.4-Di-tert.-butyl-* u. *2-tert.-Butyl-4-methylphenol, Phenol, n-Pentanol, n-Heptanol* (**II**), *Heptanol-(4), n-Decanol* u. *n-Dodecanol* (Konz. ca. 10^{-3} Mol/Liter, Lösungsm.: Hexachlorbutadien). Auch die CH-Valenzbande (3,38 μ) von **I**, **II** u. *n-Decan* zeigte eine Verringerung von E um 2—5% für den gleichen Temperaturbereich. Die Änderung der E des Lösungsm. u. die der Konz. des Gelösten bei Änderung der Temp. wurden bei der Berechnung bereits berücksichtigt. Diese Temperaturabhängigkeit läßt sich vielleicht damit erklären, daß mit steigender Temp. die Stärke der Kraftfelder der Moll. u. damit der gegenseitigen Beeinflussung abnimmt. (J. chem. Physics **24.** 489—90. Febr. 1956. Pittsburgh, Pa., Gulf Res. and Developm. Comp.)
L. FISCHER. B 120

Kazuo Nakamoto und **R. E. Rundle,** *Spektroskopische Untersuchung des Monomeren und Dimeren von Nitrosobenzolderivaten.* Vff. untersuchten die Infrarot- u. UV-Spektren von *Nitrosomesitylen* (**I**), *p-Nitro-* (**II**), *p-Chlor-* (**III**), *p-Methyl-* (**IV**), *p-Brom-* (**V**), *p-Jod-*(**VI**) u. *p-Dimethylaminonitrosobenzol* (**VII**) in krist. Form (in Nujolmull) u. in Lsg. (CCl_4 bzw. A.). Die charakterist. Infrarot–NO-Banden für die monomere Form liegen bei 1540—1500; 1380—1340 u. 850—810 cm^{-1}, für die dimere Form bei 1500—1480; 1270—1260 u. 850 cm^{-1}; die erste Bande jeweils wird der C=C-Valenzschwingung in Konjugation mit der NO-Gruppe, die zweite der N=O-Valenzschwingung u. die dritte der N=O-Deformationsschwingung zugeordnet. Mit Ausnahme von **I** liegen alle untersuchten Verbb. in Lsg. in der monomeren Form vor. Die Lsg. von **I** besteht aus einem Gemisch der monomeren u. dimeren Form. In festem Zustand sind **I**—**IV** dimer, **VI** u. **VII** monomer, **V** besteht aus einem Gemisch der monomeren u. dimeren Form. Die Frequenzen der N=O-Valenzschwingung nehmen bei p-substituierten Nitrosobenzolen in der Reihenfolge der Substituenten NO_2, Cl, CH_3, Br, J, $N(CH_3)_2$ ab. Analog verhalten sich die Frequenzen der asymm. NO_2-Valenzschwingung bei p-substituierten Nitrobenzolderivaten. Die UV-Spektren wurden in stark verd. alkoh. Lsg. aufgenommen, in denen die monomere Form vorliegt. Sie zeigen zwischen 210 u. 810 mμ mindestens 4 Banden; die erste bei 806—670 mμ ($\varepsilon < 100$) wird einem n-π^*-Übergang, die zweite bei 282—421 ($\varepsilon = 10000—50000$) einem π-π^*-Übergang zwischen den bindenden u. antibindenden π-Niveaus zugeordnet; die dritte Bande bei 237—314 u. vierte bei 215—232 mμ entsprechen ebenfalls π-π^*-Übergängen. Die n-π-Banden zeigen eine Blauverschiebung, die π-π^*-Banden eine Rotverschiebung in der oben angegebenen Reihe der p-Substituenten. Hieraus schließen Vff., in Übereinstimmung mit den Er-

A B

gebnissen der infrarotspektroskop. Unterss., daß der Beitrag von **B** an der monomeren Form innerhalb der angegebenen Substituentenfolge zunimmt. Der Beitrag von **B** an der monomeren Form von **I** ist sehr klein, wahrscheinlich, weil die NO-Gruppe infolge ster. Hinderung durch die beiden Methylgruppen in o-Stellung nicht koplanar zum Ring sein kann. In festem Zustand tritt die n–π^*-Bande nur bei **VI** u. **VII** auf. Sie wird daher der monomeren Form zugeschrieben. Während die Stabilität des Monomeren auf Grund der Resonanz **A** ⟷ **B** in der Reihe NO_2, Cl, CH_3, Br, J, $N(CH_3)_2$ zunimmt, nimmt die Stabilität des Dimeren in der gleichen Reihe ab, da die Einführung eines Elektronendonors in p-Stellung zu zusätzlichen Elektronen in der Nähe der N–N-Bindung führt. (J. Amer. chem. Soc. **78.** 1113—18. 20/3. 1956. Ames, Io., Iowa State Coll., Dep. of Chem.)
J. Knaul. B 120

James P. Friend, Robert F. Schneider und **B. P. Dailey,** *Mikrowellenspektrum von Cyclopropylchlorid.* Bei der Unters. der Mikrowellenspektren von $C_3H_5{}^{35}Cl$ (**I**) u. $C_3H_5{}^{37}Cl$ (**II**) wurden die Übergänge I = 2 → 3 u. I = 3 → 4 beobachtet sowie die Komponente des Dipolmomentes entlang der A-Achse bestimmt. Die Identifizierung geschah durch Unters. der Frequenzverteilung, der Stark-Effekte u. der Quadrupolfeinstruktur. Die beobachteten Rotationskonstanten sind B = 3905,4 MHz u. C = 3622,4 MHz für **I** u. B = 3810,0 MHz u. C = 3540,5 MHz für **II**. Die C–C-Bindung scheint wesentlich kürzer zu sein als der gewöhnliche Wert für Einfachbindung. Es ist dies vielleicht das Ergebnis der Bldg. von „gebogenen" Bindungen, bei denen die Bindungsbahnen nicht entlang der C–C-Achse gerichtet sind. Eine Analyse der Quadrupolkupplungsfeinstruktur ergab die Werte e Q z z = —55,76 MHz u. η = 0,1242 für **I**. Für das angenommene Modell (C—H = 1,09 Å; C—C = 1,47 Å; C—Cl = 1,755 Å; ∢ H—C—H = 109° u. ∢ H—C—Cl = 109°) entspricht dies einem Wert von e Q q = —68,70 MHz entlang der C–Cl-Bindung. (J. chem. Physics **23.** 1557. Aug. 1955. New York, N. Y., Columbia Univ., Dep. of Chem.) C. Gottfried. B 121

G. Klages und **E. Klöpping,** *Neuere Dipolmomentmessungen und ein Beitrag zum Lösungsmitteleinfluß.* Durch DK.-Messungen an verd. Lsgg. in CCl_4 wurden folgende Dipolmomente (in D) bestimmt: *2.2'-Ditolyl* 0,47; *3.3'-Ditolyl* 0,50; *Isoquatertolyl* 0,67; *Quatertolyl* 0,71; *Jodbenzol* 1,38; *o-Jodtoluol* 1,30; *4-Joddiphenyl* 1,38; *2.2'-Dimethyl-4-joddiphenyl* 1,54; *3.3'-Dimethyl-4-joddiphenyl* 1,54; *Anisol* 1,25; *Veratrol* 1,38; *Resorcindimethyläther* 1,62; *Hydrochinondimethyläther* 1,75; *4.4'-Dianisyl* 1,84; *3.3'-Dianisyl* 1,74; *3.3'.5.5'-Tetramethoxydiphenyl* 2,26; *Quateranisyl* 2,31; *3.3'-Diäthoxydiphenyl* 1,82; *3.3'-Dimethoxy-4-joddiphenyl* 2,80. Die Momente der ersten vier Substanzen entsprechen rein vektorieller Addition mit freier Drehbarkeit der Benzolringe, während bei den o- u. p-substituierten restlichen Verbb. starke Mesomerieeffekte vorliegen. Weiterhin wurde der Einfl. des Lösungsm. (CCl_4, Bzl., Cyclohexan, n-Hexan, Dioxan) auf die Momente von *Chlorbenzol, Nitrobenzol, Cyclohexylchlorid, Pyridin* u. *n-Dodecylchlorid* untersucht. Die Diskrepanz zwischen Lösungs- u. Gaswert kann bei kugelförmigen Moll. auf den unsymm. Induktionseffekt zurückgeführt werden. (Z. Elektrochem., Ber. Bunsenges. physik. Chem. **57.** 369—73. 1953.) W. Maier. B 132

L. M. Nasarowa und **Ja. K. Ssyrkin,** *Dipolmomente einiger Furan- und Thiophenderivate.* (Vgl. C. **1949.** E. 381.) Es werden die Dipolmomente von *2-Bromthiophen* (1,36 D), *2.5-Dibromthiophen* (1,08 D), *5-Brom-2-nitrofuran* (4,17 D) u. *5-Nitrofurfurol* (3,42 D) gemessen u. mit den Vektorsummen der Bindungsmomente verglichen. Das Ergebnis ist, daß bei den Bromderivv. von Thiophen das gefundene niedriger als das berechnete Moment ist. Bei 5-Brom-2-nitrofuran ist der experimentelle Wert bedeutend höher als der berechnete, was auf den Einfl. der NO_2-Gruppe zurückgeführt wird. Bei 5-Nitrofurfurol wird die Vektorsumme für 2 verschied. Lagen der CHO-Gruppe $\left(-C{\lessdot}^{O}_{H} \text{ u. } -C{\lessdot}^{H}_{O}\right)$ berechnet: 1,11 bzw. 4,31 D; der gefundene Wert liegt zwischen beiden, u. eine Drehung innerhalb des Mol. erscheint möglich. (Журнал Общей Химии [J. allg. Chem.] **23** (**85**). 478—81. März 1953. Moskau, Karpow-Inst. für Physikal. Chem.)
R. Knobloch. B 132

John W. Weigl, *Spektroskopische Eigenschaften organischer Photoleiter.* 1. Mitt. *Absorptionsspektren von Filmen kationoider Farbstoffe.* Von nachst. Kationenfarbstoffen wurden bei Zimmertemp. die Absorptionsspektren für das Gebiet > 3200 Å unter Berücksichtigung der Reflexion aufgenommen, wobei einmal die Verbb. in Form eines dünnen Filmes fester Kristalle (b) u. das andere Mal in Lsg. (a) ($c \approx 5 \cdot 10^{-6}$ Mol/Liter) vorlagen: *Kristallviolett,* a) λ_{max} 5860 Å ($\varepsilon_m = 10{,}6 \cdot 10^4$), b) 5920—5990 Å ($3{,}3$—$2{,}5 \cdot 10^4$); *Rhod-*

amin, a) 5480 Å ($11{,}0 \cdot 10^4$), b) 5750 Å ($2{,}13-2{,}65 \cdot 10^4$); *Malachitgrün*, a) 6180 ($9{,}55 \cdot 10^4$), 4260 ($1{,}85 \cdot 10^4$) u. 3150 Å ($1{,}88 \cdot 10^4$), b) 6590—6700 ($2{,}58-3{,}45 \cdot 10^4$), 4350—4390 (0,85 bis $1{,}27 \cdot 10^4$) u. 3230—3250 Å ($1{,}00-1{,}70 \cdot 10^4$); *Trypaflavin* a) 4600 Å ($5{,}48 \cdot 10^4$) u. b) 4560 Å ($2{,}20 \cdot 10^4$); *Pinacyanol* a) 5630 ($7{,}30 \cdot 10^4$) u. 6060 Å ($15{,}8 \cdot 10^4$), b) 5850 Å ($2{,}60 \cdot 10^4$); *Methylenblau* a) 6550 Å ($9{,}00 \cdot 10^4$), b) 6670 Å ($2{,}2 \cdot 10^4$). Im allg. ist die langwelligste Absorptionsbande der Filme breiter als die der Lsgg., außerdem ist sie in zwei Komponenten aufgespalten, die sich durch eine Schulter neben dem Maximum im Spektr. anzeigen. Die Differenz zwischen den Maxima dieser beiden Komponenten beträgt 1000 cm^{-1} u. mehr. Diese Verbreiterung u. Aufspaltung ist nicht temperaturabhängig. Die Oszillatorstärke der Banden der genannten Verbb. im festen Zustand war gegenüber der in Lsg. um 20—70% geringer. — Durch die Absorption sichtbaren oder UV-Lichtes werden die einzelnen Kationen der genannten Farbstoffe vom Grundzustand zu den gleichen Singulettzuständen (s', s'', s''') angeregt, die für die „isolierten" Moll. in Lsgg. charakterist. sind. Wie die Aufspaltung der langwelligsten Bande zeigt, ist jedoch nur das angeregte Kation im s'-Zustand befähigt, auf Grund seiner Lebensdauer mit Nachbarmoll. in Wechselwrkg. zu treten. Die Anregung mit der Energie des s'-Niveaus wandert dann als schnelles „exciton" durch das Kristallgitter, wobei die Lebensdauer ca. 10^{-10} sec beträgt. (J. chem. Physics **24.** 364—70. Febr. 1956. Columbus, O., State Univ., Dep. of Phys. and Astronomy.) L. FISCHER. B 134

J. W. Bayles, J. L. Cotter und **Alwyn G. Evans,** *Die Bildung von Carbeniumionen durch die Einwirkung von Metallsalzen.* 2. Mitt. *Die Extinktionskoeffizienten von Carbeniumionen.* (1. vgl. C. **1956.** 670.) Durch Zusatz hinreichender Mengen $HgBr_2$ zu Lsgg. von *Triphenylmethyl-* u. *Tri-p-tolylmethylbromid* in Nitromethan wird der Grenzwert von 100%ig. Dissoziation in das Ionenpaar $Ar_3C^+HgBr_3^-$ bzw. die freien Ionen Ar_3C^+ u. $HgBr_3^-$ erreicht. Innerhalb der Fehlergrenzen stimmt diese Beobachtung mit den spektrophotometr. ermittelten Werten überein. Damit wird die Berechtigung der Verwendung der Spektren der Carbeniumionen in konz. H_2SO_4 zur Berechnung ihrer Konz. in Nitromethan (vgl. l. c.) nachgewiesen. (J. chem. Soc. [London] **1955.** 3104—05. Sept. Cardiff, Univ. Coll., Chem. Dep.) G. LOHAUS. B 139

D. W. Scott, H. L. Finke, J. P. McCullough, M. E. Gross, J. F. Messerly, R. E. Pennington und **Guy Waddington,** *Thermodynamische Eigenschaften von festem, flüssigem und gasförmigem 2.3-Dimethylbuten-(2).* Die Entropie von *2.3-Dimethylbuten-(2)* als Fl. bei 298,16° K (S = 64,58 cal $Grad^{-1}$ Mol^{-1}) wurde aus der spezif. Wärme im festen u. fl. Zustand (11—318° K) u. den Übergangs- u. Schmelzwärmen (844 cal Mol^{-1} bei 196,82° K u. 1542 cal/Mol am Tripelpunkt 198,92° K) abgeschätzt. Spezif. Wärme der Fl. ($C_{ges.}$), Dampfdruck (p), Verdampfungswärme (ΔH_v), spezif. Wärme im idealen Gaszustand (C_p^0) u. zweiter Virialkoeff. (B) werden als Funktionen der Temp. durch folgende empir. Gleichungen bestimmt: $C_{ges.} = 48{,}178 - 0{,}16068\ T + 6{,}2188 \cdot 10^{-4}\ T^2 - 5{,}2083 \cdot 10^{-7}\ T^3$ cal · $Grad^{-1} Mol^{-1}$ (200—320° K); $\log p\,(mm) = 6{,}93324 - 1206{,}037/(t + 224{,}400)$, (29—73° C); $\Delta H_v = 10{,}674 - 5{,}713\ T - 0{,}01344\ T^2$ cal Mol^{-1} (292—346° K); $C_p^0 = 4{,}454 + 0{,}087361\ T - 1{,}1983 \cdot 10^{-5}\ T^2$ cal $Grad^{-1}$ Mol^{-1} (334—473° K); $B = -2764 - 4{,}93$ exp. (1100/T) cm^3 Mol^{-1} (292—473° K). Die Entropie im idealen Gaszustand bei 298,16°K ($S^0 = 87{,}16$ cal $Grad^{-1}$ Mol^{-1}) wurde aus diesen Daten abgeschätzt. Die mittlere Energieschwelle für die Rotation der Methylgruppen wurde aus calorimetr. Messungen zu 680 cal Mol^{-1} bestimmt. Es wurden Ergebnisse spektroskop. Messungen zusammengestellt u. Werte für die Funktionen $(F^0 - H_0^0)/T$, $(H_0^0 - H_0^0)/T$, $H^0 - H_0^0$, S^0 u. C_p^0 für ausgewählte Tempp. bis zu 1500° K berechnet. (J. Amer. chem. Soc. **77.** 4993—98. 5/10. 1955. Bartlesville, Okla., Bur. of Mines, Petrol. Experim. Stat., Thermodynam. Labor.) B. MÜLLER. B 146

Emory E. Toops jr., *Physikalische Eigenschaften von acht hochreinen Nitroparaffinen.* Vf. bestimmt die Kpp., Dampfdrucke, FF. sowie die Dichten u. Brechungsindices (bei 20, 25 u. 30°) von hochgereinigtem *Nitromethan* (**I**), *Nitroäthan* (**II**), *1-* (**III**) u. *2-Nitropropan* (**IV**), *1-* (**V**) u. *2-Nitrobutan* (**VI**), *1-* (**VII**) u. *2-Nitro-2-methylpropan* (**VIII**). Ferner werden die Konstanten der ANTOINE-Gleichung berechnet. Meßergebnisse: **I**, $Kp._{760}$ 101,20°, dt/dp 0,0427°/mm, F. —28,55°, $D.^{25}_4$ 1,13128, dd/dt 0,001377, n_D^{25} 1,37964, dn/dt 0,000450. — **II**, 114,7°, 0,0445, —89,52°, 1,04464; 0,00187; 1,38973; 0,000439. — **III**, 131,18°; 0,0467; —103,99°; 0,99609; 0,001071; 1,39956; 0,000405. — **IV**, 120,25°; 0,0460; —91,32°, 0,98290; 0,001099; 1,39235; 0,000411. — **V**, 152,77°; 0,0490; —81,33°; 0,96848; 0,000992; 1,40801; 0,000426. — **VI**, 139,50°; 0,0485; glasig; 0,96036; 0,000999; 1,40189; 0,000428. — **VII**, 141,72°; 0,0482; —76,85°; 0,95848; 0,001002; 1,40436; 0,000410. — **VIII**, 127,16°; 0,0473; 26,23°; $D.^{35}_4$ 0,95028; 0,001128; n_D^{35} 1,39715; 0,000400. (J. physic. Chem. **60.** 304—06. März 1956. Terre Haute, Ind., Commerc. Solvents Corp.) K. FRENKLER. B 150

G. O. Pritchard, H. O. Pritchard, H. I. Schiff und **A. F. Trotman-Dickenson,** *Die C–H-Bindungsdissoziationsenergie in Fluoroform.* Vff. bestimmten die Dissoziationsenergie der C–H-Bindung in *Fluoroform* $D(CF_3H)$. Sie ermittelten dazu für die reversible Rk. $CF_3 + CH_4 \rightleftharpoons CF_3H + CH_3$ (Reaktionswärme = Differenz zwischen den C–H-Dissoziationsenergien in CH_4 u. CF_3H) außer der bereits bekannten Reaktionswärme der Hin-Rk. (vgl. Chem. and Ind. **1955.** 564) die der Rück-Reaktion. Für die Photolyse von Aceton-d_6 u. CF_3H bei 140—290° wurde das Verhältnis der Geschwindigkeitskonstanten $k_3/k_5 = \{(d[CD_4]/dt)/(d[CD_3H]/dt)\} \cdot [CF_3H]/[CD_3COCD_3]$ bestimmt u. daraus die Aktivierungsenergie der Rk. $CD_3 + CF_3H \rightarrow CD_3H + CF_3$. Unter der Annahme, daß die Differenz zwischen den Aktivierungsenergien der Rk. von CD_3- bzw. CH_3-Radikalen mit CF_3H vernachlässigt werden kann, wurde $D(CF_3H)$ zu 102,0 ± 2 kcal/Mol ermittelt. Durch Vgl. mit den Bildungswärmen von CF_3Cl, CH_4 u. CH_3Cl wurde $\Delta H_f \cdot (CF_3H)$ zu —169 kcal/Mol abgeschätzt, woraus sich $\Delta H_f(CF_3) = -119$ kcal/Mol ergibt. Mit dem von Kirkbride u. Davidson (vgl. C. **1954.** 9721) ermittelten Wert für $\Delta H_f(C_2F_6)$ bestimmten Vff. die C–C-Bindungsdissoziationsenergie in *Hexafluoräthan* $D(CF_3{-}CF_3)$ zu 65 kcal/Mol. (Chem. and Ind. **1955.** 896. 9/7. Manchester, Univ., McGill Univ., u. Edinburgh, Univ.) J. Knaul. B 156

B. J. Reitzer und **G. G. Lamb,** *Die vor der Entzündung auftretende Oxydation und die Detonation von Cyclopentan und 2.2.4-Trimethylpentan.* Allg. treten während des Verbrennungsvorganges viele gleichzeitig u. schnell verlaufende Rkk. auf. n-, Iso- u. Cycloparaffine zeigen bei der Oxydation ein einander sehr ähnliches Verhalten. Ihre Oxydation zeigt bei den gebräuchlichen Arbeitsbedingungen eine relativ lange Induktionsperiode, während der der Druck p nur wenig zunimmt; dann steigt p jedoch plötzlich an, unter bestimmten Voraussetzungen erfolgt die Explosion. Oscillograph. u. photograph. wurde das Verh. von *Cyclopentan* (**I**), *Isooctan* (**II**) sowie von **I**-**II**-Gemischen bei Ggw. unterschiedlicher Mengen Luft in einer Maschine mit schneller Kompression untersucht. In der Reaktionskammer wurde vor der Kompression p auf 15 lbs./sq.in. eingestellt, die Temp. auf 140—240° F, das Kompressionsverhältnis betrug 8,7—11,9. Es wird der wahrscheinliche Reaktionsmechanismus beschrieben u. aus den Versuchsdaten die numer. Werte in den Reaktionsgleichungen für die Verbrennung von **I** u. **II** abgeleitet. Auch die Bedingungen für das Auftreten des Klopfens in Maschinen werden entwickelt: Klopfen tritt dann auf, wenn die Verzögerungszeit τ (sie beträgt bei $I = 886 \cdot P_i^{-1,63} \cdot e^{7940/T_i}$, bei $II = 6980 \cdot P_i^{-1,57} \cdot e^{3910/T_i}$, wo P_i u. T_i = Druck u. Temp. vor Beginn der Rk.) gleich oder kleiner ist als die für die vollständige Verbrennung notwendige Zeit. (Ind. Engng. Chem. **47.** 1239—43. Juni 1955. Evanston, Ill., Northwestern Technol. Inst.) E. Roeder. B 157

K. Eppler und **H. Dieter,** *Ultraschallabsorption im System Cyclohexan–Essigsäure.* Für das Syst. *Cyclohexan* (**I**) + *Eisessig* (**II**) wurde über den ganzen Mischungsbereich bei 22° die Schallabsorption α/f^2 (α = Absorptionskoeff. der Schallamplitude je cm, f = Schallfrequenz in MHz) gemessen. α/f^2 geht bei ca. 3 Mol-% **II** u. bei ca. 65 Mol-% **II** je durch ein Maximum; letzteres ist breiter u. höher als ersteres. Ferner ist α/f^2 für f = 8,5 unterhalb 12 Mol-% **II** kleiner u. oberhalb größer als für f = 14,6. Der Befund wird darauf zurückgeführt, daß die mit den **I**-Moll. zusammentreffenden **II**-Moll. eine verkleinerte Relaxationszeit besitzen, wodurch der Absorptionswert erhöht wird. (Naturwissenschaften **42.** 122. 1. März-H. 1955. Stuttgart, TH, Phys. Inst.) O. Fuchs. B 159

Günter Weitzel, Anna-Maria Fretzdorff und **Siegfried Heller,** *Grenzflächenuntersuchungen an Tocopherolverbindungen und am Vitamin K_1.* Die Messung der *F/A*-Isothermen, des Grenzflächenpotentials u. der Wasserdampfdurchlässigkeit auf angesäuertem W. gespreiteter Filme von *α-Tocopherol* (**I**), *α-Tocopherylacetat* (**II**), *-benzoat, -palmitat,* saurem *Tocopherylphosphat* (**III**) u. *Vitamin K_1* (*α-Phyllochinon;* **IV**) ergab, daß alle Verbb. in monomol. Filmen unterschiedlicher Stabilität vorliegen. Freies **I** u. bes. **III** weisen hohes Filmbildungsvermögen auf. Mischfilme von **I** bzw. **II** mit *Vitamin A* (**V**), **IV**, *Palmitinsäure, Octadecylacetat* u. *Stearinsäureäthylester* zeigen, daß *Vitamin E* (**VI**) in die Grenzflächenfilme anderer Fettstoffe leicht eingebaut wird. Aus den Filmunterss. wird verständlich, daß **VI** sich im Organismus dort anreichert, wo auch **V** vorkommt. (Hoppe-Seyler's Z. physiol. Chem. **303.** 14—26. 1956. Göttingen, Med. Forschungsanstalt der Max-Planck-Ges., Biochem. Abt.) K. Maier. B 166

L. A. K. Staveley und **P. F. Taylor,** *Lösungen von Alkoholen in nichtpolaren Lösungsmitteln.* 3. Mitt. *Die Viscositäten verdünnter Lösungen von primären Alkoholen in Benzol, Heptan und Cyclohexan.* (2. vgl. C. **1954.** 975.) Bestimmt werden die relativen Viscositäten $\eta_{rel.}$ von *Methanol, Äthanol, n-Propanol, -Butanol, -Pentanol, -Hexanol, -Octanol* u. *-Decanol* in Bzl., Cyclohexan u. Heptan bei 20°. Vff. geben für diese Lsgg. in Abhängigkeit von der Alkoholkonz. auch die Dichten, das Verhältnis der Fließzeit der Lsgg. zu der des reinen Lösungsm. u. die spezif. Viscositäten an. Berücksichtigt man den Einfl. der Volumeneffekte beim Mischen zweier Stoffe auf η, so erhält man Kurven, bei denen η mit der Kohlenstoffzahl des Alkohols zunimmt. Der Verdünnungsgrad läßt annehmen, daß die Alkohole monomer vorliegen. Die η-Konzentrationsabhängigkeit läßt vermuten, daß der dimere Zustand nicht auftritt, sondern die ersten Polymeren trimer vorliegen. (J. chem. Soc. [London] **1956**. 200—09. Jan. Oxford, Inorgan. Chem. Labor.) S. V. SCHIESZL. B 172

Richard H. Wiley, *Hyperkonjugation im Dimeren des Ketens.* Vf. diskutiert die Rkk. des Diketens auf Grund der Buten-(3)-säure-β-lacton (**I**)-struktur. Da **I** infolge Hyperkonjugation Beiträge der beiden Strukturen **A** u. **B** einschließt, die beide den Angriff eines Protons oder Deuterons am exocycl. Methylen-C-Atom erlauben, wird das Ausbleiben von α-Deuterierung während der Methanolyse mit Methanol-d erklärbar.

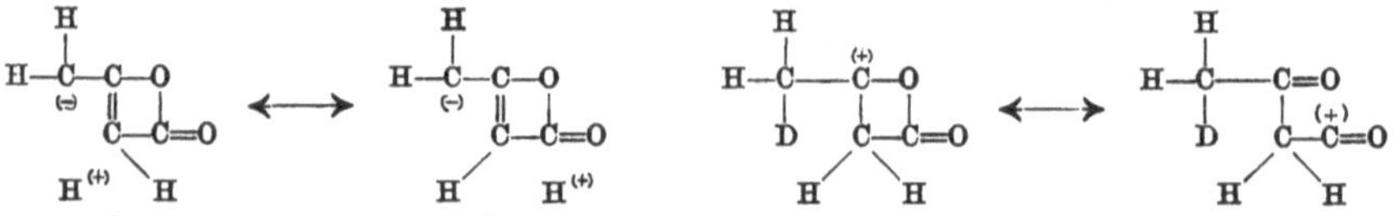

A B C D

Die durch Anlagerung eines Deuterons an **A** bzw. **B** entstehende Verb. **C** repräsentiert den n. Verlauf der Umsetzungen von Additions-Rkk., in denen Hyperkonjugation einbezogen ist. Die Umlagerung zum Acyloniumion **D** erklärt die Bldg. von *Acetoacetat.* **D** steht andererseits in engem strukturellem Zusammenhang zur Acetylketenstruktur (Anlagerung eines Protons). — Vf. erklärt auch die Bldg. von Dehydracetsäure durch die Hyperkonjugation–Acyloniumion-Theorie. (Science [Washington] **121**. 436—37. 25/3. 1955. Louisville, Ky., Univ. of Louisville, Coll. of Arts and Sci., Dep. of Chem.) J. KNAUL. B 182

W. M. Schubert und **W. A. Sweeney,** *Zum Baker-Nathan-Effekt.* (Vgl. J. Chem. Soc. [London] **1935**. 1844.) Vff. unterziehen die experimentellen Daten über C–H-Hyperkonjugation (Hy.) bei Alkylgruppen an einem elektronenanziehenden aromat. Syst. einer krit. Prüfung u. kommen zu dem Ergebnis, daß die Hy. für die Abgabe von Elektronen nicht die bisher angenommene Rolle spielt. Die physikal. Eigg. (Bindungslänge, Resonanzenergie, Dipolmoment, Ionisierungspotential, UV-Spektr.) aromat. Verbb. ändern sich beim Übergang von Methyl- (**I**) zu Äthyl- (**II**), Isopropyl- (**III**) u. tert.-Butylderivv. (**IV**) nicht, oder infolge des induktiven Effektes entgegengesetzt zu der bei Hy. erwarteten Richtung. Im Gegensatz dazu treten bei chem. Vorgängen (S_N1-Solvolysen von Benzhydrylhalogeniden, aromat. Bromierung u. Chlorierung) Effekte auf, die nach Größe u. Richtung durch Hy. verursacht sein könnten. Der Gegensatz zwischen physikal. u. chem. Eigg. dürfte in der Solvatation zu suchen sein. Die physikal. Eigg. sind teils unabhängig vom Lösungsm., teils sind sie überhaupt ohne Lösungsm. gemessen worden. Bes. findet bei der Anregung durch Licht keine Umorientierung der Solvathülle statt. Im Übergangszustand einer chem. Rk. kann dagegen Stabilisierung durch das Lösungsm. eintreten, bes. bei Ladungsänderungen. Sie wird durch ster. Hinderung beeinflußt. Da eine Ladung über das ganze aromat. Syst. verteilt wird, braucht die Hinderung nicht am Ort der Rk. aufzutreten. Da die große **IV**-Gruppe die Stabilisierung stärker behindert als **I**, wirkt dieser Effekt in derselben Richtung wie die Hy. Möglicherweise begünstigt eine H-Brücke vom α-H der Alkylgruppe zum Lösungsm. die C–H–Hy. gegenüber der C–C–Hy. Bei der Bromierung von C_6H_5R u. $C_6H_5CH_2R$ (R = **I—IV**) nimmt die Reaktionsgeschwindigkeit etwa gleich in beiden Reihen von R = **I** nach R = **IV** ab. Molekülmodelle zeigen, daß die abschirmende Wrkg. von R durch die eingefügte CH_2-Gruppe kaum verändert wird. An mehreren Beispielen wird gezeigt, daß bei Berücksichtigung der Solvatation der Elektronendruck von einer Alkylgruppe zu einem elektronenanziehenden Syst. nicht unbedingt durch Hy. verursacht zu sein braucht. (J. org. Chemistry **21**. 119—24. Jan. 1956. Seattle, Wash., Univ. of Washington, Dep. of Chem.) F. SCHAUDER. B 182

A. J. J. Sprenkels, *Die Kristallstruktur einiger Tartrate und der entsprechenden Racemate.* Vf. bestimmte röntgenograph. mittels PATTERSON- u. FOURIER-Synthesen die Kristallstrukturen einiger Tartrate u. ihrer rac. Formen. Bis auf das abwechselnde Auftreten von D- u. L-Form im Gitterverband entspricht die ster. Anordnung der Moll. der rac. Verbb. weitgehend der ihrer opt.-akt. Form. — Rac. *NH_4-Bitartrat:* monoklin, Raumgruppe $P\,2_1/b$; $Z = 4$; Gitterkonstanten $a = 7{,}71$, $b = 11{,}57$, $c = 7{,}84$ Å. $\beta = 104^0\,47'$; ster. Anordnung der Moll. fast die gleiche wie im rhomb. opt.-akt. NH_4-Bitartrat. — Opt.-akt. *Li–NH_4-Tartratmonohydrat:* rhomb., $P\,2_1\,2_1\,2$; $Z = 4$; $a = 7{,}89$, $b = 14{,}74$, $c = 6{,}42$ Å; ster. Anordnung ähnlich der im *Rochelle-Salz* (KNa-Tartrattetrahydrat). Rac. *Li–NH_4-Tartratmonohydrat:* monoklin, $A\,2/a$; $Z = 8$; $a = 9{,}67$, b = 18,50, c = 9,79 Å, β = 115°. (Proc., Kon. nederl. Akad. Wetensch., Ser. B **57.** 524—28. Nov./Dez. 1954. Utrecht, Rijks Univ., Labor voor Kristalchemie.)

G. RUBAN. B 190

Harry A. Rose und **Ann Van Camp**, *Tris-[oxymethyl]-aminomethan [2-Amino-2-oxymethylpropandiol-(1.3)]. 2-Amino-2-oxymethylpropandiol-(1.3)* krist. aus 20% W. enthaltendem Isopropylalkohol in rhomb., nach der c-Achse gestreckten Nadeln. Das Achsenverhältnis wurde zu a:b:c = 0,9921:1:0,8774 bestimmt. Die Elementarzelle hat a = 8,82 Å; b = 8,89 Å; c = 7,80 Å. Raumgruppe ist $P\,2_1\,2_1\,2_1$; mit D. 1,353 ist Z = 4. Die Brechungsindices bei 25° u. 5893 Å sind α = 1,514; β = 1,540; γ = 1,548; 2 V = (—) 57°. Opt. Achsenebene ist (0 1 0), spitze Bisektrix α = a. Die Verb. verliert beim Erhitzen scharf bei 135° ihre Doppelbrechung, behält jedoch ihre äußere Form bei. Der F. liegt scharf bei 172—173°. Beim Abkühlen krist. die Schmelze in Nadeln, die parallele Auslöschung u. negativen Charakter besitzen. Wird diese verfestigte Schmelze erneut erhitzt, so tritt ebenfalls vor dem Schmelzen wieder Verlust der Doppelbrechung auf. (Analytic. Chem. **27.** 1356. Aug. 1955. Indianapolis, Ind., Lilly Res. Labor.)

C. GOTTFRIED. B 190

W. Vogler und **G. Trümpler**, *Das Propanol-(2)/Aceton-Gleichgewicht bei höheren Drucken und Temperaturen.* In einer eingehend beschriebenen App. wird die Gleichgewichtszus. des Syst. $CH_3CHOHCH_3 \longleftrightarrow CH_3COCH_3 + H_2$ bei verschied. Drucken u. Tempp. gemessen. Mit diesen Daten wird die nach den idealen Gasgesetzen formulierte Gleichgewichtskonstante K_p ermittelt u. der aus thermodynam. Daten nach $\log K = -2651/T + 2{,}545 \log T + 3{,}328 \cdot 10^{-5}\,T - 5{,}460 \cdot 10^{-7} T^2 - 1{,}131$ berechneten Konstanten K gegenübergestellt. Der experimentelle Fugazitätskoeffizientquotient $K_{\gamma exp} = K/K_p$ wird mit dem für reales Verh. aus dem Diagramm der Fugazitätskoeff. von NEWTON (Ind. Engng. Chem., ind. Edit. **27.** [1935.] 302) erhaltenen Quotienten $K_{\gamma Newton}$ verglichen u. eine durchschnittliche Abweichung von < 10% gefunden. Aus K_p u. $K_{\gamma Newton}$ läßt sich eine experimentelle allg. Gleichgewichtskonstante K_{exp} nach $K_{exp} = K_p \cdot K_{\gamma Newton}$ angeben, die den experimentellen Ergebnissen besser als die thermodynam. berechnete Konstante K Rechnung trägt. Aus den experimentellen Befunden folgt, daß in dem untersuchten Temperaturintervall (277—327°) u. Druckgebiet (100—400 at) die Regel von LEWIS u. RANDALL für die Fugazitäten weitgehend erfüllt ist. (Helv. chim. Acta **39.** 757—67. 2/5. 1956. Zürich, TH, Labor. für phys. Chem. u. Elektrochem.)

W. KRÖNERT. B 221

William Klemperer und **George C. Pimentel**, *Wasserstoffbindung in Natriumtrifluoracetat–Trifluoressigsäure-Verbindungen.* Durch Messungen des Dissoziationsdruckes von Trifluoressigsäure über Na-Trifluoracetat zwischen 25 u. 40° wird die Existenz der beiden Verbb. *CF_3—COONa·2 CF_3—COOH* (I) u. (vermutlich) *CF_3—COONa·CF_3—COOH* (II) festgestellt. Die Dissoziationswärme von I gemäß der Rk. ½ (CF_3—COONa·2 CF_3—COOH) = ½ CF_3—COONa + CF_3COOH beträgt +14 ± 2 kcal/Mol monomere Trifluoressigsäure, diejenige von II gemäß der Rk. CF_3—COONa·CF_3—COOH = CF_3COONa + CF_3—COOH +16 ± 2 kcal/Mol. Auf Grund der Ultrarotspektren, die von I, CF_3—COONa u. von *CF_3—COONa·2 CF_3—COOD* (III) im Bereich von 4000 bis 650 cm^{-1} aufgenommen wurden, ist die Beständigkeit dieser Salz-Säure-Verbb. auf starke Wasserstoffbindung zurückzuführen. Das Ultrarotspektr. von I zeigt eine breite Bande im Gebiet von 3000—2000 cm^{-1}, die durch H-Schwingungen verursacht sein muß, weil sie in Na-Trifluoracetat u. III fehlt. Die OH-Valenzschwingung ist in I um 1150 cm^{-1} gegenüber der monomeren gasförmigen CF_3—COOH verschoben. — III wurde aus äquimol. Mengen Trifluoressigsäureanhydrid u. D_2O dargestellt. (J. chem. Physics **22.** 1399—1402. Aug. 1954. Berkeley, Calif., Univ. of California, Dep. of Chem. and Chem. Engng.)

E. FORCHE. B 223

D. N. Glew und **R. E. Robertson**, *Die spektrophotometrische Bestimmung der Löslichkeit von Cumol in Wasser durch eine kinetische Methode.* Vff. bestimmen die Löslichkeit von *Cumol* (I) in W. im Temperaturbereich von 25—80° durch eine direkte spektrophotometr. Meth. unter Benutzung einer kontinuierlich arbeitenden Zirkulationszelle. Für die Abhängigkeit der Extinktion E von der I-Konz. (Mol.-Bruch x_2) der wss. Lsgg. u. der Temp. werden die empir. Gleichungen $x_2 = 8{,}485 \cdot 10^{-5}\,E_{25}$ u. $x_2 = (E\,\varrho_{25}/\varrho) \cdot [(8{,}485 \cdot 10^{-5})/(1 + \{T - 25\}\,0{,}001628)]$ gefunden, worin ϱ bzw. ϱ_{25} die D. des W. bei T° bzw. 25°. Zur Berechnung der Extinktion E_0 bei der Sättigungskonz. führt ein kinet. Ansatz nach GUGGENHEIM [1926]; bei 49,892° ergibt sich E_0 zu 0,1827 ± 0,0003. Für die Gleichgewichte I ⇌ wss. Lsg. (1), I ⇌ I (Dampf) (2) u. wss. Lsg. ⇌ I (Dampf) (3) werden die thermodynam. Funktionen berechnet. Die Temperaturabhängigkeit der Sättigungslöslichkeit ist gegeben durch $\log x_2^0 = 4298{,}88/T + 34{,}6369 \log T - 105{,}04408$; für die Änderungen ΔS_1^0 u. ΔH_1 mit der Temp. gilt $\Delta S_1^0 = -411{,}66 + 68{,}8027 \ln T$ u. $\Delta H_1 = 19663 + 68{,}8027 \ln T$. Wss. I-Lsgg. zeigen zwischen 25 u. 80° große positive

Abweichungen vom RAOULTschen Gesetz. Für die Temperaturabhängigkeit des Sättigungsdampfdruckes p_2^0 (mm Hg) wird die Beziehung $\log p_2^0 = -3464,84/T - 8,2846 \log T + 32,78027$ u. für die Temperaturabhängigkeit der Konstanten des HENRYschen Gesetzes die Beziehung $\log p_2^0/x_2^0 = -7763,72/T - 42,9215 \log T + 137,82435$ gefunden. Berechnungen unter Annahme der n. Größen der **I**- u. Wassermoll. ergeben für **I** eine Koordinationszahl von ca. 30 Wassermoll.; dieser Wert ergibt die beobachtete Änderung des Wärmeinhalts. C_{p3} hat ungeachtet der beträchtlichen Unterschiede in den Molvoll. angenähert den gleichen Wert wie für wss. Lsgg. von Methyljodid, Bzl. u. Toluol. Für **I** u. die anderen Alkylbenzole besteht zwischen ΔS_3^0 u. ΔH_3 eine lineare Abhängigkeit. Die Steigung der Geraden $d\,\Delta S_3^0/d\,\Delta H_3$ hat angenähert den Wert 1/273,16, der auch für die Reihe der wss. Lsgg. der aliphat. Alkohole gefunden wurde. Vff. deuten diese Beziehungen durch Annahme einer Art „Einfrierungsprozesses" für die Moll. des Lösungsm. W., die durch die Koordinierung um den gelösten Stoff gewisse Freiheitsgrade verlieren. Ähnliche Modellvorstellungen sind auch in vielen anderen Fällen diskutiert worden. — Werte der thermodynam. Funktionen für die untersuchten Gleichgewichte bei 298,16° K: x_2^0 $1,206 \pm 0,012 \cdot 10^{-5}$; p_2^0 4,568; p_2^0/x_2^0 $3,789 \cdot 10^5$ mm; ΔG_1^0 $+6708 \pm 6$; ΔG_2^0 -900; ΔG_3^0 -7608; ΔH_1^0 $+852 \pm 84$; ΔH_2^0 $+10941$; ΔH_3^0 $+10089$ cal/Mol; ΔS_1^0 $-19,64 \pm 0,25$; ΔS_2^0 $+39,71$; ΔS_3^0 $+59,35$; ΔC_{p1} $+68,80 \pm 3,04$; ΔC_{p2} -1646; ΔC_{p3} $-85,26$ cal/Grad·Mol. (J. physic. Chem. **60.** 332—37. März 1956. Ottawa, Can., Nat. Res. Council, Div. of Pure Chem.) K. FRENKLER. B 224

Raymond Daudel und **Odilon Chalvet,** *Theorie von Reaktionsmechanismen. Bemerkung zu der Halogenaustauschreaktion bei den Chlormethylderivaten der aromatischen Kohlenwasserstoffe.* Vff. untersuchen die Beziehungen zwischen dem freie-Valenzindex F u. der Reaktionsfähigkeit von Verbb. des Typs $ArCH_2Cl$ beim Austausch von Cl gegen J^-. Nach der LCAO-Meth. wird der Beitrag ΔU_π des π-Elektronensyst. zu der Potentialschwelle dieser Rk. berechnet unter der Annahme, daß im Grundzustand die Konjugation zwischen der $-CH_2Cl$-Gruppe u. dem aromat. Rest vernachlässigt werden kann u. im Übergangszustand die C–Cl- u. C–J-Bindungen senkrecht auf der Ebene durch die C-Kerne stehen. Das ΔU_π–F-Diagramm für *Benzylchlorid*, *α*- u. *β-Chlormethylnaphthalin, 1-, 2-* u. *9-Chlormethylanthracen, 1-, 2-, 3-* u. *9-Chlormethylphenanthren* zeigt lineare Abhängigkeit dieser Werte. Ebenfalls linear abhängig sind ΔU_π u. die Reaktionsgeschwindigkeitskonstanten (bei 25°). Vff. zeigen, daß durch einfache Berechnung von ΔU_π die Reaktionsgeschwindigkeit mit einem Fehler $<30\%$ vorausgesagt werden kann. (C. R. hebd. Séances Acad. Sci. **242.** 2150—52. 23/4. 1956.) K. FRENKLER. B 225

Howard J. Schaeffer und **Clair J. Collins,** *Molekülumlagerungen.* 6. Mitt. *Die Dehydratation von cis- und trans-2-Phenylcyclohexanol.* (5. vgl. COLLINS, C. **1956.** 9959.) Nach PRICE u. KARABINOS [1940] verläuft die Dehydratation von *cis-* u. *trans-2-Phenylcyclohexanol* (**I** u. **II**) mit H_3PO_4 nach einem trans-Eliminierungsmechanismus, der aus **I** überwiegend *1-Phenylcyclohexen* (**III**) u. aus **II** vornehmlich *3-Phenylcyclohexen* (**IV**) entstehen läßt. Vff. wiederholten diese Verss. mit der *$^{14}C_{(2)}$-Verb.* von **I** (**Ia**) u. **II** (**IIa**; Dehydratation in 85%ig. H_3PO_4, 4 Std. am Rückfluß). Sie erhielten aus **Ia** 88% *$^{14}C_{(1)}$Verb.* von **III** (**IIIa**) u. 2,4% *$^{14}C_{(3)}$-Verb.* von **IV** (**IVa**) in qualitativer Übereinstimmung mit obigen Autoren u. aus **IIa** ca. 21% **IIIab** [Gemisch aus 76% **IIIa** u. 24% *$^{14}C_{(2)}$-Verb.* von **III** (**IIIb**)] u. nur 9,3% **IVa**, was im Widerspruch zu den Angaben obiger Autoren steht. Ferner entstand aus **IIa** noch 5,8% *4-Phenylcyclohexen* (**V**), 32% *1-Benzylcyclopenten* (**VI**) u. ca. 20% *Benzalcyclopentan* (**VII**), wobei die Stellung des ^{14}C-Atoms nicht weiter untersucht wurde. Der Rest von ca. 10% der theoret. Ausbeute blieb noch ungeklärt. — Aus Stabilitätsunterss. von **III** u. **IV** bzw. **IIIa** u. **IVa** ging u. a. hervor, daß sich **IV** unter den Dehydratisierungsbedingungen z. T. zu **III, V, VI** u. **VII** isomerisiert, dabei geht jedoch **IVa** in **IIIa** über, d. h., es tritt keine Phenylwanderung, die zur Bldg. von **IIIab** geführt hätte, auf. Die Entstehung von nur 24% **IIIb** im Gemisch mit 76% **IIIa** bei der Dehydratation von **IIa**, die ja eine 24%ig. Phenylwanderung bedeutet, erklärt sich also dadurch, daß die Bldg. von **III** aus **II** auf zwei voneinander unabhängigen Wegen zustande kommt. Einmal wird **III** direkt aus **II** unter Phenylwanderung gebildet u. zum anderen aus **II** über **IV** u. daraus durch Isomerisierung. **V** entsteht aus **IV** u. **VI** aus **VII** durch Isomerisierung. Bei der Bldg. von **VII** durch Ringverengung aus **IV** sowie bei allen anderen Rkk. dürften sich vornehmlich gekoppelte Rkk. abspielen, die zum größten Teil aus der Betrachtung der Konformation der Verbb. verständlich werden.

V e r s u c h e: *$^{14}C_{(1)}$-1-Phenylcyclohexen* (**IIIa**), $Kp._{20}$ 132—134°, aus $^{14}C_{(1)}$-Cyclohexanon (**VIIIa**) u. C_6H_5MgBr u. Dehydratation des gebildeten $^{14}C_{(1)}$-1-Phenylcyclohexanols nach SABATIER; 85% (Ausbeute). — *$^{14}C_{(2)}$-2-Phenylcyclohexanon* (**IXa**), F. 63—64,5° (PAe.), $Kp._{15}$ 155—161°, aus **IIIa** nach LEVY u. SHIRAS [1928]; 63%. — *cis-$^{14}C_{(2)}$-2-Phenylcyclohexanol* (**Ia**), F. 42—44° (PAe.), aus **IXa** durch Hydrierung in

Ggw. von RANEY-Ni in absol. A.; 72%. *Phenylurethan*, F. 127—128°. — *trans-$^{14}C_{(2)}$-2-Phenylcyclohexanol* (**IIa**), F. 56—57° (PAe.), aus **IXa** durch Hydrierung in absol. A. in Ggw. von Pt nach ADAMS; 70,5%. *Phenylurethan*, F. 137—138°. — *^{14}C-3-Phenylcyclohexen* (**IV**), Kp.$_2$ 76—79°: **VIIIa** wurde in absol. Methanol in Ggw. von Pt nach ADAMS zu $^{14}C_{(1)}$-Cyclohexanol hydriert, mit gepulverter $KHSO_4$-Schmelze versetzt u. über eine Kolonne das ^{14}C-Cyclohexen [Kp. 81—82°, 83%] so abdest., daß am oberen Ende der Kolonne die Temp. 75—80° betrug. Diese Verb. wurde mit N-Bromsuccinimid in CCl_4 1 Std. unter Rückfluß gekocht u. das *^{14}C-3-Bromcyclohexen* [Kp.$_{12}$ 60—63°] isoliert, dieses mit C_6H_5MgBr in Ae. umgesetzt; n_D^{20} 1,5448; 32% (bezogen auf **VIIIa**). Das ^{14}C-Atom ist vermutlich im Verhältnis 1:2:1 auf die Stellungen 1, 2 u. 3 in **IV** verteilt. — *4-Phenylcyclohexen* (**V**), Kp.$_{15}$ 115—116,6°, aus 2,2 Mol Butadien-(1.3) u. 0,64 Mol Styrol mit wenig N-Phenyl-2-naphthylamin durch 120std. Erhitzen auf 100° im Bombenrohr, n_D^{20} 1,5412; 23,7 g. — *1-Benzylcyclopentanol*, $C_{12}H_{16}O$, F. 58—60° (Hexan), aus Cyclopentanon u. Benzyl-MgBr in Ae.; 98%. — *1-Benzylcyclopenten* (**VI**), Kp.$_{11}$ 103—107°, aus vorst. Verb. durch 4std. Kochen in 20%ig. wss. Oxalsäure, n_D^{20} 1,5367; 66%. — *Benzalcyclopentan* (**VII**), Kp.$_{8,5}$ 108—118°, aus 23,9 g **VI** u. 14 g trockenem HBr bei 0° u. anschließendem Kochen in 25%ig. methanol. KOH, 1½ Std., n_D^{20} 1,5518; 7,8 g (Prod. nur maximal 70% rein). — Für die Charakterisierung der Verbb. **III**—**VII** dienten folgende Verbb.: *δ-Benzoylvaleriansäure*, F. 77—78° (W. oder Hexan), aus **III** in Aceton durch Oxydation mit wss. $KMnO_4$; 31%. — *1-Phenylcyclohexennitrosochlorid*, F. 134 bis 135° (Zers., Methanol–Chlf.), aus 910 mg **III** in Eisessig u. 0,6 ml konz. HCl durch Zutropfen von 2,5 g Isoamylnitrit in Eisessig bei 0° unter Rühren. — *2-Phenylcyclohexen-(2)-onoxim*, F. 156,5—157,5° (Methanol), aus vorst. Verb. durch 2std. Kochen in wss. alkoh. KOH, 60%. Die Oxydation vorst. 3 Verbb. mit $KMnO_4$ bzw. CrO_3 lieferte Benzoesäure. — *Methoxyquecksilberchloridderiv.* von **IV**, $C_{13}H_{17}OClHg$, F. 154—155° (A.), **IV** u. Hg-Acetat in absol. Methanol bis zur vollständigen Auflsg. geschüttelt, 46 Std. stehengelassen, filtriert u. mit 10%ig. wss. NaCl-Lsg. versetzt; 93%. Oxydation mit $KMnO_4$ lieferte Benzoesäure (90—95%). — *β-Phenyladipinsäure*, F. 147—148° (Ae.-Bzl.), durch Oxydation von **V** in Eisessig mit CrO_3 in konz. H_2SO_4 bei 0°; 33%. — *1-Benzylcyclopentennitrosochlorid*, $C_{12}H_{14}ONCl$, F. 109,5—110,5° (Zers., Chlf.-Methanol), analog obengenannten Nitrosochlorid aus **VI**; 14%. — Zur Charakterisierung von **VII** wurde dieses in wss. alkoh. Lsg. in Ggw. von 2.4-Dinitrophenylhydrazin u. konz. H_2SO_4 ozonisiert. Es entstand *Benzaldehyd-2.4-dinitrophenylhydrazon*, F. 237—238° (Dioxan); 66%. (J. Amer. chem. Soc. **78**. 124—33. 5/1. 1956. Oak Ridge, Tenn., Oak Ridge Nat. Labor., Chem. Div.) L. FISCHER. B 225

F. Wilborn und **J. Morgner**, *Zur Kinetik der katalysierten Autoxydation eines mittelpolymeren Diolefins.* Die Kinetik der katalyt. autoxydativen Verfilmung wird am Beispiel des *Pervinans* (mittelpolymeres Diolefin des Bunatyps) näher untersucht (vgl. auch C. **1955**. 6147). Im vollständig verfilmten „Pervinanoxyn" erreicht der O_2-Geh. einen Grenzwert von ca. 23%, die JZ. einen Grenzwert von ca. 200. Pro Mol aufgenommenen O_2 wird eine Doppelbindung verbraucht, wobei die zeitliche Abnahme der Doppelbindungen wie eine Rk. 1. Ordnung verläuft. Das Gesamtbild der Verfilmung entspricht der Theorie der Hydroperoxydbldg. (vgl. z. B. FRANKE, C. **1950**. II. 2739). Diese Theorie wird auch durch die gefundene lineare Änderung der Refraktion des Filmes mit dem O_2-Geh. bestätigt, da die für verschied. O_2-Gehh. aus der gemessenen Refraktion berechneten Mol.-Refr. den theoret. Werten für Mol.-Modelle mit Peroxydbrücken wesentlich näher kommen als die unter Annahme von Ätherbrücken berechneten Werte. — Die Peroxydzahl zeigt in weiten Bereichen lineare Abhängigkeit vom O_2-Geh., der Anstieg dieser Geraden ist charakterist. für das betreffende Trockenstoffmetall. Der deutliche Zusammenhang zwischen Trockenzeit u. „Peroxydfunktion" (ausgedrückt als Verhältnis zwischen den Peroxydzahlen des katalysierten u. des im gleichen Gelzustand befindlichen trockenstoffreien Filmes) des Trockenstoffmetalls entspricht der schon früher an Hand der Trockenzeiten aufgestellten Wirkungsskala der Metallkatalysatoren u. deren Gruppeneinteilung. Dafür kann nunmehr eine Deutung gegeben werden, in dem Sinne, daß jede Gruppe eine der beiden Hauptfunktionen des Trockenstoffmetalls bevorzugt katalysiert, d. h. entweder die Spaltung der niedermol. Primärperoxyde (wie z. B. die Mn–Co-Gruppe) oder die Fortpflanzung des Radikalzustandes in einer Ketten-Rk. zu Gunsten einer fortschreitenden Autoxydationspolymerisation. — Für verschied. Inhibitoren der Phenol- u. Aminreihe stellen Vff. eine Wirkungsskala auf. Phenol zeigt in diesem Fall keinen Einfl., p-Aminophenol wirkt am stärksten. Die Trocknung setzt erst ein, wenn der Inhibitor restlos autoxydativ in eine nicht mehr inhibierende Verb. umgewandelt ist. — Temperaturerhöhung bei der Verfilmung vermindert die maximale O_2-Aufnahme bei gleichzeitiger Zunahme von Spaltungs-Rkk., als deren Prodd. CO_2, W., HCOOH u. Tricarballylsäure identifiziert werden können. — Mit zunehmendem O_2-

Geh. verliert der Pervinanoxynfilm seine plast. u. elast. Eigg., wogegen die Reißfestigkeit zunimmt. Die Thermoplastizität geht bereits bei 6% O_2 verloren. (Dtsch. Farben-Z. **9.** 457—62. Dez. 1955. Leipzig u. Berlin.) K. PRCHAL. B 225

G. J. Buist, C. A. Bunton und **V. J. Shiner,** *Oxydation von α-Glykolen durch Perjodsäure.* (Vgl. auch C. **1954. 9966.**) Vff. untersuchen die Oxydation von α-Glykolen durch *Perjodsäure* in wss. Lsg. bei 0°. Die Reaktionsgeschwindigkeit (Konstante k) ist vom p_H der Lsg. abhängig; Vff. unterscheiden Oxydationen, die über ein Zwischenprod. (Z) verlaufen, das mit dem α-Glykol im Gleichgewicht — Konstante K — steht (Kinetik gemischter Ordnung) u. Oxydationen, die einer Kinetik 2. Ordnung folgen. Im zweiten Fall findet Bldg. von Z nur in sehr untergeordnetem Maße statt (*Pinakol*). Im ersten Fall erfolgt die Bldg. von Z schnell u. in hoher Konz., während die Weiter-Rk. unter Aldehydbldg. langsamer abläuft (*Äthylenglykol*; **I**). Für Z nehmen Vff. auf Grund der p_H-Abhängigkeit

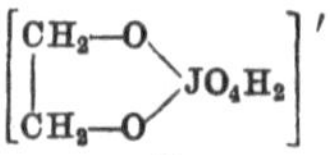

Z

der Rk. u., weil beim Zusammengeben von Glykol u. I eine bedeutende Verminderung des Absorptionsmaximums des Metaperjodations bei 2225 Å u. eine Steigerung der Acidität der Lsg. erfolgt, nebenst. Struktur an. Für K u. 10^{-5} k ergeben sich folgende Werte: **I** 209 bzw. 4,11 bei p_H 5,47 u. 50 bzw. 3,95 bei p_H 2,09, *Propylenglykol* 490 bzw. 11,2 bei p_H 5,47 u. 120 bzw. 10,0 bei 2,09, *Butandiol-(2.3)* 1000 u. 29,4 bei 5,47 u. 360 bzw. 27,4 bei 2,09. (Res. Corresp., Suppl. zu: Research **6.** Nr. 1. 4 S—5 S. Jan. 1953. London, Sir William Ramsey u. Ralph Foster Labors.) J. KLEINWÄCHTER. B 225

M. Vanpee, *Der Mechanismus der Oxydation des Formaldehyds.* Die Kinetik der Oxydation des *Formaldehyds* (**I**) mit O_2 wurde bei Tempp. zwischen 370 u. 550° u. bei Drucken zwischen 80 u. 20 mm Hg untersucht. Hierbei kam eine therm. Meth. zur Anwendung, die eine direkte Messung der momentanen Reaktionsgeschwindigkeit gestattete. Der Rk. war eine Induktionsperiode vorgelagert, die auf der Bldg. eines intermediären Prod. von relativ langer mittlerer Lebensdauer beruhte. Im stationären Zustand war die Rk. dem Quadrat der Konz. von **I** proportional u. von der O_2-Konz. unabhängig; die Zers. des Zwischenprod. verlief also nach einem bimol. Prozeß. Eine Ketten-Rk. wurde nicht beobachtet. Der vorgeschlagene Reaktionsmechanismus, in dem das Zwischenprod. als Perameisensäure angesehen wird u. bei dem alle Rkk. an der Gefäßwand stattfinden, steht mit den experimentellen Ergebnissen in Einklang. (Bull. Soc. chim. belges **62.** 285—319. 30/6. 1953. Pâturages, Inst. Nat. des Mines.)
G. KLAFFKE. B 225

W. von E. Doering und **Ruth Margot Haines** *Alkylatkatalysierte autoxydative Spaltung von Ketonen und Estern.* Vff. untersuchten die autoxydative Spaltung einiger Aldehyde, Ketone u. Ester in Ggw. von tert.-Butylat (**I**). Die Rkk. wurden in tert.-Butylalkohol durch Schütteln mit O_2 bei 2 at ausgeführt. Benzylacetophenon (**II**) absorbiert extrem schnell O_2 unter Bldg. von 2 Äquivalenten *Benzoesäure* (**III**) u. *Phenylbenzylglykolsäure* (**IV**). Der als erstes Zwischenprod. angenommene Phenylacetaldehyd geht durch mehrstd. Oxydation in 70%ig. Ausbeute in **III** über; bei 20 Min. Behandlung mit O_2 wird *Benzaldehyd* (**V**) isoliert. Das bei der Oxydation von **II** als zweites Zwischenprod. angenommene **V** wird bei Zimmertemp. in tert.-Butanol langsam zu **III** oxydiert, in Ggw. von **I** dagegen sehr schnell. Desoxybenzoin (**VI**) wird in $2^1/_2$ Min. in 74%ig. Ausbeute zu **III** gespalten; beim Durchleiten von O_2 durch die Lsg. wird *Benzilsäure* isoliert. Die letzte Rk. sowie die Bldg. von **IV** aus **II** wird nach einem Mechanismus von KOHLER u. THOMPSON (vgl. J. Amer. chem. Soc. **59.** [1937.] 887) durch Bldg. tautomerer Hydroperoxyde, deren Zers. zu Diketonen u. anschließende Benzilsäureumlagerung erklärt. Cyclohexanon (**VII**) reagiert exotherm u. sehr schnell unter Bldg. von Teerprodd., die mit äthanol. HCl *ε-Äthoxyhexanolacton* bzw. mit Ameisensäureäthylester *ε-[Diäthoxymethoxy]-hexanolacton* ergaben. Campher absorbierte nach 7 Std. nur 20% der erforderlichen O_2-Menge; es entstanden 5% *Camphersäure.* Aceto-, Propio-, Butyrophenon u. Dypnon (**VIII**) führten in 63-, 75-, 68- bzw. 38%ig. Ausbeute zu **III.** Benzalacetophenon (**IX**) wurde sehr langsam zu zwei Äquivalenten **III** oxydiert. Benzalpinakolin reagierte bei Zimmertemp. sehr langsam, bei 60° dagegen 10fach schneller zu 55% *Pivalinsäure*; Bldg. von **III** trat nicht auf. Die schnelle Reaktionsgeschwindigkeit von **VIII** wird dessen sauren H-Atomen zugeschrieben. Während Phenylessigsäureäthylester zu **III** oxydiert wird, werden *β*-Phenylpropionsäure-, Zimtsäure-tert.-butylester u. *γ*-Phenylbuttersäureäthylester nicht gespalten. Benzoylessigsäureäthylester, Dimethyl-, Trimethyldihydroresorcin u. Malonsäurediäthylester werden nicht oxydiert, dagegen reagiert Phenylmalonsäurediäthylester unter Bldg. eines Gemisches von Phenylglyoxylsäureäthyl-, -tert.-butylester u. **III.** Das als Zwischenprod. angenommene *1.2.3-Triphenylpenten-(1)-ol-(1)-peroxyd* wird dargestellt u. durch **I** zu **III** u. *Äthyldesoxybenzoin* gespalten. Eine Entscheidung zwischen einer einfachen Zweielektronenstufen-Autoxydation der Carbanionen, die mit dem paramagnet. Charakter von O_2 unvereinbar ist, u. einem

Kettenmechanismus, der mehrere Einelektronenstufen einschließt, konnte nicht getroffen werden.

Versuche: *Phenylbenzylglykolsäure* (IV), $C_{15}H_{14}O_3$, F. 166,5—167° (Hexan), aus II [F. 71—71,5°, durch Hydrierung von IX über ADAMS-Katalysator] durch Schütteln mit O_2 bei 2 at in tert.-Butylalkohol in Ggw. von I; 13% (Ausbeute); daneben III, F. 122—122,5° (Hexan); 35%. — *Desoxybenzoin* (VI), F. 56—57° (95%ig. A.), aus IV mit $KCrO_4$ in verd. Essigsäure. — *Benzilsäure*, F. 147°, aus VI durch 1½ std. Einleiten von O_2 in eine absol. tert.-Butanollsg; 60%. — *ε-[Diäthoxymethoxy]-hexanolacton*, $C_{11}H_{20}O_5$, durch Oxydation von VII u. Zusatz von Orthoameisensäureäthylester in A., $n_D^{22,5}$ 1,4319, $D.^{22,5}$ 1,0471; 8,7%. — *ε-Äthoxyhexanolacton*, $C_8H_{14}O_3$, Kp.$_3$ 76—79°, durch Oxydation von VII u. Behandeln mit HCl in absol. A., n_D^{26} 1,4440, $D.^{26,5}$ 1,0457; 11%. — *Adipinsäure*, F. 149—150°, aus den zwei vorst. Verbb. mit konz. HNO_3. — *dl-Camphersäure*, F. 199—200° (Essigsäure), aus *dl*-Campher, 4Std. O_2-Einleiten; 10%. — *d-Camphersäure*, F. 184—185° (Essigsäure), aus d-Campher ($[\alpha]_D^{23}$ + 43°), 7 Std. Reaktionszeit; 5,3%. — *Trimethylessigsäure*, F. 33—35°, aus Benzalpinakolin bei 42std. O_2-Aufnahme bei 27°, oder 4 Std. bei 60°; 55%. — *β-Phenylpropionsäure-tert.-butylester*, $C_{13}H_{18}O_2$, Kp.$_{1,5}$ 86—88°, nach ABRAMOVITCH u. Mitarbeitern (J. Amer. chem. Soc. **65**. [1943.] 986), n_D^{25} 1,4801; 55%. — *β-Phenylpropionsäure*, F. 46—47°. — *γ-Phenylbuttersäure*, F. 50—51°. — *Phenylglyoxylsäureäthylester*, $C_{10}H_{10}O_3$, Kp.$_{0,05}$ 45°, durch Oxydation von Phenylmalonsäurediäthylester; daneben III u. *Phenylglyoxylsäure-tert.-butylester* [*2.4-Dinitrophenylhydrazon*, $C_{18}H_{18}O_6N_4$, F. 183—184° (Zers., Bzl.), orangegelbe Nadeln]. — *Phenylglyoxylsäurephenylhydrazon*, F. 160—161°, aus vorst. Reaktionsgemisch durch Erhitzen mit konz. HCl. — *1.2.3-Triphenylpenten-(1)-ol-(1)-peroxyd*, $C_{23}H_{22}O_3$, F. 149—149,5° (Zers., Aceton), aus Benzaldesoxybenzoin u. C_2H_5MgBr unter Zutritt von Luft. — *Äthyldesoxybenzoin*, $C_{16}H_{16}O$, F. 56—57°, aus vorst. Verb. in tert.-Butanol in Ggw. von I durch 2 Std. Schütteln unter N_2; 54%; daneben 58% III. (J. Amer. chem. Soc. **76**. 482—86. 20/1. 1954. New York, N. Y., Columbia Univ., Chandler Labor.) J. KNAUL. B 225

I. K. Gregor, N. V. Riggs und **V. R. Stimson,** *Die Solvolyse von 1-Chlorpropanol-(2)*. Bei der Solvolyse von *1-Chlorpropanol-(2)* (I) in W. entsteht HCl, Aceton u. Propandiol-(1.2)(IV). Die Rk. verläuft nach der 1. Ordnung. Es wurde als Lösungsm. auch 60- u. 80% ig. wss. A. verwendet. Ferner wurde die Solvolysegeschwindigkeit von *Äthylenchlorhydrin* (II) in den gleichen Lösungsmitteln untersucht, die Ergebnisse stimmen gut mit denen von RADULESCU u. MUVESANO (Bul. Soc. Ştiinte Cluj, România [Bull. Soc. Sci. Cluj, Raum.] **7**. [1932.] 129) überein. Die Gesamtgeschwindigkeit der Konzentrationsabnahme von I, die durch Messung der gebildeten Säuremenge bestimmt wurde, fällt, wenn W. im Lösungsm. durch A. ersetzt wird. Dieses Verh. macht sich bei I stärker bemerkbar als bei II u. bei *1-Chlor-2-methylpropanol-(2)* (III; vgl. HARVEY, RIGGS u. STIMSON, C. **1956**. 6347). Aus IV entstehen in mäßig konz. Säure (2n HCl) bei 97° auch in 160 Std. keine Carbonylverbindungen. Die aus den bei verschied. Temp. gemessenen Geschwindigkeitskonstanten errechnete Aktivierungsenergie beträgt bei I 29,6 [kcal/Mol], für II 26,5 u. für III 27. Für $\log_{10}$ A wurden die Werte 12,1 (für I), 10,2 (für II) u. 11,3 (für III) erhalten. Die relativen Solvolysegeschwindigkeiten von II : I : III betragen in W. bei 97° 1,0 : 0,81 : 5,5. Die successive Einführung von Methylgruppen in die β-Stellung des II bewirkt also keine progressive Änderung der Reaktionsgeschwindigkeiten oder der ARRHENIUS-Parameter.

Versuche: *1-Chlorpropanol-(2)* (I), C_3H_7OCl, Kp.$_{18}$ 40,8—41°, durch Hydratisieren von Allylchlorid, n_D^{19} 1,4381, $D.^{20}_4$ 1,1123. — *Äthylenchlorhydrin* (II), Kp.$_{680}$ 124°, Kp.$_{28}$ 45,4—45,9°, n_D^{21} 1,4411. — *Propandiol-(1.2)*, Kp.$_{17}$ 91,3°, n_D^{17} 1,4331. (J. chem. Soc. [London] **1956**. 76—77. Jan. Armidale, N. S. W., Australia, Univ. of New England.) R. MATTNER. B 225

R. P. Bell, A. L. Dowding und **J. A. Noble,** *Die Kinetik der Esterhydrolyse in konzentrierten wässerigen Säuren*. Die Geschwindigkeiten der Hydrolyse von *Äthylacetat* (I) u. *Methylformiat* (II) wurden bei 25° in wss. HCl u. H_2SO_4 bei Säurekonzz. bis zu 10n ermittelt. Wegen der Schnelligkeit der Hydrolyse u. der Ungenauigkeit der Titrationen bei hohen Säurekonzz. wurde der Reaktionsablauf bei I dilatometr. u. im Falle des 40 mal schneller reagierenden II nach der Meth. des Temperaturmaximums (vgl. BELL u. Mitarbeiter, Proc. Roy. Soc. [London], Ser. A. **212**. [1952.] 16 u. Discuss. Faradey Soc. **17**. [1954.] 151) verfolgt. Im lezteren Fall wurde der Ester nicht in W., sondern in einer $NaNO_3$-Lsg. bestimmter Konz. aufgelöst, um die beim Vermischen mit konz. HCl freiwerdende Wärme zu kompensieren. Scheinbare Abweichungen von der 1. Reaktionsordnung bei der dilatometr. Messung konnten auf unzureichenden Austausch der Reaktionswärme zurückgeführt u. durch Verwendung dünnwandiger Gefäße beseitigt werden. Es besteht keine Proportionalität zwischen Hydrolysengeschwindigkeit u. der HAMMETTschen Säurefunktion der Lsg.; eine lineare Abhängigkeit von log [Säure] ist dagegen besser erfüllt. Diese Befunde schließen einen monomol. Mechanismus mit $R'COO^+HR \rightarrow R'CO^+ + ROH$ als geschwindigkeitsbestimmendem Schritt aus u. lassen als einzige vernünftige Alternative einen bimol. Mechanismus mit $R'COO^+HR + H_2O \rightarrow R'COO^+H_2 + ROH$ als langsamster Stufe zu. Die beobachteten Abweichungen von der Proportionalität zwischen Reaktionsgeschwindigkeit u. log [Säure] erfordern weitere Untersuchungen. — Die Säurefunktionen von 2—10 mol. wss. Lsgg. von HCl wurden ermittelt. (J. chem. Soc. [London] **1955.** 3106—10. Sept. Oxford, Phys. Chem. Labor.) G. LOHAUS. B 225

Jay K. Kochi, *Die Kinetik der Meerwein-Reaktion.* Vf. untersuchte die Kinetik der Zers. von p-Chlorbenzoldiazoniumchlorid (**I**) durch $CuCl_2$ in wss. Acetonlsg. sowohl in Ggw. (MEERWEIN-Rk.) als auch in Abwesenheit (SANDMEYER-Rk.) von Styrol (**II**) bzw. Acrylonitril (**III**) bei 24,8°. Die SANDMEYER-Rk. verläuft in zwei Schritten, erstens die Generierung des Katalysators CuCl aus $CuCl_2$, die angenähert eine Rk. nullter Ordnung darstellt, u. zweitens die bimol. Rk. des Katalysators mit dem Diazoniumion. Die kinet. Gleichung für den Gesamtprozeß lautet $-\ln[ArN_2{}^+] = {}^1/_2\, k_1 \cdot k_2 \cdot [Cu_g^{II}][Cl^-]^n t^2 = {}^1/_2 k_o \cdot k_2 t^2$. Die Geschwindigkeitskonstanten pseudonullter Ordnung der Bldg. von CuCl bei verschied. Cu^{2+}-Konz., bei konst. p_H u. konst. Cl^--Konz. sowie die Geschwindigkeitskonstanten der Zers. des Diazoniumsalzes durch CuCl wurden bestimmt. Der Nichtverbrauch von CuCl während der letzten Rk. bestätigt die Annahme reiner Katalysatorwrkg. von CuCl. Die MEERWEIN-Rk. (Zusatz von Olefin) zeigt starke Abhängigkeit von der Konz. des Olefins. Beide Rkk. werden durch O_2 inhibiert, die Induktionsperioden sind etwa der O_2-Konz. proportional. Die Rkk. $ArN_2{}^+ + CuCl_2{}^- \rightarrow$ SANDMEYER-Prod. u. $ArN_2{}^+ + [CuCl_2 \cdot \text{Olefin}]^- \rightarrow$ MEERWEIN-Prod. verlaufen annähernd mit der gleichen Geschwindigkeit. Größere Komplexe als das $CuCl_2{}^-$-Anion (z. B. $CuCl_4{}^{3-}$) zeigen keine katalyt. Wirksamkeit. Exakte Angaben über den Mechanismus der Rk. lassen die Ergebnisse nicht zu.

Versuche: *p-Chlorzimtsäure,* F. 249—250°, aus **I** in wss. Aceton in Ggw. von $CuCl_2$ u. **III** bei 24,8°. — *p-Chlorstilben,* F. 129—130°, wie vorst. in Ggw. von **II**. — *p-Dichlorbenzol,* F. 52—53°, aus **I** in Ggw. von$CuCl_2$; 85—90% (Ausbeute). — *p-Chlorbenzonitril,* F. 92—93°, a) aus **I** in wss. Aceton in Ggw. von CuCN u. NaCN; 90%; b) wie unter a) in Ggw. von **III** oder 1.3-Butadien neben nichtidentifiziertem Öl; c) wie unter a) in Ggw. von **II**; daneben *Verb.* $C_{15}H_{12}NCl$, F. 111—111,5°, Infrarotbande bei 2250 cm^{-1}; 1%. (J. Amer. chem. Soc. **78.** 1228—33. 20/3. 1956. Cambridge, Mass., Harvard Univ., Mallinckrodt Chem. Labors.) J. KNAUL. B 225

W. A. Sheppard und **A. N. Bourns,** *Schwefel-Isotopen-Effekt bei der Bisulfit-Additionsreaktion von Aldehyden und Ketonen.* 1. Mitt. *Gleichgewichtswirkung und die Struktur der Additionsprodukte.* Die Gleichgewichtskonstante K für die Isotopenaustausch-Rkk. zwischen Bisulfitionen u. deren Anlagerungsprodd. an verschied. Aldehyde u. Ketone, die nach der Gleichung $H^{34}SO_3{}^- + R_2C(OH)^{32}SO^{3-} \rightleftharpoons H^{32}SO^{3-} + R_2C \cdot (OH)^{34}SO^{3-}$ verlaufen, wird gemessen. Es wurde gefunden für *Aceton* (K =) 1,021, 1,020; *Butanon* 1,022, 1,021; *4-Methylpentanon-(2)* 1,019; *Benzaldehyd* 1,013, 1,014; *Heptanal* 1,014, 1,013; *Heptanon-(2)* 1,012; *Octanon-(2)* 1,013; *Anisaldehyd* 1,010. —

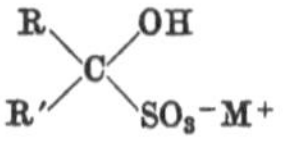

I

Die Ergebnisse beweisen die Struktur **I** für die Additionsprodd., weil Konstanten dieser Größe nur zu erwarten sind, wenn die Bindung des S-Atoms im Bisulfition u. im Additionsprod. verschieden ist. Im Anlagerungsprod. liegt also eine C–S-Bindung vor. Als Beweis für diesen Schluß führen Vff. die Verhältnisse bei der Austausch-Rk. zwischen Diäthylsulfat u. Äthylhydrogensulfat $C_2H_5O^{34}SO_2OH + C_2H_5O^{32}SO_2O\text{–}C_2H_5 \rightleftharpoons C_2H_5 \cdot O^{32}SO_2OH + C_2H_5O^{34}SO_2OC_2H_5$ an, wo die S-Bindung im wesentlichen in den beiden reagierenden Teilchen die gleiche ist; hier wurde nämlich eine Konstante von prakt. = 1 (1,002) gefunden. (Canad. J. Chem. **32.** 4—13. Jan. 1954. Hamilton, Ont., McMaster Univ., Hamilton Coll., Dep. of Chem.; Cambridge, Mass., MIT., Dep. of Chem.) J. MATTNER. B 225

W. A. Sheppard, R. F. W. Bader und **A. N. Bourns,** *Schwefel-Isotopen-Effekt bei der Bisulfit-Additionsreaktion von Aldehyden und Ketonen.* 2. Mitt. *Bindungsbildungseffekt.* (1. vgl. vorst. Ref.) Vff. messen die relativen Geschwindigkeiten für die Entstehung der $^{12}C\text{–}^{32}S$- u. der $^{12}C\text{–}^{34}S$-Bindung bei der Bisulfit-Additions-Rk. am *Heptanol, Benzaldehyd, Anisaldehyd* u. *Heptanon-(2).* k^{32}/k^{34} wurde annähernd = 1 gefunden. Die Ergebnisse werden diskutiert. (Canad. J. Chem. **32.** 345—50. April 1954.) J. MATTNER. B 225

Alfred P. Wolf, Carol S. Redvanly und **R. Christian Anderson,** *$^{14}C_1$-Benzol durch Neutronenbestrahlung des Clathrats mit ammoniakalischem Nickelcyanid.* $Ni(CN)_2 \cdot NH_3 \cdot C_6H_6$ wurde 13 Tage im Meiler bestrahlt (30°, $4 \cdot 10^{12}$ langsame, 10^{12} schnelle Neutronen pro cm^2 u. Sek., γ-Strahlung $5 \cdot 10^6$ r/Std.). Die bestrahlte Probe war γ-akt. durch

^{58}Co. Ihre ^{14}C-Aktivität betrug 29,6 mμC/mMol C. Das daraus gewonnene *Bzl.* wurde zur Messung mit gewöhnlichem Bzl. verd,, rektifiziert u. zu o-Benzoylbenzoesäure u. Anthrachinon umgesetzt. Es enthielt 0,630 mμC/mMol C, entsprechend 1,44 ± 0,13% der gesamten entstandenen ^{14}C-Aktivität. (Nature [London] **176.** 831–32. 29/10. 1955. Upton, Long Island, N. Y., Brookhaven Nat. Labor.) F. Schauder. B 226

G. Chiurdoglu und **J. L. Jaminet**, *Isomerisationsgleichgewicht cyclischer Kohlenwasserstoffe.* 5. Mitt. *Isomerisation von cis- und trans-Dekalin durch Aluminiumchlorid.* (4. vgl. Bull. Soc. chim. belges **60.** [1951.] 47.) Unter dem Einfl. von $AlCl_3$ stellt sich zwischen *cis-* (I, $Kp._{760}$ 194,6 ± 0,1°, $D.^{20}_4$ 0,8960, n_D^{20} 1,4811) u. *trans-Dekalin* (II, $Kp._{760}$ 185,5 ± 0,1°, $D.^{20}_4$ 0,8696, n_D^{20} 1,4697) ein Gleichgewicht ein, dessen Lage vom Wassergeh. des $AlCl_3$ abhängt. Bei 50° wurde ein Gleichgewicht der Zus. 95% **II** u. 5% **I** gefunden, wobei der Wassergeh. des $AlCl_3$ 7% betrug. Dieses Isomerisationsverhältnis stimmt mit dem thermodynam. berechneten Verhältnis überein. (Das **I**-**II**-Gemisch wurde an Hand der Raman-Spektren u. der Brechungsindices analysiert. Die Raman-Spektren von reinem **I** bzw. **II** wurden aufgenommen. (Bull. Soc. chim. belges **62.** 448–55. Juli/Sept. 1953. Bruxelles, Univ., Fac. des Sci., Labor. de Chim. Gén. II.) G. Klaffke. B 227

G. Chirurdoglu, J. Decot und **van Lancker-Francotte,** *Isomerisationsgleichgewicht cyclischer Kohlenwasserstoffe.* 6. Mitt. *Isomerie und Isomerisation von cis- und trans-Pinan.* (5. vgl. vorst. Ref.) Die Isomerisation von *cis-* (**I**) bzw. *trans-Pinan* (**II**) führte bei Benutzung eines Ni-Katalysators nach Sabatier bei 180° zu einer Gleichgewichtszus. von 4% **II** u. 96% **I.** Hierdurch wurde bewiesen, daß die beiden Komponenten des bei der Hydrierung von α-Pinen entstehenden Gemisches **I** u. **II** sind, wobei der flüchtigeren Komponente die trans-Konfiguration zuzuschreiben ist. **I** ($Kp._{760}$ 169 ± 0,1°, $D.^{20}_4$ 0,8575, n_D^{20} 1,46275–1,46296, $[\alpha]^{20}_{5461}$ + 25,57°, $[\alpha]^{20}_{5893}$ + 23,11°) u. **II** ($Kp._{760}$ 162,5–164°, $D.^{20}_4$ 0,8542, n_D^{20} 1,46075–1,46106, $[\alpha]^{20}_{5461}$ + 23,57°, $[\alpha]^{20}_{5893}$ + 19,68°) wurden durch fraktionierte Dest. gewonnen, ihre Raman-Spektren sind sehr ähnlich, doch hat **II** eine charakterist. Linie bei 662 cm^{-1}. (Bull. Soc. chim. belges **63.** 70–81. Jan./Febr. 1954. Bruxelles, Univ., Fac. des Sci., Labor. de Chim. Gén. II).
G. Klaffke. B 227

C. Präparative organische Chemie. Naturstoffe.

Jack Blodinger und **George W. Anderson,** *Tetraäthylpyrophosphit als Reagens zur Darstellung von Aniliden.* Mit Tetraäthylpyrophosphit (I) werden Anilide in guter Ausbeute erhalten.

Versuche: *Benzanilid,* F. 160–161° (Toluol), aus 0,01 Mol Benzoesäure, 0,01 Mol Anilin u. 0,011 Mol I in trockenem Toluol (2 Std. kochen); 97% (Ausbeute). — *Acetanilid,* F. 110–111°, analog; 97%. — *Carbobenzoxy-*DL*-phenylalaninanilid,* F. 158 bis 160° (Toluol); 98%. — *o-Chloracetanilid,* F. 86–87° (Ae.); 75%. — *N-Methylacetanilid,* F. 98–99° (A.); 64%. — *Salicylanilid,* F. 134–135° (50% ig. A.), ohne Lösungsm.; 69%. — *2-Phenylcinchoninanilid,* F. 201–202° (A.); 77%. (J. Amer. chem. Soc. **74.** 5514–15. 5/11. 1952. Stamford, Conn., American Cyanamid Co., Chemotherapy Div., Res. Labor.). I. Frohloff. 460

George W. Anderson, Alice D. Welcher und **Richard W. Young,** *Diäthylchlorphosphit als Reagens für Peptidsynthesen.* Vff. fanden, daß Diäthylchlorphosphit (I) befähigt ist, sowohl mit der freien NH_2-Gruppe von Aminosäureestern, -esterhydrochloriden oder Dipeptidestern unter Bldg. von Verbb. der Zus. $(C_2H_5O)_2PNHCH(R)COOR'$ zu reagieren, die sich mit N-Carbobenzoxyaminosäuren in inerten Solventien zu *N-Carbobenzoxydipeptid-* bzw. *-tripeptidestern* umsetzen lassen, als auch mit der Carboxylgruppe von N-Carbobenzoxy- oder N-Phthalylaminosäuren *Anhydride* zu bilden, die ihrerseits mit Aminosäureestern *N-Carbobenzoxy-* bzw. *N-Phthalyldipeptidester* bilden. Als Nebenprod. entsteht *Diäthylphosphit.* Weiterhin setzt sich Diäthylanilinophosphit mit N-Carbobenzoxyaminosäuren zu *N-Carbobenzoxyaminosäureamiden* um. — *Diäthyl-*DL*-α-carbäthoxy-β-phenyläthylaminophosphit,* $C_{15}H_{24}O_4NP$, $Kp._{0,25}$ 148–151°, $D.^{25}$ 1,071, n_D^{25} 1,4908, aus DL-β-Phenylalaninäthylesterhydrochlorid u. I mit 2 Mol $(C_2H_5)_3N$ in Ae., Abtrennen des $(C_2H_5)_3N \cdot HCl$ u. Dest.; 48% (Ausbeute). Hieraus durch 1½–2std. Rückflußkochen mit N-Carbobenzoxyglycin in Toluol *N-Carbobenzoxyglycyl-*DL*-β-phenylalaninäthylester,* F. 88–90° (A.-W.); 58–65%. — *N-Carbobenzoxydiglycylglycinäthylester,* F. 166–167°, aus dem Diäthylphosphitderiv. des Glycylglycinäthylesters u. Carbobenzoxyglycin; 34%. — *N.N'-Dicarbobenzoxy-*L*-lysylglycinäthylester,* F. 90–91°, $[\alpha]_D^{25}$ – 12,1° (c = 5; A.), aus N.N'-Dicarbobenzoxy-L-lysin u. I mit $(C_2H_5)_3N$ in Toluol oder Dioxan zum *Anhydrid* $(C_2H_5O)_2POCOCH(R)NHCOOCH_2C_6H_5$, Abtrennen des $(C_2H_5)_3N \cdot HCl$ u. Umsetzung in Lsg. mit 1 Mol. Glycinäthylester unter 1–2std. Rückflußkochen; 92%. — *N-Phthalylglycyl-*DL*-alanyl-*DL*-β-phenylalaninäthylester,* $C_{24}H_{25}$·

O_6N_3, F. 189—192°; 71%. — *N-Carbobenzoxyglycyl-DL-β-phenylalaninäthylester*, F. 89 bis 90°. — *N-Carbobenzoxyglycinanilid*, F. 147—148°, u. *N-Carbobenzoxy-L-β-phenylalaninanilid*, F. 170°, $[\alpha]_D^{24}$ — 5,4° (c = 3; Chlf.), beide aus Diäthylanilinophosphit u. den entsprechenden Aminosäuren in guten Ausbeuten. (J. Amer. chem. Soc. **73.** 501—02. Jan. 1951. Stamford, Conn., American Cyanamid Co., Stamford Res. Labors., Chemotherapy Div.) W. POLA. 460

E. Gryszkiewicz-Trochimowski und **O. Gryszkiewicz-Trochimowski**, *Bemerkung über einige Verbindungen mit verzweigter Kette*. 2. Mitt. (1. vgl. C.**1952.** 2818.) Folgende Verss., bei denen teilweise ster. Hinderung durch die tert. Butylgruppe vorliegt, wurden ausgeführt.

Versuche: Bei der Umsetzung äquimol. Mengen tert.-Butylmalonsäurediäthylester (I), Na-Äthylat u. Methyljodid entstehen 80% *Methyläthyläther* (Kp. 8—9°), während I ($Kp._{17}$ 109—110°) unverändert zurückerhalten wird. — *tert-Butylmalonsäure* (II), F. 151,5—152°, aus I. — *tert.-Butylessigsäure*, $Kp._{19}$ 90,5—91,0°, aus II. — II liefert mit Br_2 in Ae. teilweise die *bromierte Säure* (F. 183°), nicht dagegen ohne Lösungsm. oder in CCl_4. — I reagiert nicht mit Br_2. — *tert.-Butylmalonylchlorid* ($Kp._{10}$ 65,5—66,5°; aus II u. $SOCl_2$; 80% [Ausbeute]) entwickelt mit Br_2 in Ggw. von Benzoylperoxyd HBr, bildet aber kein tert.-Butylbrommalonylchlorid. — Bei der Dehydratation von Di-tert.-butylcarbinol mit Oxalsäure entstehen vermutlich *Trimethyl-tert.-butyläthylen* (Kp. 126—128°; $D._4^{25}$ 0,7517; n_D^{25} 1,4219) u. *Trimethyläthylen* (Kp. 36—38°). — *Chlormethylisopropylcarbinol*, Kp. 151—152°, $Kp._9$ 43,5—44°, aus Isopropyl-MgBr u. Chloracetaldehyd (III); $D.^{25}_4$ 1,0477; n_D^{25} 1,4440; 40%. *Acetylderiv.*, Kp. 176,5—177,5°; $Kp._{16}$ 73,5—74,5°; $D.^{25}_4$ 1,0393; n_D^{25} 1,4280; 75%. — *Chlormethyl-tert.-butylcarbinol*, F. 13°, Kp. 157—158°, aus tert.-Butyl-MgCl u. III neben *Äthylenchlorhydrin*; $D._4^{25}$ 1,0063; n_D^{25} 1,4432; 15—20%. *Acetylderiv.*, $Kp._{15}$ 85,5—86°; $D.^{25}_4$ 1,0219; n_D^{25} 1,4322; 90%. — *tert.-Butyläthylenoxyd*, Kp. 86°, aus vorst. Verb. durch Dest. über K_2CO_3; $D.^{25}_4$ 0,8195; n_D^{25} 1,3977; 45%. — *tert.-Butyläthylenglykol*, F. 45—46°, Kp. 201—202°; $Kp._{15}$ 107,5—108,5°; aus vorst. Verb. u. W. im Bombenrohr bei 190° (6 Std. in Ggw. von Spuren HCl); hygroskop.; Ausbeute quantitativ. *Bis-p-nitrobenzoylderiv.*, F. 140,5 bis 141°; aus A. fast farblose Nadeln. (Bull. Soc. chim. France, Mém. [5] **20.** 125—27. Jan. 1953. Bouchet Seine-et-Oise, Centre d'Études.) J. ROTHE. 490

B. B. Corson, R. W. Scott und **C. E. Vose**, *Cyanacetamid*. Aus Cyanessigsäureäthylester u. wss. NH_4OH: F. 119—120°; 86—88% Ausbeute. (Org. Syntheses, collect. Vol. **1.** [**1.—9.** 2. Aufl.] 179—80, ausg. Okt. 1951 .) I. AHRLÉ. 820

C. S. Palmer und **P. W. McWherter**, *Brommalonsäurediäthylester*. Aus Malonsäurediäthylester u. Br_2 in CCl_4 u. fraktionierte Dest.: $Kp._{33}$ 132—136°; 73—75% Ausbeute. (Org. Syntheses, collect. Vol. **1.** [**1.—9.** 2. Aufl.] 245—46, ausg. Okt. 1951.) I. AHRLÉ. 820

Roger Adams und **R. M. Kamm**, *n-Butylmalonsäurediäthylester*. Aus Malonsäurediäthylester, n-Butylbromid u. Na-Äthylat: $Kp._{40}$ 140—145°, $Kp._{20}$ 130—135°, $Kp._{760}$ 235—240°; 80—90% Ausbeute. (Org. Syntheses, collect. Vol. **1.** [**1.—9.** 2. Aufl.] 250—51, ausg. Okt. 1951.) I. AHRLÉ. 820

C. S. Marvel und **E. M. McColm**, *Trimethylendicyanid*. Durch 30—40std. Erhitzen von Trimethylendibromid mit einer wss. Lsg. von NaCN: $Kp._{13}$ 144—147°, $Kp._{10}$ 131 bis 134°; 77—86% Ausbeute. (Org. Syntheses, collect. Vol. **1.** [**1.—9.** 2. Aufl.] 536, ausg. Okt. 1951.) I. AHRLÉ. 820

C. S. Marvel und **W. F. Tuley**, *Glutarsäure*. Durch Verreiben von Trimethylendicyanid mit HCl: F. 97—98° (Bzl.); 83—85% (Ausbeute). Ferner durch Zufügen von Diäthylamin zu einem Gemisch aus Malonsäurediäthylester u. 40%ig. Formaldehyd bei 5°, 15std. Stehen bei Raumtemp. u. 6std. Rückflußkochen unter Bldg. von *Propan-1.1.3.3-tetracarbonsäuretetraäthylester* ($Kp._{12}$ 190—200°, $Kp._{20}$ 210—215°; 61%) u. Erhitzen des Esters mit konz. HCl zu *Glutarsäure*, $Kp._{10}$ 185—195°; Nadeln; 76—80%. (Org. Syntheses, collect. Vol. **1.** [**1.—9.** 2. Aufl.] 289—92, ausg. Okt. 1951.) I. AHRLÉ. 820

Paul Karrer, Conrad Hans Eugster und **Marcello Recordati**, *3.7.12.16-Tetramethyloctadecapentaen-(3.7.9.11.15)-diin-(5.13)-dicarbonsäure-(1.18) und 3.10-Dimethyldodecadien-(3.9)-diin-(5.7)-dicarbonsäure-(1.12)*. Aus Lävulinsäureäthylester (I) u. Propargylbromid (II) wurde *4-Methyl-4-oxyheptin-(6)-säureäthylester* dargestellt, aus diesem *γ-Propargyl-γ-valerolacton* (III), das sich in *4-Methylhepten-(4)-in-(6)-säure* (IV) überführen ließ. Diese wurde mit Octen-(4)-dion-(2.7) (V) zu *3.7.12.16-Tetramethyloctadecapentaen-(3.7.9.11.15)-diin-(5.13)-dicarbonsäure-(1.18)* umgesetzt. Aus IV-*Methylester* entstand durch Oxydation *3.10-Dimethyldodecadien-(3.9)-diin-(5.7)-dicarbonsäure-(1.12)-dimethylester*. Die entsprechende *freie Säure* u. ihr *Bis-isobutylamid*, das eine geringe kontaktinsekticide Wrkg. besitzt, wurden ferner dargestellt.

Versuche: *4-Methyl-4-oxyheptin-(6)-säureäthylester*, gelbliches Öl, durch Zutropfen eines Gemischs aus 30 g I u. 25 g II in absol. Ae. zu vorher mit HBr u. $AuCl_3$

aktiviertem Zn bei Ggw. von J_2 in Ae.–Tetrahydrofuran (2 Std., dann 1 Std. kochen); 28 g (Ausbeute). — *γ-Propargyl-γ-valerolacton* (**III**), $C_8H_{10}O_2$, Kp.$_{0,07}$ 58,5—59°, durch Dest. vorst. Verb.; n_D^{20} 1,4720; VZ. 279,5 u. 282,7; 83%, bezogen auf **I**; gab mit H_2/Pt in A. (Mikrohydrierung) *γ-Propyl-γ-valerolacton*. — *4-Methylhepten-(4)-in-(6)-säure* (**IV**), $C_8H_{10}O_2$, Kp.$_{0,1}$ 74—75°, aus **III** u. C_2H_5ONa in absol. A. (3 Std. bei 120° im Autoklaven); UV-Spektr.; 73%; Mikrohydrierung wie oben gab *4-Methylheptansäure* (H_2-Verbrauch 93%). — *3.7.12.16-Tetramethyl-7.12-dioxyoctadecatrien-(3.9.15)-diin-(5.13)-dicarbonsäure-(1.18)*, rotes Öl, durch Zugeben von äther. C_2H_5MgBr zu einer Lsg. von 17,2 g **IV** in Tetrahydrofuran, Erwärmen auf 40°, dann zum Sieden (1 Std.) u. Zufügen von 8,7 g **V** in Ae. (weißer Nd. → gelb → kirschrot); 25 g. — *3.7.12.16-Tetramethyloctadecapentaen-(3.7.9.11.15)-diin-(5.13)-dicarbonsäure-(1.18)-dimethylester*, rotes Öl, durch Wasserabspaltung aus 25 g vorst. Verb. mit p-Toluolsulfonsäure in sd. Bzl.–Toluol (10 Sek.), Veresterung des Rohprod. (23,2 g rotes Öl) mit CH_2N_2 (→ 24,6 g rotes Öl) u. 4 malige chromatograph. Reinigung an Al_2O_3 (Bzl.–PAe.); 1,2 g rein; UV-Spektrum. *Freie Säure*, $C_{24}H_{28}O_4$, Zers. ab 100°, rot bei 150°, geschmolzen bei 200°, gelbe Blätter (Essigester–PAe.), aus 1,2 g Ester u. KOH in 80% ig. sd. CH_3OH unter N_2 (2 Std.); UV-Spektr.; 10—20 mg. — *4-Methyl-4-oxyheptin-(6)-säureamid*, $C_8H_{13}O_2N$, Kp.$_{0,2}$ 70—80° (Badtemp.), aus **III** u. alkoh. NH_3 (1 Tag bei 0°, 1 Tag bei n. Temp.). — *4-Methyl-4-oxyheptin-(6)-säuremethylamid*, $C_9H_{15}O_2N$, F. 82—84° (Essigester–Bzl.), sublimiert bei 100—110°/0,02 mm, aus **III** u. CH_3NH_2 wie vorst.; 70%. — *Benzyltrimethylammoniumsalz der 4-Methyl-4-oxyheptin-(6)-säure*, $C_{18}H_{27}O_3N$, F. 137—138° (Aceton–Bzl.), hygroskop., krist. nach Anrühren mit Tetrahydrofuran, aus 11,6 g **III** u. $C_6H_5CH_2(CH_3)_3NOH$ unter Kochen; 25 g. — **IV**-*Methylester*, $C_9H_{12}O_2$, Kp.$_{ca.\ 12}$ 70—75° (Luftbadtemp.), aus **IV** u. CH_2N_2 in Tetrahydrofuran–Ae. bei 0°; wurde an der Luft rasch gelb. — *3.10-Dimethyldodecadien-(3.9)-diin-(5.7)-dicarbonsäure-(1.12)-dimethylester*, $C_{18}H_{22}O_4$, Kp.$_{0,02}$ 160 bis 170° (Badtemp.), durch Zugabe von vorst. Ester in A. zu einer Mischung von CuCl + NH_4Cl in W. bei 55°, dann 1std. Luftdurchleiten; UV-Spektr.; 60%. Mikrohydrierung gab *3.10-Dimethyldodecandicarbonsäure-(1.12)-dimethylester* (H_2-Verbrauch 93,7%). *Freie Säure*, $C_{16}H_{18}O_4$, F. 167—170° (Ae.), aus 2 g des Esters u. sd. 2n KOH in 80% ig. CH_3OH (1$^1/_2$ Std. unter N_2); UV-Spektr.; 165 mg. — *3.10-Dimethyldodecadien-(3.9)-diin-(5.7)-dicarbonsäure-(1.12)-bis-isobutylamid*, $C_{24}H_{36}O_2N_2$, Zers. bei 117°, F. 128° (Bzl.), durch $^1/_2$std. Stehenlassen von 0,38 g der Säure mit $SOCl_2$ bei n. Temp., Entfernen des $SOCl_2$, Aufnehmen des Säurechlorids in Bzl., Zugeben von Isobutylamin u. Stehenlassen über Nacht; UV-Spektr.; 0,17 g. (Chem. Ber. **89**. 366—75. 31/1. 1956. Zürich, Univ., Chem. Inst.) J. Rothe. 820

E. C. Kendall und **B. McKenzie**, *Äthylencyanhydrin* (*Hydracrylonitril*). Aus Äthylenchlorhydrin u. NaCN: Kp.$_{12}$ 107—109°, Kp.$_{20}$ 116—118°; 79—80% Ausbeute. (Org. Syntheses, collect. Vol. **1**. [**1.—9.** 2. Aufl.] 256—58, ausg. Okt. **1951**.) I. Ahrlé. 850

R. R. Read, *β-Oxypropionsäure*. Nach Stehen von Cyanhydrin mit NaOH u. Einengen Zugeben von H_2SO_4 u. Aufnehmen in Ae.: sirupöse Fl.; 28—31% Ausbeute. (Org. Syntheses, collect. Vol. **1**. [**1.—9.** 2. Aufl.] 321—22, ausg. Okt. 1951.) I. Ahrlé. 850

W. W. Korschak und **A. A. Iwanowa**, *Dehydratation des Ricinolsäuremethylesters*. *Ricinolsäuremethylester*, $C_{19}H_{36}O_3$, Kp.$_3$ 204—206°, wird bei 250 u. 275° in Ggw. von Zn, $NaHSO_4$ sowie ohne Katalysator dehydratisiert. Das Optimum wird bei 250° in Ggw. von $NaHSO_4$ unter intramol. Dehydratisierung zu 86,59% erreicht. Bei 275° kommt es zu Zersetzungsprozessen, die in Ggw. von Katalysatoren verstärkt werden; dabei entstehen leichtflüchtige organ. Verbindungen. Zn u. $NaHSO_4$ begünstigen bei 275° die intermol. Dehydratisierung unter Bldg. einer Ätherbindung. Ohne Katalysator bei 275 u. in Ggw. von Zn bei 250° verläuft die Dehydratation ungenügend. Der Verlauf der Rk. wird durch Best. des Brechungskoeff., der EZ. u. der Viscosität verfolgt. Bei höherer Temp. bewirken Zn u. $NaHSO_4$ die Bldg. freier Säure. Die bei Ricinolsäuremethylester als Modellverb. durchgeführte Unters. der Vorgänge beim Erhitzen mit u. ohne Katalysatoren läßt den Schluß zu, daß analoge Rkk. auch bei der Dehydratation von Triglyceriden ungesätt. höhermol. Säuren, z. B. Ricinusöl, zwecks Fabrikation von trocknenden Ölen eintreten werden. (Журнал Прикладной Химии [J. angew. Chem.] **28**. 523—32. Mai 1955.) O. Pollak v. Emhofen. 850

A. F. Holleman, *dl-Weinsäure* (*Nebenprodukt Mesoweinsäure*). Durch Erhitzen einer alkal. Lsg. von d-Weinsäure: *Monohydrat*; 29—33,4% (Ausbeute). Daneben *Mesoweinsäure*; 13—17%. (Org. Syntheses, collect. Vol. **1**. [**1.—9.** 2. Aufl.] 497—99, ausg. Okt. 1951.) I. Ahrlé. 850

J. W. Howard und **W. A. Fraser**, *Brenztraubensäure*. Durch Erhitzen von Weinsäure u. $KHSO_4$: Kp.$_{25}$ 75—80°; 50—55% Ausbeute. (Org. Syntheses, collect. Vol. **1**. [**1.—9.** 2. Aufl.] 475—76, ausg. Okt. 1951.) I. Ahrlé. 870

J. K. H. Inglis und **K. C. Roberts,** *Acetessigsäureäthylester.* Aus Essigester u. Na: Kp.$_{18}$ 76—80°; 28—29% (Ausbeute). (Org. Syntheses collect. Vol. **1.** [**1.**—**9.** 2. Aufl.] 235—36, ausg. Okt. 1951.) I. Ahrlé. 870

C. S. Marvel und **F. D. Hager,** *n-Butylacetessigsäureäthylester.* Aus Acetessigester, n-Butylbromid u. Na-Äthylat: Kp.$_{16}$ 112—117°; 69—72% (Ausbeute). (Org. Syntheses, collect. Vol. **1.** [**1.**—**9.** 2. Aufl.] 248—50, ausg. Okt. 1951.) I. Ahrlé. 870

B. F. McKenzie, *Lävulinsäure.* Durch 24std. Erwärmen von Rohrzucker mit konz. HCl, Einengen des Filtrats u. Ae.-Extraktion: Kp.$_{10}$ 137—139°, F. 30°; 21—22% (Ausbeute). (Org. Syntheses collect. Vol. **1.** [**1.**—**9.** 2. Aufl.] 335—36, ausg. Okt. 1951.) I. Ahrlé. 870

H. Hartmann und **K. H. Birr,** *Dipropyl- und Dibutylboracetylen.* Durch Umsetzung von Dipropyl- bzw. Dibutylborjodid mit Acetylendimagnesiumdibromid entstehen *Dipropyl-* bzw. *Dibutylboracetylen* (oxydationsempfindliche Fll.). Auf Grund der Analysenergebnisse wird wahrscheinlich schon während des Einwägens so viel O_2 aufgenommen, daß Bindung des C über O an B eintritt. Beim Aufbewahren scheidet sich *Tributylbor* ab. (Angew. Chem. **68.** 247. 7/4. 1956. Braunschweig, TH, Anorg.-chem. Inst.)
H. Ascherl. 980

A. D. Petrow, N. P. Smetankina und **G. I. Nikischin,** *Direkte Synthese von Propyl-, Isopropyl-, Butyl- und Isobutylchlorsilanen. Alkylchlorsilane* der allg. Formel $RSiHCl_2$, $RSiCl_3$ u. R_2SiCl_2 ($R = n\text{-}C_3H_7$, $iso\text{-}C_3H_7$, $n\text{-}C_4H_9$ u. $iso\text{-}C_4H_9$) werden aus den entsprechenden Alkylchloriden beim Überleiten über eine aus 80% Si u. 20% Cu bestehende Legierung bei 280—350° gewonnen. Die Alkyldichlorsilane werden durch Behandeln mit $CH_2{=}CHCH_2MgBr$ in *Alkyldiallylsilane* umgewandelt. Propyldichlorsilan reagiert analog mit $CH_2{=}C(CH_3)CH_2MgCl$.

V e r s u c h e : P r o p y l c h l o r s i l a n e. 493 g n-C_3H_7Cl werden dampfförmig mit der Geschwindigkeit 20 g/Std. bei 350 ± 10° über 500 g der Si–Cu-Legierung (Stückchen von 5—10 mm Länge) geleitet; das Kondensat (312 g) wird fraktioniert, wobei 86,4 g $n\text{-}C_3H_7SiHCl_2$, 49 g $n\text{-}C_3H_7SiCl_3$, Vor- u. Zwischenläufe u. ein Nachlauf erhalten werden. Ein bei 280—290° mit 473 g n-C_3H_7Cl durchgeführter Vers. gibt 289 g Kondensat, hiervon 94 g $n\text{-}C_3H_7SiHCl_2$, 55 g $n\text{-}C_3H_7SiCl_3$ u. 28,5 g $(n\text{-}C_3H_7)_2SiCl_2$. — B u t y l c h l o r s i l a n e. Angewendet 770 g n-C_4H_9Cl; Temp. 350°; erhalten 440 g Kondensat, davon 134 g $n\text{-}C_4H_9SiHCl_2$ u. 80,3 g $n\text{-}C_4H_9SiCl_3$. — I s o p r o p y l c h l o r s i l a n e. Aus 384 g iso-C_3H_7Cl bei 350° erhalten 41,8 g $iso\text{-}C_3H_7SiHCl_2$, 24 g $iso\text{-}C_3H_7SiCl_3$ u. 12 g einer Fraktion vom Kp. 168—170°, die als $(iso\text{-}C_3H_7)_2SiCl_2$ angesehen wird. Bei 300° liefern 564 g iso-C_3H_7Cl 96 g $iso\text{-}C_3H_7SiHCl_2$ u. 29 g $iso\text{-}C_3H_7SiCl_3$. — I s o b u t y l c h l o r s i l a n e. Aus 413 g iso-C_4H_9Cl bei 350° 78,8 g $iso\text{-}C_4H_9SiHCl_2$ u. 39 g $iso\text{-}C_4H_9SiCl_3$. — $n\text{-}C_3H_7SiHCl_2$, Kp.$_{740}$ 99°; D.$^{20}_4$ 1,0546; n_D^{20} 1,4216. — $n\text{-}C_3H_7SiCl_3$, Kp.$_{740}$ 122,2°; D.$^{20}_4$ 1,1851; n_D^{20} 1,4290. — $(n\text{-}C_3H_7)_2SiCl_2$, Kp.$_{753,5}$ 171,5°; D.$^{20}_4$ 1,0174; n_D^{20} 1,4411. — $n\text{-}C_4H_9SiHCl_2$, Kp.$_{742}$ 126,5°; D.$^{20}_4$ 1,0426; n_D^{20} 1,4310. — $n\text{-}C_4H_9SiCl_3$, Kp.$_{741}$ 146,5°; D.$^{20}_4$ 1,1603; n_D^{20} 1,4379. — $iso\text{-}C_3H_7SiHCl_2$, Kp.$_{744,5}$ 95,3°; D.$^{20}_4$ 1,0573; n_D^{20} 1,4222. — $iso\text{-}C_3H_7SiCl_3$, Kp.$_{747,8}$ 120,3°; D.$^{20}_4$ 1,1934; n_D^{20} 1,4319. — $iso\text{-}C_4H_9Si\cdot HCl_2$, Kp.$_{746}$ 120,5°; D.$^{20}_4$ 1,0295; n_D^{20} 1,4270. — $iso\text{-}C_4H_9SiCl_3$, Kp.$_{744,7}$ 139,5°; D.$^{20}_4$ 1,1467; n_D^{20} 1,4358. — D i a l l y l a l k y l s i l a n e. $(CH_2{=}CHCH_2)_2SiH(n\text{-}C_3H_7)$, Kp.$_{740}$ 165,8°; man gibt ein Gemisch von 28,6 g n-$C_3H_7SiHCl_2$ u. 72,6 g $CH_2{=}CHCH_2Br$ in 6 Std. zu 19,5 g Mg in 400 ml Ae. u. erwärmt 5 Std. auf dem Wasserbad; D.$^{20}_4$ 0,7833; n_D^{20} 1,4526; 9 g (Ausbeute). — $(CH_2{=}CHCH_2)_2SiH(n\text{-}C_4H_9)$, Kp.$_{745,8}$ 187,3°; D.$^{20}_4$ 0,7944; n_D^{20} 1,4579; 39%. — $(CH_2{=}CHCH_2)_2SiH(iso\text{-}C_3H_7)$, Kp.$_{743,3}$ 157,2°; D.$^{20}_4$ 0,7853; n_D^{20} 1,4539; 30,5%. — $(CH_2{=}CHCH_2)_2SiH(iso\text{-}C_4H_9)$, Kp.$_{727,4}$ 179,3°; D.$^{20}_4$ 0,7900; n_D^{20} 1,4556; 55,5%. — *Di-[β-methylallyl]-propylsilan,* $[CH_2{=}C(CH_3)CH_2]_2SiH\cdot(n\text{-}C_3H_7)$, Kp.$_{741}$ 200,5°; D.$^{20}_4$ 0,8037; n_D^{20} 1,4611; 58%. (Журнал Общей Химии [J. allg. Chem.] **25** (**87**). 2332—36. Nov. 1955. Moskau, Chem.-Technol. Mendelejew-Inst.)
R. Knobloch. 980

W. F. Mironow, W. G. Gluchowzew und **A. D. Petrow,** *Synthese und Eigenschaften von 1.1- und 1.2-Bis-[trimethylsilyl]-äthylenen und β-Chlorvinyltrimethylsilan.* Durch Einw. von Cl_2 auf 1.2-Bis-[trichlorsilyl]-äthan bzw. α- u. β-Chloräthyltrichlorsilan unter Belichtung mit UV-Licht stellten Vff. *1.2-Bis-[trichlorsilyl]-chloräthan* (**I**) bzw. *α.α-Dichloräthyltrichlorsilan* (**II**), *α.β-Dichloräthyltrichlorsilan* (**III**) u. *β.β-Dichloräthyltrichlorsilan* (**IV**) dar. **I, II, III** u. **IV** geben beim Erwärmen mit tert. aromat. Aminen *1.2-Bis-[trichlorsilyl]-äthylen, α-Chlorvinyltrichlorsilan* u. *β-Chlorvinyltrichlorsilan,* aus denen durch Methylierung mit CH_3MgCl *1.2-Bis-[trimethylsilyl]-äthylen* (**V**), *α-Chlorvinyltrimethylsilan* u. *β-Chlorvinyltrimethylsilan* erhalten werden. **I** wird bei der Methylierung in $(CH_3)_4Si$ u. $(CH_3)_3SiCH{=}CH_2$ gespalten. Die Äthylierung von 1.2-Bis-[trichlorsilyl]-äthylen mit C_2H_5MgBr führt zu *1.2-Bis-[triäthylsilyl]-äthylen.* **V** unterscheidet sich in seinen physikal. u. chem. Eigg. von dem aus α-Chlorvinyltrimethylsilan, $(CH_3)_3SiCl$ u. Na dargestellten *1.1-Bis-[trimethylsilyl]-äthylen.* Bei der Bromierung von **V** entsteht *1.2-Bis-[trimethylsilyl]-1.2-dibromäthan.*

Versuche: *1.2-Bis-[trichlorsilyl]-chloräthan* (I), $C_2H_3Cl_7Si_2$, Kp.$_{737}$ 225°, man chloriert 1.2-Bis-[trichlorsilyl]-äthan 26 Std. bis zu einer Temp. von 221°; D.$^{20}_4$ 1,5774; n_D^{20} 1,4915; 94% (Ausbeute). — *α.α-Dichloräthyltrichlorsilan* (II), $C_2H_3Cl_5Si$, Kp. 151,8°, man chloriert α-Chloräthyltrichlorsilan 18 Std. bis zu einer Temp. von 151°; neben *α.β-Dichloräthyltrichlorsilan* (III), $C_2H_3Cl_5Si$, Kp.$_{760}$ 181°; D.$^{20}_4$ 1,5156; n_D^{20} 1,4850; 88,5% (Gesamtausbeute, II : III = 1 : 0,6). — Chlorierung von β-Chloräthyltrichlorsilan gibt nach 53 Std. bei einer Endtemp. von 174° ein Gemisch aus III u. *β.β-Dichloräthyltrichlorsilan* (IV), $C_2H_3Cl_5Si$; 92,5% (Gesamtausbeute). — *1.2-Bis-[trichlorsilyl]-äthylen*, $C_2H_2Cl_6Si_2$, F. 36,1°, Kp.$_{740}$ 190,5°, a) man erhitzt I mit Chinolin auf 210°; 74%; b) mit Diäthylanilin; 56%. — Aus 184 g III–IV-Gemisch u. Chinolin analog Vorst. werden erhalten: *α-Chlorvinyltrichlorsilan*, $C_2H_2Cl_4Si$, Kp.$_{740}$ 124°; D.$^{20}_4$ 1,4243; n_D^{20} 1,4648; 41,5 g, u. *β-Chlorvinyltrichlorsilan*, $C_2H_2Cl_4Si$, Kp.$_{731}$ 133°; D.$^{20}_4$ 1,4364; n_D^{20} 1,4745; 53 g. — *β-Chlorvinyltrimethylsilan*, $C_5H_{11}ClSi$, Kp.$_{741}$ 116,6°, man läßt vorst. Verb. langsam zu CH_3MgCl in Ae. zutropfen, kocht 4 Std. u. zers. nach 12 Std. mit W.; D.$^{20}_4$ 0,8921; n_D^{20} 1,4380; 62%. — *α-Chlorvinyltrimethylsilan*, $C_5H_{11}ClSi$, Kp. 104°, man läßt α-Chlorvinyltrichlorsilan zu CH_3MgCl in Ae. zutropfen u. kocht 1 Std.; 61%. — *1.2-Bis-[trimethylsilyl]-äthylen* (V), $C_8H_{20}Si_2$, a) F. —18,5 bis —18°, Kp.$_{746}$ 145°, man läßt geschmolzenes 1.2-Bis-[trichlorsilyl]-äthylen zu CH_3MgCl in Ae. zutropfen, erhitzt nach Verdampfen des Ae. 9 Std. auf 100° u. zers. mit W.; D.$^{20}_4$ 0,7589; n_D^{20} 1,4310; 89,5%; b) Kp.$_{750}$ 145,5, man verteilt Na in sd. Isooctan, kühlt ab, fügt $(CH_3)_3SiCl$ in Ae., einen Teil β-Chlorvinyltrimethylsilan u. nach 10 Min. wenig $CH_3COOC_2H_5$ hinzu. Dann gibt man die Hauptmenge des vorst. Silans langsam zu, kocht 4 Std. u. läßt über Nacht stehen; D.$^{20}_4$ 7591; n_D^{20} 1,4308; 76%. — *1.2-Bis-[triäthylsilyl]-äthylen*, $C_{14}H_{32}Si_2$, Kp.$_{739}$ 262—263°, man gießt 1.2-Bis-[trichlorsilyl]-äthylen in Ae. in C_2H_5MgBr in Ae. u. erhitzt nach Verdampfen des Ae. 7 Std. auf 100°; D.$^{20}_4$ 0,8226; n_D^{20} 1,4615; 76,6%. — *1.1-Bis-[trimethylsilyl]-äthylen*, $C_8H_{20}Si_2$, Kp.$_{756,5}$ 151,6°, man verteilt Na in Toluol u. gibt wenig Ae., $(CH_3)_3SiCl$, einen Teil α-Chlorvinyltrimethylsilan u. wenig $CH_3COOC_2H_5$ zu. Dann setzt man die Hautpmenge vorst. Silans zu u. kocht 2½ Std.; D.$^{20}_4$ 0,7823; n_D^{20} 1,4374; 46,5%. — *1.2-Bis-[trimethylsilyl]-1.2-dibromäthan*, $C_8H_{20}Br_2Si_2$, F. 27,8 bis 28°, Kp.$_2$ 100°, man kühlt V auf —70° ab, läßt langsam Br_2 zutropfen, wobei Erwärmung eintritt. Nach 3 Tagen scheiden sich Kristalle ab; 60%. (Доклады Академии Наук СССР [Ber. Akad. Wiss. UdSSR] **104**. 865—68. 21/10. 1955. Zelinsky-Inst. für organ. Chem. der Akad. der Wiss. der UdSSR.) CH. WEISKE. 980

L. N. Nikolenko und **W. A. Koptjug**, *Alkylierung von Thiophenolen mit Aminen.* Thiophenol reagiert mit Methylamin bei > 200° unter Bldg. von *Thioanisol.* Analog wird p-Thiokresol (I) durch Methyl- oder Dimethylamin zu *Methyl-p-tolylsulfid* u. durch Benzylamin zu *Benzyl-p-tolylsulfid* alkyliert. Dagegen reagieren Thiophenol u. I nicht mit aromat. Aminen. Diphenyldisulfid wird beim Erhitzen mit Methylamin unter Bldg. von *Thioanisol* gespalten.

Versuche: *Thioanisol*, Kp. 188—190°; a) man erhitzt 4,3 g Diphenyldisulfid mit 45 ml 20%ig. wss. Methylamin 6 Std. im Rohr auf 240°; n_D^{20} 1,5868; 2,8 g (Ausbeute); b) aus Thiophenol mit Methylamin (6 Std. auf 240°); 96%. Daraus durch Oxydation mit H_2O_2 in Eisessig *Methylphenylsulfon*, F. 87—87,5°. — *Methyl-p-tolylsulfid*, Kp. 208 bis 211°; aus 2 g I u. 16 ml 5n wss. Dimethylamin; n_D^{16} 1,5751; 95%. Daraus *Methyl-p-tolylsulfon*, F. 86—87°. — *Benzyl-p-tolylsulfid*, F. 40—41° (Ligroin); aus I u. Benzylamin; 46%. *Benzyl-p-tolylsulfon*, $C_{14}H_{14}O_2S$, F. 144—144,5°. — *Methyl-p-chlorphenylsulfid*, aus p-Chlorthiophenol mit Methylamin; n_D^{20} 1,5960; 87%. *Methyl-p-chlorphenylsulfon*, F. 94—95°. (Журнал Общей Химии [J. allg. Chem.] **25** (**87**). 1757—59. Sept. 1955. Moskau, Chem.-Technol. Mendelejew-Inst.) O. POLLAK V. EMHOFEN. 1090

W. V. Farrar, *Trichlormethylsulfone und verwandte Verbindungen.* Überschüssiges NaOCl bildet mit Salzen von Aryl- u. Arylalkylmercaptoessigsäuren leicht *Trichlormethylsulfone.* Hypobromite liefern *Tribrommethylsulfone*, Hypojodite reagieren nicht. Am Beispiel der p-Chlorphenylmercaptoessigsäure konnten durch Zugabe verschied. Mengen NaOCl die Ausbeuten an *p-Chlorphenyltrichlormethylsulfon* (II), *p-Chlorphenyldichlormethylsulfoxyd* u. *p-Chlorphenylsulfinylessigsäure* ($C_8H_7O_3ClS$, F. 126—127°, aus wss. A. Nadeln) studiert werden. — Es wird die Bldg. von *Bis-[trichlormethyl]-sulfon* (III), *Bis-[tribrommethyl]-sulfon* (IV), *Bis-[tribrommethyl]-sulfoxyd* (V), *Bis-[dichlormethyl]-sulfon* u. *Bis-[dibrommethyl]-sulfon* (VI) beschrieben. — Überschüssiges NaJ in Aceton red. in 2—24 Std. III zu *Dichlormethyltrichlormethylsulfon*, IV zu VI u. langsam weiter zu *Brommethyldibrommethylsulfon*, V zu *Dibrommethyltribrommethylsulfoxyd.* Aryltrichlormethylsulfone u. Dichlormethylsulfoxyde geben nach 1std. Kochen nur eine schwache J_2-Färbung. — II wird durch Kochen in verd. NaOH langsam zu *Na-p-Chlorbenzolsulfonat* verseift, ohne daß Chlf. entsteht. Aryldichlormethylsulfoxyde bilden mit kalter konz. H_2SO_4

Diaryldisulfide u. HCl. — p-Chlorphenylselenoessigsäure lieferte mit wenig NaOCl *Bis-[p-chlorphenyl]-diselenid*, mit überschüssigem NaOCl entstanden wasserlösl. Substanzen. Mercaptoessigsäure, Dithiodiessigsäure, Phenylmethan-bis-[mercaptoessigsäure], Methan-tris-[mercaptoessigsäure]. Tris-[carboxymethyl]-amin u. Bis-[carboxymethyl]-thetin werden durch NaOCl heftig oxydiert, ohne daß neutrale Prodd. isoliert werden konnten.

Versuche: Trichlormethylsulfone, durch Umsetzung einer neutralen oder alkal. Lsg. von substituiertem mercaptoessigsaurem Na mit NaOCl-Lsg. (12—13% akt. Cl) unterhalb 45°: *Phenyl-*, $C_7H_5O_2Cl_3S$, F. 88° (A.), Nadeln; 87% (Ausbeute). — *p-Chlorphenyl-* (II), $C_7H_4O_2Cl_4S$, F. 146° (A.), Prismen; 82%. — *2.4-Dichlorphenyl-*, $C_7H_3O_2Cl_5S$, F. 98° (A.), Prismen; 68%. — *2.5-Dichlorphenyl-*, F. 111° (A.), Prismen; 65%. — *2-Nitro-4-chlorphenyl-*, $C_7H_3O_4NCl_4S$, F. 163° (A.), Prismen; 5%. — *o-Tolyl-*, $C_8H_7O_2Cl_3S$, F. 50° (A.), Prismen; 50%. — *2-Methyl-4-chlorphenyl-*, $C_8H_6O_2Cl_4S$, F. 100° (A.), Prismen; 55%. — *2.5-Dimethyl-4-chlorphenyl-*, $C_9H_8O_2Cl_4S$, F. 150—151° (PAe.), hexagonale Täfelchen; ca. 20%. — *o-Nitrophenyl-*, $C_7H_4O_4NCl_3S$, F. 112—113° (Bzl.-PAe.), blaßgelbe Nadeln; 83%. — *p-Nitrophenyl-*, F. 174—175° (A.), blaßgelbe kleine Nadeln; 75%. — *α-Naphthyl-*, $C_{11}H_7O_2Cl_3S$, F. 158—159° (A.), Nadeln; 90%. — *β-Phenyläthyl-*, $C_9H_9O_2Cl_3S$, F. 65° (PAe.), Nadeln; 50%. — *Benzothiazolyl-(2)*, $C_8H_4O_2 \cdot NCl_3S_2$, F. 142—143° (A.), Plättchen; 24%. — Tribrommethylsulfone, mit ca. 10%ig. NaOBr-Lsg. analog den vorst. Verbb.: *Phenyl-*, $C_7H_5O_2Br_3S$, F. 147° (A.), Nadeln; 81%. — *2.4-Dichlorphenyl-*, $C_7H_3O_2Cl_2Br_3S$, F. 132—133° (A.), schwere Prismen; 90%. — Dichlormethylsulfoxyde, durch Umsetzung der neutralen oder alkal. Lsg. von substituiertem mercaptoessigsaurem Na mit NaOCl-Lsg. (ca. 5 Äquivalente) in 24 Std.: *Phenyl-*, $C_7H_6OCl_2S$, F. 32—34° (Bzl.-PAe.), hexagonale Täfelchen; 30%. — *p-Chlorphenyl-*, $C_7H_5OCl_3S$, F. 66° (PAe.); 80%. — *α-Naphthyl-*, $C_{11}H_8OCl_2S$, F. 89° (wss. A.), Nadeln; 54%. — *Bis-[trichlormethyl]-sulfon* (III), $C_2O_2Cl_6S$, F 38—38,5° (PAe.), durch 1 std. Kochen einer wss. Lsg. von $Na_2S \cdot 9\,H_2O$ u. Natriumchloracetat, Ansäuern mit HCl gegen Kongorot u. Zugabe von NaOCl-Lsg. unterhalb 45°; Prismen. — *Bis-[dichlormethyl]-sulfon*, $C_2H_2O_2Cl_4S$, F. 104°, durch 6std. Chlorieren bei 80° der wie vorst. dargestellten *Thiodiessigsäure* (I); Nadeln. — *Bis-[tribrommethyl]-sulfon* (IV), $C_2O_2Br_6S$, F. 134° (PAe.), durch Zutropfen von Br_2 zu wss. NaOH bei 10—25° u. Zugabe von $NaHCO_3$ u. I; Prismen. — *Bis-[dibrommethyl]-sulfon* (VI), $C_2H_2O_2Br_4S$, F. 160—162° (Chlf.), a) durch Zugabe von verd. H_2SO_4 zum Filtrat von IV; b) durch Umsetzung von I mit überschüssiges Br_2 enthaltendem Hypobromit; c) aus IV mit NaJ; Prismen. — *Bis-[tribrommethyl]-sulfoxyd* (V), C_2OBr_6S, F. 95—98° (Zers.; A.), wie IV ohne $NaHCO_3$; Platten. — *Dichlormethyltrichlormethylsulfon*, $C_2HO_2Cl_5S$, F. 35° (tränenreizend), aus III mit NaJ in Aceton. — *Brommethyldibrommethylsulfon*, $C_2H_3O_2Br_3S$, F. 67° (PAe.), aus VI durch weitere Red. mit NaJ. — *Dibrommethyltribrommethylsulfoxyd*, C_2HOBr_5S, F. 117°, aus V mit NaJ; aus A. Prismen. — *Na-Dichlor-p-chlorbenzolsulfonylmethansulfonat*, $C_7H_4O_5Cl_3S_2Na \cdot 2\,H_2O$, durch Umsetzung von Na-p-Chlorphenylmercaptomethansulfonat mit NaOCl-Lsg.; Prismen (W.). — *S-[2.4-Dichlorphenyl]-S-[trichlormethyl]-N-toluol-p-sulfonylsulfimid*, $C_{14}H_{10}O_2NCl_5S_2$, F. 124° (Zers.; Bzl.), aus 2.4-Dichlorphenylmercaptoessigsäure in 2n NaOH, Chloramin-T (Trihydrat) u. überschüssiger NaOCl-Lsg.; Nadeln. — *Hexachlor-1.3.5-trithian-1.1.3.3-tetraoxyd*, $C_3O_4Cl_6S_3$, F. 203—204° (Zers.; Aceton), aus NaOCl-Lsg., $NaHCO_3$ u. Trithian unter Kühlung; Prismen. — *p-Chlorphenyldichlormethylsulfon*, $C_7H_5O_2Cl_3S$, F. 122° (A.), durch 10std. Kochen von Chlorbenzol-p-sulfinsäure mit Chlf. u. NaOH-Lsg.; Prismen; 57%. — *Dichlormethyl-p-tolylsulfon*, F. 118°, analog vorst. Verbindung. — Der Ersatz von Chlf. durch CCl_4 liefert kein Trichlormethylsulfon. — Durch Oxydationvon Na-Trichlormethansulfinat mit Permanganat wird kein Bis-[trichlormethyl]-disulfon erhalten, sondern *Hexachloräthan*. (J. chem. Soc. [London] **1956**. 508—13. März. Blackley, Manchester, Imp. Chem. Ind. Ltd., Dyestuffs Div.) G. Offer. 1090

K. Ss. Bokarew und **N. N. Melnikow**, *Synthese und physiologische Aktivität einiger β-Aryloxyäthanole und Aryloxyacetone gegenüber Pflanzen.* Durch Rk. von Na-Phenolaten u. Thiophenolaten mit Äthylenchlorhydrin oder Bromaceton wird eine Reihe von *β-Aryloxy-* u. *β-Arylmercaptoäthanolen* bzw. *Aryloxy-* u. *Arylmercaptoacetonen* gewonnen. Bei der Unters. der wachstumshemmenden Eigg. gegenüber Pflanzensamen (Radieschen u. Hanf) zeigten *β-[2.4-Dichlor-, 2.4.5-Trichlor-* u. *4-Bromphenoxy]-äthanol* sowie *β-[β-Naphthyloxy]-äthanol* die stärkste Wrkg., geringere Wrkg. zeigten Pentachlor- u. β-[2.4.6-Tribromphenoxy]-äthanol, schwache β-[2-Alkoxy-4.5-dihalogenphenoxy]-äthanole. Unwirksam waren β-[4-Alkoxy-2-halogen-, u. Alkoxyphenoxy]-äthanole, β-[α-Naphthyloxy]-äthanol sowie alle nachst. Aryloxy- u. Arylmercaptoacetone.

Versuche: β-Phenoxyäthanole: *4-Brom-*, F. 55° (Bzn.), $Kp._2$ 147 bis 149°; zu der heißen Lsg. von 21 g p-Bromphenol in verd. NaOH gibt man langsam

10 g Äthylenchlorhydrin, erhitzt 2 Std. zum Sieden, gibt noch 30—50 ml 5%ig. NaOH zu u. nimmt mit Dichloräthan auf; 13,9 g (Ausbeute). Analog: *2.4-Dichlor-*, F. 58° (Bzl.), Kp.$_{100}$ 185—190°; 53,2%. *2.4.5-Trichlor-*, F. 65° (Bzn.); 80%. *2-Methoxy-*, Kp.$_{15}$ 163—164°; D.$^{20}_{4}$ 1,1561; n_D^{20} 1,5439; 62,3%; *α-Naphthylurethan*, $C_{20}H_{19}O_4N$, F. 137—138° (Bzl.). *3-Methoxy-*, Kp.$_5$ 143°; D.$^{20}_{4}$ 1,1531; n_D^{20} 1,5416; 79%; *α-Naphthylurethan*, $C_{20}H_{19}O_4N$, F. 107—108° (Bzl.-Dichloräthan). *2-Äthoxy-*, F. 38—39° (Bzn.), Kp.$_2$ 128—130°; 65%; *α-Naphthylurethan*, $C_{21}H_{21}O_4N$, F. 131—132° (Bzl.). *3-Propoxy-*, Kp.$_3$ 157°; D.$^{20}_{4}$ 1,0867; n_D^{20} 1,5240; 83%; *α-Naphthylurethan*, $C_{22}H_{23}O_4N$, F. 120—121° (Bzl.). *4-Propoxy-*; F. 75° (Bzn. u. CCl_4); 70,5%; *α-Naphthylurethan*, $C_{22}H_{23}$·O_4N, F. 104° (Bzn.). *3-Butoxy-*, Kp.$_5$ 170—172°; D.$^{20}_{4}$ 1,0591; n_D^{20} 1,5197; 84,3%; *α-Naphthylurethan*, $C_{23}H_{25}O_4N$, F. 116—117° (Bzn.-Bzl.). *4-Propoxy-2-chlor-*, Kp.$_2$ 169 bis 171°; D.$^{20}_{4}$ 1,1920; n_D^{20} 1,5367; 51,7%. *4-Butoxy-2-chlor-*, Kp.$_3$ 171—172°; D.$^{20}_{4}$ 1,1631; n_D^{20} 1,5309; 64,5%. *4-Isoamyloxy-2-chlor-*, Kp.$_6$ 191—194°; D.$^{20}_{4}$ 1,1319; n_D^{20} 1,5241; 64,8%. *4-Butoxy-2-brom-*, Kp.$_9$ 200—202°; D.$^{20}_{4}$ 1,3242; n_D^{20} 1,5433; 69,2%. *2-Methoxy-4.5-dichlor-*, F. 94° (Bzn.-Dichloräthan-CCl_4-Gemisch); 66,7%. *2-Äthoxy-4.5-dichlor-*, F. 77° (Bzn. u. CCl_4); 44,8%. *2-Propoxy-4.5-dichlor-*, F. 55°, Kp.$_2$ 177—179°; 73%. *2-Butoxy-4.5-dichlor-*, Kp.$_5$ 180—182°; D.$^{20}_{4}$ 1,2529; n_D^{20} 1,5460; 71,2%. *2-Isoamyloxy-4.5-dichlor-*, Kp.$_2$ 149—152°; D.$^{20}_{4}$ 1,1918; n_D^{20} 1,5350; 62,8%. *2-Methoxy-4.5-dibrom-*, F. 112° (Bzn.-Dichloräthan-CCl_4-Gemisch); 71,8%. *2-Äthoxy-4.5-dibrom-*, F. 88° (CCl_4 u. Bzn.); 57%. *2-Propoxy-4.5-dibrom-*, F. 64—65°; 79,7%. *2-Butoxy-4.5-dibrom-*, F. 53—54°, Kp.$_6$ 202—204°; 52%. *2-Isoamyloxy-4.5-dibrom-*, Kp.$_3$ 180—182°; D.$^{20}_{4}$ 1,1508; n_D^{20} 1,5275; 45,6%. — *β-[β-Naphthylmercapto]-äthanol*, F. 55—56° (Bzn.), Kp.$_3$ 220—230°; 52,5%. — *α-Naphthylcarbaminsäure-β'-[α-naphthyloxy]-äthylester*, $C_{23}H_{19}O_3N$, F. 131—132° (Dichloräthan u. Bzl.). — *α-Naphthylcarbaminsäure-β'-[β-naphthyloxy]-äthylester*, $C_{23}H_{19}O_3N$, F. 152°. — Phenoxyacetone: *2-Chlor-*, Kp.$_4$ 110—115°; zu einer Lsg. von 4,45 g 2-Chlorphenol in 20—40 ml Aceton gibt man 24,7 g Bromaceton u. langsam eine Lsg. von 7,2 g NaOH in 20—40 ml W., erhitzt 10—20 Std. zum Sieden, gibt 200 ml 5%ig. NaOH zu u. nimmt mit Bzl. auf; 15 g; *Semicarbazon*, $C_{10}H_{12}O_2N_3Cl$, F. 171°. Analog: *4-Chlor-*, F. 57° (Bzn.), Kp.$_{20}$ 168 bis 170°; 60,5%; *Semicarbazon*, F. 181—182°. *2.4-Dichlor-*, F. 54° (Bzn.), Kp.$_4$ 138—141°; 54%; *Semicarbazon*, F. 184—185°. *2.4.5-Trichlor-*, F. 115°; 57,3%; *Semicarbazon*, F. 202°. *Pentachlor-*, F. 105—105,5° (Methylalkohol u. Bzn.); 80%; *Semicarbazon*, F. 193—194° (Zers.). *2-Brom-*, Kp.$_{10}$ 150—155°; 50,2%; *Semicarbazon*, F. 150—151°. *4-Propoxy-2-chlor-*, F. 50° (Bzn.), Kp.$_3$ 170—172°; 51%; *Semicarbazon*, F. 147°. *4-Butoxy-2-chlor-*, Kp.$_3$ 174—175°; 49%; *Semicarbazon*, F. 163°. *2-Äthoxy-4.5-dichlor-*, F. 54° (Bzn. u. CCl_4); 73,6%; *Semicarbazon*, F. 168—169°. *2-Butoxy-4.5-dichlor-*, F. 69° (Bzl.), Kp.$_3$ 155—158°; 52,9%; *Semicarbazon*, F. 172°. *2-Methoxy-4.5-dibrom-*, F. 110°; 68,3%; *Semicarbazon*, F. 173—174°. *2-Äthoxy-4.5-dibrom-*, F. 72°; 55,6%; *Semicarbazon*, F. 176°. *2-Propoxy-4.5-dibrom-*, F. 71° (Bzn. u. Methylalkohol); 94,5%; *Semicarbazon*, F. 166,5°. *2-Butoxy-4.5-dibrom-*, F. 61°; 81,7%; *Semicarbazon*, F. 172—173°. *2-Isoamyloxy-4.5-dibrom-*, Kp.$_3$ 198—200°; 73,6%; *Semicarbazon*, F. 171,5°. — *β-Naphthylmercaptoaceton*, F. 135° (Bzn. u. Methylakohol); 79,6%; *Semicarbazon*, F. 196°. — *4-Bromphenoxyacetonsemicarbazon*, $C_{10}H_{12}O_2N_3Br$, F. 197°. — *2.4.6-Tribromphenoxyacetonsemicarbazon*, $C_{10}H_{10}O_2N_3Br_3$, F. 196,5°. — *Benzothiazolyl-(2)-mercaptoacetonsemicarbazon*, $C_{11}H_{12}ON_4S_2$, F. 182—183°. (Журнал Общей Химии [J. allg. Chem.] **24** (**86**). 2014—23. Nov. 1954. Timirjasew-Inst. für Pflanzenphysiol. der Akad. der Wiss. der UdSSR.)

H. HINTZ. 1180

L. P. Tschigogidse und **R. M. Lagidse**, *Eine neue präparative Methode zur Gewinnung von β-Chloräthylbenzoat.* Bei der Einw. von $AlCl_3$ auf Di- u. Triäthylenglykoldibenzoat wird *β-Chloräthylbenzoat* in guter Ausbeute erhalten.

Versuche: *Diäthylenglykoldibenzoat*, Kp.$_{1-1,5}$ 206—207°; D.$^{20}_{4}$ 1,1743; n_D^{20} 1,5458. — *Triäthylenglykoldibenzoat*, $C_{20}H_{22}O_6$, Kp.$_{1-1,5}$ 226—230°; aus Triäthylenglykol u. Benzoylchlorid in Pyridin; D.$^{20}_{4}$ 1,1717; n_D^{20} 1,5353. — *β-Chloräthylbenzoat*, $C_9H_9O_2Cl$, Kp.$_{1-2}$ 100—102°; a) man gibt zu Diäthylenglykoldibenzoat in ca. 1 Std. die äquimol. Menge $AlCl_3$; unter Rühren wird die Temp. durch Kühlen u. Wiedererwärmen reguliert; der gebildete Komplex wird mit angesäuertem W. zers. u. mit Ae. extrahiert; D.$^{20}_{4}$ 1,1953; n_D^{20} 1,526; 88,5% (Ausbeute); b) analog aus Triäthylenglykoldibenzoat; 71—72%. Daneben ganz wenig *1.2-Dichloräthan*. (Сообщения Академии Наук Грузинской ССР [Mitt. Akad. Wiss. GrusinSSR] **16.** 443—46. 1955. Tbilissi, Chem. Melikischwili-Inst. der Akad. der Wiss. der GrusinSSR.)

O. POLLAK V. EMHOFEN. 1210

W. O. Babajan, *Untersuchung des Reaktionsproduktes von 1.4-Bis-[dimethylamino]-2-chlorbuten-(2) mit Schwefelsäure.* 1.4-Bis-[dimethylamino]-2-chlorbuten-(2) (I) liefert beim Behandeln mit H_2SO_4 nicht das erwartete 1.4-Bis-[dimethylamino]-butan-on-(2), sondern in komplizierter Rk., bei der die H_2SO_4 auch als Oxydationsmittel wirkt, *p-Methylbenzoesäure*, die nach Oxydation als *Terephthalsäure* identifiziert wird. — *p-Methylbenzoesäure*, $C_8H_8O_2$, F. 178—179°; man gibt zu 15 g **I** 50 ml H_2SO_4 (D. 1,83), erhitzt 2 Tage auf dem sd. Wasserbad u. gießt in kaltes W.; 7,8 g (Ausbeute). Die Oxydation zu *Terephthalsäure* wird mit $KMnO_4$ in alkal. Lsg. durchgeführt; *Dimethylester*, $C_{10}H_{10}O_4$, F. 140—141°; Nadeln. (Доклады Академии Наук Армянской ССР [Ber. Akad. Wiss. ArmenSSR] **21**. 77—79. 1955. Chem. Inst. der Akad. der Wiss. der ArmenSSR.) O. Pollak v. Emhofen. 1210

Roger Adams und **A. F. Thal**, *Phenylessigsäure*. Durch Verseifen von Benzylcyanid: F. 76—76,5°; $Kp._{50}$ 176—189°; 77,5% (Ausbeute). (Org. Syntheses, collect. Vol. **1**. [**1.**—**9.** 2. Aufl.] 436—38, ausg. Okt. 1951.) I. Ahrlé. 1210

A. W. Ingersoll, *Hydrozimtsäure*. Durch elektrolyt. Red. von zimtsaurem-Na u. Ansäuern mit H_2SO_4: $Kp._{75}$ 194—197°; F. 47,5—48°; 80—90% Ausbeute. (Org. Syntheses, collect. Vol. **1**. [**1.**—**9.** 2. Aufl.] 311—14, ausg. Okt. 1951.) I. Ahrlé. 1210

P. J. Culhane und **Gladys E. Woodward**, *3-Nitrophthalsäure*. Durch Nitrieren von Phthalsäureanhydrid bei 80—110°: F. 215—218°; 28—31% Ausbeute. (Org. Syntheses, collect. Vol. **1**. [**1.**—**9.** 2. Aufl.] 408—10, ausg. Okt. 1951.) I. Ahrlé. 1220

B. H. Nicolet und **J. A. Bender**, *3-Nitrophthalsäureanhydrid*. Durch Erhitzen von 3-Nitrophthalsäure mit Acetanhydrid: F. 163—164°; 88—93% Ausbeute. (Org. Syntheses, collect. Vol. **1**. [**1.**—**9.** 2. Aufl.] 410—11, ausg. Okt. 1951.) I. Ahrlé. 1220

Arthur Lapworth und **Wilson Baker**, *Phenylbernsteinsäure*. Aus α-Cyan-β-phenylacrylsäure u. A. + HCl zum *Äthylester* [F. 50°; 80—91% (Ausbeute)], Zufügen von NaCN u. Verseifen mit konz. HCl: F. 164—166°; 91—95%. (Org. Syntheses, collect. Vol. **1**. [**1.**—**9.** 2. Aufl.] 451—53, ausg. Okt. 1951.) I. Ahrlé. 1220

F. Mauthner, *Trimethylgallussäure* (*3.4.5-Trimethoxybenzoesäure*). Aus Gallussäure u. Dimethylsulfat: F. 167°; 89—92% (Ausbeute). (Org. Syntheses, collect. Vol. **1**. [**1.**—**9.** 2. Aufl.] 537—38, ausg. Okt. 1951.) I. Ahrlé. 1250

G. R. Robertson, *p-Nitrobenzylcyanid*. Aus Benzylcyanid u. konz. HNO_3/H_2SO_4: F. 116—117°; 50—54% (Ausbeute). (Org. Syntheses, collect. Vol. **1**. [**1.**—**9.** 2. Aufl.] 396—97, ausg. Okt. 1951. (Org. Syntheses **1**. 396—97. Okt. 1951.) I. Ahrlé. 1270

Tenney L. Davis und **K. C. Blanchard**, *Phenylharnstoff und symm.-Diphenylharnstoff*. Durch Erhitzen von Anilinhydrochlorid u. Harnstoff, Abtrennen des *Phenylharnstoffs* [F. 147°; 52—55% (Ausbeute)], Erhitzen des Filtrats u. Einengen: *symm.-Diphenylharnstoff*, F. 235°; 38—40%. (Org. Syntheses, collect. Vol. **1**. [**1.**—**9.** 2. Aufl.] 453—55, ausg. Okt. 1951.) I. Ahrlé. 1280

A. S. Wheeler, *4-Phenylsemicarbazid*. Aus Phenylharnstoff u. 42%ig. $N_2H_4 \cdot H_2O$: F. 120—123°; 37—40% (Ausbeute). (Org. Syntheses, collect. Vol. **1**. [**1.**—**9.** 2. Aufl.] 450—51, ausg. Okt. 1951.) I. Ahrlé. 1280

F. B. Dains, **R. Q. Brewster** und **C. P. Olander**, *Phenylisothiocyanat*. Durch Zusammengeben von Anilin, CS_2 u. konz. wss. NH_4OH, Lösen des Nd. in W. u. Zufügen von $Pb(NO_3)_2$: $Kp._{35}$ 120—121°; 74—78% (Ausbeute). — Analog: *p-Bromphenylisothiocyanat*, F. 60—61°; 27%. (Org. Syntheses, collect. Vol. **1**. [**1.**—**9.** 2. Aufl.] 447—49, ausg. Okt. 1951.) I. Ahrlé. 1290

Louis Ehrenfeld und **Milton Puterbaugh**, *o-Nitranilin*. Aus o-Nitranilin-4-sulfonsäure u. konz. H_2SO_4/W.: F. 69,5—70,5°; 56% (Ausbeute). (Org. Syntheses, collect. Vol. **1**. [**1.**—**9.** 2. Aufl.] 388—89, ausg. Okt. 1951.) I. Ahrlé. 1310

Oliver Kamm, *β-Phenylhydroxylamin*. Durch Red. von Nitrobenzol mit Zn-Staub in Ggw. von NH_4Cl; 62—68% Ausbeute. (Org. Syntheses, collect. Vol. **1**. [**1.**—**9.** 2. Aufl.] 445—47, ausg. Okt. 1951.) I. Ahrlé. 1310

G. H. Coleman, *Phenylhydrazin*. Durch Red. von diazotiertem Anilin mit Na_2SO_3-Lsg.: $Kp._{18}$ 137—138°; F. 23°; 80—84% (Ausbeute). (Org. Syntheses, collect. Vol. **1**. [**1.**—**9.** 2. Aufl.] 442—45, ausg. Okt. 1951.) I. Ahrlé. 1310

Alfred Burger und **Edwin D. Hornbaker**, *Reduktion von Acylcyaniden mit Lithiumaluminiumhydrid*. Acylcyanide werden durch $LiAlH_4$ zu *prim. Aminoalkoholen* red., wobei Substituenten, wie Halogenatome, am aromat. Kern nicht angegriffen werden.

Versuche (FF. korr.): *2-Phenyläthanolamin*, $C_8H_{11}ON$, F. 56,5—58° (Bzl.–PAe.), aus Benzoylcyanid mit $LiAlH_4$ in trockenem Ae.; 86% (Ausbeute). *N-Benzoylderiv.*, F. 148—149° (A.). — *p-Chlorbenzoylcyanid*, C_8H_4ONCl, F. 41—42,5°, aus p-Chlorbenzoylchlorid u. CuCN bei 210—220°; 40%. — *2-[p-Chlorphenyl]-äthanolamin*, $C_8H_{10} \cdot ONCl$, F. 93,5—94,5° (Bzl.), aus vorst. Verb. mit $LiAlH_4$; 89%. *Benzoylderiv.*, $C_{15}H_{14}O_2 \cdot NCl$, F. 215,5—217,5° (A.). (J. Amer. chem. Soc. **74**. 5514. 5/11. 1952. Charlottesville, Va., Univ., Cobb Chem. Labor.) I. Frohloff. 1320

T. W. Abbott und **John R. Johnson**, *Styrol*. Durch Erhitzen von Zimtsäure in Ggw. von Hydrochinon: $Kp._{40}$ 44—46°, $Kp._{60}$ 60—63°; 38—41% Ausbeute. (Org. Syntheses, collect. Vol. **1.** [**1.—9.** 2. Aufl.] 440—42, ausg. Okt. 1951.) I. Ahrlé. 1410

David E. Worrall, *β-Nitrostyrol*. Durch Zufügen einer NaOH-Lsg. zu einem Gemisch aus Benzaldehyd u. Nitromethan bei 10—15°, Lösen des Nd. in Eiswasser u. Zugeben von HCl: F. 57—58° (A.); 80—83% Ausbeute. (Org. Syntheses, collect. Vol. **1.** [**1.—9.** 2. Aufl.] 413—15, ausg. Okt. 1951.) I. Ahrlé. 1410

John C. Hessler, *Phenylacetylen*. Aus *β*-Bromstyrol u. KOH: Kp. 142—144°; 67% Ausbeute. (Org. Syntheses, collect. Vol. **1.** [**1.—9.** 2. Aufl.] 438—40, ausg. Okt. 1951.) I. Ahrlé. 1410

Harold Hibbert und **Pauline Burt**, *Styroloxyd* (*Phenyloxiran*). Aus Styrol u. Benzopersäure bei 0°: Kp. 188—192°; 69—75% Ausbeute. (Org. Syntheses, collect. Vol. **1.** [**1.—9.** 2. Aufl.] 494—95, ausg. Okt. 1951.) I. Ahrlé. 1470

C. S. Marvel und **W. B. King**, *Zimtsäureäthylester*. Aus Essigester u. Benzaldehyd bei 0—5° in Ggw. von Na-Äthylat: $Kp._{6}$ 128—133°, $Kp._{46}$ 168—173°; 68—74% Ausbeute. (Org. Syntheses, collect. Vol. **1.** [**1.—9.** 2. Aufl.] 252—54, ausg. Okt. 1951.) I. Ahrlé. 1610

F. K. Thayer, *m-Nitrozimtsäure*. Durch Erhitzen von m-Nitrobenzaldehyd u. Essigsäureanhydrid/Na-Acetat, F. 192—194°; 74—77% (Ausbeute). (Org. Syntheses, collect. Vol. **1.** [**1.—9.** 2. Aufl.] 398—99, ausg. Okt. 1951.) I. Ahrlé. 1610

Arthur Lapworth und **Wilson Baker**, *α-Cyan-β-phenylacrylsäure*. Aus Chloressigsäure u. NaCN, Zufügen von Benzaldehyd zu dem in W. gelösten *Na-Cyanacetat* u. Ansäuern, F. 178—179°; 65—70% (Ausbeute). (Org. Syntheses, collect. Vol. **1.** [**1.—9.** 2. Aufl.] 181—83, ausg. Okt. 1951.) I. Ahrlé. 1620

G. H. Coleman und **H. F. Johnstone**, *Cyclohexen*. Durch Dest. von Cyclohexanol in Ggw. von H_2SO_4, Kp. 80—82°; 79—87% (Ausbeute). (Org. Syntheses, collect. Vol. **1.** [**1.—9.** 2. Aufl.] 183—85, ausg. Okt. 1951.) I. Ahrlé. 1810

C. David Gutsche und **Emil F. Jason**, *Ringvergrößerungen*. 5. Mitt. *Die Darstellung von 2-Arylcycloheptanonen und 2-Arylcyclohepten-(2)-onen*. (4. vgl. C. **1956.** **7764.**) Vff. stellten einige *Aryldiazomethane* (**A**) aus den entsprechenden Benzaldehyden durch Umwandlung in das Hydrazon u. Oxydation mit HgO oder Ag_2O dar. Während sich Phenyldiazomethan (**I**) gegenüber Methanol, auch in Ggw. von K_2CO_3, sehr reaktionsträge verhielt — es entstand statt Methylbenzyläther *Dibenzalhydrazin* — war **I** gegenüber Cyclohexanon (**II**) sehr reaktionsfähig u. führte zu 76% *2-Phenylcycloheptanon* (**III**). Analog wurden in 20—48%ig. Ausbeute aus den Aldehyden *2-[2'-, -3'-, -4'-Methoxy-, -2'.3'-, -2'.4'-, -3'.4'-Di-, -2'.3'.4'-* (**IV**), *-3'.4'.5'-Trimethoxy-* u. *-2'.4'.6'-Trimethylphenyl]-cycloheptanon* erhalten. Die Rk. von **A** mit 2-Chlorcyclohexanon (**V**), Kochen mit Pyridin u. Dest. ergab *2-Arylcyclohepten-(2)-one*; so wurde aus Benzaldehyd (**VI**) in 24%ig. Gesamtausbeute *2-Phenylcyclohepten-(2)-on*, aus 2.3.4-Trimethoxybenzaldehyd (**VII**) in gleicher Ausbeute *2-[2'.3'.4'-Trimethoxyphenyl]-cyclohepten-(2)-on* erhalten.

V e r s u c h e (FF. korr.): *Benzylhydrazin*, F. 13—15°, schwachgelb. — *Phenyldiazomethan* (**I**), $Kp._{1,5}$ 37—41°, aus vorst. Verb.; rotes Öl; 35% (Ausbeute). — *Dibenzalhydrazin*, aus **I** u. Methanol (8 Tage bei Zimmertemp.); 92%. — *2-Phenylcycloheptanon* (**III**), F. 21—23° (PAe.), $Kp._{0,8}$ 115—118°, $Kp._{0,2}$ 93—97°, a) aus **I** u. **II** in Methanol (24 Std. bei Zimmertemp.); 76%; b) aus **VI** u. wasserfreiem Hydrazin in Ae. bei 5°, 1std. Rühren bei 5°, 5 Std. bei Zimmertemp., Zugabe von alkoh. KOH u. HgO bei 30° u. 3—6std. Rühren; gelbes Öl, n_D^{25} 1,5425; 48%. — Nachst. 2-A r y l c y c l o h e p t a n o n e nach vorst. Meth. b): *2-[2'-Methoxyphenyl]-*, $Kp._{0,8}$ 137—142°, aus o-Methoxybenzaldehyd; schwachgelbes Öl; n_D^{25} 1,5440; 45%. *2.4-Dinitrophenylhydrazon*, F. 178 bis 179°. — *2-[3'-Methoxyphenyl]-*, $Kp._{0,8}$ 148—152°, aus m-Methoxybenzaldehyd; gelbes Öl, n_D^{25} 1,5438; 39%. *2.4-Dinitrophenylhydrazon*, $C_{20}H_{22}O_5N_4$, F. 158—159°, gelbe Nadeln. — *2-[4'-Methoxyphenyl]-*, F. 56—58°, $Kp._{0,8}$ 149—155°, aus p-Methoxybenzaldehyd; 40%. — *2-[2'.3'.4'-Trimethoxyphenyl]-* (**IV**), $Kp._{1,0}$ 173—178°, aus **VII**; n_D^{25} 1,5392; 42%. *2.4-Dinitrophenylhydrazon*, F. 152—153°. — *2-[2'.4'.6'-Trimethylphenyl]-*, $C_{16}H_{22}O$, $Kp._{0,8}$ 145—151°, aus 2.4.6-Trimethylbenzaldehyd; n_D^{25} 1,5450; 20%. *2.4-Dinitrophenylhydrazon*, $C_{22}H_{26}O_4N_4$, F. 202—203° (A.), gelbe Nadeln. — *2-[2'.3'-Dimethoxyphenyl]-*, $C_{15}H_{20}O_3$, $Kp._{0,3}$ 140—143°, aus 2.3-Dimethoxybenzaldehyd; n_D^{25} 1,5397; 45%. *2.4-Dinitrophenylhydrazon*, $C_{21}H_{24}O_6N_4$, F. 175—176° (A.), gelbe Nadeln. — *2-[2'.4'-Dimethoxyphenyl]-*, $C_{15}H_{20}O_3$, $Kp._{0,4}$ 155—160°, aus 2.4-Dimethoxybenzaldehyd; n_D^{25} 1,5470; 25%. *2.4-Dinitrophenylhydrazon*, $C_{21}H_{24}O_6N_4$, F. 164—165° (A.), gelbe Nadeln. — *2-[3'.4'-Dimethoxyphenyl]-*, $C_{15}H_{20}O_3$, $Kp._{1,0}$ 167—172°, aus 3.4-Dimethoxybenzaldehyd; n_D^{25} 1,5528; 40%. *2.4-Dinitrophenylhydrazon*, $C_{21}H_{24}O_6N_4$, F. 191—192° (A.), gelbe Nadeln. — *2-[3'.4'.5'-Trimethoxyphenyl]-*, $C_{16}H_{22}O_4$, F. 59—60° (wss. A.), $Kp._{1,5}$ 190—195°, aus 3.4.5-Trimethoxybenzaldehyd; Oxydation des Hydrazons mit Ag_2O; 39%. — *2-Phenylcyclohexanon*, F. 52—56° (PAe.), $Kp._{0,3}$ 86—95°, aus **I** u. Cyclopentanon (5 Tage bei Zimmertemp.); 37%. — *2-[2'.3'.4'-Trimethoxyphenyl]-cyclohepten-(2)-on*, $C_{16}H_{20}O_4$, Kp.$_{0,8}$ 192—196°, durch Zutropfen von 2.3.4-Trimethoxyphenyldiazomethan in Ae. während 5½ Std. zu **V** in CH_3OH + Pyridin u. 36std. Stehen bei 0°; n_D^{25} 1,5618; $\bar{\nu}_{max}$ 1680 cm^{-1} (fl.); 24%. *Semicarbazon*, $C_{17}H_{23}O_4N_3$, F. 183—184° (Zers.; Äthylacetat-PAe.). — **IV**, durch Hydrierung vorst. Verb. bei 75 at in Ggw. von Pd-Tierkohle. — *2-Phenylcyclohepten-(2)-on*, $C_{13}H_{14}O$, Kp.$_1$ 128—133°, analog vorvorst. Verb. (3std. Kochen mit Pyridin); n_D^{25} 1,5712; $\bar{\nu}_{max}$ 1680 cm^{-1} (fl.); 24%. *Semicarbazon*, F. 178 bis 179°, Platten. — **III**, durch Hydrierung vorst. Verb. über Pd-Tierkohle. — *2.3.4-Trimethoxybenzaldehyd* (**VII**), Kp.$_{0,5}$ 121—124°, aus 1.2.3-Trimethoxybenzol u. N-Methylformanilid mit $POCl_3$ (3std. Rühren); 64%. (J. Amer. chem. Soc. **78.** 1184—87. 20/3. 1956. St. Louis, Mo., Washington Univ., Dep. of Chem.) J. KNAUL. 1950

J. F. Thorpe und **G. A. R. Kon**, *Cyclopentanon.* Durch Dest. von Adipinsäure über krist. $Ba(OH)_2$, Kp. 128—131°; 75—80% (Ausbeute). (Org. Syntheses, collect. Vol. **1.** [**1.**—**9.** 2. Aufl.] 192—94, ausg. Okt. 1951.) I. AHRLÉ. 1960

G. Brus, P. Legendre, Le-Van-Thoi, G. Niolle, H. François und **C. Grancher**, *Über Säurezahl und Struktur von Maleinsäureaddukten.* Bei der acidimetr. Best. der Addukte von *Maleinsäureanhydrid* (**I**) an *Cyclopentadien* (**II**), *α-Phellandren* (**III**), *Abietinsäure* (**IV**) u. deren *Methylester* (**V**) in kalter alkoh. Lsg. mit wss. oder alkoh. Kali wird nur eine I—COOH-Gruppe erfaßt, während die VZ. beide Gruppen nachweist. Nimmt man die Best. aber in Abwesenheit von A., z. B. in einer Lsg. von Aceton, Dioxan, Bzl. oder in wss. Suspension vor, so treten 2 COOH-Gruppen auf u. SZ. u. VZ. stimmen überein. Diese Anomalie erklärt sich durch die leichte Bldg. eines *Monoesters* mit einer der beiden COOH-Gruppen aus **I** in den 4 *Addukten* [(**I** + **II**) bis (**I** + **V**)], eine Annahme, die durch die Isolierung des *Monoäthylesters* von (**I** + **IV**), durch RAMAN-Spektr. u. UV-Absorption in Verbindung mit der Best. der SZ. u. VZ. u. der potentiometr. Unters. der Addukte bestätigt wird.

Versuche: *Addukt* (**I** + **II**), $C_9H_8O_3$, F. 164° (PAe.), aus **II** durch langsames Zusetzen zu einer Suspension von **I** in Benzol. — *Addukt* (**I** + **III**), $C_{14}H_{18}O_3$, F. 126° (Chlf.), $[\alpha]_j$ —11° (Chlf.); in Bzl. durch Rk. von **III** mit **I**. — *Addukt* (**I** + **IV**), *Maleoabietinsäure*, $C_{24}H_{32}O_5 \cdot H_2O$, F. 226° (Eisessig u. A.), $[\alpha]_j$ —23° (A.); wasserfrei: F. 229 bis 230°, $[\alpha]_j$ —26° (A.), aus **IV** u. **I** durch 2std. Erhitzen in Xylol auf 150°. — *Addukt* (**I** + **V**), $C_{25}H_{34}O_5$, F. 216—217° (Aceton), $[\alpha]_j$ —29° (Chlf.); wie vorst. aus **I** u. **V** oder durch Verestern von (**I** + **IV**) mit CH_2N_2. — *Monoäthylester* des *Addukts* (**I** + **IV**), $C_{26}H_{38} \cdot O_6 \cdot H_2O$, F. 168° (Ae.), $[\alpha]_j$ +26° (A.), aus der alkoh. Lsg. der Best. der SZ. durch schwaches Ansäuern mit verd. Essigsäure in Ggw. von Ae., Bldg. beim 5std. Erwärmen, mit wenig HCl 1 Std., beim Erwärmen oder Umkristallisieren aus Essigsäure leicht zers. zu (**I** + **IV**). Mit CH_2N_2 entsteht der *Äthyldimethylester* von (**I** + **IV**), F. 92°. (Peintures, Pigments, Vernis **28.** 783—88. Nov. 1952.) W. SCHULENBURG. 2000

J. S. Reichert und **J. A. Nieuwland**, *1.1-Di-p-tolyläthan.* Aus Toluol u. Acetylen in Ggw. von $HgSO_4$/konz. H_2SO_4, Kp. 295—300°; 60—64% (Ausbeute). (Org. Syntheses, collect. Vol. **1.** [**1.**—**9.** 2. Aufl.] 229—31, ausg. Okt. 1951.) I. AHRLÉ. 2210

C. F. H. Allen und **S. Converse**, *1.1-Diphenyläthylen.* Aus Phenyl-MgBr u. Essigester, Kp.$_2$ 113°; 67—70% (Ausbeute). (Org. Syntheses, collect. Vol. **1.** [**1.**—**9.** 2. Aufl.] 226—27, ausg. Okt. 1951.) I. AHRLÉ. 2210

J. F. Norris, *Triphenylmethan.* Durch 24std. Stehen eines Gemisches aus Bzl., CCl_4 u. $AlCl_3$, Kp.$_{10}$ 190—200°, F. 92°; 68—84% (Ausbeute). (Org. Syntheses, collect. Vol. **1.** [**1.**—**9.** 2. Aufl.] 548—50, ausg. Okt. 1951.) I. AHRLÉ. 2210

R. J. S. Jennings und **A. Fowler-Williams**, *Thermische Behandlung von Bis-[diphenylen]-äthylen.* Ausfürliche Wiedergabe der C. **1951.** I. 714 referierten Arbeit. Die Strukturen *10.10'-Bis-[diphenylen]-9.9'-diphenanthren* (**I**), *Tetrakis-[diphenylen]-tetrahydrofuran* u. **I**-*Oxyd* für die dimeren Prodd. sowie *Hexakis-[diphenylen]-cyclohexan* für das trimere Prod. werden versuchweise vorgeschlagen. (J. appl. Chem. **3.** 426—32. Sept. 1953. London, Powell Duffryn Res. Labors. Ltd.) I. FESTL. 2210

C. F. H. Allen, R. D. Abell und **J. B. Normington**, *Dibenzoylmethan.* Durch Erhitzen von Benzalacetophenondibromid in A. u. Na-Methylat, Neutralisieren mit konz. HCl u. Verdünnen mit W., F. 77—78° (Methanol); 66—71% (Ausbeute). (Org. Syntheses, collect. Vol. **1.** [**1.**—**9.** 2. Aufl.] 205—07, ausg. Okt. 1951.) I. AHRLÉ. 2370

C. S. Marvel, F. D. Hager und **E. C. Caudle**, *Diphenylessigsäure.* Durch Red. von Benzilsäure mit J_2 in Eisessig, F. 144—145° aus A.; 94—97% (Ausbeute). (Org. Syntheses, collect. Vol. **1.** [**1.**—**9.** 2. Aufl.] 224—25, ausg. Okt. 1951.) I. AHRLÉ. 2410

E. R. Atkinson und **H. J. Lawler**, *Diphensäure.* Durch Red. diazotierter Anthranilsäure mit Cu(I)-Salz u. Ansäuern, F. 225—228°; 72—84% (Ausbeute). (Org. Syntheses, collect. Vol. **1.** [**1.**—**9.** 2. Aufl.] 222—24, ausg. Okt. 1951.) I. AHRLÉ. 2420

L. F. Fieser, *o-[p-Toluyl]-benzoesäure.* Aus Phthalsäureanhydrid u. Toluol in Ggw. von $AlCl_3$, F. 138—139°; 96% (Ausbeute). (Org. Syntheses, collect. Vol. **1.** [**1.**—**9.** 2. Aufl.] 517—19, ausg. Okt. 1951.) I. AHRLÉ. 2470

Charles D. Hurd und **Carl N. Webb,** *p-Dimethylaminobenzophenon.* Aus Benzanilid u. Dimethylanilin in Ggw. von $POCl_3$, F. 89,5—90,5°; 72—77% (Ausbeute). (Org. Syntheses, collect. Vol. **1.** [**1.**—**9.** 2. Aufl.] 217—19, ausg. Okt. 1951.) I. AHRLÉ. 2540

Ss. I. Ssergijewskaja und **Je. G. Popowa,** *Nitrierung von ar-Tetrahydronaphthalin-2-carbonsäure und Umwandlungen von 1-Nitro- und 4-Nitro-5.6.7.8-tetrahydronaphthalin-2-carbonsäure.* Aus ar-Tetrahydronaphthalin-2-carbonsäure (**I**) erhält man durch Nitrierung *1-Nitro-5.6.7.8-tetrahydronaphthalin-2-carbonsäure* (**II**) u. in geringerer Menge *4-Nitro-5.6.7.8-tetrahydronaphthalin-2-carbonsäure* (**III**). Durch katalyt. Hydrierung werden **II** u. **III** in die entsprechenden Aminosäuren übergeführt, die bei der Decarboxylierung in *ar-α-Tetrahydronaphthylamin* übergehen. Die Struktur von **II** wird durch Red. zur Aminosäure, Diazotierung u. Verkochen des Diazotierungsprod. zu der bekannten *1-Oxy-5.6.7.8-tetrahydronaphthalin-2-carbonsäure* bewiesen.

Versuche: *1-Nitro-5.6.7.8-tetrahydronaphthalin-2-carbonsäure* (**II**), $C_{11}H_{11}O_4N$, F. 221°, a) durch Eintragen von **I** in HNO_3 (D. 1,5) bei $<0°$; 31,1% (Ausbeute); b) aus **I** in konz. H_2SO_4 durch Zugabe von KNO_3 in konz. H_2SO_4 bei 0-5°; aus Dichloräthan Nadeln; 27,6%. *Äthylester,* $C_{13}H_{15}O_4N$, F. 109° (A.), Kp.$_2$ 164°, aus der Säure mit HCl-gesätt. absol. A. (7 Std. Kochen); 85%. *Methylester,* $C_{12}H_{13}O_4N$, F. 149,5—150°, aus Methanol Nadeln; 94%. *Chlorid,* $C_{11}H_{10}O_3NCl$, F. 97—98° (Ae.), aus der Säure mit $SOCl_2$ bei 65° in 3 Std.; 92%. *Amid,* $C_{11}H_{12}O_3N_2$, F. 218—219,5°, aus dem Chlorid mit 19%ig. NH_3; aus A. glänzende Plättchen; 98%. *Hydrazid,* $C_{11}H_{13}O_3N_3$, F. 163° (A.), aus **II**-Äthylester u. Hydrazinhydrat in A. durch 8std. Erhitzen; 75%. — *4-Nitro-5.6.7.8-tetrahydronaphthalin-2-carbonsäure* (**III**), $C_{11}H_{11}O_4N$, F. 200° (Methylalkohol), a) durch Eindampfen der vorst. nach a) erhaltenen Mutterlauge von **II**, Verestern des Rückstandes durch 10std. Kochen mit HCl-gesätt. A., Ausfällen von **II**-Äthylester durch A., Eindampfen, Dest. des Rückstandes u. Verseifung der Fraktion Kp.$_3$ 180—186° durch 8std. Kochen mit 0,5n KOH; 5,4%; b) durch Eindampfen der nach b) erhaltenen Mutterlauge von **II**; gelbliche Kristalle; 3,6%. *Äthylester,* $C_{13}H_{15}O_4N$, F. 52—52,5°, Kp.$_6$ 188,5°, aus Methanol blaßgelbe kleine Nadeln; 88%. *Methylester,* $C_{12}H_{13}O_4N$, F. 59,5—60°, aus A. gelbliche Kristalle; 90%. *Chlorid,* $C_{11}H_{10}O_3NCl$, F. 50—51°, Kp.$_2$ 161—162°; 82%. *Hydrazid,* $C_{11}H_{13}O_3N_3$, F. 181,5—182°, Plättchen mit Perlmuttglanz; 96%. — *1-Amino-5.6.7.8-tetrahydronaphthalin-2-carbonsäure* (**IV**), $C_{11}H_{13}O_2N$, F. 185° (Zers.; Dichloräthan), aus **II** in A. mit H_2 in Ggw. von RANEY-Ni durch 6std. Schütteln unter schwachem Erwärmen; 78%. Daraus durch trockene Dest. mit $Ba(OH)_2$ im Vakuum u. Behandeln des decarboxylierten Prod. mit $(CH_3CO)_2O$ *1-Acetylamino-5.6.7.8-tetrahydronaphthalin,* F. 158° (Essigester). **IV**-*Äthylesterhydrochlorid,* $C_{13}H_{18}O_2NCl$, F. 165—167° (Zers.; Aceton); aus **II**-Äthylester in Essigester durch 1std. Hydrierung in Ggw. von RANEY-Ni bei 40° u. 20 at. **IV**-*Hydrazid,* $C_{11}H_{15}ON_3$, F. 147—148° (Bzl.); aus **II**-Hydrazid in Methanol durch 2½std. Hydrierung in Ggw. von RANEY-Ni. — *1-Acetylamino-5.6.7.8-tetrahydronaphthalin-2-carbonsäureäthylester,* $C_{15}H_{19}O_3N$, F. 132,5—133,5°; aus **IV**-Äthylester mit $(CH_3CO)_2O$; aus PAe. Nadeln. —*4-Amino-5.6.7.8-tetrahydronaphthalin-2-carbonsäure* (**V**), $C_{11}H_{13}O_2N$, F. 192—193° (A.); 94%; Decarboxylierung u. nachfolgende Acetylierung gibt *1-Acetylamino-5.6.7.8-tetrahydronaphthalin.* **V**-*Äthylester,* $C_{13}H_{17}O_2N$, F. 65° (PAe.); aus **III**-Äthylester in A. durch 3std. Hydrierung in Ggw. von RANEY-Ni; 95%. **V**-*Hydrazid,* $C_{11}H_{15}ON_3$, F. 138,5—139,5°. — *4-Acetylamino-5.6.7.8-tetrahydronaphthalin-2-carbonsäure,* $C_{13}H_{15}O_3N$, F. 293° (Zers.; A.); aus **V** mit $(CH_3CO)_2O$. — *1-Oxy-5.6.7.8-tetrahydronaphthalin-2-carbonsäure,* $C_{11}H_{12}O_3$, F. 166,5—167,5° (Dichloräthan); aus **IV** durch Diazotieren u. Verkochen der Diazoniumverb.; 90%. — *4-Oxy-2.6.7.8-tetrahydronaphthalin-2-carbonsäure,* $C_{11}H_{12}O_3$, F. 192—194°; aus Dichloräthan schwach gelbliche Kristalle; 86,5%. (Журнал Общей Химии [J. allg. Chem.] **25** (**87**). 2154—61. Okt. 1955. Wiss. Chem.-Pharm.-Ordshonikidse-Forschungsinst.) H.-J. GRASSHOFF. 2700

I. M. Heilbron und **J. S. Heaton,** *9.10-Dibromanthracen.* Aus Anthracen u. Br_2: F. 218—219°. (Org. Syntheses, collect. Vol. **1.** [**1.**—**9.** 2. Aufl.] 207—09, ausg. Okt. 1951.) I. AHRLÉ. 2800

Kurt H. Meyer, *10-Nitroanthron.* Aus Anthron u. rauchender HNO_3: F. 140°; 67% (Ausbeute). (Org. Syntheses, collect. Vol. **1.** [**1.**—**9.** 2. Aufl.] 390, ausg. Okt. 1951.) I. AHRLÉ. 2800

L. F. Fieser, *β-Methylanthrachinon.* Durch Erhitzen von o-[p-Toluyl]-benzoesäure mit rauchender H_2SO_4: F. 173,5°; 81—90% (Ausbeute). (Org. Syntheses, collect. Vol. **1.** [**1.**—**9.** 2. Aufl.] 353—54, ausg. Okt. 1951.) I. AHRLÉ. 2800

M. F. Ansell und **A. M. Berman,** *Intramolekulare Acylierung.* 2. Mitt. *Der Ringschluß einiger β-substituierter β-[1-Naphthyl]-propionsäuren.* (1. vgl. C. **1956.** 5813.) Durch

Ringschluß von β-substituierten *β-[α-Naphthyl]-propionsäuren* mit H_2F_2 werden Gemische von $C_{(3)}$-substituiertem *Perinaphthanon-(1)*, *4.5-Benzindanon-(1)* u. *Perinaphthenon-(1)* erhalten, die durch Chromatographie an Al_2O_3 getrennt werden.

Versuche: 1-[α-Naphthyl]-alkanole, aus den entsprechenden Acylnaphthalinen mit $LiAlH_4$ in Ae.; *-äthanol*, F. 66°, aus 1-Acetylnaphthalin; 92% (Ausbeute). — *-propanol-(1)*, Kp.$_{11}$ 168°, aus 1-Propionylnaphthalin; n_D^{20} 1,6099; 77%. — *-butanol-(1)*, $C_{14}H_{16}O$, Kp.$_{19}$ 198°, aus 1-Butyrylnaphthalin; n_D^{20} 1,6042; 80%. *3.5-Dinitrobenzoat*, $C_{21}H_{18}O_6N_2$, F. 129—130° (Ae.). — *-pentanol-(1)*, $C_{15}H_{18}O$, F. 65—66°; aus 1-Valerylnaphthalin; 80%. *3.5-Dinitrobenzoat*, $C_{22}H_{20}O_6N_2$, F. 96—97° (A.). — 1-Brom-1-[α-naphthyl]-alkane, aus vorst. Verbb. nach BACHMANN u. EDGERTON (J. Amer. chem. Soc. **62.** [1940.] 2219): *-propan*, $C_{13}H_{13}Br$, F. 38—39°; 78%. — *-butan*, Kp.$_2$ 134°, nicht haltbar; 79%. — *-pentan*, Kp.$_4$ 122°, nicht haltbar; 80%. — 3-[α-Naphthyl]-alkansäuren, aus vorst. Verbb. mit Malonsäurediäthylester nach BACHMANN u. EDGERTON (l. c.): *-valeriansäure* (**I**), $C_{15}H_{16}O_2$, F. 70—70,5° (PAe.); 75%. — *-hexansäure* (**II**), $C_{16}H_{18}O_2$, F. 64—65° (PAe.-Bzl.); 88,2%. — *-heptansäure* (**III**), $C_{17}H_{20}O_2$, Kp.$_2$ 188—190°, F. 35—36°; 73%. — *3-Methylperinaphthanon-(1)* (**IV**), F. 61,5 bis 62° (PAe.), aus 20 g 3-[α-Naphthyl]-buttersäure mit H_2F_2 (24 Std. stehen) u. Chromatographie an Al_2O_3 mit PAe.; 14,9 g (*Oxim*, F. 129—130°. *2.4-Dinitrophenylhydrazon*, $C_{20}H_{16}O_4N_4$, F. 229—230°), daneben 1 g *3-Methyl-4.5-benzindanon-(1)*, $C_{14}H_{12}O$, F. 48 bis 48,5° (PAe.; *2.4-Dinitrophenylhydrazon*, $C_{20}H_{16}O_4N_4$, F. 280—282°) u. (mit Bzl.) 0,03 g **V**. — *3-Methylperinaphthenon-(1)* (**V**), $C_{14}H_{10}O$, F. 156—157°, aus 0,5 g **IV** mit $AlCl_3$ in $C_6H_5NO_2$ (1 Std. auf dem Wasserbad); hellgelbe Kristalle aus Bzl.; 0,1 g. — *3-Äthylperinaphthanon-(1)*, $C_{15}H_{14}O$, Kp.$_2$ 126°, aus 20 g **I** analog **V**; zähes gelbes Öl; 8,2 g (*2.4-Dinitrophenylhydrazon*, $C_{21}H_{18}O_4N_4$, F. 183—186°, aus Bzl. scharlachrote Kristalle), daneben 3,8 g *3-Äthyl-4.5-benzindanon-(1)*, $C_{15}H_{14}O$, F. 44—45° (PAe.; *2.4-Dinitrophenylhydrazon*, $C_{21}H_{18}O_4N_4$, F. 248—249°, scharlachrote Kristalle aus CH_3COOH) u. 3,7 mg nachst. Verbindung. — *3-Äthylperinaphthenon-(1)*, $C_{15}H_{12}O$, F. 94—95°, aus 0,5 g vorst. Verb. analog **V**; gelbe Kristalle aus PAe.-Bzl.; 0,2 g. — *3-n-Propylperinaphthanon-(1)*, $C_{16}H_{16}O$, Kp.$_2$ 154—156°, F. 21—22°, aus 20 g **II** analog **IV**; blaßgelb, 5,2 g (*2.4-Dinitrophenylhydrazon*, $C_{22}H_{20}O_4N_4$, F. 201—202°, scharlachrote Kristalle aus CH_3COOH), daneben 3 g *3-n-Propyl-4.5-benzindanon-(1)*, $C_{16}H_{16}O$, F. 69,5—70° (PAe.), gelb (*2.4-Dinitrophenylhydrazon*, $C_{22}H_{20}O_4N_4$, F. 259—260°, aus CH_3COOH scharlachrote Kristalle) u. 0,9 g *3-n-Propylperinaphthenon-(1)*, $C_{16}H_{14}O$, F. 84—85°. —*3-n-Butylperinaphthanon-(1)*, $C_{17}H_{18}O$, Kp.$_{3,5}$ 178°, aus 20 g **III** analog **IV**; 14,0 g (*2.4-Dinitrophenylhydrazon*, $C_{23}H_{22}O_4N_4$, F. 212—214°, aus CH_3COOH, scharlachrote Kristalle), daneben 2,8 g *3-n-Butyl-4.5-benzindanon-(1)*, $C_{17}H_{18}O$, F. 29—30° (PAe.-Bzl.; *2.4-Dinitrophenylhydrazon*, $C_{23}H_{22}O_4N_4$, F. 253—254°, aus CH_3COOH scharlachrote Kristalle) u. *3-n-Butylperinaphthenon-(1)*, $C_{17}H_{16}O$, F. 82—84°, aus PAe.-Bzl. gelbe Kristalle. (J. chem. Soc. [London] **1954.** 1792—95. Juni. London, Univ., Queen Mary Coll.) K. LEHMSTEDT. 2950

Arthur G. Anderson jr., Edward J. Cowles, James J. Tazuma und **Jerry A. Nelson,** *Azulen.* 5. Mitt. *Alkylierungsversuche. Chlormercurierung.* (4. vgl. J. Amer. chem. Soc. **77.** [1955.] 4617.) Eine FRIEDEL-CRAFTS-Alkylierung des Azulens (**I**) wurde mit verschied. Reagentien u. Katalysatoren u. unter verschied. Bedingungen versucht. Einige Anzeichen für die Bldg. von *1-Alkylazulenen* zeigten sich in einer ganzen Reihe von Verss., aber nur ein *1-Hexylazulen* u. *1-Benzylazulen* konnten in genügender Menge analysenrein isoliert werden. Chlormercurierung von **I** gab ein *Bis-[chlormercuri]-azulen* in hoher Ausbeute.

Versuche: *1-Methylazulen*, aus Cycloheptanon über *1-Methyl-3.4.5.6.7.8-hexahydroazulen* nach PLATTNER (vgl. Helv. chim. Acta **29.** [1946.] 1608). — *1-Hexylazulen*, $C_{16}H_{20}$, blaues Öl, aus 36 mg **I** u. Isopropylchlorid bei Ggw. von $AlCl_3$ (2 Min. Schütteln); UV-Spektr.; 9,4% (Ausbeute), daneben 19% eines anderen blauen Öls, UV-Spektr., getrennt durch Chromatographie. — *1-Benzylazulen*, F. 75—77°, aus **I**, $C_6H_5CH_2Cl$ u. $SnCl_4$ in Chlf.; chromatograph. Reinigung; 5,6%, daneben 63,5% **I** zurück. — *1-Acetyl-3-benzylazulen*, $C_{19}H_{16}O$, F. 103—104°, olivgrüne Platten (n-Hexan), sublimierte bei 0,004 mm, a) aus vorst. Verb., Acetanhydrid u. $SnCl_4$ in Chlf. (15 Min.; 21%), b) aus 1-Acetylazulen, $C_6H_5CH_2Cl$ u. $SnCl_4$ in Chlf. (15 Min.; 7,8%, daneben 84% 1-Acetylazulen zurück), chromatograph. Reinigung, UV- u. Infrarotspektren. — *Bis-[chlormercuri]-azulen*, $C_{10}H_6Cl_2Hg_2$, dunkelt ab 250°, kein F. $<$300°, hellblau, amorph, aus **I** u. gesätt. $HgCl_2$-Lsg. bei Ggw. von CH_3COONa in A. (n. Temp., 15 Min.); 100%. Gab mit 85%ig. H_3PO_4 (15 Min. bei n. Temp.) **I** zurück (69%). (J. Amer. chem. Soc. **77.** 6321—23. 5/12. 1955. Seattle, Wash., Univ., Dep. of Chem.) J. ROTHE. 2950

B. Suryanarayana und **B. D. Tilak,** *Naphthochinonreihe.* 1. Mitt. *Brasanküpenfarbstoffe aus 2.3-Dichlornaphthochinon-(1.4).* 1. Mitt. *Konstitution von „Isodinaphthalinoxyd“.* Die Kondensation von 2.3-Dichlornaphthochinon-(1.4) (**I**; Phygon) mit Phenol in Pyridin gibt *2.3-Diphenoxynaphthochinon-(1.4)*. **I** gibt mit Resorcin in Ggw. von $NaOC_2H_5$

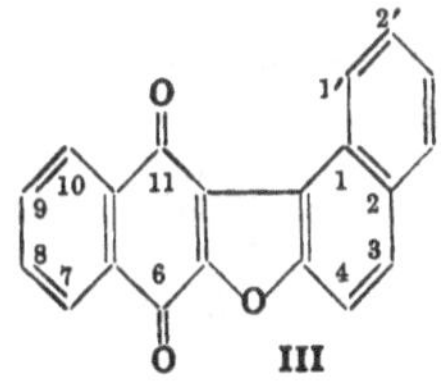

III

3-Oxybrasanchinon-(6.11), in Ggw. von Pyridin als Hauptprod. *1-[3′-Oxynaphthochinon-(1′.4′)-yl-(2′)]-pyridiniumbetain* (**II**; vgl. Eistert, C. **1947.** 456, Verb. **VI**), während mit β-Naphthol *1.2-Benzobrasanchinon-(6.11)* (**III**; zieht gelb auf Baumwolle auf) entsteht, das ebenfalls aus 1-Brom-β-naphthol u. **I** in Ggw. von Pyridin neben **II** u. einer orangefarbenen *Substanz vom F. 255,5 bis 256°* gebildet wird u. ident. ist mit dem Oxydationsprod. des von Clemo u. Spence (J. chem. Soc. [London] **1928.** 2813) hergestellten „Isodinaphthalinoxyd". Letzteres ist also *2′.3′;1″.2″-Dinaphthofuran.* Bei der Kondensation von **I** mit 1 Mol 1-Brom-2-oxy-3-naphthanilid entsteht eine bisher nichtidentifizierte, halogenhaltige, *chinoide Verb.*, mit 2 Mol *1.2-Benzobrasanchinon-(6.11)-carbonsäure-(4)-anilid,* ident. mit dem Kondensationsprod. von **I** mit 2-Oxy-3-naphthanilid (**IV**; Naphthol AS). In günstigster Ausbeute bildet sich das Anilid in Toluol mit der berechneten Menge Pyridin, in A. in Ggw. von $NaOC_2H_5$ entsteht daneben noch *2-Chlor-3-oxynaphthochinon-(1.4)* (**V**). Mit 6-Brom-β-naphthol bildet **I** *3′-Brom-1.2-benzobrasanchinon-(6.11)* (haftet auf Baumwolle fester als **III**) u. **II**, mit α-Naphthol *3.4-Benzobrasanchinon-(6.11)* u. mit 4-Brom-α-naphthol das gelbaufziehende *2-Brom-3.4-benzobrasanchinon-(6.11).*

Versuche: *1.2-Benzobrasanchinon-(6.11)* (**III**), F. 269°, durch Zufügen von 2,27 g **I** zu 4,5 g 1-Brom-β-naphthol in sd. Pyridin, 2½ std. Kochen u. Entfernen von **II** aus dem beim Stehen gebildeten Nd. mit sd. W.; bräunlich gelbe Nadeln aus Eisessig; 0,2 g (Ausbeute); H_2SO_4-Lsg. grünblau, Küpe orangefarben; Baumwollfärbung bräunlich gelb. — *Verb. vom F. 255,5—256°*, aus der Pyridinmutterlauge durch Verdünnen mit A. u. Entfernen von **II** mit sd. W.; orangefarbene Platten aus Xylol; 0,65 g. — *1.2-Benzobrasanchinon-(6.11)-carbonsäure-(4)-anilid,* $C_{27}H_{15}O_4N$, F. 315—316°, a) aus 2,27 g **I** + 6,9 g 1-Brom-2-oxy-3-naphthanilid in Pyridin (3std. Kochen); gelbe Nadeln aus Pyridin; daneben **II**; bei der Rk. in äquimol. Mengen entsteht eine *chlorhaltige Verb. vom F. 283 bis 285°* (gelbe Nadeln aus Xylol); b) durch Zufügen von **IV** zu $NaOC_2H_5$ in absol. A., dann in der Hitze **I** u. 3std. Kochen; 62%; daneben *2-Chlor-3-oxynaphthochinon-(1.4)* (**V**); in Diäthylanilin 28,5%, in Pyridin aus 4,5 g **I** 3,5 g, in Toluol–Pyridin 72,5%; daneben **II** u. **V**. — *3.4-Benzobrasanchinon-(6.11)*, $C_{20}H_{10}O_3$, F. 234°, aus α-Naphthol + **I** in Pyridin wie vorst.; gelbe Nadeln aus Bzl.–A.; 60%; H_2SO_4-Lsg. blau; Küpe braungelb u. Baumwollfärbung schwachgelb. Daneben **II**, F. 280—285°, orangegelb. — *4-Brom-α-naphthol,* F. 128°, durch Zutropfen einer bei 50° hergestellten Lsg. von J_2 in Br_2–Eisessig zu α-Naphthol in Essigsäure unter Kühlen, 1std. Schütteln, Gießen in $NaHSO_3$ u. Neutralisieren mit $NaHCO_3$; rosafarbene Nadeln aus 33%ig. A.; 55%. — *2-Brom-3.4-benzobrasanchinon-(6.11)*, $C_{20}H_9O_3Br$, F. 270—271°, aus 2,2 g vorst. Verb. + 2,2 g **I** in Pyridin; gelbe Nadeln aus Bzl.; 1,5 g; H_2SO_4-Lsg. grünblau, Küpe orangerot, Baumwollfärbung gelb. Daneben **II**. — *3′-Brom-1.2-benzobrasanchinon-(6.11)*, $C_{20}H_9O_3Br$, F. 324°, aus 2,24 g 6-Brom-β-naphthol u. 2,27 g **I** in Pyridin; orangegelbe Platten aus Xylol; 0,85 g; H_2SO_4-Lsg. blaugrün, Küpe rotbraun u. Baumwollfärbung gelb. (Proc. Indian Acad. Sci., Sect. A **37.** 81—91. Jan. 1953. Bombay, Univ., Dep. of chem. Technol.) H. Lehwald. 3061

V. K. Dikshit, B. Suryanarayana und **B. D. Tilak,** *Naphthochinonreihe.* 2. Mitt. *Brasanchinonküpenfarbstoffe aus 2.3-Dichlor-1.4-naphthochinon.* 2. Mitt. (1. vgl. vorst. Ref.) 2.3-Dichlornaphthochinon-(1.4) (**I**) kondensiert mit Naphthol AS-E (2-Oxy-3-naphth-p-chloranilid) zu *1.2-Benzobrasanchinon-(6.11)-carbonsäure-(4)-p-chloranilid,* analog entsteht mit 2-Oxy-3-naphth-p-bromanilid u. 6-Brom-2-oxy-3-naphthanilid *1.2-Benzobrasanchinon-(6.11)-carbonsäure-(4)-p-bromanilid* bzw. *3″-Brom-1.2-benzobrasanchinon-(6.11)-carbonsäure-(4)-anilid.* **I** gibt mit Naphthol AS-D (2-Oxy-3-naphth-o-toluidid) *1.2-Benzobrasanchinon-(6.11)-carbonsäure-(4)-o-toluidid.* Im Gegensatz zu obengenannten Verbb., die keine wesentlichen Unterschiede zeigen, zieht letztere weniger fest auf Baumwolle auf; das aus **I** u. Naphthol AS-TR (2-Oxy-3-naphth-p-chlor-o-toluidid) hergestellte *1.2-Benzobrasanchinon-(6.11)-carbonsäure-(4)-p′-chlor-o-toluidid* zieht dagegen wieder fester auf. Die Kondensation von Naphthol AS-RL (2-Oxy-3-naphth-p-anisidid), Naphthol AS-OL (2-Oxy-3-naphth-o-anisidid) u. Naphthol AS-BG (2-Oxy-3-naphth-2′.5′-dimethoxyanilid) mit **I** liefern *1.2-Benzobrasanchinon-(6.11)-carbonsäure-(4)-p-methoxyanilid, -o-methoxyanilid* bzw. *-2′.5′-dimethoxyanilid.* Als Nebenprodd. bilden sich z. T. die entsprechenden entmethylierten Kondensationsprodd., die aber nicht rein isoliert werden konnten. Mit Naphthol AS-BS (2-Oxy-3-naphth-3′-nitranilid) entsteht *1.2-Benzobrasanchinon-(6.11)-carbonsäure-(4)-m-nitranilid,* dessen NO_2-Gruppe beim Anfärben in $NaHSO_3$-Lsg. z. T. red. wird, so daß an Stelle der roten Färbung des Farbstoffs orangefarbene Töne entstehen.

Versuche: *1.2-Benzobrasanchinon-(6.11)-carbonsäure-(4)-p-chloranilid,* $C_{27}H_{14}O_4 \cdot NCl$, F. 306—308°, durch 3std. Kochen von 3 g Naphthol AS-E + 2,2 g **I** in Pyridin; gelbe Nadeln aus Pyridin; 2 g (Ausbeute); H_2SO_4-Lsg. blau; Küpe rotbraun; Baumwollfärbung gelb. — *1.2-Benzobrasanchinon-(6.11)-carbonsäure-(4)-p-bromanilid*, $C_{27}H_{14}O_4$·NBr, F. 305—306°, durch 24std. Kochen von 2-Oxy-3-naphth-4'-bromanilid + I in Toluol–Pyridin, Dampfdest. u. Ausziehen des Rückstandes mit sd. W. u. 5%ig. NaOH; orangegelbe Nadeln aus o-Dichlorbenzol; 90%; H_2SO_4-Lsg. blau; Küpe violettrot; Baumwollfärbung orangerot. — *3''-Brom-1.2-benzobrasanchinon-(6.11)-carbonsäure-(4)-anilid*, $C_{27}H_{14}O_4$NBr, F. 332°, aus 2,2 g I + 3,4 g 6-Brom-2-oxy-3-naphthanilid wie vorst.; gelbe Nadeln aus Xylol; 4,4 g; H_2SO_4-Lsg. purpurfarben; Küpe rot; Baumwollfärbung orangegelb. — *1.2-Benzobrasanchinon-(6.11)-carbonsäure-(4)-o-toluidid*, $C_{28}H_{17}O_4N$, F. 307°, durch 3std. Kochen von Naphthol AS-D + I in Pyridin; orangefarbene Nadeln aus Pyridin; H_2SO_4-Lsg. blau; Küpe violettrot; Baumwollfärbung schwachorange. — *1.2-Benzobrasanchinon-(6.11)-carbonsäure-(4)-p-chlor-o-toluidid*, $C_{28}H_{16}O_4NCl$, F. 336—337°, aus 3,1 g Naphthol AS-TR + 2,25 g I; gelbe Nadeln aus Nitrobenzol; 2,2 g; H_2SO_4-Lsg. blau; Küpe braunviolett; Baumwollfärbung gelb. — *1.2-Benzobrasanchinon-(6.11)-carbonsäure-(4)-p-methoxyanilid*, $C_{28}H_{17}O_5N$, F. 299°, aus 2,9 g Naphthol AS-RL + 2,2 g I; aus Pyridin gelbe Nadeln; 1,35 g; H_2SO_4-Lsg. blauschwarz; Küpe violettrot; Baumwollfärbung gelb. Aus der Pyridinmutterlauge nach Ansäuern, Ausziehen des Nd. mit sd. W. u. Chromatographieren aus Bzl. an Al_2O_3 eine *Verb. vom F. 255°*, rote Nadeln aus Bzl.; löst sich in alkoh. Alkali rot u. fällt beim Ansäuern orangegelb aus. — *1.2-Benzobrasanchinon-(6.11)-carbonsäure-(4)-o-methoxyanilid*, $C_{28}H_{17}O_5N$, F. 300°, aus 2,9 g Naphthol AS-OL + 2,2 g I; aus Pyridin gelbe Nadeln; 1,7 g; H_2SO_4-Lsg. blauschwarz; Küpe braunviolett u. Baumwollfärbung orangegelb. — *1.2-Benzobrasanchinon-(6.11)-carbonsäure-(4)-2'.5'-dimethoxyanilid*, $C_{29}H_{19}O_6N$, F. 290—291°, aus 3,2 g Naphthol AS-BG + 2,2 g I; violette Platten aus Nitrobenzol; 1,55 g; H_2SO_4-Lsg. blauschwarz; Küpe schmutzig violett; Baumwollfärbung braunorange. Daneben 1,1 g einer rotbraunen *Verb. vom F. 230—232°*. — *1.2-Benzobrasanchinon-(6.11)-carbonsäure-(4)-m-nitranilid*, C_{27}·$H_{14}O_6N_2$, F. 332°, aus 3,1 g Naphthol AS-BS + 2,2 g I; aus Chinolin orangefarbene Nadeln; 1,4 g; H_2SO_4-Lsg. blau; Küpe braunviolett u. Baumwollfärbung braungelb. (Proc. Indian Acad. Sci., Sect. A **37**. 92—98. Jan. 1953.) H. Lehwald. 3061

B. Suryanarayana und **B. D. Tilak**, *Naphthochinonreihe.* 3. Mitt. *Brasanchinonküpenfarbstoffe aus 2.3-Dichlornaphthochinon-(1.4).* 3. Mitt. (2. vgl. vorst. Ref.) Zur Auffindung von Brasanchinonküpenfarbstoffen größerer Haftfestigkeit auf Baumwolle u. größerer Lichtechtheit wird 2.3-Dichlornaphthochinon-(1.4) (I) mit den Naphtholen AS-BO, AS-SW, AS-S, AS-LB u. AS-GR (2-Oxy-3-naphth-α-naphthalid, -β-naphthalid, -[3'-methoxydibenzofuryl-(2')]-amid, 2-Oxycarbazol-3-carbonsäure-p-chloranilid u. -3-Oxyanthracencarbonsäure-(4)-o-toluidid) kondensiert. Es entstehen rote bis violette Farbstoffe mit geringer Affinität, aber großer Lichtechtheit auf Baumwolle. Naphthol AS-BT (3-Oxydibenzofuran-2-carbonsäure-2'.5'-dimethoxyanilid) u. Carbazol ließen sich nicht mit I kondensieren.

V e r s u c h e: *1.2-Benzobrasanchinon-(6.11)-carbonsäure-(4)-α-naphthalid*, $C_{31}H_{17}$·O_4N, F. 328°, aus 3,1 g Naphthol AS-BO u. 2,2 g I in Pyridin (3 Std. Kochen); rote Platten aus Nitrobenzol; 2 g (Ausbeute); H_2SO_4-Lsg. blauschwarz; Küpe braunviolett u. Baumwollfärbung rotorange. — *1.2-Benzobrasanchinon-(6.11)-carbonsäure-(4)-β-naphthalid*, $C_{31}H_{17}O_4N$, F. 292°, aus 3,1 g Naphthol AS-SW u. 2,2 g I wie vorst.; gelbe Nadeln aus Pyridin; 2,1 g; H_2SO_4-Lsg. blauschwarz; Küpe braunviolett; Baumwollfärbung orangegelb. — *1.2-Benzobrasanchinon-(6.11)-carbonsäure-(4)-[3'-methoxydibenzofuryl-(2')]-amid*, $C_{34}H_{19}O_6N$, F. 348—349°, aus 3 g Naphthol AS-S u. 1,8 g I; ziegelrote Nadeln aus Nitrobenzol; 1,6 g; H_2SO_4-Lsg. braun; Küpe schmutzig rot; Baumwollfärbung bräunlichgelb. — *Indolo-[2'.3':1.2]-brasanchinon-(6.11)-carbonsäure-(4)-p-chloranilid*, $C_{29}H_{15}O_4N_2Cl$, F. 354—355°, aus 3,4 g Naphthol AS-LB u. 2,2 g I; ziegelrote Nadeln aus o-Dichlorbenzol; 0,5 g; H_2SO_4-Lsg. grünblau; Küpe rotbraun; Baumwollfärbung braunrot. — *Naphtho-[2'.3':1.2]-brasanchinon-(6.11)-carbonsäure-(4)-o-toluidid*, $C_{32}H_{19}O_4N$, F. 346—347°, aus 1,4 g Naphthol AS-GR u. 1 g I; rotviolette Nadeln aus o-Dichlorbenzol; 1,5 g; H_2SO_4-Lsg. olivgrün; Küpe olivgrün; Baumwollfärbung violett. (Proc. Indian Acad. Sci., Sect. A **37**. 99—103. Jan. 1953.) H. Lehwald. 3061

Leonard M. Rice und **Charles H. Grogan**, *Einige Reaktionen von 4.7.8.9-Tetrahydroisoindolin und Perhydroisoindol.* In Fortsetzung früherer Arbeiten (vgl. C. **1956**. 7805 u. früher) beschreiben Vff. Darst. u. Rkk. von *4.7.8.9-Tetrahydroisoindolin* (**I**) u. *Perhydroisoindol.* I reagiert mit Äthylenoxyd unter Bldg. von *β-[4.7.8.9-Tetrahydroisoindolinyl-(2)]-äthanol* (**III**), das zu *β-Perhydroisoindolyl-(2)-äthanol* (**IV**) hydriert wurde. Die Red. der *p-Nitrobenzoate* von **III** (**II**) u. **IV** führt zu *β-Perhydroisoindolyl-(2)-äthyl-p-aminobenzoat.* Bei der Umsetzung von I mit Chloracetonitril entsteht *N-Cyanmethyl-4.7.8.9-tetrahydroisoindolin* (**VI**), das weiter zum entsprechenden Amin red. werden kann. Die aus I durch Rk. mit Chloressigsäureäthylester u. Verseifung des *4.7.8.9-Tetrahydroisoindolinyl-(2)-essigsäureäthylesters* (**VIII**) entstandene *4.7.8.9-Tetrahydroisoindolinyl-(2)-essigsäure* weist im Gegensatz zur Indolylessigsäure keine Wuchsstoffeigg. auf. **VIII** gibt bei der Rk. mit Äthylendiamin *N-[Imidazolinyl-(2)-methyl]-4.7.8.9-tetrahydroisoindolin.* **I** geht leicht die MANNICH-Rk. ein u. bildet mit Acetophenon *Phenyl-β-[4.7.8.9-tetrahydroisoindolinyl-(2)]-äthylketon.* Zur Prüfung auf blutdrucksenkende Wrkg. wurde aus *N-Methyl-N'-[γ-aminopropyl]-piperazin* mit *cis-Δ^4-Tetrahydrophthalsäureanhydrid* (**V**) über *N-[γ-Tetrahydrophthalimidopropyl]-N'-methylpiperazin* (**VII**), Red. von **VII** u. Methylierung *2-[γ-(4-Methylpiperazino)-propyl]-4.7.8.9-tetrahydroisoindolintrimethojod* dargestellt.

V e r s u c h e: *4.7.8.9-Tetrahydroisoindolin* (**I**), $C_8H_{13}N$, Kp.$_{15}$ 76—80°, Kp.$_{28}$ 90 bis 93°, durch Red. von 150 g cis-Δ_4-Tetrahydrophtalimid mit $LiAlH_4$ im Soxhlet; n_D^{20} 1,5110; 60 g (Ausbeute). *Phenylharnstoffderiv.*, $C_{15}H_{18}ON_2$, F. 152,5—153,5° (A.). *Phenylthioharnstoffderiv.*, $C_{15}H_{18}N_2S$, F. 164—165° (A.). *Naphthylharnstoffderiv.*, $C_{19}H_{20}ON_2$, F. 216—217° (A.). *p-Brombenzolsulfonylderiv.*, $C_{14}H_{16}O_2NBrS$, F. 103—102° (A.). *Hydrochlorid*, $C_8H_{14}NCl$, F. 131,5—132,5°. — *Perhydroisoindol*, durch Red. von **I** mit H_2/PtO_2 in Methanol bei Raumtemp.; ließ sich nicht reinigen. *Hydrochlorid*, $C_8H_{16}NCl$, F. 123,5 bis 125°. *Pikrat*, $C_{14}H_{18}O_7N_4$, F. 162—163° (Methanol). *Phenylharnstoffderiv.*, $C_{15}H_{20}ON_2$, F. 133—135° (A.). *Phenylthioharnstoffderiv.*, $C_{15}H_{20}N_2S$, F. 176—178° (A.). *Naphthylharnstoffderiv.*, $C_{19}H_{22}ON_2$, F. 182—183,5° (A.). — *N-Cyanmethyl-4.7.8.9-tetrahydroisoindolin* (**VI**), $C_{10}H_{14}N_2$, Kp.$_{0,4}$ 80°, Kp.$_{0,2}$ 67°, aus 17,7 g **I** u. 5,4 g Chloracetonitril in Toluol (4 Std. kochen) neben **I**-Hydrochlorid; n_D^{20} 1,5031; 8 g. — *N-[β-Aminoäthyl]-4.7.8.9-tetrahydroisoindolin* ($C_{10}H_{18}N_2$, Kp.$_{3,5}$ 97—101°, durch Red. von 6 g **VI** mit $LiAlH_4$ in Ae.; n_D^{20} 1,5067; 6,1 g. *Dihydrochlorid*, $C_{10}H_{20}N_2Cl_2$, F. 180—180,5°, rechteckige Tafeln aus Isopropylalkohol. — *Phenyl-β-[4.7.8.9-tetrahydroisoindolylinyl-(2)]-äthylketonhydrochlorid*, $C_{17}H_{22}ONCl$, F. 153—155° (A.-Ae.), durch MANNICH-Rk. von **I** mit Acetophenon; 60%. — *N-[β-Oxyäthyl]-4.7.8.9-tetrahydroisoindolin* (**III**), $C_{10}H_{17}ON$, Kp.$_{1,0}$ 85—90°, aus 25,5 g **I** in Methanol u. 8,4—8,8 g Äthylenoxyd unter Eiskühlung u. Stehenlassen bei Raumtemp.; 21 g. — *N-[β-Oxyäthyl]-perhydroindol* (**IV**), $C_{10}H_{19}ON$, Kp.$_{0,75}$ 78—82°, durch Hydrierung von 7 g **III** in Methanol über Pd-Kohle bei Raumtemp.; 5,5 g. — *β-[4.7.8.9-Tetrahydroisoindolinyl-(2)]-äthyl-p-nitrobenzoat* (**II**)-*Hydrochlorid*, $C_{17}H_{21}O_4N_2Cl$, F. 157—158° (A.-Ae.), aus 5,01 g **III** u. 5,57 g p-Nitrobenzoylchlorid in Bzl. (2 Std. kochen); ca. 10 g. — *β-Perhydroisoindolyl-(2)-äthyl-p-nitrobenzoathydrochlorid*, $C_{17}H_{23}\cdot O_4N_2Cl$, F. 171,5—172,5°, analog aus **IV**; fast 100%. — *β-Perhydroisoindolyl-(2)-äthyl-p-aminobenzoatmonohydrochlorid*, $C_{17}H_{25}O_2N_2Cl$, F. 229—231°, a) durch Hydrierung vorst. Verb. in Methanol über Pd-Kohle bei Raumtemp.; b) analog aus **II**·HCl. — *4.7.8.9-Tetrahydroindolinyl-(2)-essigsäureäthylester* (**VIII**), $C_{12}H_{19}O_2N$, Kp.$_{0,2}$ 73—75°, aus 32,03 g **I** u. 15,9 g Chloressigsäureäthylester in Toluol (4 Std. am Rückfluß), neben **I**-Hydrochlorid; 21 g. — *4.7.8.9-Tetrahydroisoindolinyl-(2)-essigsäure*, $C_{10}H_{15}O_2N\cdot H_2O$, F. 146—147° (wasserfreies Äthylacetat), durch Verseifung von **VIII** mit alkoh. KOH u. Neutralisieren mit HCl. — *N-[Imidazolinyl-(2)-methyl]-4.7.8.9-tetrahydroisoindolindihydrochlorid*, $C_{12}H_{21}N_3\cdot Cl_2\cdot H_2O$, F. 176,5—178,5° (Aceton-Ae.-A.), aus **VIII** u. Äthylendiamin (8 Std. am Rückfluß) u. Behandlung mit alkoh. HCl. — *Diphenylessigsäure-β-[perhydroisoindolyl-(2)]-äthylesterhydrochlorid*, $C_{24}H_{30}O_2NCl$, F. 129—130° (wasserfreies Äthylacetat), aus **IV** u. Diphenylacetylchlorid in Bzl. (12 Std. Stehen u. dann 2 Std. am Rückfluß) u. Behandlung mit alkoh. HCl. — *N-Methyl-N'-[β-cyanäthyl]-piperazin*, $C_8H_{15}N_3$, Kp.$_{0,3}$ 68—72°, aus 50,08 g N-Methylpiperazin u. 26,55 g Acrylonitril in Bzl. (mehrere Std. am Rückfluß); n_D^{20} 1,4744; 61 g. — *N-Methyl-N'-[γ-aminopropyl]-piperazin*, Kp.$_{0,3}$ 52°, durch Red. von 58 g vorst. Verb. mit $LiAlH_4$; 23 g. — *N-[γ-Tetrahydrophthalimidopropyl]-N'-methylpiperazin* (**VII**), Kp.$_{0,2}$ 160—165°, aus 22 g vorst. Verb. u. 20,0 g **V** (gelindes Erwärmen u. 2 Std. bei 170—190°); 33 g. *Dihydrochlorid*, $C_{16}H_{27}O_2N_3Cl$, F. 258—259° (Zers.; Methanol). — *2-[γ-(4-Methylpiperazino)-propyl]-4.7.8.9-tetrahydroisoindolin*, $C_{16}H_{29}N_3$, Kp.$_{0,1}$ 136 bis 142°, durch Red. von **VII** mit $LiAlH_4$ in Ae,; *Trihydrochlorid*, F. 270—271° (Zers.; Isopropanol); *Trimethojodid*, $C_{19}H_{38}N_3J_3$, F. 217—218° (Methanol oder Isopropanol), mit überschüssigem CH_3J in absol. Methanol. (J. org. Chemistry **20.** 1687—94. Dez. 1955. Washington, D. C., Georgetown, Univ., Med. Center, Dep. of Pathol.) G. PÖTZSCHER. 3081

T. A. Ssokolowa, *Über die Gewinnung von N-Vinylphthalimid.* Die Pyrolyse von β-Acetoxyäthylphthalimid bei 550° führt zur Bldg. von *N-Vinylphthalimid* (**I**). Unter Benutzung dieser Rk. u. in Anlehnung an Literaturangaben wird die Herst. von **I**, ausgehend von Phthalsäureanhydrid, beschrieben; die Ausbeute erreicht 25%.

V e r s u c h e: *β-Bromäthylphthalimid*; aus 72,6 g Phthalimidkalium u. 220 g α.β-Dibromäthan, 12 Std. bei 180—190° (Badtemp.); nach Abdestillieren des überschüssigen α.β-Dibromäthans im Vakuum gießt man in kaltes W.; *α.β-Diphthalimidoäthan* (**II**), das Nebenprod. der Rk. wird bei nachst. Rk. entfernt. — *β-Oxyäthylphthalimid*, F. 125—127°; man gibt zu 42,5 g vorst. Prod. langsam 45 ml 8n KOH bei maximal 25°, läßt über Nacht einwirken, säuert mit HCl an u. dampft auf dem Wasserbad ab; die Trennung von **II** (1,7 g) beruht auf der Unlöslichkeit von **II** in sd. W.; Blättchen; 23 g. —

β-Acetoxyäthylphthalimid, F. 89—90°; aus vorst. Verb. mit Acetanhydrid; 95%. — *N-Vinylphthalimid* (I), F. 85—85,5°; man löst 30,39 g vorst. Verb. in 40 ml Eisessig bei 40° u. bringt tropfenweise in 3½ Std. in ein auf 560—575° erhitztes, mit Prozellanstücken gefülltes Quarzrohr; der Überschuß an CH_3CO_2H im Kondensat wird bei 16 mm abdest.; 25 g. (Журнал Прикладной Химии [J. angew. Chem.] **28.** 1142—44. Okt. 1955.) O. Pollak v. Emhofen. 3081

Paul E. Gagnon, Jean L. Boivin, Roderick MacDonald und **Leo Yaffe,** *Synthesen und Absorptionsspektren von 2-substituierten 3-Oxypyrazolonen-(5). 4-n-Hexyl-$^{14}C_{(4)}$-pyrazolone-(5).* Vff. stellten durch Kondensation von o-(**II**), m-(**IV**) u. p-Chlorphenylhydrazin (**V**) sowie n-Hexylhydrazin (**VI**) mit Malonsäurediäthylester (**III**) u. Monoalkylmalonsäurediäthylestern (Alkyl = Methyl- bis n-Heptyl-, Benzyl-) neue 4-monosubstituierte *2-o-Chlorphenyl-, 2-m-Chlorphenyl-, 2-p-Chlorphenyl-* u. *2-n-Hexyl-3-oxypyrazolone-(5)* dar. Durch Rk. von n-Hexyl-$^{14}C_{(2)}$-malonsäurediäthylester (**VII**) mit obigen Hydrazinen wurden die entsprechenden mit ^{14}C markierten Pyrazolone erhalten, deren spezif. Aktivität bestimmt wurde. Da verschied. tautomere Formen der Pyrazolone möglich sind, wurde ihre Struktur mit Hilfe der UV-Spektren in neutraler u. alkal. Lsg. u. der Infrarotspektren untersucht. Die Absorptionsmaxima aller untersuchten Verbb. im UV sowie die Absorptionsbanden im Infrarot sind angegeben. Die Spektren folgender Pyrazolone-(*5*) sind graph. wiedergegeben: *2-o-Chlorphenyl-3-oxy-4-n-propyl-* (UV), *-4-n-butyl-* (UV, Infrarot), *2-m-Chlorphenyl-3-oxy-4-n-hexyl-* (UV), *-4-n-heptyl-* (UV), *-4-n-amyl-* (Infrarot), *2-p-Chlorphenyl-3-oxy-4-n-amyl-* (UV), *-4-n-hexyl-* (UV, Infrarot), *2-n-Hexyl-3-oxy-4-n-propyl-* (UV), *-4-n-hexyl-* (UV, Infrarot). Die UV-Spektren der isomeren Chlorphenylpyrazolone sind einander sehr ähnlich, sie zeigen in neutralen oder alkal. Lsg. zwei Maxima, die auf zwei Strukturen hinweisen, während die Spektren der n-Hexylpyrazolone davon stark abweichen. Die Infrarotspektren der Chlorphenylderivv.

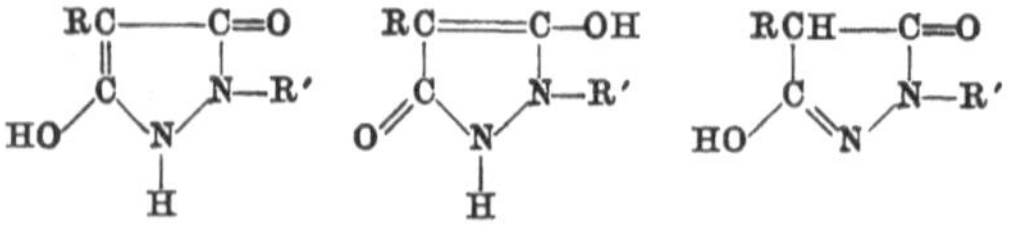

sind kompliziert, die Bandenlagen für die drei homologen Reihen sind jedoch sehr ähnlich. Eine mittlere bis starke Bande bei 3300 cm^{-1} ist leicht einer OH-Gruppe, eine starke bei 1675—1770 cm^{-1} der Carbonylgruppe zuzuordnen. Eine zweite sehr starke Bande bei 1670—1700 cm^{-1} wird einer cycl. —C=N-Bindung zugeschrieben. Neben den Banden des aromat. Substituenten bei 1600, 1640 u. 1530 cm^{-1} tritt noch eine Bande bei 1490 cm^{-1} auf, die auf eine enol. Gruppe —C=C—OH zurückgeführt ist. Bei den n-Hexylpyrazolonen liegen die Banden in der besprochenen Reihenfolge bei 3100—3300 cm^{-1}, 1735—1750 (C=O), 1660—1685 (—C=N—) u. 1490 cm^{-1}. Es dürften also in allen Fällen obenst. drei Strukturen vorliegen.

V e r s u c h e: *2-o-Chlorphenyl-3-oxypyrazolon-(5)* (I), $C_9H_7O_2N_2Cl$, F. 181—182° (Xylol, PAe.), durch Erhitzen von **II** mit **III** auf 165° bis zur Beendigung der A.-Entw.; 38% (Ausbeute). — 2-o-C h l o r p h e n y l - 3 - o x y p y r a z o l o n e - (5): *4-Methyl-*, $C_{10}H_9O_2N_2Cl$, F. 181—183° (Xylol, PAe.), analog **I**; 25%. — *4-Äthyl-*, $C_{11}H_{11}O_2N_2Cl$, F. 160—162°, analog **I**; 28%. — *4-n-Propyl-*, $C_{12}H_{13}O_2N_2Cl$, F. 161—163°, analog **I**; 29%. — *4-n-Butyl-*, $C_{13}H_{15}O_2N_2Cl$, F. 169—170°, aus **II** u. n-Butylmalonsäurediäthylester durch 18—20std. Rk. in Ggw. von Na-Äthylat in A.; 52%. — *4-n-Amyl-*, $C_{14}H_{17}\cdot O_2N_2Cl$, F. 150—151°, analog vorst. Verb.; 56%. — *4-n-Hexyl-*, $C_{15}H_{19}O_2N_2Cl$, F. 154 bis 155°; 62%. — *4-n-Heptyl-*, $C_{16}H_{21}O_2N_2Cl$, F. 131—133°; 51%. — *4-Benzyl-*, $C_{16}H_{13}\cdot O_2N_2Cl$, F. 197—199°; 45%. — *2-m-Chlorphenyl-3-oxypyrazolon-(5)*, $C_9H_7O_2N_2Cl$, F. 174—175°, durch Erhitzen von **IV** mit **III** analog **I**; 74%. — 2-m-C h l o r p h e n y l-3-o x y p y r a z o l o n e-(5); *4-Methyl-*, $C_{10}H_9O_2N_2Cl$, F. 210—211°; 32%. — *4-Äthyl-*, $C_{11}H_{11}O_2N_2Cl$, F. 196—198°; 23%. — *4-n-Propyl-*, $C_{12}H_{13}O_2N_2Cl$, F. 239—240°; 26%. — *4-n-Butyl-*, $C_{13}H_{15}O_2N_2Cl$, F. 155—156°; 57%. — *4-n-Amyl-*, $C_{14}H_{17}O_2N_2Cl$, F. 132—134°; 62%. — *4-n-Hexyl-*, $C_{15}H_{19}O_2N_2Cl$, F. 110—111°; 62%. — *4-n-Heptyl-*, $C_{16}H_{21}O_2N_2Cl$, F. 106—108°; 60%. — *4-Benzyl-*, $C_{16}H_{13}O_2N_2Cl$, F. 187—189°; 64%. — *2-p-Chlorphenyl-3-oxypyrazolon-(5)*, $C_9H_7O_2N_2Cl$, aus **V** u. **III** analog **I**; 32%. — 2-p-C h l o r p h e n y l-3-o x y p y r a z o l o n e-(5): *4-Methyl-*, $C_{10}H_9O_2N_2Cl$, F. 220—222°; 30%. — *4-Äthyl-*, $C_{11}H_{11}O_2N_2Cl$, F. 202—203°; 28%. — *4-n-Propyl-*, $C_{12}H_{13}O_2N_2Cl$, F. 193—195°; 28%. — *4-n-Butyl-* $C_{13}H_{15}O_2N_2Cl$, F. 193—195°; 63%. — *4-n-Amyl-*, $C_{14}H_{17}O_2N_2Cl$, F. 174—175°; 60%. — *4-n-Hexyl-*, $C_{15}H_{19}O_2N_2Cl$, F. 147—148°; 69%. — *4-n-Heptyl-*, $C_{16}H_{21}O_2N_2Cl$, F. 160—162°; 38%. — *4-n-Benzyl-*, $C_{16}H_{13}O_2N_2Cl$, F. 181—182°; 31%. — *2-n-Hexyl-3-oxypyrazolon-(5)*, $C_9H_{16}O_2N_2$, F. 250—251°, aus **VI** u. **III** analog **I**; 80%. — 2-n-H e x yl-3-o xy p y r a z o l o n e-(5): *4-Methyl-*, $C_{10}H_{18}O_2N_2$. — *4-Äthyl-*, $C_{11}H_{20}O_2N_2$. — *4-n-Propyl-*, $C_{12}H_{22}O_2N_2$, F. 83—84°; 38%. — *4-n-Butyl-*, $C_{13}H_{24}O_2N_2$, F. 94—95°; 69%. — *4-n-Amyl-*, $C_{14}H_{26}O_2N_2$, F. 93—95°; 95%. — *4-n-Hexyl-*, $C_{15}H_{28}O_2N_2$, F. 91—92°;

60%. — *4-n-Heptyl-*, $C_{16}H_{30}O_2N_2$, F. 81—83°; 38%. — *4-Benzyl-*, $C_{16}H_{22}O_2N_2$, F. 155 bis 156°; 79%. — *n-Hexyl-$^{14}C_{(2)}$-malonsäurediäthylester* (VII), Kp.$_{10}$ 154—156°, durch Zugabe von 20 g **III** u. 9,3 mg $^{14}C_{(2)}$-Malonsäurediäthylester zu einer Lsg. von 5,6 g Na in 400 cm³ A. u. Kochen der Lsg. mit 21 g Hexylbromid bis zur sauren Rk.; (spezif. Aktivität) 12,4 μC/g; 63,3%. — *2-o-Chlorphenyl-3-oxy-4-n-hexyl-$^{14}C_{(4)}$-pyrazolon-(5)*, aus 2,4 g **II** u. 4 g **VII** durch 18std. Rk. in Ggw. von 2,4 g Na in 200 cm³ A.; 7 μC/g; 60—70%. — *2-p-Chlorphenyl-3-oxy-4-n-hexyl-$^{14}C_{(4)}$-pyrazolon-(5)*, analog vorst. Verb.; 9 μC/g. — *2-m-Chlorphenyl-3-oxy-4-n-hexyl-$^{14}C_{(4)}$-pyrazolon-(5)*, analog; 8,8 μC/g. — *2-n-Hexyl-3-oxy-4-n-hexyl-$^{14}C_{(4)}$-pyrazolon-(5)*, aus **VII** u. **VI**; 8,8 μC/g. (Canad. J. Chem. **32.** 823—38. Sept. 1954. Quebec, Laval Univ.; Montreal, Quebec, Can., McGill Univ., Dep. of Chem.) H. BERTSCH. 3122

Lloyd H. Smith jr. und **Peter Yates,** *Synthese von 4-Amino-2(3H)-oxoimidazol-5-carbonsäureamid.* Aus Malonamamidinhydrochlorid wurde die *Phenylazoverb.* hergestellt u. daraus durch Red. *Aminomalonamamidindihydrochlorid* (**II**). Zusammenschmelzen von **II** mit Harnstoff oder Umsetzung mit Phosgen waren erfolglos. Die Rk. von **II** mit Chlorameisensäureäthylester (**III**) ergab *Carbäthoxyaminomalonamamidinhydrochlorid*, das bei Cyclisierungsverss. Zers. erlitt. Die Überführung von **II** mit KOCN in *Ureidomalonamamidinhydrochlorid* u. anschließendes Erhitzen in W. oder mit Basen ergab nur *Ureidomalonamid.* Aus *Aminocyanacetamid* (**IV**), das aus Oximinocyanacetamid erhalten wurde, entstand durch Rk. mit **III** *Carbäthoxyaminocyanacetamid*, das nicht mit NH_3 umgesetzt werden konnte. Aus **IV** bildete sich mit KOCN *Ureidocyanacetamid*, das sich alkal. zu *4-Amino-2-(3 H)-oxoimidazol-5-carbonsäureamid* (**I**) cyclisieren ließ. Strukturbeweis von **I** durch Hydrolyse zu *2.4-Dioxoimidazol-5-carbonsäureamid* u. weiter zu *Hydantoin.* Das UV-Spektr. von **I** verändert sich mit der Zeit, vermutlich infolge Tautomerie, Ionisierung oder Hydrolyse. Für biol. Teste wurde $^{13}C_{(2)}$-**I** unter Verwendung von $KO^{13}CN$ hergestellt; es erwies sich nicht als Vorstufe der Harnsäure im menschlichen Körper.

Versuche: *Phenylazomalonamamidinhydrochlorid*, F. 199—200°, aus Malonamamidinhydrochlorid u. Benzoldiazoniumchlorid; gelbe Nadeln aus A.; 98% (Ausbeute). — *Aminomalonamamidindihydrochlorid* (**II**), $C_3H_{10}ON_4Cl_2$, F. 209—210°, aus vorst. Verb. mit Zn u. 3n HCl; 61%; Einleiten von Phosgen in die Suspension von **II** in Ae. mit Pyridinzusatz u. Zusammenschmelzen von **II** mit Harnstoff bei 110° u. 160° ergab jeweils nur braune Harze. — *Carbäthoxyaminomalonamamidinhydrochlorid*, $C_6H_{13}\cdot O_3N_4Cl$, F. 177—178,5° (Zers.), aus **II** u. **III** in wss. Soda. — *Ureidomalonamamidinhydrochlorid*, $C_4H_{10}O_2N_5Cl$, F. 190—191° (Zers.), aus **II** bei 0° mit wss. KOCN; 92%. — *Ureidomalonamid*, $C_4H_8O_3N_4$, F. 216—219° (Zers.), aus vorst. Verb. a) durch Kochen der wss. Lsg., b) durch Einleiten von HCl in eine Suspension in A.-Äther. — *Aminocyanacetamid* (**IV**), $C_3H_5ON_3$, F. 122—123°, aus Oximinocyanacetamid mit Al-Amalgam u. W. bei 0°; 59%; stabil bei —5° im Vakuum. — *Carbäthoxyaminocyanacetamid*, $C_6H_9O_3N_3$, F. 145—146°, aus **III** u. **IV** in kalter wss. HCl; 79%. — *Ureidocyanacetamid*, $C_4H_6O_2N_4$, F. 202—203° (Zers.), aus **IV** u. KOCN in kalter wss. HCl; aus viel W. Nadeln, aus wenig W. Prismen; 89%. — *4-Amino-2(3H)-oxoimidazol-5-carbonsäureamid* (**I**), $C_4H_6O_2N_4$, kein F. $<$370°, bei 200° Dunkelfärbung, aus vorst. Verb. mit wss. Alkali bei 85°; 75%. — *2.4-Dioxoimidazol-5-carbonsäureamid*, F. 254—255° (Zers.), a) aus **I** durch Kochen mit wss. HCl; b) aus Carbäthoxyaminomalonamid mit wss. Alkali. — *Hydantoin*, aus **I** durch Eindampfen mit konz. HCl. (J. Amer. chem. Soc. **76.** 6080—84. 5/12. 1954. Cambridge, Mass., Harvard Univ., Dep. of Chem.; New York, N. Y., Publ. Health Res. Inst., Div. of Nutrition and Physiol.) R. GOMPPER. 3122

Donald G. Ott, F. Newton Hayes und **Vernon N. Kerr,** *Quaternäre Oxazoliumsalze.* Aus Oxazolen u. Methyltosylat (**II**) werden *3-Methyloxazoliumtosylate* gewonnen, die in die *Perchlorate, Jodide* u. *Chloride* übergeführt werden können. Die Salze sind gegen Säuren stabil, während mit verd. Basen bei Raumtemp. *N-Methyl-α-acylamidoketone* entstehen, die mit Säuren zu *N-Methyl-α-aminoketonen* hydrolysiert werden können. *2-[Naphthyl-(1)]-* bzw. *2-Phenyl-3-methylbenzoxazoliumtosylat* (**I**) geben beim Stehen mit W. *2-[N-Methyl-α-naphthamido]-* bzw. *2-[N-Methylbenzamido]-phenol.* Mit einer begrenzten Menge W. wird aus **I** *2-Benzoxy-N-methylaniliniumtosylat* erhalten. Die 2-Pyridyl-5-phenyloxazole liefern mit **II** nur *Monotosylate*, während aus 1.4-Bis-[5-phenyloxazolyl-(2)]-benzol (POPOP) nur das *Ditosylat* entsteht. Die Quaternierung am Pyridinkern wird auf Grund der UV-Absorptionsspektren, der gelbgrünen Fluorescenz u. der Stabilität gegen Alkali wahrscheinlich gemacht. — Die Infrarotabsorptionsspektren der Oxazoliumsalze sind angegeben u. werden besprochen.

Versuche: Durch 5 Min. langes Erhitzen des Oxazols mit **II** auf 125°, Zugeben von Ae. u. Umkristallisieren aus absol. A./absol. Ae. in ~100%ig. Ausbeute nachst. 3-Methyloxazoliumtosylate: *2.5-Diphenyl-* (**IV**). — *2-Phenyl-5-[p-diphenyl]-*,

$C_{29}H_{25}O_4NS$, F. 199—201°. — *2-[Naphthyl-(1)]-5-phenyl-* (III). — *2.5-Bis-[naphthyl-(1)]-*, $C_{31}H_{25}O_4NS$, F. 156—157°. — *2-[Naphthyl-(1)]-5-methyl-*, $C_{22}H_{21}O_4NS$, F. 153—154°. — *2-[Naphthyl-(2)]-5-phenyl-*, $C_{27}H_{23}O_4NS$, F. 161—162°. — *2.5-Bis-[p-diphenyl]-*. — *2-[p-Diphenyl]-5-phenyl-*, $C_{29}H_{25}O_4NS$, F. 196—197°. — *2-Styryl-5-phenyl-*, $C_{25}H_{23}O_4NS$, F. 246 bis 247°. — *2-Cyclohexyl-5-phenyl-*, $C_{23}H_{27}O_4NS$, F. 156—157°. — *2-[p-Tolyl]-5-phenyl-*, $C_{24}H_{23}O_4NS$, F. 174—175°. — *2-[3-Methoxyphenyl]-5-phenyl-*, $C_{24}H_{23}O_5NS$, F. 162—163°, — *2-[4-Methoxyphenyl]-5-phenyl-*, $C_{24}H_{23}O_5NS$, F. 177—178°. — *2-[3.4-Methylendioxyphenyl]-5-phenyl-*, $C_{24}H_{21}O_6NS$, F. 213—215°. — *2-[2-Chlorphenyl]-5-phenyl-*, $C_{23}H_{20}O_4 \cdot NClS$, F. 148—150°. — *2-[3.4-Dichlorphenyl]-5-phenyl-*, $C_{23}H_{19}O_4NCl_2S$, F. 215—217°. — *2-[Furyl-(2)]-5-phenyl-*, $C_{21}H_{19}O_5NS$, F. 194—196°. — *2-[Thienyl-(2)]-5-phenyl-*, $C_{21}H_{19} \cdot O_4NS_2$, F. 205—206°. — *1.4-Bis-[5-phenyloxazolyl-(2)]-benzol-bis-methotosylat*, $C_{40}H_{36}O_8 \cdot N_2S_2$, F. 342—344° (Äthylenglykol), in o-Dichlorbenzol in 1 Std. bei 125°. — Tosylate: *2.5-Diphenyl-3-methylthiazolium-*, $C_{23}H_{21}O_3NS_2$, F. 230—233°. — *2-[Naphthyl-(1)]-3-methylbenzoxazolium-*, $C_{25}H_{21}O_4NS$, F. 182—185°. — *2-Phenyl-3-methylbenzoxazolium-* (I), $C_{21}H_{19}O_4NS$, F. 120—123°. — 3-Methyloxazoliumsalze: *2-[Naphthyl-(1)]-5-phenyl-*, *Perchlorat*, $C_{20}H_{16}O_5NCl$, F. 196—197° (A.–Aceton), durch mehrstd. Stehen von III in W. mit 30%ig. $HClO_4$; 97% (Ausbeute). *Jodid*, $C_{20}H_{16}ONJ$, F. 195—196° (Zers.; A.–Ae.), aus dem Perchlorat in Aceton mit 15%ig. NaJ in Aceton; hellgelbe Nadeln; 74%. *Chlorid*, $C_{20}H_{16}ONCl$, F. 206° (Zers.; A.–Ae.), durch 5std. Rühren des Jodids in W. mit AgCl bei Raumtemp.; 92%. — *2.5-Diphenyl-*, *Perchlorat. Jodid*, F. 200° (Zers.). *Chlorid*, $C_{16}H_{14}ONCl$, F. 180—183° (A.–Ae.), aus IV über ein Dowex-1-Chloridaustauscherharz; 67%. — 1-Methylpyridiniumtosylate: *2-[5-Phenyloxazolyl-(2)]-*, $C_{22}H_{20}O_4N_2S$, F. 214—216°. — *3-[5-Phenyloxazolyl-(2)]-*, F. 195—196°. — *4-[5-Phenyloxazolyl-(2)]-*, F. 216—217°. — *α-Isonicotinamidoacetophenon*, durch Kochen von Isonicotinsäure mit $SOCl_2$, Einengen, Lösen in Pyridin, 2std. Erhitzen mit Phenacylammoniumchlorid auf dem Wasserbad, Gießen in W. u. Umkristallisieren aus Toluol–Hexan; 46%. — Oxazole: *2-[Pyridyl-(4)]-5-phenyl-*, $C_{14}H_{10}ON_2$, F. 97—97,5° (Hexan), durch 1½std. Kochen vorst. Verb. mit Acetanhydrid u. 90%ig. H_3PO_4; 57%. — *2-[Pyridyl-(2)]-5-phenyl-*, $C_{14}H_{10}ON_2$, F. 96,5—97°. — *2-[Pyridyl-(3)]-5-phenyl-*, $C_{14}H_{10}ON_2$, F. 88,5—89°. — *2-[Naphthyl-(1)]-5-methyl-*, $C_{14}H_{11}ON$, F. 49—50°. — *N-Methyl-α-benzamidoacetophenon*, $C_{16}H_{15}O_2N$, F. 64—65 (Toluol–Hexan), durch Zugeben von verd. NH_4OH zu IV in W.; Nadeln; 96%. 9std. Kochen mit äthanol. konz. HCl, Einengen, Kochen mit NaOH u. Ansäuern → *Benzoesäure* (F. 119—120°). Aus dem Rückstand *N-Methylphenacylammoniumchlorid* [F. 217—218 (A.); 100%. — *Pikrat*, F. 144—145°]. — *N-Methyl-α-naphthamidoacetophenon*, $C_{20}H_{17}O_2N$, F. 102—103°, aus III. — *2-[N-Methylbenzamido]-phenol*, $C_{14}H_{13}O_2N$, F. 160—161° (Toluol–Hexan), durch mehrstd. Stehen von I in W.; Nadeln; ~100%. — *2-[N-Methyl-α-naphthamido]-phenol*, $C_{18}H_{15}O_2N$, F. 182—183°. — *2-Benzoxy-N-methylaniliniumtosylat*, $C_{21}H_{21}O_5NS$, F. 117—118°, aus I mit wenig Wasser. (J. Amer. chem. Soc. **78**. 1941—44. 5/5. 1956. Los Alamos, N. Mex., Univ. of California, Sci. Labor.) R. Pasedag. 3132

Hans Beyer, Carl-Friedrich Kröger und **Maximilian Zander**, *Über Thiazole*. 25. Mitt. *Die Grignard-Reaktion der 2-Phenylazothiazole*. (24. C. **1956**. 6667.) 4-Phenyl- (**I**), 4.5-Diphenyl- (**II**), 4.5-Dimethyl- (**III**) u. 4-Methyl-2-phenylazothiazol werden auf ihre Reaktionsfähigkeit gegenüber Phenyl-MgBr untersucht. **I**, **II** u. **III** reagieren bereits bei Raumtemp. glatt unter Bldg. von mit PAe. fällbaren Zwischenprodd. der allg. Struktur $RC{=}C(R')-N(MgBr)-C{=}N-N(C_6H_5)_2$ (RC und C über S verbunden). Bei der Hydrolyse entstehen *N.N-Diphenyl-N'-[thiazolyl-(2)]-hydrazine*. Die Konst. der Verbb. wurde durch Hantzschsche Synth. aus entsprechenden α-Halogenketonen u. 1.1-Diphenylthiosemicarbazid (**IV**) bewiesen. **IV** entsteht aus N.N-Diphenylhydrazinhydrochlorid u. NH_4SCN in sd. A. unter Luftausschluß, die Kondensationen erfolgten mit ω-Bromacetophenon, Monochloraceton, 3-Brombutanon-(2) (**VI**) u. Desylchlorid; bei letzterem bildet sich sofort die freie Base, bei den übrigen entstehen zunächst die Hydrohalogenide, die gespalten werden. *N.N-Diphenyl-N'-[4-methylthiazolyl-(2)]-hydrazin* (**V**) konnte nur durch Kondensation gewonnen werden, die Grignard-Rk. führte zur Bldg. eines blauen Harzes, dem Oxydationsprod. von **V**. Verss., die Grignard-Rk. auch auf symm. 2.2'-Azothiazole auszudehnen, wurden am 4.4'.5.5'-Tetramethyl-[2.2'-azothiazol] durchgeführt, waren jedoch erfolglos. Die entsprechende *Hydrazoverb.* ist durch Kondensation von Hydrazin-N.N'-bis-thiocarbonsäureamid mit **VI** als *Dihydrobromid* zugänglich, die unbeständige Base kann in eine beständige *Diacetylverb.* übergeführt werden. Bei der Oxydation des Dihydrobromids mit $FeCl_3$ in Aceton bildet sich das hellrote *4.4'.5.5'-Tetramethyl-[2.2'-azothiazol]*.

Versuche: *1.1-Diphenylthiosemicarbazid* (**IV**), $C_{13}H_{13}N_3S$, F. 210°, aus asymm. Diphenylhydrazinhydrochlorid + NH_4SCN in absol. A. (2 Std. kochen unter Einleiten von N_2); Prismen oder Blättchen aus A.; 50% (Ausbeute). — *N.N-Diphenyl-N'-[4-phenylthiazolyl-(2)]-hydrazin*, $C_{21}H_{17}N_3S$, F. 147°, a) aus Phenyl-MgBr in Ae. + I, Zers. mit NH_4Cl u. Einengen der abgetrennten äther. Lsg.; Rhomben aus wss. Aceton; b) aus IV + ω-Bromacetophenon in absol. A. durch Schütteln; 90%. — *Acetylderiv.*, $C_{23}H_{19}ON_3S$, F. 156—157°; Stäbchen aus Eisessig. — *N.N-Diphenyl-N'-[4.5-diphenylthiazolyl-(2)]-hydrazin*, $C_{27}H_{21}N_3S$, F. 155° (Zers.); a) aus Phenyl-MgBr + II wie vorst. a); Rhomben aus wss. Aceton; b) aus IV + Desylchlorid; 40%. — *N.N-Diphenyl-N'-[4-methylthiazolyl-(2)]-hydrazin* (V), $C_{16}H_{15}N_3S$, F. 146° (Zers.), aus IV + Chloraceton; Prismen aus wss. Aceton; 60%; färbt sich an der Luft blau. *Acetylverb.*, $C_{18}H_{17}ON_3S$, F. 155°; Prismen aus Eisessig. — *N.N-Diphenyl-N'-[4.5-dimethylthiazolyl-(2)]-hydrazin*, $C_{17}H_{17}N_3S$, F. 144—145°, (Zers.), a) aus Phenyl-MgBr + III; b) aus IV + VI; rechteckige Plättchen aus wss. Aceton; 40%. — *4.4'.5.5'-Tetramethyl-2.2'-hydrazothiazol-dihydrobromid*, $C_{10}H_{14}N_4S_2 \cdot 2\,HBr$, F. >300, aus Hydrazin-N.N'-bis-thiocarbonsäureamid + VI in A. in der Hitze; Nadeln aus W.; 60%; färbt sich an der Luft blau. *Freie Base*, F. 152° (Zers.); färbt sich an der Luft rötlich. *Diacetylderiv.*, $C_{14}H_{18}O_2N_4S_2$, F. 182°, Rhomboeder aus Eisessig. — *4.4'.5.5'-Tetramethyl-[2.2'-azothiazol]*, $C_{10}C_{12}N_4S_2$, F. 192°, aus dem Dihydrobromid vorst. Verb. + aceton. $FeCl_3$ u. Zufügen von 10%ig. HCl; kupferfarbene Nadeln. (Chem. Ber. **88**. 1233—37. 1955. Greifswald, Ernst-Moritz-Arndt-Univ., Inst. für org. Chem.) H. LEHWALD. 3142

Hans Beyer und **Gerhard Ruhlig**, *Über Thiazole. 26. Mitt. Die Synthese von 3-substituierten Thiazolon-(2)-imiden aus α-Rhodanketonen.* (25. vgl. vorst. Ref.) Die Rk. von Rhodanaceton (I) mit Hydrazinhydrat in äquimol. Verhältnis in Ggw. von HCl ist vom p_H-Wert abhängig. Bei einer HCl-Konz. von 0,02 Mol/Liter entsteht *Rhodanacetonazin*, bei geringer Erhöhung der HCl-Konz. entsteht ein gelbes, amorphes, in organ. Lösungsmitteln unlösl. Prod., bei einer HCl-Konz. von 0,4 Mol/Liter bildet sich *3-Amino-4-methylthiazolon-(2)-iminhydrochlorid*, während bei höheren HCl-Konzz. die Aminogruppen durch Protonen blockiert werden u. keine Rkk. stattfinden. — Wird ω-Rhodanacetophenon (II) mit Hydrazindihydrochlorid umgesetzt, so entsteht *2-Amino-5-phenyl-1.3.4-thiodiazinhydrochlorid.* Mit Phenylhydrazin u. asymm. Diphenylhydrazin reagiert II in essigsaurer Lsg. nur zum *Phenyl-* bzw. *Diphenylhydrazon.* Die Rk. von I mit Anilin ergibt in Ggw. von HCl *3-Phenyl-4-methylthiazolon-(2)-iminhydrochlorid*, das ebenfalls aus Chloraceton u. Phenylthioharnstoff (III) erhältlich ist u. mit Acetanhydrid ein *Acetylderiv.* gibt. Analog reagiert II mit Anilinhydrochlorid zu *3.4-Diphenylthiazolon-(2)-iminhydrochlorid* u. I mit Methylaminhydrochlorid zu *3.4-Dimethylthiazolon-(2)-iminhydrochlorid.* Zur Kontrolle wurde ferner aus ω-Bromacetophenon + III das isomere *2-Anilino-4-phenylthioazol* hergestellt. Werden α-Rhodanketone in alkoh. Lsg. mit $NH_2OH \cdot HCl$ erhitzt, so entstehen in analoger Weise die *3-Oxythiazolon-(2)-imine*, die aber nur als *Hydrochloride* beständig sind u. mit Zn–HCl leicht zu entsprechenden *2-Aminothiazolen* red. werden können. So entstehen aus I, II, 3- u. 1-Rhodanbutanon-(2) die *Hydrochloride* von *3-Oxy-4-methyl-*, *3-Oxy-4-phenyl-*, *3-Oxy-4.5-dimethyl-* u. *3-Oxy-4-äthylthiazolon-(2)-imin.* Das Desylrhodanid reagiert unter diesen Bedingungen nicht u. gibt bei einer höheren Säurekonz. ledigich *2-Oxy-4.5-diphenylthiazol.* Verss., den 3-Oxythiazolon-(2)-iminen strukturisomere Thiazolyl-(2)-hydroxylamine aus den entsprechenden 2-Halogenthiazolen u. NH_2OH zu gewinnen, verliefen ergebnislos. II reagiert mit Thioharnstoff zu *[4-Phenylthiazolyl-(2)]-isothioharnstoff* (IV), das bei der Umsetzung mit Oxalylchlorid *S-[4-Phenylthiazolyl-(2)]-isothioparabansäure* bildet. Als Nebenprod. bei der Rk. zu IV entsteht *2-Methoxy-4-phenylthiazol*, das unter anderen Versuchsbedingungen Hauptprod. wird. Das strukturisomere *3-Methyl-4-phenylthiazolon-(2)* wird durch Methylierung von 2-Oxy-4-phenylthiazol mit $(CH_3)_2SO_4$ erhalten.

V e r s u c h e: *Rhodanacetonazin*, F. 112—114°, durch ½std. Erhitzen von 2,3 g I mit 1 g Hydrazinhydrat u. 0,5 cm^3 2n HCl in 50 cm^3 A. u. Vakuumeinengen; aus A. Blättchen. — *3-Amino-4-methylthiazolon-(2)-iminhydrochlorid*, F. 224°, durch 1½std. Erwärmen von 11,5 g I + 10,5 g Hydrazindihydrochlorid in 175 cm^3 A.; Prismen; 60—70% (Ausbeute). *Freie Base*, F. 109°. *Triacetylverb.*, F. 167°. — *2-Amino-5-phenyl-1.3.4-thiodiazinhydrochlorid*, F. 210° (Zers.), durch 2std. Erhitzen von 1,77 g II + 1,05 g Hydrazindihydrochlorid in 50 cm^3 A. u. Einengen; aus A. Prismen. *Freie Base*, F. 125°. *Acetylverb.*, F. 172°. — *ω-Rhodanacetophenon (II)-phenylhydrazon*, $C_{15}H_{13}N_3S$, F. 214°, aus 3,54 g II durch Auflösen in A., Kühlen u. Zufügen von 2,16 g Phenylhydrazin in 20 cm^3 50%ig. Essigsäure aus Ae. gelbe Nadeln. *Diphenylhydrazon*, $C_{21}H_{17}N_3S$, F. 95°, aus II + asymm. Diphenylhydrazin u. wenig Essigsäure in A.; aus Ae. gelbe Kristalle. *Oxim*, $C_9H_8ON_2S$, F. 128°, aus A. Nadeln. — *3-Phenyl-4-methylthiazolon-(2)-iminhydrochlorid*, $C_{10}H_{10}N_2S \cdot HCl$, F. 253° (Zers.), a) durch ¾std. Kochen von 11,5 g I + 13 g Anilinhydrochlorid in A.; aus A. Prismen; b) aus Chloraceton + III mit konz. HCl in C_2H_5OH. *Freie Base*, F. 80° (Ae.). *Monoacetylderiv.*, $C_{12}H_{12}ON_2S$, F. 182°, Blättchen aus Acetanhydrid. — *3.4-Diphenylthiazolon-(2)-iminhydrochlorid*, $C_{15}H_{12}N_2S \cdot HCl$, F. 287° (Zers.), durch 1std. Kochen von **II** + Anilinhydrochlorid in A.; aus A. Blättchen. *Freie Base*, $C_{15}H_{12}N_2S$, F. 111° (Essigsäureäthylester). *Monoacetylverb.*, $C_{17}H_{14}ON_2S$, F. 210°, aus Eisessig Prismen. — *2-Anilino-4-phenylthiazolhydrobromid*, $C_{15}H_{12}N_2S \cdot HBr$, F. 189° (A.), durch ½std. Kochen von ω-Bromacetophenon u. **III** in C_2H_5OH. *Freie Base*, $C_{15}H_{12}N_2S$, F. 139—140, aus Ae. Nadeln. *Monoacetylverb.*, $C_{17}H_{14}ON_2S$, F. 135°, Nadeln aus Eisessig. — *3.4-Dimethylthiazolon-(2)-iminhydrochlorid*, $C_5H_8N_2S \cdot HCl$, F. 132°, aus **I** + Methylaminhydrochlorid inA. (½std. Erwärmen); aus A. Nadeln. *Monoacetylverb.*, F. 113°; Nadeln. — *3-Oxy-4-methylthiazolon-(2)-iminhydrochlorid*, $C_4H_6ON_2S \cdot HCl$, F. 205° (Zers.), durch ½std. Erwärmen von **I** mit $NH_2OH \cdot HCl$ in A.; Prismen aus 80%ig. A.; 85%. — *2-Amino-4-methylthiazol*, F. 42°, aus vorst. Verb. + Zn–HCl (Erwärmen u. Gießen auf KOH). — *3-Oxy-4-phenylthiazolon-(2)-iminhydrochlorid*, $C_9H_8ON_2S \cdot HCl$, F. 208° (A.), aus **II** + $NH_2OH \cdot HCl$ (Erwärmen in A.); 70%. *Diacetylverb.*, *Hydrochlorid*, $C_{13}H_{12}O_3 \cdot N_2S \cdot HCl$, F. 192° (Zers.; Eisessig). — *2-Amino-4-phenylthiazol*, F. 147—148°, durch Red. der vorst. Verb. mit Zn–HCl; Nadeln. — *3-Rhodanbutanon-(2)*, aus 3-Brombutanon-(2) + KSCN in W. (2 Std. erwärmen); 100%. — *3-Oxy-4.5-dimethylthiazolon-(2)-iminhydrochlorid*, $C_5H_8ON_2S \cdot HCl$, F. 221° (Zers.), aus vorst. Verb. durch Erhitzen mit $NH_2OH \cdot HCl$ in A.; aus 50%ig. A. Prismen. — *3-Oxy-4-äthylthiazolon-(2)-iminhydrochlorid*, $C_5H_8ON_2S \cdot HCl$, F. 205° (Zers.; 80%ig. A.), analog aus 1-Rhodanbutanon-(2). — *2-Oxy-4.5-diphenylthiazol*, $C_{15}H_{11}ONS$, F. 140°, durch Erwärmen von Desylrhodanid in alkoh. HCl; Prismen; 100%. — *2-Chlor-4-phenylthiazol*, C_9H_6NClS, F. 53°, durch 1std. Kochen von 2-Oxy-4-phenylthiazol mit $POCl_3$, Gießen auf Eis u. Wasserdampfdest.; aus 50%ig. A. Blättchen; löst sich in konz. H_2SO_4 rot. — *2-Brom-4.5-dimethylthiazol*, C_5H_6NBrS, F. 28° (Ae.), durch Zufügen von 66%ig. HNO_3 zu einer Lsg. von 2-Amino-4.5-dimethylthiazol + 84%ig. H_3PO_4 unter Kühlen, dann Zutropfen von $NaNO_2$ in W., Zutropfen der Diazoniumsalzlsg. zu Cu-Bronze in 48%ig. HBr, Alkalisieren nach Beendigung der N_2-Entw. u. Wasserdampfdestillation. — *[4-Phenylthiazolyl-(2)]-isothioharnstoff* (**IV**), $C_{10}H_9N_3S_2$, F. 164—166°, durch ¾std. Kochen von **II** + Thioharnstoff in methanol. HCl u. mehrwöchiges Stehen bei 0°; orangefarbene Kristalle aus A.-Dioxan. *Diacetylverb.* $C_{14}H_{13}O_2N_3S_2$, F. 210°, Nadeln aus Eisessig. — *2-Methoxy-4-phenylthiazol*, $C_{10}H_9ONS$, F. 139° (A.), a) als Nebenprod. bei vorst. Rk.; b) aus **II** + Thioharnstoff in methanol. HCl (¼std. Kochen); stark reflektierende Blättchen aus A.; 82%. — *S-[4-Phenylthiazolyl-(2)]-isothioparabansäurehydrochlorid*, $C_{12}H_7O_2 \cdot N_3S_2 \cdot HCl$, F. 191—193°, aus **IV** u. Oxalylchlorid in absol. A. (10std. Erhitzen); aus A. Nadeln. — *3-Methyl-4-phenylthiazolon-(2)*, $C_{10}H_9ONS$, F. 118—119°, durch Zufügen von $(CH_3)_2SO_4$ zu einer Lsg. von 2-Oxy-4-phenylthiazol in NaOH in der Kälte u. 1std. Erwärmen; aus A. Prismen. (Chem. Ber. **89**. 107—14. 1956.) H. Lehwald. 3142

C. Ainsworth, *Die Reaktion von Thiosemicarbazid mit Orthoestern.* Die Rk. von Thiosemicarbazid (**II**) mit überschüssigem Orthoameisensäuretriäthylester (**III**) auf dem Wasserbad über Nacht führt wahrscheinlich über *Ameisensäureäthylesterthiosemicarbazon* (**VI**), *2-Amino-1.3.4-thiadiazol* (**IV**) u. *Äthyl-N-[1.3.4-thiadiazolyl-(2)]-formimidat* (**V**) zu *N.N'-Bis-[1.3.4-thiadiazolyl-(2)]-formamidin* (**I**), das sich zu **IV** hydrolysieren läßt. Bei der Rk. von **II** mit 1 Mol **III** entsteht nach 2 Std. **VI**, über Nacht dagegen **IV**, das mit weiterem **III I** gibt. Bei der Rk. von **II** mit **III** bei 140° wird **V** erhalten, das sich mit 1 Mol **IV** zu **I** umsetzen läßt. Durch Luftfeuchtigkeit wird **V** zu **I**, *A.*, *Äthylformiat* u. **III** hydrolysiert. Es wird ein Reaktionsmechanismus diskutiert. Die Rk. von **II** mit Orthoessigsäuretriäthylester (**VII**) führt zu *Äthylacetatthiosemicarbazon*, das beim Erhitzen auf 180° unter A.-Entw. in *2-Amino-5-methyl-1.3.4-thiadiazol* u. *3-Methyl-1.2.4-triazol-5-thiol* übergeht. Aus **II** u. Orthopropionsäuretriäthylester (**VIII**) wird *2-Amino-5-äthyl-1.3.4-thiadiazol* erhalten.

Versuche: *N.N'-Bis-[1.3.4-thiadiazolyl-(2)]-formamidin* (**I**), $C_5H_4N_6S_2$, F. 245° (Zers.; Dimethylformamid–W.), a) durch Erhitzen von **II** u. überschüssigem **III** über Nacht auf dem Wasserbad; hellgelbe M.; 85% (Ausbeute); b) durch 2 Min. langes Erhitzen von **V** u. **IV** auf 150°; c) durch kurzes Aufkochen u. 4tägiges Erhitzen von **IV** mit **III** auf dem Wasserbad. — *2-Amino-1.3.4-thiadiazol* (**IV**), a) durch Erhitzen von **I** mit konz. HCl auf dem Wasserbad; b) durch Versetzen der heißen Lsg. von **I** mit sd. A., Abfiltrieren von **I** u. Einengen; 57%. — *Ameisensäureäthylesterthiosemicarbazon* (**VI**), $C_4H_9ON_3S$, F. 165° (Zers.), a) durch 2std. Erhitzen von äquimol. Mengen **II** u. **III** auf dem Wasserbad, Kochen mit Acetonitril u. Abfiltrieren von **I**; 41%; b) durch 10 Min. Erhitzen von 9,1 g **II** u. **III** auf dem Wasserbad; 0,5 g. — *Äthyl-N-[1.3.4-thiadiazolyl-(2)]-formimidat* (**V**), $C_5H_7ON_3S$, F. 42—44°, $Kp._{0,3}$ 100°, durch Erhitzen von **II** u. **III** auf 140° über Nacht u. Dest.; n_D^{25} 1,5510; 41%. Nach mehrmonatigem Stehen in einem leicht verschlossenen Gefäß scheidet sich **I** ab. Im Filtrat neben **V** *Ameisensäureäthylester*, *A.* u. **III**. Beim Stehen im offenen Gefäß über Nacht entsteht **I**. — *Äthylacetat-*

thiosemicarbazon, $C_5H_{11}ON_3S$, F. 151—152° (A.), durch Erhitzen von **II** u. **VII** auf dem Wasserbad; 56%. — *2-Amino-5-methyl-1.3.4-thiadiazol*, $C_3H_5N_3S$, F. 233° (Zers.; W.), durch 1std. Erhitzen von 8 g vorst. Verb. auf 180° u. Ausziehen nachst. Verb. mit n-NaOH; Prismen; 3 g. — *3-Methyl-1.2.4-triazol-5-thiol*, $C_3H_5N_3S$, F. 263—264° (W.), federige Nadeln; 3 g. — *2-Amino-5-äthyl-1.3.4-thiadiazol*, $C_4H_7N_3S$, F. 200° (Acetonitril), aus **II** u. **VIII**; Prismen; 31%. — Die UV-Spektren der meisten Verbb. sind angegeben. (J. Amer. chem. Soc. **78**. 1973—75. 5/5. 1956. Indianapolis, Ind., Lilly Res. Labors.)
R. PASEDAG. 3173

F. F. Medowschtschikowa und **I. Ja. Posstowski**, *Reduktion von Thiadiazolen unter Ringöffnung.* 5-Phenyl-2-amino-1.3.4-thiadiazol (**I**) u. 5-p-Acetylaminophenyl-2-amino-1.3.4-thiadiazol (**II**) werden mit 5%ig. Na-Amalgam in A. unter Ringöffnung zu *Benzaldehydthiosemicarbazon* bzw. *p-Acetylaminobenzaldehydthiosemicarbazon* redziert. Verss., die Red. mit $NaHSO_3$ in alkal. Medium oder Zn in alkoh.-alkal. Medium durchzuführen, mißlangen. Im Gegensatz zu **I** u. **II** läßt sich 5-Methyl-2-amino-1.3.4-thiadiazol nicht reduzieren. Allg. wurde festgestellt, daß 5-Aryl-1.3.4-thiadiazole leichter reduzierbar sind als 5-Alkyl-1.3.4-thiadiazole. So wird **I** an der Quecksilbertropfelektrode bei stark negativem Halbwellenpotential red., während 1.3.4-Thiadiazol u. **I** nicht red. werden.

Versuche: *5-p-Acetylaminophenyl-2-amino-1.3.4-thiadiazol* (**II**), $C_{10}H_{10}ON_4S$, F. 250°; a) durch Zugabe von $FeCl_3$-Lsg. zu einer sd. wss. Suspension von p-Acetylaminobenzaldehydthiosemicarbazon u. 15 Min. Kochen; 10% (Ausbeute); b) durch Behandeln von 1-p-Acetylaminobenzoylthiosemicarbazid mit sirupöser H_3PO_4; 88%. — *Benzaldehydthiosemicarbazon*, F. 115°; aus **I** in A. durch Red. mit Na-Amalgam; 50%. Analog aus **II** *p-Acetylaminobenzaldehydthiosemicarbazon*, F. 222°. (Журнал Общей Химии [J. allg. Chem.] **24** (**86**). 2024—27. Nov. 1954. Uraler Polytechn. Inst.)
H. HINTZ. 3173

Pierre Maitte, *Untersuchungen über das Chroman und das Isochroman. Synthese von Chromenen.* Vf. synthetisierte *Δ^3-Chromen* (**X**) durch Cyclisierung von 1-Phenoxy-3-chlorpropan zu *Chroman* (**VI**), Bromierung mit N-Bromsuccinimid (NBS), Umsetzung des rohen Bromierungsgemischs, das vorwiegend *4-Bromchroman* enthielt, mit C_2H_5ONa u. Dest. des *4-Äthoxychromans*, wobei A.-Abspaltung eintrat. *Δ^2-Chromen* (**XI**) wurde in unreinem Zustand, vermischt mit *2-Methylcumaron*, erhalten durch Dehydratisierung von *2-Oxymethylcumaran* mit Al_2O_3 bei 350—400°. Dagegen wurden bei Verss. einer Darst. des Isochromens aus *Isochroman* (**XII**, erhalten durch Chlormethylierung u. Cyclisierung von β-Phenyläthanol) bzw. aus substituierten Isochromanen nur Spaltprodd. des heterocycl. Rings isoliert. Eine Anzahl von weiteren Umsetzungen wird beschrieben, so Verss. zur Darst. von **X** durch Cyclisierung von o-Propenylphenol (**III**), Bromierungen von **III** u. verwandten Verbb. mit NBS, Bromierung, Chlorierung u. Acetylierung von **VI**, Darst. 4-substituierter Chromane u. Δ^3-Chromene sowie weitere Eigg. u. Rkk. von **X**, **XI** u. **XII**.

Versuche: *Phenylallyläther* (**I**), Kp.$_{15}$ 84°, aus C_3H_5Cl u. C_6H_5ONa; 81% (Ausbeute); daneben wenig **II**; reagierte heftig mit $SnCl_4$ unter Bldg. von Harzen. — *o-Allylphenol* (**II**), Kp.$_{12}$ 101°, durch 6std. Kochen von **I**; D.$^{15}{}_4$ 1,026, n_D^{15} 1,5483; RAMAN-Spektr.; 93%. — *o-Propenylphenol* (**III**), F. 37°, Kp.$_{15}$ 114—115°, durch 24std. Erhitzen von 20 g **II** mit 40%ig. alkoh. KOH; Trennung von **II** durch Dest. oder mit Hg-Acetat; 13 g roh; Ausbeuten bei verschied. Erhitzungszeiten u. KOH-Konzz. vgl. Original. — *o-Acetoxypropenylbenzol*, Kp.$_{14}$ 124—125°, aus **III**; D.$^{15}{}_4$ 1,054, n_D^{15} 1,5383; 94%. — *o-Acetoxyallylbenzol*, Kp.$_{13,5}$ 115—116°, aus **II**. — Bromierung beider vorst. Verbb. mit NBS in CCl_4 (12std. Erhitzen) lieferte *1-Acetoxy-2-[1-bromallyl]-benzol*, F. 79,5—80° (Bzl.–PAe.), instabil; 60%; gab beim Vers. einer Cyclisierung mit alkoh. KOH nur Harze, bei Einw. von $(C_2H_5)_2NH$ in Ae. wahrscheinlich *1-Oxy-2-[1-diäthylaminoallyl]-benzol*, $C_{13}H_{19}ON$, Kp.$_2$ 147°. *Pikrat*, F. 120,5° (A.). — *o-Methoxyallylbenzol* (*o-Estragol*), Kp. 204°, aus **II** u. $(CH_3)_2SO_4$; RAMAN-Spektr.; 52%. — *o-Methoxypropenylbenzol* (*o-Anethol*), Kp.$_{14}$ 106—107°, durch Allylumlagerung vorst. Verb.; RAMAN-Spektr.; 96%. — *2-Methylcumaran*, Kp.$_{15}$ 79°, aus 100 g **II** über Al_2O_3 bei 300° unter N_2; n_D^{23} 1,5310; RAMAN-Spektr.; 28 g, daneben 7 g **III** u. 56 g **II** zurück. — *1-Methoxy-2-[1-bromallyl]-benzol* (**IV**), Öl, aus o-Estragol oder o-Anethol u. NBS. — *1-Methoxy-2-[1-äthoxyallyl]-benzol* (**V**), $C_{12}H_{16}O_2$, Kp.$_{12}$ 146—147°, Kp.$_{0,7}$ 104—105°, aus **IV** u. C_2H_5ONa (6std. Kochen); D.$^{13}{}_4$ 1,075, n_D^{13} 1,5504, RANAY-Spektrum. — *1-Methoxy-2-[1-äthoxypropenyl]-benzol*, $C_{12}H_{16}O_2$, Kp.$_{14,5}$ 138—139°, aus **V** u. alkoh. KOH (24std. Erhitzen); D.$^{17}{}_4$ 1,0235, n_D^{17} 1,5252. — *1-Methoxy-2-[1-äthoxy-n-propyl]-benzol*, $C_{12}H_{18}O_2$, Kp.$_{13}$ 125—126°, aus vorst. Verb. oder **V** u. H_2 über RAMAN-Ni; D.$^{13}{}_4$ 0,996, n_D^{13} 1,5060. — Red. von 15 g **IV** mit Na in A. gab 4 g eines Gemisches aus *o-Estragol* u. wenig *o-Meth-*

oxypropylbenzol (Kp.$_{13}$ 84—85°, D.$^{13}{}_4$ 0,9546, $n_D{}^{13}$ 1,5139), 6 g eines Prod. mit dem Kp.$_{13}$ 125—126° u. 2—3 g **IV** zurück. — *1-Methoxy-2-[1-diäthylaminoallyl]-benzol*, $C_{14}H_{21}ON$, Kp.$_{14}$ 143—145°, aus **IV** u. $(C_2H_5)_2NH$ in Ae.; *Pikrat*, F. 124,5° (A.). — 3std. Kochen von **IV** mit W. führt zu keinen definierten Produkten. — *1-Phenoxy-3-chlorpropan*, aus C_6H_5ONa u. $Cl(CH_2)_3Br$; 70—75%; daneben wenig **I** u. ca. 20% *1.3-Diphenoxypropan*, F. 61° (A.). — *Chroman* (**VI**; *Dihydrobenzopyran*), $C_9H_{10}O$, Kp. 215° (korr.), Kp.$_{12,5}$ 89°, F. 4,8°, aus vorst. Verb. u. $SnCl_4$ (6 Std. bei 190—205°; 85%), weniger gut mit $ZnCl_2$ (2 Std.; 60 g → 25 g, daneben 5 g C_6H_5OH); D.$^{16}{}_4$ 1,066, $n_D{}^{16}$ 1,5505, RAMAN-Spektrum. — *1-p-Kresoxy-3-chlorpropan*, Kp.$_{14}$ 128—129°, aus p-Kresol u. $Cl(CH_2)_3Br$; 70%; daneben *1.3-Bis-p-kresoxypropan*, F. 94°. — *6-Methylchroman*, $C_{10}H_{12}O$, Kp.$_{14}$ 104°, aus vorst. Verb. analog **VI**; D.$^{16}{}_4$ 1,0412, $n_D{}^{16}$ 1,5441; 85—86%. — *1-p-Chlorphenoxy-3-chlorpropan*, $C_9H_{10}OCl_2$, Kp.$_{13}$ 146—147°, aus p-ClC_6H_4ONa neben *1.3-Bis-p-chlorphenoxypropan*, F. 118° (A.). — *1-p-Bromphenoxy-3-chlorpropan*, $C_9H_{10}OClBr$, Kp.$_{10,5}$ 153,5°, aus p-BrC_6H_4ONa neben *1.3-Bis-p-bromphenoxypropan*, F. 142,5. — *6-Chlorchroman* (**VIII**), C_9H_9OCl, Kp.$_{15}$ 123°, D.$^{14,5}_4$ 1,220, $n_D{}^{14,5}$ 1,5648; 20%. — *6-Bromchroman* (**VII**), C_9H_9OBr, Kp.$_{16}$ 141°, D.$^{21}{}_4$ 1,4972, $n_D{}^{21}$ 1,5914; 4%. — *1-p-Nitrophenoxy-3-chlorpropan*, F. 39°, Kp.$_{0,7}$ 153—154°, D.$^{16}{}_4$ 1,2972 (unterkühlte Fl.), $n_D{}^{16}$ 1,5855; reagierte mit $SnCl_4$ heftig unter HCl-Entw., ein definiertes Prod. wurde nicht isoliert. — *1.3-Bis-p-nitrophenoxypropan*, F. 124,5°. — *1-Phenoxy-2.3-dichlorpropan*, aus **I** u. Cl_2 in CCl_4 bei 0°; reagierte bei 100° heftig mit $SnCl_4$ (Verharzung). — **VII**, besser aus **VI** u. a) Br_2 in CCl_4 (87%); b) NBS in CCl_4 bei Ggw. von Benzoylperoxyd (1 Nacht bei Bestrahlung mit einer 60 W-Lampe; 70%); c) ebenso unter UV-Bestrahlung (4 Std.; 70%); d) ebenso (einige Min. Kochen, ohne Bestrahlung; 10%); daneben in den rohen Gemischen nach b), c) u. bes. d) (**A**) immer *4-Bromchroman*. — **VIII**, besser aus **VI** u. a) Cl_2 neben *6.x-Dichlorchroman* ($C_9H_8OCl_2$, Kp.$_{0,6}$ 112—114°) u. *6.x.x-Trichlorchroman* ($C_9H_7OCl_3$, Kp.$_{0,6}$ 122—124°); b) SO_2Cl_2 in CCl_4 bei Ggw. von Benzoylperoxyd (40°; 80%). — *6-Acetylchroman*, F. 43,5°, Kp.$_{10}$ 161—162°, aus **VI** nach CHATELUS (C. **1947**. 731). — *4-Diäthylaminochroman* (**IX**), $C_{13}H_{19}ON$, Kp.$_{16}$ 143,5°, aus **A** u. $(C_2H_5)_2NH$; D.$^{22}{}_4$ 1,0136, n_D 1,5252. *Pikrat*, F. 121,5° (A.). Daneben **VII**, **VI** u. **X**. — Rkk. von **A** mit 100% Überschuß der entsprechenden GRIGNARD-Verbb. bei —5° gaben >50% an: *4-Äthylchroman*, $C_{11}H_{14}O$, Kp.$_{15}$ 113°, D.$^{18}{}_4$ 1,0275, $n_D{}^{18}$ 1,5416. — *4-n-Propylchroman*, $C_{12}H_{16}O$, Kp.$_{13}$ 128°, D.$^{20}{}_4$ 1,081, $n_D{}^{20}$ 1,5434. — *4-n-Butylchroman*, $C_{13}H_{18}O$, Kp.$_{15}$ 141°, D.$^{20}{}_4$ 1,061, $n_D{}^{20}$ 1,5387 (eventuell durch **VII** verunreinigt). — *4-Phenylchroman*, $C_{15}H_{14}O$, Kp.$_{0,6}$ 123°, D.$_4{}^{21,5}$ 1,1208, $n_D{}^{21,5}$ 1,6035; 65%. — *Dihydrocumarin*, Kp.$_{15}$ 147°, aus Cumarin u. H_2 über RANEY-Ni (60°, 90 at); 92%. — *2.2-Di-n-butylchroman*, Kp.$_{17}$ 173°, Kp.$_{0,8}$ 128°, aus vorst. Verb. u. n-C_4H_9MgBr, dann Cyclisierung des *Carbinols* (F. 66,5°) mit 85%ig. H_3PO_4; $n_D{}^{15}$ 1,5121; 70% (bezogen auf Cumarin). — Erhitzen von **VI** mit S oder Se (190°) gab kein krist. Produkt. — *4-Äthoxychroman*, $C_{11}H_{14}O_2$, Kp.$_{0,4}$ 93—94°, aus **A** durch langsames Zutropfen zu einer alkoh. C_2H_5ONa-Lsg. (Kühlung); D.$^{15}{}_4$ 1,081, $n_D{}^{15}$ 1,5340. Zersetzt sich beim Erhitzen im Vakuum unter Bldg. von *A*. (*3.5-Dinitrobenzoat*, F. 92°) u. von *Δ^3-Chromen* (**X**), C_9H_8O, Kp.$_{15}$ 92—92,5°, D.$^{16}{}_4$ 1,0993, $n_D{}^{16}$ 1,5923; RAMAN-Spektr.; 70%. Bei der Darst. von **X** ist es nicht nötig, vorst. Verb. zu isolieren. — *3.4-Dibromchroman*, $C_9H_8OBr_2$, F. 124—124,5° (CCl_4), aus **X** u. Br_2 oder NBS in CCl_4; instabil. — *3-Brom-Δ^3-chromen*, C_9H_7OBr, Kp.$_{10}$ 118—120°, aus vorst. Verb. u. KOH in sd. Äther. — *3-Brom-4-äthoxy-Δ^3-chromen*, $C_{11}H_{13}O_2Br$, Kp.$_{10}$ 130,5°, aus vorvorst. Verb. u. alkoh. KOH oder C_2H_5ONa, daneben vorst. Verbindung. — Rk. von **X** mit HBr in absol. Ae. bei 0°, dann mit $(C_2H_5)_2NH$ gab **IX**. — Hydrierung von **X** über RANEY-Ni in A. gab 100% **VI**. — Nachst. Δ^3-Chromene durch Bromierung der entsprechend substituierten Chromane, Rk. mit C_2H_5ONa u. langsame Dest. wie oben (50—60%): *6-Methyl-*, $C_{10}H_{10}O$, Kp.$_{11}$ 104°, D.$^{16}{}_4$ 1,0602, $n_D{}^{16}$ 1,5691. *3.4-Dibromid*, F. 84°, instabil. — *6-Chlor-*, C_9H_7OCl, Kp.$_{154,5}$ 120°, D.$^{17}{}_4$ 1,245, $n_D{}^{17}$ 1,5976. — *6-Brom-*, C_9H_7OBr, Kp.$_{14}$ 136°, D.$^{16}{}_4$ 1,5235, $n_D{}^{15}$ 1,6105. — *2.2-Di-n-butyl-*, $C_{17}H_{24}O$, Kp.$_{13,5}$ 163—164°, D.$^{17}{}_4$ 0,9627, $n_D{}^{17}$ 1,5138. — *4-Äthyl-*, $C_{11}H_{12}O$, Kp.$_{13}$ 121°, a) aus 4-Äthylchroman u. NBS, dann C_2H_5ONa (6—8%); besser b) aus Chromanon-(4) u. C_2H_5MgBr, dann Dest. des *Carbinols*; D.$_4{}^{20,5}$ 1,064, $n_D{}^{20,5}$ 1,5776. — *4-Phenyl-*, $C_{15}H_{12}O$, Kp.$_{0,6}$ 137—138°, wie vorst. mit C_6H_5MgBr; D.$_4{}^{21,5}$ 1,1408, $n_D{}^{21,5}$ 1,6342. Hydrierung (RANEY-Ni, 100°, 150 at) gab *4-Phenylchroman*. — *2-Oxymethylcumaran*, Kp.$_{11}$ 137°, aus Chlorharnstoff u. o-Acetoxyallylbenzol bei 5—10° (3std. Rühren, dann Stehen) u. Behandeln des rohen *Chlorhydrins* mit 25%ig. NaOH (30%) bzw. mit 1%ig. methanol. HCl, dann 20std. Kochen mit KOH (33%); D.$^{16}{}_4$ 1,824, $n_D{}^{16}$ 1,5623; als Nebenprod. *2-Chlormethylcumaran*, Kp.$_{13}$ 119°; 21%. — *Δ^2-Chromen* (**XI**), C_9H_8O, Kp.$_9$ 77°, unrein, aus 100 g vorst. Verb. über Al_2O_3 bei 350—400° unter N_2, dann Auswaschen mit NaOH u. Fraktionieren; D.$_4{}^{12,5}$ 1,0732, $n_D{}^{12,5}$ 1,5641; RAMAN-Spektr.; 25 g als Gemisch mit isomerem *2-Methylcumaron* (letzteres wurde nach GABERT u. NORMANT, C. **1953**. 7535, dargestellt; Kp.$_{14}$ 79°, D.$^{19}{}_4$ 1,0578, n_D^{19} 1,5630; RAMAN-Spektr.), daneben viel Ausgangsprod. zurück. — Hydrierung von **XI** mit RANEY-Ni gab fast 100% **VI**. — *2-Chlormercuri-Δ²-chromen*, F. 141° (50%ig. A.), aus **XI** u. $HgCl_2$—CH_3COOK-Lösung. — *Chromanol-(2)*, $C_9H_{10}O_2$, Kp.$_{12,5}$ 139°, aus vorst. Verb. u. 2,5n HCl (12 Std. bei 50°). *o-Oxyhydrozimtaldehyd-2.4-dinitrophenylhydrazon*, F. 185° (A.). — *2-Äthoxychroman*, $C_{11}H_{14}O_2$, Kp.$_{12}$ 111,5—112°, aus **XI** u. sd. A. in Ggw. von 1 Tropfen konz. HCl (12 Std.); D.$^{22,4}_4$ 1,0602, $n_D^{22,5}$ 1,5208, angenehmer Geruch; 50%. — *3-Brom-Δ²-chromen*, C_9H_7OBr, Kp.$_{13}$ ca. 119°, durch Einw. von Br_2 auf **XI** in CCl_4 bei 0°, dann Rk. mit C_2H_5ONa; n_D^{23} ca. 1,557. — *Isochroman* (**XII**), $C_9H_{10}O$, Kp.$_{11,5}$ 88°, aus β-Phenyläthanol, Trioxymethylen u. HCl, dann Zugabe von HCl-Lsg.; D.$^{17,5}_4$ 1,068, $n_D^{17,5}$ 1,5478; 90%. Wurde beim Vers. einer Pyrolyse (540°) unter N_2 zu 85% zurückgewonnen. — *1-Chlorisochroman* (**XIII**), Kp.$_{12}$ 128°, unrein, aus **XII** u. Cl_2 bei —5°; zers. sich bei Destillationsversuchen. — *1-Bromisochroman*, nicht destillierbar, aus **XII** u. NBS in heftiger Rk.; fast 100%; gibt die nachst. Rkk. von **XIII** auch. — *1-Diäthylaminoisochroman*, $C_{13}H_{19}ON$, Kp.$_{12,5}$ 128°, aus rohem **XIII** u. $(C_2H_5)_2NH$ in Bzl. (zuerst n. Temp., dann 1 std. Kochen), D.$^{21}_4$ 1,088, n_D^{21} 1,5201; 70%. *Saures Oxalat*, F. 203—204° (A.). — *1-Äthoxyisochroman* (**XVI**), $C_{11}H_{14}O_2$, Kp.$_{12,5}$ 117—118°, aus **XIII** u. C_2H_5ONa in sd. A. (4 Std.); D.$^{22}{}_4$ 1,0645, n_D^{22} 1,5180; 77%. — *1-n-Butoxyisochroman*, $C_{13}H_{18}O_2$, Kp.$_{16,5}$ 150°, analog; D.$^{16}{}_4$ 1,027, n_D^{16} 1,5090; 80%. — *1-Äthylisochroman* (**XIV**), $C_{11}H_{14}O$, Kp.$_{12,5}$ 102°, aus **XIII** u. C_2H_5·MgBr (2,2facher Überschuß bei —10°); D.$^{20}{}_4$ 1,0205, n_D^{20} 1,5293; 70—80%; bei Verwendung des 1½fachen Überschusses an C_2H_5MgBr nur 20%. — *1-Phenylisochroman* (**XV**), $C_{15}H_{14}O$, F. 87° (Aceton oder A.), analog. — *1-Cyanisochroman*, $C_{10}H_9ON$, Kp.$_{12,5}$ 145° aus **XIII** u. $Cu_2(CN)_2$ in sd. Bzl. (4 Std.); D.$^{21}{}_4$ 1,1462, n_D^{21} 1,5431. — *Isochroman-1-carbonsäureamid*, $C_{10}H_{11}O_2N$, F. 151—152° (A.), aus vorst. Verb. u. sd. alkoh. KOH. — *Bis-[isochromanyl-(1)]-äther*, $C_{18}H_{18}O_3$, F. 137—138° (Dioxan–PAe. 1:4), Kp.$_{0,7}$ 175 bis 178°, aus **XIII** u. W., 20%ig. NaOH oder überschüssiger $Pb(OH)_2$-Suspension (Hydrolyse erfolgt sofort unter Erwärmung) oder durch Hydrolyse von **XVI** oder **XVII**. — *1-Acetoxyisochroman* (**XVII**), $C_{11}H_{12}O_3$, Kp.$_{15}$ 150°, aus **XIII** u. CH_3COOK in sd. Eisessig (2 Std.), 85%; extrem feuchtigkeitsempfindlich. — *Tetrahydroisochroman*, $C_9H_{16}O$, Kp.$_{12,5}$ 73°, aus **XII** u. H_2 über RANEY-Ni (150 at, 200°, 24 Std.); D.$^{24}_4$ 0,9665, n_D^{24} 1,4761, Camphergeruch. Daneben *1-Methyl-2-β-oxyäthylbenzol*, $C_9H_{12}O$, Kp.$_{13}$ 115°, D.$^{21}{}_4$ 1,0066, n_D^{21} 1,5249; *Phenylurethan*, F. 77—77,5° (CCl_4–PAe.). — *1-Propyl-2-β-oxyäthylbenzol*, $C_{11}H_{16}O$, Kp.$_{17,5}$ 140°, aus **XIV** wie vorst. (200 at, 200°); D.$^{23}{}_4$ 0,9910, n_D^{23} 1,5232; 60%. *Phenylurethan*, F. 68—68,2° (CCl_4). — *1-Benzyl-2-β-oxyäthylbenzol*, $C_{15}H_{16}O$, Kp.$_1$ 143—143,5°, aus **XV**; D.$^{21}{}_4$ 1,0125, n_D^{21} 1,5390. *Phenylurethan*, F. 83 bis 83,5° (CCl_4). — *Isochromanon-(1)* (*Dihydroisocumarin*), $C_9H_8O_2$, Kp.$_{0,4}$ 112°, aus **XII** u. SeO_2 in sd. Xylol (12 Std.); D.$^{18,5}{}_4$ 1,203, $n_D^{18,5}$ 1,5664; 85%. — 2 std. Erhitzen von **XII** mit S (180°) gab H_2S u. 40% **XII** zurück, aber kein Isochromen. — Therm. Zers. von **XVII** (230°) gab CH_3COOH u. einige Tropfen mit dem Kp.$_{15}$ 95—110°. — *o-Vinylbenzaldehyd*, C_9H_8O, Kp.$_{16}$ 101—102°, durch Pyrolyse (540°) von 100 g **XVI** (oder 1-n-Butoxyisochroman) unter N_2; 15—18 g, daneben 20 g *Äthylbenzol* ($KMnO_4$-Oxydation → *Benzoesäure*, F. 121°), CH_2O, *A.* (*Dinitrobenzoat*, F. 92°) bzw. $n\text{-}C_4H_9OH$; polymerisiert sich schnell. — *o-Äthylbenzaldehyd*, $C_9H_{10}O$, Kp. 209°, Kp.$_{10}$ 86—87°, aus vorst. Verb. u. H_2 über RANEY-Ni (15°, 10 Min.); D.$^{17}{}_4$ 1,0216, n_D^{17} 1,5425. *2.4-Dinitrophenylhydrazon*, F. 184° (A.). — *o-Äthylbenzoesäure*, F. 64—65° (W.), aus vorst. Verb. u. Ag_2O. (Ann. Chimie [12] **9**. 431—75. Juli/Aug. 1954.) J. ROTHE. 3211

Djordje Dimitrijević und **Živorad Tadić**, *Beitrag zur Kenntnis des Chinanils und der Chinanilsäure.* Es wird durch Einw. von Anilin auf Chinolinsäureanhydrid (**I**) *Chinanilsäure* (**II**; *Chinolinsäure-α-anilid*) gewonnen, die mit CH_2N_2 in den *Methylester* übergeführt wird. Beim Erhitzen von **II** mit $(CH_3CO)_2O$ entsteht *Chinanil* (**III**; *N-Phenylchinolinsäureimid*), beim Erhitzen von **II** ohne Lösungsm. entsteht neben **III** unter Wanderung der C_6H_5CONH-Gruppe von der α- in die β-Stellung *Nicotinsäure-anilid*. **III** wird durch NaOH unter Bldg. von **II** u. *Chinolinsäure-β-anilid* (**IV**) hydrolysiert. Mit NH_3 reagiert **III** unter Bldg. von *Chinolinsäure-α-amid-β-anilid* (**V**), das durch KOH unter Bldg. von **IV** hydrolysiert wird. Beim Erhitzen über den F. geht **V** unter Abspaltung von NH_3 in **III** über. Der HOFMANNsche Abbau von **V** gelang nicht. Bei Verss., **II**-Chlorid durch Behandeln von **II** mit PCl_5, PCl_3 oder $SOCl_2$ zu gewinnen, wurde **III** erhalten. Bei dem Vers., aus **II**-Methylester mit Hydrazinhydrat das entsprechende Hydrazid zu erhalten, entstand *cycl.-Chinolinsäurehydrazid*. Beim Behandeln von **III** mit Hydrazinhydrat entsteht *Chinolinsäure-α-hydrazid-β-anilid* (**VI**), das in das entsprechende *Azid* übergeführt werden kann. Das Azid ist unbeständig u. zers. sich unter NH_3-Abspaltung. Die Hydrolyse des Azids mit 10%ig. KOH gibt **IV**, mit 80%ig. H_2SO_4 **III**, das auch bei der Red. des Azids mit Zn-Eisessig entsteht. Durch CURTIUSschen Abbau wird aus **VI** *β-Aminonicotinsäure* erhalten.

Versuche: *Chinanilsäure* (**II**; *Chinolinsäure-α-anilid*), $C_{13}H_{10}O_3N_2$, F. 137° (Zers.); man läßt 3 g **I** u. 2 g Anilin in 60 ml Bzl. 24 Std. bei Zimmertemp. stehen u. reinigt den erhaltenen Nd. durch Fällen aus 1%ig. KOH + verd. HCl; 4,8 g (Ausbeute). *Methylester*, $C_{14}H_{12}O_3N_2$, F. 94° (Methanol), aus **I** mit äther. CH_2N_2. *Ag-Aalz*, $C_{13}H_9O_3 \cdot N_2Ag$. — *Chinanil* (**III**; *N-Phenylchinolinsäureimid*), $C_{13}H_8O_2N_2$, F. 209° (A.), aus **II** durch Erhitzen mit $(CH_3CO)_2O$ auf 130°; Nadeln; 87%. Wird **II** langsam auf 126—130° erhitzt, so entsteht neben **III** *Nicotinsäureanilid*, F. 231—232°. — *Chinolinsäure-α-amid-β-anilid* (**V**), $C_{13}H_{11}O_2N_3$, F. 217° (Zers.; A.); beim Erhitzen einer Suspension von **III** in A. mit konz. NH_4OH oder beim Einleiten von NH_3 in eine Suspension von **III** in Alkohol. Therm. Zers. liefert **III** — *Chinolinsäure-β-anilid* (**IV**), $C_{13}H_{10}O_3N_2$, F. 144° (Zers.; W.), durch 1std. Erhitzen von 3 g **III** mit 100 ml 0,5%ig. NaOH auf 60° u. Ansäuern des Reaktionsprod.; 0,85 g. Aus dem Filtrat durch Eindampfen **II**. **IV** auch durch Hydrolyse von **V** mit 5%ig. KOH. — *cycl.-Chinolinsäurehydrazid*, $C_7H_5O_2N_3$, F. 310° (Eisessig), aus **II**-Methylester durch Behandeln mit 50%ig. Hydrazinhydrat (3 Std. Stehen bei Zimmertemp.). — *Chinolinsäure-α-hydrazid-β-anilid* (**VI**), $C_{13}H_{12}O_2N_4$, aus 1,5 g **III** in 60 ml absol. A. durch Behandeln mit 50%ig. Hydrazinhydrat; 1,4 g. Geht bei ~160° in *cycl.-Chinolinsäurehydrazid* u. *Anilin* über. — *Chinolinsäure-α-azid-β-anilid*, $C_{13}H_9O_2N_5$, aus vorst. Verb. mit HNO_2. — *2-Aminonicotinsäure*, $C_6H_6O_2N_2$, F. 310° (W.), aus **VI** durch CURTIUSschen Abbau u. Hydrolyse des Reaktionsprod. (F. 174°) mit konz. HCl bei 150°. (Гласник Хемиског Друштва Београд [Ber. chem. Ges. Belgrad] **19**. 33—49. 1954. Belgrad, Technol. Fakultät, Abt. für organ. Chemie.)

O. POLLAK v. EMHOFEN. 3231

M. W. Rubzow und **Je. Je. Michlina**, *Untersuchung neuer Wege zur Synthese von Chinuclidincarbonsäure-(2)*. (Vgl. C. **1956**. 5826.) 4-[β-Oxy-γ.γ.γ-trichlorpropyl]-pyridin (**I**) wird durch Zn-Staub in wss.-alkoh. CH_3CO_2H in *4-[β-Oxy-γ.γ-dichlorpropyl]-pyridin* umgewandelt. Es werden Möglichkeiten geprüft, von **I** zu *Chinuclidincarbonsäure-(2)* (**II**) zu gelangen. Hydrierung von **I** gibt *4-[β-Oxy-γ.γ.γ-trichlorpropyl]-piperidin* (**III**). Von hier führt ein Weg über *4-[β-Brom-γ.γ.γ-trichlorpropyl]-piperidin* (**IV**) zu *2-Trichlormethylchinuclidin*, dessen Verseifung zu **II** unterblieb. Ein 2. Weg ist gek. durch die Reaktionsfolge **III** → *β-[Piperidyl-(4)]-milchsäure* (**V**) → **V**-*Äthylester* → *α-Chlor-β-[piperidyl-(4)]-propionsäureäthylester* → **II**-*Äthylester* → **II**. Beide Wege liefern geringfügige Ausbeuten an den Endprodukten. Bes. schwierig ist der Ersatz von OH durch Halogen sowohl in **III** als auch in **V**-Äthylester. Bei dem Vers., in **III** OH durch Cl zu ersetzen, wird nur das Phosphorsäureesterdichlorid von **III** gebildet.

Versuche: *4-[β-Oxy-γ.γ-dichlorpropyl]-pyridin*, $C_8H_9ONCl_2$, F. 134—136° (25%ig. A.); man setzt zu 10 g **I** in 40 ml A. + 10 ml W. + 16 ml Eisessig bei 60° in 20 Min. 9 g Zn-Staub hinzu u. kocht 3 Std.; Kristalle; 0,67 g (Ausbeute). — *4-[β-Oxy-γ.γ.γ-trichlorpropyl]-piperidin* (**III**), $C_8H_{14}ONCl_3$, F. 159—160° (Zers.); durch Hydrieren von **I** (12 g; 185 ml 1%ig. alkoh. HCl; 0,4 g Pt-Oxyd; 16 Std.); 94,8%. *Hydrochlorid*, $C_8H_{14}ONCl_3 \cdot HCl$, F. 194—196° (Zers.); Kristalle. *Hydrobromid*, $C_8H_{14}ONCl_3 \cdot HBr$, F. 188—189° (Zers.); Kristalle. *N-Methylderiv.*, $C_9H_{16}ONCl_3$, F. 172,5—173,5° (A.); Kristallpulver. *N-Benzylderiv.*, $C_{15}H_{20}ONCl_3$, F. 130—131° (90%ig. A.); Kristalle. *N-Benzoylderiv.*, $C_{15}H_{18}O_2NCl_3$, F. 177—179° (A.); Kristalle. *Phosphorsäureesterdichlorid*, $C_8H_{13}O_2NCl_5P$; durch Kochen von **III** mit $POCl_3$ + wenig PCl_5; Öl. — *4-[β-Brom-γ.γ.γ-trichlorpropyl]-piperidin* (**IV**); durch 3std. Erhitzen von 0,5 g **III** mit 15 ml 68%ig. HBr im Rohr auf 120°; erhalten werden 0,32 g des *Hydrobromids*, $C_8H_{13}NCl_3Br \cdot HBr$, F. 166—166,5° (Zers.); aus A. Kristalle. — *2-Trichlormethylchinuclidin*; 1 g **IV**-Hydrobromid in 12 ml W. wird mit 15 ml 15%ig. Na_2CO_3-Lsg. u. 20 ml Chlf. 3 Std. geschüttelt. *Hydrochlorid*, $C_8H_{12}NCl_3 \cdot HCl \cdot 3H_2O$, F. 230° (Zers.); aus A. + Ae. hygroskop. Kristalle. — *β-[Piperidyl-(4)]-milchsäure* (**V**); man erwärmt **III** mit überschüssiger absol.-alkoh. KOH 4 Std. auf 40—45°, leitet bei Zimmertemp. CO_2 so lange ein, bis sich die anorgan. Salze krist. abgeschieden haben, filtriert u. benutzt die Lsg. zur Herst. des *Hydrochlorids*, $C_8H_{15}O_3N \cdot HCl \cdot H_2O$, F. 202—204° (Zers.); aus absol. A. + Ae. amorphes, gelbgraues, hygroskop. Pulver; 61,8%. In dem Prod. liegt **V** in einer polymeren Form vor. — *β-[Piperidyl-(4)]-milchsäureäthylester*, $C_{10}H_{19}O_3N$, $Kp._{12}$ 147—148°; a) aus β-[N-Benzoylpiperidyl-(4)]-milchsäureäthylester (vgl. nachst.) entweder durch 4std. Kochen mit 17%ig. HCl u. anschließende Veresterung der entstehenden **V** mit sd. 5%ig. absol.-alkoh. HCl (3 Std.) oder durch 30std. Kochen mit 20%ig. alkoh. HCl; 63,7 bzw. 77,3%; b) das Hydrochlorid der polymeren Form von **V** wird 3 Std. mit 4%ig. alkoh. HCl gekocht; hierbei bildet sich ein *polymerer Ester* vom F. 230° (Zers.), der durch Fällen aus alkoh. Lsg. mit Ae. als gelbes amorphes Pulver erhalten u. durch 30std. Kochen mit 10%ig. alkoh. HCl depolymerisiert wird; 27%. Der Ester ist eine in W. u. organ. Lösungsmitteln lösl., bewegliche Fl.; n_D^{20} 1,4628; aus diesem entsteht bei längerem Aufbewahren (3 Monate) ein *krist. polymerer Ester* vom F. 230—231° (A. + Ae.), der schon bei 3std. Kochen mit 4% ig. alkoh. HCl den fl. Ester zurückliefert. *N-Benzoylderiv.*, $C_{17}H_{23}O_4N$, Kp.$_{0,34}$ 175°; a) aus dem fl. Ester u. C_6H_5COCl in Pyridin bei Zimmertemp.; 85,7%; b) das N-Benzoylderiv. von **III** wird durch 48std. Einw. von absol.-alkoh. KOH bei Zimmertemp. in *β-[N-Benzoylpiperidyl-(4)]-milchsaures K* (schaumartige, braune M.) umgewandelt u. das aus dem K-Salz in wss. Lsg. hergestellte *Ag-Salz* (93,5%) 6 Std. mit C_2H_5J in Ae. gekocht; 87,5% (auf das Ag-Salz bezogen); sehr dicke Fl.; n_D^{19} 1,518. — *Chinuclidincarbonsäure-(2)* (**II**), F. 286° (Zers.); man erwärmt das Hydrochlorid des fl. Äthylesters von **V** (aus 4,4 g Ester in äther.-alkoh. HCl) mit 20 ml $SOCl_2$ in Chlf. 6 Std. auf 62—63° (Ersatz von OH durch Cl nur zu 20—25%), verdampft im Vakuum zur Trockne, extrahiert nach Zusatz von K_2CO_3-Lsg. mit Ae., verdampft diesen u. kocht 2 Std. mit 8 ml Pyridin; das entstehende Gemisch (1,85 g) von **II**- u. **V**-Äthylester (Kp.$_{12}$ 137—147°) wird mit 18 ml 17% ig. HCl 5 Std. gekocht u. die Lsg. im Vakuum eingedampft; die ausfallenden Kristalle von **II** werden abgesaugt u. mit Aceton gewaschen; 0,2 g. (Журнал Общей Химии [J. allg. Chem.] **25** (87). 2303—10. Nov. 1955. Allunions Wiss. Chem.-Pharmazeut. Ordshonikidse-Forschungsinst.)

R. KNOBLOCH. 3231

M. W. Rubzow, L. N. Jachontow und **Je. Ss. Nikitskaja,** *Synthese von β-[Chinuclidyl-(2)]-propionsäure.* 2-Formylchinuclidin (**I**) wird mit Malonester zu *[Chinuclidyl-(2)]-methylenmalonsäurediäthylester* kondensiert, dieser durch Kochen mit konz. HCl unter Verseifung u. Decarboxylierung in *β-[Chinuclidyl-(2)]-acrylsäure* umgewandelt, die hydriert wird; Ausbeute 60% *β-[Chinuclidyl-(2)]-propionsäure* (**II**). Der 2. Weg führt von 2-Brommethylchinuclidin (**III**) über *[Chinuclidyl-(2)]-methylmalonsäurediäthylester* (**IV**) mit 20% ig. Ausbeute zu **II**.

Versuche: *[Chinuclidyl-(2)]-methylenmalonsäurediäthylester*, $C_{15}H_{23}O_4N$, Kp.$_8$ 142 bis 143°; aus 0,7 g **I** u. 0,8 g Malonester in 3 ml wasserfreiem Pyridin + 5 Tropfen Piperidin, 4 Tage bei Zimmertemp.; nach Verdampfen im Vakuum bei 50° wird mit Ae. aufgenommen, von einem amorphen Nd. (polymeres **I**) abfiltriert, die äther. Lsg. verdampft u. der Rückstand im Vakuum dest.; Öl; n_D^{20} 1,4821; 0,93 g (Ausbeute). — *β-[Chinuclidyl-(2)]-acrylsäure;* 0,3 g vorst. Esters werden mit 3 ml konz. HCl 6 Std. gekocht; man verdampft zur Trockne u. mischt mit Aceton; ungelöst bleibt das *Hydrochlorid*, $C_{10}H_{15}O_2N \cdot HCl$, F. 197—198°; Kristalle; 0,2 g. —*β-[Chinuclidyl-(2)]-propionsäure* (**II**); a) durch Hydrieren vorst. Verb. (0,05 g des Hydrochlorids; sehr verd. NaOH; 1 g Skelett-Ni; 17—20°; geringer H_2-Überdruck); Isolierung als Hydrochlorid; quantitativ; b) 1 g **III**-Hydrobromid werden mit 1,68 g Malonester in Natriumbutylatlsg. (0,24 g Na; 10 ml Butylalkohol) 20 Std. gekocht; hierbei entstehen 0,3 g **IV** (Kp.$_{35}$ 140 bis 150°), die mit 3 ml konz. HCl 8 Std. gekocht werden; Isolierung als Hydrochlorid; 0,15 g. *Hydrochlorid*, $C_{10}H_{17}O_2N \cdot HCl$, F. 215—216° (Zers.). *Jodmethylat* des *Äthylesters*, $C_{12}H_{21}O_2N \cdot CH_3J$, F. 87—89°; Kristalle. (Журнал Общей Химии [J. allg. Chem.] **25** (87). 2311—13. Nov. 1955. Allunions Wiss. Chem.-Pharmazeut. Ordshonikidse-Forschungsinst.)

R. KNOBLOCH. 3231

E. J. Alford und **K. Schofield,** *Cinnoline.* 31. Mitt. *Die Natur der $C_{(3)}$-Position. Einige Versuche mit 3-substituierten Cinnolinen.* (30. vgl. C. **1954.** 785.) Der pK_a-Wert für 3-Oxycinnolin (**I**) wurde zu 8,64 (20°) ermittelt [für 3-Oxychinolin (**IX**) 8,07]. **I** bildet ein *Benzoat*, aber kein Acetat; die Methylierung mit $(CH_3)_2SO_4$ in einer ungenügenden Menge NaOH liefert *2.3-Dihydro-3-keto-2-methylcinnolin* (**II**), das auch aus **I** u. CH_2N_2 erhalten werden kann (4-Oxycinnolin wird durch CH_2N_2 nicht angegriffen, 3-Oxychinolin dagegen methyliert), während mit überschüssiger NaOH ein orangefarbenes Prod., wahrscheinlich das *Anhydrosalz der 1-Methylverb.* entsteht. **II**, das mit NaOH ein Harz bildet, gibt mit rotem P u. HJ *Oxindol* u. CH_3NH_2, mildere Red. von **II** führt zur *Tetrahydroverbindung.* Das *Methojodid* von **II** konnte nicht rein erhalten werden. Die BUCHERER-Rk., durch die **IX** in *3-Aminochinolin* (**VII**) verwandelt wird, blieb bei **I** erfolglos. Während 4-Methylcinnolin mit Chloral in Pyridin *4-[3.3.3-Trichlor-2-oxypropyl]-cinnolin* gibt, bleibt diese Rk. bei 3-Methylcinnolin (**III**) aus. Dagegen gibt **III** ein *Methojodid*, das mit p-Dimethylaminobenzaldehyd in geringer Menge die starkgefärbte Verb. **VI** liefert. 3-Bromcinnolin (**V**) gibt mit methanol. $NaOCH_3$ *3-Methoxycinnolin*, bei Verwendung von feuchtem CH_3OH **I**. Verss., 3-Chlorcinnolin (**IV**) u. **V** nach MAYER-BODE (Ber. dtsch. chem. Ges. **69.** [1936.] 1534) in **I** zu verwandeln, führten nur zu Spuren **I**. Mit sd. $POCl_3$ geht **V** langsam in **IV** über. **V** kann durch Red. mit Hydrazin in Alkali in Ggw. von Pd-Kohle in *Cinnolin* verwandelt werden. Die Rk. von **IV** u. **V** mit NH_3 in Ggw. von $CuSO_4$ unter Druck gibt *3-Aminocinnolin* (**VIII**), das in wss. Lsg. im Gegensatz zu **VII** (violette Fluorescenz) grünblau fluoresciert u. ein *Acetylderiv.* bildet. Diazotiertes **VIII** gibt mit α-Naphthol nur eine rotbraune Lsg., wahrscheinlich wird dabei

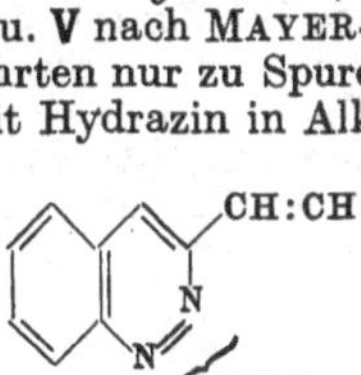

VI

gar kein Diazoniumsalz gebildet. Dieses Verh. von **VIII** wird auf die Resonanz zwischen der NH_2-Gruppe u. dem $N_{(2)}$ zurückgeführt, die durch das UV-Spektr. u. den pK_a-Wert bestätigt wird. Auf Grund der Ähnlichkeit des UV-Spektr. von **I** mit dem von **II** u. der hypsochromen Verschiebung in alkal. Lsg. wird für **I** in Übereinstimmung mit seinem chem. Verh. eine Lactam–Lactim-Tautomerie angenommen.

Versuche: *3-Chlorcinnolin* (**IV**), F. 90—91°, durch 8std. Kochen von 0,5 g **I** mit $POCl_3$; 0,05 g (Ausbeute). — *2.3-Dihydro-3-keto-2-methylcinnolin* (**II**), $C_9H_8ON_2$, F. 135,5—136,5°, a) aus 5 g **I** mit $(CH_3)_2SO_4$ in ca. 3%ig. NaOH bei 95°; gelbe Platten aus Aceton oder Bzl., in W. grüne Fluorescenz; 3,0 g; b) aus 0,5 g **I** u. äther. CH_2N_2; 0,21 g. — *Anhydrosalz von 3-Oxy-1-methylcinnoliniumhydroxyd*, $C_9H_8ON_2$, F. 280—283°, durch Methylieren von **I** mit $(CH_3)_2SO_4$ in 2n NaOH; orangefarbene Platten aus A. u. Chlf.–Ligroin. — *3-Methoxychinolinpikrat*, $C_{10}H_9ON \cdot C_6H_3O_7N_3$, F. 220—222°, aus 0,5 g **IX** u. äther. CH_2N_2 u. Rk. mit Pikrinsäure; orangefarbene Prismen aus A.; 0,57 g (roh). — *1.2.3.4-Tetrahydro-3-keto-2-methylcinnolin*, $C_9H_{10}ON_2$, F. 91—92,5°, durch $^3/_4$std. Kochen von 1 g **II** in A. mit Zn-Staub unter Zufügen von wss. NH_4OH (D. 0,88), dann noch 5 Std. kochen; gelbe Kristalle aus Bzl.–PAe.; 0,44 g. — *Oxindol*, C_8H_7ON, F. 125—126,5°, durch 8std. Kochen von 1 g **II** mit rotem P in HJ (D. 1,65—1,70); Nadeln aus W., Bzl.–Bzn. u. Bzn.; 0,45 g, daneben *Methylamin*, nachgewiesen als *N-Methylphthalimid* ($C_9H_7O_2N$, F. 133—135°) u. als *Pikrat*, F. 208—212° (Zers.), gelbe Prismen aus Essigester. — *3-Aminochinolin* (**VII**), F. 80—83° (Toluol), aus 0,5 g **IX** mit gesätt. $(NH_4)_2SO_3$ u. konz. NH_4OH (8 Std. bei 130—140°); pK_a 4,96; 0,05 g. — *4-[3.3.3-Trichlor-2-oxypropyl]-cinnolin*, $C_{11}H_9ON_2Cl_3$, F. 165—166° (Zers.), durch 2std. Erhitzen von 2 g 4-Methylcinnolin in Pyridin mit Chloral auf 95°; glänzende Blättchen aus A.; 3,85 g. — *3-Methylcinnolinmethojodid*, $C_{10}H_{11}N_2J$, F. 204—206,5° (Zers.), aus **III** u. CH_3J in A.; rote Nadeln aus CH_3OH, in NaOH blau → grün → amorpher grüner Niederschlag. — *Verb.* $C_{19}H_{20}N_3J$ (**VI**), F. 335—340° (Zers.), aus vorst. Verb. u. p-Dimethylaminobenzaldehyd in Acetanhydrid (2 Std. bei 160°). — *Cinnolinpikrat*, F. 191 bis 194°, aus **V** mit Hydrazinhydrat u. Pd-Kohle in sd. methanol. KOH u. Rk. mit Pikrinsäure; orangefarbene Prismen aus Dioxan. — *3-Aminocinnolin* (**VIII**), $C_8H_7N_3$, F. 165—166,5°, aus 0,5 g **V** (oder **IV**) mit NH_4OH (D. 0,88) in Ggw. von $CuSO_4$ (20 Std. bei 130—140°); gelbe Nadelbüschel aus Essigester u. PAe.; pK_a 3,63 (W.); 0,37 g. *Acetylderiv.*, $C_{10}H_9ON_3$, F. 225—226°, aus W. seidige Nadeln. — *3-Methoxycinnolin*, F. 40—42°, aus 0,25 g **V** mit methanol. $NaOCH_3$ im Rohr (17 Std. bei 110—120°; 0,24 g. *Pikrat*, $C_9H_8ON_2 \cdot C_6H_3O_7N_3$, F. 155—157,5°, aus A. gelbe Prismen. — *3-Oxycinnolin* (**I**), F. 200—202°, aus 0,5 g **V** analog vorst. Verb., aber mit feuchtem CH_3OH; aus W. durch Fällen mit Essigsäure gelbe Kristalle; 0,25 g. *Na-Salz*, F. > 270°, gelbe Tafeln. (J. chem. Soc. [London] **1953**. 1811—17. Juni. Exeter, Washington Singer Labor.) H. LEHWALD. 3272

D. J. Brown, Earl Hoerger und **S. F. Mason**, *Einfache Pyrimidine*. 3. Mitt. *Methylierung und Struktur der Aminopyrimidine.* (2. vgl. C. **1955**. 9802.) Durch Vgl. der Basenstärken sowie der UV- u. Infrarotspektren von 2- (**I**) u. 4-Aminopyrimidin (**II**) u. ihren Kern- u. Amino-N-methylderivv. wird gezeigt, daß **I** u. **II** zum überwiegenden Teil in der Aminoform vorliegen. **I** liefert bei längerer Einw. von CH_3J bei 20° *1.2-Dihydro-2-imino-1-methylpyrimidinhydrojodid*, dessen freie Base sich in der Wärme rasch zu *2-Methylaminopyrimidin* umlagert. **II** liefert bei der Methylierung nur *1.4-Dihydro-4-imino-1-methylpyrimidin*; in alkal. Lsg. wurde daraus kein 4-Methylaminopyrimidin gebildet, sondern es entstand durch Hydrolyse *1.4-Dihydro-1-methyl-4-oxopyrimidin.* Bei Verss. zur Darst. von 1.2.3.4-Tetrahydro-2.4-diimino-1.3-dimethylpyrimidin wurde lediglich ein *Monomethylderiv.* unbekannter Struktur erhalten.

Versuche: *1.2-Dihydro-2-imino-1-methylpyrimidin*, $C_5H_7N_3$, F. 102—104°, aus **I** u. CH_3J in CH_3OH (5 Tage) bei 20°), über das *Hydrojodid*, $C_5H_8N_3J$, F. 247—248° (Zers.; aus A. dicke Prismen; 88% [Ausbeute]); hygroskop. gelbe Nadeln. *Pikrat*, $C_{11}H_{10}O_7N_6$, F. 198—200° (A.). — *2-Methylaminopyrimidin*, $C_5H_7N_3$, F. 59—60° (PAe.), aus vorst. Verb. mit n-NaOH (10 Min. auf dem Dampfbad); 71%. *Pikrat*, $C_{11}H_{10}O_7N_6$, F. 191° (CH_3OH). — *1.4-Dihydro-4-imino-1-methylpyrimidinhydrojodid*, $C_5H_8N_3J$, F. 205—206° (A.), aus **II** u. CH_3J in CH_3OH (1 Std. kochen); 80%. Bei einem analogen Vers. (3 Tage bei Zimmertemp.) wurde eine zweite *Form vom F. 163—164°* erhalten, die beim Stehen oder beim Umlösen aus A. in die Form vom F. 205—206° übergeht. *Pikrat*, $C_{11}H_{10}O_7N_6$, F. 172—173°, aus A. gelbe Nadeln. — *1.4-Dihydro-1-methyl-4-oxopyrimidinpikrat*, $C_{11}H_9O_8N_5$, F. 164—166° (A.), aus vorst. Verb. mit 0,1 n NaOH (10 Std. bei 20—25°) u. Rk. mit Pikrinsäure; 55%. (J. chem. Soc. [London] **1955**. 4035—40. Dez. London, Austral. Nat. Univ., Dep. of Med. Chem., u. Talladega, Ala., Talladega Coll., Dep. of Chem.) H. GOEBEL. 3272

Hans Spiegelberg und **Karl Doebel**, *Über die Struktur der Mannichbasen des 7-Acetonyltheophyllins.* MANNICH-*Basen* aus 7-Acetonyltheophyllin (**I**), Formaldehyd u. *Salzen* sek. Amine (Typ **A**) haben die Struktur $T-CH_2-CO-CH_2-CH_2-R$ (T = Theophyllinyl-(7), R = sek. Amin], die mit freien sek. Aminen (Typ **B**) erhaltenen die Struktur $T-CH(CH_2R)-CO-CH_3$, wie Vff. durch die Synth. des Reduktionsprod. der nach **A** erhaltenen *Piperidinbase* beweisen. Das nach **A** erhaltene *1.3-Dimethyl-7-[4-piperidinobutanon-(2)-yl-(1)]-xanthin* liefert bei katalyt. Red. einen *Alkohol*; die mit $SOCl_2$ daraus gewonnene *Chlorverb.* wird mit H_2 katalyt. zu *7-[ω-Piperidinobutyl]-theophyllin* (**II**) enthalogeniert. Zur Synth. von **II** wird *2-[ω-Chlorbutoxy]-tetrahydropyran* aus Dihydropyran u. Tetramethylenchlorhydrin dargestellt, mit Na-Theophyllinat zu *7-[ω-Oxybutyl]-theophyllin* umgesetzt u. über die *ω-Bromverb.* (**III**) in **II** übergeführt. Analog läßt sich die nach **B** erhaltene MANNICH-*Base* in *1.3-Dimethyl-7-[1-piperidino-butyl-(2)]-xanthin* verwandeln. Das zum Vgl. aus 8-Piperidinomethyltheophyllin, Chloraceton u. Triäthylamin dargestellte *7-Acetonyl-8-piperidinomethyltheophyllin* tritt bei den Kondensationen nach **A** oder **B** sicher nicht auf.

Versuche: *1.3-Dimethyl-7-acetonyl-8-piperidinomethylxanthin* (*7-Acetonyl-8-piperidinomethyltheophyllin*), $C_{16}H_{23}O_3N_5$, F. 168—169° (A.), aus 8-Piperidinomethyltheophyllin, Triäthylamin u. Chloraceton (4 Std. im Autoklaven bei 100°); 70% (Ausbeute). — *1.3-Dimethyl-7-[4-piperidinobutanon-(2)-yl-(1)]-xanthin*, F. 106—108° (Ae.-PAe.). aus 236,24 g **I**, Paraformaldehyd, Piperidinhydrochlorid u. $AlCl_3$ in Nitrobenzol (14 Std. bei 85—90°); über das *Hydrochlorid*, $C_{16}H_{24}O_3N_5Cl$, F. 195—197°, Blättchen aus Methanol; 170 g. — *1.3-Dimethyl-7-[4-piperidino-2-oxybutyl-(1)]-xanthin*, F. 94—96° (Ae.), aus 10 g vorst. Verb. durch katalyt. Hydrierung über PtO_2 in W.; über das *Hydrochlorid*, $C_{16}H_{26}O_3N_5Cl$, F. 246—247°, Nadeln aus Methanol; 10 g. — *1.3-Dimethyl-7-[4-piperidino-2-chlorbutyl-(1)]-xanthin*, Öl, aus 10,8 g vorst. Hydrochlorid mit $SOCl_2$ (1 Std. bei 50°); 12.2 g. — *1.3-Dimethyl-7-[ω-piperidinobutyl]-xanthin* (**II**; *7-[ω-Piperidinobutyl]-theophyllin*), F. 70—72° (PAe.), a) aus 11,25 g vorst. Verb. durch katalyt. Hydrierung über Pd-Kohle in Methanol u. K-Acetat bei 100° u. 30 atü; 9,47 g; b) aus **III** mit sd. Piperidin (48 Std.). *Hydrochlorid*, $C_{16}H_{26}O_2N_5Cl$, F. 242—243° (A.). — *1.3-Dimethyl-7-[1-piperidinobutanon-(3)-yl-(2)]-xanthin*, $C_{16}H_{23}O_3N_5$, F. 140—141°, aus **I**, Piperidin u. 38%ig. Formaldehyd in Chlf.-Wasser. *Hydrochlorid*, F. 120° (Zers.). — *1.3-Dimethyl-7[1-piperidino-3-oxybutyl-(2)]-xanthin*, F. 98—102° (Ae.-PAe.), aus 10 g vorst. Verb. durch katalyt. Hydrierung über PtO_2 in W.; über das *Hydrochlorid*, $C_{16}H_{26}\cdot O_3N_5Cl$, F. 218—225° (Zers.); 10 g. — *1.3-Dimethyl-7-[1-piperidino-3-chlorbutyl-(2)]-xanthin*, $C_{16}H_{24}O_2N_5Cl$, F. 136—138°, aus 11,3 g vorst. Hydrochlorid mit $SOCl_2$; Drusen aus Methanol; 12,0 g (roh). — *1.3-Dimethyl-7-[1-piperidinobutyl-(2)]-xanthinhydrochlorid*, $C_{16}H_{26}O_2N_5Cl$, F. 255—258° (A.), aus vorst. Verb. durch katalyt. Hydrierung über Pd-Kohle in Methanol u. K-Acetat bei 100° u. 30 atü. — *2-[ω-Chlorbutoxy]-tetrahydropyran*, $C_9H_{17}O_2Cl$, Kp.$_{14}$ 114—116°, aus Tetramethylenchlorhydrin, Dihydropyran u. $POCl_3$ in Ae.; n_D^{23} 1,4589; ca. 80%. — *7-[ω-Oxybutyl]-theophyllin*, $C_{11}H_{16}O_3N_4$, F. 106—108° (Äthylacetat), aus 19 g vorst. Verb. u. Na-Theophyllinat in sd. W. (3½ Tage); 8 g. — *7-[ω-Brombutyl]-theophyllin* (**III**), $C_{11}H_{15}O_2N_4Br$, F. 88—90° (Ae.-PAe.), aus 1,8 g vorst. Verb. u. PBr_3 in Bzl. (3 Std. kochen); 1,3 g. (Helv. chim. Acta **39.** 283—90. 1/2. 1956. Basel, Hoffman-La Roche & Co. A.G., Wiss. Labor.) G. REINISCH. 3272

W. V. Farrar, *Die Reaktion von Bis-[2-chloräthyl]-äther mit Hydrazin.* Die Bldg. von Bis-[2-hydrazinoäthyl]-äther aus Bis-[2-chloräthyl]-äther (**I**) u. überschüssigem Hydrazin (**II**) in A. nach DREYFUS (E. P. 594 453; C. **1947.** E. 440) ließ sich nicht bestätigen; es konnte nur *4-Aminomorpholin* (**III**) isoliert werden. In W. bildete sich ebenfalls **III** neben 5—10% *Bimorpholinyl-(4)* (**IV**) u. wenig *Bis-[2-morpholinaminoäthyl]-äther*. Die Konst. von **IV** wurde durch Synth. aus **III** u. **I** bewiesen. **IV** ist wahrscheinlich mit dem von HENRY u. DEHN (C. **1951.** I. 1299) durch Einw. von Alkali auf 4-Chlormorpholin erhaltenen Polydehydromorpholin, F. 105—106° (korr.), identisch.

Versuche: *4-Aminomorpholin* (**III**), *Sulfat*, $C_4H_{10}ON_2\cdot H_2SO_4$, F. 242° (Zers.; wss. A.), durch Zugabe von **I** zu sd. **II**·H_2O u. A. innerhalb 1 Std. u. 1½std. Kochen, Fällung des Überschusses von **II** mit H_2SO_4 u. von **III**-*Sulfat* mit A.; Platten. — *Verb.* $C_4H_{10}ON_2\cdot N_2H_6O\cdot C_6H_3O_7N_3$, F. 180—185° (Zers.; wss. A.), bei der Darst. des Pikrates von **III** bei Ggw. von **II**; hellgelbe Nadeln. — *Bimorpholinyl-(4)* (**IV**), $C_8H_{16}O_2N_2$, F. 103° (PAe.), a) durch 15std. Kochen von **I**, **II**·H_2SO_4 u. NaOH in W.; Prismen; b) durch 12std. Kochen von **III**·H_2SO_4, **I** u. NaOH; 13% (Ausbeute); *Pikrat*, $C_{14}H_{19}O_9N_5$, F. 218° (A. oder W.), große blaßgelbe Prismen. — *Pikrat* $C_{24}H_{32}O_{17}N_{10}$, F. 184° (Zers.; W.), durch Einw. von Pikrinsäure in A. u. W. auf die Wasch-Fl. des rohen **IV**; hellgelbe Nadeln. — *4-Benzylidenaminomorpholin*, F. 88—89°, durch Einw. von Benzaldehyd auf die Mutterlauge von **III**-Sulfat oder auf die mit Essigsäure angesäuerte wss.-alkal. Mutterlauge von **IV**. (J. chem. Soc. [London] **1956.** 782—83. März. Blackley, Manchester, Imp. Chem. Ind. Ltd., Dyestuffs Div.) G. OFFER. 3292

William E. Truce und **Frederick J. Lotspeich,** *Darstellung und Eigenschaften von 3-Benzothiepin-3-dioxyd.* Vff. stellten auf folgendem Weg *3-Benzothiepin-3-dioxyd* (I) dar:

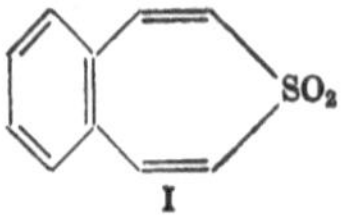

I

S-[β-Phenyläthyl]-mercaptoacetylchlorid (II) wurde in Tetrachloräthan in hoher Verdünnung durch $AlCl_3$ zu *1-Oxo-1.2.4.5-tetrahydro-3-benzothiepin* (III) cyclisiert u. dieses mit H_2O_2 in Eisessig zu *1-Oxo-1.2.4.5-tetrahydro-3-benzothiepin-3-dioxyd* (IV) oxydiert. **IV** ließ sich in Ggw. von RANEY-Ni zu *1-Oxy-1.2.4.5-tetrahydro-3-benzothiepin-3-dioxyd* (V) hydrieren, das durch Rk. mit PBr_3 *1-Brom-1.2.4.5-tetrahydro-3-benzothiepin-3-dioxyd* (VI) ergab. **VI** reagierte mit Br_2 unter Bldg. geringer Mengen des *1.5-Dibromderiv.* (**VII**), das sich durch Halogenwasserstoffabspaltung mit Triäthylamin in **I** überführen ließ. Die Struktur des so erhaltenen **I** wurde durch Red. zu *1.2.4.5-Tetrahydro-3-benzthiepin-3-dioxyd* (**IX**), das auch durch Rk. von o-Bis-[β-bromäthyl]-benzol mit Na_2S u. Oxydation erhalten wurde, sichergestellt. Die Struktur von **I** wurde weiterhin durch Pyrolyse zu *Naphthalin* erhärtet. Eine Synth. von **I** durch Kondensation von Bis-[carbäthoxymethyl]-sulfon mit o-Phthalaldehyd (**VIII**) in Ggw. von Diäthylamin, NaOH oder Na-Äthylat gelang nicht. Ebensowenig gelang es, durch Kondensation von **VIII** mit Bis-[carbäthoxymethyl]-sulfid, Oxydation u. Decarboxylierung oder durch Kondensation von **VIII** u. Diäthylphthalat mit Dibenzyl-, Diphenacyl- oder Dimethylsulfon oder aber durch Rk. von o-Bis-[carboxymethyl]-benzol (Na-Salz) mit P_2S_5 zu **I** zu gelangen. Verss., S-[β-Phenyläthyl]-mercaptoessigsäure bzw. S-[β-Phenyläthyl]-sulfoessigsäure mit Polyphosphorsäure zu **III** bzw. **IV** zu cyclisieren, ergaben Harze oder Ausgangsmaterial. Durch $SnCl_4$ konnte **II** nicht in **III** übergeführt werden. Die WOLFF-KISHNER-Red. von **IV** ergab an Stelle von **IX** eine saure Verb., was auf gleichzeitige β-Eliminierung zurückgeführt wird. Die geringe Ausbeute bei der Bromierung von **VI** ließ sich durch Variation der Reaktionsbedingungen u. des Bromierungsmittels nicht erhöhen; wahrscheinlich tritt hauptsächlich Bromolyse zu SO_2 u. *α.β.β-Tribrom-o-diäthylbenzol* ein. Im Gegensatz zu Tropolon läßt sich **I** etwa mit der gleichen Leichtigkeit hydrieren wie ω-Styrylmethylsulfon oder 1.2-Dihydro-3-benzthiepin-3-dioxyd (**X**) u. entfärbt $KMnO_4$-Lsg. in Aceton u. Br_2 in Chlf. im Licht. SeO_2 reagiert mit **X** nicht einmal in sd. Nitrobenzol. **I** wird durch rauchende HNO_3 wahrscheinlich im Benzolring nitriert, das Reaktionsprod. nimmt 5 Mol H_2/Mol auf. Das Reduktionsprod. läßt sich diazotieren u. mit β-Naphthol kuppeln. Das UV-Spektr. von **I** u. das Infrarotspektr. von **I** u. **IX** geben wenig Aufschluß. **I** scheint wenig aromat. Charakter zu haben, da, wie das Modell zeigt, der heterocycl. Ring nicht koplanar ist, u. kaum Resonanzstabilisierung möglich ist.

Versuche: *1-Oxo-1.2.4.5-tetrahydro-3-benzothiepin* (III), F. 51—53° (A.), durch Zutropfen einer Lsg. von **II** in Tetrachloräthan zu einer Suspension von $AlCl_3$ in Tetrachloräthan unter Rühren u. Eiskühlung, 8std. Rühren u. 12std. Stehen bei Raumtemp.; 80% (Ausbeute). *Oxim,* F. 150,5—152°. — *1-Oxo-1.2.4.5-tetrahydro-3-benzothiepin-3-dioxyd* (**IV**), $C_{10}H_{10}O_3S$, F. 133—134,5° (A.), durch langsame Zugabe von 30%ig. H_2O_2 zu **III** in Eisessig unter Eiskühlung u. 24std. Stehen bei Raumtemp.; 70%. — *1-Oxy-1.2.4.5-tetrahydro-3-benzothiepin-3-dioxyd* (**V**), $C_{10}H_{12}O_3S$, F. 185,5—187°, aus **IV** in Dioxan durch Schütteln mit RANEY-Ni unter 40 lbs./sq.in. H_2; 99%. — *1-Brom-1.2.4.5-tetrahydro-3-benzothiepin-3-dioxyd* (**VI**), $C_{10}H_{11}O_2BrS$, F. 175—177° (CH_3OH), durch 14std. Stehen von **V** mit PBr_3 bei Raumtemp. u. 1std. Erhitzen auf dem Dampfbad; 80%. — *1.5-Dibrom-1.2.4.5-tetrahydro-3-benzothiepin-3-dioxyd* (**VII**), F. 188—194°, durch Zugabe von Br_2 in CCl_4 zu **VI** in CCl_4 innerhalb 1½ Std. unter Belichtung in der Siedehitze; 18%; daneben ein rotes *Öl* u. eine *Verb. vom F. 148—155°.* — *3-Benzothiepin-3-dioxyd* (I), $C_{10}H_8O_2S$, F. 161,5—163,5° (PAe.), durch Zugabe von Triäthylamin zu **VII** in sd. Bzl. u. 10 Min. Kochen; 61%. — *1.2.4.5-Tetrahydro-3-benzothiepin-3-dioxyd* (**IX**), F. 154—156° (CH_3OH–PAe.), a) durch Red. von **I** in CH_3OH in Ggw. von RANEY-Ni bei 50 lbs./sq.in. H_2; 78%; b) durch Zugabe einer Mischung von o-Bis-[β-bromäthyl]-benzol, Na_2S u. A. zu A. innerhalb 8 Std. u. 84std. Kochen u. Oxydation des Reaktionsprod. mit 30%ig. H_2O_2 in Eisessig (24std. Stehen bei Raumtemp.); 51%. — *Nitro-3-benzothiepin-3-dioxyd,* $C_{10}H_7O_4NS$, F. 173—176° (hellgelbe Kristalle aus CH_3OH), durch 2std. Rk. von **I** mit rauchender HNO_3 bei 0° u. 3std. Stehen bei Raumtemp.; 95%. (J. Amer. chem. Soc. **78.** 848—50. 20/2. 1956. Lafayette, Ind., Purdue Univ., Dep. of Chem.) H. BERTSCH. 3370

Herman Pines und **H. E. Eschinazi,** *Studien in der Terpenreihe.* 24. Mitt. *Durch Natrium katalysierte Reaktionen.* 3. Mitt. *Durch Natrium katalysierte Doppelbindungswanderung und Dehydrierung des d-Limonens, l-α-Phellandrens und p-Menthadiens-(2.4,8) sowie -(3.8,9).* (23. vgl. J. Amer. chem. Soc. **77.** [1955.] 4370; 2. vgl. C. **1955.** 10968.) *d-Limonen* (I) wird durch Kochen mit Na in Ggw. von „Beschleunigern", die Organo-Na-Verbb. bilden können, schnell racemisiert. Die Rk. wird von einer langsamen

H_2-Entw. begleitet u. führt letztlich zu *p-Cymol* (**II**). Als Zwischenprodd. werden bei der Rk. *p-Menthadien-(2.4,8)* (**III**) u. *p-Menthadien-(3.8,9)* (**IV**) im ungefähren Verhältnis 4:1 gebildet. **III** u. **IV** stehen miteinander im Gleichgewicht u. werden schließlich zu **II** dehydriert. Unter ähnlichen Bedingungen wird auch *l-α-Phellandren* (**V**) racemisiert u. schnell zu **II** dehydriert. Ein Mechanismus für die Isomerisierung u. Dehydrierung wird diskutiert, wobei Vff. die Bldg. von mesomeren Carbanionen annehmen. Die Infrarotspektren von **III**, **IV** u. **V** sind graph. dargestellt.

Versuche: *d-Limonen* (I), $Kp._{22}$ 73—74°, aus Orangenöl; $[\alpha]_D^{25}$ +121,5°, n_D^{20} 1,4722. — *l-α-Phellandren* (**V**), $Kp._{744}$ 172°, $Kp._{22}$ 72°, aus Eucalyptusöl; n_D^{20} 1,4708, $[\alpha]_D^{20}$ —183°, UV-Spektrum. — *p-Menthadien-(2.4,8)* (III), $C_{10}H_{16}$, Kp. 189°, durch Kochen von I mit Na (vgl. nachst.) reagierte nicht mit Maleinsäureanhydrid; n_D^{20} 1,5050, $D.^{20}$ 0,8561, UV-Spektrum. — *p-Menthadien-(3.8,9)* (**IV**), nach PERKIN u. WALLACH [1909]. — Kochen von I mit Na bis zum Verlust von 95% der opt. Aktivität u. fraktionierte Dest. des Reaktionsgemisches ergab folgende Zus. des Gesamtdestillats: 4,5% **I**, 48,7% *Dipenten*, 20,0% **III**, 5% **IV**, 21,8% **II**. Einzelheiten (Mengen, Zusätze, Reaktionszeiten, Menge des entwickelten H_2, n_D^{20} u. $[\alpha]_D^{25}$ des Kolbendestillats, Ausbeute u. Geh. des Destillats an II) vgl. Original; als Zusätze bei der Rk. wurden verwendet: Na, „Benzyl-Na" (bereitet durch 4std. Kochen von Na mit Toluol u. o-Chlortoluol unter N_2), NaH, o-Chlortoluol, Hydrochinon. — *Dimeres l-α-Phellandren*, $C_{20}H_{32}$, $Kp._6$ 145°, aus **V** durch Kochen ohne [18% (Ausbeute)] oder mit Zusätzen (Na bzw. Hydrochinon; 13 bzw. 25%); n_D^{20} 1,5025, $[\alpha]_D^{25}$ —21°. — Charakterisierung der Prodd.: *Dipentennitrosochlorid* (**VI**), $C_{10}H_{16}ONCl$, F. 108—109°, Nadeln (Chlf.–A.), aus der Dipentenfraktion obiger Rk., C_2H_5ONO u. HCl; daneben *dl-Carvoxim*, $C_{10}H_{15}ON$, F. 92—93°, Platten (40%ig. A.), auch aus **VI** u. sd. Pyridin (5 Min.). — *Dipentennitrolpiperid*, $C_{15}H_{26}ON_2$, F. 157—158°, Nadeln (A.), aus **VI** u. Piperidin in sd. A. (10 Min.). — *dl-Carvon-2.4-dinitrophenylhydrazon*, F. 189—190°, orangerote Nadeln (A.). — *α-2-Isonitroso-8-nitrito-p-menthen-(3)*, $C_{10}H_{16}O_3N_2$, F. 110°, dann wieder fest, erneuter F. 148—150°, diamantförmige Kristalle (A.), aus rohem **III**, $NaNO_2$ u. H_2SO_4 bei 5°; aus dem Filtrat das *β-Isomere*, $C_{10}H_{16}O_3N_2$, F. 166—167°, seidige Nadeln (Hexan). — *N-[2-Isonitroso-p-menthen-(3)-yl-(8)]-piperidin*, $C_{15}H_{26}ON_2$, F. 166—167°, Stangen (A.), aus vorst. α-oder β-Verb. u. sd. Piperidin (5 Min.). — *dl-Carvenon*, $Kp._7$ 74—76°, a) aus 5 g vorvorst. β-Verb., Zn u. CH_3COOH (2,4 g); b) analog aus 2 g vorst. Verb. (1,3 g); n_D^{20} 1,4835. *2.4-Dinitrophenylhydrazon*, $C_{16}H_{20}O_4N_4$, F. 167°, orangerote Nadeln (80%ig. A.). *Semicarbazon*, $C_{11}H_{19}ON_3$, F. 201—202°, Platten (50%ig. A.). — Ozonolyse von rohem **III** in C_2H_5Cl bei —78° gab *α-Methylglutarsäure*, F. 74—76° (Bzl.–Pentan), daneben *Aceton* u. CO_2. — *4.7-Dimethyl-1.2.3.5.6.7.8.9-oktahydronaphthalindicarbonsäure-(1.2)*, $C_{14}H_{20}O_4$, F. 203—204°, Würfel (40%ig. CH_3COOH), aus rohem **III**–**IV**-Gemisch u. Maleinsäureanhydrid u. sd. Ae. (2 Std.) bei Ggw. von Hydrochinon, dann Behandeln mit 10%ig. wss. KOH. *Anhydrid*, $C_{14}H_{18}O_3$, F. 68—69° (Pentan), $Kp._7$ 178°, mit sd. Acetanhydrid (4 Std.); gab mit 10%ig. wss. KOH die Dicarbonsäure zurück. (J. Amer. chem. Soc. **77**. 6314—21. 5/12. 1955. Evanston, Ill., Northwestern Univ., Dep. of Chem., Ipatieff High Pressure and Catalyt. Labor.) J. ROTHE. 3600

H. E. Eschinazi und **Herman Pines**, *Studien in der Terpenreihe*. 25. Mitt. *Addition von p-Menthadien-(3.8,9) an Maleinsäureanhydrid*. (24. vgl. vorst. Ref.) Vff. fanden, daß gereinigtes d-Limonen kein Maleinsäureanhydridaddukt (MA.) liefert (vgl. dagegen ALDER u. SCHMITZ, C. **1950**. I. 2093). *dl-p-Menthadien-(3.8,9)* (**I**) wurde neu synthetisiert durch $LiAlH_4$-Red. von α-[4-Methyl-1-oxycyclohexyl]-propionsäureäthylester (**II**; vgl. FRANK u. BERRY, C. **1955**. 7686) zu *p-Menthandiol-(4.9)*, Acetylierung u. Pyrolyse. Das MA. von **I** wurde untersucht; es hat andere Eigg. als das von ALDER u. SCHMITZ (l. c.) beschriebene.

Versuche: *p-Menthandiol-(4.9)*, $C_{10}H_{20}O_2$, $Kp._4$ 120—121°, aus **II** u. $LiAlH_4$; n_D^{20} 1,4818; 82% (Ausbeute). *Diacetat*, $C_{14}H_{24}O_4$, $Kp._5$ 125—127°, in sd. Acetanhydrid–Pyridin (2 Std.), n_D^{20} 1,4590; 82%. — *p-Menthadien-(3.8,9)* (**I**), $C_{10}H_{16}$, Kp. 183°, durch 8std. Pyrolyse (550°) vorst. Diacetats; n_D^{20} 1,4932, UV- u. Infrarotspektren; 85% roh. — d-Limonen gab bei 3std. Kochen mit Maleinsäureanhydrid weder in Ae. noch in Bzl. ein MA.; das wiedergewonnene Limonen zeigte den gleichen Drehwert. — **I**-*MA.*, $C_{14}H_{18}O_3$, F. 68—69° (Pentan), $Kp._5$ 171—174°, aus 13,6 g **I** u. Maleinsäureanhydrid in sd. Ae. oder Bzl. (3 Std.); 25 g; in sd. Bzl.–Limonen mit oder ohne Zusatz von Hydrochinon entstanden aus 10 g **I** 14 g *Addukt*. — *cis-4.7-Dimethyl-1.2.3.5.6.7.8.9-oktahydronaphthalindicarbonsäure-(1.2)* (**III**), F. 203—204°, Blöcke (40%ig. CH_3COOH), aus 5 g **I**-MA. u. 12%ig. KOH-Lsg. (Erhitzen); 4 g. *Dimethylester*, $C_{16}H_{24}O_4$, F. 62—63°, Nadeln (CH_3OH), $Kp._2$ 150°, mit CH_2N_2. — *trans-4.7-Dimethyl-1.2.3.5.6.7.8.9-oktahydronaphthalindicarbonsäure-(1.2)* (**IV**), $C_{14}H_{20}O_4$, F. 202—203° (20%ig. CH_3OH), aus 2,6 g vorst. Esters u. CH_3ONa in sd. CH_3OH (3 Std.), dann Zugabe von W. u. weiteres 1½std. Kochen; 1,7 g. — *4.7-Dimethylnaphthalindicarbonsäure-(1.2)-anhydrid*, $C_{14}H_{10}O_3$, F. 236 bis 237°, gelbe Mikrokristalle (Toluol), a) aus 3,7 g **III** u. Br_2 in sd. Eisessig (6 Std.; 1,1 g); b) aus 6 g **I**-MA. u. Se (1½ Std. bei 350°; 1,5 g roh); c) aus **IV** u. Se wie vorst.; daneben entstand nach b) wenig *4.7-Dimethyl-1.2.3.4-*(oder *5.6.7.8-*)*tetrahydronaphthalindicarbonsäure-(1.2)*, $C_{14}H_{16}O_4$, F. 225—226° (50%ig. CH_3OH), nach Verseifung mit 12%ig. KOH. — *4.7-Dimethylnaphthalindicarbonsäure-(1.2)*, $C_{14}H_{12}O_4$, F. 236—237° (50%ig. A.), aus dem Anhydrid in sd. 10%ig. KOH. *Dimethylester*, $C_{16}H_{16}O_4$, F. 125° (CH_3OH), mit CH_2N_2. (J. org. Chemistry **20.** 1666—71. Dez. 1955.) J. ROTHE. 3600

Geneviève Clément, *Über die Kombination von Camphen mit Tetrachlorkohlenstoff.* Inhaltlich in der C. **1955.** 5083 referierten Arbeit enthalten. (C. R. hebd. Séances Acad. Sci. **232.** 2106—07. 4/6. 1951.) I. SPAETH. 3600

G. Lucius, *Cyclisation homologer Sesquiterpensäuren.* 1. Mitt. *Synthese und Cyclisation von Monocyclohomofarnesylsäuren und deren Äthylester.* Durch Kondensation von α-Dihydrojonylformaldehyd mit Malonsäure in Ggw. von Pyridin u. Piperidin entsteht in 60%ig. Ausbeute *trans-α.β-Monocyclohomofarnesylsäure* (**I**; *S-Benzylthiuroniumsalz*, F. 156°). 100%ig. HCOOH u. konz. H_2SO_4 bewirken bei 40° keine Cyclisierung von **I** oder **I**-Äthylester. Durch Erhitzen mit 40%ig. KOH wurde **I** zu 50% in die leichter cyclisierbare *trans-β.γ-Säure* (**II**; *S-Benzylthiuroniumsalz*, F. 134°) umgelagert u. durch partielle Veresterung mit alkoh. HCl als *Äthylester* (**III**) von **I** getrennt. Aus **II** oder **III** entstanden mit $HCOOH/H_2SO_4$ (exotherme Rk.) in 60%ig. Ausbeute ein Gemisch nachst. *rac. stereoisomerer Lactone* (**IV**; Trennung durch Verseifung u. Relactonisierung),

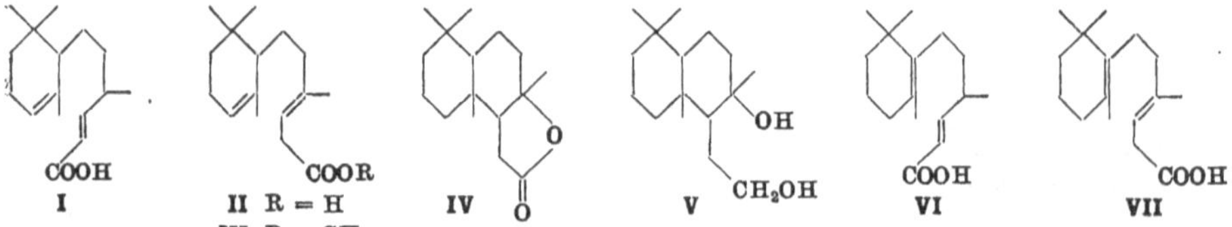

I II R = H III R = CH₃ IV V VI VII

die mit $LiAlH_4$ stereoisomere *Glykole* (**V**) liefern: *Lacton* **IVa,** $C_{16}H_{28}O_2$, F. 100°, Hauptprod.; *Glykol* **Va,** $C_{16}H_{30}O_2$, F. 138—139°; gibt mit Naphthalinsulfonsäure unter Dehydratisierung ein *Oxyd* mit Ambrageruch. *Lacton* **IVb,** F. 97—98°; *Glykol* **Vb,** F. 124 bis 125°. *Lacton* **IVc,** F. 78—79°; *Glykol* **Vc,** F. 168,5—169°; *Oxysäure*, F. 138°. **Vb** u. **Vc** geben ebenfalls *Oxyde* mit schwächerem Ambrageruch. — Der aus β-Dihydrojonylformaldehyd über die *trans-α.β-Säure* (**VI**; *S-Benzylthiuroniumsalz*, F. 154,5—155°) dargestellte *Äthylester* der *trans-β.γ-Säure* (**VII**; *S-Benzylthiuroniumsalz*, F. 136—136,5°) lieferte die gleichen Lactone. (Angew. Chem. **68.** 247. 7/4. 1956. Miltitz, VEB Schimmel, Forschungslabor.) H. ASCHERL. 3600

H. R. Arthur und **W. H. Hui,** *Triterpene aus Psidium Guaijava L.* Vorl. Mitt. zu der C. **1956.** 441 referierten Arbeit. (Chem. and Ind. **1952.** 693. 12/7.) I. SPAETH. 3600

J. H. Linford und **O. Jacqueline Fleming,** *Die Absorption von Licht im Sichtbaren und Ultraviolett durch gewisse Sterine in Schwefelsäure- und Äthanollösungen.* Vff. untersuchten die Absorptionsspektren der folgenden Sterine im Sichtbaren u. im UV-Gebiet: *Östron* (**I**), *Östriol* (**II**), α- u. *β-Östradiol* (**III** u. **IV**), *Androsteron* (**V**), *Isoandrosteron* (**VI**), *Ergosterin* (**VII**), *Cholsäure* (**VIII**), *Desoxycholsäure* (**IX**), *Dehydrocholsäure* (**X**), *Cholesterin* (**XI**), *Pregnandiol* (**XII**), *Pregnandion* (**XIII**), *Testosteron* (**XIV**), *Progesteron* (**XV**) u. *Desoxycorticosteron* (**XVI**). Im sichbaren Gebiet wurden die Sterine in 57° warmer H_2SO_4-Lsg. nach verschied. Lösungszeiten sowie in H_2SO_4–A.-Gemischen mit Säurekonzz. von 25, 50 u. 75%, im UV-Gebiet nur in H_2SO_4-Lsg. bei 57° u. H_2SO_4–A.-Gemischen mit 50% H_2SO_4 untersucht. Allg. ergab sich, daß in den H_2SO_4-Lsgg. die maximale Absorption nach ca. 1½ Std. erreicht war. Farbbldg. im Sichtbaren trat in konz. H_2SO nur bei solchen Sterinen auf, die eine OH-Gruppe enthielten; die Lsgg. von **XV**, **X** u. **XIII** waren farblos. Wurde **XIII** mit A. verd., dann trat ein wenig intensives Maximum bei $255 \cdot 10^2$ cm^{-1} auf. Progressive Verdünnung mit A. hatte bei den Sterinen Auftreten einer Reihe von Absorptionsmaxima bei Wellenzahlen zur Folge, die mit der Ggw. von OH- u. Ketogruppen in Beziehung standen. So zeigten bei einer 50%ig. Säurekonz. die 6 neutralen Sterine, die eine OH-Gruppe an der $C_{(3)}$-Stellung in einem gesätt. Ring A hatten, Maxima bei $240 \cdot 10^2$ cm^{-1}; zusätzliche Maxima wurden für **VI** u. **V** beobachtet. Bei **III**, **IV**, **II** u. **XIV** (mit $C_{(17)}$-OH-Gruppen) wurden in den beiden ersten Fällen Absorptionsmaxima bei $230 \cdot 10^2$ cm^{-1} in 75- u. 50%ig. Säurelsgg. beobachtet; die Absorptionseigg. von **II** sind nur auf die Ggw. von einer phenol. $C_{(3)}$-OH-Gruppe zurückzuführen, **XII** u. **XVI**, die eine OH-Gruppe in der $C_{(17)}$-Seitenkette haben, zeigen in der Absorptionskurve in 75- u. 50%ig. Säurelsg. nur eine Influxion bei $230 \cdot 10^2$ cm^{-1}. In konz. H_2SO_4 u. 75%ig. Säurelsg. hat **XVI** ein Maximum bei $230 \cdot 10^{-2}$ cm^{-1}. Sterine, die eine alkoh. OH-Gruppe an $C_{(3)}$, $C_{(17)}$ oder in einer $C_{(17)}$-Seitenkette besitzen, zeigten bei abnehmender Säurekonz. noch ein zweites Maximum. — In starken Säurelsgg. zeigten Sterine mit einer Ketogruppe nur ein Maximum, das bei abnehmender Säurekonz. verschwand. In starken Säurelsgg. zeigten **III**, **IV**, **II** u. **I** ein Absorptionsmaximum bei $220 \cdot 10^{-2}$ cm^{-1}. Mit abnehmender Säurekonz. entwickelten **I**, **II** u. **IV** Maxima bei $197 \cdot 10^2$ cm^{-1}. Die Absorptionsmaxima im UV zeigen keinerlei Beziehungen zu den Absorptionen im Sichtbaren. Allg. sind die Maxima für jeden Sterin–Säure-Komplex verschieden u. dienen zur Charakterisierung des Mol. als Ganzes. (Canad. J. med. Sci. **31.** 182—94. Juni 1953. Winnipeg, Manitoba, Cancer Relief and Res. Inst., Radiat. Labor.)

C. GOTTFRIED. 3700

A. R. Pinder und **Robert Robinson**, *Versuche über die Synthese von mit Sterinen verwandten Verbindungen.* 50. Mitt. *Über den A → B C D-Weg.* 3. Mitt. (49. bzw. 2. vgl. MARTIN u. ROBINSON, J. chem. Soc. [London] **1949.** 1866.) Um die beste Meth. zur Anlagerung von Ring A an das INHOFFEN-Keton (**I**; Ber. dtsch. chem. Ges. **72.** [1939.] 1686) zu finden, führten Vff. zunächst Verss. an 2 Modellketonen durch. Die Kondensation von 1-Methyl-cis-dekalon-(2) (**IIa**) mit Acrylnitril (**III**) u. anschließende Verseifung führte zu *1-[2-Carboxyäthyl]-1-methyl-cis-dekalon-(2)* (**IV**), mit 1.3-Dichlorbuten-(2) (**V**) wurde *1-[3-Chlorbuten-(2)-yl]-1-methyl-cis-dekalon-(2)* erhalten, das mit H_2SO_4 zu *$\Delta^{1,11}$-Dodekahydro-2-keto-12-methylphenanthren* cyclisiert wurde. *1-Methyl-trans-dekalon-(2)* (**IIb**), das aus trans-Dekalon-(2) über die *3-Methylanilinomethylenverb.* (**VI**) durch Methylierung mit CH_3J gewonnen wurde, lieferte mit **III** *3.3-Bis-[2'-carboxyäthyl]-1-methyl-trans-dekalon-(2)*. Das aus **IIb** erhaltene *1-Methyl-3-methylanilinomethylen-trans-dekalon-(2)* ging mit **III** nach Hydrolyse in *1-[2-Carboxyäthyl]-1-methyl-trans-dekalon-(2)* über. Die auf analogem Weg versuchte Kondensation von **I** mit Diäthylaminobutanonmethojodid oder **V** zu Cholestenon schlug fehl. **I** lieferte mit **III** nach Hydrolyse die *Bis-carboxyäthylverbindung*. Das *Methylanilinomethylenderiv.* von **I** gab mit **III** nach Hydrolyse *Des-A-cholestan-5-on-10-β-propionsäure* (vgl. WINDAUS [1906]). Dehydrierungen von **I** mit S, Se oder Pd schlugen fehl. Bromierung lieferte *6-Brom-des-A-cholestan-5-on*, das mit Kollidin zu *Des-A-Δ^6-cholesten-5-on* dehydrobromiert wurde.

Versuche: *1-Methyl-cis-dekalon-(2)* (**IIa**), $Kp._{12}$ 140—145° (Bad), aus 1-Methyl-cis-dekalol-(2) mit CrO_3. *Semicarbazon*, $C_{12}H_{21}ON_3$, F. 183—184° (aus Aceton Prismen). — *1-[2-Carboxyäthyl]-1-methyl-cis-dekalon-(2)* (**IV**), $C_{14}H_{22}O_3$, F. 116° (aus verd. Essigsäure Prismen), aus 1,2 g **IIa** in Dioxan mit Triton B u. **III** u. Verseifung mit sd. 20%ig. wss. KOH (20 Std.); 1,0 g (roh; Ausbeute). — *1-[3-Chlorbuten-(2)-yl]-1-methyl-cis-dekalon-(2)*, $Kp._{0,09}$ 150—170° (Bad), aus 4,15 g **IIa** in Ae. mit Triphenylmethyl-Na (30 Min.) u. **V** (über Nacht stehen u. 3 Std. kochen); 1,7 g. — $\Delta^{1,11}$-Dodekahydro-2-keto-12-methylphenanthren, $C_{15}H_{22}O$, $Kp._{0,08}$ 165—170° (Bad), aus 1,7 g vorst. Verb. mit H_2SO_4 (3 Std. bei 0°) u. Chromatographie; 0,3 g. *Semicarbazon*, $C_{16}H_{25}ON_3$, F. 224—225° (absol. A.). — *trans-Dekalon-(2)*, $Kp._{23}$ 128—129°, aus trans-Dekalon-(2) durch Oxydation mit CrO_3 bei 75°; 75%. — *3-Methylanilinomethylen-trans-dekalon-(2)* (**VI**), $C_{18}H_{23}ON$, F. 87°, aus 5 g vorst. Verb. mit Ameisensäureäthylester u. $NaOCH_3$ in Ae. (über Nacht stehen) u. Rk. von 11,9 g des gebildeten *3-Oxymethylen-trans-dekalol-(2)* (gelber Sirup; 5,8 g) mit 7,5 g Methylanilin in Bzl. (2 Std. langsam dest.); aus PAe. gelbe Prismen; 18 g (roh). — *1-Methyl-trans-dekalon-(2)* (Isomerengemisch) (**IIb**), $C_{11}H_{18}O$, $Kp._{10}$ 110—113°, aus 9 g vorst. Verb. in Ae. mit Triphenylmethyl-Na u. CH_3J (2 Std. unter N_2 kochen) u. Hydrolyse mit sd. 10%ig. wss. HCl u. sd. 15%ig. wss. NaOH; 3,9 g. *2.4-Dinitrophenylhydrazon*, $C_{17}H_{22}O_4N_4$, F. 171—172° (aus A. Nadeln). *Semicarbazon*, $C_{12}H_{21}ON_3$, F. 198—199° (A.). — 16std. Kochen mit 4n NaOH liefert ein stereochem. *homogenes* **IIb**, $C_{11}H_{18}O$, $Kp._{11}$ 110°. — *3.3-Bis-[2-carboxyäthyl]-1-methyl-trans-dekalon-(2)*, $C_{17}H_{26}O_5$, F. 192° (Aceton), aus 2 g **IIb** mit **III** analog **IV**; 1,0 g. — *1-Methyl-3-methylanilinomethylen-trans-dekalon-(2)*, $C_{19}H_{25}ON$, F. 105°, aus 3,3 g **IIb** analog **VI**; aus PAe. gelbe Prismen; 4,0 g. — *1-[2-Carboxyäthyl]-1-methyl-trans-dekalon-(2)*, $C_{14}H_{22}O_3$, F. 139—140°, aus vorst. Verb. in Dioxan mit Triton B u. **III** (60 Std. bei Raumtemp.) u. Hydrolyse mit sd. 10%ig. wss. HCl (30 Min.) u. mit sd. 20%ig. wss. NaOH (20 Std.); aus Aceton Prismen. — *$\Delta^{1,4}$-Cholestadien-3-on*, F. 111—111,5° (PAe.), aus 2.4-Dibromcholestan (F. 193—194°) mit Kollidin (80 Min. bei 185°); 71%. *2.4-Dinitrophenylhydrazon*, $C_{33}H_{46}O_4N_4$, F. 184—185° (aus Essigester rote Prismen). — *1-[1.5-Dimethylhexyl]-perhydro-3'-keto-7a.4'-dimethyl-4.5-benzinden* (**I**; INHOFFENs Keton, *Des-A-cholestan-5-on*), $C_{23}H_{40}O$, F. 52° (PAe.). a) aus 3 g vorst. Verb. mit O_3 in Essigsäure bei Raumtemp. (24 Std.); $[\alpha]_D^{18}$ +14,2° (Chlf.); 0,4 g [*Semicarbazon*, F. 225—226° (Zers.), aus A. Prismen; *2.4-Dinitrophenylhydrazon*, $C_{29}H_{44}O_4N_4$, F. 179° (A.)], neben 2,1 g *Des-A-cholestan-5-on-10-β-acrylsäure*, $C_{26}H_{42}O_3$,

F. 206—207°, aus Aceton Nadeln; b) aus 3 g Cholestadienon in Aceton mit $KMnO_4$ bei 0° (2 Std.); 0,2 g; c) aus Δ^4-Cholesten-3-on in Bzl. mit Ameisensäureäthylester in Ggw. von Na-Methylat u. Oxydation des gewonnenen *2-Oxymethylen-Δ^4-cholesten-3-ons*, $C_{28}H_{44}O_2$, F. 111—112° (PAe.), wie unter b). — *Des-A-cholestan-5-on-6.6-di-[β-propionsäure]* (*2'.2'-Bis-[2-carboxyäthyl]-1-[1.5-dimethylhexyl]-perhydro-3'-keto-7a.4'-dimethyl-4.5-benzinden*), $C_{29}H_{48}O_5$, F. 275—277° (Zers.; Aceton), aus 1,11 g **I** in Dioxan mit Triton B u. **III** (40 Std.), dann mit sd. 20%ig. wss. KOH; 0,15 g. — *6-Methylanilinomethylen-des-A-cholestan-5-on* (*1-[1.5-Dimethylhexyl]-perhydro-3'-keto-7a.4'-dimethyl-2'-[N-methylanilinomethylen]-4.5-benzinden*), $C_{31}H_{47}ON$, F. 116—117°, aus dem aus **I** gewonnenen *Oxymethylenderiv.* in Bzl. mit Methylanilin analog **VI**; aus PAe. Nadeln. — *Des-A-cholestan-5-on-10-β-propionsäure* (Windaus-*Säure*), F. 143—144°, aus vorst. Verb. in Dioxan mit Triton B u. **III**; aus Ae.-PAe. Nadeln. — *Des-A-Δ^6-cholesten-5-on*, $C_{23}H_{38}O_6$, $Kp._{0,0003}$ 175—180° (Bad), aus **I** in Essigsäure mit Br_2 unter Kühlen u. Zers. der entstandenen *Bromverb.* mit sd. Kollidin (1 Std. bei 185°); *2.4-Dinitrophenylhydrazon*, F. 175—176° (Zers., Essigester). (J. chem. Soc. [London] **1952**. 1224—31. April. Oxford, Univ., Dyson Perkins Labor.) G. Schorre. 3700

L. Vargha und **M. Rados**, *Darstellung von 3β-Oxy-Δ^5-cholensäure und 3β-Oxy-Δ^5-pregnen-20-on aus Hyodesoxycholsäure.* Vff. untersuchten die Acetolyse des Ditosylats (**I**) u. Dimesylats (**II**) von Hyodesoxycholsäuremethylester sowie des Ditosylats (**III**) von 3α.6α-Dioxypregnan-20-on, das durch Abbau der Seitenkette der Hyodesoxycholsäure erhältlich ist. Die Rk. von **I** [F. 166—167° (Äthylacetat–CH_3OH), $[\alpha]_D^{20}$ +9,7° (c = 2,07; Chlf.)] mit sd. Acetanhydrid in Ggw. von K-Acetat ergab in 45 Min. als einziges isolierbares Prod. in 40%ig. Ausbeute *3β-Acetoxy-Δ^5-cholensäuremethylester* [**IV**, F. 155—156° (Äthylacetat), $[\alpha]_D^{20}$ —19,0° (c = 2,14; Chlf.)], der mit Alkali zu *3β-Oxy-Δ^5-cholensäure* (F. 235°) hydrolysiert wurde. **II** [F. 118—115° (A.), $[\alpha]_D^{20}$ +5,88° (c = 0,996; Chlf.)] gab ebenfalls **IV**. **III**, das nicht in krist. Form erhalten werden konnte, ergab in ähnlicher Ausbeute *3β-Acetoxy-Δ^5-pregnen-20-on* (F. 146—147°). Vff. nehmen an, daß der Mechanismus der Rk. zunächst in einer bimol. Acetolyse unter Inversion an $C_{(3)}$ besteht, u. daß aus dem entstehenden gesätt. 3β.6α-Deriv. nach einem E_1-Mechanismus Toluolsulfonsäure unter Bldg. der ungesätt. Verbb. abgespalten wird. Die mäßigen Ausbeuten werden durch die äquatoriale Konformation der $C_{(5)}$- u. $C_{(6)}$-Substituenten erklärt, welche die Bldg. einer Δ^5-Bindung beeinträchtigen. (Chem. and Ind. **1955**. 896—97. 9/7. Budapest, Pharmaceut. Ind., Res. Inst.) J. Knaul. 3700

William S. Johnson, Brian Bannister, Raphael Pappo und **J. E. Pike**, *Totalsynthese von Testosteron.* Das tetracycl. Keton **I** (vgl. C. **1954**. 564) wurde in das *Äthylenketal* **II**, F. 102—103,2° oder 119—119,7°, übergeführt. Aus diesem entsteht bei der Red. mit Li u. A. in NH_3, anschließender Hydrolyse mit verd. wss.-methanol. Oxalsäure u. Behandlung mit Na-Acetat in A. ein Gemisch aus dem *13.14-Dehydroketon* **III**, F. 142,8—143,2°, u. dem *isomeren 16.17-Dehydroketon*, F. 175—176,5°, das sich chromatograph. trennen läßt. Beide Isomere werden selektiv hydriert zu *dl-18-Nor-Δ^5-D-homoandrostendionketal* (**VI**), F. 142—143°; dessen *Furfurylidenderiv.*, F. 187—188,5°, liefert bei der Methylierung *dl-17-Furfuryliden-D-homoandrostendionketal*, F. 210—211°, u. (hauptsächlich) die *13-Isoverb.*, F. 187—188,5°. Die Rk. dieser Verbb. mit methanol. alkal. H_2O_2 gibt das entsprechende *Ätiohomobiliensäurederiv.* (**IV**), das mit CH_2N_2 zum *Methylester*, F. 162,5 bis 163,5°, bzw. *13-Isomethylester*, F. 122—123°, umgesetzt wird. Behandlung des ersteren mit K-tert.-Butylat in Bzl. u. Erhitzen in sd. Cymol führt zu *dl-Δ^5-Androstendion-3-ketal* (**V**), F. 167—169°, dessen Infrarotspektr. mit dem der natürl. d-Verb. ident. ist. $NaBH_4$ red. **V** zu *dl-Testosteron-3-ketal*, F. 180 bis 181,5°, das bei saurer Hydrolyse *dl-Testosteron*, F. 167,5 bis 169° liefert. Die saure Hydrolyse von **VI** gibt *dl-18-Nor-Δ^4-D-homoandrostendion* (**VII**), F. 146,5—147,5°; es besitzt etwa die halbe androgene u. etwa die gleiche myotroph. Aktivität wie d-Androstendion. Red. von **VI** mit Li u. A. in NH_3 u. saure Hydrolyse gibt *dl-18-Nor-D-homotestosteron*, F. 172—173°, das androgen u. myotroph. nur sehr schwach wirksam ist; *Acetat*, F. 182 bis

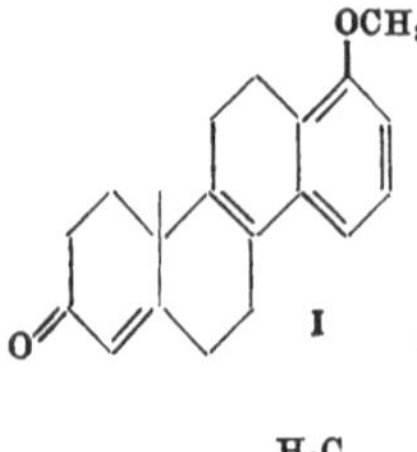

I

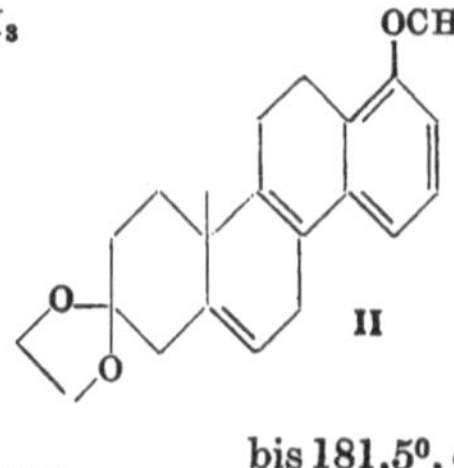

II

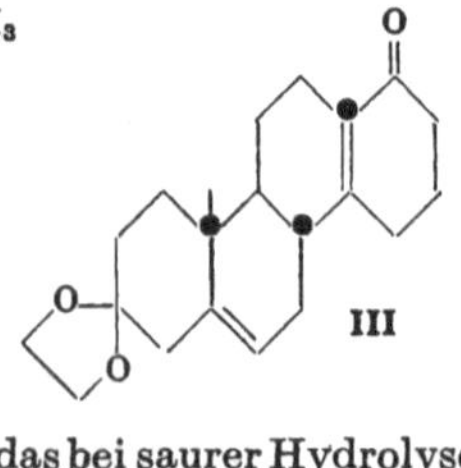
III

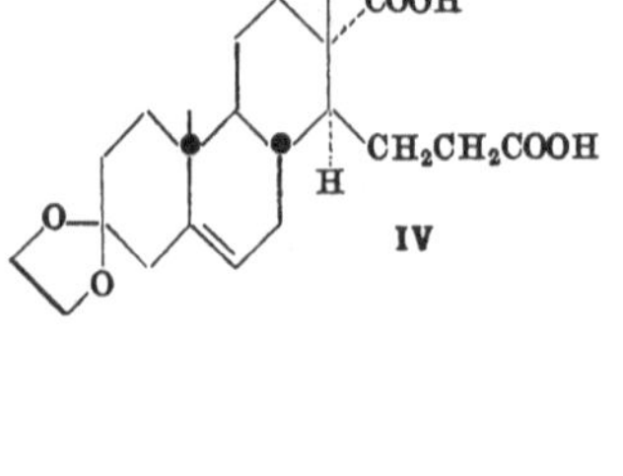

IV

183°, u. *Propionat*, F. 149,5—150,5°, sind etwas stärker wirksam ($^1/_{10}$ der Aktivität der entsprechenden Derivv. von Testosteron). Red. von **VII** mit Li u. A. in NH_3 gibt *dl-18-Nor-D-homoandrosten-3β.17αβ-diol*, F. 210—211° (*Diacetat*, F. 169,5—170°), das auch bei der Red. von dl-18-Nor-D-homoepiandrosteron (vgl. l. c.) oder der 13.14-Dehydrovorprodd., entsteht; es besitzt keine androgene Wirksamkeit u. ist myotroph. ca. $^1/_{15}$ so wirksam wie d-Testosteron. — Die UV-Absorptionsmaxima der meisten Verbb. sind angegeben. (J. Amer. chem. Soc. **77.** 817—19. 5/2. 1955. Madison, Wis., Univ., Dep. of Chem.) WALTER SIMON. 3750

Robert L. Clarke, Konrad Dobriner, Aram Mooradian und **Catherine M. Martini,** *Die Reaktion von Bleitetraacetat mit Progesteron und Testosteron.* Bei der Umsetzung von Progesteron mit 2—3 Mol $Pb(OCOCH_3)_4$ entsteht ein Gemisch, aus dem *2α.21-Dioxyprogesterondiacetat, 2α-Oxyprogesteronacetat* u. *$\Delta^{1.4}$-Pregnadien-21-ol-3.20-dionacetat* (**I**) isoliert wurde. Hydrolyse von **I** gibt *$\Delta^{1.4}$-Pregnadien-21-ol-3.20-dion,* die Hydrierung ein Gemisch aus *Allopregnan-21-ol-3.20-dionacetat, Pregnan-21-ol-3.20-dionacetat* u. eine Spur *Allopregnan-21-ol-20-onacetat,* das auch bei der Hydrierung von Desoxycorticosteronacetat (**II**) entsteht. **I** läßt sich zu *1-Oxy-4-methyl-17β-oxyacetyl-$\Delta^{1.3.5.10}$-östratriendiacetat* umlagern, das bei der Hydrolyse in die entsprechende *Dioxyverb.* übergeht. Bei der Rk. von **II** mit $Pb(OCOCH_3)_4$ entsteht **I** etwa in der gleichen Ausbeute wie aus Progesteron. Testosteronacetat gibt mit $Pb(OCOCH_3)_4$ ein Gemisch aus *2α-Oxytestosterondiacetat, 2β-Oxytestosterondiacetat* (**III**), das beim Kochen mit K-Acetat in Eisessig in die erstere stabile Form übergeht, u. *$\Delta^{1.4}$-Androstadien-17β-ol-3-onacetat.* Die Hydrolyse des Gemisches nach Abtrennung von **III** mit $KHCO_3$ gibt *2α-Oxytestosteron-17-acetat.* Beim Kochen von 6-Bromtestosteronacetat mit K-Acetat in Eisessig entsteht **III** u. nicht das α-Epimere; bei der Hydrolyse entsteht aus beiden Epimeren *2α-Oxytestosteron.*

V e r s u c h e (FF. korr.; Chromatographie an Silicagel): *$\Delta^{1.4}$-Pregnadien-21-ol-3.20-dion,* $C_{21}H_{28}O_3$, F. 187—190° (Ae.), aus **I** mit sd. wss.-methanol. $KHCO_3$ (2 Std.); $[\alpha]_D^{25}$ +129° (1%; A.); 25% (Ausbeute). *Acetat* (**I**), $C_{23}H_{30}O_4$, F. 202,6—204°, a) aus Progesteron u. $Pb(OCOCH_3)_4$ in Eisessig (6 Std. bei 90°) u. Chromatographie; $[\alpha]_D^{25}$ +125,6° (1%; A.); Stäbe u. Prismen aus Aceton/Ae.; 7,5%, neben 8% *2α-Oxyprogesteronacetat,* F. 198,1—199,6° (Methanol), $[\alpha]_D^{25}$ +158° (1%; Chlf.) u. 2,5% *2α.21-Dioxyprogesterondiacetat,* $C_{25}H_{34}O_6$, F. 195—197° (Bzl./Ae.), $[\alpha]_D^{20}$ +156° (0,47%; A.); b) analog aus **II**; 6,5%. — *Allopregnan-21-ol-20-onacetat,* $C_{23}H_{36}O_3$, F. 200—201°, aus **I** oder **II** durch Hydrierung über 2%ig. Pd/$CaCO_3$ in A., Behandlung des Prod. mit Essigsäureanhydrid u. Pyridin (20 Std. bei 25°), Chromatographie u. Eluierung mit Ae./Skellysolve A; Stäbe u. Prismen aus Aceton; $[\alpha]_D^{25}$ +98,5° (1%; Chlf.); 1,6%, neben 12% *Pregnan-21-ol-3.20-dionacetat,* F. 150,5—152° (Methanol) u. 44% *Allopregnan-21-ol-3.20-dionacetat,* F. 197—199° (Methanol). — *1-Oxy-4-methyl-17-oxyacetyl-$\Delta^{1.3.5.10}$-östratrien,* $C_{21}H_{28}O_3$, F. 215—218° (Bzl./Skellysolve B), aus dem Diacetat mit sd. wss.-methanol. $KHCO_3$; $[\alpha]_D^{23}$ +269±10° (2,65%; A.). *Diacetat,* $C_{25}H_{32}O_5$, F. 187,4—189,6° (Aceton), aus **I** u. konz. H_2SO_4 in Essigsäureanhydrid (3 Std.) u. Chromatographie; $[\alpha]_D^{22}$ +232° (1,77%; Chlf.); 65%. — *$\Delta^{1.4}$-Androstadien-17β-ol-3-onacetat,* $C_{21}H_{28}O_3$, F. 152,5—155,2° (Ae.), aus Testosteronacetat u. $Pb(OCOCH_3)_4$ in Eisessig (3 Std. bei 85—90°) u. Chromatographie; $[\alpha]_D^{24}$ +26° (1%; Chlf.); 1,5%, neben 12% **III** u. 35% *Gemisch* **A** aus *2α-* u. *2β-acetoxylierten Testosteronen.* — *2α-Oxytestosteron-17-acetat,* $C_{21}H_{30}O_4$, F. 221—226°, aus **A** durch 2std. Kochen mit wss.-methanol. $KHCO_3$; Platten aus Methanol, sublimiert bei 180°/0,4 mm; $[\alpha]_D^{23}$ +83° (1%; Chlf.). — *2α-Oxytestosterondiacetat,* F. 210—213°, a) aus **A** durch 29std. Kochen mit K-Acetat in Eisessig; 8,5%; b) analog aus **III**; 37%; c) aus vorst. Verb. mit Essigsäureanhydrid u. Pyridin bei 95°; 58%; Prismen aus Methanol. — *2β-Oxytestosterondiacetat* (**III**), $C_{23}H_{32}O_5$, F. 201—204° (A.), aus 6-Bromtestosteronacetat durch 4std. Kochen mit K-Acetat in Eisessig; $[\alpha]_D^{23}$ −65° (1%; Chlf.); 21%. — Die UV- u. Infrarotabsorptionsmaxima von **I** sind angegeben. (J. Amer. chem. Soc. **77.** 661—64. 5/2. 1955. Rensselear, N. Y., Sterling-Winthrop Res. Inst. u. Sloan-Kettering Inst. for Cancer Res.)

WALTER SIMON. 3750

Josef Fried, Klaus Florey, Emily F. Sabo, Josef E. Herz, Albert R. Restivo, Aleck Borman und **Frank M. Singer,** *Synthese und biologische Aktivität von 1-und 6-Dehydro-9α-halogensteroiden.* Die Einführung einer Δ^1-Doppelbindung bei 9α-Halogensteroiden bewirkt bzgl. der Glucocorticoidwrkg. u. der Na-Retention bei Ratten eine 2,5fache (*Fluorverb.*) bis 10fache (*Bromverb.*) Steigerung der Aktivität. Eine Δ^6-Doppelbindung bewirkt in den zwei untersuchten Fällen bzgl. der Glucocorticoidwrkg. eine 2fache Abnahme, bzgl. der Salzretention eine 20fache Zunahme der Aktivität.

V e r s u c h e: *$\Delta^{1.4.9.11}$-Pregnatrien-17α.21-diol-3.20-dion-21-acetat,* F. 222—223°, aus 1-Dehydrocortisonacetat mit Methansulfochlorid u. Pyridin in Dimethylformamid;

$[\alpha]_D^{23}$ +52° (Chlf.). — *1-Dehydro-9α-bromhydrocortisonacetat*, F. 180—185° (Zers.), aus vorst. Verb. mit N-Bromacetamid u. $HClO_4$ in Dioxan; $[\alpha]_D^{23}$ +123° (Dioxan). — *9β.11β-Oxydo-Δ^{1.4}-pregnadien-17α.21-diol-3.20-dion-21-acetat* (**I**), F. 213—215°, aus vorst. Verb. mit K-Acetat in sd. A.; $[\alpha]_D^{23}$ +64° (Chlf.). Liefert mit HBr vorst. Verb. zurück. — *1-Dehydro-9α-chlorhydrocortisonacetat* (**II**), F. 242—243° (Zers.), aus **I** mit HCl; $[\alpha]_D^{23}$ +145° (A.). — *1-Dehydro-9α-fluorhydrocortison*, F. 274—275° (Zers.), aus **III** mit wss.-methanol. K_2CO_3; $[\alpha]_D^{23}$ +94° (A.). *21-Methansulfonat* (**IIIa**), F. 220° (Zers.), $[\alpha]_D^{23}$ +98° (A.). *Acetat* (**III**), F. 243—245°, aus **I** mit H_2F_2; $[\alpha]_D^{23}$ +99° (Aceton). — *1-Dehydro-9α-chlorcortisonacetat*, F. 262—264° (Zers.), aus **II** mit CrO_3 in Essigsäure; $[\alpha]_D^{23}$ +244° (Chlf.). — *1-Dehydro-9α-fluorcortisonacetat*, F. 274—277°, aus **III** analog vorst. Verb.; $[\alpha]_D^{23}$ +158° (A.). — *9α-Fluorallopregnan-11β.17α.21-triol-3.20-dion-21-acetat*, F. 234 bis 235°, aus 9α-Fluorhydrocortison durch katalyt. Red. über Pd-$BaSO_4$ in Essigester oder A.; $[\alpha]_D^{23}$ +67° (Aceton). Liefert mit 2 Mol Br_2 in Eisessig ein Gemisch von *Dibromiden*, aus dem nach HBr-Abspaltung mit Kollidin durch Chromatographie an Al_2O_3 nacheinander *2-Brom-9α-fluor-Δ^1-pregnen-11β.17α.21-triol-3.20-dion-21-acetat*, *Monoalkoholat*, F. 184—185° (Zers.; nach Schmelzen u. Wiedererstarrung bei 126—139°), $[\alpha]_D^{23}$ +79° (Chlf.); *2-Brom-9α-fluor-Δ^4-pregnen-11β.17α.21-triol-3.20-dion-21-acetat*, F. 174—175° (Zers.), $[\alpha]_D^{23}$ +136° (Chlf.); *6-Dehydro-9α-fluorhydrocortisonacetat* (**IV**), F. 216—217°, $[\alpha]_D^{23}$ +123° (A.), +135° (Chlf.); **III** u. ein *Isomeres von* **III**, F. 271—272°, $[\alpha]_D^{23}$ +73° (A.), erhalten wird. — *Δ^6-Dehydro-9α-fluorhydrocortison*, F. 257—259°, aus **IV** mit wss.-methanol. K_2CO_3; $[\alpha]_D^{23}$ +101° (A.). *21-Methansulfonat* (**IVa**), F. 237—238° (Zers.), $[\alpha]_D^{23}$ +94° (A.). — *9α-Fluor-Δ^{1.4}-pregnadien-11β.17α-diol-3.20-dion*, F. 313—314° (Zers.), aus **IIIa** mit NaJ in sd. Essigsäure oder mit NaJ in Aceton u. Red. des *21-Jodderiv.* mit $NaHSO_3$; $[\alpha]_D^{23}$ +47° (Pyridin). — *9α-Fluor-Δ^{4.6}-pregnadien-11β.17α-diol-3.20-dion*, F. 294—296°, aus **IVa** analog vorst. Verb.; $[\alpha]_D^{23}$ +112° (Dioxan). — Die UV-Absorptionsmaxima aller Verbb. u. die Infrarotmaxima einiger Verbb. sind angegeben. (J. Amer. chem. Soc. **77**. 4181—82. 5/8. 1955. New Brunswick, N. J., Squibb Inst. for Med. Res.)
W. MENGEL. 3750

Dorothy Crowfoot Hodgkin, Jenny Pickworth, John H. Robertson, Kenneth N. Trueblood, Richard J. Prosen und **John G. White**, *Die Kristallstruktur der von B_{12} abgeleiteten Hexacarbonsäure und die Molekularstruktur des Vitamins*. Vff. setzten die von BRINK u. Mitarbeitern (vgl. Nature [London] **174**. [1954.] 1169) begonnenen Strukturunterss. der von CANNON, JOHNSON u. TODD (vgl. Nature [London] **174**. [1954.] 1168) aus Vitamin B_{12} isolierten Hexacarbonsäure fort. Auf Grund einer dreidimensionalen Elektronendichteverteilung, die nach einer Reihe von Annäherungsrechnungen erhalten worden war, konnte die Struktur der Säure aufgeklärt werden. Für die Säure wird die nebenst. Konst. angegeben. Aus Röntgenunterss. verschied. B_{12}-Kristalle muß mit Sicherheit geschlossen werden, daß der Kern der obigen Säure in B_{12} auftritt, allerdings unter der Annahme, daß während der Zers. des Vitamins eine Austausch-Rk. stattgefunden hat, da das Nucleotid in B_{12} die Lage der CN-Gruppe in dem Fragment besetzt. Angegeben werden kann ferner die Lage der Atome der Propanolamingruppe, die die Phosphatgruppe in B_{12} an die Propionsäureseitenkette des obigen Ringes D bindet. Die für das Vitamin vorgeschlagene Struktur hat die empir. Formel $C_{63}H_{90}O_{14}N_{14}PCo$ in sehr guter Übereinstimmung mit den analyt. gefundenen Formeln $C_{61-64}H_{84-92}N_{14}O_{13-14}PCo$. (Nature [London] **176**. 325—28. 20/8. 1955. Oxford, Labor. of Chem. Crystallography; Los Angeles, Calif., Univ., Dep. of Chem.; Princeton, Frick Labor.)

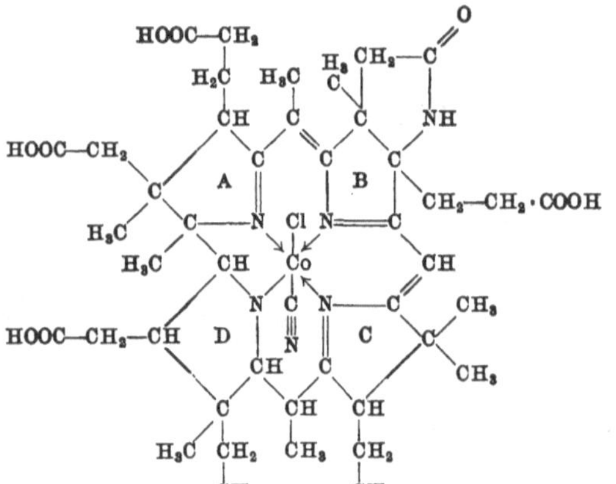

C. GOTTFRIED. 3800

R. Bonnett, J. R. Cannon, A. W. Johnson, I. Sutherland, A. R. Todd und **E. Lester Smith**, *Die Struktur von Vitamin B_{12} und seines Hexacarbonsäurezersetzungsproduktes*. (Vgl. vorst. Ref.) Vff. diskutieren vom chem. Gesichtspunkt aus die l. c. vorgeschlagene Struktur der Hexacarbonsäure. Wenn man annimmt, daß der Rest 2 Mol Kristallwasser enthält, dann ergibt sich die Formel $C_{46}H_{60}O_{13}N_6ClCo \cdot 2\,H_2O$ in sehr guter Übereinstimmung mit den Werten der Elementaranalyse. Zweifelhaft ist der an Ring B gebundene fünfgliedrige Ring. Die Röntgenunters. von Vitamin B_{12} ergab, daß dieser Ring dort nicht vorhanden ist; der B-Ring enthält als β-Substituenten eine Acetamid- u. eine CH_3 Gruppe. Dieser Extraring in der Hexacarbonsäure muß sich demnach während der Zers. gebildet haben. Jeder der Rinde A, B, C u. D enthält wenigstens ein tetrasubstituiertes β-C-Atom, infolgedessen können in der Hexacarbonsäure keine Pyrrolringe vorhanden sein. Eine weitere Stütze für die l. c. vorgeschlagene Struktur ist die Bldg. von Oxamidsäure bei der H_2O_2-Oxydation der Säure, u. zwar in Mengen >1 Mol pro Mol Vitamin. Ein strenger chem. Nachw. über die Lage der konjugierten Doppelbindungen kann nicht gegeben werden. Die vorgeschlagenen Lagen erklären die Bldg. der Oxamidsäure sowie die von Succinimid bei der Chromsäureoxydation der Säure. Für das Vitamin B_{12} wird die nebenst. Konstitutionsformel vorgeschlagen. (Nature [London] **176.** 328—30. 20/8. 1955. Cambridge, Univ., Chem. Labor.; Greenford, Glaxo Labor. Ltd.) C. GOTTFRIED. 3800

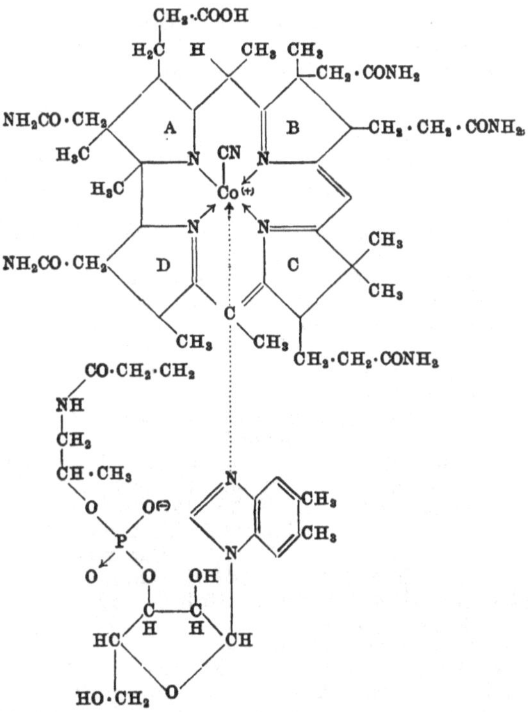

Anthony W. Schrecker und **Jonathan L. Hartwell,** *Die Struktur von Savinin.* Das neben Podophyllotoxin aus den Nadeln von *Iuniperus sabina* isolierte *Savinin* (I; vgl. HARTWELL u. Mitarbeiter, J. Amer. chem. Soc. **75.** [1953.] 235), $C_{20}H_{16}O_6$, gibt bei der katalyt. Hydrierung *Dihydrosavinin,* das mit (+)-*Isohinokinin* (II; vgl. KEIMATSU u. ISHIGURO, J. pharm. Soc. Japan [Yakugakuzasshi] **56.** [1936.] 103. 901) ident. ist. II läßt sich epimerisieren zu (—)-*Hinokinin* (III). Die Infrarot- u. UV-Spektren von I weisen auf eine α,β-ungesätt. Lactonstruktur hin u. sind denen von α-*Methyl-3.4-methylendioxyzimtsäure* (u. *Methylester*) bzw. -*zimtalkohol* (u. *Acetat*) sehr ähnlich. Auf Grund dieser Tatsachen wird I die obenst. Struktur zugeschrieben. I zeigt ebenso wie γ-Apopikropodophyllin u. andere Lactone dieses Typs im UV-Spektr. einen deutlichen bathochromen Effekt, der durch die räumliche Anordnung der Carbonyl- u. Arylgruppen bei der Lactonisierung sowie durch eine erhöhte Spannung in der exocycl. Doppelbindung erklärt wird.

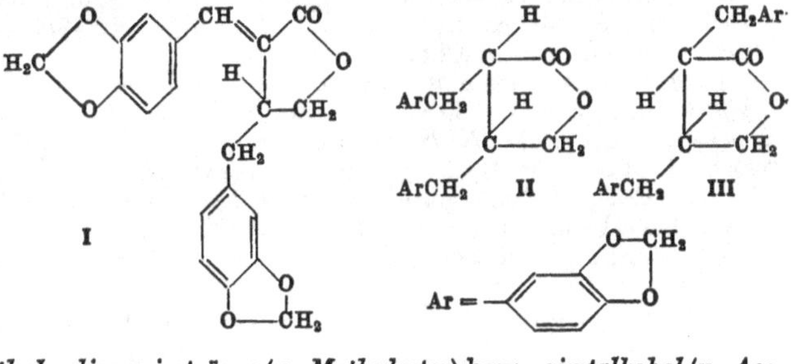

V e r s u c h e (FF. korr.): *Savinin* (I), $C_{20}H_{16}O_6$, F. 146,2—147,3°, aus dem l. c. erhaltenen Prod. durch Chromatographie an Al_2O_3 in Chlf. u. Kristallisation aus Chlf.-Alkohol; $[\alpha]_D^{22}$ —88° (c = 1,00; Chlf.). — *Savinsäure,* $C_{20}H_{18}O_7$, F. 108° (Zers.; nach Erstarren erneutes Schmelzen bei 145,5—146,5°), aus I mit sd. wss.-alkoh. NaOH; Nadeln; $[\alpha]_D^{20}$ +64° (c = 0,18; A.). — (+)-*Isohinokinin* (II; *Dihydrosavinin*), $C_{20}H_{18}O_6$, F. 116,3—116,7°, aus I durch Hydrierung über Pd-Kohle in Eisessig bei Zimmertemp. u. Chromatographie; Blättchen aus Methanol; $[\alpha]_D^{21}$ +107° (c = 1,03; Chlf.); 92% (Ausbeute). — (—)-*Hinokinin* (III), F. 58—62°, aus II mit methanol. KOH (19 Std. bei

Zimmertemp.); Prismen aus Methanol; $[\alpha]_D^{20}$ -35^0 (c = 1,00; Chlf.); 83%. — *α-Methyl-3.4-methylendioxyzimtsäure*, F. 203,3—201,0°, aus dem Methylester mit sd. methanol. KOH; aus A. Prismen. *Methylester*, $C_{12}H_{12}O_4$, F. 76,3—77,0°, aus Piperonal u. Propionsäuremethylester in Ggw. von NaH u. A. in der Kälte; nach Chromatographie an Al_2O_3 u. Eluierung mit Chlf.; Platten aus Methanol; 66%. — *α-Methyl-3.4-methylendioxyzimtalkohol*, $C_{11}H_{12}O_3$, F. 45,0—45,8°, aus vorst. Methylester mit $LiAlH_4$ in Ae.; prismat. Nadeln aus Ae./Hexan; 71%. *Acetat*, $C_{13}H_{14}O_4$, $Kp._{0,6}$ 146°, n_D^{21} 1,5557. — Die UV- u. Infrarotabsorptionsspektren aller Verbb. sind angegeben. (J. Amer. chem. Soc. **76.** 4896—99. 5/10. 1954. Bethesda, Md., Nat. Cancer Inst., Labor. of Chem. Pharmacol.) WALTER SIMON. 3950

Jonathan L. Hartwell, Anthony W. Schrecker und **James M. Johnson,** *Die Struktur von Silicicolin.* Das aus den Nadeln von *Juniperus silicicola (Small) Bailey* isolierte *Silicicolin* (I) ist ident. mit *Desoxypodophyllotoxin* u. kann synthet. erhalten werden durch Überführung von Podophyllotoxin in Podophyllotoxinchlorid (**II**) u. dessen katalyt. Hydrierung unter den Bedingungen der ROSENMUND-Reaktion. Sowohl das natürliche als auch das synthet. **I** lassen sich durch Kochen mit Na-Acetat in A. zu *Silicicolin B (Desoxypikropodophyllin)* epimerisieren u. liefern bei der Verseifung die gleiche *Oxysäure (Desoxypodophyllsäure)*.

V e r s u c h e (FF. korr.): *Silicicolin* (**I**; *Desoxypodophyllotoxin*), $C_{22}H_{22}O_7$, F. 171 bis 172°, a) aus getrockneten Nadeln von *Juniperus silicicola* durch Extraktion mit Aceton Chromatographie des ligroinunlösl. Anteils des Extrakts in absol. A. an Al_2O_3, Eluierung mit absol. A., Extraktion der erhaltenen dunkelrotbraunen M. mit Äthylacetat u. des dabei lösl. Anteils mit Xylol; Prismen aus A.; $[\alpha]_D^{19}$ -119^0 (c = 0,40; Chlf.), $[\alpha]_D^{19}$ -196^0 (c = 1,09; Pyridin); 0,11% (Ausbeute); b) aus **II** mit H_2 über 5%ig. Pd/$BaSO_4$ in sd. Toluol (zweimal 3 Std.) u. Chromatographie an Al_2O_3; $[\alpha]_D^{20}$ -115^0 (c = 0,50; Chlf.), $[\alpha]_D^{20}$ -181^0 (c = 0,61; Pyridin). — *Silicicolin B (Desoxypikropodophyllin)*, $C_{22}H_{22}O_7$, F. 170,4—172°, aus natürlichem oder synthet. **I**, a) mit Na-Acetat in sd. absol. A. (17 Std.; oder 22 Std. in sd. CH_3OH); 75—95%; b) mit Piperidin in sd. wss. A. (1 Std.); 45—48%; Nadeln aus 30%ig. A.; $[\alpha]_D^{19}$ $+30^0$ (c = 0,43; Chlf.), $+40^0$ (c = 0,41; Pyridin), für die aus natürlichem **I** erhaltene Verb., bzw. $[\alpha]_D^{21}$ $+32^0$ (c = 0,50; Chlf.), $+43^0$ (c = 0,52; Pyridin) für die Verb. aus synthet. **I**. — *Desoxypodophyllsäure*, $C_{22}H_{24}O_8$, (aus natürlichem **I**), F. 177,5—177,8° (Gasentw.; bei Zimmertemp. eingetaucht) bzw. 171—173° (Gasentw.; bei 150° eingetaucht), aus absol. A. Nadeln; $[\alpha]_D^{20}$ -165^0 (c = 0,43 Pyridin). *Semihydrat* (aus natürlichem **I**), $C_{22}H_{24}O_8 \cdot {}^1/_2\, H_2O$, F. 171—172° (Gasentw.), aus verd. A. Nadeln. *Monohydrat* (aus synthet. **I**), $C_{22}H_{24}O_8 \cdot H_2O$, F. 161—162° (Gasentw.; bei 150° eingetaucht; A.-Chlf.-W.), $[\alpha]_D^{20}$ -160^0 (c = 0,52; Pyridin); aus natürlichem bzw. synthet. **I** mit sd. 3%ig. wss. NaOH bzw. sd. wss.-alkoh. NaOH; 72 bzw. 95%. Die nach dem Erstarren der geschm. Proben erhaltenen Präpp. waren mit vorst. Verb. identisch. (J. Amer. chem. Soc. **75.** 2138—40. 5/5. 1953. Bethesda, Md., Nat. Cancer Inst., Labor. of Chem. Pharmacol.) WALTER SIMON. 3950

Lindsay H. Briggs und **R. H. Locker,** *Die Chemie der neuseeländischen Melicope-Arten.* 6. Mitt. *Eine revidierte Konstitution für Meliternatin und die Identifizierung von Xanthoxyletin aus der Rinde von Melicope ternata.* (5. vgl. C. **1951.** II. 532.) Auf Grund verschied. Rkk., der Hydrolyse u. der Einw. von Na-Methylat, die beide zu *6-Oxy-3.5.7-trimethoxy-3'.4'-methylendioxyflavon* führen, der Entmethylierung mit $AlCl_3$ u. zahlreicher Farb-Rkk. wird dem *Meliternatin* (**I**) jetzt die Formel eines *3.5-Dimethoxy-6.7;3'.4'-bis-methylendioxyflavons* zugeschrieben. Der Begleiter der Flavonole in der Rinde von *Melicope ternata* ist die „*Verb. E*" (**II**; vgl. 1. Mitt.; J. chem. Soc. [London] **1949.** 2157), die kein Flavonderiv. ist, sondern wie ein Vgl. der Eigg. zeigt, mit *Xanthoxyletin* ident. ist.

V e r s u c h e (FF. korr.): *5-Oxy-3-methoxy-6.7;3'.4'-bis-methylendioxyflavon*, $C_{18}H_{12}O_8$, F. 258—258,5°, durch 10std. Kochen von 300 mg **I** mit $AlCl_3$ in Ae.; aus Aceton senfgelbe Nadeln; 147 mg (Ausbeute); in konz. H_2SO_4 mit gelber Farbe lösl., auf Zusatz von Gallussäure grün; mit $FeCl_3$ hellgrün; bei der sauren oder alkal. Red. rosa. *Acetat*, $C_{20}H_{14}O_9$, F. 208,5—210°, aus A. hellgelbe Nadeln. — *6-Oxy-3.5.7-trimethoxy-3'.4'-methylendioxyflavon*, $C_{19}H_{16}O_8$, F. 243—244,5°, a) bei der Hydrolyse von **I** (vgl. 1. Mitt., l. c.); bei der Red. mit Mg u. HCl orangerote, mit Na-Amalgam gelbe Farbe, die beim Ansäuern rosa wird; b) aus **I** mit Na-Methylat in sd CH_3OH; aus A. hexagonale Platten. *Acetat*, F. 246—247°, aus Dioxan rhomb. Platten. — *Quercetin-5.7.3'.4'-tetramethyläther*, F. 197 bis 198°, aus Quercetinpentamethyläther, a) mit $AlCl_3$ in sd. Ae.; b) durch Überführung in das *Hydrochlorid* mit sd. HCl/Essigsäure u. Erhitzen auf 160°; aus A. gelbliche Nadeln mit $FeCl_3$ braun. — *Bromxanthoxyletin*, $C_{15}H_{13}O_4Br$, F. 157,5—158,5°, aus 30 mg **II** mit Br_2 in Chlf.; gelbes Harz, aus verd. A. hexagonale Platten; 25 mg. (J. chem. Soc. [London] **1951.** 3131—36. Nov. Auckland, New-Zealand, Univ. Coll.) E. FRANCK. 3950

Lindsay H. Briggs und **R. H. Locker,** *Die Chemie der neuseeländischen Melicope-Arten.* 7. Mitt. *Einige Beobachtungen über die Beziehung zwischen der Konstitution einiger Flavonolderivate, ihrer Acidität, Basizität, Färbung mit* $FeCl_3$ *und ihren UV-Absorptionsspektren.* (6. vgl. vorst. Ref.) Vff. bestimmen die Löslichkeit folgender *Flavonole* in gesätt. wss. $NaHCO_3$, 2n Na_2CO_3, 2n NaOH u. konz. HCl sowie den Ausfall der $FeCl_3$-Rk.: *3.5.3'.4'-Tetraoxy-7-methoxy-, 5.7.8-Trioxy-3-methoxy-3'.4'-methylendioxy-, 5-Oxy-3.6.7-trimethoxy-3'.4'-methylendioxy-, 5-Oxy-3-methoxy-6.7;3'.4'-bis-methylendioxy-, 7-Oxy-3.5.8.3'.4'-pentamethoxy-, 8-Oxy-3.5.7.3'.4'-pentamethoxy-* u. *3-Oxy-5.7.8.3'.4'-pentamethoxyflavon,* die genannten Eigg. u. die UV-Spektren von *Quercetin, Rhamnazin* (*3.5.4'-Trioxy-7.3'-dimethoxyflavon*), *Ternatin* (*5.4'-Dioxy-3.7.8.3'-tetramethoxyflavon*), *5.7-Dioxy-3-methoxy-3'.4'-methylendioxy-, 5-Oxy-3.7-dimethoxy-3'.4'-methylendioxy-, 5-Oxy-3.7.3'.4'-tetramethoxy-* (*Quercetintetramethyläther*), *5.7.4'-Trioxy-3.3'-dimethoxy-, 5.4'-Dioxy-3.7.3'-trimethoxy-, 4'-Oxy-3.5.7.3'-tetramethoxy-, 6-Oxy-3.5.7-trimethoxy-3'.4'-methylendioxy-* u. *7-Äthoxy-6-oxy-3.5-dimethoxy-3'.4'-methylendioxyflavon* sowie die UV-Spektren von *Quercitrin* (*Quercetinrhamnosid*), *Isokanugin* (*3.5.7-Trimethoxy-3'.4'-methylendioxyflavon*), *Melisimplexin, Meliternatin, Quercetagetin, Quercetagetinhexamethyläther, Meliternin* u. *Gossypetinhexamethyläther.* Aus den Eigg. werden einige allg. Gesetzmäßigkeiten abgeleitet: *5-Oxyflavone* sind trotz ihres schwach sauren Charakters in Alkali unlösl., die *3-Oxyverbb.* schwerlösl., weil sie unlösl. bzw. schwerlösl. *Na-Salze* bilden. Die starke Acidität der *4'-Oxyflavone* beruht ebenso wie die einiger anderer Flavonole wahrscheinlich auf der Resonanzmöglichkeit ihrer ionogenen Formen. Die Basizität u. damit die Löslichkeit in HCl wird bei den Flavonolen mit freier 6-, 7- oder 4'-OH-Gruppe nicht behindert, *5-Oxyflavone* sind dagegen unlösl. in HCl. Die wachsende Basizität der *5-, 7-* u. *4'-Methoxyflavone* wird mit der Möglichkeit einer Bldg. von Resonanzformen erklärt. — *3-, 5-* u. *8-Oxyflavone* zeigen eine positive $FeCl_3$-Rk., die bei *6-, 7-* oder *4'-Oxyverbb.* negativ ausfällt. — In den UV-Absorptionsspektren der untersuchten Flavonole treten meistens zwei ausgeprägte Maxima bei ca. 250 mμ (Bande **A**) u. 350 mμ (Bande **C**) u. ein weniger ausgeprägtes bei 270 mμ (Bande **B**) auf. Bei *Quercetin* u. seinen Derivv. konnte Bande **B** nicht festgestellt werden, dagegen eine weniger intensive Inflexion bei ca. 300 mμ. Eine Substitution am $C_{(3)}$ mit Rhamnose gibt eine bathochrome Verschiebung von **C** um 23 mμ, eine Methylierung der 5-Oxygruppe verschiebt sämtliche Banden, bes. Bande **C**. Gleichzeitige Methylierung in 7- u. 3'-Stellung hat nur geringen Einfl. auf **A**, Methylierung am $C_{(7)}$-OH allein hat keine Wrkg., am $C_{(4)}$-OH bewirkt sie eine bathochrome Verschiebung um 5 mμ. Ersatz zweier vic.-CH_3O-Gruppen durch die Methylendioxygruppe bewirkt keine Verschiebung. Bande **B** wird lediglich durch eine Methylierung am $C_{(5)}$-OH verändert. Bei *Quercetagetin* u. seinen Derivv. ist **A** als Maximum oder Inflexion vorhanden, **B** als Inflexion oder gar nicht u. **C** als Maximum hoher Intensität. Im Gegensatz zu Quercetin bewirkt der Ersatz zweier vic. Methoxygruppen durch eine Methylendioxygruppe eine beträchtliche Änderung von **A**; eine Methylierung in 6-Stellung ruft eine bathochrome Verschiebung von **A** um 10 mμ hervor. Im *Gossypetin* u. seinen Derivv. bewirkt die freie OH-Gruppe in 5-Stellung eine Verschiebung von **A** um 6 mμ nach längeren Wellenlängen u. eine Verschiebung von **C** um 17 mμ. (J. chem. Soc. [London] **1951.** 3136—42. Nov.) E. FRANCK. 3950

Eugene Zavarin und **Arthur B. Anderson,** *Extrahierbare Bestandteile des Kernholzes der kalifornischen Flußzeder* (*Incense-Cedar, Libocedrus decurrens Torrey*). 4. Mitt. *Vorkommen und Chromatographie von Thujaplicinen.* (3. vgl. C. **1956.** **4164.**) Aus dem Kernholz (K) von *Libocedrus decurrens* konnte aus den Tropolonfraktionen der wasserdampfflüchtigen Bestandteile *γ-Thujaplicin* (γ-**I**) in ca. 0,7%ig. Ausbeute (bezogen auf trockenes K) isoliert u. identifiziert werden. Das Vork. von β-**I** wurde papierchromatograph sichergestellt, wobei eine Meth. entwickelt wurde, die auf der Trennung von *Azoderivv.* der isomeren **I** beruht. Dabei wandern die Azoverbb. von α- u. β-**I** fast gleich schnell, während sich Azo-γ-**I** gut abtrennen läßt; zur Unterscheidung wird Azo-β-**I** zum *Hinopurpurin* umgelagert. Die durch Messung der Reflexion der Farbflecken des Chromatogramms mit einem Spektralphotometer erhaltenen Spektren werden angegeben. Das Vork. der **I** scheint z. T. für die Zerfallsbeständigkeit von K verantwortlich zu sein.

Versuche (FF. korr.): *γ-Thujaplicin* (γ-**I**), F. 78,5—79°, aus den alkalilösl. Anteilen des wasserdampfflüchtigen Öls aus K; Reinigung über den *Cu-Komplex* (F. 259 bis 259,5°, aus CH_3OH grüne Nadeln); Nadeln aus n-Hexan, sublimiert bei 180°. — *Azothujaplicine,* durch Kupplung der **I** in wss. Essigsäure/Na-Acetat mit diazotierter p-Aminobenzoesäure. R_F-Werte der Azoverbb. bei der absteigenden Chromatographie an WHATMAN 1-Papier mit Na_3PO_4 (11,5 g 75%ig. H_3PO_4 u. 12,5 g NaOH in 150 cm^3 W., auf 200 cm^3 aufgefüllt) bzw. 10%ig. Na_2CO_3: α-**I**, rotorange, 0,16, 0,08; β-**I**, orange,

0,16, 0,08; γ-I, blau, 0,05, 0,02 u. rosa, 0,35, 0,25; *Hinopurpurin* aus Azo-β-I (durch Umlagerung mit Eisessig), rosa, 0,22, 0,17. (Chem. Ber. **89.** 545—49. 1956. Richmond, Calif., Univ., Forest Prods. Labor.) GERHARD MÜLLER. 3950

D. Makromolekulare Chemie.

Robert L. Scott, *Thermodynamik von hochpolymeren Lösungen.* 6. Mitt. *Die Verträglichkeit von Copolymeren.* (5. vgl. C. **1950.** I. 879.) Vf. versucht das Verh. von Copolymerenlsgg., bei denen nicht nur eine statist. bedingte Heterogenität im Mol.-Gew., sondern auch in der Kettenzus. auftreten u. dadurch eine Trennung in 2 oder mehr Phasen verursachen könnte, auf Grund der modifizierten FLORY-HUGGINSschen Gleichungen für heterogene Polymergemische thermodynam. zu erfassen. Unter vereinfachenden Voraussetzungen wird die thermodynam. Stabilität eines Einphasensyst. untersucht u. die Stabilitätsbedingung für die Ausbldg. mehrerer Phasen abgeleitet. Es ergibt sich hieraus, daß die meisten Copolymeren in der Kettenzus. ziemlich homogen sein müssen u. von Kette zu Kette nur wenig variieren, so daß im allg. kein Anlaß zur Ausbldg. mehrphasiger Systeme gegeben ist. (J. Polymer Sci. **9.** 423—32. Nov. 1952. Los Angeles, Calif., Univ., Dep. of Chem.) WALTER SCHULZE. 4000

Pierre Renaud, *Einfluß der Ultraschallwellen auf die Lösungen von Makromolekülen in Pyridin.* Vf. untersuchte zunächst die Einw. von US-Wellen auf verschied. bas. Heterocyclen. *Pyridin* (**I**) allein bleibt unverändert, während in Ggw. von W. in **I** eine Bräunung auftritt. Auch *Piperazin* wird nicht verändert. *Piperidin* wird gelb gefärbt. Als Ursachen für die Veränderungen bei US-Einw. werden eine Ozonolyse, die Bldg. von OH-Radikalen u. Entladungsvorgänge innerhalb der Fll. diskutiert; letzterer Vorgang ist der wahrscheinlichere. Weiter wurde der Einfl. von US auf die Lsgg. von Makromoll. untersucht. Die Viscosität η einer 2%ig. Lsg. von *Polyvinylchlorid* in **I** bleibt dabei unverändert; dasselbe gilt, wenn gleichzeitig ein elektr. Wechsel- oder Gleichfeld der Stärke E 1600 V/cm angelegt wird, nur wird in diesem Falle **I** verfärbt. Auch η der Lsg. von *Polystyrol* in **I** oder in Toluol bleibt bei der Beschallung unverändert. Ausführlicher wurde der US-Abbau von *Polymethylmethacrylat* (**II**) in **I** (1,33%ig. Lsgg.) untersucht. Weder im US-Feld noch in einem elektr. Feld der Stärke E (1600 V/cm) ändert sich η, falls beide Einfll. getrennt voneinander wirken (unter der Einw. von E lediglich leichte Verfärbung). Wenn aber beide Einfll. gleichzeitig wirksam sind, so fällt η sehr stark ab (z. B. um 50% in 10 Min.); im doppellogarithm. Maßstab (Mol.-Gew. M u. Beschalldauer als Koordinaten) werden dabei Geraden erhalten. Der Abbau ist für E 1600 wesentlich stärker als für E 800. Die kinet. Auswertung zeigt das Vorliegen einer monomol. Reaktion. Die Richtung von E relativ zur US-Richtung ist ohne Einfluß. Vf. nimmt an, daß der Abbau von **II** durch Kombination eines reinen elektromechan. u. eines reinen US-Effektes zustande kommt. *Ein Asphalten* der Zus. $C_{106}H_{119}O_3S_5$ (F. 220°) (gelöst in Bzl. u. die Lsg. emulgiert in W.) wird durch US nicht verändert, wohl aber eine entsprechende Emulsion eines Harzes der Zus. $C_{25}H_{42}S$. Ausführliches Verzeichnis neuerer Arbeiten auf dem Gebiete der US-Einw. auf Fll. u. Feststoffe. (J. Chim. physique Physico-Chim. biol. **52.** 367—76. Mai 1955. Sorbonne, Labor. de Chim. C.) O. FUCHS. 4000

E. Duch und **L. Küchler,** *Molgewichtsbestimmungen bei höheren Temperaturen.* Vff. diskutieren die Schwierigkeiten bei der Best. von Mol.-Geww. von makromol. Stoffen, die erst oberhalb von 100° lösl. sind. Eine App. zur Mol.-Gew.-Best. aus Lichtstrahlstreuung bei Tempp. bis 150° wird näher beschrieben (Abb.). Mit *1.2-Dichlorbenzol* als Lösungsm. u. dem Licht der blauen Hg-Linie $\lambda = 4360$ Å werden Messungen an verschied. *Polyäthylenen,* sowie Messungen an *Polytrifluorchloräthylen* bei 130° in *2.5-Dichlorbenzotrifluorid* durchgeführt. Die Ergebnisse werden graph. u. tabellar. dargestellt. (Z. Elektrochem., Ber. Bunsenges. physik. Chem. **60.** 218—29. 1956. Farbwerke Hoechst A. G., T. A. Chem. Verfahrenstechn.) H. SURAWSKI. 4010

Martin H. Kaufman, Herman F. Mark und **Robert B. Mesrobian,** *Darstellung, Eigenschaften und Struktur von Polykohlenwasserstoffen abgeleitet von p-Xylol und verwandten Verbindungen.* Durch pyrolytische Dehydrierung werden *p-Xylol, Pseudocumol* u. *Durol* polymerisiert. Die Polymerisation verläuft wahrscheinlich über das intermediäre, nur bei höherer Temp. stabile 1.4-Dimethylencyclohexadien-(2.5). Die Polymerisation wird im Dehydrierungsapp. von SWARC bei niederem Druck (ca. 1 mm Hg) u. Tempp. bis 1000° ausgeführt. Das *Poly-p-xylylen* (**I**) wird in einer durchsichtigen u. einer undurchsichtigen Form erhalten. Die erstere Form zeigt einachsige, negative Doppelbrechung u. schm. bei 365—374°, während die letztere nach Extraktion mit Chlf. einen F. von 412° zeigt. Bei Tempp. über 150° kann **I** gedehnt werden, wobei es ein gut definiertes Röntgenfaserdiagramm zeigt. Als Nebenprod. der Polymerisation entsteht neben wenig

Toluol (>2%) *cycl. Di-p-xylylen.* Die therm. Behandlung beider Modifikationen scheint eine irreversible, polymorphe Umwandlung hervorzurufen. Die Ausbeuten an Polymerisat hängen von den Temperaturbedingungen ab u. betragen optimal ca. 16%. Als Hauptmenge erhält man unverändertes Ausgangsmaterial. Durch Sulfurierung von **I** läßt sich eine Sulfonsäuregruppe pro Benzolring einführen. Das Prod. quillt anisotrop., ohne sich in W. zu lösen. Als Lösungsmittel kommen für **I** nur hochsd. Stoffe, wie Biphenyl u. Benzylbenzoat, in Betracht. Doch ist die Löslichkeit an die Ggw. von Luft-O_2 gebunden. Auf Grund der Beobachtung, daß die Lösungsgeschwindigkeit von **I** in Lösungsmitteln von hohen Kpp. O_2-abhängig ist, kann angenommen werden, daß das Polymere zu einem kleinen Teil vernetzt ist. Das *Polypseudocumol* zeigt ebenfalls Vernetzung, es enthält jedoch bis zu 21% mit Chlf. extrahierbare Bestandteile. Das Zahlenmittel-Mol.-Gew. des in Chlf. lösl. Bestandteils beträgt 23900. (J. Polymer Sci. **13.** 3—20. Febr. 1954. Brooklyn, N. Y., Inst. of Polymer Res.) G. EBERHARDT. 4010

Richard S. Corley, Howard C. Haas, Marshall W. Kane und **Daniel I. Livingston** *Darstellung und Eigenschaften von Poly-p-xylylen.* Die Darst. des *Poly-p-xylylen* erfolgt im App. von SWARC durch pyrolyt. Dehydrierung des p-Xylols bei Tempp. von 900 bis 1150° u. Drucken vorzugsweise zwischen 0,35—3 mm Hg u. führt zu Umsätzen bis 26%. Unter den Versuchsbedingungen war es nicht möglich eine Copolymerisation mit Styrol oder Schwefeldioxyd zu erzielen. Das Polymerisat enthält Anteile (ca. 16—17%), die mit CCl_4, Aceton u. Bzl. extrahierbar sind. Als Beiprodd. der Polymerisation erscheinen Toluol, *cycl-Di-p-xylylen* u. *Di-p-xylyl.* Das Poly-p-xylylen erhält man in einer undurchsichtigen, makrokristallinen Form (bei niedriger Temp. u. höherem Druck) u. in einer mikrokristallinen, durchsichtigen Form (vgl. vorst. Ref.). Neben der röntgenograph. Unters. der beiden Kristallformen werden ihr Infrarospektr., ihr opt. Verh., die DK. (2,45 bei 25°), Dehnbarkeit u. Schmelzverh. untersucht. Die Löslichkeit der Polymerisate beschränkt sich auf hochsd. Lösungsmittel wie 1-Methylnaphthalin, Dowtherm A, Biphenyl, Benzylbenzoat, sie ist jedoch Folge einer Abbau-Rk. infolge Autoxydation durch Luftsauerstoff. Eine Ausnahme macht p-Terphenyl, in dem die Polymeren auch in Abwesenheit von Luft-O_2 gut lösl. sind. Die Sulfurierung gelingt nach Vorbehandlung der Polymerisate durch Lösen in den genannten Lösungsmitteln. Fällen u. 3tägiges Behandeln mit konz. H_2SO_4 bei Raumtemp. in Ggw. von 1% Ag_2SO_4. Das erhaltene Prod. quillt in W., bleibt aber unlöslich. Die Chlorierung erfolgt mit Sulfurylchlorid u. Pyridin unter Einw. von UV-Strahlung. Die Analyse ergibt einen Chlorwert von 56,6%, Schwefel ist nicht vorhanden. (J. Polymer Sci. **13.** 137—56. Febr. 1954. Cambridge, Mass., Polaroid Corp., Res. Labor.) G. EBERHARDT. 4010

V. Bruckner, J. Kovács, H. Nagy und **M. Kajtár,** *Versuche zur Synthese der γ-Polyglutaminsäure.* (Vgl. C. **1956.** 6979.) Wird das hergestellte gemischte *Anhydrid* aus *Carbobenzoxy (Cbo)-γ-L-glutamyl-L-glutaminsäure-α.α'-dimethylester* u. *Kohlensäuremonoäthylester* in Dioxan mit Pd-Tierkohle als Katalysator hydriert, so tritt durch die Abspaltung der Cbo-Gruppe Polymerisation ein. Die Rk. kann auch in Dimethylformamid durchgeführt werden. Nach Verseifen wird ein in W. lösl. Prod. erhalten, das in seiner Konst. einer *Poly-γ-L-glutaminsäure* sehr nahe kommt.

Versuche: *Carbobenzoxy (Cbo)-L-glutaminsäure-γ-hydrazid* (**I**), $C_{13}H_{17}O_5N_3$, F. 180° (aus W. Nadeln), 30 g L-Glutaminsäure-γ-methylesterhydrochlorid in W. werden unter starkem Rühren mit $NaHCO_3$, dann binnen 15 Min. tropfenweise mit 25 ml Chlorkohlensäurebenzylester versetzt; nach weiterem 3std. Rühren Ausschütteln mit Ae., Ansäuern der wss. Phase, Extraktion des Öls mit Ae. u. 15 Min. langes Erwärmen des Rückstandes mit 20 ml $NH_2NH_2 \cdot H_2O$; durch Zusatz von Na-Acetat zur salzsauren Lsg. (p_H 4) Nadeln; 56—60% (Ausbeute). — *L-Glutaminsäure-γ-benzylester* (**II**), $C_{12}H_{15}O_4N$, F. 171°, $[\alpha]_D^{20}$ +26,6° (c = 16; n-HCl), durch Lösen von 29,4 g L-Glutaminsäure u. 35 g Benzolsulfonsäure in 86 g Benzylalkohol bei 100—105°, Extraktion der benzol. Lsg. mit W. u. Neutralisieren mit $NaHCO_3$ (p_H 6); 30%. — *Cbo-γ-L-glutamyl-L-glutaminsäure-γ-benzylester,* $C_{25}H_{28}O_9N_2$, F. 161—163°, $[\alpha]_D^{20}$ —6,46° (c = 4,0; Methanol); 11,84 g **I** werden in 2,25n HCl mit $NaNO_3$ unter starker Kühlung in das Azid übergeführt, der Ae.-Extrakt wird mit einer stark gekühlten Lsg. von 9,44 g **II** in wss. $KHCO_3$-Lsg. 20 Min., dann eine Std. bei Raumtemp. verrührt; aus Essigester u. W. feinkristallines, noch etwas unreines Prod.; 35%. — *Cbo-γ-L-glutamyl-L-glutaminsäure-α.α'-dimethyl-γ'-benzylester,* $C_{27}H_{32}O_9N_2$, F. 119—120°, $[\alpha]_D^{20}$ —4,36° (c = 4,0; Essigester), aus **II** u. CH_2N_2 in Methanol bei —15°; 68,6%. — *γ-L-Glutamyl-L-glutaminsäure-α.α'-dimethylester,* $C_{12}H_{20} \cdot O_7N_2$, F. 119—120°, aus vorst. Ester durch Hydrieren in Methanol mit Pd-Tierkohle u. Entwässern des Monohydrats durch azeotrope Dest. mit Bzl./Äthanol. *Monohydrat,* $C_{12}H_{20}O_7N_2 \cdot H_2O$, F. 130°, $[\alpha]_D^{20}$ —4,36° (c = 4,0; Methanol), Nadeln aus Methanol/Ae.; 76%. *Cbo-Deriv.,* $C_{20}H_{26}O_9N_2$, F. 109—110°, Nadeln aus Essigester/Ae.; 63,9%. *Benzthiuroniumsalz,* $C_{28}H_{26}O_9N_4S$(?), F. 114°, aus wss. A. Nadeln. — *Poly-γ-L-glutaminsäure-*

α-methylester. $(C_6H_9O_3N)_n \cdot H_2O$, aus 5 g vorst. Cbo-Deriv., Chlorkohlensäureäthylester u. Triäthylamin in wasserfreiem Dioxan bei 8^0 unter Bldg. des *gemischten γ'-Anhydrids*, das mit 20% Pd-Tierkohle hydriert wird; Dialysieren gegen W. u. Gefriertrocknung; 100 mg. — *Poly-γ-L-glutaminsäure*, $(C_5H_7O_3N)_n \cdot H_2O$, aus 90 mg vorst. Polyesters durch alkal. Verseifung (1n NaOH, 1 Std.), Ausfällen als *Cu-Salz* bei p_H 4 u. Zers. mit H_2S; Isolierung durch Gefriertrocknung; 17 mg. (Acta chim. Acad. Sci. hung. **6**. 219—31. 1955. Budapest, Univ., Inst. für organ. Chem.) H. Gnichtel. 4010

V. Bruckner, J. Kovács, H. Nagy und **M. Kajtár,** *Versuche zur Synthese der γ-Polyglutaminsäure.* Gekürzte Wiedergabe der vorst. referierten Arbeit. (Naturwissenschaften **41.** 528—29. 2. Nov.-H. 1954. Budapest, Univ., Organ.-chem. Inst.) H. Gnichtel. 4010

G. L. Starobinetz und **W. Ss. Komarow,** *Verteilung der Komponenten einer binären Lösung zwischen der Phase des Hochpolymeren und der Lösung.* Vff. haben die Quellung von *Naturkautschuk*-Vulkanisaten im Dampf bin. Lsgg. von Alkoholen–Bzl. nach Eintritt des Gleichgewichts (10 Tage) gemessen. Die Kurve: Quellung–Zus. der Lsg. verläuft um so höher, je niedriger das Mol.-Gew. des Alkohols ist u. hat bei den 3 niedrigsten Alkoholen ein Maximum, das dadurch entsteht, daß ein Punkt existieren muß, in dem die Zus. der Phasen nach dem Gesetz von Konowalow gleich ist, da die polymere Phase in verd. Lsgg. eines Alkohols in Bzl. reicher an dem Alkohol, in verd. Lsgg. von Bzl. im Alkohol reicher an Bzl. ist. In der polymeren Phase sind die Alkoholmoll. als Einzelmoll. vorhanden. Die Verss. werden mit CH_3OH, A., n-C_3H_7OH, n-C_4H_9OH u. n-$C_6H_{13}OH$ durchgeführt. (Доклады Академии Наук СССР [Ber. Akad. Wiss. UdSSR] [N. S.] **86.** 771 bis 774. 1/10. 1952. Weißruss. Lenin-Univ.) J. v. Schroeder. 4030

A. Frey-Wyssling, *Über die submikroskopische Struktur der cellulosischen Elementarfibrillen.* Vf. weist darauf hin, daß die *Cellulose* (I)-Mikrofibrillen mit einem Durchmesser von 250—400 Å durch Ultraschall in feinere, 100 Å breite Stränge, die sogenannten Elementarfibrillen zerlegt werden können, die bei allen I-Arten völlig gleichartig sind. Eine Diskrepanz zwischen der röntgenometr. Dickenmessung, die 60 Å ergibt, u. der elektronenmkr. mit 75—100 Å wird dahingehend erklärt, daß die Elementarfibrillen nur in ihrem Zentrum ein homogenes Kettengitter besitzen, während die Randpartien in einem unvollkommen geordneten Zustand vorliegen, womit auch die große Biegsamkeit der I-Fibrillen gedeutet ist. Das Zustandekommen einer solchen Struktur während des Wachstums bzw. der Kristallisation im Cytoplasma wird diskutiert. (Experientia [Basel] **9.** 181. 15/5. 1953. Zürich, TH, Inst. für allg. Bot.) P. Fahrnlaender. 4050

Fanny Boyer-Kawenoki, *Über das besondere Verhalten des Harnstoffs bei der Reaktion mit Cellulose und Cellulosenitrat.* (Vg. C. **1953.** 2774.) Vf. läßt 9,27—51,22%ig. wss. *Harnstoff* (II)-Lsgg. 10—15 Tage bei 25^0 auf *Cellulosenitrat* (I) (12,01% N) einwirken. Analoge Verss. werden mit *Cellulose* (Baumwollinters; III) u. 14,8—42,7%ig. II-Lsgg. durchgeführt. Im Gegensatz zu II-Derivv. werden bei der Einw. von reinem II auf I u. III keine Additionsverbb. festgestellt. Die Versuchsergebnisse zeigen, daß die klass. II-Formel für in W. gelösten II mit einer für Additions-Rkk. geeigneten akt. Gruppe nicht zutreffen kann, bestätigen andererseits die Formel $[2\,C_6H_{10}O_5{-}H_2O]_n$ für Hydratcellulose I. (Bull. Soc. chim. France, Mém. [5] **1954.** 809—11. Juni. Bellevue, S.-et-Oise, Labor. de Chim. Macromol.) P. Fahrnlaender. 4050

L. Mester, *Die Formazanreaktion zum Beweis der Struktur perjodatoxydierter Polysaccharide.* (Vgl. C. **1956.** 4152.) Phenylhydrazone von aldehydo-Zuckern kuppeln mit Diazoverbb. unter Bldg. von Formazanen, während die aus Hemiacetalen abgeleiteten cycl. Phenylhydrazone diese Rk. nicht liefern. Diese Rk. läßt sich zur Unterscheidung der mit HJO_4 oxydierten Polysaccharide u. der daraus hergestellten Phenylhydrazone verwenden, da jede oxydierte Monosaccharideinheit nur mit 1 Mol Phenylhydrazin reagiert. Die Literatur formuliert 3 Typen solcher Phenylhydrazone (vgl. Rogowin u. Mitarbeiter, C. **1951.** I. 2235 u. Barry u. Mitchell, C. **1954.** 8127), von denen nur die *Hemiacetal-aldehydo-Phenylhydrazon*-Struktur (I) zur Bldg. eines *Formazans* (II) befähigt ist. Vf. oxydiert Polysaccharidproben von *Cellulose, Stärke, Inulin, Xylan* oder *Dextrin* 24—28 Std. (im Falle der unlösl. Polysaccharide wie Cellulose oder Xylan 120 Std.) bei Zimmertemp. mit 3—5%ig. $NaJO_4$, stellt die Phenylhydrazone nach dem Verf. von Barry u. Mitchell (l. c.) dar, löst bzw. suspendiert diese in Pyridin bzw. Pyridin–A.

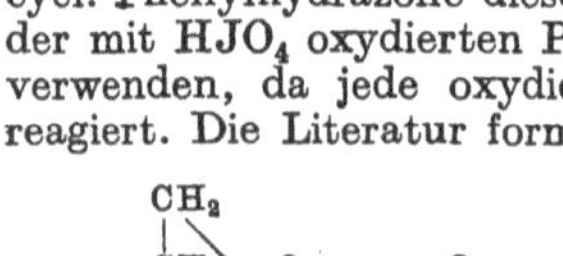

I

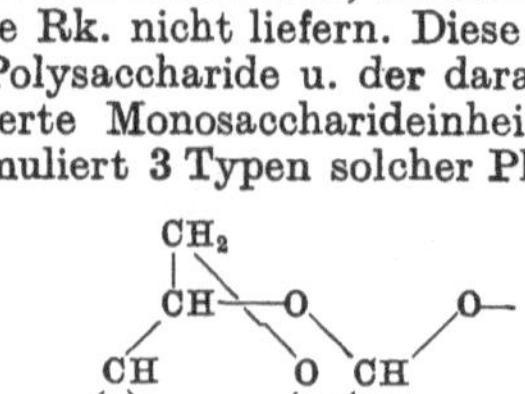

II

(1 : 1) unter Eiskühlung, fügt die Lsg. diazotierten Anilins hinzu u. gibt die rote Lsg. in Wasser. Die dabei abgeschiedenen Prodd. geben die für Formazane charakterist. dunkelblaue Farb-Rk. mit konz. H_2SO_4. Daraus folgt das Vorliegen von Strukturelementen der Struktur **I** in den untersuchten perjodatoxydierten Polysacchariden. (J. Amer. chem. Soc. **77**. 5452—53. 20/10. 1955. Budapest, U, Inst. of organ. Chem.) W. Ruske. 4050

Joseph F. Foster und **Jen Tsi Yang,** *Wirkung der Temperatur auf die innere Viscosität und die optische Drehung von Rinderplasmaalbumin in saurem Medium.* Wird das p_H einer wss. Lsg. von *Rinderplasmaalbumin* bei Zimmertemp. unter ca. 4,0 verschoben, so treten reversible strukturelle Veränderungen, vermutlich unter Expansion des Mol., auf. Diese Veränderungen sind von einer Zunahme der Intrinsicviscosität u. der Linksdrehung begleitet. Die Unterss. der Vff. in dem Temperaturbereich von 2—80° ergeben, daß die Temperaturabhängigkeit der Rkk. unter 20° verschwindet. Außerdem erfolgen über ca. 40° langsame, irreversible Veränderungen. Diese Denaturierung ist von einer Verminderung der Intrinsicviscosität bei gleichbleibender opt. Drehung begleitet. Unterss. der Lichtstreuung machen es wahrscheinlich, daß die Veränderungen nicht auf Hydrolyse oder Aggregation zurückzuführen sind. Nach Ansicht der Vff. lassen sich die Ergebnisse so deuten, daß die Mol.-Expansion bei niedrigem p_H einen gewissen Schutz vor der irreversiblen Denaturierung darstellt. (J. Amer. chem. Soc. **77**. 3895—3901. 20/7. 1955. Iowa, Io., State College, Dep. of Chem.) K. Nehring. 4070

R. Straessle, *Ein Dimeres des menschlichen Serumalbumins mit einer bifunktionellen Quecksilberverbindung.* Mittels der Lichtstreuungsmeth. u. der Ultrazentrifuge stellten Vff. den Reaktionsablauf zwischen *Mercaptalbumin* (I) u. *2.5-Bis-[hydroxymercurimethyl]-1.4-dioxan,* der zur Verkettung zweier I-Moll. führt, fest: AlbSH (I) + HOHg·RHgOH (II) ⇌ AlbSHg—R—HgOH + H_2O + I ⇌ AlbSHg—R—HgSAlb + H_2O. Trübungsmessungen einer 1%ig. **II**-Lsg. bei p_H 4,75 u. $\Gamma/2 = 0{,}05$ zeigten ein starkes Ansteigen des Anfangswertes auf das 1,8—1,9fache innerhalb von 3 Min. nach Zugabe von 0,5 Mol **I**/Mol **II**, im Gegensatz zum stundendauernden Ablauf bei Zugabe von $HgCl_2$. — In der Ultrazentrifuge wurde ein einziges Band erhalten, das schneller als n. Serumalbumin sedimentierte (statt s = 4,6 S war s = 6,5 S, also mit dem analogen Hg-Dimeren vergleichbar). Bei p_H 6 verlief die Rk. langsamer. — Die Dimerisation wurde ganz oder teilweise aufgehoben durch Substanzen, die **I** binden (Sulfid-, Cyanid- u. Jodidverbb.), die die SH-Gruppe binden (Methylmercurinitrat oder Hg^+) u. durch **I** selbst im Überschuß. — Die schlechte Löslichkeit des Dimeren sowie seine schnelle Bldg. ermöglichen die Isolierung der **II**-Fraktion aus menschlichem Serumalbumin. **II** kann aus dem Dimeren durch Fällung des **I** in Form seines unlösl. *Jodids* wiedergewonnen werden. (J. Amer. chem. Soc. **73**. 504—05. Jan. 1951. Boston, Mass., Harvard-Univ., Labor. of Phys. Chem. rel. to Med. and Public Health.) W. Pola. 4070

E. Biologische Chemie. Physiologie. Medizin.

E_1. Allgemeine Biologie und Biochemie.

Reinhard W. Kaplan, *Auslösung von Farbsektor- und anderen Mutationen bei Bacterium prodigiosum durch monochromatisches Ultraviolett verschiedener Wellenlängen.* Unters. der durch monochromat. UV verschied. Wellenlängen (248, 254, 265, 280 u. 303 mμ) ausgelösten Mutationen bei *Bacterium prodigiosum.* Maximum der mutierenden Wrkg. im Wellenbereich von 254—265 mμ. Als die UV-Energie prim. absorbierende Substanzen kommen wahrscheinlich Nucleinsäuren (Desoxyribonucleinsäure) in Frage. Da sie in Chromosomen wie in Nucleoiden der Bacterien als wesentlicher Bestandteil nachgewiesen ist, so ist sie als wahrscheinlicher Aufnahmeort der UV-Energie bei den Mutationen anzusehen. Die gefundenen Wirkungsspektren der untersuchten Mutationen bei Bact. prod. sind den bei höheren, kernhaltigen Organismen gefundenen ähnlich, was für die gleiche Grundkonstruktion des Erbapp. „kernloser" wie „kernhaltiger" Lebewesen spricht. (Z. Naturforsch. **7b**. 291—304. Mai 1952. Voldagsen, Max-Planck-Inst. für Züchtungsforsch., Erwin-Baur-Inst.) D. Itzerott. 4130

Theodore N. Tahmisian und **Dorothy M. Adamson,** *Eine phasenkontrastmikroskopische Untersuchung von durch Röntgenstrahlen induzierter Pyknose in der lebenden Zelle.* (Proc. Soc. exp. Biol. Med. **78**. 597—602. Nov. 1951. Chicago, Ill., Div. of Biol. and Med. Res., Argonne Nat. Labor.) D. Itzerott. 4150

Hans Lettré und **Wilhelmine Siebs,** *Zellwirkungen von Aminen der Sterinreihe.* Säureamide von Dicarbonsäuren, die durch Aufspaltung des Ringes A aus Sterinen entstanden sind, lassen sich mit Hilfe von Lithiumaluminiumhydrid zu Diaminen reduzieren. Auf diesem Wege wurde aus dem 3.24-Bis-dimethylamid der Desoxybiliansäure das *4.12-Dioxy-3.24-bis-[dimethylamino]-3.4-secocholan* (**I**) hergestellt. Die Wrkg. auf Fibroblasten entspricht der von Atmungsgiften (Abrundung, Plasmabewegung) u. tritt sehr rasch ein. Chromosomentrennung oder Plasmateilung werden durch **I** gehemmt, u. Membranen zerfallen durch Lösen von Zellen aus dem Verband. Das Alkaloid *Conessin*, das wie **I** 2 tert. Aminogruppen besitzt, hat ähnliche Wirkung. (Naturwissenschaften **43.** 132—33. 2. März-H. 1956. Heidelberg, Univ., Inst. für Exp. Krebsforsch.) G. Drews. 4150

J. Clauss, *Zur Tetrazoliumfärbung von Tumorzellen.* Vf. färbt Tumorascites, Operationspräpp. von Tumoren u. Abstriche carcinomatöser Uteri mit *2.3.5-Triphenyltetrazoliumchlorid* (1% ig) in Ringer-Lsg., mit dem Ziel, diese Vitalfärbung als alleiniges Differentialdiagnosticum zu verwenden. Wenn es auch hiermit gelang, carcinomatöse Bezirke abzugrenzen, so weisen auch nichtpatholog. veränderte Zellen Formazaneinlagerungen auf. (Photogr. u. Wiss. **3.** 23—26. 1954. Hamburg-Barmbeck, Allg. Krankenhaus.) P. Loch. 4160

Daphne Papadopoulou, *Die Bedeutung des Jodacetatindex beim Krebs.* Vf. bestimmt den n. *Jodacetatindex* mit ca. 9 bei Gesunden. Ein Absinken zeigt eine maligne Erkrankung oder ein Recidiv an. (Recueil Trav. chim. Pays-Bas **74.** 669—73. Mai 1955. Athen, Greek cancer Inst.) G. Weltzien. 4160

Peter Koets, *Die Wirkung der Hitzeinaktivierung auf die Präcipitation von Serumproteinen durch Natriumchromat im Serum Gesunder und Krebskranker.* Der von Koets (Science [Washington] **115.** [1952.] 21) beobachtete Unterschied in der Stabilität von nativem u. hitzeinaktiviertem Serum gegenüber Präcipitation mit Na_2CrO_4 wurde nun am Serum von Gesunden, Krebskranken u. Schwangeren gemessen. Hitzeinaktiviertes Serum ist gegenüber Präcipitation mit Na_2CrO_4 stabiler als natives Serum. Dieser Unterschied wird beim Serum von Krebskranken geringer oder verschwindet vollkommen, wobei je nach der Lokalisation des Tumors unterschiedliche Werte erhalten werden. Schwangerschaft bewirkt prakt. keine Veränderung der Serumstabilität. (Cancer Res. **12.** 100—03. Febr. 1952. San Francisco, Calif., Univ., School of Med., Dep. of Obstet. and Gynecol.) H. Scheurlen. 4160

Joseph E. Bittner, *Bioklimatische und ätiologische Agentien und die Vorbeugung von Herzkrankheiten und Krebs.* Auf Grund des gehäuften Auftretens von Herzkrankheiten u. Krebs in den kalten Gegenden der USA u. in den kalten Jahreszeiten, in denen eine Übertragung eines Virus durch Insekten nicht möglich ist, u. auf Grund von Verss. der Verfütterung von Krebserregern an Tiere schließt Vf. auf eine gemeinsame Ursache (Virus) von Herzkrankheiten u. Krebs. Da eine besondere Häufung dieser Krankheiten an trüben Tagen beobachtet wird, an denen der natürliche Schutz vor dem Virus durch Sonnenstrahlung wegfällt, empfiehlt Vf. als Vorbeugungsmittel heiße gut gekochte Nahrung, da nach seiner Ansicht nur Hitze u. Strahlung das Virus vernichten. (Naturwissenschaften **42.** 22—23. Jan. 1955. Yakima, Wash.) G. Weltzien. 4160

E. Boyland, *Verschiedene Arten von Cancerogenen und ihre mögliche Wirkungsweise. Ein Überblick.* Vf. gibt einen ausführlichen Überblick über die heutigen Kenntnisse der Wirkungsweise verschied. cancerogener Agentien. Es werden 4 Gruppen von cancerogenen Stoffen beschrieben: Physikal. Agentien: Örtliche Unterkühlung (CO_2-Schnee), Zellophanimplantation, Röntgenstrahlen. Anorgan. Stoffe: *Ni*, Na_2HAsO_3, $BeCl_2$, $ZnCl_2$. Aliphat. Verbb.: *β.β'-Dichlordiäthylsulfid* (*Lost*), *β.β'-Dichlordiäthylmethylamin* (*N-Lost*), *Butadiendiepoxyd, 1.4-Dimethylsulfonoxybutan, Trimethylolmelamin, 2.4.6-Tris-[äthylenimino]-s-triazin, Stearyl-* u. *Capryläthylenimin, Urethan.* Aromat. Verbb.: 1. KW-stoffe: *1.2.3.4-Tetramethylphenanthren, 9.10-Dimethylanthracen, 1.2-Benzanthracen, 1.2.5.6-Dibenzanthracen, 3.4-Benzphenanthren, 3.4-Benzpyren, 9.10-Dimethyl-1.2-benzanthracen, 1.2.5.6-Dibenzfluoren, 20-Methylcholanthren.* 2. Heterocycl. Cancerogene: *3.4.5.6-Dibenzcarbazol, 1.2.5.6-Dibenzcarbazol, 3.4.7.8-Dibenzacridin, 4.9-Dimethyl-5.6-benzacridin, 4.7-Dimethyl-2.3.5.6-dibenzthionaphthen.* 3. Aromat. Amine: *β-Naphthylamin, o-Aminoazotoluol, N-Methylaminoazobenzol, 4.4'-Dimethylaminoazobenzol, 4'-Fluor-4-dimethylaminoazobenzol, Aminostilben, p-Dimethylaminodiphenyl, Acetylaminofluoren, Acetylaminodibenzthiophen, Acetylaminodibenzthiophenoxyd, Acetylaminodibenzfuran* u. *β-Naphthyl-bis-[β-chloräthyl]-amin.* Die cancerogenen Agentien wirken nach Ansicht des Vf. auf die *Desoxyribonucleinsäure* der Chromosomen. Hierfür wurden 5 mögliche Wirkungsweisen wahrscheinlich gemacht: 1. Spaltung der Nucleinsäureketten (durch Röntgenstrahlen oder Lost). 2. Falsche Verknüpfung der Nucleinsäuren (durch Diepoxyde, Äthylenimine, 1.4-Dimethylsulfonoxybutan). 3. Präcipitation (Be- u. Zn-Salze). 4. Hemmung der Transmethylierung (Urethan). 5. Komplexbldg. mit Nucleinsäuren (aromat. cancerogene Verbb.). — 50 Literaturangaben. (Cancer Res. **12.** 77—84. Febr. 1952. London, Roy. Cancer Hosp., Chester Beatty Res. Inst.) H. Scheurlen. 4160

A. Graffi, F. Fey, H. Bielka, U. Heine und **F. Hoffmann,** *Weitere Untersuchungen zur Charakterisierung des leukämieerzeugenden Agens aus Mäusetumoren.* Nach bisherigen

Unterss. ist der leukämieerzeugende, filtrierbare Faktor aus Mäusetumoren (Sa I, Sa II, SOV 16, Ehrlich-Ascites-Carcinom, S 37 usw.) thermolabil sowie artspezif. u. hat $< 0,1\ \mu$ Durchmesser sowie spezif. Antigeneigenschaft. — Mit Sa I u. SOV 16 beimpfte Hühnereifiltrate erzeugen keine Leukämie (Agens auf heterologem Gewebe unwirksam), dagegen bewirkt die gefällte Nucleoproteidfraktion zellfreier Filtrate des Sa I Weißblütigkeit bei Mäusen. Außerdem wurden Leukämien nach Injektion von 2mal filtrierter Ascites-Fl. von Sa I, von stark verd. zellfreien Filtraten von SOV 16 u. von Filtraten aus Lymphknoten leukäm. Mäuse beobachtet. (Naturwissenschaften **43.** 63. Febr. 1956. Berlin, Dtsch. Akad. der Wiss., Inst. für Med., Abt. für biol. Krebsforsch.) V. Sachs. 4160

A. Vescia, A. Albano und **A. Iacono,** *Wirkung von D-(+)-Leucin auf die Hydrolyse von Glycyl-L-leucin in normalen und neoplastischen Geweben.* Während in n. u. patholog. nichtneoplast. menschlichen Geweben die Hydrolyse von *Glycyl-L-leucin* (I) durch *D-(+)-Leucin* (II) bei p_H 7,2 gehemmt wurde, wird die I-Hydrolyse im neoplast. Gewebe durch 0,01—0,04 Mol. II bei gleichem p_H aktiviert. (Nature [London] **170.** 804. 8/11. 1952. Neapel, Univ., Inst. of Human Physiol.) F. Krusen. 4160

F. Windisch, W. Heumann, K. Linser und **H. Langer,** *Regression maligner Tumoren durch Injektion und perorale Verabreichung von cytostatischen Antimetaboliten.* Experimentell erzeugte, maligne Tumoren bei Ratte u. Maus werden durch inhibierende Antimetaboliten einer Reihe von *Nitrophenol-, Phenolderivv., Aziden* u. *Azinfarbstoffen* (*2.4-Dinitrophenol, Atebrin, Thyroxin*) bei fokaler u. perifokaler Injektion nicht nur cytostat. regressiv, sondern unter Umständen völlig abklingend beeinflußt, wobei ihre ergon. Phosphorylierungshemmung u. Inaktivierung der synthet. Plasmafunktionen einen sicheren, aber reversiblen cytostat. Effekt hervorrufen, ähnliche dem, den Domagk unter Anwendung von *Chinonen* bei Rattentumoren beobachtete. (Naturwissenschaften **42.** 394—95. Juli 1955. Berlin, Dtsch. Akad. der Wiss., Inst. für Med. u. Biol., Abt. Krebsforsch./ Mikrobiol., u. Humboldt-Univ., Hautklinik u. Poliklinik.) V. Sachs. 4160

Raymond G. Gottschalk und **Herbert C. Allen jr.,** *Aufnahme von radioaktivem Schwefel durch Chondrosarkome des Menschen.* 2 Patienten mit Chondrosarkomen erhielten intravenös 6,7 bzw. 2,9 mC ^{35}S in Form von Na_2SO_4. Gewebeproben, die einige Tage nach der Injektion bei Operationen u. Nekropsie erhalten wurden, wurden auf ihren Geh. an ^{35}S untersucht. Die höchste Konz. an Isotopen fand sich in den Chondrosarkomen selbst; kleinere Mengen enthielten in abnehmender Reihenfolge: Knorpel, Knochenmark, Milz, Niere, Haut, Leber, Knochen, Fettgewebe u. Muskel. Radioautogramme zeigten maximale Konz. in den Wachstumszonen der Chondrosarkome u. in solchen mit viel Grundsubstanz. Ob sich die für eine Schädigung der Chondrosarkomzellen notwendigen großen Dosen an ^{35}S in der Praxis verwenden lassen, ist noch recht zweifelhaft, da sie im n. Knorpel sehr lange retiniert werden u. das Knochenmark eine hohe Strahlenempfindlichkeit besitzt; außerdem werden gleich nach Applikation von radioakt. S sehr große Strahlenmengen in den exkretor. Organen gefunden. (Proc. Soc. exp. Biol. Med. **80.** 334—39. Juni 1952. Houston, Tex., Baylor Univ., Coll. of Med.) F. Ruppert. 4160

Romieu, Thibaud und **Pourquier,** *Maligne Tumore und radioaktiver Phosphor.* Vff. berichten über mehrere Fälle von Lymphosarkomen, Lymphoreticulosarkomen, Knochensarkomen, Hodgin-Krankheit, Mucosis fungoides u. Reticulohistiocytomen, die per os mit ^{32}P behandelt wurden. Bei einem Teil der Kranken trat Besserung oder Heilung ein, in anderen Fällen mußte die Behandlung durch Röntgenbestrahlungen ergänzt werden. (J. Radiol. Électrol. Arch. Électr. méd. **34.** 279—81. 1953.) W. Reusse. 4160

Thomas W. Botsford, H. Brownell Wheeler, Robert A. Newton und **William E. Jaques,** *Hypoplasie des Knochenmarks in Verbindung mit einer Radiogoldtherapie.* Bei mehreren Patienten, die zur Behandlung verschied. Carcinome intratumorale oder intraperitoneale Injektionen von mehr als 50 mC koll. *Radiogold* (^{198}Au) erhalten hatten, stellten sich nach mehreren Tagen schwere Störungen ein, die ad exitum führten. Autopsie u. histolog. Unters. zeigten Hypoplasie des Knochenmarks. Im mkr. Bild von Knochenmarkschnitten wurden nach geeigneter Färbung Au-Partikel nachgewiesen. Bei Dosen unter 50 mC (11 Fälle) traten weder eine Abnahme der Leukocytenzahl auf, noch postmortem Schäden am Knochenmark. Von 12 Patienten mit einer Dosis von 58—153 mC kamen 4 (vgl. oben) ad exitum, bei den anderen traten Knochenmarkschäden nicht auf. (J. Amer. med. Assoc. **151.** 788—91. 7/3. 1953. Boston, Peter Bent Brigham Hosp., Depp. of Surg. and Pathol., u. Harvard Med. School.) W. Reusse. 4160

Clarence Whitford Young and others, Introduction to biological science; a study of the human body and of the world of plants and animals. New York: Harper. 1956. (564 S. m. Abb. u. Diagr.) 8°. $ 4,75.

E_2. Enzymologie. Gärung.

Jui H. Wang, *Eine synthetische Verbindung mit einer der Katalase ähnlichen Wirkung. Triäthylentetramin* bildet mit Fe^{3+} ein Chelat, das zur Zers. von H_2O_2 befähigt ist. In wss. Lsg. bilden sich zunächst zwischen Fe^{3+} u. 2 OH^- bzw. 1 OH^- u. 1 H_2O zwei zusätzliche koordinative Bindungen aus. Bei Ggw. von H_2O_2 könnte einer oder beide dieser Liganden durch OOH^- ersetzt werden. Das sich zunächst bildende Chelat $R\cdot Fe^{III}-OH$

$\diagdown O \diagup$

ist nicht stabil u. lagert sich in den aktivierten Komplex $R\cdot Fe^{III}-OH$ um, bei dem die

$\diagdown O \diagup$

beiden Liganden frei drehbar sind. Er kann nunmehr mit einem weiteren OOH^- reagieren, wobei O_2 u. OH^- entsteht. — Unter den Versuchsbedingungen reagierte 1 Mol. des Chelates 11000mal/Minute. Daraus berechnet sich eine Aktivierungsenergie von 6,6 kcal/Mol. (J. Amer. chem. Soc. **77.** 822—23. 5/2. 1955. New Haven, Conn., Yale Univ., Dep. of Chem.) A. Hesse. 4210

Bert N. La Du und **Vincent G. Zannoni,** *Ein Bedarf an Katalase im Tyrosin-Stoffwechsel: Die Oxydation von p-Oxyphenylbrenztraubensäure zu Homogentisinsäure.* Aus Hundeleber wurden durch Behandlung mit organ. Lösungsmitteln u. Fällung mit Ammoniumsulfat (I) 2 Proteinfraktionen gewonnen (vgl. J. biol. Chemistry **219.** [1956.] 273). *Fraktion A* (gefällt mit 0,40—0,55 gesätt. I) ist zusammen mit *Fraktion B* (gefällt mit 0,60—0,75 gesätt. I) in der Lage, *p-Oxyphenylbrenztraubensäure* zu *Homogentisinsäure* zu oxydieren. *A* kann durch Katalase (**II**) ersetzt werden. **II** ist nur bei Ggw. von *B* wirksam. (Nature [London] **177.** 574—75. 24/3. 1956. Bethesda, Md., Nat. Inst. of Health; Nat. Heart Inst., Labor. of Chem. Pharmacol.) K. Heyns. 4210

W. W. Portugalow und **W. A. Jakowlew,** *Über die Verteilung von Succindehydrase in den Sinnes- und motorischen Nervenenden.* Die Unters. der *Succindehydrase* (**I**)-Verteilung in den quergestreiften Muskeln u. in den Nerv–Muskel-Synapsen der Katze erfolgt unter Anwendung von Tetrazoliumblau, das unter der Einw. von **I** entweder rotes Monoformazan oder blaues Diformazan liefert. Danach ist **I** nicht nur an jene Strukturelemente gebunden, die für die Weiterleitung des Reizes vom Nerv zum Muskel verantwortlich sind. Die Redoxprozesse verlaufen in der Myelinhülle viel intensiver als in den Axonen. Die **I**-Verteilung in den motor. Nervenfasern u. in den Sinnesnerven ist fast die gleiche. In den motor. Nerven ist die **I**-Aktivität insgesamt etwas geringer. (Доклады Академии Наук СССР [Ber. Akad. Wiss. UdSSR] **103.** 157—60. 1/7. 1955. Hirninst. der Akad. der Wiss. der UdSSR.) O. Lebtag. 4210

B. L. Horecker, Jerard Hurwitz und **P. Z. Smyrniotis,** *Xylulose-5-phosphat und die Bildung von Sedoheptulose-7-phosphat mit Lebertransketolase.* Vff. untersuchen auf spektrophotometr. Wege die *Triosephosphat* (**I**)- u. *Sedoheptulose-7-phosphat* (**II**)-Bldg. in einem Substrat, das *Lebertransketolase* (**III**) (510 μg), *Ribose-5-phosphat* (**IV**), *Xylulose-5-phosphat* [**V**, erhalten durch Einw. von *Epimerase* (**VI**) aus Lactobacillus pentosus auf **IV**] bzw. *Ribulose-5-phosphat* (**VII**) oder Gemische aus **IV** u. **V** sowie **IV** u. **VII** (je 1,4 μMol.) u. Glycylglycinpuffer (0,01 mol. p_H 7,4) enthält. Es wird festgestellt, daß **III** nur in Ggw. von **VI** auf **V** einwirkt, während die **I**-Bldg. aus **IV** oder **VII** bei Abwesenheit von **VI** nur sehr langsam u. unvollständig vonstatten geht. Bei Verwendung eines Gemisches aus **IV** u. **V** werden jedoch auch ohne **VI** maximale **I**- ($1{,}9\cdot 10^{-3}$ μMol pro Min.) u. **II**-Mengen (0,46 μMol in 10 Min.) erhalten, obwohl die beiden Pentosen einzeln durch **III** nicht angegriffen werden. Ferner wird gezeigt, daß auch zur Bldg. von **II** aus **IV** durch Einw. von *Muskelaldolase* (**VIII**) die Ggw. von **VI** erforderlich ist. Da **VIII**-Präpp. proportional ihrer Wirksamkeit stets **VI** enthalten, besitzen sie die Fähigkeit **VII** in **V** umzuwandeln. **VIII** wird jedoch durch Einw. von Hitze oder Säure zu 90% inaktiviert, während die **VI**-Aktivität nur zu 40—50% verringert wird. Die Ergebnisse lassen erkennen, daß **III** (oder Ketolase aus Spinat) mit **VII** u. allen anderen Zuckerarten, wie **V**, **II**, *D-Fructose-6-phosphat* u. *L-Erythrulose*, die die gleiche Konfiguration an $C_{(1)}$ u. $C_{(4)}$ aufweisen, inakt. ist. (J. Amer. chem. Soc. **78.** 692—94. 5/2. 1956. Bethesda, Md., U. S. Publ. Health Serv., Nat. Inst. of Health, Nat. Inst. of Arthritis and Metabol. Diseases.) P. Fahrnlaender. 4210

L. A. Zeitlin, *Über den Mechanismus der Wirkung einiger Schlafmittel auf die Prozesse der oxydativen Phosphorylierung.* Um zu klären, auf welche Rk. der aus einer Reihe von biochem. Prozessen bestehenden oxydativen Phosphorylierung die Schlafmittel direkt einwirken, wurden Verss. mit Herzmuskelbrei von Kaninchen durchgeführt. *Chloralhydrat* (**I**) u. *Medinal* (**II**) verminderten die Bindung von anorgan. P, die Phosphorylierung von Kreatin u. die Bldg. von Fructosediphosphat. Die Hemmung der oxydativen Phosphorylierung beruht auf der Störung der Synth. von Adenosintriphosphorsäure (ATP). In Verss. mit dialysiertem Acetonpräp. aus Skelettmuskeln des Kaninchens u. in Verss. mit Herzmuskelbrei unter Zusatz von ATP, NaF, I u. II konnte gezeigt werden, daß sowohl I als auch II die durch Phosphorferasen katalysierbare Übertragung der Phosphatgruppen von ATP auf Kreatin nicht beeinflussen. Auch die Adenosintriphosphatase wird durch I u. II unterhalb 40mMol/Liter nicht beeinflußt. (Биохимия [Biochemie] **20.** 725—29. Nov./Dez. 1955. Moskau, Inst. für Pharmakol., exp. Chemotherap. u. Chemoproph. der Akad. der med. Wiss. der UdSSR, Labor. für Biochem.) O. LEBTAG. 4210

Theodore M. Brody und **James A. Bain,** *Die Wirkung von Barbitursäureverbindungen auf die oxydative Phosphorylierung.* Vff. lassen auf in besonderer Weise vorbehandelte Gewebepräpp., hergestellt aus Rattenleber u. Kaninchenhirn, *Thiopental, Pentobarbital* u. *Amobarbital* in Mengen von $1-5\cdot10^{-4}$ Mol einwirken (entsprechend den Mengen, die anästhet. wirksam sind) u. stellen fest, daß das Phosphat : O_2-Verhältnis der Gewebe erniedrigt wird, während nur eine geringe Wrkg. auf den O_2-Verbrauch beobachtet wird. Nach diesen Ergebnissen trennen die Barbitursäurepräpp. die Phosphorylierung von der Oxydation, u. es wird angenommen, daß diese Wrkg. ein Weg sein könnte, auf dem Barbitursäureverbb. Anästhesie erzeugen. (Proc. Soc. exp. Biol. Med. **77.** 50—53. Mai 1951. Chicago, Ill., Univ. of Illinois, Med. School, Dep. of Pharmacol. and Psych.) P. FAHRNLAENDER. 4210

Isaias Raw, *Durch ein lösliches tierisches Enzym bewirkte, mit Elektronentransport zu Cytochrom c gekoppelte Phosphorylierung.* Der früher (C. **1954.** 5775) beschriebene Hemmfaktor bewirkt zusammen mit Cytochrom c-Reduktase (Meerschweinchen) eine Austausch-Rk. zwischen ^{32}P u. Adenosintriphosphat in einem Syst., das Adenosindiphosphat + red. Diphosphopyridinnucleotid (I) + Mg^{2+} enthält. Diese Rk. erfordert nicht Ggw. von Cytochrom oder O_2; I kann durch Diphosphopyridinnucleotid ersetzt werden; es liegt eine oxydative Phosphorylierung vor. Die Extraktion der Mitochondrien erfolgt mit 2% Digitonin in 0,55mol. KCl + 0,1mol. Tris-(oxymethyl)-aminomethan (p_H 7,5) + 0,1mol. red. Glutathion. Die oxydative Phosphorylierung erfolgt in einem Syst. mit A. + A.-Dehydrase als Elektronendonator, Cytochrom c als Elektronenacceptor, Glucose, Hexokinase (zum Abfangen des gebildeten Adenosintriphosphates) sowie Inosintriphosphat. (J. Amer. chem. Soc. **77.** 503—04. 20/1. 1955. S. Paulo, Brasilien, Univ., Fac. de Med., Dep. de Quím. Físiol.) A. HESSE. 4210

D. Naidoo und **O. E. Pratt,** *Die Wirkung von Magnesium- und Calciumionen auf Adenosintriphosphatase in den Nerven- und Gefäßgeweben des Gehirns.* (Vgl. Biochem. J. **55.** [1953.] 140 u. früher.) Aus Rattenhirn wurde eine hauptsächlich aus Gewebe von mesodermalem Ursprung u. eine andere hauptsächlich aus solchem von ektodermalem Ursprung bestehende Fraktion isoliert. *Adenosintriphosphatasewirksamkeit* (I) wurde quantitativ in Suspensionen in Salzlsg. geprüft u. qualitativ durch histolog. Färbung von enzymat. akt. Stellen von gefriergetrockneten Rattenhirnschnitten geprüft. I beider Fraktionen ist ohne Zusatz zweiwertiger Kationen ähnlich. In Ggw. von 10 mMol. Ca wird die Aktivität der mesodermalen Fraktion > 15fach gesteigert, weniger durch 3 mMol. Mg. I der ektodermalen Fraktion wird durch Mg stärker angeregt als durch Ca. Die Färbung von Gehirngefäßen wurde durch Ca viel stärker beschleunigt als durch Mg, die von neuronalen u. glialen Nuclei wurde nur durch Mg positiv beeinflußt. Durch eine Pb-Salzkonz. von 4 mMol. wurde die Färbung von Elementen des Nervengewebes vorzugsweise verhindert. Die Bedeutung dieser Befunde wird bzgl. der Gewinnung, Eigg. u. Funktion der Adenosintriphosphatase erörtert. (Biochem. J. **62.** 465—69. März 1956. London, Univ., Inst. of Psych., Mandsley Hosp.) J. SCHWAIBOLD. 4210

William J. Bowen, *Der Einfluß von Calcium, Magnesium und p_H auf die Adenosintriphosphataseaktivität von Myosin-B-Fasern.* Die Phosphorolyse von *ATP* durch Myosin-B-Fasern wird durch 0,001mol. $MgCl_2$, 0,1mol. u. 0,01mol. $CaCl_2$ beschleunigt. In beiden Fällen sind andere Konzz. unwirksam. KCl beeinflußt die Phosphorolyse am stärksten bei einer 0,15mol. Konzentration. Das p_H hat einen Einfl. auf die Phosphorolyse in Ggw. von 0,01mol. $CaCl_2$ u. 0,05mol. KCl, jedoch keinen in Ggw. von 0,01mol. $MgCl_2$ u. 0,05mol. KCl oder in Ggw. von 0,08mol. KCl allein. Es wird angenommen, daß die verschied. Berichte über die Wrkg. von Mg auf die Phosphorolyse von ATP zum großen Teil auf Abweichungen in der Bereitung des Fermentes (Myosin A oder B) beruhen. (Amer. J. Physiol. **169.** 218—22. 1/4. 1952. Bethesda, Md., Nat. Inst. of Health; Labor. of Phys. Biol., Nat. Inst. of Arthritis and Metab. Dis.) F. RUPPERT. 4210

Ss. Je. Bressler und **Ch. M. Rubina,** *Die fermentative Übertragung von Phosphatgruppen von der Ribonucleinsäure auf das Fructosemonophosphat.* Es wird nachgewiesen, daß durch fermentative Übertragung von Phosphatgruppen von der phosphorylierten *Ribonucleinsäure* (I) auf *Fructose-6-phosphat Fructosediphosphat* entsteht. Die phosphorylierte I besitzt danach, ähnlich der Adenosintriphosphorsäure (ATP), energiereiche Eigenschaften. Die durch 7 Min. lange Säurehydrolyse bestimmte Menge des überschüssigen estergebundenen Phosphates in der phosphorylierten I beträgt 40% der Phosphatmenge in I vor der Phosphorylierung. Bei der fermentativen Übertragung werden vom energiereichen Phosphat 80% verbraucht. Es tritt hierbei eine starke Abnahme der freien Energie ein. Die Beteiligung der Myokinase u. der 6-Phosphofructokinase an dieser Rk. beweist, daß bei der Phosphorylierung von I eine Pyrophosphatgruppe an das C_5-Atom der Ribose angelagert wird. Das Glied der polymeren phosphorylierten I ist deshalb als Analogon von ATP oder Adenosindiphosphorsäure anzusehen. (Биохимия [Biochemie] **20.** 740—48. Nov./Dez. 1955. Leningrad, 1. Med. Pawlow-Inst. Lehrstuhl für Biochem.) O. LEBTAG. 4210

Frank Eisenberg jr., *Die Bildung von Glucose und Glucuronsäure aus $^{14}C_{(3)}$-Lactat in vitro.* Vf. stellt aus der Leber von Meerschweinchen, die 18 Std. ohne Nahrung gehalten worden sind, Schnittpräpp. her u. incubiert sie unter aeroben Bedingungen (95% O_2, 5% CO_2) 2 Std. bei 37,5° u. p_H 7,4 in einem Substrat, bestehend aus 10 mMol. $CaCl_2$, 33 KCl, 32 NaCl, 40 $NaHCO_3$, 26,5 *K-$^{14}C_{(3)}$-Lactat* (I) u. 0,02% *Menthol.* Aus den Präpp. werden 175 mg radioakt. *Glykogen* (II), aus dem Substrat 280 mg akt. *Menthylglucuronid* (III) isoliert. Durch Abbau von II u. III (1n HCl, 3 Std. bei 100°) wird gefunden, daß die Verteilung der $^{14}C_{(1)}$- u. $^{14}C_{(6)}$-Atome in beiden Verbb. nahezu gleichartig u. symm. ist (Verhältnis C_6/C_1 = 1,10—1,14). Aus den Ergebnissen wird geschlossen, daß *Glucose* oder eine ihr gleichwertige Hexoseeinheit als unmittelbarer Vorläufer von *Glucuronsäure* anzusehen ist u. Triosen nur nach ihrer Synth. zur Hexose als solche gelten können. (J. biol. Chemistry **212.** 501—05. Jan. 1955. New York, Publ. Health. Res. Inst., Div. of Nutrit. and Physiol.) P. FAHRNLAENDER. 4210

William H. Fishman und **S. Green,** *Die Synthese von Glucosiduronsäure durch β-Glucuronidase durch eine Austauschreaktion.* Vff. untersuchen die Bldg. einer neuen *Glucosiduronsäure* (I) in Verdauungssäften, die gereinigte *Leber-β-glucuronidase* (II; 50 FISHMAN-E.), *Propylenglykol* (III; 0,75 ml), *Phenolphthaleinglucosiduronsäure* (IV; 0,01 mol.) u. Acetatpuffer (0,1 mol., p_H 4,5) enthalten u. 15 Min. bei 38° incubiert worden sind. Bei Ggw. von III als Acceptor erscheint im Substrat eine von IV verschied. I, die bei sauren p_H-Werten nicht durch Äthylacetat extrahierbar ist, u. III, nicht aber *Phenolphthalein* enthält u. III-*Glucosiduronsäure* darstellt. Die Versuchsergebnisse zeigen, daß II allein für die Hydrolyse von IV u. die Austausch-Rk. verantwortlich ist, wobei unter optimalen Bedingungen 60—89% des Glucuronsäurerestes in die neue Verb. übergeführt werden. Die Rk. selbst verläuft nach: $ROC_6H_9O_6$ (IV, Donor) + R'OH (III, Acceptor) $\xrightarrow{+II}$ $R'OC_6H_9O_6$ (I) + ROH (Aglykon). (J. Amer. chem. Soc. **78.** 880—82. 20/2. 1956. Boston, Mass., Tufts Univ., School of Med., Canc. Res. and Canc. Control Unit.) P. FAHRNLAENDER. 4210

David H. Brown, C. R. Park, William H. Daughaday und **Marvin Cornblath,** *Einfluß der vorausgehenden Aufbewahrung auf die Glucoseaufnahme des Zwerchfelles.* Werden Rattenzwerchfelle längere Zeit in KREBS-HENSELEIT-Bicarbonatlsg., die 140 mg% Glucose (I) enthält, aufbewahrt, so werden im nachfolgenden Vers. zur Prüfung der I-Aufnahme Werte ermittelt, die die n. Werte um das 2fache übersteigen können, während bei der nachfolgenden Bebrütung bei 37° der Anfangsgeh. an I um wenigstens 50% absinkt. Da gleichzeitig ein K-Verlust des Gewebes festgestellt wird, dürfte die Veränderung in der I-Aufnahmefähigkeit auf eine Änderung der Zellpermeabilität zurückzuführen sein. Die beobachteten Veränderungen der I-Aufnahme entsprechen etwa den Werten, die sonst bei den Verss. zur Überprüfung des Einfl. von Hormonen ermittelt werden. Bei exakter Versuchsanordnung kann jedoch der Einfl. der Hypophysektomie, von Wachstumshormon oder Insulin exakt ermittelt werden. (J. biol. Chemistry **197.** 167—74. Juli 1952. St. Louis, Mo., Washington Univ., School of Med., Dep. of Biol. Chem.) H. P. FIEDLER. 4210

A. N. Petrowa, *Untersuchung der fermentativen Umwandlung des Glykogens in der Leber bei Alloxandiabetes.* (Vgl. C. **1955.** 8649.) Bei n. Kaninchen ist der *Glykogen* (I)-Zerfall in den Leberextrakten durch Phosphorolyse u. Hydrolyse unter optimalen Bedingungen von der gleichen Intensität. Bei Alloxandiabetes wird die phosphorolyt. I-Spaltung intensiviert, die hydrolyt. Spaltung etwa in gleicher Stärke vermindert. Die Synth. von I aus *Glucose-1-phosphat* (II) ist in den Leberextrakten der n. Tiere wenig intensiv; die Umwandlung von II in *Glucose-6-phosphat* dagegen verläuft sehr intensiv. Bei Diabetes wird die Wrkg. der *Phosphorylase* verstärkt, die Wrkg. der *Phosphoglucomutase* abgeschwächt. Bei Zufuhr von *Insulin* werden die Wirkungen von Phosphorolase u. Phosphoglucomutase wieder normal. Dies bestätigt die Richtigkeit der früheren Annahme, daß das Fehlen oder der Mangel an Insulin zu einer Verstärkung der synthetisierenden Wrkg. der Phosphorolase u. zu einer Unterdrückung der Phosphoglucomutase führt. (Биохимия [Biochemie] **20.** 718—24. Nov./Dez. 1955. Moskau, Labor. für physiol. Chem. der Akad. der Wiss. der UdSSR.) O. LEBTAG. 4210

Joseph Larner und **R. E. Gillespie,** *Hydrolyse von Nigerose durch Eingeweideextrakte.* Vff. versetzen ein Substrat, bestehend aus *Nigerose* (I), *Hexokinase, Glucose-6-phosphatdehydrogenase, Adenosintriphosphat, Triphosphopyridinnucleotid* (II), Mg^{2+} u. Glycylglycinpuffer mit Eingeweideextrakten des Schweins u. beobachten auf spektrophotometr. Wege die hydrolyt. Wirksamkeit, die sich durch einen schnellen, linearen Anstieg der opt. Dichte bei 340 mμ bemerkbar macht. Der Anteil der II-Red. u. *Glucose*-Bldg., die durch einen Anstieg des Reduktionsvermögens u. papierchromatograph. festgestellt wird, ist proportional der zugesetzten Extraktmenge. Mit Präpp. von 155 Oligo-1.6-glucosidase-E. (3,5 mg Protein) lassen sich 7 mg I in 110 Min. bei 30° vollständig hydrolysieren. *Isomaltose* (III) wird durch die Eingeweideextrakte geringer, *Maltose* (IV) dagegen stärker als I angegriffen. Die Hydrolysenkonstanten betragen für I $3 \cdot 10^{-4}$mol. (bei p_H 6,9), für IV: $3 \cdot 10^{-4}$mol. u. für III: $7 \cdot 10^{-4}$mol. Die Ggw. eines I-spaltenden Enzyms in den Verdauungssäften ist ein Beweis für das Vork. dieses Bindungstyps in stärkeähnlichen Polysacchariden. (J. Amer. chem. Soc. **78.** 882. 20/2. 1956. Urbana, Ill., Univ., Noyes Labor. of Chem., Div. of Biochem.) P. FAHRNLAENDER. 4210

Hideko Bessho, *Hemmwirkung von Ascorbinsäure mit Kupfersalzen auf die β-Amylase der Süßkartoffel. Cu^+* hemmt die *β-Amylase* viel stärker als Cu^{2+}, in Ggw. von *Ascorbinsäure* (I) hemmt auch Cu^{2+} sehr stark, was auf die Reduktionswrkg. von I zurückgeführt werden konnte. — 8 Tabellen. (J. agric. chem. Soc. Japan [Nippon Nôgeikagaku Kaishi] **28.** 143—48. 1954. Doshisha Women Coll. [Orig.: japan., Auszug: engl.]) L. SCHULER. 4210

Keiichiro Muramatsu und **Takashi Fukinbara,** *Einflüsse von β-Amylase und saccharogenen Enzymen auf die Bestimmung der α-Amylaseaktivität in Schimmelpilzamylasezubereitungen.* Bei Schimmelpilzenzymzubereitungen (II) u. bei Malz wird die Zeit bis zur Erreichung des Endpunktes nach dem WOHLGEMUT-Verf. (rotbrauner oder achroischer Punkt) durch Zusatz von *β-Amylase* (I) zum lösl. Stärkemedium erheblich verkürzt, aber überschüssige I änderte die Reduktionszeit nicht weiter. Wenn A = Reduktionszeit ohne I, B die mit überschüssigem I, dann sind die Werte A/B bei 16 verschied. II 6,0—6,8 u. ähnlich den A/B-Werten von reiner Malz-α-Amylase u. von krist. α-Amylase von Asp. oryzae. Enzym nach Art der Malz-I scheint daher in den II nicht enthalten. Für die relative Best. der α-Amylaseaktivität (AA) von II ist der Zusatz von I (nach SANDSTETT, 1939) nicht nötig. Die Einfll. von Glucogenenzym u. Glucoamylase für die Best. der AA sind sehr schwach, verglichen mit der von I, so daß sie vernachlässigt werden können. (J. agric. chem. Soc. Japan [Nippon Nôgeikagaku Kaishi] **28.** 456—60. Juni 1954. Sci. Res. Inst., Ltd. [Orig.: japan., Auszug: engl.]) L. SCHULER. 4210

Tokuya Harada, Keiichi Kōno und **Kazufumi Yagi,** *Die Verfahren der Untersuchung von Phenolsulfatasen in Mikroorganismen und die komplexe Natur der Enzyme.* Von den benutzten Substraten zur Prüfung auf *Phenolsulfatasen* (IV) in Mikroorganismen nämlich Harnindican (I), K-Phenophthaleindisulfat (II) u. p-Nitrophenylsulfat (III) erweist sich das Verf. mit I u. Ligninfärbung u. das mit III vorteilhaft. II ist nicht geeignet zum Nachw. des Enzyms in *Escherichia*-Stämmen. Die IV sind je nach dem Ursprung substratspezif.: Fungusstämme hydrolysieren II u. III etwa gleich gut, die von Escherichia nur III aber nicht II. Die IV-Enzyme aus dem Genus *Salmonella* u. der Species *Str. alcalophilus* liegen bzgl. Spezifität dazwischen. — 5 Tabellen (engl.). (J. agric. chem. Soc. Japan [Nippon Nôgeikagaku Kaishi] **28.** 337—43. Mai 1954. Osaka Univ. [Orig.: japan., Auszug: engl.]) L. SCHULER. 4210

T. Watanabe, *Über die Änderungen an Cholinesterase in Verbindung mit durch Histamin und Acetylcholin verursachten Schocks.* Bei *Histamin-* u. beim *Trypsin*-Schock am Meerschweinchen nimmt die *Cholinesterase* im Blutserum von 15 Min. an bis 24 Std. langsam ab, beim *Acetylcholin*-Schock nimmt sie deutlich zu u. ist nach 1 Std. fast zur Norm zurückgekehrt. (Tokyo Jikeikai med. J. **69.** 722—25. 1/10. 1954. [Orig.: japan.]) L. SCHULER. 4210

P. Royer, *Veränderungen der Serumcholinesteraseaktivität beim mit Tetrachlorkohlenstoff vergifteten Meerschweinchen.* Vf. injizierte jeden 2. Tag 0,25 cm³ CCl_4 subcutan. In allen Fällen trat eine mehr oder minder beträchtliche Verminderung der Serumcholinesteraseaktivität auf. Diese ist sehr gering bei gegen die Vergiftung resistenten Tieren u. stärker ausgeprägt bei ♂ als bei ♀ Tieren. Vf. deutet seine Ergebnisse als Stütze der Annahme, daß die Pseudocholinesterase in der Leber gebildet wird, da die Verminderung der Serumcholinesterasewerte mit der Schädigung dieses Organs einhergeht. (C. R. Séances Soc. Biol. Filiales **146.** 1603—07. Okt. 1952. Fac. de Méd., Labor. de Chim. biol.) K. BÖHM. 4210

R. M. C. Dawson, *Leber-Glycerylphosphorylcholindiesterase.* Im Acetontrockenpulver von Rattenleber ist ein Enzym enthalten, das *Glycerylphosphorylcholin* (I) in Glycerophosphat u. Cholin aufspaltet. Das p_H-Optimum liegt bei p_H 7,5. Mg^{2+} aktiviert bei 10^{-3}mol., aber hemmt bei höheren Konzz. Mn^{2+} u. Ca^{2+} hemmen ebenfalls, jedoch nicht so stark wie Zn^{2+} oder Äthylendiamintetraacetat. Glycerylphosphoryläthanolamin wird durch das gleiche Enzym angegriffen, wirkt aber auf die Spaltung von I kompetitiv hemmend. Das Enzym läßt sich auch in Gehirn, Herzmuskel, Niere, Milz, Darm, Skelettmuskel u. Erythrocyten von Ratten nachweisen. I wurde aus Avolecithin nach milder alkal. Hydrolyse in Methanol dargestellt. Die Enzymaktivität wurde durch Messung der freigesetzten Cholinmenge bestimmt. (Biochem. J. **62.** 689—93. April 1956. Babraham, Cambridge, Inst. of Animal Physiol., Biochem. Dep.) H. G. SCHWEIGER. 4210

H. Klenow, *Die enzymatische Oxydation und Bestimmung von Adenin.* Die bei der enzymat. Oxydation von *Adenin* (I) durch Milch-*Xanthinoxydase* (II) entstehende Verb. wurde als *Semihydrat* des *2.8-Dioxyadenins* identifiziert. Die katalyt. Aktivität von II ist nicht sehr groß. Das p_H-Optimum liegt bei ca. 7. Zur I-Best. wird eine differentialspektrophotometr. Meth. angegeben. Sie erlaubt die Best. bis herab zu 0,3 γ I/cm^3 auf ca. 10% genau. (Biochem. J. **50.** 404—07. Jan. 1952. Copenhagen, Univ., Inst. of Cell Physiol.) K. MAIER. 4210

H. M. Kalckar, W. S. Macnutt und **E. Hoff-Jørgensen,** *Mittels radioaktiven Adenins untersuchte trans-N-Glykosidase.* Lactobacillus helveticus-Extrakte enthalten ein Enzym, das den Austausch zwischen *Adenin* (I) u. dem *Hypoxanthin* (II) von II-*Desoxyribosid* (**IIa**) katalysiert. Mit $^{14}C_{(8)}$-I wurde I-*Desoxyribosid* (**Ia**) gebildet, dessen mol. ^{14}C-Konz. ebenso groß wie die des Ausgangs-I war. Die Rk. stellt demnach keine Transaminierung unter Beteiligung der 6-Stellungen von I u. **IIa**, sondern wahrscheinlich einen durch eine *Transglykosidase* katalysierten Austausch des I-Skeletts mit dem gebundenem II dar. Das Enzympräp. katalysierte ferner eine Austausch-Rk. zwischen I von **Ia** u. ^{14}C-I, baute I-*Ribosid* (*Adenosin*, III) rasch durch Hydrolyse u. Desaminierung ab, desaminierte jedoch **Ia** nicht. Die Extrakte enthalten demnach anscheinend eine *Ribosidase* u. eine III-*Desaminase.* (Biochem. J. **50.** 397—400. Jan. 1952. Copenhagen, Univ., Inst. of Cell Physiol. and Biochem.) K. MAIER. 4210

T. F. Dixon und **M. Purdom,** *Eine 5-Nucleotidase des Serums.* Die schon früher in verschied. Geweben u. auch im Blutserum nachgewiesene *5-Nucleotidase* (I) (*Adenosin-5-phosphat*-hydrolysierend) wurde nun auch speziell im Serum bei einem besonderen Fall von Gelbsucht gefunden. Diese I zeigt ein Wirkungsoptimum bei einem p_H-Wert um 7,5. (Nature [London] **170.** 500—01. 20/9. 1952. Stanmore, Middlesex, Inst. of Orthopaedies, Biochem. Dep.) J. KEIL. 4210

J. O. Lampen und **T. P. Wang,** *Der Wirkungsmechanismus der Lactobacillus pentosus-Nucleosidase.* In zellfreien Enzympräpp. von Lactobacillus pentosus-Kulturen wird eine *Nucleosidase* (I) nachgewiesen, die die Hydrolyse von Nucleosiden katalysiert. In Ggw. von zweiwertigen Anionen (HPO_4^{2-}, $HAsO_4^{2-}$, SO_4^{2-} oder *Succinat*) ist die Spaltungsgeschwindigkeit bei *Uridin* u. *Cytidin* größer als in einem *Tris-[Oxymethyl]-aminomethan–HCl*-Puffer (II). Dagegen fällt die Spaltungsgeschwindigkeit der Purinnucleoside bei Phosphat- oder Arsenatzusatz ab. Als Spaltprodd. der Purin- oder Pyrimidinnucleoside erscheinen lediglich freie *Ribose* u. die N-Base. Freie *Pentose* wird weder aus *Ribose-1-phosphat* oder *Ribose-5-phosphat* gebildet, noch wird die Arsenolyse des Ribose-1-Phosphates katalysiert. Die Pyrimidin-I ist nur in Ggw. zweiwertiger Anionen stabil, während die Purin-I in II stabil ist, jedoch ihre Wirksamkeit rasch in einem Phosphat- oder Arsenatpuffer einbüßt. (J. biol. Chemistry **198.** 385—95. Sept. 1952. Cleveland, O., Western Reserve Univ., Dep. of Microbiol.) J. KEIL. 4210

W. S. Macnutt, *Die enzymatisch katalysierte Übertragung der Desoxyribosylgruppe von einem Purin oder Pyrimidin auf ein anderes.* Dialysierte Enzympräpp. aus *Lactobacillus helveticus S,* der zum Wachstum *Desoxyriboside* (I) benötigt, katalysieren die Übertragung der *Desoxyribosyl*-Gruppe von einem *Purin* oder *Pyrimidin* auf ein anderes. Bei gegenseitiger Einw. des entsprechenden *Pyrimidins* u. von *Purindesoxyribosiden* (II) entstehen *Uracildesoxyribosid, Thymindesoxyribosid, 5-Methylcytosindesoxyribosid* u. *Cytosindesoxyribosid.* Bei enzymat. Rk. von *Pyrimidindesoxyribosiden* mit *Adenin, Guanin, Hypoxanthin, Xanthin* u. *4-Aminoglyoxalin-5-carbonamid* entstehen Verbb., die die Labilität von II gegen milde Säurehydrolyse zeigen. *Harnsäure, 2.6-Diaminopurin* u. verschied. andere Verbb. reagieren hierbei nicht. Die Übertragung wird in phosphatfreien Pufferlsgg. durch mehrtägig dialysierte Enzympräpp. katalysiert. *Desoxyribose* u. *Desoxyribose-1-phosphat* sind bei der Übertragungs-Rk. unwirksam. Das beteiligte Enzym stellt anscheinend, ähnlich der *trans-O-Glykosidase* aus *Pseudomonas saccharophila,* ein *trans-N-Glykosidase* dar. Enzympräpp. aus 2 anderen I benötigenden Bakterien,

L. delbrueckii u. *Thermobacterium acidophilus R 26*, katalysieren die Übertragung ebenfalls. In lebenden *Leuconostoc citrovorum*-Zellen war die Übertragungs-Rk. nicht nachweisbar. (Biochem. J. **50.** 384—97. Jan. 1952. Copenhagen, Univ., Inst. of Cytophysiol. and Biochem.) K. MAIER. 4210

J. Grégoire, *Über die Aktivität der Desoxyribonuclease. 1. Mitt. Die spektrophotometrische Bestimmung freier saurer Gruppen beim Abbau der Thymodesoxyribonucleinsäure.* An Hand der Entfärbung einer gepufferten (p_H 7,4) Phenolrotlsg., laufend bei 558 mμ spektrophotometr. gemessen, in einem Substrat mit 7,5 mg/cm³ *Na-Desoxyribonucleinats* (Kalbsthymus) u. 0,36 mol. $MgSO_4$ als Aktivator läßt sich die Aktivität der *Desoxyribonuclease* (aus Ochsenpankreas in einer Konz. von 1 γ/cm³) rasch u. sicher verfolgen. (Bull. Soc. Chim. biol. **34.** 284—90. 1952. Paris, Inst. de Biol. physico-chim.) J. KEIL. 4210

J. Grégoire und Jana Grégoire, *Über die Aktivität der Desoxyribonuclease. 2. Mitt. Erzeugung saurer Gruppen, ausgehend von Desoxypentosenucleinsäure verschiedenen Polymerisationsgrades. Die Kinetik der Reaktionen.* (1. vgl. vorst. Ref.) Der steigenden Konz. (von 0,2—2,0 mg/cm³) des *Nucleinsäuresubstrates* geht die Optimalkonz. des $MgSO_4$-Aktivators parallel (0,012—0,036 mol.). In der Nähe der optimalen Konz. verhält sich das $MgSO_4$ im Sinne einer monomol. Reaktion. Jedoch verkleinert sich die Geschwindigkeitskonstante k fortschreitend mit der Konz. des Substrates. (Bull. Soc. Chim. biol. **34.** 291—304. 1952. Paris, Inst. de Biol. physico-chim.; Marseille, Fac. de Méd., Labor. de Chim. Biol.) J. KEIL. 4210

Nguyen-van-Thoai und Paul Pin, *Über die Adenylpyrophosphatase bei verschiedenen marinen Invertebraten.* Der Muskel verschied. mariner Invertebraten (Versuchstiere: Labidoplax digitata, Aplysia depilans, Cardium edule, Pecten marinus, Sepia officinalis, Sipunculus nudus) enthält 2 *Adenylpyrophosphatasen* (Ad.Ph.); die eine, wirksam im schwach sauren Milieu (p_H-Optimum 5,8—6,4), ist reichlicher vorhanden als die andere (p_H-Optimum 7,6—8,4). Die Existenz mehrerer isodynamer Ad.Ph. wird mit der der Phosphomonoesterasen verglichen, deren eine (p_H-Optimum 9,0—9,1) reichlicher in vielen Tiergeweben vorhanden ist als die andere (p_H-Optimum 5,0—5,6) bei den Pflanzen. Die beiden Ad.Ph. sind gleich aktivierbar durch verschied. zweiwertige Kationen nach einer kurzen Dialyse. (C. R. hebd. Séances Acad. Sci. **231.** 1580—82. 18/12. 1950.) H. PATZSCH. 4210

E_3. Mikrobiologie. Bakteriologie. Immunologie.

O. I. Berschowa, *Einfluß der Spurenelemente auf die Bodenbakterien. 1. Mitt. Die Verwertung des Molybdäns durch Azotobacterkulturen.* Unter Anwendung von ^{99}Mo wird in Verss. mit *Azotobacter chroococcum* (Stamm K u. 53) sowie mit *Azotobacter agile* festgestellt, daß die Azotobacterzellen aus dem Nährboden Mo aufzunehmen vermögen. Junge im Wachstum begriffene Zellen sind hierin viel aktiver als alte Zellen. Die Mo-Aufnahme erfolgt auch durch ruhende Zellen. A. agile nimmt Mo viel weniger auf als A. chroococcum. Ein Teil des aufgenommenen Mo wird wieder an die Nährlsg. abgegeben. Im Boden konkurriert Azotobacter in der Nähe der Pflanzenwurzel mit dieser um die Mo-Aufnahme. Das von Azotobacter ausgeschiedene Mo wird von der Pflanze aufgenommen, so daß die Azotobacterzellen als Vermittler der Mo-Versorgung der Pflanzen auftreten. Sowohl durch radioakt. als durch stabiles Mo wird das N-fixierende Vermögen des Azotobacters erhöht. (Мікробіологічний Журнал (Киев) [Mikrobiol. J. (Kiew)] **18.** Nr. 1. 5—12. 1956.) O. LEBTAG. 4310

Akira Matsuyama, *Untersuchung über Mikrobenwachstum. 5. Mitt. Wirkungen von NaCl auf Bakterienwachstum.* (4. vgl. C. **1955.** 2456.) Bei Züchtung auf 3 verschied. Grundmedien wurde jeweils in den Schüttelkulturen von *Escherichia coli* bei gleicher *NaCl*-Konz. (0,1—2,0 mol.) ein größeres maximales Wachstum erzielt als in der stationären Kultur. Aber die Beziehung zwischen NaCl-Konz. u. Einfl. auf das Wachstum ist in beiden Fällen gleich. Nach den Wachstumskurven der Abimpfkulturen in frischem Pepton-W. mit gleichen subletalen NaCl-Konzz. wie früher bildet sich der Anpassungsmechanismus zuerst in den Zellen aus. Nach längerer Bebrütung wird gegebenenfalls ein Anti-Salzfaktor im Medium gebildet, für den dann die gesamte bakterielle Population verantwortlich ist, nicht nur die Anpassungsfähigkeit einzelner Zellen, u. der wohl mit dem niedrigeren Oxydo-Red.-Charakter des Mediums zusammenhängen könnte. — 8 Kurvenbilder. (J. agric. chem. Soc. Japan [Nippon Nôgeikagaku Kaishi] **28.** 299—304. April 1954. Tokyo, Univ. [Orig.: japan., Auszug: engl.]) L. SCHULER. 4310

Akira Matsuyama, *Untersuchung über Mikrobenwachstum. 6. Mitt. Toleranz von Bakterien gegen NaCl.* (5. vgl. vorst. Ref.) In Pepton-W. läßt sich die Anpassungsfähigkeit von *E. coli* an den *NaCl*-Geh. ohne irgendeine Zellteilung verstärken. In einem Hungermedium (Phosphatpufferlsg.) gelingt dies nicht. Der Vorgang ist leicht umkehrbar. Durch den Hungervers. ist die Lebensfähigkeit in Salzmedien nicht erloschen, aber das Nachhinken im bakteriellen Wachstum wird verlängert. Es zeigt sich ein Parallelismus zwischen Salzwrkg. u. p_H-Toleranz. Erörterung des Mechanismus der bakteriellen Anpassung an NaCl. — 16 Literaturangaben. (J. agric. chem. Soc. Japan [Nippon Nôgeikagaku Kaishi] **28.** 304—09. April 1954. Tokyo, Univ. [Orig.: japan., Auszug: engl.]) L. SCHULER. 4310

Akira Matsuyama, *Untersuchung über Mikrobenwachstum.* 7. Mitt. *Verfahren zur Bestimmung der Zahl der Lebensfähigen der Sake verderbenden „Hi-ochi-Bakterien" und deren Wachstumskurven.* 1. Teil. (6. vgl. vorst. Ref.) Die Zählung der Lebensfähigen bei den 7 verschied. Stämmen der „Hi-ochi-Bakterien", welche das Verderben von Sake verursachen, geht am besten nach dem Capillarröhrchenverf. in einem Medium von verd. Sake-Agar mit 1%Pepton. (J. agric. chem. Soc. Japan [Nippon Nôgeikagaku Kaishi] **28.** 418—22. Juni 1954. Tokyo, Univ. [Orig.: japan., Auszug: engl.]) L. SCHULER. 4310

Akira Matsuyama, *Untersuchung über Mikrobenwachstum.* 8. Mitt. *Verfahren zur Bestimmung der Zahl der Lebensfähigen der Sake verderbenden „Hi-ochi-Bakterien" und deren Wachstumskurven.* 2. Teil. (7. vgl. vorst. Ref.) Für die Zählung ist ein Zusatz von *Na-Thioglykolat* zum bisherigen Medium günstig, da die Entw. der Kolonien beschleunigt, aber deren Zahl nicht vermehrt wird. Die bei 5 Stämmen erhaltenen Wachstumskurven entsprechen den log-Kurven nach VERHURST. 2 während 6 Monaten bei 30° bebrütete Stämme zeigen zusammengesetzte Kurven. (J. agric. chem. Soc. Japan [Nippon Nôgeikagaku Kaishi] **28.** 422—25. Juni 1954. Tokyo, Univ. [Orig.: japan., Auszug: engl.]) L. SCHULER. 4310

Akira Matsuyama, *Untersuchung über Mikrobenwachstum.* 9. Mitt. *Einfluß des Zusatzes von Aminosäuren zum Glucose–Ammoniumsalz-Medium auf das Bakterienwachstum.* 1. Teil. (8. vgl. vorst. Ref.) Verwendet wird *Escherichia coli* in dem Medium nach KOSER [1923] u. 0,1 mol. *NaCl* als stimulierende Konz. u. 0,5 mol. NaCl als subletale. Ergebnisse in einem L–C-Diagramm (Diskussion in späterer Mitt.). Der Einfl. der zugesetzten *Aminosäuren* (L-Glutaminsäure, L-Oxyprolin, DL-Threonin, L-Cystein, Taurin u. DL-Methionin) läßt sich nach den erhaltenen Kurven in 2 Gruppen bzw. 6 Typen einteilen. Danach scheint *NaCl* nicht nur auf die Permeabilität der Bakterienzelle, sondern auch auf das Stoffwechselsyst. in der Zelle zu wirken. — 4 Diagramme. 37 Literaturangaben. (J. agric. chem. Soc. Japan [Nippon Nôgeikagaku Kaishi] **28.** 460—65. Juni 1954. Tokyo, Univ. [Orig.: japan., Auszug: engl.]) L. SCHULER. 4310

Akira Matsuyama, *Untersuchung über Mikrobenwachstum.* 10. Mitt. *Einflußdes Zusatzes von Aminosäuren zum Glucose–Ammoniumsalz-Medium auf das Bakterienwachstum.* 2. Teil. (9. vgl. vorst. Ref.) Untersucht werden die Hemmwirkungen (HW) von *DL-Threonin* (**I**) u. *L-Oxyprolin* (**II**) auf E. coli in 0,5 mol. NaCl. HW von $1{,}4 \cdot 10^{-2}$ mol. **I** auf das logarithm. Wachstum von E. coli erscheint 1½ Std. nach dem Zusatz sowohl mit als ohne NH_4-Salz. Graph. Darst. des Einfl. auch bei anderen Aminosäuren. Die HW von **I** wird durch Valin (**V**), die von **II** durch Prolin antagonisiert. Desaminierung von **I** ergibt α-Ketobuttersäure (**III**) u. deren Oxydation gegebenenfalls Propionsäure (**IV**). Die HW von **III** u. **IV** wird durch *DL*-**V** nicht antagonisiert, so daß also **I** als solches selbst hemmt. Aus einem Schema der Biosynth. für **I**, Isoleucin (**VI**), **V** u. Leucin (**VII**) erklären sich die Wirkungen der Zusätze von **VI** u. **VII** auf die HW von **I** u. stützen so auch das gegebene Schema. (J. agric. chem. Soc. Japan, [Nippon Nôgeikagaku Kaishi] **28.** 465—71. Juni 1954. Tokyo, Univ. [Orig.: japan., Auszug: engl.]) L. SCHULER. 4310

W. N. Schaposchnikow, *Die Kohlensäure im Stoffwechsel heterotropher Bakterien.* Übersicht. — 31 Literaturangaben. (Микробиология [Mikrobiologie] **21.** 735—47. Nov./Dez. 1952. Moskau, Lomonossow-Univ., Bodenbiol. Inst.) W. SCHMELZ. 4320

D. A. Rappoport, H. A. Barker und **W. Z. Hassid,** *Die Vergärung von* $^{14}C_{(1)}$*–L-Arabinose durch Lactobacillus pentoaceticus.* Durch *Lactobacillus pentoaceticus* wurde $^{14}C_{(1)}$-markierte *Arabinose* (**I**; aus *L-Erythrose* durch Nitromethanbehandlung nach SOWDEN-FISCHER) zu *Essigsäure* (**II**) u. *Milchsäure* (**III**) vergoren. Nur **II** war radioaktiv. Der CH_3-C stammte aus dem $C_{(1)}$-Atom von **I**, das Carboxyl aus dem $C_{(2)}$; **III** wurde aus $C_{(3-5)}$ der **I** gebildet. (Arch. Biochem. Biophysics **31.** 326. April 1951. Berkeley, Calif., Univ., Coll. of Agric.) K. A. IRRGANG. 4320

Giorgio Cavallo, *Durch Thioglykolsäure hervorgerufene lysogene Wirkung bei Staphylococcus aureus.* Die *Thioglykolsäure* (**I**) in einer Konz. von mol./80 bis mol./30 löst die bakteriophage Wrkg. der Kulturen von lysogenem Staph. aureus aus. Die durch **I** hervorgerufene Wrkg. scheint bei einer Einw. bei 37° nach 30 Min. beendet. Ist die Einwirkungszeit kürzer als 30 Min. oder länger als 50 Min., so wird die Wrkg. gehemmt

oder gefördert. Nach einer Einwirkungszeit von 60 oder 90 Min. war die Wrkg. von I völlig aufgehoben. (C. R. Séances Soc. Biol. Filiales **146.** 303—07. Febr. 1952.)
H. Gohr. 4325

Paul A. Wolf und **W. M. Westveer,** *Die Beziehung der chemischen Struktur zur keimtötenden Wirkung, dargestellt an chlorierten Phenolen.* Die keimtötende Wrkg. (Testobjekte: *Mikrococcus pyogenes* var. *aureus* u. *Salmonella typhosa*), die als Phenolkoeff. berechnet u. ausgedrückt wird, ist bei den chlorierten Phenolen bei niedrigem p_H besser u. nimmt von den Mono- zu den Di- u. Trichlorphenolen zu. Tetra- u. Pentachlorphenole wirken wider Erwarten bei p_H 6,7 schwächer, wahrscheinlich deshalb, weil diese Verbb. nur bei höherem p_H gut wasserlösl sind. (Arch. Biochem. Biophysics **40.** 306—09. Okt. 1952. Midland, Mich., Dow Chem. Comp., Biochem. Res. Dep.) E. Fischoeder. 4330

J. A. Cella, D. N. Eggenberger, D. R. Noel, L. A. Harriman und **H. J. Harwood,** *Die Beziehung von Struktur und kritischer Konzentration zur baktericiden Wirksamkeit quartärer Ammoniumsalze.* Die baktericide Aktivität der höheren aliphat. quartären Ammoniumverbb. steigt mit zunehmender Ladungsstärke des N-Atoms. Andere Faktoren, wie erhöhte M. um N, können diese Aktivität herabmindern. Innerhalb der Reihen der geprüften Verbb. [Dodecylammoniumchloride: *-trimethyl-*, F. 246° (Zers.), *-dimethyläthyl-*, F. 189° (Zers.), *-diäthylmethyl-*, F. 155° (Zers.), *-triäthyl-*, F. 115° (Zers.), *-dimethylphenyl-*, F. 114° (Zers.), *-dimethylbenzyl-*, F. (des $^3/_2$-Hydrats) 42,5—43°, *-dimethyl-[β-phenyläthyl]-*, F. 108—110°, *-methyläthylbenzyl-*, F. 102 bis 103,5°, *-[m-trifluormethylbenzyl]-dimethyl-*, F. 159°, u. *-[γ-phenylpropyl]-dimethyl*; sowie die Trimethylammoniumchloride: *-tridecyl-*, F. 250° (Zers.), *-tetradecyl-*, F. 241° (Zers.), *-hexadecyl-*, F. 228° (Zers.) u. *-octadecyl-*, F. 220° (Zers.)] erreicht die Aktivität ein Maximum bei einer C-Kettenlänge von 16—18, die wiederum vom Testorganismus abhängt. Im allg. scheint die baktericide Wirksamkeit mit abnehmender krit. Micellenkonz. innerhalb der geprüften Verbb. anzusteigen. (J. Amer. chem. Soc. **74.** 2061—62. 20/4. 1952. Chicago, Ill., Armour & Co.) D. Itzerott. 4330

Howard E. Skipper und **Frank M. Schabel jr.,** *Umkehr der wachstumshemmenden Wirkung von Urethan durch 2.6-Diaminopurin.* (Vgl. auch C. **1951.** II. 1318.) Während *Urethan* (I) in Verss. auf einem chem. genau definierten Nährboden das Wachstum von E. coli über 48 Std. vollständig hemmt, führt eine zusätzliche Zugabe von *2.6-Diaminopurin* (II) oder *-ribosid* bereits innerhalb 24 Std. zu starkem Wachstum. Adenin, Adenosin, Adenylsäure, Guanin, Guanosin, Guanylsäure, Hypoxanthin, Inosin, Xanthin, Cytosin, Cytidin, Cytidylsäure, Uracil, Uridin, Uridylsäure, Thymin, Thymidin, Desoxyribonucleinsäure, Ribonucleinsäure, ATP, Folsäure, Citrovorumfaktor, Formiat, Glycin, Serin, Ascorbinsäure, 4-Amino-5-imidazolcarboxamid, Ureidobernsteinsäure u. a. waren als Gegengift gegen I wirkungslos. Lediglich *Triphosphopyridinnucleotid* zeigte noch eine geringe Neutralisation der Wrkg. von I. *Adenin* (III) wiederum kann die Wrkg. von II auf einem I-enthaltenden Nährboden aufheben. Kontrollverss. mit II u. III allein zeigen, daß die Wrkg. von III nicht auf einer Adenintoxizität beruht. Von vielen Verbb. der Purin-, Pyrimidin- u. Nucleosidklasse (vgl. Original) erwies sich III als am stärksten umkehrend wirkend auf II. (Arch. Biochem. Biophysics **40.** 476—78. Okt. 1952. Birmingham, Ala., Southern Res. Inst.) H. Findeisen. 4330

A. Mōri, *Wirkung einiger Farbstoffe auf den Salmonella typhosa (Ihara-Stamm)-Bakteriophagen.* In abnehmender Wirksamkeit zeigen Methylenblau (0,0001% eben wirksam), Gentianaviolett, Malachitgrün, Fuchsin u. Bismarckbraun eine gewisse inaktivierende (stärker als Antibiotica), aber keine abtötende Wirkung. (Tokyo Jikeikai med. J. **69.** 539—43. 1/9. 1954. [Orig.: japan.]) L. Schuler. 4330

N. P. Buu-Hoï, NG Dat Xuong, Fernand Binon und **NG Hoang Nam,** *Über den Wirkungsmechanismus der tuberkulostatischen Hydrazide.* Hinweis auf die tuberkulostat. Wrkg. der *Hydrazide* (I) *von 5-Chlorsalicylsäure* u. *2-Oxy-1-naphthoesäure* u. Erwähnung der I einer Reihe organ. Säuren mit gleicher Eigenschaft. Vff. stellten fest, daß alle untersuchten I mit Cu-Ionen stabile Komplexverbb. bilden, die schwer oder unlösl. in W. sind. Daraus wird gefolgert, daß die tuberkulostat. Wrkg. der I auf der Bldg. solcher organ. Cu-Komplexverbb. durch das Eingreifen der I in den Bakterienstoffwechsel beruhen kann. Die Eig. der Bldg. von Cu-Komplexverbb. bei tuberkulostat. Wrkg. in vitro haben auch die Verbb.: *5.5'-Dichlor-2.2'-dioxybenzil* u. *5.4'-Dichlor-2-oxybenzophenon.* (C. R. hebd. Séances Acad. Sci. **235.** 329—31. 28/7. 1952.)
H. Dossmann. 4330

R. F. Hill und **H. H. Rossi,** *Die Ultraviolettempfindlichkeit und die Möglichkeit der Photoreaktivierung bei der Bakteriophage T 1.* 1. Mitt. *Der Einfluß der Bestrahlungsbedingungen auf die Überlebenskurven.* Die Inaktivierung der Bakteriophage *T 1* durch Bestrahlung mit UV (λ = 2537 Å) u. ihre Reaktivierung durch langwelligeres Licht sind abhängig von den Umweltbedingungen der *T 1*. Vff. haben die Vorgänge in Verbindung mit Escherichia coli mit reaktivierendem Licht von 3650 Å untersucht. Die *T 1* wurden bei n. u. tiefer Temp., in Phosphatpuffer, in trockenem Zustand, als Brotsuspension, in Ammoniumacetat u. in Äthanol bestrahlt. Die Überlebensrate ist eine Funktion der verschied. Umweltbedingungen. Die einzelnen Abhängigkeiten werden in Kurvenform dargestellt. (Radiation Res. **1.** 282—93. Juni 1954. New York, N. Y., Columbia Univ., Radiolog. Res. Labor.) W. REUSSE. 4331

Tikvah Alper, *Eine neue Nachwirkung von Röntgenstrahlen auf verdünnte wässerige Lösungen von Bakteriophagen.* Wurden Dysenteriephagen u. Coliphagen Röntgenbestrahlung (X u. γ) unterworfen (15000 r bei Dysenterie- u. 2000 r bei Coliphagen), u. wurde die Phagensuspension in bestrahlter Pufferlsg. hinterher belassen, so zeigte sich eine schnelle Inaktivierung der Phagen. Das gleiche wurde durch H_2O_2 (Konz. $3 \cdot 10^{-5}$ mol.)-Zugabe zur bestrahlten Phagensuspension erzielt, wobei bestrahlte Phagen eine 15fach höhere Inaktivierungsrate als unbestrahlte zeigten. O_2 als Beschleuniger der Inaktivierung ist nur indirekt für die H_2O_2-Bldg. von Bedeutung. Die Anfälligkeit bestrahlter Phagen für H_2O_2 soll auf einer Veränderung von Desoxyribonucleinsäure beruhen. (Nature [London] **169.** 964—65. 7/6. 1952. London, Hammersmith Hosp., Radiotherap. Res. Unit.) D. ITZEROTT. 4331

Ben. T. Miyahara, Koren Cariker und **William E. Clapper,** *Kreuzresistenz bei Staphylokokken und die Wirkung von Kombinationen von Antibioticis auf resistente Stämme.* Fast alle der getesteten koagulasepositiven u. -negativen Stämme von *Staphylokokken,* die gegen *Aureomycin, Streptomycin* (I), *Chloramphenicol* oder *Terramycin* resistent sind, sind gleichzeitig auch gegen *Penicillin* (II) resistent. Kombinationen von je 2 der Antibiotica wirken oft additiv oder synergist., wobei die Zusammenstellung: I + II gegen mehr Stämme wirkt als eine der anderen Möglichkeiten. (J. Lab. clin. Med. **41.** 550—58. April 1953. Colorado, Univ., School of Med., Dep. of Microbiol.) R. RUTKOWSKI. 4340

A. B. Kupferberg, H. Styles, H. O. Singher und **Selman A. Waksman,** *Die Bildung von Streptocin durch verschiedene Streptomyces griseus-Stämme.* Der *Streptocin* (I)-bildende Streptomyces griseus 3533 u. der Grisein-bildende S. griseus 3478 bilden etwa gleiche Mengen I; der Streptomycin-bildende S. griseus 3496 bildet viel weniger I. Die höchste Konz. an I liefern die Häutchen von S. griseus 3533. Beim Wachstum dieses Stammes auf Medium nach WHIFFEN, BOHONOS u. EMERSON wird *Actidion* (II) gebildet. Der gleiche Stamm liefert beim Wachstum auf I-Medium kein II, wie die mangelnde antifungale Aktivität zeigte. Beim Wachstum des Stammes auf beiden Medien wird eine gegenüber grampositiven Bakterien hochakt. Substanz gebildet, wie die Austestung an Sarcina lutea nach einer Gegenstromverteilung zeigte. (J. Bacteriol. **59.** 523—26. April 1950. New Brunswick, New Jersey Agric. Exp. Stat., Dep. of Microbiol.; Raritan, N. J., Ortho Res. Found.) F. LINGENS. 4340

L. Carrère und **J. Roux,** *Empfindlichkeit gewisser Staphylokokken, die gegen andere Antibiotica resistent waren, gegen Chloramphenicol.* Vff. beschreiben 6 Staphylokokkenstämme, die gegen *Penicillin, Streptomycin, Aureomycin* u. *Terramycin* resistent waren, dagegen auf *Chloramphenicol* (I) gut ansprachen. In Mischungen von I mit den anderen Antibioticis blieben diese unwirksam, andererseits verstärkten sie auch nicht die Wirksamkeit von I. (C. R. Séances Soc. Biol. Filiales **146.** 422—24. März 1952. Montpellier, Fac. de Méd., Labor. de Microbiol.) K. BÖHM. 4340

A. Mōri, *Verhalten von Salmonella typhosa gegenüber Terramycin.* 12 verschied. *Salmonella*-Stämme zeigen gegen *Terramycin* (I) Empfindlichkeiten von 2—10 γ I/cm³. In 30 Generationen läßt sich die Resistenz auf das 20—100fache steigern u. auf I-freien Nährböden in 30 Generationen auf das 2—25fache zurückzüchten. 2 resistent gemachte Stämme zeigen rauhe trockne Kolonieformen mit erhöhter Viscosität u. verzögerter Vermehrung u. fädige Formen. Die Färbbarkeit nimmt am Beginn der Resistenzzüchtung ab u. kehrt bei völliger Resistenz auf n. zurück. Die resistenten u. z. T. die zurückgezüchteten Stämme zeigen auch gegen Penicillin, Streptomycin, Chloromycetin u. Aureomycin eine Abstumpfung der Empfindlichkeit auf das 2—2,5- bzw. 4—10fache. Kaum verändert sind die Fähigkeit zur Glykolyse u. Milchgerinnung, die Indol-Rk. usw. — 31 Literaturangaben. (Tokyo Jikeikai med. J. **69.** 544—52. 1/9. 1954. [Orig.: japan.]) L. SCHULER. 4340

A. Ravina, *Ein neues Antibioticum: Magnamycin. Magnamycin* (I) ist eine krist., bas., in W. u. organ. Lösungsmitteln leichtlösl. Substanz aus den Kulturen von *Streptomyces halstedii.* I besitzt ein breites Aktivitätsspektr., bes. gegen grampositive Bakterien. Es ist ferner wirksam gegen zahlreiche gramnegative Keime, Rickettsien u. Protozoen u. hemmt die Entw. der Viren der Lymphogranulomatose, Ornithose, Psittacosis u. der

Viruspneumonie. I besitzt eine nur sehr geringe Toxizität. (Presse méd. **61.** 1088. 15/8. 1953.) R. RUTKOWSKI. 4340

Ss. I. Selepucha, *Tromalyt — ein neues Antibioticum pflanzlichen Ursprunges.* Übersicht an Hand der Literatur. — 12 Literaturhinweise. (Мікробіологічний Журнал (Киев) [Mikrobiol. J. (Kiew)] **18.** Nr. 1. 61—63. 1956.) O. LEBTAG. 4340

T. C. Joseph, *Pilze, die das Wachstum des Kronenfäulepilzes Sclerotium delphinii Welch hemmen.* Verss., Sklerotien von *Sclerotium delphinii* (Sc) mit dem Pilz *Coniothyrium minitans* zu infizieren, schlugen fehl. Ebenso verlief die Suche nach fungiellen u. bakteriellen Parasiten der Sklerotien von Sc ergebnislos; bei hunderten von natürlich im Boden vorhandenen Sklerotien konnte nach Überimpfung auf Kulturplatten weder auf noch in denselben ein parasit. Agens gefunden werden. Im weiteren Verlauf wurden zahlreiche Pilze u. einige Bakterien verschied. Herkunft in vitro gegenüber Sc getestet. Einige der Pilze wurden frisch aus Bodenproben isoliert, andere stammten aus Kultursammlungen. Von den 40 getesteten Pilzen zeigten 3 in vitro einen starken Hemmeffekt gegenüber dem Mycel von Sc, der auch über mehr als 60 Tage anhielt. Die Hemmwrkg. wurde auf den Platten nach etwa einer Woche (bebrütet bei 70—80° F) sichtbar. Zwei der Pilze wurden (von RAPER) als *Penicillium brevi-compactum* u. *Penicillium charlesii* identifiziert u. zeigten eine größere Wirksamkeit als der dritte Pilz, der zu den *Fungi imperfecti* gehörte. Alle drei stammten aus Bodenproben. Es wurde ferner noch die prakt. Anwendung dieser Penicillien in der Bekämpfung der Kronenfäule untersucht. Diese Verss. (im Gewächshaus des New Yorker Botan. Gartens) liefen zum Zeitpunkt der Veröffentlichung noch, so daß noch keine Ergebnisse vorliegen. (Nature [London] **169.** 1016—17. 14/6. 1952. New York, N. Y., Fordham Univ. u. New York Botanical Garden.) W. ERDMANN. 4340

Josef Klosa, *Über die Möglichkeit einer systematischen Anzüchtung von Mikroorganismen, welche Antibiotica erzeugen.* Auf einem gemeinsamen Nährboden wurden auf der einen Seite des Nährbodengefäßes eine Kultur *Mycobacterium tuberculosis, Typus gallinaceus,* nach dessen Wachstum auf der Gegenseite eine Kultur *Proteus vulgaris* (Pv) angezüchtet. Letztere wurde nach ca. 20 Tagen auf neue Versuchsserien, die mit frischer Nährlsg. beschickt u. mit Tuberkelbacillen (Tb) beimpft waren, übergeimpft. Dies wurde 6 mal wiederholt. Die Kulturfiltrate der ersten gemeinsamen Züchtung wurden zur Hälfte mit frischer Nährlsg. beschickt u. mit Tb beimpft. Die Kultur ging schlecht an. Bei den Filtraten der 3. Passage gelang die Anzüchtung nicht mehr. Kulturfiltrate aus der 4. Passage, mit Tb beimpft u. nach 3 wöchiger Incubation an Junghühner verfüttert, bewirkten keine Erkrankungen. Kulturfiltrate von Pv aus der 5. Passage, allein gezüchtet, hemmten die Entw. von Tb total. Ähnliche Beobachtungen wurden mit *Aspergillus niger* u. *oryzae* gemacht. Allerdings scheint hier das antibiot. Prinzip nicht hitzebeständig zu sein. Auch *Penicillium glaucum* zeigte eine ähnliche Wirkung. Die Anzüchtung von *Staph. aureus* u. *albus* gelang unter den beschriebenen Bedingungen nicht, mit *P. notatum* konnte auch nach 6 Wochen kein Hemmeffekt beobachtet werden. Es scheint, daß ein Mikroorganismus um so leichter zur Erzeugung antibiot. Stoffe angeregt werden kann, je größer seine Variationsfähigkeit ist. (Z. Naturforsch. **7b.** 679—80. Dez. 1952. Berlin-Altglienicke.) H. ENDRASS. 4340

Henri Velu und **Marcelle Peyré,** *Das p_H des Serums: seine Schwankungen und sein Einfluß bei der Wertbestimmung von Antibioticis.* Bei Best. des Streptomycinblutspiegels mit der Röhrchenmeth. bei steigenden Serummengen liegt eine erhebliche Fehlerquelle in der bei 37° zunehmend alkal. Rk. des Serums, die die antibiot. Aktivität fördert, u. zwar um so mehr, je mehr Serum sich im Röhrchen befindet. Der Bakterienstoffwechsel der eingesäten Testkeime beeinflußt diese p_H-Verschiebung wenig. Die Agardiffusionsmeth. ist daher der Röhrchenmeth. vorzuziehen. (C. R. hebd. Séances Acad. Sci. **235.** 1559—61. 10/12. 1952.) E. FISCHOEDER. 4340

E_4. Pflanzenchemie. Pflanzenphysiologie. Pflanzenpathologie.

I. Je. Kamnew und **M. Ch. Sakijan,** *Der Einfluß des Lichtes auf die Farbstoffanreicherung in Zellen und Geweben der Wurzeln und auf ihre Ablagerung als Granula.* Verss. mit Hirsekeimlingen ergaben, daß das Licht von einem starken Einfl. auf die Vitalfärbung (angewandt *Neutralrot* u. *Methylenblau*) der Wurzeln ist. Nach der colorimetr. Farbstoffbest. in den A.-Auszügen der im Dunkeln oder bei Belichtung zuvor gefärbten Wurzeln bewirkt die Belichtung im Vgl. zum Dunkelvers. eine 45%ig. Zunahme des Farbstoffes. In den Zellen des Wachstumskegels u. in den jungen Zellen der Wurzelkappe wird der Farbstoff in Form von Granula abgelagert. Die Ablagerung wird durch das Licht stimuliert. Die herrschende Ansicht, daß die Farbstoffe in den Pflanzenzellen nur in den Vakuolen abgelagert werden, kann nicht auf die jungen

Zellen bezogen werden. (Доклады Академии Наук СССР [Ber. Akad. Wiss. UdSSR] **104.** 932—34. 21/10. 1955. Rostow/Don, Molotow-Univ.) O. Lebtag. 4404

B. N. Gladyschew, *Die Verbreitung der leicht hydrolysierbaren hexosaminhaltigen Stoffe bei Pflanzen.* An 110 Pflanzen verschied. Gruppen wurde der Geh. an leicht hydrolisierbaren hexosaminhaltigen Polysacchariden oder Glucoproteiden nach dem früher von Kusin u. Vf. beschriebenen Verf. (vgl. C. **1956.** 4536) bestimmt. Der Hexosamingeh. in mg-% wurde auf die Trockensubstanz nach Extraktion des Pflanzenpulvers mit sd. A.-Formalingemisch bezogen. Bei den meisten höheren Pflanzen ist danach der Hexosamingeh. sehr gering (20—30 mg%) oder liegt an der Empfindlichkeitsgrenze der Methode (10—15 mg%). Ausnahmen bilden Allium cepa mit 130 mg% u. der Blütenstaub von Pionie, Sonnenblume, Lilie, Mais, Weichselkirsche u. Malve mit 60—100 mg%. Die Blätter von Tee u. Sojabohne, die Wurzeln von Karotten u. die Weizenkeime enthalten je 40 mg% Hexosamin. Gliadin u. Legumin enthalten 40 bzw. 120 mg% Hexosamin. Bei den niederen Pflanzen ist der Hexosamingeh. ziemlich hoch, am höchsten in Licogala epidendrum (1320 mg%). (Биохимия [Biochemie] **20.** 696—700. Nov./Dez. 1955. Moskau, Bach-Inst. für Biochem. der Akad. der Wiss. der UdSSR.) O. Lebtag. 4420

R. H. K. Thomson, *Die Proteine von Arachis hypogaea und Faserbildung.* Vf. untersucht die Proteine von Arachis hypogaea im Hinblick auf ihre Eignung zur Gewinnung verspinnbarer Fasern. Als Ausgangsprod. dient das mit verd. NaOH-Lsg. extrahierte, bei p_H 5 gefällte u. sprühgetrocknete Protein (**I**). Nach dem Löslichkeitsverhalten gegenüber NaCl-Lsgg. von verschied. Konz. u. verschied. p_H-Wert lassen sich 3 Fraktionen unterscheiden: *Arachin* (**II**), *Conarachin* (**III**) u. ein *unlösl. Protein* (**IV**). **II** u. **III** bilden im Papierchromatogramm 2 getrennte Zonen, wenn eine 10%ig. NaCl-Lsg. durch das **II**–**III**-Gemisch in das mit W. angefeuchtete Filtrierpapier hineindiffundiert. Die papierchromatograph. Meth. wird im einzelnen beschrieben. Während **II** u. **IV** gut faserbildende Eigg. aufweisen, ist **III** unverspinnbar. Wird der **III**-Anteil von **I** dadurch erhöht, daß **IV** entfernt wird, so ist die Faserbldg. ebenfalls gestört. (Biochem. J. **51.** 118—23. April 1952. Stevenston, Ayrshire, Imp. Chem. Ind. Ltd., Nobel Div., Fibres Res. Dep.) E. Schwerdtfeger. 4420

Judith M. Kelso und **J. S. Turner,** *Protoplasmaströmung bei Tradescantia.* 1. Mitt. *Die Wirkungen der Indolylessigsäure und anderer Wuchsstoffe auf die Strömung. Indolylessigsäure, Indolylbuttersäure* u. *Naphthylessigsäure* fördern die Plasmaströmung in den Haarzellen von Tradescantia virginiana maximal in Mengen von 1 bzw. 1 bzw. 5 mg/Liter benetzenden Wassers. Höhere Konzz. hemmen. Zunehmendes p_H mindert die Wirkung. Die App. wird beschrieben. (Austral. J. biol. Sci. **8.** 19—35. Febr. 1955.) H. Gude. 4450

René Heller, *Absorption und Wanderung des Phosphors in Wurzelstücken der Karotte, die in vitro kultiviert wurden.* Mit Hilfe von ^{32}P wurde die Absorption des P durch Wurzelstücke der Karotte, die in vitro kultiviert wurden, u. seine Akkumulation in den verschied. Geweben untersucht. Eine beträchtliche Absorption, die sich bis zum Ende der Kultur (2 Monate) erstreckte, wurde bis zur prakt. vollständigen Erschöpfung des Kulturmediums festgestellt. Die Absorption selbst verläuft schneller als die Diffusion der P-Ionen im Nährboden. Die Wachstumszone übt auf den P eine bes. Anziehung aus. Während die Proliferation an der äußersten Kante der Wurzelstücke stattfindet, wird P freigemacht u. wandert ab. — 30 Literaturangaben. (Rev. gén. Bot. **63.** 105—23. März 1956.) H. Patzsch. 4450

Oscar E. Palacios R., *Bakterien für die Impfung von Leguminosen.* Übersicht über die Spezifität der Knöllchenbakterien u. Hinweis darauf, daß Leguminosen wie Soja mit dem durch diese gewonnenen N im allg. nicht auskommen u. daher eine N-Verarmung des Bodens durch zusätzliche N-Düngung verhütet werden muß. (Rev. Soc. venezolana Quím. **5.** 47—54. Dez. 1953.) R. K. Müller. 4450

K. Esser und **J. Straub,** *Das Pollenschlauchwachstum bei Forsythia, eine Stellungnahme zu der Moewusschen Hemmstoff-Ferment-Hypothese.* Die Anschauung von Moewus (C. **1951.** I. 604; **1951.** II. 1306 u. **1952.** 1514) über die Selbststerilität bei der heterostylen Forsythia intermedia wird widerlegt. Weiter konnte wahrscheinlich gemacht werden, daß das Vork. von *Rutin* im Pollen des Kurzgrifflers u. von *Quercitrin* in dem des Langgrifflers nicht im Zusammenhang mit dem Selbststerilitätsverhalten steht. Auch ließen sich keine Fermentwirkungen nachweisen. (Biol. Zbl. **73.** 449—55. 1954. Köln, Univ., Botan. Inst.) H. Kathen. 4452

H. M. Sell, S. H. Wittwer, T. L. Rebstock und **C. T. Redemann,** *Ein Vergleich der stimulierenden Wirkung verschiedener Indolverbindungen auf die Parthenocarpie bei der*

Tomate. Von 27 geprüften Indolderivv. erwiesen sich 10 Abkömmlinge der *β-Indolylessigsäure* (I) bedeutend wirksamer in bezug auf die Stimulierung der Parthenocarpie bei der Tomate als die Muttersubstanz selbst. Veresterung der Carboxylgruppe von I mit einer Methyl- oder Äthylgruppe steigert die Aktivität auf das Hundertfache. Mit steigender Größe der Alkylgruppe nimmt die Aktivität des Esters ab. Jede Monosubstitution durch Chlor am Benzolkern von I vergrößert die Wrkg. auf das Zehnfache von I bzw. verringert sie auf ein Zehntel gegenüber der Wrkg. von β-Indolylessigsäuremethyl- bzw.-äthylester. Im Gegensatz zu I steigert die Veresterung irgendeiner chlorsubstituierten I die Aktivität in keiner Weise. 1-Benzoyl- u. 2-Methyl-β-indolylessigsäure besitzen nur ein Zehntel der Wirksamkeit von I. Substitution einer Phenylgruppe in 2-Stellung vermindert weiter die Aktivität, u. Substituenten in beiden o-Stellungen zur Alkylseitenkette schalten jegliche Wrkg. auf den Fruchtansatz bei der Tomate aus. — Die untersuchten Verbb. waren *Indolyl-(3)-essigsäure, 1-Benzoyl-, 2-Methyl- u. 2-Phenylindolyl-(3)-essigsäure, β-Indolyl-(3)-n-propionsäure, γ-Indolyl-(3)-n-buttersäure, Indolyl-(3)-brenztraubensäure, Indolyl-(3)-essigsäuremethyl-, -äthyl-, -n-propyl-, -n-butyl- u. -n-amylester, 4-, 5-, 6- u. 7-Chlorindolyl-(3)-essigsäure, 5-Chlorindolyl-(3)-essigsäureäthylester, 5.7-Dichlorindolyl-(3)-essigsäure, 4.7-Dichlor-2-methylindolyl-(3)-essigsäure* (inakt.), *Indolyl-(3)-äthanol, Indol-3-carbonsäurenitril* (wenig akt.), *Isatin* (inakt.), *L-Tryptophan* (inakt.), *Indolyl-3-aldehyd* (inakt.), *Oxindol* (inakt.), *2.3-Diphenylindol* (inakt.) u. *Tryptamin* (inakt.) (Plant Physiol. **28.** 481—87. Juli 1953. East Lansing, Mich., Michigan State Coll., Dep. of Agric. Chem. and Horticulture.) H. KOBLITZ. 4452

N. C. Ganguli, *Papierchromatographische Untersuchungen über Veränderungen der Zusammensetzung freier Aminosäuren bei Phaseolus radiatus während des Keimens.* (Vgl. C. **1956.** 1346.) Mit Sicherheit sind im Samen nachzuweisen: *Asparaginsäure, Glutaminsäure, Threonin, Lysin* u. *Glykokoll* (I). Bei Keimung in dest. W. (bis 120 Std.) nimmt ihre Menge zu bis auf die des I, das nach 48 Std. nicht mehr nachzuweisen ist. Zu diesem Zeitpunkt werden als neugebildet aufgefunden: *Serin, Valin, Asparagin, Alanin, Leucin* u. *Isoleucin.* Nach insgesamt 72 Std. tritt *Phenylalanin,* nach weiteren 24 Std. *Prolin* hinzu. (Naturwissenschaften **41.** 140—41. 2. März-H. 1954. Calcutta, Univ. Coll. of Sci. and Technol., Dep. of Appl. Chem.) H. SCHLOTTMANN. 4455

N. E. Tolbert, *Ameisensäure-Stoffwechsel in Gerstenblättern.* Formiat, aus wss. Lsg. von $H^{14}COOK$ von Blättern der Wintergerste resorbiert, geht über in Serin, Glycerinsäure u. zwei unbekannte Verbb.; Licht u. Luft beeinfl. Metabolitanfall. Papierchromatograph. u. radiograph. Nachweise. (J. biol. Chemistry **215.** 27—34. Juli 1955. Oak Ridge, Ten., Nat. Labor., Biol. Div.) H. WALTER. 4460

K. P. Pandya und **C. V. Ramakrishnan,** *Biosynthese von Saccharose in Zuckerrohrblättern.* Vff. stellen aus wss. Homogenaten von Blättern junger Zuckerrohrpflanzen durch Behandlung mit $(NH_4)_2SO_4$ u. Ca-Phosphatgel-Adsorption ein Enzympräp. her u. incubieren mit demselben 24 Std. bei 37° ein Substrat, bestehend aus *Fructose* (I) (60 μmol.), *Glucose-1-phosphat* (**II**; 20) u. Citratpuffer (50, p_H 6,4). Es werden Bldg. von *Saccharose* aus **I** u. **II** u. Anstieg des Geh. an anorgan. Phosphat beobachtet. Das Präp. enthält *Saccharosephosphorylase,* deren Wirksamkeit sich durch die Reinigungs-Verff. gegenüber den Rohextrakten um das 40fache steigern läßt. (Naturwissenschaften **43.** 85. Febr. 1956. Baroda, India, M. S. Univ., Fac. of Sci., Dep. of Biochem.)
P. FAHRNLAENDER. 4460

Krishna Bahadur und **S. Ranganayaki,** *Wahrscheinliche Umsetzungen bei den Photosynthesen des Glykokolls, des Serins und des Prolins in Gemischen von Paraformaldehyd und Kaliumnitrat.* Inhaltlich ident. mit der im C. **1956.** 7766 referierten Arbeit. (C. R. hebd. Séances Acad. Sci. **240.** 246—48. 10/1. 1955.) H. GUDE. 4460

K. Damaschke, L. Rothbühr und **F. Tödt,** *Photosynthese unter anaeroben Bedingungen.* Bei Vers. ergab sich nach anaerober Incubation von Chlorellazellen über 0—50 Std. bei nachfolgender Belichtung schon in den ersten Sek. ein schlagartiger O_2-Anstieg von 3—15 γ O_2/Liter, also genau der O_2-Geh., der nötig ist, um die Atmung wieder in Gang zu setzen; er wird sofort wieder verbraucht zu Atmungsanregung u. Hemmstoffoxydation. Bldg. u. Verbrauch halten sich die Waage. Glucosezusatz, der die Gärung stark erhöht, ergab keine Verlängerung der Induktionsperiode. Vff. schließen daraus, daß die Menge der Gärungsprodd. keinen Einfl. hat auf die Dauer der Induktionsperiode nach anaerober Incubation. Weiter schließen sie, daß auch nach O_2-Entzug in den Zellen eine Substanz vorhanden sein muß, die bei Belichtung O_2 liefert, da dieser zum Beginn der Photosynth. nicht erforderlich ist. Allerdings kann (bei Chlorella) der Lauf der n. Photosynth. nur dann in Gang gehalten werden, wenn hierdurch die Atmung angeregt, also Sauerstoff vorhanden ist. (Z. Naturforsch. **10 b.** 572—78. Okt. 1955. Bundesanstalt für mechan. u. chem. Materialprüfung, Abt. für Elektrochemische Sonderverfahren.)
O. DESCHLE. 4460

R. W. Newburgh und **R. H. Burris**, *Wirkung von Hemmstoffen auf die photosynthetische Fixierung von Kohlendioxyd.* Tabakblätter wurden im Vakuum mit Lsgg. verschied. Konzz. von *Phenylurethan* (**I**), *Dinitrophenol* (**II**), *Jodessigsäureamid* (**III**), *Jodacetat, Hydroxylamin, NaF* u. *Na_3N* imbibiert, in einer Photokammer kurzzeitig einem $^{14}CO_2$-Strom ausgesetzt, die Photosyntheseprodd. extrahiert, papierchromatograph. getrennt u. mittels Autoradiographie oder Mikrocolorimetrie bestimmt. Die größte Hemmung der CO_2-Aufnahme mit 94% wurde bei einer 8 Sek. Belichtungszeit von $5 \cdot 10^{-4}$ mol. **I** verursacht. Die Verteilung des ^{14}C in den gebildeten stabilen Verbb. ist zeitabhängig dergestalt, daß nach 4 Sek. Versuchsdauer andere Verbb. den höheren ^{14}C-Geh. besitzen als nach 30 Sek. Versuchsdauer. So sind z. B. in mit **III** imbibierten Blättern die nach 4 Sek. gebildeten Hauptverbb. *Phosphatester* u. *Alanin* (**IV**), die nach 30 Sek. gebildeten *Glucosephosphat* u. **IV**. Bei **I**-Hemmung besitzt ebenfalls **IV** den größten Geh. an ^{14}C. **II** verhält sich ähnlich wie **I**. Wenn Essigsäure–$^{14}C_{(1)}$ in die Blätter infiltriert wurde, konnte nach kurzer Zeit mit 2.4-Dinitrophenylhydrazin das Brenztraubensäurehydrazin mit hoher Aktivität isoliert werden. Infiltrierung von Blättern mit $^{14}C_{(2)}$-*Brenztraubensäure* (**V**) resultierte in der Bldg. von **IV** mit unveränderter C-Kette u. *Glykokoll*, dessen Carboxylgruppe durch das $C_{(2)}$-Atom von **V** gebildet wurde. Eine Interpretation dieser kurzzeitigen Photosyntheseverss. wird gegeben. (Arch. Biochem. Biophysics **49.** 98–109. März 1954. Madison, Wis., Univ. of Wisconsin, Dep. of Biochem., Coll. of Agric.) H. KOBLITZ. 4460

Otto Warburg, Günther Krippahl und **Wolfgang Buchholz**, *Wirkung von Vanadium auf die Photosynthese.* Nur bei niedrigen Lichtstärken, nicht bei hohen konnte an Chlorella festgestellt werden, daß V^{5+} zum Unterschied von V^{4+} als Katalysator der Kohlensäure-Red. wirkt. (Z. Naturforsch. **10 b.** 422. Juli 1955. Berlin-Dahlem, Max-Planck-Inst. für Zellphysiol.) H. AMAN. 4460

A. Weissbach, P. Z. Smyrniotis und **B. L. Horecker**, *Pentosephosphat und CO_2-Fixierung mit Spinatextrakten.* Der Einbau von $^{14}CO_2$ in *Phosphoglycerinsäure* (**I**) in Ggw. von *Ribose-5-phosphat* (**II**) wird durch Spinatextrakt katalysiert; hierbei ist Belichtung nicht erforderlich. Wesentlich weniger wirksam als **II** erwiesen sich Sedoheptulosediphosphat, Fructosediphosphat, Glucose-6-phosphat, **I** u. Pyruvat. Die Aktivität des gebotenen $^{14}CO_2$ (als $K_2{}^{14}CO_3$) wird prakt. vollständig in der Carboxylgruppe von **II** wiedergefunden. Wird die Aktivität statt durch $^{14}CO_2$ durch $^{14}C_{(1)}$-Ribose-5-phosphat geboten, so erscheinen 70% des ^{14}C im β-C-Atom u. der größte Teil des Restes im Carboxyl-C-Atom von **I**. Zusätze von DPN, TPN u. ATP stimulieren die CO_2-Fixierung, am meisten die Kombination ATP + TPN; der ATP-Effekt wird durch Mg^{2+} verstärkt. Da der Spinatextrakt Pentosephosphatisomerase enthält, so kann die unmittelbare Vorstufe für den C-Einbau in **I** Ribulosephosphat oder **II** sein. Der Eingriff von ATP könnte vor oder nach dem Pentosephosphatabbau erfolgen. Der mit der **I**-Bldg. aus CO_2 u. dem $C_{(1)}$- u. $C_{(2)}$-Atom des Pentosephosphates verbundene Reduktionsvorgang dürfte durch TPN mit der Oxydation des aus dem $C_{(3)}$–$C_{(4)}$–$C_{(5)}$-Molekülrest entstehenden Glycerinaldehyd-3-phosphates verknüpft sein (in Ggw. von TPN wirksame Triosephosphatdehydrase grüner Pflanzenteile.). (J. Amer. chem. Soc. **76.** 3611–12. 5/7. 1954. Bethesda, Md., Nat. Inst. of Arthritis and Metabol. Diseases.) H. SCHLOTTMANN. 4462

E. J. Hewitt und **C. C. McCready**, *Beziehung der Stickstoffgabe zum Molybdänbedarf von Tomatenpflanzen in Sandkultur.* Mo-freigezogene Tomatenpflanzen zeigen Mangelerscheinungen zwar in jedem Falle, doch in verschied. Stärke, je nach der Form des zugeführten Stickstoffs, am stärksten, wenn N als *Nitrat* geboten wird. Nur in diesem Falle wird der Chlorophyll-Geh. merklich herabgesetzt, während er z. B. bei $(NH_4)_2SO_4$-Applikation trotz Mo-Defizits ansteigt. Ascorbinsäure- u. Dehydroascorbinsäurespiegel werden stets, doch verschied. stark erniedrigt, je nachdem ob Nitrat, Nitrit, NH_4NO_3, NH_4NO_2, $(NH_4)_2SO_4$, Harnstoff oder Glutaminsäure geboten wird. (Nature [London] **174.** 186–87. 24/7. 1954. Bristol, Univ., Long Ashton Res. Stat.) H. SCHLOTTMANN. 4470

E_5. Tierchemie. Tierphysiologie. Tierpathologie.

F. Jung, *Zur Anwendung der Thermodynamik auf biologische und medizinische Probleme.* Vf. diskutiert die Anwendung thermodynam. Begriffe auf lebendige Organismen u. zeigt, daß mit der üblichen Gleichgewichtsthermodynamik lediglich Aussagen über die Energiebilanz u. die Richtung der Entropieänderung bei biol. Prozessen ohne Berücksichtigung des Zeitfaktors gewonnen werden. Dagegen ist es mit Hilfe der Thermodynamik der irreversiblen Vorgänge möglich, Aussagen über das Zustandekommen der Bilanz zu machen. Einige Rückwirkungen der Energie- u. Stoffumsetzungen im Organismus auf diesen selbst werden besprochen u. die Grenzen der vorliegenden Theorie dargestellt. (Naturwissenschaften **43**. 73–78. 2. Febr.-H. 1956. Berlin, Humboldt-Univ., Pharmakolog. Inst.). W. KRÖNERT. 4500

Adrienne J. M. Kits van Heijningen und **A. Kemp**, *Freies und gebundenes Glykogen im Skelettmuskel von Ratten.* Kurzfassung der C. **1955**. 8665 referierten Arbeit. (Biochem. J. **59**. III. Jan. 1955. Amsterdam, Univ., Pharmaco-Therapeut. Labor.). P. FAHRNLAENDER. 4520

Ingrid Neckel, *Elektronenmikroskopische und chemische Untersuchungen über die isolierbaren Teile der Odontoblastenfortsätze menschlicher Zähne.* Die in den Dentinkanälchen befindlichen schlauchartigen Odontoblastenfortsätze wurden nach Isolierung elektronenopt. u. chem. untersucht u. zeigten sich oft morpholog. ident. mit den von anderen Autoren nach dem Abdruckverf. dargestellten Odontoblastenfortsätzen bzw. deren Wänden. Die chem. Unterss. bestätigten die Vermutung, daß die bereits früher als „Keratin" bezeichnete Substanz an die Odontoblastenfortsätze gebunden ist. Da jedoch das Verhältnis der in dieser Substanz enthaltenen *bas. Aminosäuren* keine Ähnlichkeit mit den in verschied. *Keratinen* vorliegenden Verhältnissen aufweist u. noch niemals ein Keratin in Geweben mesodermalen Ursprungs gefunden wurde, wird vermutet, daß es sich um ein anderes, noch unbekanntes *Skleroprotein* handelt. (Dtsch. zahnärztl. Z. **11**. 485–90. 1/5. 1956. Berlin-Charlottenburg, T U.) G. KLESSE. 4520

A. H. Ennor, J. F. Morrison und **H. Rosenberg**, *Die Isolierung von Phosphoarginin.* Vff. beschreiben eine Meth. zur Isolierung von *Phosphoarginin* (I) aus Flußkrebsmuskel in einer Ausbeute von 10 mg/kg Frischmaterial. Der Schwanzmuskel von Jasus lalandii wird in frischem Zustand in fl. N_2 eingefroren, gepulvert, u. je 100 g werden zunächst mit 450 ml u. danach mit 130 ml 9%ig. Trichloressigsäure-Lsg. 2 Min. extrahiert. Die filtrierten Extrakte werden auf p_H 9,0 eingestellt, 1 mol. Ba-Acetatlsg. zugegeben u. die Suspension der unlösl. Ba-Salze wieder auf p_H 9,0 eingestellt. Die abgetrennten lösl. Ba-Salze, die I enthalten, werden durch Zusatz von 3 Voll. 95%ig. A. gefällt. Alle Operationen erfolgen bei 2°. Die in W. lösl. u. in A. unlösl. Ba-Salze werden im Vakuum über $CaCl_2$ getrocknet u. in 5 g-Portionen unter Zusatz von 5n HCl in der Kälte gelöst. Nach Einstellung auf p_H 9,0 mit NaOH u. Entfernung des Nd. wird I durch Zusatz von $CuCl_2$-Lsg. bei p_H 6,5 als Cu-Salz gefällt. Nach 5–7facher Umfällung ist das Cu-Salz frei von Ba^{2+}. Die wss. Suspension der Cu-Salze wird bei 0° mit H_2S gefällt u. das Filtrat nach Entfernung von überschüssigem H_2S unter Zusatz von Aktivkohle entfärbt. Nach Einstellen auf p_H 3,5 mit HCl werden bei 0° 9 Voll. A. zugesetzt u. auf p_H 5,0 eingestellt. Das gefällte I·HCl, $C_9H_{15}O_5N_4P \cdot HCl$, wird bei 0° abgetrennt. Aus dem Filtrat läßt sich ungefälltes I als Ba-Salz wiedergewinnen. Schließlich wird das I-Hydrochlorid erneut als Ba-I, $C_6H_{13}O_5N_4PBa \cdot H_2CO_3 \cdot H_2O$, gefällt. (Biochem. J. **62**. 358–61. März 1956. Austral., Canberra, Nat. Univ., John Curtin School of Med. Res., Dep. of Biochem.) E. SCHWERDTFEGER. 4520

P. Gros, J. M. Dubert, S. S. Sung, J. Coursaget und **M. Macheboeuf**, *Untersuchungen über die Schnelligkeit, mit der Antikörper und andere Proteinfraktionen des Blutserums erneuert werden, ausgeführt mit durch ^{13}C in der Isopropylgruppe markiertem Valin.* Kaninchen wurden mit Pneumokokken Typ II immunisiert. Vor der letzten Impfung wurden sie Valin (I)-frei gefüttert u. erhielten dann täglich 5 Tage lang 100 mg markiertes I im Futter. Am 3. Tage der I-Beigabe erfolgte die letzte Impfung. In den am 2., 6., 15. u. 23. Tage gewonnenen, einzelnen Serumproben wurden die Pneumokokkenantikörper durch Präcipitation mit Polysaccharid isoliert. Die Präcipitate wurden hydrolisiert (6n HCl, 100°, 40 Std.), die Hydrolysate zur Darst. von Aceton aus den Isopropylgruppen von Leucin u. I verwendet. Nach Fällung mit dem Hg-Reagens von DENIGÈS u. Trocknung der Ndd. erfolgte an diesen die Isotopenbestimmung. Das *Albumin* (II) u. die noch vorhandenen *Globuline* (III) der von Antikörpern befreiten Seren wurden getrennt auf ihren ^{13}C-Geh. ebenfalls untersucht. Die Antikörperfraktion enthielt mehr ^{13}C als die anderen Serumfraktionen. Die ^{13}C-Werte sanken auf 50% im II am 10. Beobachtungstage, im III am 5,5. u. in den Antikörpern am 7. Tage. Am 23. Tage entnommenes Serum hatte etwa 10% des am 2. Tage festgestellten ^{13}C-Gehaltes. 35 cm^3 dieses Serums wurden einem Kaninchen intravenös injiziert. 9 Tage später waren bei diesem passiv immunisierten Tier die ^{13}C-Werte in der Antikörperfraktion des Serums genau so hoch wie am Tage der Infusion. (Bull. Soc. Chim. biol. **34**. 37–42. Jan./Febr. 1952. Paris, Inst. Pasteur, Labor. de Chim. biol.). E. FISCHOEDER. 4551

Jerry K. Aikawa und **Eloise L. Rhoades**, *Immunphysiologie. Anstieg des Radionatriumgehaltes in den Nebennieren der mit Humanplasma sensibilisierten Kaninchen.* Die isomeren Organe der sensibilisierten Tiere wurden auf Radioaktivität (^{24}Na) unter-

sucht. Nur in den Nebennieren war der ^{24}Na-Geh. höher als bei nicht sensibilisierten Tieren, in den anderen Organen war er gleich. Der H_2O-Geh. der Nebennieren war normal. (Proc. Soc. exp. Biol. Med. **79.** 233—35. Febr. 1952. Winston-Salem, N. C., Bowenan Gray School of Med. of Wake Forrest Coll., Dep. of intern. Med.)
E. FISCHOEDER. 4551

Jean Loiseleur, *Beziehungen zwischen dem Molekulargewicht der Antigene und den Eigenschaften der entsprechenden Antikörper.* Bei der Immunisierung von Versuchstieren sind zur Bldg. von Antikörpern (I) gegen Antigene (II) mit hohem Mol.-Gew. nur geringe Mengen u. wenige Injektionen notwendig, gegen organ. Verbb. geringeren Mol.-Gew. häufigere u. stärkere II-Reize erforderlich. Die Bldg. von I gegen Mineralien erfolgt erst nach großen u. häufig verabfolgten Dosen. Die bei der II–I-Bindung eintretende Erhöhung der Serumviscosität ist um so stärker, je höher das Mol.-Gew. der II ist. Flockende Eigg. gaben im allg. nur Antiseren gegen Proteine. Auffrischimpfungen führen bei allen II nach einer negativen Phase zur Erhöhung des I-Titers. (C. R. hebd. Séances Acad. Sci. **234.** 2398—2400. 9/6. 1952.) E. FISCHOEDER. 4551

H. Sakurai, *Über das Sensibilisierungsvermögen von Natriumtartrat bei Kaninchen und Meerschweinchen.* Im Serum beider Tiere läßt sich nach Sensibilisierung gegen *Na-Tartrat* (I) die Ggw. eines Antikörpers (Hautempfindlichkeit) nachweisen. Bei Sensibilisierung durch subcutane Injektion von I + Pferdeserum tritt Hautsensibilisierung gegen I auf, aber keine Änderung im Blutbild bei I-Aufnahme durch den Darm. — 5 Tabellen. (Tokyo Jikeikai med. J. **69.** 558—64. 1/9. 1954. [Orig.: japan.])
L. SCHULER. 4551

T. Matsuo und **K. Yamamoto,** *Über das Sensibilisierungsvermögen von Hydrochinon bei Meerschweinchen.* Reine *Hydrochinon*-Lsgg. u. solche im Gemisch mit Pferdeserum (PS) erzeugen bei einer Sensibilisierungsbehandlung beim Meerschweinchen eine Hautüberempfindlichkeits-Rk. gegen *Hydrochinon* (I) u. eine leichte Überempfindlichkeit am ausgeschnittenen Darm. Nach induzierender I-Injektion tritt ein Sensibilisierungsschock auf u. eine nach 30 Min. einsetzende, 60 Min. dauernde Abnahme der weißen Blutkörperchen. Das Serum des sensibilisierten Tieres enthält einen Antikörper gegen die Überempfindlichkeits-Rk. der Haut. Serum + I geben keinen sichtbaren Nd., doch läßt sich gegenüber n. Serum photoelektr. die Trübungszunahme bestimmen. Zusatz von PS verstärkt obige Erscheinungen. (Tokyo Jikeikai med. J. **69.** 632—36. 1/10. 1954. [Orig.: japan.]) L. SCHULER. 4551

Marie Kaminski und **Jacques Nouvel,** *Vergleichende Untersuchungen über die immunchemischen und elektrophoretischen Eigenschaften der Bestandteile des Eiereiweißes vom Huhn, Storch, Marabu und der ägyptischen Gans.* Die elektrophoret. Diagramme zeigen gewisse quantitative u. qualitative Differenzen, bes. im Bereich der Serumalbumine, die der Stellung der 4 Vögel im zoolog. Syst. entsprechen. Die Wanderungsgeschwindigkeit der Proteine ist bei Entenvögeln im allg. größer als bei Hühnervögeln. Die immunchem. Unterss. wurden nach dem Verf. von OUCHTERLONY (Ark. Kemi **26 B.** [1949.] 16) als Präcipitat im Agargel ausgeführt. Kaninchenantiseren gegen Hühner-Ovoalbumin, -Globulin, -Conalbumin u. Gesamteiereiweiß wurden verwendet. Die Gattungsverwandtschaft, z. B. zwischen Storch u. Marabu oder der ägypt. Gans u. der Ente, kamen dabei differenzierter als überkreuzte Rkk. zum Ausdruck als bei der elektrophoret. Unters., u. zwar beim Ovoalbumin u. bei den Ovoglobulinen, wenn auch bei diesen die Kreuz-Rkk. seltener waren. Die immunchem. Unters. des Eiereiweißes u. seiner Fraktionen, die bei der angewandten Meth. nicht einmal hochgereinigt zu sein brauchen, ist ein geeignetes Verf. zur serolog. Klassifizierung schwer im Syst. einzuordnender Vogelarten. (Bull. Soc. Chim. biol. **34.** 11—19. Jan./Febr. 1952. Paris. Inst. Pasteur, Serv. de Chim. Microbiol.) E. FISCHOEDER. 4551

G. E. Francis, *Die immunologischen und serologischen Eigenschaften des Phosvitins. Phosvitin* (I) reagiert nicht mit Antiseren gegen Vitellin oder phosphorylierten Proteinen, es hemmt auch nicht die Präcipitation von Lipovitellin oder phosphorylierten Proteinen mit ihren entsprechenden Antiseren. Es wirkt selbst nicht antigen. 75% des theoret. möglichen P des *Vitellins* beruht auf der Ggw. von I. (Biochem. J. **51.** 715—20. Aug. 1952. London, Med. Coll. of St. Bartholomews Hosp., Dep. of Biochem. a. Chem.)
E. FISCHOEDER. 4551

P. H. Renton, *Aufteilung des Coombsreagens in zwei Fraktionen.* Von DACIE (Nature [London] **166.** [1950.] 36.) beschriebene inkomplette Antikörper im menschlichen Normalserum werden bei 4° an Erythrocyten fixiert, diese (B) werden beim COOMBS-Test so agglutiniert wie mit Rh-Antikörpern sensibilisierte Erythrocyten (C). Antiglobulinserum, das mit C oder kleinen Mengen γ-Globulin abgesättigt ist, reagiert nur mit B. Umgekehrt agglutiniert ein COOMBS-Serum nach Absorption mit B oder mit A-Blutkörperchen, die durch Isoagglutinine Anti-A agglutiniert wurden, C u. auch solche Erythrocyten, die mit Serumantikörpern vom Typ Anti-Kell, Anti-Fy a u. Immun-anti-A behaftet sind. Da sich ein mit Injektionen von γ-Globulin gewonnenes Kaninchenserum genau so verhielt wie eins mittels Humanvollserum gewonnenes, vermutet Vf., daß das γ-Globulin nicht rein war. (Nature [London] **169.** 329—30. 23/2. 1952. Manchester, Nation. Blood Transfusion Centre, Raby Street.) E. FISCHOEDER. 4551

F. M. Levy und **L. Corbeel,** *Nachweis und Titerbestimmung von ACTH-Antikörpern durch Hämagglutination.* Die Behandlung mit ACTH hat die Bldg. von Antikörpern gegen ACTH zur Folge. Der Nachw. gelingt quantitativ mittels Hämagglutination, wobei tanninvorbehandelte u. mit ACTH sensibilisierte Erythrocyten mit dem Patientenserum steigender Verdünnung in Kontakt gebracht werden. An der Konfiguration des Bodensatzes wird die positive Rk. erkannt. Unter 101 Serumproben von 51 Kranken war die Rk. 25 mal bei 8 Patienten positiv. (C. R. Séances Soc. Biol. Filiales **146.** 412—14. März 1952.) E. FISCHOEDER. 4551

S. Lewi, *Die Wirkung von ACTH auf die Bildung von Antikörpern beim Kaninchen.* Kaninchen, die täglich 5 mg ACTH erhielten, bildeten in der intravenösen Injektion von menschlichen A- bzw. B-Blutkörperchen genau so Agglutinine wie nicht mit ACTH behandelte Kontrolltiere. (C. R. Séances Soc. Biol. Filiales **146.** 414—16. März 1952.) E. FISCHOEDER. 4551

Charlotte Anderson und **Mavis Freeman,** *Die chemischen Eigenschaften des Mucins bei der cystischen Pankreasfibrose.* Bekannt ist, daß bei cyst. Pankreasfibrose Pankreassaft u. Inhalt der Schleimdrüsen eine gesteigerte Viscosität aufweisen. Vff. unsersuchten, ob chem. Unterschiede dafür verantwortlich sind. Die Analyse des postmortal entnommenen Magenschleimes von 8 Kindern mit Pankreasfibrose u. 8 Kontrollkindern auf Mucingeh., N, Glucose u. Glucosamin ergab jedoch prakt. ident. Werte. (Arch. Disease Childhood **31.** 31—32. Febr. 1956. Melbourne, Royal Children's Hospital.) H. SIEBERT. 4555

David Kritchevsky und **Martha R. Kirk,** *Papierchromatographie von Steroiden.* (Vgl. DAVIS u. Mitarbeiter, C. **1956.** 10284.) Mittels Chromatographie auf mit „Quilon" imprägniertem Papier (l. c.) gelang es Vff., eine große Anzahl von Steroiden zu trennen. In mehreren Tabellen sind die R_F-Werte von 21 Steroiden — auch schwach polarer Steroide — bei verschied. Lösungsmittelsystemen erhalten, zusammengestellt. Bei *Corticosteroiden* (I) u. *Androgenen* (II) sind die R_F-Werte zwar reproduzierbar, aber mit den benutzten Systemen konnte keine Aufteilung erreicht werden. Das Hauptmerkmal bei diesen Verbb. ist, daß durch Zugabe von W. zum wasserfreien Lösungsm. ein höherer R_F-Wert erhalten wird als zu erwarten ist. Z. B. zeigen **I** in Methanol/W. 9:1 den Wert 0,80, während dieser in Methanol allein 0,75 ist. Zugabe von NH_4OH oder HCOOH zum Syst. Methanol/W. hat gewöhnlich eine Erhöhung zur Folge. Höhere Alkohole ergeben für **I, II** u. *Progesteron* R_F-Werte von nahezu 1. Verbb. mit einer langen KW-Seitenkette u. ohne konjugiertes Ringsyst. geben bei Methanol R_F-Werte, die nicht in der Größenordnung 0,80 liegen. Eine Ausnahme bildet *Epicholesterin* (**III**). Änderungen in der Seitenkette scheinen ohne Einfl. zu sein. Die Imprägnierung der Papiere erfolgt durch Besprühen oder Tauchen in einer Lsg. von 2% „*Quilon*" u. 2% „Neutralisator" u. anschließendes Trocknen bei 100—110°. Die Grenzverdünnung für Methanol ist ca. 20%. Darüber wird das Papier nicht mehr benetzt. Als Sprühreagens diente Joddampf für **II** u. *Progesteron,* Phosphorwolframsäure für *Cholesterin,* **III,** *Cholestanol, Stigmasterin* u. *Cholestenon,* $SbCl_5$ für *Sitosterin, Ergosterin* u. *7-Dehydrocholesterin,* Triphenyltetrazoliumchlorid für **I.** (J. Amer. chem. Soc. **74.** 4484—86. 20/9. 1952. Berkeley, Cal., Univ., Radiation Labor.) H. ENDRASS. 4558

I. A. Esskin, W. I. Kashdan und **O. W. Swjatuchina,** *Der Gehalt an Östriol, Östron und Östradiol im Blut gesunder Frauen und bei Kranken mit Brustkrebs und Mastopathie.* Bei 34 gesunden Frauen, 38 Frauen mit Brustkrebs u. 18 Frauen mit Mastopathie wurde der Blutgeh. an *Östriol* (**I**) u. *Östron* (**II**) + *Östradiol* (**III**) zu Beginn u. in der Mitte des Geschlechtscyclus bestimmt. Einen geringen **I**-Geh. zu Beginn des Cyclus wiesen 50% der gesunden Frauen, 58% der Brustkrebskranken u. 85% der Mastopathiefälle auf. Am 15.—16. Tag des Cyclus waren es 25 bzw. 60 bzw. 73%. Der **I**-Geh. des Blutes bei Brustkrebs u. Mastopathie liegt innerhalb der Schwankungen bei gesunden Frauen. Das gleiche gilt für den Blutgeh. an **II** + **III**. Die bei den gesunden Frauen in der Cyclusmitte zu beobachtende Zunahme von **I** u. **II** + **III** tritt bei Brustkrebs u. Mastopathie nicht ein. (Проблемы Эндокринологии и Гормонотерапии [Probleme Endokrinol. Hormontherap.] **1.** Nr. 6. 80—83. Nov./Dez. 1955. Allunions-Inst. für Endokrinol., Abt. für exp. Biol.; Onkolog. Hertzen-Inst.) O. LEBTAG. 4559

W. K. Loginow, *Zur Störung des Umsatzes der Steroidhormone bei Leprakranken.* Durch Harnunterss. an 151 Leprakranken wird festgestellt, daß der Geh. an *Androgenen*

(I = 17-Ketosteroide) u. *Östrogenen* (II) im Vgl. zu gesunden Personen vermindert ist, bes. stark bei lepromatösem Aussatz. Sowohl bei der lepromatösen wie bei der tuberkuloiden Form ist die Ausscheidung von **I** stärker gestört als die von **II**. Bes. stark ist die Störung während des progressierenden Verlaufes des lepromatösen Aussatzes u. während der reaktiven Phasen. Bei Lepra sind die Funktionen der Nebennierenrinde, der Hypophyse u. der Geschlechtsorgane am meisten betroffen. Auf Grund der Versuchsergebnisse ist Vf. der Ansicht, daß die Leprabehandlung mit Cortison, Cortin, ACTH, Testosteronpropionat u. synthet. Östrogenen erfolgversprechend sein muß. (Проблемы Эндокринологии и Гормонотерапии [Probleme Endokrinol. Hormontherap.] **1.** Nr. 6. 60—63. Nov./Dez.1955. Allunions Wiss. Inst. zur Erforschung der Lepra.)
O. LEBTAG. 4559

S. B. Crepea, G. E. Magnin und **C. V. Seastone,** *Einfluß von ACTH und Cortison auf die Phagocytose.* Bei 9 von 10 Patienten, die aus verschied. Gründen mit *ACTH* oder *Cortison* (I) längere Zeit behandelt wurden, konnte festgestellt werden, daß die leukocytäre Aktivität des Blutes herabgesetzt wurde. Bei dem 10. Patienten wurde infolge einer während der Behandlung eingetretenen Antikörper-Bldg. ein Anstieg der leukocytären Aktivität beobachtet. (Proc. Soc. exp. Biol. Med. **77.** 704—06. Aug. 1951. Madison, Univ. of Wisconsin, Dep. of Med. and Med. Microbiol.) H. P. FIEDLER. 4560

N. W. Michailowa, *Der Gehalt an adrenocorticotropem Hormon in den Hypophysen neugeborener Ratten.* Durch Best. der adrenocorticotropen Aktivität der Hypophyse nach SAVERS wird festgestellt, daß die Injektion von äquivalenten Hypophysenextraktmengen von 3—4 Tage alten u. erwachsenen Ratten bei hypophysektomierten Ratten die gleiche Abnahme der Ascorbinsäure in der Nebenniere bewirkt. Die Hypophyse enthält demnach bei neugeborenen u. erwachsenen Ratten die gleichen *ACTH*-Mengen je 1 kg Körpergewicht. Hieraus schließt der Vf., daß das Fehlen der Involution der Thymusdrüse, der Eosinopenie u. der Ascorbinsäureabnahme bei neugeborenen Ratten als Rk. auf eine äußere Einw. nicht durch eine ungenügende Produktion von ACTH in der Hypophyse bewirkt wird, sondern durch die Unterentw. der die Absonderung bewirkenden Nervenmechanismen. (Проблемы Эндокринологии и Гормонотерапии [Probleme Endokrinol. Hormontherap.] **1.** Nr. 6. 57—59. Nov./Dez. 1955. Allunions Inst. für exp. Endokrinol., Abt. für exp. Biol.) O. LEBTAG. 4560

James M. Comrie, Charles F. Dupee und **E. B. Farnsworth,** *β-Glucuronidase in Leukocyten, Plasma und Urin bei mit ACTH behandelten Nephrose-Patienten.* Es wird der aktivierende Einfl. des *ACTH* (I) auf die Nebennierenrinde durch Prüfung der *β-Glucuronidase* (II)-Aktivität von Plasma, Leukocyten u. Harn bei 5 Patienten festgestellt. Die im Plasma festgestellte Aktivität steht in deutlicher Abhängigkeit von dem Gesamt-*Corticosteroid*-Blutspiegel, der durch **I** erzeugt wird, da er mit der **I**-Verabreichung ansteigt u. nach Absetzen von **I** wieder absinkt. Die gleiche Abhängigkeit wurde in 2 von 3 untersuchten Fällen auch bei der Leukocyten-**II** festgestellt. Die Harnaktivität, die ebenfalls in allen untersuchten Fällen feststellbar war, stand in keiner deutlichen Beziehung zum verabreichten **I**. (Proc. Soc. exp. Biol. Med. **77.** 734—36. Aug. 1951.)
H. P. FIEDLER. 4560

G. Giraud, H. Latour, A. Lévy, P. Puech und **R. Mimran,** *ACTH und rheumatische Carditiden im Stadium der Entwicklung.* 6 Fälle von rheumat. Carditis, die auf Salicyl-Therapie nicht ansprachen, wurden mit *adrenocorticotropem Hormon* (I) behandelt (von 200 mg auf 100 u. 50 mg fallend; Behandlungsdauer mindestens 12 Tage). Bei Einhaltung des Dosierungsplanes tritt zuverlässige Wrkg. mit Temperaturabfall u. Rückgang der Gelenkschwellungen ein. Weiterbehandlung mit Salicylaten u. Gentisinaten. (Montpellier méd. [3] **39/40** (**94**). 539—60. Nov./Dez. 1951.) B. ZORN. 4560

Marcel Roche D., *Vorläufige Notiz über die klinische und immunologische Wirkung des adrenocorticotropen Hormons bei typhösen Prozessen.* Vf. führt einen Fall von Typhus u. einen Fall von Paratyphus an, die mit 80 mg *ACTH* täglich behandelt wurden. Innerhalb von 24 Std. war die Temp. n. u. der klin. Zustand stark gebessert. Die Besserung dauerte während der ganzen Behandlung an. Ein zweiter Fall reagierte weniger deutlich. Agglutinationsverss. zeigten, daß ACTH keine Wrkg. auf die Bldg. von Antikörpern ausübt. Es kann nicht als ätiolog. Mittel bezeichnet werden, wohl aber, neben *Chloromycetin* angewandt, von Nutzen sein. (Acta ci. venezolana **1.** 166—71. Nov./Dez. 1950.)
B. KRAFT. 4560

E. Reid, *Versuche, Nicht-diabetogenes Wachstumshormon darzustellen.* Beträchtlicher Verlust der Aktivität von Wachstumshormon (I)-Präpp. aus Katzenhypophysen trat nach Behandlung mit *Thioglykolat* bei p_H 7,8 oder nach 2 Tagen in Kälte bei p_H 13 ein, dagegen nicht nach Behandlung mit *Carboxypeptidase* (ARMOUR) in Ggw. von Diisopropylfluorphosphat. Das Verhältnis diabetogene Aktivität (die bei Hunden u. Katzen hervorgerufen werden soll)/Wachstumsaktivität änderte sich dadurch nicht. Durch oxydierte Cellulose gereinigtes Schweine-I wirkte in viel höherer Dosierung als bereits wirksames Rinder-I nicht diabetogen, verminderte nicht obengenanntes Verhältnis. Die Verss. sprechen nicht dagegen, daß diabetogene u. Wachstumsaktivität von derselben Struktur im selben Mol. abhängen. (Biochem. J. **52.** IX—X. Sept. 1952. Cambridge, Univ., School of Biochem.) J. BROSEMANN. 4560

G. Bizard, J. Vanlerenberghe, A. Robelet und **F. Vanlerenberghe-Rotru,** *Oxytoxische Wirkung der Camphersulfonate. Wirkungsvergleich des Piperazins und einiger seiner am Stickstoff benzylierten Derivate. Camphersulfonat des Piperazins* (I) bewirkt am Uterushorn des Meerschweinchens in Konzz. um $^1/_{2000}$ oxytoc. Wirkungen. *Na-Camphersulfonat* $^1/_{1000}$ ist demgegenüber völlig wirkungslos. *Piperazin* (II) allein ist nun für die Wrkg. des I verantwortlich, da $^1/_{3000}$—$^1/_{30000}$ II bereits maximale Kontraktion des Uterus bewirken kann. Dieser Effekt ist durch *3277 R.P., Atropin, Ergotamintartrat* u. *Yohimbin* nicht hemmbar. Eine 1,5fache Wrkg. wie II besitzen *Di-p-aminobenzylpiperazin* u. das *Aminoxyd des Dibenzylpiperazins,* die doppelte Wrkg. haben *Dibenzylpiperazin* u. *Dioxybenzylpiperazin.* Zwischen oxytoc. u. Antihistaminwrkg. besteht keine Korrelation. (C. R. Séances Soc. Biol. Filiales **145.** 1303—05. Sept. 1951.) F. JUNG. 4560

R. Coujard und **C. Champy-Coujard,** *Reaktion des Sympathicus auf die lokale Wirkung eines Hormons.* Die mit Hilfe von *Prolactin* an Taubenkröpfen durchgeführten Verss. zeigen deutlich, daß das Hormon, lokal angewendet, die Zellen des Grenzstranges merklich beeinflußt, daß das Gewebe desselben äußerst plast. ist, u. daß schließlich der Grenzstrang eine wichtige Rolle bei der Aufnahme der Hormone spielt. (C. R. Séances Soc. Biol. Filiales **145.** 1614—15. Nov. 1951.) H. P. FIEDLER. 4560

W. B. Youmans, H. V. Good und **A. F. Hewitt,** *Hemmende Wirkung des Vasopressins auf den Cardioacceleratormechanismus nach Sino-aortaler Denervation.* Nach beidseitiger Excision der Carotissinus u. Druchtrennung der Vagi am oberen Halsmark oder in Nähe der Medulla wurde bis zu 3 Min. nach intravenöser Injektion von *Vasopressin* (I; *Pitressin;* PARKE, DAVIS & CO.; $1^1/_2$ E. in $1^1/_2$ cm^3 0,9%ig. NaCl-Lsg.) deutliche Abnahme der Herzfrequenz erzielt, die jedoch nach Epinephrin (4 cm^3 einer Lsg. 1 : 500000) wieder vorübergehend anstieg. Der Wirkungsort der Acceleratorhemmung durch I wurde nicht ermittelt. (Amer. J. Physiol. **168.** 182—88. 1/1. 1952. Portland, Ore., Univ. of Oregon, Med. School, Dep. of Physiol.) J. BROSEMANN. 4560

Howard C. Goodman, Alvin L. Sellers, Stephen Smith III und **Jessie Marmorston,** *Die endokrine Beeinflussung der Rattenproteinurie: Einfluß des ACTH.* Wird Ratten nach vorheriger intravenöser Injektion von 4 E. *Renin* (I) in 4 ml physiol. NaCl-Lsg. *ACTH* (II) in geeigneten Dosen u. Zeitabständen verabreicht, so wird die durch I hervorgerufene intensive, vorübergehende Proteinurie beträchtlich erhöht. Auch die n. spontane Proteinurie der Ratte wird durch II weniger deutlich, aber trotzdem bemerkenswert erhöht. (Proc. Soc. exp. Biol. Med. **77.** 725—28. Aug. 1951. Los Angeles, Calif., Univ. of South California, School of Med., and Cedars of Lebanon Hosp., Inst. for Med. Res.) H. P. FIEDLER. 4560

V. Donnet, L. Garnier und **S. Maffre,** *Wirkung von Hypophysenhinterlappenextrakten auf die intestinale Wasserresorption.* Entgegen früheren Feststellungen folgern Vff. aus ihren an Hunden durchgeführten Verss., daß Extrakte aus dem Hypophysenhinterlappen die intestinale Wasserresorption steigern. Diese Steigerung setzt unmittelbar nach der intravenösen Injektion ein, beträgt ca. 30% u. dauert ca. 7—8 Minuten. — Wird das Hormon intramuskulär verabreicht, so ist die Steigerung von der gleichen Größenordnung, sie setzt jedoch später ein u. hält länger an. (C. R. Séances Soc. Biol. Filiales **145.** 1698—1700. Nov. 1951.) H. P. FIEDLER. 4560

E. Musso, R. Borth, J. Perrenoud und **R. S. Mach,** *Biologische und klinische Untersuchung eines neuen ACTH-Depot-Präparates.* In dem nach SIMPSON durchgeführten Erhaltungstest durch Best. des Nebennierengewichtes bei hypophysektomierten Ratten ist das *ACTH*-Depot-Präp. (*Cibacthen-Gel*; reinstes ACTH in Gelatine) ca. 4mal wirksamer als das in wss. Lsg. verabreichte Präp. (vgl. SCHULER, C. **1953.** 239, u. MUSSO, C. **1953.** 240). Eine einzige Injektion von 40 I.E. Depot-*ACTH* hatte bzgl. des Abfalls der Eosinophilen im peripheren Blut u. des Anstiegs der 17-Ketosteroide u. der formaldehydogenen Corticosteroide im Urin dieselbe Wrkg. wie 4 Injektionen von insgesamt 40—55 I.E. des gewöhnlichen *ACTH*-Präparates. Das Depot-Präp. (eine einzige Injektion von 20—40 I.E.) erwies sich in vielen Fällen von prim. chron. Polyarthritis, Asthma u. Anorexia nervosa als gut wirksam. Nebenerscheinungen wurden nicht beobachtet. (Schweiz. med. Wschr. **83.** 305—09. 28/3. 1953. Genf, Clin. thérapeutique univ. et Labor. d'Hormonologie de la Maternité.) H. SCHEURLEN. 4560

Ss. M. Leitess und **T. Ss. Jakuschewa,** *Der Einfluß des adrenocorticotropen Hormones der Hypophyse und von Cortison auf Glykämie, Glucosurie und Ketonämie bei experimen-*

tellem Diabetes. Im Hundevers. bewirkten tägliche subcutane Zufuhren von 5—20 mg *ACTH* je 1 kg Körpergewicht oder die intramuskuläre bzw. per os-Zufuhr von 3 mg/kg *Cortison* (I) bei Alloxandiabetes in den meisten Fällen eine Verstärkung der Hyperglykämie u. der Ketonämie. Glucosurie u. Diurese wurden bald verstärkt, bald abgeschwächt. Nach beendeter Zufuhr von ACTH oder I kehrte bei den diabet. Hunden der Blutgeh. an Zucker u. Ketonkörpern nach einigen Tagen zur Norm zurück. Bei Anwendung von ACTH mit prolongierender Wrkg. hielt der erhöhte Zucker- u. Ketonkörperspiegel länger an. Bei den meisten untersuchten diabet. Tieren führte die Zufuhr von ACTH u. I zu keiner Abnahme der Reaktivität gegenüber Insulin. Eine gleichzeitige Zufuhr von ACTH u. Insulin beseitigte den hyperketonäm. u. hyperglykäm. Effekt des ACTH. (Проблемы Эндокринологии и Гормонотерапии [Probleme Endokrinol. Hormontherap.] **1.** Nr. 6. 47—56. Nov./Dez. 1955. Allunions Inst. für exp. Endokrinol., Abt. Pathophysiol.) O. LEBTAG. 4560

F. Coste, F. Laurent und **F. Delbarre,** *Die Eosinophilie bei der nebennierenlosen Ratte und ihre Veränderungen unter dem Einfluß des Stress und verschiedener Steroide.* Außer einer erhöhten Empfindlichkeit gegenüber Stress zeigt die n. Ratte in der Eosinophilie keine Abweichungen gegenüber dem Menschen. Bei der nebennierenlosen Ratte ist die Eosinophilie nach Verminderung kurz nach der Operation konstant. Während die n. Ratte auf Stress mit Eosinophilensturz antwortet, erhöht sich die Eosinophilie bei der nebennierenlosen Ratte teilweise sehr bedeutend, eine Tatsache, die sich allerdings nur bei gleichzeitiger Kastrierung für längere Zeit aufrechterhalten läßt. Bei den nebennierenlosen Tieren brachte die Injektion von *Testosteronpropionat, DOCA, Pregnenolonacetat, Progesteron* Eosinophilenvermehrung, nur *Cortison* allein antwortete auch in diesem Fall mit Sturz der Eosinophilen, u. zwar proportional der verabreichten Dosis, so daß hiermit eine einfache Meth. zur Erfassung der Glucocorticoide bis zu einigen γ hinab zur Verfügung steht. (C. R. Séances Soc. Biol. Filiales **145.** 838—41. Juni 1951.) R. HEINZE. 4561

Ch. Toussaint, *Wirkung von Cortison (17-Oxy-11-Dehydrocorticosteron) auf die Niere und den cardiovasculären Apparat der Ratte.* Das *Cortison* übt unter den gewählten Versuchsbedingungen offensichtlich auf Niere u. Gefäßwandungen der Ratte die gleiche Wrkg. aus wie das *Desoxycorticosteron,* wenngleich die Wrkg. in gewisser Hinsicht etwas verstärkt zu sein scheint. (C. R. Séances Soc. Biol. Filiales **145.** 1427—29. Sept. 1951.) H. P. FIEDLER. 4561

A. M. de Andino jr., J. L. Rivero-Fontan und **K. E. Paschkis,** *Wirkung des oralen und intralienal verabreichten Cortisons.* Normale u. adrenalektomierte ♂ Mäuse erhielten *Cortisonacetat* bzw. *-semisuccinat* (I) intralienal, oral oder subcutan. Nach 14 Std. wurde das Thymusdrüsengewicht kontrolliert. Es konnte festgestellt werden, daß I eine stärkere thymolyt. Wrkg. ausübt, wenn es subcutan u. nicht oral oder intralienal verabreicht wird, wobei es keine Rolle spielt, ob es sich um n. oder um adrenalektomierte Tiere handelt. Geringe I-Mengen, die subcutan verabreicht eine Thymusrückbldg. bewirken, bleiben wirkungslos, sobald sie intralienal oder oral gegeben werden. Damit steht fest, daß die bereits in in vitro-Verss., bes. durch Lebergewebe, festgestellte I-Inaktivierung auch in vivo erfolgt. (Proc. Soc. exp. Biol. Med. **77.** 700—04. Aug. 1951. Philadelphia, Pa., Jefferson Med. Coll., Div. of Endocrine and Cancer Res.) H. P. FIEDLER. 4561

Katharine A. Brownell, Frank A. Hartman und **Tsung Y. Liu,** *Gluconeogene und Lipidwirkung der Nebennierensekretion.* Von Hunden wurde mehrere Std. lang das Blut der linken Nebenniere unter gleichzeitigem Ersatz des Blutverlustes gesammelt, dieses von *Epinephrin* (III) befreit u. dann auf seinen Geh. an *gluconeogenem Hormon* (I) durch Best. der Glykogenablagerung in der Leber adrenalektomierter Mäuse geprüft. Der Geh. des Blutes an *Lipidhormon* (II) wurde durch Best. der Lipidablagerung in den Lebern der Mäuse ermittelt. Die I-Menge zeigte beträchtliche Schwankungen, I-Sekretion war jedoch in allen Fällen nachweisbar, während bei einigen Versuchstieren keine II-Sekretion festgestellt werden konnte. Wird bei dem Versuchstier die Blutzirkulation längere Zeit unterbrochen, so kann in einigen Fällen die I- u. II-Sekretion herabgesetzt werden, wenn die Blutzirkulation wiederhergestellt wird. Die Infusion einer isoton. NaCl-Lsg. setzt die II-Sekretion herab. Wird das Versuchstier mit Fett gefüttert, so wird während dieser Zeit u. kurze Zeit später kein II gebildet. III beeinflußt die I- u. II-Sekretion weder in kleinen, noch in großen Dosen, während *ACTH* nur die II-Sekretion unbeeinflußt läßt, die I-Sekretion dagegen beträchtlich fördert. (Amer. J. Physiol. **167.** 605—16. 1/12. 1951. Columbus, O., Ohio State Univ., Dep. of Physiol.) H. P. FIEDLER. 4561

Mika Hayano, Ralph I. Dorfman und **Edward Y. Yamada,** *Umwandlung von Desoxycorticosteron in Glykogenprodukte durch Nebennierenhomogenate.* Um zu zeigen, daß ein oder mehrere Enzyme der Nebenniere für die katalyt. Einführung des O-Atoms in das

Steroidgerüst am 11. C-Atom verantwortlich zu machen sind, werden Verss. mit *11-Desoxycorticosteronglucosid* u. Rindernebennierenhomogenaten durchgeführt. Es erweisen sich sowohl die Homogenate, die überstehende als auch die Wasch-Fl. der Homogenate als aktiv. Die Rk. hat ihr p_H-Optimum bei 5,9 u. ist O_2-abhängig. *Adenosintriphosphat, Fumarat* u. *Mg-Ionen* fördern die Reaktion. (J. biol. Chemistry **193.** 175—81. Nov. 1951. Cleveland, O., Western Reserve Univ., School of Med., Dep. of Biochem. and Med., and Lakeside Hosp.) H. P. Fiedler. 4561

M. J. H. Smith, *Die Wirkungen von zugesetztem Salicylat und Nebennierenrindenextrakt auf den Glykogengehalt von Leberschnitten in vitro.* Vf. stellt aus der Leber weißer Wistarratten Schnittpräpp. her u. incubiert sie unter aeroben Bedingungen (95% O_2, 5% CO_2) in 2 verschied. Salzlsgg. [(a) 8,0 g NaCl, 1,0 g $NaHCO_3$, 0,1 g KCl u. 0,1 g $CaCl_2$ in 1 Liter W., 90 ml dieser Lsg. gemischt mit 7,0 ml $^1/_{15}$ mol. Na_2HPO_4 u. 3,0 ml $^1/_{15}$ mol. $NaH_2 \cdot PO_4$; (b) 110 g-Atom/Liter K^+, 20 Mg^{2+}, 10 Ca^{2+}, 40 HCO_3^- u. 100 Cl^-; p_H 7,4] 30 bzw. 60 Min. bei 37° mit 0,005 (69 mg/100 ml) bzw. 0,01 u. 0,02 mol. *Salicylat* (**I**), *Nebennierenrindenextrakt* (*Eschatin* **II**; 0,15 ml/ml Substrat), *Cortison* (**III**) u. *Hydrocortison* (**IV**) (30—60 μg/ml). Es wird gefunden, daß **I** in Lsg. b (hohe K^+-Konz.) den *Glykogen* (**V**)-Abbau in der Leber steigert; dagegen auf den **V**-Verbrauch in Lsg. a (hohe Na^+-Konz.) ohne Einfl. ist. **II** ruft im Gegensatz zu **I** eine Verzögerung des **V**-Abbaus hervor, während **III**- u. **IV**- auf den **V**-Geh. keinen Einfl. ausüben. Ggw. von **I** hemmt die **II**-Wrkg. auf **V**. Die Verss. zeigen, daß der Einfl. von **II** in vitro nicht auf dessen Geh. an **III** u. **IV** zurückgeht u. zwischen **I** u. **II** ein Antagonismus besteht, indem **I** die durch **II** hervorgerufene Ablagerung von **V** in der Leber verhindert. (Biochem. J. **59.** 52—55. Jan. 1955. London, King's Coll. Hosp. Med. School, Dep. of Chem. Pathol.) P. Fahrnlaender. 4561

Robert Courrier und **Andrée Colonge,** *Cortison und Schwangerschaft beim Kaninchen.* Trächtigen Kaninchen wird täglich 6—7 Tage lang *Cortison* (**I**)-*Acetat* subcutan injiziert. Die Verss. zeigen, daß **I** in der vorliegenden Form zu einer Unterbrechung der Schwangerschaft führt. Dies wird bes. deutlich, wenn die Injektionen am 15. Tag der Schwangerschaft begonnen werden. (C. R. hebd. Séances Acad. Sci. **232.** 1164—66. 19/3. 1951.) H. P. Fiedler. 4561

Virgil H. Moon und **George A. Tershakovec,** *Einfluß des Cortisons auf akute Entzündungen.* Vff. bestätigen den günstigen Einfl. des *Cortisons* auf Entzündungen u. sehen dafür die resistenzsteigernde Wrkg. durch die corticoiden Hormone an den Capillaren als Ursache an. (Proc. Soc. exp. Biol. Med. **79.** 63—65. Jan. 1952. Coral Gables, Fla., Univ. of Miami, Med. Res. Unit. and Veterans Administrat. Hosp.) J. Brosemann. 4561

J. Winberg und **R. Zetterström,** *Cortisonbehandlung bei Vitamin-D-Intoxikation.* Die günstige Wrkg. der *Cortison*-Behandlung (2 mal 6 Tage lang 20 mg/Tag) auf Allgemeinbefinden u. Mineralstoffwechsel eines Kindes mit *Vitamin-D_2*-Intoxikation bestätigt den in der Literatur mehrfach angegebenen Einfl. von Cortison auf hypercalcäm. Zustände. Die Hypothese einer kompetitiven Substrathemmung kann noch nicht als gesichert angesehen werden. (Acta paediatrica [Uppsala] **45.** 96—101. Jan. 1956. Stockholm, Karolinska Sjukhuset, Pediatric Clinic.) H. Siebert. 4561

Simone Hébert, *Wirkung des Cortisons auf die Nebennierenrinde der mit Amanita vergifteten trächtigen Ratte.* Die völlige Ruhigstellung der Nebennierenrinde, die experimentell durch chron. Vergiftung mit Amanita erreicht wurde u. die Hyperaktivität der Nebennierenrinde, die während der Schwangerschaft bei Ratten beobachtbar ist u. eine von Lipiden fast entblößte Zona fasciculata aufweist, werden beide durch Cortisonverabreichung zur n. Lipoidbldg. zurückgeführt. (C. R. Séances Soc. Biol. Filiales **145.** 819—20. Juni 1951.) R. Heinze. 4561

S. Charles Freed, Meyer Friedman und **Ray H. Rosenman,** *Eine einfache Methode zur Erzeugung einer DCA-Hypertonie bei Ratten.* Wird bei Ratten eine Niere entfernt u. die andere nach der von Grollman (Proc. Soc. exp. Biol. Med. **57.** [1944.] 102) entwickelten Meth. unterbunden, so entwickeln die Tiere nach Verabreichung von *Desoxycorticosteronacetat* eine deutliche u. langanhaltende Hypertonie. (Proc. Soc. exp. Biol. Med. **77.** 732—33. Aug. 1951. San Francisco, Calif., Mount Zion Hosp., Harold Brunn Inst.) H. P. Fiedler. 4561

Robert Schrek, *Biologische Methode zur Bestimmung der Nebennierenrindenhormone durch Zählung der nichtgefärbten Zellen.* Rattenthymuszellen werden mit den zu testenden Nebennierenrindenhormonpräpp. 24 u. 44 Std. bei 37° unter Schütteln incubiert. Durch Zählung der lebenden Zellen nach erfolgter Anfärbung mit einer Lsg. von Safranin in Tyrodelsg. (1:4000) wird die cytocide Wrkg. (1 cytocide E. ist diejenige Wirkstoffmenge, welche 50% der Zellen abtötet) festgestellt. Die cytocide E. lag bei 0,025 γ *17-Oxycorticosteron* u. 0,1 γ *Corticosteron* bzw. *Cortison.* Kleinere Dosen der Wirkstoffe werden erst später wirksam, größere Dosen wirken unmittelbar cytocid. (Proc. Soc. exp. Biol. Med. **77.**

709—13. Aug. 1951. Hines, Ill., Veterans Administrat. Hosp., Tumor Res. Sect., Res. Serv.) H. P. FIEDLER. 4561

J. H. Heller, R. B. Setlow und **E. Mylon,** *Fluorimetrische Studien über Epinephrin und l-Arterenol im Plasma.* 9 ml KOH wurden zunächst mit O_2 gesätt. u. dann mit 1 ml Plasma oder *Epinephrin* (I) bzw. *Arterenol* (II)-Lsg. gemischt. Zur Verwendung gelangten jeweils die synthet. *l*-Verbb. sowie Hundeplasma. Wird Plasma, welches mit W. oder KOH verd. ist, bei 365—436 mμ bestrahlt, so zeigt es eine Fluorescenz um 500—550 mμ, welche der des I u. II in alkal. Lsg. ähnlich ist. Wird jedoch bei 365 bestrahlt, so nimmt die Fluorescenzintensität, bes. bei alkal. Rk., schnell ab, während sie bei Bestrahlung um 436 relativ konstant bleibt bzw. nach Alkalizugabe zunächst sogar ansteigt. Wird I zu Plasma gegeben, so zeigt sich eine ca. 75%ig. Red. der dem I zukommenden Fluorescenz. Dasselbe gilt für II. Wird I oder II mit Plasma incubiert, so bildet sich bei KOH-Zugabe die Fluorescenz schneller u. intensiver aus. Vermutlich hatten sich schon partielle Oxydationsprodd. vorgebildet. (Amer. J. Physiol. **166.** 304—13. 1/8. 1951. New Haven, Conn., Yale Univ., School of Med. and Biophys. Div., Dep. of Int. Med., Dep. of Pathol.) F. JUNG. 4561

F. Ja. Berenstein und **A. I. Edelstein,** *Hyperglykämische und hypertensive Wirkung des Adrenalins bei Einführung in verschiedene Gebiete der Gefäßbahn.* In Verss. mit Hunden, denen an verschied. Stellen *Adrenalin* (I) in die Blutbahn eingeführt wurde, zeigte sich, daß die hyperglykäm. Wrkg. von I nicht immer mit der Blutdrucksteigerung übereinstimmt. Dies beweist, daß die hyperglykäm. u. hypertensive Wrkg. von I von verschied. Receptoren aufgenommen wird. Bei wiederholter I-Injektion in das gleiche Gefäß ist die hyperglykäm. u. hypertensive Wrkg. schwächer als bei einmaliger Zufuhr, auch ist die Dauer der Wrkg. kürzer. (Проблемы Эндокринологии и Гормонотерапии [Probleme Endokrinol. Hormontherap.] **1.** Nr. 6. 72—76. Nov./Dez. 1955. Witebsk, Veterinärinst., Lehrstuhl für Biochem. u. Labor. für Pathophysiol.) O. LEBTAG. 4561

U. S. von Euler und **A. Purkhold,** *Die Wirkung des Durchschnitts sympathetischer Nerven auf den Noradrenalin- und Adrenalingehalt der Milz, Niere und Speicheldrüsen des Schafes.* (Vgl. auch EMMELIN u. MUREN, C. **1956.** 7868.) Vff. beobachten an Schafen nach Durchschnitt der periarteriellen (sympathet.) Nerven, die mit der Milz, Niere, Leber, Parotis u. Submaxillaris in Verbindung stehen, ein Absinken des *Noradrenalin* (I)- u. *Adrenalin* (II)-Geh. in diesen Organen, das bes. augenfällig in der Milz zutage tritt. Hier geht der II-Geh. von 3—4 μg/g auf 0,005—0,08 μg/g, der I-Geh. von 0,14 μg/g auf 0,001 μg/g zurück. Ein geringer Anstieg der I-Menge in Milz u. Niere auf 0,2—0,4 μg/g wird 3—4½ Monate nach der Operation festgestellt infolge teilweiser Regeneration der Nerven. In den meisten Verss. ist die Abnahme des II-Geh. nach dem Nervendurchschnitt geringer als die des I-Geh., womit bewiesen ist, daß II von den chromaffinen Zellen des betreffenden Organs ausgebildet wird. (Acta physiol. scand. **24.** 212—17. 8/12. 1951. Stockholm, Karolinska Inst., Fac. of Med., Physiol. Dep.) P. FAHRNLAENDER. 4561

J. Comsa, *Aktivierung der Schilddrüse junger Meerschweinchen durch Injektion von Urin von thymektomierten Meerschweinchen.* Vf. gibt ♂ Meerschweinchen an 3 aufeinanderfolgenden Tagen eine Injektion von 3, 6 u. 9 cm^3 Urin aus thymektomierten Meerschweinchen. Es wird eine vermehrte Exkretion von *thyreotropem Hormon* aus der Schilddrüse bei den jungen Meerschweinchen beider Geschlechter festgestellt. Die Ergebnisse zeigen, daß die Entfernung der Thymusdrüse (Th) eine Stimulation der Schilddrüse verursacht, die 15—20 Tage nach dem operativen Eingriff ein Maximum erreicht u. dann nach 40 Tagen allmählich wieder abklingt. Es wird angenommen, daß die Entfernung der Th unter Zwischenschaltung der Hypophyse auf die Schilddrüse einwirkt. (C. R. hebd. Séances Acad. Sci. **232.** 1245—47. 19/3. 1951.) P. FAHRNLAENDER. 4562

E. J. W. Barrington und **A. J. Matty,** *Der Einfluß von Thioharnstoff auf die Fortpflanzung bei der Ellritze.* Wurden eine Anzahl Ellritzen (*Phoxinus laevis*) mehrere Monate in einer 0,1%ig. Lsg. von Thioharnstoff bei konstantem Licht u. Temp. gehalten, so zeigten sich zunächst kaum Veränderungen in der Schilddrüse, jedoch am Ende des 2. Behandlungsmonats ließen sich deutliche Anzeichen dafür, daß die Bldg. des Schilddrüsenhormons gehemmt war, finden. Nach 67 Tagen zeigten die Gonaden behandelter Fische teilweise überhaupt keine Spermiogenese oder verzögerte Reifung im Vgl. zu Kontrollen. Bei weiblichen Tieren war der Effekt nicht so eindeutig zu beobachten. Desgleichen war auch die Ausbldg. der sek. Geschlechtsmerkmale bei den Versuchstieren verzögert. Nach diesen Ergebnissen scheint also eine Beziehung zwischen chem. Thyreoidektomie u. Hemmung sexueller Aktivität zu bestehen. (Nature [London] **170.** 105—06. 19/7. 1952. Nottingham, Univ., Dep. of Zool.) D. ITZEROTT. 4562

A. Je. Rabkina, *Der Einfluß von Methylthiouracil und gleichzeitig mit Methylthiouracil eingeführten verschiedenen Mengen von Thyroxin auf die Histostruktur des Zen-*

tralnervensystems. Bei 30 Tage langer täglicher Zufuhr von 30 mg *Methylthiouracil* (I) beobachtet man bei 45—60 g schweren Ratten im Zentralnervensyst. neben n. Nervenzellen solche mit vacuolisiertem Protoplasma u. mit einem chromatinarmen Kern. Bei einigen Nervenzellen verschwinden die Grenzen; der Zellinhalt bildet eine staubförmige M. mit kaum feststellbarem Kern. Die durch I bewirkten Veränderungen werden fast völlig verhindert, wenn gleichzeitig mit I 2 γ *Thyroxin* (II) zugeführt werden. Werden 4 γ II gleichzeitig mit I gegeben, so werden die Nervenzellen hyperchrom, die Kerne schwer erkennbar. (Проблемы Эндокринологии и Гормонотерапии [Probleme Endokrinol. Hormontherap.] **1.** Nr. 6. 16—24. Nov./Dez. 1955. Allunions Inst. für exp. Endokrinol., Abt. Morphologie.) O. LEBTAG. 4562

M. Maqsood, *Thyroxin bei männlicher Infertilität.* Auf Grund von Unterss. an 9 männlichen, als unfruchtbar erkannten Kaninchen wirken mittlere Dosen *Thyroxin* (I) günstig auf Libido, Samenbeschaffenheit u. Spermiogenese. Junge Tiere reagieren auf I-Behandlung besser als alte. Selbst bei der jahreszeitlich bedingten Abnahme der Fruchtbarkeit außerhalb der Brunstzeit wirkt I positiv. (Nature [London] **168.** 466—67. 15/9. 1951.) H. GOHR. 4562

H. Kaneko und **M. Tanaka,** *Über den Einfluß der Schilddrüsenfunktion auf die Blutzuckertoleranzkurve.* Kaninchen mit erhöhter Schilddrüsenfunktion (experimentell durch Verabreichung von Schilddrüsenpulver hervorgerufen) zeigten nach 3 Wochen erniedrigte Zuckertoleranz, Toleranzkurven vom diabet. Typ u. erhöhten Nüchternzuckerspiegel. Die Zuckerresorption sowie Glykogenolyse u. Glucoseneogenese in der Leber waren gesteigert. Bei herabgesetzter Schilddrüsenfunktion (Methylthiouracil) bestand eine flachere Zuckertoleranzkurve, Zuckerbelastung hatte geringen Einfl., u. die Zuckerresorption war herabgesetzt. (Tokyo Jikeikai med. J. **69.** 627—31. 1/10. 1954. [Orig. japan.]) L. SCHULER. 4562

William C. Stadie, Niels Haugaard und **Martha Vaughan,** *Studien über Insulinbindung mittels isotopenmarkiertem Insulin.* (Vgl. HILLS, C. **1952.** 7205.) Wird Rattenzwerchfell (auch andere Gewebe sind geeignet) kurze Zeit (10—30 Sek.) in einer Insulin (I)-Lsg. incubiert, so wird I im Gewebe durch chem. Bindung fixiert u. läßt sich auch durch intensives Waschen nicht mehr ohne weiteres entfernen. Die Bedingungen (Bindefestigkeit, der Einfl. von I-Konz., Temp., p_H, Incubationszeit sowie Art u. Menge des Waschmittels) dieser Rk. werden mit Hilfe von I-^{35}S-Sulfat (II) bzw. ^{131}J-I (III) näher untersucht. II wurde durch Verestern (sämtlicher Serin- u. Threonin–Hydroxylgruppen) mittels konz. H_2SO_4, enthaltend 50 mC $H_2{}^{35}SO_4$/5 mg I bei —30° erhalten, III durch Jodieren mit 10 mC ^{131}J/5 mg I bei 0° oder Raumtemperatur. II u. III sind biol. voll aktiv. II wurde als $Ba^{35}SO_4$ aus Gewebe oder Lsg. nach Säure- oder Alkalihydrolyse des Schwefelsäureesters, III aus dem Trockenrückstand nach Alkalihydrolyse durch Messung der Radioaktivität bestimmt. Für die Ergebnisse ist es gleichgültig, ob mit II oder III gearbeitet wird, die erhaltenen Kurven decken sich gut. Die Schwierigkeiten u. Unsicherheiten bei der Verwendung von radioakt. markiertem I werden diskutiert. (J. biol. Chemistry **199.** 729—39. Dez. 1952. Philadelphia, Pa., Univ. of Pennsylvania, John Herr Musser Dep. of Med. Res.) H. BOSER. 4564

Auguste Loubatières und **Pierre Bouyard,** *Beitrag zum Studium des Wirkungsmechanismus des Alloxans im menschlichen und tierischen Organismus.* Vff. nehmen an, daß die im Körper vorhandenen natürlichen *Alloxan* (I)-Mengen an der Bldg. des Diabetes beteiligt sein können. Verss. an weißen Ratten, Kaninchen, Hund u. Mensch zeigen, daß n. 0,25—0,5 mg I/Liter Blut anwesend sind, u. daß I durch orale Gabe von 50% Glucose (II)-Lsg. (2 g/kg) in der seit 48 Std. fastenden Ratte den I-Geh. des Blutes auf 9 bis 12 mg/Liter erhöht. Intraperitoneale oder venöse Verabreichungen sind dabei weit weniger wirksam. Vff. schließen daraus, daß der Darm eine bedeutende Rolle spielt. Direkte Injektion von II in das Duodenum des fastenden Hundes steigert die I-Ämie in der Pfortader mehr als in der Arteria mesenterica. Die isolierte Duodenalschlinge des Kaninchens erzeugt I, sobald sie II resorbiert. Die Leber scheint einen Teil des erzeugten I zurückzuhalten. (C. R. hebd. Séances Acad. Sci. **232.** 257—58. 15/1. 1951.) R. GRAU. 4564

D. Je. Rywkina, *Die Wirkung von Histamin auf den Phosphorumsatz der peripheren Nerven.* Im Kaninchenvers. wurde nach subcutaner Zufuhr von 2,0—2,5 mg/kg *Histamindichlorid* (I) u. anschließender (nach 15 Min.) subcutaner Zufuhr von $Na_2H^{32}PO_4$ (II; 25 μC/kg Körpergewicht) im Blut des getöteten Tieres die Aktivität des *Orthophosphates* (III) u. des *säurelösl. P*, im peripheren Nerv die spezif. Aktivität von III, säurelösl.-, *Lipoid-*, *Nucleoproteid-* u. *Phosphoprotein-P* bestimmt. ^{32}P drang nur langsam aus dem Blut in die hochmol. P-Verbb. des peripheren Nervs ein. Durch I wurde dieser Prozeß beschleunigt. In den Frühstadien wurde der Einbau des innercellulären III des Nervs in die niedrigmol. P-Verbb. durch I beschleunigt, während die hochmol. Fraktionen unbeeinflußt blieben. In den späteren Stadien stellte sich ein Gleichgewicht ein, das von **I** nicht beeinflußt wurde. **I** zeigte in vitro eine stimulierende Wrkg. auf die O_2-Aufnahme durch die peripheren Nerven u. auf den ^{32}P-Einbau in **III** u. in die Phosphoproteine. Die direkte Einw. von **I** auf den P-Umsatz in der Hirnrinde war nur schwach. Wurde nach subcutaner Zufuhr von **II** allein (Kontrolle) oder von **II** u. **I** anschließend der Ischiasnerv 60 Min. lang gereizt, so bewirkte die **I**-Zufuhr bei gleichem Müdigkeitsgrad eine Verminderung der Radioaktivität in den Nerven u. in den Muskeln. (Биохимия [Biochemie] **20.** 649—56. Nov./Dez. 1955. Moskau, Ssewertzow-Inst. für Tiermorphol. der Akad. der Wiss. der UdSSR.) O. LEBTAG. 4569

H. Ellis, C. Wilson und **Audrey Muirhead,** *Der Nachweis einer Pitressin-ähnlichen Substanz in der Gewebeflüssigkeit bei Nephrose.* In Plasma, Ascites u. Harn dreier Nephrosepatienten wurde eine blutdrucksteigernde Aktivität nachgewiesen. Vff. versuchen ihre Identität mit *Pitressin* (**I**) zu klären. Die Substanz hat den gleichen R_F-Wert, gleiche Wanderungsrichtung u. p_H-Optimum im elektr. Feld wie **I**. Sie wird ebenso durch Thioglykolat inaktiviert. Mit dem sogenannten Nephrosepeptid hat sie den R_F-Wert gemeinsam, dieses tritt jedoch auch ohne pressor. Eigg. auf. Acetonfällung zeigt, daß die blutdrucksteigernde Eig. in 2 Formen auftritt (im gelösten Anteil u. im Nd.), die entweder verschied. Mol.-Gew. oder verschied. Affinität haben. (Acta paediatrica [Uppsala] **45.** 77—84. Jan. 1956. Yorkhill, Glasgow, Royal Hospital for Sick Children.) H. SIEBERT. 4569

C. Hauenschild, *Hormonale Hemmung der Geschlechtsreife und Metamorphose bei dem Polychaeten Platynereis Dumerilii.* Vf. zeigte bei Durchschneidungsverss. an *Platynereis Dumerilii*, daß in beiden Geschlechtern im Kopf des unreifen Tieres ein Wirkstoff produziert wird, welcher die Entw. bzw. Reifung der Keimzellen u. die damit gekoppelte Metamorphose hemmt. Nach Durchschneidung setzt im kopflosen Hinterende vorzeitige Reifung u. Metamorphose ein, während das Kopfstück unverändert bleibt. Durch Implantation eines isolierten Kopfes ins Coelom lassen sich diese Entwicklungsvorgänge vollständig oder teilweise unterdrücken. Vf. diskutiert ferner einen Zusammenhang zwischen Photoperiodizität der Metamorphose u. Hemmstoffsekretion. (Z. Naturforsch. **11 b.** 125—32. März 1956. Tübingen, Max-Planck-Inst. für Biol. [Abt. Hartmann].) H. REMBOLD. 4569

Arthur B. Pardee und **Robert H. Blaker,** *Die Größe und Form der Blutgruppen-A-Substanz.* Nach den Ergebnissen der refraktometr. Unters. sowie der Best. der Diffusionskonstanten, der Viscosität u. des osmot. Druckes haben die Moll. einer aus Schweinemagenmucin gewonnenen A-Substanz ein Mol.-Gew. von 1 Million u. besitzen eine asymm. Struktur. (Proc. Soc. exp. Biol. Med. **78.** 589—90. Nov. 1951.) E. FISCHOEDER. 4572

Roger Vendrely und **Colette Vendrely,** *Vergleich des Gehaltes der Erythrocytenkerne an Arginin und Thymonucleinsäure bei einigen Fischarten.* Bei mehreren Fischarten ist das Verhältnis Thymonucleinsäure zu Arginin für den Erythrocytenkern gleich, trotz bedeutender Schwankungen des Geh. an Thymonucleinsäure. (C. R. hebd. Séances Acad. Sci. **235.** 395—97. 4/8. 1952.) E. W. HAAS. 4573

N. W. Putschkow, *Die Bedeutung der glykogenolytischen Prozesse bei der phagocytären Tätigkeit der Blutleukocyten.* Untersucht wird der Einfl. von 10^{-3}, 10^{-2} u. $5 \cdot 10^{-3}$ mol. *KCN* (**I**), 10^{-3} u. 10^{-4} mol. *Monojodacetat* (**II**), 10^{-3} u 10^{-4} mol. K_3AsO_3 (**III**) u. 10^{-2}, 10^{-3} u. $2 \cdot 10^{-3}$ mol. *Phloridzin* (**IV**) auf die phagocytäre Tätigkeit der Leukocyten des Frosches. Während selbst 0,01 mol. **IV** die Phagocytose nicht unterdrückt, beobachtet man bei 10^{-3} mol. **II** eine starke, bei 10^{-3} mol. **III** u. $2 \cdot 10^{-3}$ mol. **IV** eine völlige Unterdrückung der Phagocytose. $2{,}5 10^{-3}$ mol. **I** hemmt zwar stark, jedoch nicht vollständig die Atmung der Leukocyten. Die Bldg. von Milchsäure durch die Leukocyten wird durch 10^{-3} mol. **II** u. **III** stark, durch $3{,}2 \cdot 10^{-3}$ mol. **IV** völlig unterdrückt. $5 \cdot 10^{-3}$ mol. **I** ist hierauf ohne Einfl. oder erhöht sie sogar. Die amöboide Beweglichkeit der Leukocyten wird durch **I** nicht gestört, durch **II** u. **III** völlig unterdrückt. $2 \cdot 10^{-3}$ mol. **IV**, das die Phagocytose völlig unterdrückt, ist von nur geringem Einfl. auf die amöboide Beweglichkeit. Diese verschwindet mit **IV** nur dann, wenn die Oxydationsprozesse unterdrückt werden. Aus den Ergebnissen ist zu schließen, daß die Energie für die Phagocytose in der Hauptsache von den bei der Glykogenolyse verlaufenden anaeroben Prozessen stammt, während die amöboiden Bewegungen auch auf Kosten jener Energie erfolgen können, die bei Oxydationsprozessen frei wird. (Биохимия [Biochemie] **20.** 709—13. Nov./Dez. 1955. Moskau, Techn. Mikojan-Inst. für Fischind. u. Fischwirtsch., Lehrstuhl für Tierphysiol.) O. LEBTAG. 4573

Robert F. Schilling, *Vergebliche Versuche zur Erzeugung einer Polycythämie bei Mensch, Hund und Kaninchen durch tägliche Gabe von Ephedrinsulfat.* Tägliche Gabe von 50 mg *Ephedrinsulfat* an Kaninchen (subcutan) u. einen Hund (oral), sowie zwei Menschen führte zu keiner Rk. des Blutbildes. Ebensowenig war tägliche Einnahme von *d-Amphetamin* wirksam. (Amer. J. Physiol. **167.** 59—62. 1/10. 1951. Boston, Mass., Harvard Med. School, Dep. of Med., Thorndike Mem. Labor.; Boston City Hosp., Second and Fourth Med. Serv.) F. JUNG. 4573

R. J. Garner und **R. Roberts,** *Der Einfluß der vorhergehenden Kost auf den Blutzuckerspiegel und den Glucoseverbrauch während der Hungerperiode bei der Ratte und dem Hamster.* Vff. geben Ratten u. Hamstern 3 Monate lang ein Futter mit hohem Kohlenhydrat. (a) [56—57% *Stärke* (I), 9—10% *Fett* (II), 23% *Casein* (III)], hohem Fett, (b) [56% (II), 10% (I), 23% III] bzw. hohem Eiweißgeh. (c) [70% III, 10% I, 9% II] u. setzen sie anschließend einer Hungerperiode (bis zu 48 Std.) aus. Es wird festgestellt, daß nach 17std. Hungerzeit die Blutzuckergehh. bei Gruppe b niedriger liegen als bei Gruppe a. Ferner zeigte die Gruppe b nach intravenöser Injektion von 25%ig. *Glucose* (IV)-Lsg. (0,3 g/kg Körpergewicht) eine verminderte IV-Toleranz. Fütterung mit b oder c erniedrigt außerdem die IV-Aufnahme u. *Glykogen*-Synth. im isolierten Rattendiaphragma u. vermindert bei Ratten u. Hamstern die Wirksamkeit der *Hexokinase* in Nierenbreihomogenaten. (Biochem. J. **59.** 224—28. Febr. 1955. Liverpool, Univ., Dep. of Biochem.) P. FAHRNLAENDER. 4574

P. A. Charlwood, *Sedimentation und Diffusion menschlicher Albumine.* 1. Mitt. *Normale menschliche Albumine bei niedrigen Konzentrationen.* Vf. isolierte durch Elektrophorese nach TISELIUS die Albuminfraktionen einer Anzahl n. menschlicher Seren. Die Sedimentationskonstante $S_{20,w}$ von Albuminfraktionen bei einer Konz. von 0,2—0,3% wurde im Durchschnitt zu 4,28 bestimmt. Die Abweichungen gegenüber Werten anderer Autoren werden diskutiert. Diffusionsmessungen im GOUY-Diffusiometer ergaben geringe, aber statist. signifikante Unterschiede zwischen den einzelnen Präpp.; im Mittel wurde gefunden: $D_{20,w} = 6{,}32$. Unter Annahme eines spezif. Partialvolumens von 0,733 ergibt sich aus den Daten ein Mol.-Gew. von 61500. (Biochem. J. **51.** 113—18. April 1952. London, Middlesex Hosp., Med. School, Courtauld Inst. of Biochem.) E. SCHWERDTFEGER. 4574

A. Solé, *Serumcholesterin bei Masern.* Im Anschluß an frühere Beobachtungen über einen terminalen *Cholesterin*-Sturz bei schwersten Erkrankungen wurden die Serum-Cholesterin-Werte bei 14 Krankheiten untersucht. Erhebliche Senkungen von ca. 25% wurden nur bei den Masernkindern gefunden, hier aber bei allen. Sie gleichen sich nach Abklingen des Exanthems aus. Die Parallele zur Remission der Lipoidnephrose durch Masern legt den Gedanken an einen gemeinsamen Entstehungsmechanismus nahe. (Arch. Kinderheilkunde **152.** 127—35. 1956. Wien, Karolinenhospital.) H. SIEBERT. 4574

E. A. Caspary, *Studien über die Acetylierung von menschlichem Fibrinogen.* Nach KECKWICK dargestelltes *Fibrinogen* (I) wurde in Boratpuffer (p_H 8,5—9,6) durch Schütteln mit einem geringen Überschuß von N.S-Diacetylthioäthanolamin (24 Std. bei 18°) unter O_2 acetyliert. Die Gerinnungsfähigkeit von I nahm mit zunehmender Acetylierung ab u. verschwand, wenn 35% der freien Aminogruppen acetyliert waren. Die elektrophoret. Beweglichkeit in Phosphatpuffer (p_H 8, $I = 0$) nahm mit der Acetylierung zu. Acetyliertes I hemmt die Rk. zwischen *Thrombin* (II) u. I. Trotzdem Acetyl-I mit II kein Gerinnsel bildete, trat Peptidabspaltung u. Bldg. lösl. Polypeptide ein. (Biochem. J. **62.** 507—12. März 1956. London, Lister Inst. of Preventive Med.) H. CARLS. 4574

Peter R. Morrison und **Arthur Seiler,** *Einfluß verschiedener physikalischer Bedingungen auf die Adhäsion von aus Fibrinogen und Thrombin gebildeten Gerinnseln.* Beschreibung zweier Verff. u. App. (Abb.) zur quantitativen Best. der Adhäsion von Gerinnseln aus Fibrinogen u. Thrombin an verschied. nicht biol. Oberflächen (aus Metallen, Glas u. Kunststoffen). Änderung der Fibrinogenkonz. auf das 200fache ergab nur eine 5fache, Zunahme der Thrombinkonz. auf das 100fache nur eine 2fache Zunahme der Adhäsion. Änderungen im verfügbaren Gerinnungs-p_H-Bereich (6,0—8,5) u. Ionenstärke (0,10—0,90) zeigten breite Optima in der Nähe der physiolog. Bedingungen (p_H 6,5—7,0, Ionenstärke 0,15—0,30). Sie waren etwa um das 2fache höher als die niedrigsten Werte. Die beobachtete Größe der Adhäsionskraft scheint mit einer hämostat. Funktion vergleichbar zu sein. Die auffällige Unempfindlichkeit gegenüber einer Änderung der physikal. Bedingungen könnte zur Verhinderung irgendeiner Schwächung dieser Funktion da sein. (Amer. J. Physiol. **168.** 421—29. 1/2. 1952. Madison, Wis., Univ., Dep. Physiol. and Zoology.) D. ITZEROTT. 4574

J. C. F. Poole und **D. S. Robinson,** *Ein Vergleich der Wirkungen von einigen Phosphatiden und von Chylomikra auf die Plasmagerinnung in Gegenwart von Russell's Schlangengift. Äthanolaminphosphatid* (I; 1 mg/ml) u. weitgehend von wasserlösl. Lymphbestandteilen befreite Ratten-Chylomikra beschleunigen in Ggw. von RUSSELLs Schlangengift die Plasmagerinnung. Serin- u. Inositphosphatid sind wirkungslos. Eilecithin ist weniger wirksam als I. Es wird angenommen, daß die koagulationsbeschleunigende Wrkg. von Chylomikra auf ihrem Geh. an I beruht. (Quart. J. exp. Physiol. cognate med. Sci. **41.** 31—35. Jan. 1956.) H. Carls. 4574

D. S. Robinson und **J. C. F. Poole,** *Gleiche Wirkung von Chylomikra und Äthanolaminphosphatid auf die Thrombinbildung während der Koagulation.* (Vgl. vorst. Ref.) Die Zugabe von Ratten-Chylomikra, die weitgehend von wasserlösl. Lymphbestandteilen befreit war, zu durch Ultrazentrifugieren (23000 g, 1 Std.) vom Fett befreiten Plasma erhöhte die im Thrombinbildungstest („Thrombin generation test") nach MacFarlane u. Biggs (J. clin. Path. **6.** [1953.] 3) gebildete *Thrombin*-Menge beträchtlich. Durch Papierelektrophorese u. Papierchromatographie wurde in Säurehydrolysaten (6nHCl, 12 Std. Kochen) von entfettetem, proteinfreiem Chylomikron eine äthanolamin-, cholin- u. serinähnliche Substanz nachgewiesen. *Äthanolaminphosphatid* scheint der im Gerinnungstest wirksame Bestandteil von Chilomikra zu sein. (Quart. J. exp. Physiol. cognate med. Sci. **41.** 36—50. Jan. 1956. Oxford, Univ., W.-Dunn-School of Pathol.)

H. Carls. 4574

Sidney Shulman, *Die Umwandlung von Fibrinogen in Fibrin.* 4. Mitt. *Die reversible Hemmung der Reaktion.* (3. vgl. C. **1952.** 7207.) Unter einheitlichen Bedingungen (5 g Fibrinogen/Liter, 1 E. Thrombin/ml, p_H 6,20, Ionenstärke 0,45, Temp. 25°) wurde die gerinnungshemmende Wrkg. einer Reihe von Verbb. untersucht. Die Hemmung konnte durch Dialyse aufgehoben werden — ein Beweis, daß die Hemmstoffe keine dauernde Veränderung an einem der beiden Proteine hervorriefen. Als Inhibitoren bezeichnet Vf. solche Verbb., die in vergleichsweise geringer Konz. die Gerinnung für 24 Std. verhindern, da an diesem Punkt eine geringe Konzentrationserhöhung zur völligen Gerinnungsverhinderung führt. — Die untersuchten Verbb. waren: **A** neutrale Alkohole, **B** neutrale Amide, **C** neutrale dipolare Ionen, **D** Kationen u. **E** Anionen. **A** Inhibitoren: *Tetramethylen-* 0,90—1,01 (minimale hemmende Konz. in Mol/Liter), *Pentamethylen-* 0,43—0,48, *Hexamethylen-* 0,31—0,33, *Heptamethylenglykol* 0,24—0,28, *β-Dithiodiglykol* 0,26—0,35, *Thiodiglykol* 0,41—0,45, *2-Methylpentandiol-(1.3)* 0,64—0,70, *Hexandiol-(2.4)* 0,68—0,73, *Tetrahydrofurfurylalkohol* 0,38—0,50, *Cyclohexandiol-(1.2)* 0,21—0,43 u. *Cyclohexandiol-(1.4)* 0,45—0,52. — Nichtinhibitoren: *Trimethylenglykol* 0,80 (maximale geprüfte Konz. in Mol/Liter); 2,8 (Verlängerungsfaktor für die Gerinnungszeit), *Äthylenglykol* 3,14; 4,3; *Diäthylenglykol* 1,84; 6,2, *Oktamethylenglykol* 0,095; 10,9, *Nonamethylenglykol* 0,049; 1,5, *Butandiol-(1.3)* 0,43; 11,8, *Pentandiol-(2.4)* 1,88; 30,4, *2-Methylpentandiol-(2.4)* 0,30; 13,2, *Pinacol* 0,44; 20,6, *Propylenglykol* 0,66; 2,4, *Glycerin* 2,16; 2,6, *Mannit* 0,44; 1,8, *Cyclohexanol* 0,19; 11,2, *Furfurylalkohol* 0,46; 65, *Äthanol* 1,09; 2,0, *n-Propanol* 0,83; 9,8, *n-Butanol* 0,53; 15,6. — **B** Inhibitoren: *Harnstoff* 0,36—0,42 (minimale hemmende Konz. in Mol/Liter), *Methyl-* 0,42—0,56, *1.3-Dimethylharnstoff* 0,39—0,43, *Thioharnstoff* 0,32 bis 0,37, *Semicarbazid* 0,26—0,43, *Urethan* 0,57—0,64, *Formamid* 1,01—1,35, *Dimethylformamid* 0,54—0,72, *Acetamid* 0,83—1,00, *N-Methyl-*0,59—1,18 u. *N.N-Dimethylacetamid* 0,49—0,98. — Nichtinhibitoren: *Biuret* 0,14 (maximale geprüfte Konz. in Mol/Liter); 25,4 (Verlängerungsfaktor für die Gerinnungszeit), *Phenylharnstoff* 0,064; 7,3, *tert.-Butylharnstoff* 0,077; 2,4, *symm.-Diäthylthioharnstoff* 0,078; 8,7, *Thiosemicarbazid* 0,15; 8,7. — **C** Inhibitoren: *Cystein* 0,34—0,42 (minimale hemmende Konz. in Mol/Liter). — Nichtinhibitoren: *Glycin* 0,720 (maximale geprüfte Konz. in Mol/Liter); 0,22 (Verlängerungsfaktor für die Gerinnungszeit), *Taurin* 1,271; 1,3. — **D** Inhibitoren: [Diese Verss. wurden — bedingt durch die Versuchsführung — bei geänderter Ionenstärke (a) durchgeführt.] H^+ a 0,45; $2 \cdot 10^{-5}$ (minimale hemmende Konz. in Mol/Liter), *Guanidin* a 0,45; 0,12—0,16 — a 0,49—0,50; 0,08—0,12, *Arginin* a 0,45; 0,14—0,16 — a 0,54—0,59; 0,09—0,14, *Histamin* a 0,51—0,53; 0,14—0,20 — a 0,71—0,80; 0,11—0,15, *Imidazol* a 0,45; 0,31—0,36, *n-Butylamin* a 0,63—0,81; 0,36—0,72, *Äthanolamin* a 0,65—0,67; 0,40—0,45, *Diäthanolamin* a 0,63—0,65; 0,36—0,40, *Triäthanolamin* a 0,68—0,70; 0,45—0,50, *Hydroxylamin* a 0,95—1,38; 0,50—0,83. — Nichtinhibitoren: *Histidin* a 0,50; 0,41 (maximale geprüfte Konz. in Mol/Liter); 1,5 (Verlängerungsfaktor für die Gerinnungszeit), *Methylamin* a 0,45; 0,36; 2,7 — a 0,81; 0,72; 18,6, *Diäthylamin* a 0,45, 0,36; 2,4 — a 0,81; 0,72; 118, *Lysin* a 0,45; 0,38; 3,6 — a 0,83; 0,76; 21,8. — **E** Inhibitoren OH^- a 0,45; $1 \cdot 10^{-4}$ (minimale hemmende Konz. in Mol/Liter), *Na-Ascorbinat* a 0,89 bis 0,90; 0,44—0,45, *Na-Benzolsulfonat* a 0,45; 0,33—0,36 — a 0,64—0,67; 0,19—0,22, *Na-Benzolsulfinat* a 0,45; 0,36—0,38 — a 0,70—0,73; 0,25—0,28, *Na-p-Phenolsulfonat* a 0,45, 0,16—0,20 — a 0,59—0,62; 0,14—0,17, *Na-p-Toluolsulfonat* a 0,45; 0,14—0,18 — a 0,61 bis 0,64; 0,16—0,19, *Na-m-Xylolsulfonat* a 0,45; 0,18—0,22 — a 0,62—0,64; 0,17 bis 0,19, Na-p-Xylolsulfonat a 0,45; 0,18—0,22 — a 0,62—0,64; 0,17—0,19, *Na-Tetrathionat* a 0,45; 0,12—0,14, *Na-Thiocyanat* a 0,45; 0,24—0,32 — a 0,71—0,78; 0,26 bis 0,33, *Na-Sulfit* a 0,98—1,51; 0,19—0,38. — Nichtinhibitoren: *Na-m-Benzoldisulfonat* a 0,61; 0,16 (maximale geprüfte Konz. in Mol/Liter); 7,1 (Verlängerungsfaktor für die Gerinnungszeit) — a 0,77; 0,32; 3,7, *Na-o-Xyloldisulfonat* a 0,45; 0,22; 96, *Na-Isopropylsulfonat* a 1,02; 0,57; 5,1, *Na-Salicylat* a 0,45; 0,18; 70, *Na-Thiosulfat* a 0,89; 0,23; 11,7 — a 1,11; 0,35; 5,8, *Na-Sulfat* a 0,45; 0,030; 0,75 — a 0,45; 0,060; 0,55 — a 0,45; 0,090; 0,46 — a 0,45; 0,120; 0,40 — a 1,14; 0,23; 0,45 — a 1,37; 0,31; 0,29 — a 1,60; 0,38; 0,14. (Arch. Biochemistry **30.** 353—71. Febr. 1951. Madison, Wis., Univ. of Wisconsin, Dep. of Chem.) P. LOCH. 4574

Sidney Shulman, William C. Herwig und **John D. Ferry,** *Die Umwandlung von Fibrinogen in Fibrin.* 5. Mitt. *Ionenstärke und Thrombinkonzentration auf die Wirksamkeit bestimmter reversibler Inhibitoren.* (4. vgl. vorst. Ref.) Der Einfl. der Ionenstärke auf die Wirksamkeit von Gerinnungsinhibitoren wurde für die Verbb. *Penta-* u. *Hexamethylenglykol, Harnstoff* u. *Guanidinhydrochlorid* geprüft, indem die minimale Konz. an Inhibitor ermittelt wurde, die bei der betreffenden Ionenstärke (0,15—0,75) die Gerinnung für 24 Std. verhindert. Es zeigte sich, daß die Minimalkonz. mit steigender Ionenstärke abnahm. Dies wird durch verstärkte Bindung (VAN DER WAALS' Kräfte) des Inhibitors an Fibrinogen zurückgeführt. Diese Annahme wird durch weitere Verss. gestützt, die zeigen, daß eine Erhöhung der Thrombinkonz. eine vergleichsweise nur geringe Erhöhung der Inhibitorkonz. notwendig macht. (Arch. Biochem. Biophysics **32.** 354—58. Juli 1951.) J. JÜRGENS. 4574

Joseph F. Foster, Edward G. Samsa, Sidney Shulman und **John D. Ferry,** *Die Umwandlung von Fibrinogen in Fibrin.* 6. Mitt. *Untersuchungen mittels Strömungsdoppelbrechung an Gerinnungssystemen bei Hemmung durch Hexamethylenglykol.* (5. vgl. vorst. Ref.) Die Messungen wurden an Fibrinogen–Thrombin-Gemischen in Ggw. von 0,5 mol. *Hexamethylenglykol* (vgl. 3. Mitt.) u. bei verschied. Verdünnungen mit Glycerin (20 u. 40%ig.) durchgeführt. Die Abhängigkeit des Extinktionswinkels vom Geschwindigkeitsgradienten beweist das Auftreten von *Fibrinogen*-Aggregaten mit einer durchschnittlichen Länge von 4000 Å (3000—6000 Å). Sie bestehen aus 8 hintereinander gelagerten Fibrinogenmolekülen. Bei Verdünnung bis zu 1 g/Liter findet keine Dissoziation statt, was auch durch die Abhängigkeit der Phasendifferenz von Konz. u. Geschwindigkeitsgradient bewiesen wird. (Arch. Biochem. Biophysics **34.** 417—23. Dez. 1951.) J. JÜRGENS. 4574

John D. Ferry, Meredith Miller und **Sidney Shulman,** *Die Umwandlung von Fibrinogen in Fibrin.* 7. Mitt. *Steifigkeit und Spannungsrelaxation von geronnenem Fibrin; der Einfluß von Calcium.* (6. vgl. vorst. Ref.) Die mit der Meth. der Wellenfortpflanzung ($\lambda < 98$ cm) gemessene dynam. Steifigkeit von geronnenem Rinderfibrin ohne Ca-Zusatz fällt (reversibel) mit steigender Temp. (5—30°). Zusatz von Ca hat geringe Steifigkeitserhöhung zur Folge u. verringert den Temperatureinfluß. Die dynam. u. stat. Steifigkeit stimmen bei Ggw. von Ca überein. Die Relaxationsgeschwindigkeit bei Ggw. von Ca ist außerordentlich klein. Ohne Ca-Zusatz steigt die Relaxationszeit mit Temperaturerhöhung steil an. — Die Verss. zeigen, daß im Ca-freien Gel das Netzwerk durch schwache, sich leicht wieder ordnende Assoziate gebildet wird. Bei Ggw. von Ca zeigen die Strangbindungen einen dauerhaften Charakter. (Arch. Biochem. Biophysics **34.** 424—35. Dez. 1951 Madison, Wis., Univ. of Wisconsin, Dep. Chem.) J. JÜRGENS. 4574

Paul Ehrlich, Sidney Shulman und **John D. Ferry,** *Die Umwandlung von Fibrinogen in Fibrin.* 8. Mitt. *Sedimentations- und Viscositätsuntersuchungen an durch Harnstoff gehemmten Gerinnungssystemen sowie an Lösungen von Fibrin in Harnstoff.* (7. vgl. vorst. Ref.) Die Sedimentationskonstante u. Viscosität einer Lsg. von *Fibrinogen* (**I**) werden in Ggw. von 3,5 mol. *Harnstoff* (**II**) (p_H 6,3, u = 0,15) nicht verändert. **II**-Lsgg. von *Fibrin* (**III**) zeigen unter sonst gleichen Bedingungen ähnliche Sedimentations- u. Viscositätskonstanten, d. h. in Ggw. von 3,5 mol. **II** wird **III** völlig zu **I**-Moll. depolymerisiert. In Anwesenheit von 1,0 mol. **II** bei p_H 6,3 oder von 2,35 mol. **II** bei p_H 7,5 führt der Zusatz von *Thrombin* zu **I**-Lsgg. nicht zur **III**-Bldg., sondern die Rk. bleibt auf einer Zwischenstufe stehen, so daß ein intermediäres **I**-Polymeres entsteht. Es besitzt etwa die 10fache Länge eines **I**-Moleküls. Das gleiche Prod. bildet sich auch auf umgekehrtem Wege, wenn eine 3,5 mol. **II** enthaltende Lsg. des **III** auf eine **II**-Konz. von 2,35 mol. verd. wird. (J. Amer. chem. Soc. **74.** 2258—65. 5/5. 1952. Madison, Wis., Univ. of Wisconsin, Dep. of Chem.) W. SCHELER. 4574

John D. Ferry, Sidney Shulman und **Joseph F. Foster,** *Die Umwandlung von Fibrinogen in Fibrin.* 9. Mitt. *Weitere Strömungsdoppelbrechungsstudien an gehemmten Gerinnungssystemen.* (8. vgl. vorst. Ref.) An Lsgg., die 4 g/Liter *Rinderfibrinogen,* 1 E./ml *Thrombin* u. 0,5 mol. *Hexamethylenglykol* (**I**) als Hemmstoff enthielten, wurden bei p_H 6,2 u. 25° Messungen der Strömungsdoppelbrechung zu verschied. Zeitpunkten der ablaufenden Polymerisations-Rk. ausgeführt. Die Länge der Polymerisate war proportional der Reaktionszeit, sie betrug nach 20—30 Std. ca. 4000 Å. Die Systeme waren heterogen,

enthielten längere wie kürzere Teilchen. Verminderung der *Fibrinogen*-Konz. (2 g/Liter) bewirkt eine Dissoziation der Teilchen in kleinere Bruchstücke. — Die Polymerisation verläuft zunächst über ein Zwischenprod., das wahrscheinlich mit dem von LAKI (Arch. Biochem. Biophysics **32.** [1951.] 317) beschriebenen ident. ist, u. dessen Bldg. durch Thrombin katalysiert wird, aus dem sich die oben beschriebenen Polymerisate bilden (Hemmung durch H^+ u. konz. Neutralsalzlsg.), aus denen Fibrin entsteht. Dieser letzte Schritt wird durch I oder Harnstoff gehemmt. (Arch. Biochem. Biophysics **39.** 387—94. Aug. 1952. Madison, Wis., Univ. of Wisconsin, Dep. of Chem.; Ames, Io., Iowa State Coll.)
W. SCHELER. 4574

Sidney Katz, Kurt Gutfreund, Sidney Shulman und **John D. Ferry,** *Die Umwandlung von Fibrinogen in Fibrin.* 10. Mitt. *Lichtstreuungsuntersuchungen des Rinderfibrinogens.* (9. vgl. vorst. Ref.) Die Winkelabhängigkeit der Streuungsintensität ($K_c/R_{\theta d}$ gegen $\sin^2(\Theta/_2)$) ergibt flach verlaufende Geraden. Dissymmetriemessungen (R_{45}/R_{135}) ergeben bei $\lambda = 3650$ u. 4358 Å einen Mittelwert für die Mol.-Länge des *Fibrinogens* (I) von 520 Å, wenn als Mol.-Modell ein dünner Zylinder, bzw. von 650 Å, wenn der Berechnung ein Ellipsoid mit der kleinen Achse von 40 Å zugrunde gelegt wurde. Das Achsenverhältnis bei Annahme eines dünnen Zylinders ist 17. Aus Dissymmetrie- u. Messungen der absol. Streuungsintensität wird für I-Präp. mit 97% Gerinnungsfähigkeit ein mittleres Mol.-Gew. von 340000 ± 20000 berechnet. Die mitgeteilten Werte werden durch Ggw. von 0,5 mol. *Hexamethylenglykol* nicht bemerkenswert beeinflußt. (J. Amer. chem. Soc. **74.** 5706—09. 20/11. 1952. Madison, Wis., Univ. of Wisconsin, Dep. of Chem.)
W. SCHELER. 4574

John D. Ferry, Sidney Shulman, Kurt Gutfreund und **Sidney Katz,** *Die Umwandlung von Fibrinogen in Fibrin.* 11. Mitt. *Lichtstreuungsuntersuchungen an durch Hexamethylenglykol gehemmten Gerinnungssystemen.* (10. vgl. vorst. Ref.) In Ggw. von 0,5 mol. *Hexamethylenglykol* wird durch Zugabe von *Thrombin* etwa die Hälfte des *Fibrinogens* (I) in Höherpolymere umgewandelt. Mittlerer Polymerisationsgrad 15. Die Polymerisation soll dabei zunächst als laterale Dimerisation beginnen u. sich als End- zu Endverknüpfung fortsetzen, so daß doppelstabförmige Ketten entstehen. Das Mol.-Gew. des Polymerisats wurde einschließlich der noch nicht polymerisierten I-Moll. zu 2800000 gefunden. Verdünnung eines derartigen Ansatzes bewirkt Dissoziation in kleinere Einheiten (z. B. Ausgangslänge der Moll. 3850 Å, nach 2 Std. 790 Å), wobei ein Gleichgewichtszustand nach ca. 2 Std. erreicht ist. Die freie Energie bei der Polymerisation beträgt —8000 Cal/I-Einheit, d. h. bei einem Polymerisationsgrad von 15 = —120000 Cal. Die Gleichgewichtskonstante der Polymerisations-Rk. liegt bei $0{,}44 \cdot 10^{85}$. (J. Amer. chem. Soc. **74.** 5709—15. 20/11. 1952. Wisconsin, Wis., Univ., Dep. of Chem.) W. SCHELER. 4574

Sidney Shulman, John D. Ferry und **Ignacio Tinoco jr.,** *Die Umwandlung von Fibrinogen in Fibrin.* 12. Mitt. *Der Einfluß von p_H, Ionenstärke und Hexamethylenglykolkonzentration auf die Polymerisation des Fibrinogens.* (11. vgl. vorst. Ref.) Sedimentationsunterss. an *Fibrinogen–Thrombin*-Systemen zeigen, daß bei p_H 5,9 (extrapoliert auf $\mu = 0$) vor dem Gerinnungszeitpunkt keine Polymerisation des *Fibrinogens* (I) eintritt, bei höherem p_H erscheint vorher ein intermediäres Polymeres des I. Dieser krit. p_H-Wert von 5,9 wird durch Zunahme der Ionenstärke leicht erhöht. Viscositäts- u. Lichtstreuungsmessungen bestätigen bei p_H 5,68 das Fehlen von Polymeren des I. Ggw. von *Hexamethylenglykol* verändert den krit. p_H-Wert. Diskussion der Ergebnisse in Hinblick auf die Ionisation von Histidinresten u. deren Beeinflussung durch p_H u. μ. (Arch. Biochem. Biophysics **42.** 245—56. Febr. 1953. Wisconsin, Wis., Univ., Dep. Chem.)
W. SCHELER. 4574

P. Mandel, A. M. Amiot, R. Riveaux und **R. Fontaine,** *Die Retraktion des Blutkuchens beim Menschen, geprüft mittels einer neuen Methode.* In einem zweiteiligen kleinen Glasgerät, dessen unteres Ende in ein graduiertes Röhrchen ausläuft, kann das Serumvol. X^L, das aus dem Blutkuchen einer 3 cm^3-Blutmenge austritt, direkt gemessen werden. 3 cm^3 minus X^L ergibt das Vol. y des Blutkuchens, Vol. y minus Vol. der korpuskulären Elemente (Hämatokrit-Best.) ergibt das Vol. des vorhandenen *Fibrins.* Der Stundenwert des Blutkuchens beträgt in 94% der Blutproben 30—60%, der des Fibrinschwamms 10—25%. (C. R. Séances Soc. Biol. Filiales **146.** 120—23. Jan. 1952.)
E. FISCHOEDER. 4574

T. Kofman, *Periodische Reaktion eines Gemisches aus normalem Pferdeserum und Bichromatgelatine.* Zusatz von n. Pferdeserum zu Bichromatgelatine verhindert die Entstehung der LIESEGANGschen Ringe u. läßt statt dessen mit dem Silbernitrattropfen ein Niederschlagsbild in Sternform von auffälliger Symmetrie entstehen. (C. R. Séances Soc. Biol. Filiales **145.** 734—35. Mai 1951.) R. HEINZE. 4574

Ragnar Magnussøn, Joh. O. Josephsen und **Bjarne Tungland,** *Ikterus und Xanthomatose.* Bei einem 7jährigen Jungen wird im Anschluß an Masern u. Pyodermie Gelbsucht mit erhöhter Gesamt-*Cholesterin*-Menge festgestellt, 3 Monate später allg. Xanthomatose der Haut. Die xanthomatösen Flecken verschwinden nach Behebung der Hypercholesterinämie. Vff. nehmen an, daß die Lebererkrankung prim., die Xanthomatose sek. ist, eine sichere Entscheidung ist aber nicht möglich. (Nord. Med. **55.** 83—85. 19/1. 1956. Elverum, Hedmark fylkessykehus, Med. avd.) R. K. MÜLLER. 4574

Alexander Brown, *Eisentherapie.* Nach Besprechung des Fe-Stoffwechsels u. -Mangels geht Vf. zunächst auf die Prophylaxe ein. Die üblichen oralen Gaben von *$FeSO_4$*, *NH_4-Ferricitrat, Fe(II)-Succinat* u. *-Gluconat* werden kritisiert. Auf die orale Therapie wird verschieden angesprochen (Behandlung bis zu 3 Monaten). Zusätze von Cu u. Vitamin C erwiesen sich von zweifelhaftem Wert. — Die intravenöse Injektion von *Fe-Saccharat* erwies sich als unzweckmäßig u. wird zunehmend durch die intramuskuläre Anwendung einer *Fe-Dextranverb.* verdrängt. (Practitioner **176.** 434—40. April 1956. Glasgow, Royal Infirmary, Muirhead Dep. of Med.) EBERHARD MÜLLER. 4575

Aloysius Krieg, *Elektrophoretische Untersuchungen an Hämolympheproteinen von Insekten und anderen Avertebraten.* Die papierelektrophoret. Unters. der Larven- u. Imaginalhämolymphe von Melolontha spec., Neodiprion sertifer u. Lymantria dispar, der Hämolymphe von Helix pomatia (H) sowie des Blutes u. der Lymphe (Cölom-Fl.) vom Lumbricus terrestris (L) ergab eine Auftrennung in 2 (A, B), unter günstigen Umständen auch in 4 (A, A', B, B') Fraktionen, die nach Ansicht des Vf. etwa den α- u. β-Globulinen des Wirbeltierblutes entsprechen. Eine den Albuminen entsprechende Fraktion konnte nicht nachgewiesen werden. Die Cu- bzw. Fe-haltigen Atmungspigmente Hämocyanin u. Erythrocruorin liefen als erste Fraktion mit einer Wanderungsgeschwindigkeit, die etwa den Euglobulinen der Wirbeltiere entspricht. Die Hämolymphkoaguline blieben an der Auftragstelle liegen; bei L. u. H. war keine Koagulation nachweisbar. Das bei O_2-Zutritt zum Insektenblut gebildete Melanin blieb bei der Papierelektrophorese z. T. an der Auftragstelle liegen, z. T. schleppte es die A-Fraktion mit. (Naturwissenschaften **43.** 60—61. Febr. 1956. Darmstadt, Biol. Bundes-Anst. für Land- u. Forstwirtschaft, Inst. für biol. Schädlingsbekämpfung.) E. SCHWERDTFEGER. 4578

Y. Mizuno, *Über das Vorkommen und die Verteilung von Glykogen in den verschiedenen Organen des menschlichen Foetus.* Der Hauptsitz des *Glykogens* (**I**) im Foetus ist im Herzgewebe. Der **I**-Geh. im Knorpel ist am höchsten während der Bildungsperiode u. nimmt mit zunehmender Verknöcherung ab. Leber-**I** stets reichlich, nimmt vom 4. Monat an zu u. zeigt im Vgl. zum ganzen Körper auffallend hohen Gehalt. **I**-Geh. im Bindegewebe (Sehnen), anfangs so stark wie in Herz u. Knorpel, ändert sich dann kaum mehr. Lungen-**I** nimmt vom 3. Monat an stark zu u. vom 8. Monat an wieder ab. **I** in der Darmschleimhaut reichlich, hält sich dann auf mittlerer Höhe. Im Durchschnitt ist der gesamte **I**-Geh. im 6. Monat maximal, in der 1. Halbzeit stärker als in der zweiten. Im allg. nimmt der **I**-Geh. in der Formbildungsperiode zu, in der Wachstumszeit wieder ab. (Tokyo Jikeikai med. J. **69.** 696—707. 1/10. 1954. [Orig.: japan.]) L. SCHULER. 4583

Aubrey Gorbman, Serge Lissitzky, Odette Michel, Raymond Michel und **Jean Roche,** *Umwandlung des Radiojods durch den Rinderfoetus vor der unmittelbaren Niederkunft.* Werden graviden Kühen 24 Std. vor der Niederkunft 3,0 mC ^{131}J als KJ intravenös injiziert, so reichert die Schilddrüse des Foetus ca. das 7fache an Jodsalzen von dem der Mutterschilddrüse an u. wandelt es sehr schnell in *Thyroxin* um. Die Verss. zeigen, daß die foetale Schilddrüse J aus dem im mütterlichen Organismus kreisenden J herausnehmen kann u. auf diese Weise während der Schwangerschaft die mütterliche Schilddrüse zur Unterfunktion veranlassen kann. (C. R. Séances Soc. Biol. Filiales **145.** 1642—44. Nov. 1951. Coll. de France, Labor. de Biochim. gén. et comparée.) D. ITZEROTT. 4583

W. T. Binnerts und **E. Brouwer,** *Milchanalyse bei Mangelkrankheiten und Intoxikationen des Rindes.* Vff. weisen auf die Bedeutung der bisher selten verwendeten Milchanalyse bei der Diagnose von Mangelerkrankungen u. Intoxikationen hin, die Beziehungen zwischen der Milch- u. Futterzus. (Spurenelemente u. Vitamine) u. auf die Möglichkeit der Kontrolle des Jodstoffwechsels. (Nature [London] **174.** 974. 20/11. 1954. Wageningen, Univ., Labor. of Animal Physiol.) H. HENNERSDORF. 4585

K. N. Wynne und **G. L. McClymont,** *Zusammenwirken von Kupfer–Molybdän-Sulfat beim Entstehen der Hypocuprosis.* Fütterungsverss. mit verschied. Geh. des Futters an *Cu, Mo* u. *Sulfat,* entsprechend den Verhältnissen auf der Weide, klärten bei Schafen u. Rindvieh das Auftreten von Hypocuprosis verbunden mit Hypocuprämie u. niedrigem Geh. an *Cu* der Leber. Bei hohem Geh. des Futters an *Mo* u. *Sulfat* sinkt der Geh. der Leber an *Cu* rapide ab. (Nature [London] **175.** 471—72. 12/3. 1955. Glenfield, New South Wales, Veterin. Res. Stat., Nutrit. Res. Labor.) G. WELTZIEN. 4585

Zwi H. Levinson, *Nahrungsbedarf der Insekten.* Übersicht. — 190 Literaturangaben. (Riv. Parassitol. **16.** 113—18. April 1955. Israel Defence Forces, Israel, Med. Corps, Med. Res. Labors.) H. DOSSMANN. 4585

R. A. Morton, *Die Wirkungsarten des Vitamins A.* Kurzer Überblick über die Beteiligung des *Vitamins A* am Sehvorgang u. seine systemat. Wirkungen. — 44 Literaturangaben. (Oléagineux **11.** 145—51. März 1956. Liverpool, Univ., Dep. de Biochimie.)
K. F. MÜLLER. 4587

Eugene Roberts, Fred Younger und **Sam Frankel,** *Einfluß diätetisch verabreichten Pyridoxins auf die Glutaminsäuredecarboxylase des Gehirns.* (Vgl. C. **1951.** II. 1750.) Beschreibung einer manometr. Meth. zur Messung der Glutaminsäuredecarboxylaseaktivität (GA). Bei Unterss. an Gehirnen von Ratten wird festgestellt, daß ein durch Diätverabreichung erzielter *Pyridoxin* (I)-Mangel im Gehirn die gebildete Apoenzymmenge nicht beeinflußt, wohl aber wird der Sättigungsgrad des Coenzyms auf 50% gesenkt. Nachträgliche Verabreichung von I-Hydrochlorid führt schnell zur Normalisierung. Überdosierte Gaben von *Pyridoxalphosphat* bewirken keine Erhöhung der GA. Bei Verfütterung von *Desoxypyridoxin* an Ratten mit I-Mangel scheint das beschleunigte Auftreten von Symptomen nicht mit der gesteigerten Abnahme von GA in Verbindung zu stehen. (J. biol. Chemistry **191.** 277—85. Juli 1951. Washington, D. C., Univ., School of Med., Div. of Cancer Res.; St. Louis, Mo., Scient. Assoc.) H. FINDEISEN. 4587

P. Fatterpaker, U. Marfatia und **A. Sreenivasan,** *Die Rolle von Folsäure und Vitamin B_{12} bei Transmethylierungen.* 1. Mitt. *Die Bildung von Kreatin in vitro und in vivo.* Verss. an Leberhomogenisaten u. Mäusen zeigten, daß *Folsäure* (I)- oder *Vitamin-B_{12}* (II)-Mangel eine Verringerung der *Kreatin* (III)-Bldg. aus *Glykocyamin* u. *Methionin* sowie der III-Ausscheidung bewirken, während I + II einen positiven additiven Effekt ausüben. Es findet keine in vitro-Aktivierung der III-bildenden Leberenzyme bei bestehendem I- oder II-Mangel durch Ergänzung mit I u./oder II statt. Wenn die III-Synth. durch I beeinflußt wird, könnte II möglicherweise dadurch wirken, daß es eine bessere Ausnutzung von I fördert. Der Einfl. von I + II, I oder II auf das Blutbild wurde untersucht. (Indian J. med. Res. **43.** 43—50. Jan. 1955. Bombay, Univ., Dep. of Chem. Technol.)
K. MAIER. 4587

G. R. Burgio, G. Russo und **F. Lo Jacono,** *Die hämatologische Reaktion auf kleine perorale Dosen von Vitamin B_{12} bei der perniciosiformen Anämie des Säuglings* (*Gerbasi*). Nach einem Überblick über die Literatur werden von 12 eigenen Fällen Epikrisen gegeben. Nach Gaben von 1—3 γ Vitamin B_{12} kam es zur klin. Heilung, Normalisierung des roten Blutbildes, Absinken des Serum-Eisenspiegels u. Anstieg der Transferrinwerte. Die exogene (alimentäre) Pathogenese wird diskutiert. (Arch. Kinderheilkunde **152.** 109—21. 1956. Palermo, Univ.-Kinderklinik.) H. SIEBERT. 4587

Richard B. Davis, John M. McMahon und **George Kalnitsky,** *Trennung von D-Vitaminen von anderen Sterinen durch Papierchromatographie und die quantitative Bestimmung von 7-Dehydrocholesterin.* (Vgl. MCMAHON, C. **1951.** II. 1941.) Mit Hilfe von mit „*Quilon*" (bas. Chromchloridstearat) imprägniertem WHATMAN Nr. 1 gelang es Vff., die *Vitamine D_2* u. *D_3* aus einem Gemisch von *Cholesterin* (I), *7-Dehydrocholesterin* (II), *Ergosterin* (III) u. *Sitosterin* zu trennen. Es wurden dabei 15 Lösungsmittelsysteme durchgeprüft. Zur quantitativen Best. von II wird die Rk. mit $SbCl_3$ benutzt. Zu 1 cm^3 Chlf., das II enthält, werden 10 cm^3 $SbCl_3$ gefügt. Nach 8 Min. wird im BECKMAN-Spektralphotometer bei 322 $m\mu$ im UV-Licht u. bei einer Spaltöffnung von 3,6 mm gemessen. I, III u. *Calciferol* stören nicht. Durch Eluieren des II aus dem Chromatogramm kann die Umwandlung aus I oder anderen Vorstufen erkennbar gemacht werden. (J. Amer. chem. Soc. **74.** 4483—84. 20/9. 1952. Iowa, Io., Univ., Coll. of Med., Dep. of Biochem.)
H. ENDRASS. 4587

C. E. W. Wolstenholme and **Elaine Millar,** eds. Ciba Foundation symposium on porphyrin biosynthesis and metabolism. Boston: Little, Brown. 1956. (308 S. m. Abb.) 8°. $ 6,75.

E_6. Pharmakologie. Therapie. Toxikologie. Hygiene.

Alexander Hollaender und **R. F. Kimball,** *Beeinflussung der strahleninduzierten, genetischen Schädigung.* Übersicht über Strahlenschäden u. ihre Regeneration sowie Strahlenschutz mittels physiol.-chem. Methoden. — 40 Literaturangaben. (Nature [London] **177.** 726—30. 21/4. 1956. Oak Ridge, Tenn., Nat. Labor., Biol. Div.)
G. DREWS. 4601

Willie W. Smith, *Kurzfristige KCl- und Histamin-Toleranz und Nebennierengewicht bei röntgenbestrahlten Mäusen.* Nach Bestrahlung mit 700 oder 800 r nimmt die DL_{50} für intraperitoneal verabreichtes *KCl* für 2 Tage signifikant zu u. sinkt dann erheblich ab. Die DL_{50} für *Histamin* verändert sich entsprechend. Eine ähnliche vorübergehende Resistenzsteigerung mit folgendem erheblichen Resistenzschwund tritt auch bei hungernden Tieren auf. Werden subletale Röntgendosen gegeben (425 r), so ist die

KCl-Toleranz am 2. u. 4. Tag danach vergrößert u. sinkt wieder langsam ab. Das Nebennierengewicht zeigt am Tag der Bestrahlung einen deutlichen Anstieg u. sinkt dann unter die Norm ab bis Ende des 2—3 Tages. Korrelation zur KCl-Toleranz besteht nicht. (Amer. J. Physiol. **167.** 321—27. 1/11. 1951. Bethesda, Md., Nat. Inst. of Arthritis and Metabol. Dis., Nat. Inst. of Health, Publ. Health Serv., Fed. Secur. Agency.)
F. JUNG. 4601

Kurt Flemming, *Schutz vor Röntgenhämolyse.* Röntgenbestrahlung von Erythrocytensuspensionen in NaCl-Phosphatpuffer (200 kV Effektivspannung u. 20 mA Röhrenstrom, Zimmertemp.) verursachte Schwellung u. Hämolyse der bestrahlten Zellen. Als Nachweismeth. diente die Messung der Durchlässigkeit von Aufschwemmungen roter Blutkörperchen für weißes Licht. — Zusatz von *Cystein* (**I**) u. *SH-Glutathion* (**II**) in einer Konz. von $3 \cdot 10^{-3}$ Mol schützten vor Schwellung u. Hämolyse. *Alanin* war wirkungslos, was für eine Wrkg. reduzierend wirkender SH-Gruppen spricht. Auch *Ascorbinsäure* (**III**) bewirkte einen etwas schwächeren Schutz. — Die Schutzwrkg. war von der Konz. abhängig: sie war herabgesetzt bei **I, II** u. **III** in Konzz. von $3 \cdot 10^{-4}$mol. u. war bei stärkeren Verdünnungen nicht mehr nachweisbar. Bei höherer **I**-Konz. ($3 \cdot 10^{-2}$mol.) war die Schutzwrkg. aufgehoben u. schlug in das Gegenteil um, bei **II** u. **III** war in dieser Konz. die Schutzwrkg. gesteigert. — Bei Zusatz von **I, II** u. **III** nach der Bestrahlung war kein Schutzeffekt zu beobachten. — Auf die Resistenz unbestrahlter Blutzellen hatte **II** keine Wrkg., **I** u. **III** bewirkten Resistenzminderung. (Naturwissenschaften **43.** 87—88. Febr. 1956. Greifswald, Univ., Pharmakolog. Inst.) WOLFGANG ALBRECHT. 4601

H. W. Schmidt, *Reaktion der Pia-Gefäße auf Röntgenkontrastmittel bei geschädigtem Gehirnkreislauf.* Nach Schädeltrepanation wurden bei Kaninchen Stärkeembolien gesetzt u. die Pia-Gefäße mkr. beobachtet. Sie zeigen lokale Kreislaufstörungen. Injiziert man in diese gestörten Hirngefäßgebiete 1—2 cm³ verschied. Röntgenkontrastmittel (*Per Abrodil M* 45% u. 80%, *Joduron* 30%, *Urografin* 40% u. 76%, Thorotrast), dann entstehen erhebliche Kreislaufstörungen, Atemstörungen u. Krämpfe, die auf physikal. Erscheinungen (Viscosität der Kontrastmittel) zurückgeführt werden. Sie werden für Zwischenfälle bei der cerebralen Angiographie des kreislaufgeschädigten Gehirns verantwortlich gemacht. (Dtsch. Z. Nervenheilkunde **174.** 167—72. 1956. Köln, Univ., Inst. für n. u. pathol. Physiol.) W. REUSSE. 4601

Edward R. Schlesinger, David E. Overton und **Helen C. Chase,** *Caries–Fluor-Untersuchungen in Newburgh und Kingston.* 11. Mitt. *Untersuchung von Kindern nach Genuß von fluoriertem und nichtfluoriertem Trinkwasser.* (5. vgl. C. **1954.** 141.) Bei Vgll. von Kindern aus Gegenden mit *F*-haltigem (Kingston, N. Y.) u. nicht F-haltigem Trinkwasser (Newburgh, N. Y.) bzgl. der Ausscheidung von *Albumin* u. *roten Blutkörperchen* durch den Harn u. der Harnmenge, um den eventuellen Einfl. von F auf die Nieren zu prüfen, konnten keine wesentlichen Unterschiede beobachtet werden, obwohl die F-Aufnahme bei den Kindern in Kingston bereits 8 Jahre andauert. (J. Amer. med. Assoc. **160.** 21—24. 7/1. 1956. New York State, Dep. of Health; Albany, N. Y., Albany Med. Coll.) G. KLESSE. 4606

L. Je. Lusan, *Der Einfluß von Brom auf das Geschlechtssystem weiblicher Ratten.* Wurden bei Ratten nach 7—10 Injektionen von *NaBr* die Eierstöcke entfernt, so blieb bei langer Verabreichung von NaBr (2—2½ Monate) in der Scheidenschleimhaut der Geschlechtscyclus unter Beibehaltung der morpholog. Merkmale für jedes Stadium erhalten. Durch entsprechende Testverss. konnte nachgewiesen werden, daß die nach der Kastration eintretende Verstärkung der follikelstimulierenden Funktion der Hypophyse durch die Bromierung nicht normalisiert wird. Bei der Kastration wird der Geschlechtscyclus nicht dadurch gestört, daß das Geschlechtszentrum ausgeschaltet wird, sondern dadurch, daß die Tätigkeit der höheren Bereiche des Zentralnervensyst. gestört wird. Durch die Zufuhr von NaBr wird diese Tätigkeit normalisiert u. damit die n. Nerveneinw. auf die subcorticalen Zentren gesichert. (Проблемы Эндокринологии и Гормонотерапии [Probleme Endokrinol. Hormontherap.] **1.** Nr. 6. 67—71. Nov./Dez. 1955. Charkow, Med. Inst., Lehrstuhl für Histologie.) O. LEBTAG. 4606

P. S. Chen jr. und **W. F. Neuman,** *Calciumausscheidung der Nieren beim Hund.* Flammenphotometrie u. Serumultrafiltration werden zur Best. des glomerulären filtrierbaren *Calciums* (**I**) verwendet. Die **I**-Reabsorption durch die Nierenkanäle ist ein akt. Vorgang, der normalerweise 99% des gefilterten überschreitet. Die geringen aber konstanten **I**-Mengen, die ausgeschieden werden, hält man für einen nichtionisierten Komplex. Die **I**-Ausscheidung wird nach Injektion von *Na-Phosphat* vermehrt. Die steigende Konz. an organ. Phosphat im Serum, die einer intravenösen Verabreichung von **I** folgt, wurde von einem kompensierenden Sinken der organ. Phosphorsäureester in roten Blutkörpern begleitet. (Amer. J. Physiol. **180.** 623—31. März 1955. New York, N. Y., Univ. of Rochester, School of Med. and Dent., Dep. of Radiat. Biol.) REINHARD HÜTTENRAUCH. 4606

J. A. Nissim, *Der Mechanismus der Giftigkeit einiger Eisenpräparate.* Bei Behandlung mit Eisenpräpp. wurden Lungenhämorrhagien (Kaninchen) beobachtet, ohne daß Fe-Fällungen vorhanden waren. Bei der Prüfung verschied. Präpp. wurde gefunden, daß Ferrochloridascorbat, berechnet auf den Fe-Geh., eine fast so hohe antikoagulierende Wrkg. aufweist wie Heparin. Die durch einige Fe-Präpp. hervorgerufenen Lungenödeme weisen auf eine die Capillaren schädigende Wirksamkeit hin. Die Erscheinungen sind dabei bes. schwer, wenn diese Wirksamkeit neben einer hohen antikoagulierenden Wrkg. vorhanden ist. (Brit. J. Pharmacol. Chemotherapy **9.** 103—05. März 1954. London, Guy's Hosp., Med. School, Dep. of Pharmacol.) J. SCHWAIBOLD. 4606

N. W. Wesselkin und **B. G. Gordon,** *Ammoniakintoxikation des Zentralnervensystems bei Störung der Lebertätigkeit und Wege zu ihrer Behebung.* Bei Hunden mit ECK-PAWLOW-Fistel kommt es infolge der gestörten Leberfunktion zu einem starken Anstieg des NH_3-Spiegels im Blut mit Vergiftung des Zentralnervensyst. (Erbrechen, Unsicherheit beim Gehen, Laufen im Kreise, tox. u. klon. Zuckungen). Durch Quarkdiät u. Zufuhr von H_3PO_4 u. Glutaminsäure gelang es Vff., NH_3 zu binden bzw. zu eliminieren u. die Vergiftung zu verhindern. (Вопросы Медицинской Химии [Fragen med. Chem.] **1.** 437—43. Nov./Dez. 1955. Leningrad, Physiol. Pawlow-Inst. der Akad. der Wiss. der UdSSR, Labor. für Biochem. des Zentralnervensyst.) E. RENTZ. 4606

Walther Stich und **Peter Decker,** *Experimentelle Porphyrie durch Derivate substituierter Allylessigsäuren und Pathogenese der menschlichen akuten Porphyrie.* Auf der Suche nach dem chem. Wirkungsprinzip der experimentellen Porphyrieauslösung durch gewisse Verbb., wie z. B. *Allylisopropylacetylcarbamid, Allylisopropylacetamid* u. *Diallylbarbitursäure,* wurde gefunden, daß Verbb. der allg. Formel $C(R_1)(R_2)(R_3)CO \cdot X$ diese Eigg. aufweisen, wenn R_1 = Allyl, R_2 = H oder Alkyl, R_3 = Alkyl, **X** = Amid- oder Carbamidrest bzw. $R_3 + X = -CONHCONH-$, d. h. es handelt sich stets um Derivv. α-substituierter Allylessigsäuren (I). I mit freier COOH-Gruppe waren unwirksam. Bislang erwiesen sich 11 Verbb. dieser Bauart als porphyrieauslösend, dagegen 13, bei denen die angeführten Bedingungen nicht restlos erfüllt waren, als inaktiv. Für den Wirkungsmechanismus von I nehmen Vff. an, daß unter Verlust eines C-Atoms der Allylgruppe Abbau zu α-alkylierten *Succinyl-CoA-Verbb.* (III) erfolgt. Da der biochem. Syntheseweg der Porphyrine vom Tricarbonsäurecyclus beim *Succinyl-CoA* (II) durch Kondensation desselben mit Glykokoll zu δ-Aminolävulinsäure abzweigt, könnte die experimentelle Porphyrie infolge des Abbaues von II zu Bernsteinsäuren infolge kompetitiver Hemmung durch die strukturanalogen α-alkylierten III ausgelöst werden. (Naturwissenschaften **42.** 161. März 1955. München, Univ., II. Med. Klinik, Labor.) K. MAIER. 4607

E. Geiger, *Die Bedeutung von Histamin bei Fischvergiftungen.* Zur Klärung der Frage, ob das bei bakteriellem Verderb, bes. von Rindfischen, gebildete *Histamin* (I) die Ursache von Fischvergiftungen ist, ergaben unternommene Verss., daß die Verabreichung von 100 mg/kg I, mit HCl auf p_H 7,5 eingestellt, durch Magensonde am Meerschweinchen keine tox. Wirkungen hat. Wird die Intestinalmucosa dagegen vor I-Zufuhr durch Verabreichung von Saponin geschädigt, so bewirkt die gleiche Dosis I ca. 60%ig. Sterblichkeit, während vorherige Reizung durch Oleoresin capsicum ohne deutlichen Einfl. ist. Die Verfütterung von experimentell durch Incubation mit Meeresbakterien verdorbenem Fischfleisch, das 190—210 mg I je 100 g enthielt, führte bei Hunden, Katzen, Ratten u. Mäusen jedoch zu keinen Vergiftungserscheinungen. Demnach spielt I bei Fischvergiftungen, wenn nicht zusätzliche Faktoren hinzukommen, keine Rolle. (Science [Washington] **121.** 865—66. 17/6. 1955. Los Angeles, Calif., Univ. of California, Med. School, Dep. of Pharmacol.) F. KRUSEN. 4607

V. H. Parker, *Die Wirkung von 3.5-Dinitro-o-kresol auf Phosphokreatin und Adenosinphosphatverbindungen in Rattengewebe.* Vf. untersucht den Geh. an Phosphokreatin (I) u. Adenosinphosphorverbb. im Skelettmuskel, Herzmuskel, Zwerchfell u. Gehirn von Ratten nach Vergiftung der Tiere mit 3.5-Dinitro-o-kresol (II). II entkoppelt wie 2.4-Dinitrophenol die oxydative Phosphorylierung. Vf. findet, daß alle genannten energiereichen Phosphatverbb. nach Vergiftung mit II abnehmen. I ist im Gehirn in den ersten 5 Min. nach Vergiftung nicht mehr nachweisbar, auch Adenosintriphosphorsäure (III) verschwindet fast völlig. Der Geh. an Adenosinmonophosphorsäure (IV) nimmt zu. Auch in den übrigen Geweben ist die Abnahme von I am stärksten. Die III-Werte sind um so geringer, je länger die Überlebenszeit der Tiere nach Vergiftung mit II ist. Im Herzen fand Vf. keine Abnahme von III, aber eine Zunahme von IV u. Adeninverbindungen. Das muskelentspannende Mittel *Myanisin* (*α.β-Dioxy-γ-[2-methylphenyloxy]-propan*) verlängert deutlich die Überlebenszeit der Tiere nach Vergiftung mit **II**. (Biochem. J. **57.** 381—86. Juli 1954. Carshalton, Surrey, Woodmansterne Road, Serum Res. Inst. M.R.C. Unit of Toxicol.) H. SCHIMASSEK. 4607

Robert C. Rathbun und **F. E. Shideman,** *Eine quantitative Methode zur Untersuchung der Phenolsulfophthalein-Konzentration durch überlebende renale Schnitte.* An Schnitten von Nierenrindengewebe des Meerschweinchens wurde eine quantitative Extraktionsmeth. u. spektrophotometr. Meth. zur Best. von Phenolsulfophthalein (**I**) ausgearbeitet. Einfl. von Änderungen der Incubationszeit, **I**-Konzz. im Medium u. Gewebegewicht auf die in vitro **I**-Aufnahme wurden auf diese Art festgestellt. **I**-Aufnahme wird fortschreitend größer mit zunehmender Incubationszeit. Erhöhung der **I**-Konz. im Medium geht mit Abnahme des Verhältnisses Farbkonz. im Schnitt zu der im Medium einher. Eine Gewichtsveränderung des Gewebes von 200—400 mg hat keinen merklichen Einfl. auf die Fähigkeit des Schnittes, **I** aus dem Medium zu konzentrieren. (Proc. Soc. exp. Biol. Med. **78.** 741—44. Dez. 1951. Ann Arbor, Mich., Univ., Med. School, Dep. of Pharmacol.) D. ITZEROTT. 4607

V. Kozlík und **V. Eybl,** *Über den Einfluß von Detergentien* (*Saponaten*) *auf die Resorption aus dem Verdauungstrakt bei Warmblütern.* 1. Mitt. *Magnesiumnarkose nach peroraler Verabreichung von Magnesiumsulfat und Natriumlaurylsulfat. Na-Laurylsulfat* (**I**) ist bei Mäusen, peroral gegeben, ziemlich indifferent u. beschleunigt die Resorption von $MgSO_4$ aus dem Verdauungstrakt. Bei gleichzeitiger Zufuhr von $MgSO_4$ mit nichttox. **I**-Gaben wurde eine Magnesiumnarkose durch sonst unwirksame $MgSO_4$-Dosen, die Herabsetzung der DL_{50} des $MgSO_4$ auf ca. $^1/_4$ u. eine Verkürzung der Zeit bis zum Narkoseeintritt erreicht. (Pharmazie **10.** 477—80. Aug. 1955. Pilsen, Med. Fak., Pharmakolog. Inst.) H. PATZSCH. 4607

D. Westerink, *Die Pharmakologie und Anwendung der Phenothiazinderivate.* Zusammenfassender Bericht über die pharmakol. Eigg. u. die Anwendungsgebiete verschied. *Phenothiazinderivv.*, wobei bes. neben der allg. toxikolog. Wrkg. u. den Nebenwirkungen auf *Largactil* u. *Pacatal* hingewiesen wird. Eine tabellar. Übersicht über die folgenden Präpp. hinsichtlich ihrer pharmakodynam. Eigg. u. einigen Anwendungsmöglichkeiten wird gegeben: *N-[β-Dimethylaminoäthyl]-* (*Anergan*), *N-[β-Dimethylaminopropyl]-* (*Phenergan, Atosil, Lergigan*), *N-[β-Diäthylaminoäthyl]-* (*Diparcol, Latibon*), *N-[β-Diäthylaminopropyl]-* (*Parsidol, Dibutil, Lysivane*), *N-[β-Pyrrolidinoäthyl]-* (*Pyrrolazole*), *3(„2")-Chlor-N-[γ-Dimethylaminopropyl]-phenothiazinhydrochlorid* (*Largactil, Thorazine, Megaphen*), *N-[N'-Methylpiperidyl-(3')-methyl]-phenothiazinacetat* (*Pacatal*) u. *Phenothiazinopropyl-(2)-tetramethylammoniumsulfat* (*Multergan, Padisal*). — 29 Literaturangaben. (Pharmac. Weekbl. **91.** 113—25. 25/2. 1956. Utrecht, Rijksuniv., Pharmaceut. Labor.) H. PATZSCH. 4607

Georg F. Springer, *Über das Vorkommen blutgruppenaktiver Substanzen in der Eibe* (*Taxus cuspidata*). Aus von Nadeln befreiten Stämmchen u. Samen von *Taxus cuspidata* hergestellter wss. Extrakt von p_H 6,5 wurde bei 5° 72 Std. gegen W. unter Zusatz von *Toluol* erschöpfend dialysiert. Der nichtdialysierbare Anteil wurde durch Vakuumdest. eingeengt, 30 Min. mit 2500 U/Min. zentrifugiert u. der Überstand mehrfach mit $CHCl_3$ extrahiert. Auf die Prodd. wurden der Hämagglutinationshemmungstest u. die Neutralisationsteste mit Rhesus- u. M- u. N-Antiseren nach einer Modifikation der Meth. von WITEBSKY u. MOHN (J. exp. Medicine **82.** [1945.] 143) angewandt. Die qualitativen chem. Unterss. erfolgten nach den üblichen Standardverff., zur Best. der *Methylpentose* wurde die spektrophotometr. Meth. von DISCHE u. SHETTLES (J. biol. Chemistry **175.** [1948.] 595) benutzt. Die Verss. ergaben das Vorhandensein von Substanzen, die die Agglutinine Anti-A, Anti-B u. Anti-O(H) neutralisieren. (Naturwissenschaften **42.** 37—39. 1955. Philadelphia, Pa., Univ., Hosp., Pepper Labors. of Clin. Med.; Washington, Army Med. Serv. Graduate School, Immunology Div.) G. WELTZIEN. 4608

L. I. Grebennik und **Sh. F. Sacharowa,** *Einfluß des Platyphyllins auf den Fett- und Glykogengehalt der Leber von durch Tetrachlorkohlenstoff vergifteten Tieren.* Die subcutane Zufuhr von 1 mg/kg Platyphyllin (**I**), 10 Min. vor u. 24 Std. nach der Zufuhr von CCl_4, zeigte nach 48 Std. keinen wesentlichen Einfl. auf den Geh. der Leber von weißen Ratten an Trockensubstanz, Fett u. Glykogen. Auch die perorale Zufuhr von 1 mg/kg **I**, 24 u. 72 Std. nach der CCl_4-Verabreichung, war ohne Wirkung. (Фармакология и Токсикология [Pharmakol. u. Toxikol.] **17.** Nr. 5. 39—42. Sept./Okt. 1954. Pharmakol. Abt. d. Allunions Wiss. chem.-pharmaz. Ordshonikidse Forschungsinst.)
B. KRAFT. 4608

W. K. Fedorow, *Über den Einfluß von Coffein auf die höhere Nerventätigkeit bei Mäusen.* 3. Mitt. *Der Einfluß geringer und mittlerer Dosen von Coffein auf die differenzierende Hemmung.* (2. vgl. C. **1955.** 10794.) In Verss. an Mäusen wird festgestellt, daß die differenzierende Hemmung durch kleine *Coffein* (I)-Dosen (0,01—0,05 mg) verstärkt wird u. nach Weglassen von I stark u. konzentriert bleibt, während unter dem Einfl. hoher I-Dosen (0,5 mg) die differenzierende Hemmung abgeschwächt erscheint u. nach Weglassen von I sich als schwach u. irradiierend erweist. (Журнал Высщей Нервной Деятельности имени И. П. Павлова [Pawlow-J. höhere Nerventätigkeit] **4.** 433—38. Mai/Juni 1954. Physiol. Pawlow. Inst. der Akad. der Wiss. der UdSSR.)

E. RENTZ. 4608

Betty Croshaw, *o-Aminophenol bei experimenteller Tuberkulose.* Verss. an Mäusen u. Meerschweinchen mit o-Aminophenol zeigten keine Tuberkulosehemmung, obwohl in vitro damit hohe tuberkulostat. Effekte erzielt wurden. An beiden Versuchstieren rief es makroskop. sichtbare Gewebeschädigungen auf der Seite der Injektion hervor, die bei Streptomycin nicht auftraten. (Nature [London] **169.** 966. 7/6. 1952. Nottingham, Boots Pure Drug Co. Ltd., Bact. Div.) D. ITZEROTT. 4610

N. G. Schachnasarowa, *Der Einfluß von Phthivazid auf den Gehalt von Ribonucleinsäure in den Organen von weißen Ratten und Meerschweinchen.* Verss. mit weißen Ratten u. Meerschweinchen, denen je 100 mg *Phthivazid* (I) mit einer Sonde in den Magen eingeführt wurden, ergaben bei 12—15tägiger Zuführung von I eine merkliche Anhäufung von *Ribonucleinsäure* (II) im Protoplasma der Zellen, bes. denen der Verdauungsorgane. Dies zeigt sich in einer intensiveren Basophilie des Protoplasmas. Der II-Geh. der Zellen ist bei weißen Ratten viel höher als bei Meerschweinchen. (Фармакология и Токсикология [Pharmakol. u. Toxikol.] **17.** Nr. 5. 10—12. Sept./Okt. 1954. Allunions-Wiss. Chem.-Pharm. Ordshonikidse Forsch.-Inst., Pharmakol. Abt.) B. KRAFT. 4610

S. D. Rubbo, Janice Edgar, J. Cymerman-Craig, G. N. Vaughan und **D. Willis,** *Wirkungsmechanismus von Isonicotinsäurehydrazid.* Der chelatartige *Isoniazid-Cu-Komplex* (I) zeigt bei Bedingungen, unter denen keine Aufspaltung in die Komponenten stattfindet, in vitro u. in vivo eine dem *Isoniazid* (II) äquivalente Wrkg. gegen Tuberkelbazillen. I ist bei Merrschweinchen u. Mäusen wesentlich tox. als II (DL_{50} bei Mäusen: 36 mg I/kg Körpergewicht; 200 mg II/kg Körpergewicht). Vff. vermuten, daß die Wrkg. von II auf seiner Fähigkeit zur Chelatbldg. im Organismus beruht. (Nature [London] **177.** 480. 10/3. 1956. Melbourne, Univ., School of Bacteriol. u. Sydney, Univ., Dep. of Organ. Chem.) R. RUTKOWSKI. 4610

A. Geißler, *Der Penicillingehalt in den Geweben und seine Bedeutung für die Penicillintherapie.* Der *Penicillin* (I)-Geh. der wichtigsten tier. Organe wurde in Abständen nach der Applikation ermittelt. Verglichen wurden ein wss., ein öliger (II) u. ein *Procain-I-Präp.* (III) in öliger Suspension. In vielen Organen ist bei geringen I-Dosen kein I oder dieses nur ganz kurze Zeit nachzuweisen, ebenso bei Anwendung von **II** oder **III.** Die I-Konz. ist in den meisten Geweben erheblich niedriger als im Blutserum. Der therapeut. gerade noch wirksame Blutspiegel ist als Therapiegrundlage unbrauchbar. **III** gab **I** zu langsam aus dem Depot ab. Durch reichlichen Zusatz von wasserlösl. **I** wäre eine Verbesserung der Therapie möglich. (Mh. Veterinärmed. **11.** 121—30. 15/3. 1956. Berlin, Zentral-Kontroll-Inst. für Veterinär-Impfstoffe.) EBERHARD MÜLLER. 4611

Nils-Ake Diding und **A. Rune Frisk,** *Perorale Behandlung mit Phenoxymethylpenicillin, kombiniert mit Probenecid. Phenoxymethylpenicillin* (*Penicillin V;* I) ist bei p_H 6,5 stabiler als *Benzylpenicillin* (II), bei höherem p_H umgekehrt. Bei parenteraler Zufuhr u. biol. gegenüber Staphylococcus aureus, Streptokokken u. Pneumokokken besteht kein Unterschied zwischen **I** u. **II.** Bei peroraler Anwendung ergibt **I** eine Blutkonz., die in den ersten 3 Std. höher ist als bei gleicher Menge **II,** nach 6 Std. ist die Blutkonz. (bei 0,12 g) für I u II gleich. Wird I zusammen mit *Probenecid* (III) angewandt, dann wird die Serumkonz. in den ersten 3 Std. verdoppelt u. die Zeit, in der eine wirksame Penicillinkonz. im Blut vorkommt, verlängert. Mit 0,12 g (200000 E.) I-K + 0,7 g **III,** alle 8 Std., wird kontinuierlich eine Serumkonz. erzielt, die bei den meisten Infektionen durch penicillinempfindliche Bakterien wirksam ist. (Nord. Med. **55.** 151—54. 2/2. 1956. Stockholm, Statens bakteriol. labor. u. Ersta sjukhus, med. avd.)

R. K. MÜLLER. 4611

Charles Bishop und **William Pfaff,** *Unmittelbarer Uricosurie-Effekt von Probenecid bei normalen Versuchspersonen.* Die *Harnsäure*-Ausscheidung im Harn von 2 männlichen Versuchspersonen wurde durch *Probenecid*-Verabreichungen (*p-[Di-n-propylsulfamyl]-benzoesäure*) am ersten Tag merklich erhöht. Die Ausscheidung am 2. Tag war höher als n. aber nicht so hoch wie am ersten Tag. (Proc. Soc. exp. Biol. Med. **88.** 346—48. März 1955. Buffalo, N. Y., Univ. med. School, Chronic Disease Res. Inst.)

R. HÄHNEL. 4611

G. N. Perschin, Je. N. Padeisskaja, A. W. Danilowa und **Ss. N. Milowanowa,** *Über die chemotherapeutische Aktivität von Deschlorbiomycin.* Vff. gelang es, durch Dehalogenisierung von Biomycinchlorhydrat durch Pd auf Kohle das durch seine Eigg. dem Tetracyclin ähnliche *Deschlorbiomycin* (I) zu erhalten. In vitro zeigte es hohe bakteriostat. Wrkg. gegenüber eiterbildenden Kokken, den Mikroben der Darmtyphusgruppe u. den pathogenen Actinomyceten. Auf Diphtheriestäbchen u. vulgären Proteus ist seine Wrkg. geringer u. bleibt bei pathogenen Pilzen aus. **I** ist wirksam bei Septikämie der weißen Mäuse, die durch hämolyt. Staphylokokken, Streptokokken, Pneumokokken, Coli-, Bauchtyphus-, Friedländer- u. Dysenteriestäbchen u. Cl. perfrigens u. Cl. septicum hervorgerufen wurde. In der bakteriostat. u. chemotherapeuth. Wrkg. besteht zwischen dem I-Chlorhydrat u. dem Biomycinchlorhydrat kein wesentlicher Unterschied. (Фармакология и Токсикология [Pharmakol. u. Toxikol.] **17.** Nr. 5. 3—9. Sept./Okt. 1954. Chem.-Pharm. Allunions. Wiss. Ordshonikidse-Forschungsinst.) B. KRAFT. 4611

S. R. Bose, *Campestrin, das Antibioticum aus Psalliota campestris.* Vf. stellt aus *Psalliota campestris* (L.) FRIES, einem eßbaren Pilz, einen rohen Extrakt her, der im Tiervers. sich als völlig ungiftig erwies u. per os bei Typhus ermutigende Resultate erzielte. Ein Konzentrat in 80%ig. A., das auch intramuskulär verwendet wurde, zeigte erwartungsgemäß stärkere Wirksamkeit. Vf. schlägt für den Wirkstoff den Namen „*Campestrin*" vor. (Nature [London] **175.** 468. 12/3. 1955. Calcutta, Indien, Carmichael Med. Coll. Botan. Labor.) G. WELTZIEN. 4611

S. Borup Jensen und **M. Schneidelbach,** *Über die Wirksamkeit unserer Pankreasenzympräparate. Eine Untersuchung über Fett- und Eiweißresorption sowie Stuhlmenge. Pankreatin* (I), *Pankreon* (II) u. *Zymopan* (III) werden in ihrer Einw. auf die Fett- u. Eiweißresorption eines Kindes mit angeborener cyst. Pankreasfibrose geprüft. **III** hat prakt. keinen Einfl., **I** mehr als **II,** wobei jedoch die mit **I** verabreichte Enzymmenge wesentlich höher als bei **II** ist. Es trat während der Medikation eine völlige Normalisierung der Verdauung ein. — 23 Literaturangaben. (Acta paediatrica [Uppsala] **45.** 70—76. Jan. 1956. Copenhagen, Sundly Hospital, Ped. Dep.) H. SIEBERT. 4614

Y. Yamamoto und **T. Matsuo,** *Über das Sensibilisierungsvermögen von Antipyrin.* Durch wiederholte subcutane Einspritzung von *Antipyrin* (I)-Lsgg. oder **I** + Pferdeserum läßt sich beim Meerschweinchen eine lokale Überempfindlichkeit gegen **I** erzeugen, kaum am Darm. Deutlicher Schock ist nicht erkennbar, aber 30 Min. nach der schockinduzierenden Injektion ein leichter Rückgang der weißen Blutkörperchen. Ggw. eines Antikörpers gegen die Hautsensibilisierung ist im Blut nachweisbar. Serum sensibilisierter Tiere gibt mit **I** nur bei UV-spektroskop. Messung eine Trübungszunahme im Vgl. zu n. Serum. (Tokyo Jikeikai med. J. **69.** 642—46. 1/10. 1954. [Orig.: japan.]) L. SCHULER. 4615

A. R. Fleming, *Prophylaxe der postpartalen Harnverhaltung. Vorläufiger Bericht.* Bei einer großen Zahl von Fällen konnte durch prophylakt. Gaben von *Urecholinchlorid* (*β-Methylcholinurethan*) der durchschnittliche Prozentsatz der postpartalen Harnverhaltungen von 13,8 auf 2,3% gemindert werden. Therapeut. wurde in 46% der Fälle ein Effekt erzielt u. damit eine Kathetrisierung verhindert. (Amer. J. Obstetr. Gynecol. **64.** 134—40. Juli 1952.) E. G. DUCHO. 4620

M. N. Fotejewa, A. W. Fridman und **A. Ss. Konikowa,** *Einfluß des medikamentösen Schlafes auf die Geschwindigkeit des Überganges von Natrium aus dem Muskelgewebe in den Blutstrom.* In Verss. an Kaninchen wird mit Hilfe von radioakt. Na (1 ml einer 1%ig. NaCl-Lsg. mit 10—20 μC ^{24}Na intramuskulär) festgestellt, daß im medikamentösen Schlaf (die Tiere erhielten 15—20 ml einer Mischung von 10% Urethan u. 0,75% Veronal in 24 Std. subcutan) der Übergang des Na-Ions vom Muskel in den Kreislauf im Vgl. zur Norm um ca. 50% verlangsamt ist. (Вопросы Медицинской Химии [Fragen med. Chem.] **1.** 408—10. Nov./Dez. 1955. Moskau, Inst. für Therapie u. Inst. für Chir. der Akad. der Med. Wiss. der UdSSR.) E. RENTZ. 4627

T. A. Atschkassowa, A. A. Kalichman, B. M. Kosstjutschenok und **W. W. Dedjukina,** *Veränderungen des Gasstoffwechsels und der Blutgase bei Lungenoperationen unter den Bedingungen der „chirurgischen Hypothermie".* Unterss. an 21 Patienten, die wegen verschied. chron. Lungenerkrankungen unter den Bedingungen der vegetativen Blockade u. allg. Abkühlung operiert wurden. Abkühlung des Körpers auf 30—35° ergaben, daß der O_2-Bedarf des Organismus allmählich abnimmt, aber nur, wenn die Kälte-Rkk. genügend unterdrückt waren, widrigenfalls der Stoffwechsel stark ansteigt. Das arterielle u. venöse Blut ist unter den Bedingungen der „chirurg. Hypothermie" genügend mit O_2 gesätt. (96—98%). Bei geringer arterio-venöser O_2-Differenz ist auf ein herabgesetztes Stoffwechselniveau zu schließen. (Хирургия [Chirurgie] **32.** Nr. 1. 78—85. Jan. 1956. Hospit. Chir. Klin. der Militärmed. Kirow-Akad. u. Kryopathol. Abt. der Akad. der Med. Wiss. der UdSSR.) E. RENTZ. 4627

M. Nakatani, *Über die Erregungsänderung der Gehirnrinde, verursacht durch intravenöse Injektion von Procain.* Bei Injektion von *Procain-HCl* zeigt die Gehirnrindenwelle eine starke Erregungsphase, gekennzeichnet durch eine regelmäßige Unterteilung der Grundwelle (Kurvenbild). Der Blutdruck steigt nach vorübergehender Abnahme an. Auffallender Beruhigungseffekt bei der Atmung. — 13 Literaturangaben. (Tokyo Jikeikai med. J. **69.** 715—21. 1/10. 1954. [Orig.: japan.]) L. SCHULER. 4627

Zdena Horáková und **Vladimír Hach,** *Biologische Beurteilung neuer lokalanästhetischer Stoffe, die sich vom Xylocain ableiten.* Vff. untersuchten einige, strukturell dem *Xylocain* nahestehende Verbb. auf anästhetisierende Wrkg. (Oberflächen- u. Infiltrations-Anästhesie), Wrkg. auf Blutdruck u. Atmungszentrum, Toxizität u. Reizwirkung. Die Versuchsergebnisse wurden mit den entsprechenden Werten von *Procain* u. *Cocain* verglichen. Die Verbb. sind *2.6-Dimethyl-*, *2.3-Dimethyl-* u. *2-Äthyldiäthylaminoacetanilid*, *N-Diäthylaminoacetylindolin*, *N-Diäthylaminoacetyl-1.2.3.4-tetrahydrochinolin*, *2-Diäthylaminoacetyldiphenyl*, *9-Diäthylaminoacetylcarbazol*, *9-Methyl-N-diäthylaminoacetylacridin*, *ac-1-* u *ac-2-Diäthylaminoacetamidotetralin*, *5-Diäthylaminoacetamidohydrinden*, *ac-1-Diäthylaminoacetamido-2-methyltetralin*, *2-Diäthylaminoacetamidopyridin*, *3-Methyl-2-diäthylaminoacetamidopyridin* u *2-Diäthylaminoacetamidothiazol* (Českoslov Farmac. **4.** 234—40. Juni 1955. Praha, Výzk. úst. pro farm. a biochem.) E. VEVERA. 4627

Thomas C. Butler, Darien Mahaffee und **Collins Mahaffee,** *Die Rolle der Leber beim metabolischen Abbau des Mephobarbitals.* Blutspiegelmessungen an Ratten nach Leberresektion zeigen, daß *Mephobarbital* (*N-Methylphenobarbital*) im wesentlichen in der Leber entmethyliert, d. h. zu *Phenobarbital* abgebaut wird. (J. Pharmacol. exp. Therapeut. **106.** 364—69. Nov. 1952. Chapel Hill, North Carolina, Univ. of North Carolina, Dep. of Pharmacol.) A. DAUTZENBERG. 4627

Parkhurst A. Shore, Stanley L. Silver und **Bernard B. Brodie,** *Wechselwirkung von Reserpin, Serotonin und Lysergsäurediäthylamid im Gehirn. Reserpin* (**I**) u. *Serotonin* (**II**) potenzieren die hypnot. Wrkg. von *Hexobarbital* u. *A.* Der Effekt wird durch *Lysergsäurediäthylamid* aufgehoben, das jedoch auf die Sedation durch **I** u. **II** allein keinen Einfl. hat. Nach Applikation von **I** beim Hund wird vermehrt *5-Oxyindolessigsäure*, Stoffwechselprod. von **II**, bis zu 8 Std. im Urin ausgeschieden. Eine zweite Zufuhr von **I** am nächsten Tag führt nicht zu erneutem Anstieg. Vff. schließen daraus, daß **I** über vermehrte Ausschüttung von **II** die Wrkg. der Hypnotica verstärkt. (Science [Washington] **122.** 284—85. 12/8. 1955. Bethesda, Md., Na. Heart Inst., Labor. of Chem. Pharmacol.) D. ZEMKE. 4627

H. Weidmann und **P. V. Petersen,** *Pharmakologische Untersuchung von Covatin, einer neuen Substanz mit sedativer Wirkung.* Das dem Benadryl verwandte *Covatin* (*p-Butylmercaptobenzhydryl-β-dimethylaminoäthylsulfid;* **I**) zeigt in Tierverss. sedative Wrkg. ohne hypnot. Effekt. Die spasmolyt. Wrkg. von **I** ähnelt der des Papaverins, ist aber ~5mal stärker, in der dilatierenden Wrkg. auf die Coronargefäße ~2mal stärker, mit kräftigem positivem inotropem Effekt, ohne Einfl. auf die Herzfrequenz. Nach der Wrkg. auf die durch Acetylcholin oder Vagusstimulation verursachte Blutdrucksenkung gehört **I** zu den ganglienblockierenden Stoffen. Die oberflächlich anästhesierende Wrkg. ist etwa von derselben Größenordnung wie bei Cocain; im Tiervers. wird analget. oder antikonvulsive Wrkg. nicht beobachtet. Toxizität (Maus) DL_{50} intravenös 44, intraperitoneal 116, per os ~1500 mg/kg. Die Ausscheidung wird an Kaninchen u. Menschen bestimmt. (Ugeskr. Laeger **117.** 378—81. 31/3. 1955. H. Lundbeck & Co. A/S., Res.-Labor.) R. K. MÜLLER. 4627

H. Werenberg, *Covatin. Ein neues Sedativum.* (Vgl. vorst. Ref.) In klin. Verss. an ~100 Patienten mit Unruhe- u. Nervositätssymptomen zeigt *Covatin* (Standarddosierung 3mal täglich 1 Tablette = 50 mg) befriedigende sedative Wrkg. ohne hypnot. oder andere unerwünschte Nebenwirkungen; es erscheint bes. angezeigt bei Überempfindlichkeit gegen Barbiturate, bei Gegenindikation gegen diese oder im Wechsel mit ihnen. (Ugeskr. Laeger **117.** 381—83. 31/3. 1955. Frederiksberg Hosp., neurol. afd.) R. K. MÜLLER. 4627

Je. A. Afanassjewa, *Zur Pharmakologie des Morphins.* Da die Meinungen über den Mechanismus der Wrkg. von *Morphin* (**I**) auf die sekretor.-motor. Funktion des Darms einander widersprechen, hat Vf. spezielle Verss. an nach THIRY-VELLA operierten Hunden mit auf das vegetative Nervensyst. wirkenden Stoffen ausgeführt. Danach unterdrückt **I** nicht die motor. Funktion des Darms, sondern ändert nur ihren Charakter. **I** ist kein Synergist von *Adrenalin* u. *Atropin* u. zeigt keinen unmittelbaren Einfl. auf die cholinenerg. Nervenendungen. Wird die hemmende Wrkg. des **I** auf das Zentralnervensyst. durch *Corazol* aufgehoben, zeigt es, ähnlich dem *Physostigmin* (**II**), eine anregende Wrkg. auf die motorische Funktion des Darms. Der Unterschied des Einfl. von I u. II auf den Darm kann durch die hemmende Wrkg. von I auf das Zentralnervensyst. u. die unmittelbare Wrkg. von II auf den Muskel erklärt werden. *Omnopon* wirkt auf die motor. Darmfunktion wie I. (Фармакология и Токсикология [Pharmakol. u. Toxikol.] **17.** Nr. 5. 23–26. Sept./Okt. 1954. Omsk, Veterinärinst., Lehrstuhl für Pharmakol.) B. KRAFT. 4627

A. G. J. Evans, P. A. Nasmyth und **H. C. Stewart,** *Der durch intravenöse Morphinzufuhr verursachte Blutdruckabfall bei der Ratte und Katze.* Bei Ratten (Urethannarkose) wird durch 1 mg/kg *Morphin* (I) intravenös ein kurzdauernder Blutdruckabfall hervorgerufen. Bei Wiederholung tritt Tachyphylaxie ein. Diese Wrkg. von I wird gehemmt durch *Hexamethonium* (II) u. Vagusdurchtrennung, nicht durch *Mepyramin* (III) u. *Atropin* (IV). — Bei Katzen (Chloralosenarkose) rufen 4 mg/kg I einen erheblichen Blutdrucksturz hervor, auch am decerebrierten u. Spinaltier. II hemmt diesen Effekt nicht, setzt ihn aber zusammen mit III herab. III allein hat nur hemmenden Einfl. an der decerebrierten u. Spinalkatze. IV u. Vagusdurchschneidung sind ohne Einfl. auf den Blutdruckeffekt von I. — Unterss. des Nebennierenvenenblutes bei Katzen nach intravenöser Injektion von I ergaben eine Erhöhung des Geh. an pressor. Substanzen um das 10–15fache, die minutenlang anhielt. — Vff. schließen aus diesen Verss. daß der Blutdruckeffekt des *Morphins* bei Ratten durch Vermittlung des Vagus, be Katzen durch Wrkg. auf das Vasomotorenzentrum u. periphere Histaminfreisetzung zustande kommt. (Brit. J. Pharmacol. Chemotherapy **7.** 542–52. Dez. 1952. London St. Mary's Hosp. Med. School, Dep. of Pharmacol.) A. DAUTZENBERG. 4627

F. Pharmazie. Desinfektion.

T. C. Denston, *Britisch-pharmazeutischer Codex 1954.* Die neuaufgenommenen Monographien u. die gestrichenen Monographien u. Rezepturen werden angegeben. (Pharmac. J. **173.** ([4] 119). 373–74. 30/10. 390. 6/11. 1954.) E. BOYE. 4750

—, *Internationale Sachbezeichnung für Arzneistoffe.* Inhaltlich ident. mit der C. **1956.** 6464 referierten Arbeit. (Dtsch. Apotheker-Ztg. **96.** 41–43. 19/1. 1956.) M. NEGWER. 4750

—, *Internationale Sachbezeichnungen für Arzneistoffe.* (Vgl. C. **1956.** 6464.) Allg. Grundsätze für die Ausarbeitung nicht wortgeschützter Namen u. Wiedergabe der 4. Liste der von der Weltgesundheitsorganisation vorgeschlagenen internationalen, nicht wortgeschützten Namen. (Pharmaz. Ztg. verein. Apotheker-Ztg. **101.** 293–95. 15/3. 1956.) M. NEGWER. 4750

Ludwig Knöll, *Definition der Dichte.* Als Erwiderung auf die Vorschläge von KRUTZSCH (vgl. C. **1956.** 8159) empfiehlt Vf. im DAB. die Bezeichnung „Dichte" durch „Dichtezahl" zu ersetzen, da das DAB. 6 in seinen Einzelartikeln lediglich die reinen Zahlenwerte angibt. Dies genügt, um in Übereinstimmung mit den Normvorschriften zu bleiben. Eine physikal. Definition ist nach Ansicht des Vf. überflüssig. (Dtsch. Apotheker-Ztg. **96.** 394–95. 3/5. 1956. Kelsterbach/Main.) M. NEGWER. 4750

Nouri Y. Mary, Bernard v. Christensen und **Jack L. Beal,** *Die Auswirkung der Gefriertrocknung auf das Chlorophyll in den Blättern einiger ausgewählter Arzneipflanzen.* An den Blättern von Podophyllum peltatum L., Ricinus communis L. u. Mentha spicata L. wurde festgestellt, daß bei Ofentrocknung ein wesentlich größerer Verlust an Chlorophyll eintritt als bei Gefriertrocknung, der im wesentlichen auf Kosten des Geh. an Chlorophyll a geht. (J. Amer. pharmac. Assoc., sci. Edit. **43.** 554–57. Sept. 1954. Columbus, O., State Univ., Coll. of Pharmacy.) F. V. GIZYCKI. 4782

M. Christine Gosselin und **Charles W. Bauer,** *Der Einfluß von Alter und Erhitzen auf das „Ferment" in Cascara sagrada.* Der wasserlösl., stärkehydrolysierende Faktor (I) der frischen Cascara sagrada-Rinde wird weder durch Alterung der Droge noch durch feuchte Hitze (100°) zerstört. Durch 7tägige Einw. von trockener Hitze (100°) wird I teilweise inaktiviert, kann aber durch kochendes W. wieder aktiviert werden. I wurde als bei ca. 220° schmelzende, schwarze, glasige Substanz isoliert. Rinden aus verschied. Ernten wurden auf ihren Geh. an I hin durch Prüfung der hydrolyt. Wrkg. auf Stärke verglichen. (J. Amer. pharmac. Assoc., sci. Edit. **43.** 569–73. Sept. 1954. Boston, Mass., Massachusetts Coll. of Pharmacy.) F. V. GIZYCKI. 4782

Hugo Karma und **Lars Britschgi,** *Lokalisierung der Alkaloide in Solanaceenblattdrogen.* Die in den Gefäßbündeln von Belladonna-, Stechapfel- u. Bilsenkrautblättern mit J–KJ-Lsg. erhaltenen prismat., braunschwarzen Kristalle finden sich vor allem in den Siebteilen. Sie bilden auf dem Leptom der Unterseite eine bandförmige Kette. Die Bestimmungen des Alkaloidgeh. der Belladonnapulver zeigen starke Schwankungen, die mit dem höheren Geh. an Blattnerventeilen in den gröberen Pulvern erklärt werden. (Medd. norsk farmac. Selsk. **17.** 329—39. Okt. 1955.) R. K. Müller. 4782

J. T. Bryan und **W. M. Lauter,** *Eine Bemerkung über den Alkaloidgehalt von Gloriosa Rothchildiana, O'Brien.* Vff. isolieren aus 200 g getrockneten Knollen von Gloriosa Rothchildiana O'Brien 85 mg *Colchicin* (**I**; gelbe Kristalle, F. 143—145°, alle Rkk. auf **I** nach U. S. P. XIV waren positiv). (J. Amer. pharmac. Assoc., sci. Edit. **40.** 253. Mai 1951. Gainesville, Fla., Univ. of Florida, Coll. of Pharm.) R. Reiss. 4782

A. I. Konowalowa, *Die Herstellung der Burow-Flüssigkeit auf elektrolytischem Wege.* Vf. stellt $Al(OH)(CH_3COO)_2$ auf elektrolyt. Wege von größerer Reinheit her, als aus Alaunen erreichbar ist. Als Elektrolyt dient eine 8%ig. wss. Lsg. von chem. reiner Essigsäure. Stromstärke 120—150 A bei 4,5—5,5 V. Es wird eine Anodenstromdichte von 0,477—0,827 A/dm² erreicht. Dauer 20—29 Stunden. Die erhaltene Lsg. hat 1,046 bis 1,047 u. das p_H 4,5—4,75. Nach der therapeut. Wrkg. unterscheidet sich das so erhaltene Präp. nicht von der üblichen Burow-Lsg. aus AlK-Alaun. (Аптечное Дело [Apothekenwesen] **4.** Nr. 1. 11—13. Jan./Febr. 1955. Kasan, Chem.-Pharm. Fabrik.) B. Kraft. 4790

Knut Erik Skinnemoen, *Über Augentropfen.* Überblick über Herst., wirksamen Stoff, Lösungsmittel, osmot. Druck der Lsgg., Acidität, Zusatz oberflächenakt. Stoffe, Filtration, Sterilisation, Zusatz von Konservierungsmitteln, verschied. verwendete Substanzen, Form u. Qualität der Flaschen, Aufbewahrung, Isotonie u. Puffer. — 26 Literaturzitate. (Medd. norsk farmac. Selsk. **17.** 340—44. Okt. 356—64. Nov. 373—80. Dez. 1955.) R. K. Müller. 4790

G. Lietz, *Neuere Gesichtspunkte auf dem Gebiet der Salbengrundlagen.* Übersicht über Entw., Anwendung, physikal., chem. u. dermatolog. Eigg. von bekannten u. neuen Salbengrundlagen (Öl-W.-, W.-Öl-Emulsionen, fettlose Schleimsalben aus makromol. Schwellstoffen). (Pharmac. Tijdschr. België **32.** 201—02. Sept. 1955.) W. Wesly. 4792

H. v. Czetsch-Lindenwald, *Über die Einordnung der Polyäthylenoxyde in die Salbentherapie.* Vf. zeigt an Hand von Verss. über die Fähigkeit von Salben (**I**), wasserlösl. Wirkstoffe an die Umgebung abzugeben, daß die *Polyäthylenoxyd*-**I** eine eigene Gruppe bilden, die sich von anderen **I**-Basen wesentlich unterscheidet. Sie sind als einzige **I**-Art zur Abgabe größerer Mengen wasserlösl. Wirkstoffe befähigt. Dies beruht auf ihrer Eig., selbst Lösungsm. für die Wirkstoffe zu sein. Da sie außerdem in vitro auf Agar- bzw. Gelatineplatten u. in vivo auf der Haut durch Wasseraufnahme schm., kommen sie als Fll. mit dem Gewebe in Kontakt, u. die Wirkstoffe können herausdiffundieren. Um unerwünschte osmot. Effekte zu vermeiden, müssen sie aber in dünner Schicht aufgetragen werden. Als Polyäthylenoxyd-**I** wurden bei den Unterss. *Polyäthylenglykol Ointment USP XV* u. *Cremolan 100 V* nebeneinander getestet, wobei letztere geringe Vorteile bot. — Es wurden verschied. Testmethoden angewandt u. deren Eignung krit. untersucht. (Dtsch. Apotheker-Ztg. **96.** 372—74. 26/4. 1956. Wolfsberg/Kärnten.) M. Negwer. 4792

W. Schneider und **H. Wagner,** *Ein neues Kunstharzprodukt als Wundverband, Hautschutz und Medikamententräger.* Bericht über den neuartigen Kunststoff *Nobecutan* (Herst. Ab Bofors Nobelkrut, Schweden, **I**), der aus einem in Äthylacetat gelösten Methacrylsäureester besteht. **I** stellt eine klare, durchsichtige u. mehr oder weniger dicke Fl. dar, die auch in Sprühdosen als Spray in Gebrauch ist. **I** bildet auf der Haut einen schützenden Film, der sich wegen seiner ausgezeichneten Haltbarkeit u. Elastizität als Wundverband bewährt hat. Der **I**-Film besitzt lichtschützende Eigg. u. **I** kann auch als Medikamententräger Verwendung finden. (Berufsdermatosen **4.** 53—59. März 1956. Augsburg, Städt. Hautklinik.) M. Negwer. 4794

P. Walther, *Traubenzucker — Reinheit DAB 6?* Es wird die Frage aufgeworfen, wie der Apotheker die gegenwärtige Lücke auf dem Chemikalienmarkt hinsichtlich *Traubenzucker DAB. 6* (**I**) überbrücken darf, bis entweder wieder wasserfreie Ware erhältlich ist, oder bis die Verwendung des Hydrats — unter der dann notwendigen Verschärfung der Reinheitsprüfungen — gestattet wird. Durch Unters. zahlreicher Handelsprodd. von **I**-Lsgg. wird gezeigt, welche Unsicherheit durch die teilweise übliche Änderung des %-Begriffes in g/100 cm³ in dem tatsächlichen Geh. solcher Lsgg. an **I** entstanden ist, u. gefordert, unmißverständliche Konzentrationsangaben zu gebrauchen. (Dtsch. Apotheker-Ztg. **96.** 37—39. 19/1. 1956. Cuxhaven.) M. Negwer. 4806

René Hazard und **Jean Cheymol,** *Die Antiepileptica.* Überblick über Krankheitbild u. Symptome der Epilepsie u. die antiepilept. wirkenden Therapeutica. — 23 Literaturhinweise. (J. Pharmacy Pharmacol. **2.** 1—9. Jan. 1950. Paris, Fac. de. Méd.) P. Pöhls. 4806

Ladislav Molnár, *Die Stabilität von Morphinhydrochlorid-Injektionslösungen.* Vf· untersuchte die Haltbarkeit von 1% ig. *Morphin* (I)-*Ampullen* u. stellte fest, daß das Glas u. das p_H der Lsg. die Haltbarkeit beeinflussen, größere Mengen an $NaHSO_3$ (II) u. Füllen unter N_2 vorübergehend stabilisierend wirken. Der Einfl. von Schwermetallen u. Verunreinigungen auf I konnte nicht genau geklärt werden. 2$^0/_{00}$ Zusatz von II oder Füllen unter CO_2 erhöhen die Haltbarkeit am besten. (Farmácia [Bratislava] **24.** 131—39. Mai 1955. Bratislava, Akad., vied., Chem. úst., ex. farm. odd.) E. VEVERA. 4806

Ferdinand Müller, *Ist eine Obst- und Gemüsedesinfektion durch Kaliumpermanganat möglich?* Die Desinfektion mit $KMnO_4$ erfüllt die von BRAUN gestellten Anforderungen nicht. In Epidemiezeiten muß auf den Genuß von rohem Gemüse verzichtet werden. (Desinfekt. u. Gesundheitswes. **47.** 181—82. Dez. 1955. Hamburg, Bernhard-Nocht-Inst. für Schiffs- u. Tropenkrankheiten.) E. BOYE. 4832

Joachim Richter, *Eine Verbesserung des Schmelzpunktapparates DAB 6.* Beschreibung einer einfachen Zusatzeinrichtung, die eine bequeme Befestigung einer oder mehrerer Schmelzpunktcapillaren am Thermometer ermöglicht, das schnelle Einführen u. Entfernen der Capillaren in die bzw. aus der Badflüssigkeit gestattet u. die gleichzeitige Beobachtung mehrerer FF. erlaubt. (Dtsch. Apotheker-Ztg. **96.** 351. 19/4. 1956. Berlin-Friedrichshagen.) M. NEGWER. 4880

G. K. Nikonow, *Die Elektrodialyse als Methode zum Nachweis und zur Isolierung der wirksamen Stoffe aus Arzneipflanzen.* Vf. empfiehlt, die Arzneistoffe zur Erleichterung des Nachw. u. der Isolierung der wirksamen Substanzen in dissoziierende (Anionen, Kationen) u. nichtdissoziierende zu unterteilen. Als geeignet hierzu hält er die Elektrodialyse der Auszüge in 90% ig. Alkohol. Auf Grund der Ergebnisse der biol. Prüfung kann, je nachdem, ob die kathod., die anod. Fraktion oder die zurückbleibende Fl. sich als biol. wirksam erweist, entsprechend auf die Natur der wirksamen Substanz geschlossen werden. Vf. hat auf diese Weise 25 Arten von Arzneipflanzen untersucht u. festgestellt, daß die Alkaloide, wenn auch teilweise schwach wirkend, in den Pflanzen viel verbreiteter sind, als allgemein angenommen wird. (Аптечное Дело [Apothekenwesen] **4.** Nr. 1. 13—18. Jan./Febr. 1955. Moskau, Allunions Wiss. Forschungsinst. für Arznei- u. Gewürzpflanzen.) B. KRAFT. 4880

S. Rolland, *Bestimmung der die Baldrianwurzel verunreinigenden Erde.* Beschreibung einer Meth. zur Direktbest. der in den Baldrianwurzeln befindlichen Erde mit einer Genauigkeit von 2—3%. Über die Technik vgl. Original. (J. Pharmac. Belgique [N. S.] **9** (**36**). 261—70. Juli/Aug. 1954. Labor. du Serv. de Contrôle des Médicaments de l'Assoc. Pharmaceut. Belge.) E. RUPP. 4880

R. Frank und **G. J. Stark,** *Über die Abgabe von Aluminiumacetat aus Salbengrundlagen.* Vff. beschreiben eine Tüpfelanalysenmeth. zum Nachw. des Abgabevermögens verschied. Salbengrundlagen für *Al-Acetat* (I): Gleiche Mengen der zu prüfenden Salbengrundlage werden mit Hilfe einer Platinöse auf 2% ig. Agarplatten, welche durch Zusatz von 5 mg% Na-Alizarinsulfonat (II) rot gefärbt wurden, gegeben. Die Platten werden 18 Std. bei 37° incubiert u. anschließend mittels NH_3-Dämpfen entwickelt. Während II in violett umschlägt, entstehen in Ggw. von I um die Salbenflecke rosa bis ziegelrote Höfe von Al-Alizarinlack, die als Maß für das Abgabevermögen der geprüften Salbengrundlagen gewertet werden. Ergebnisse: Wollfett- u. andere W/O-Emulsionen geben kein I ab, O/W-Emulsionen (Ungt. emulsificans aquosum B. P.) u. Schleimgrundlagen geben I gut ab. Für Nasensalben eignet sich bes. eine Salbengrundlage nachfolgender Zus.: 0,4 g Traganthpulver, 0,02 Nipagin M u. W. ad 10,0 ml. (Amer. J. Pharmacy Sci. support. publ. Health **126.** 304—07. Sept. 1954. Tel-Aviv, Israel, Municipal Hosp. „Hadassa".) H. P. FIEDLER. 4880

Antonín Berka und **Jaroslav Zýka,** *Kupplungsreaktion mit p-Diazobenzolsulfonsäure.* 2. Mitt. *Eine colorimetrische und oscillopolarographische Untersuchung.* (1. vgl. C. **1956.** 8433.) Beim photometr. u. polarometr. Arbeiten muß *p-Diazobenzolsulfonsäure* (I) im mol. Verhältnis (1:1) zu den Phenolen oder aromat. Aminen hinzugegeben werden. Colorimetr., oscillopolarograph. u. durch die kontinuierliche Variationsmeth. wurde beim *Phenol*, *Resorcin*, *β-Naphthol*, *Brenzcatechin* u. *Analeptin* eine sek. Rk. festgestellt, wenn I im Überschuß war, die nicht eintritt, wenn I u. die zu untersuchende Verb. im Verhältnis 1:1 vorlagen. Wird ein kleiner Überschuß an I genommen, so muß bei der photometr. Best. nach 15 Min. gemessen werden, da die Farbtiefe weiter zunimmt. (Českoslov. Farmac. **4.** 305—08. Juli 1955. Praha, Univ., Úst. pro chem. analyt.) E. VEVERA. 4880

Vincent Vespe und **James S. Fritz,** *Titration von Barbituraten und Sulfonamiden in nichtwässeriger Lösung.* Barbiturate lassen sich in Dimethylformamid (I) mit CH_3ONa

in Bzl.–CH_3OH als schwache Säuren gegen Thymolblau, das einen scharfen Umschlag von Gelb nach Blau gibt, titrieren. Ebenso lassen sich Sulfonamide (mit Ausnahme des Sulfaguanidins) als schwache Säuren titrieren; die hierbei erhaltenen Werte stimmen bei NH_2-haltigen Sulfonamiden mit denen der Nitritmeth. überein. Die Barbiturate u. Sulfonamide lassen sich durch direkte Titration auch in Tabletten bestimmen. Kartoffelstärke, Puderzucker u. Mg-Stearat stören prakt. nicht, ebenso nicht Coffein. Theobromin ist in **I** eine Säure u. muß deshalb durch Extraktion mit Chlf. oder Ae. entfernt werden. W. stört, ebenso Enole, Imide u. andere saure Substanzen. — Ausführung: 0,3—0,8 mVal Probe werden in 20—30 ml **I** gelöst, mit 2 Tropfen einer 0,3%ig. Lsg. von Thymolblau in CH_3OH versetzt u. mit einer 0,1 n-Lsg. von CH_3ONa in Bzl.–CH_3OH (5:1) bis zum Auftreten eines klaren Blau titriert. **I** enthält gewisse saure Verunreinigungen, für die eine Korrektur durch Blindvers. zu ermitteln ist. (J. Amer. pharmac. Assoc., sci. Edit. **41.** 197—99. April 1952. Ames, Io., Iowa State Coll., Dep. of Chem.) K. F. MÜLLER. 4880

Bernhard Schmitz, *Die Analytik der Thiosemicarbazonverbindungen einschließlich „Conteben“.* Die Rkk. zwischen den Thiosemicarbazonen des Acet-, Butyr-, Benz-, Veratrum-, Salicyl- u. Zimtaldehyds, des Acetylamino- [Conteben (I)], 2-Amino-3-methoxy-4-oxy-, 2-Amino-3-methoxy-4-acetoxy- u. 2.4-Dinitrobenzaldehyds sowie des Acetons, Methyläthylketons, Acetophenons u. Furfurols einerseits u. den Reagentien $AgNO_3$, $HgCl_2$, K_2HgJ_4, $CuSO_4$, $Cu(NH_3)_4SO_4$, Pb-Acetat, Na-Plumbit, KJ_3, $FeCl_3$ u. Nessler andererseits sind jede für sich unspezifisch. Jedes bestimmte Thiosemicarbazon muß durch eine Vielzahl solcher Rkk. eingekreist werden. Sulfonamide reagieren ähnlich. **I** wird durch den positiven Ausfall der Rkk. mit $AgNO_3$ (ammoniakal. u. sauer), K_2HgJ_4, Nessler, $CuSO_4$ (neutral) u. den Nachw. der Acetylgruppe mit großer Sicherheit erkannt. Seine quantitative Best. erfolgt mit GROTES Reagens (*$Na_2[Fe(CN)_5NO]$ + Hydroxylaminhydrochlorid + Br_2*). *Thioharnstoff*-Derivv. stören, Sulfonamide nur bedingt. (Dtsch. Apotheker-Ztg., **91.** 816—19. 2/11. 1951. Frankfurt/M., Univ., Pharmaz. Inst.) M. D. LAUBSCHAT. 4880

G. A. Hunold, *Zum Nachweis von α-Naphthylthioharnstoff.* Vff. hält die argentometr. Meth. von WOJAHN zur Best. von α-Naphthylthioharnstoff (**I**; vgl. C. **1956.** 10068) für nicht spezif., da Ag-Salze nicht nur mit Verbb. der Konst. $>N \cdot C(S) \cdot N<$, sondern auch mit anderen S- u. halogenhaltigen Verbb. reagieren, mit denen bei der Unters. techn. Prodd. zu rechnen ist. Deshalb wurde vom Vf. eine Meth. gewählt, bei der die für **I** charakterist. Naphthalingruppe als *α-Naphthylamin* (**II**) bestimmt wird, obwohl die Isolierung des **II** etwas langwierig ist u. ein empir. Faktor eingeführt werden muß. (Arzneimittel-Forsch. **2.** 348. Juli 1952. Berlin-Dahlem, Robert-Koch-Inst. für Hygiene u. Infektionskrankheiten.) K. F. MÜLLER. 4880

H. Bentz und **W. Kühn,** *Photometrischer Nachweis des Äthoxydiaminoacridinlactat im Entozon.* Die zu untersuchende Substanz wird in W. gelöst, mit Essigsäure angesäuert u. $NaNO_2$-Lsg. zugegeben. Hierbei bildet das im Entozon enthaltene *Äthoxydiaminoacridinlactat* (**I**) eine rotviolette Färbung, während das gleichzeitig vorhandene *2.3-Dimethoxy-6-nitro-[γ-diäthylamino-β-oxypropylamino]-acridindihydrochlorid* dabei nicht reagiert. Zur Erhaltung der maximalen Färbung ist Eiskühlung u. schnelle Messung erforderlich. Man mißt mit Filter S 50 (= 4960 Å), wobei die Färbung dem LAMBERT-BEERschen Gesetz folgt, so daß unter Verwendung des Faktors 0,113 die **I**-Konz. errechnet werden kann. (Mh. Veterinärmed. **10.** 452—53. Okt. 1955. Leipzig, Univ., Inst. für Vet.-Pharmakol. u. -Toxikol.) F. KRUSEN. 4880

Edita Toperczerová und **Ján Baloun,** *Zur Resistenz der Erythrocyten gegenüber der Wirkung von Gerbstoffen.* Die Gerbstoffe (**I**) von Rhizoma tormentillae, Gallae hungaricae u. Radix Ratanhiae wurden biol. durch Konglutination von Erythrocyten (**II**) mit Blut von 3—4 Wochen alten Kälbern u. 4—14jährigen Kühen bestimmt. Vff. stellen fest, daß bei den untersuchten Drogen die **II** der älteren Tiere gegen **I** resistenter sind als die **II** jüngerer Tiere, beim Tannin (**III**) bleibt die Wrkg. gleich. Will man biol. den wirksamen Geh. von **I** genau bestimmen, so muß man mit jungen Tieren arbeiten u. **III** nicht als Standard nehmen. (Farmácia [Bratislava] **24.** 76—84. März 1955. Bratislava, Univ. Komensk., farm. fak., úst. pre farmakogn.) E. VEVERA. 4880

F. H. L. van Os und **D. H. E. Tattje,** *Die Bedeutung der neu gefundenen Glykoside für die chemische Wertbestimmung von Digitalis purpurea.* Übersicht über die Eigg. der kürzlich entdeckten Glykoside von Digitalis purpurea, unter denen *Strosposid* (**I**) u. *Digipurpurin* (**II**) die wichtigsten sind. **I** besteht aus Gitoxigenin u. Digitalose u. wird daher bei der Best. mit Pikrin- oder 3.5-Dinitrobenzoesäure als Gitoxin (**III**) gefunden. **II** reagiert nicht mit einer alkal. Na-Pikratlsg. u. zeigt keine Wrkg. auf das Herz. Mit Hilfe der sich auf die Digitoxose-Rk. gründenden Bestimmungen wird **II** als Digitoxin

u. III gefunden. — 21 Literaturangaben. (Pharmac. Weekbl. **90.** 901—06. 31/12. 1955. Groningen, Rijksuniv., Labor. voor Pharmacognosie en Galen. Pharmacie.)
W. WESLY. 4880

Galactina & Biomalz Akt.-Ges., Belp, Schweiz, *Undecylensäurephenylester*, Kp.$_{1,5}$ 168—170°, unlösl. in W., lösl. in den üblichen organ. Lösungsmitteln, erhält man durch Veresterung von Undecylensäure, bzw. Rk. von dessen Chlorid mit geschmolzenem Phenol bei 120°, bis die HCl-Entw. beendet ist. — *Therapeuticum.* (**Schwz. P. 308 144** vom 14/10. 1952, ausg. 1/9. 1955.) G. KRAUSS. 4807

Oesterreichische Stickstoffwerke Akt.-Ges., Linz/Donau, *N^1-(3.5-Dimethoxybenzoyl)-sulfanilamid.* Man setzt 3.5-Dimethoxybenzoesäure mit $SOCl_2$ zum 3.5-Dimethoxybenzoesäurechlorid um, verestert mit Phenol u. Pyridin zu 3.5-Dimethoxybenzoesäurephenylester (F. 67°) u. erhitzt diesen mit Sulfanilamid-Na auf 160°, F. 205 bis 210°. Ist akt. *gegen Staphylokokken, Coli-* u. *E-Ruhr-Erreger* u. wirkt bakteriostat. gegen *Mycobact. tuberculosis.* (**Schwz. P. 306 787** vom 29/9. 1951, ausg. 1/7. 1955. Oe. Priorr. 13/10. 1950 u. 19/1. 1951.) G. LANGER. 4807

P. Beiersdorf & Co. Akt.-Ges. (Erfinder: **Hans Ruhkopf**), Hamburg, *Herstellung kristallisierter Vanillylamide* von aliphat. Carbonsäuren mit 6—12 C-Atomen, dad. gek., daß ungereinigtes, mineralsalzhaltiges Vanillylaminhydrochlorid mit den freien Carbonsäuren der genannten C-Zahl bei Ggw. eines wasserlösl., inerten Lösungsm. u. $NaHCO_3$ unter Druck erhitzt, wie üblich aufgearbeitet u. das anfallende Prod. durch Chromatographierung über Al_2O_3 gereinigt wird. — *Nonylsäurevanillylamid.* Man red. Vanillinoxim, versetzt das rohe, anorgan. Mineralsalze enthaltende *Vanillylaminhydrochlorid* im Autoklaven mit Dioxan, Nonylsäure u. $NaHCO_3$ u. erhitzt 10 Std. auf 150°, arbeitet auf u. reinigt über Al_2O_3, F. 42°. — Analog werden erhalten: *Undecylensäurevanillylamid*, F. 51°. — *Heptylsäurevanillylamid*, F. 61°. — Die Verbb. wirken auf die *Geschmacksnerven* u. wirken stark *hyperämisierend* auf die Haut. (**D. B. P. 938 014** Kl. 12q vom 5/11. 1952, ausg. 19/1. 1956. Anmeldung bekanntgemacht 28/7. 1955.)
G. LANGER. 4807

Schenley Industries, Inc., New York, N. Y., übert. von: **William Schroeder**, West Lafayette, Ind., V. St. A., *Diaryldiazomethane* entstehen aus den entsprechenden Benzophenonhydrazonen durch Oxydation mit Ag_2O. — *4-Chlordiphenyldiazomethan.* Man schüttelt 4-Chlorbenzophenonhydrazon mit Ag_2O u. $MgSO_4$ (wasserfrei) in Ae. bei 30—32°. Sirup. Löst sich in Ae. mit purpurroter Farbe. Gibt mit 4-Nitrobenzoesäure in Ae. *4-Nitrobenzoesäure-(4-chlorbenzhydrylester)*, F. 114—115°. — Analog entsteht *Diphenyldiazomethan*; gibt mit Benzoesäure den *Benzoesäurebenzhydrylester*, F. 84 bis 86°. — *Zwischenprodd.* für *Antihistaminica* u. *Spasmolytica.* (**A. P. 2 710 862** vom 8/12. 1953, ausg. 14/6. 1955.) G. LANGER. 4807

Aktiebolaget Leo (Erfinder: **Ove Birger Fernö, Knut Bertil Högberg, Torsten Ove Enok Linderot**, Hälsingborg, **Egon Richardt Diczfalusy**, Stockholm, und **Ernst Thomas Rosenberg**, Ørholm), Schweden, *Herstellung von hochmolekularen Phosphorsäureestern von hydroxylgruppenhaltigen Chalkon- bzw. Dihydrochalkonderivaten*, dad. gek., daß man Verbb. der Formel **I** u. **II**, die mindestens nicht in o-Stellung zueinander befindliche, bes. aber 3—4 Phenolgruppen enthalten (X = H, OH; Z, Y, U', U'' gleich H oder wie

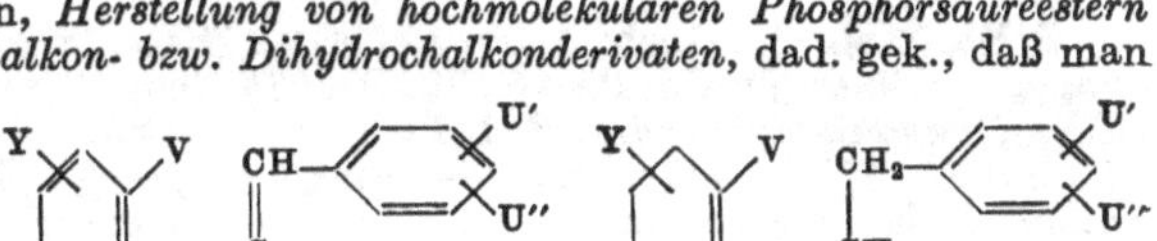

V gleich OH, Acyloxy oder Alkyloxy) u. nicht beide Substituenten eines Ringes H-Atome sein dürfen, in einem säurebindenden wasserfreien organ. Lösungsm. mit Phosphorylierungsmitteln in die Phosphorsäureester überführt. Die Veresterung soll nur solange durchgeführt werden, daß der gebildete Ester noch in W. u./oder verd. Alkalien lösl. ist oder, falls er in diesen Mitteln unlösl. ist, wird er durch Hydrolyse in einen lösl. Ester übergeführt. — Phloretin gibt in wasserfreiem Pyridin bei —10 bis —15° mit $POCl_3$ in Pyridin *Phloretinpolyphosphat*, leichtlösl. in W., wss. Bicarbonat, unlösl. in wasserfreiem A., Ae. u. Aceton, zeigt eine hemmende Wrkg. gegenüber *Hyaluronidase* u. alkal. Phosphatase in Konzz. von 0,00003 mg/cm³. Die Reinigung erfolgt mit wss. Bicarbonat. — 4.2'.4'.6'-Tetraoxychalkon → *4.2'.4'.6'-Tetraoxychalkonpolyphosphat*, orangefarben, Löslichkeit wie vorher, hemmende Wrkg. in Konzz. von 0,0005 mg/cm³. — 4.2'.4'-Trioxychalkon → *4.2'.4'-Trioxychalkonpolyphosphat*, rotbraun, Löslichkeit u. Wrkg. wie zuletzt genanntes Produkt. — *3.2'.4'.6'-Tetraoxy-4-methoxychalkonpolyphosphat*, rotbraun. — *4.2'.4'-Trioxy-3-methoxychalkonpolyphosphat*, rot. — *2'-Methylphloretinpolyphosphat.* — *4-Methylphloretinpolyphosphat.* Der P-Geh. beträgt ca. 6—12%. Durch weitere Reinigung, z. B. durch Dialyse, kann der P-Geh. auf 9—15% erhöht werden. — Die Verbb. zeigen *antienzymat. Wrkg.* auf *alkal. Phosphatase* u. *Hyaluronidase.* — Vgl. auch E. P. 700 761; C. **1955.** 10575. (**D. B. P. 929 664** Kl. 12o vom 29/11. 1950, ausg. 22/8. 1955. Anmeldung bekanntgemacht 16/12. 1954. Schwed. Prior. 30/11. 1949.)

G. Krauss. 4807

May & Baker Ltd., Dagenham, Ess., England (Erfinder: **William Robert Wragg**), *2.7-Diamino-9-phenyl-10-äthylphenanthridiniumchlorid* erhält man, wenn man eine Verb. der allg. Formel I, in der X eine in eine prim. Aminogruppe umwandelbare Gruppe (NO_2-, Acylamino- oder Carbalkoxy-aminogruppe) bedeutet, mit dem Äthylester einer starken Säure, z. B. Äthylhalogenid, Äthylsulfat oder p-Toluolsulfonsäureäthylester, umsetzt, in dem erhaltenen Reaktionsprod. die Reste X in NH_2-Gruppen überführt u. gegebenenfalls das Anion des erhaltenen Phenanthridiniumsalzes in ein Chlorion überführt. — *Chemotherapeuticum* bei Infektionen, welche durch *Trypanosomen* hervorgerufen wurden, mit bes. guter Wasserlöslichkeit. (**E. P. 735 438** vom 24/7. 1952, ausg. 24/8. 1955.)

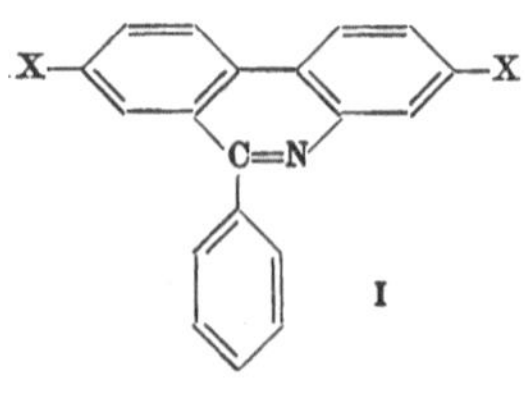

I

R. Link. 4807

Cilag Akt.-Ges., Schaffhausen, Schweiz, *Herstellung von Salzen des N-Pyrrolidino-essigsäure-(2-chlor-6-methylanilids)* durch Rk. mit *Citronensäure,* F. 158—160°; *Dioxy-maleinsäure,* F. 114—115°; *Äpfelsäure,* F. 127—128°; *Bernsteinsäure,* F. 178—181°; *HBr,* F. 202,5—205°; *Methansulfonsäure,* F. 146—148,5°; *HCl,* F. 194—195°. — *Lokal-anästhetica.* (**Schwz. PP. 311 587, 311 589, 311 592, 311 593, 311 594, 311 595** u. **311 596** vom 25/2. 1952, ausg. 15/2. 1956. **Zusätze zu Schw. P. 306 793; C. 1956. 798.**)

K. Fabel. 4807

Schering Akt.-Ges., übert. von: **Martin Schenck,** Berlin, *Quaternäre Ammonium-verbindungen. 1-Benzyl-2-dimethylaminomethylbenzimidazolchlormethylat.* Durch Rk. von 1-Benzyl-2-chlormethylbenzimidazol (A. P. 2 689 853; C. **1956.** 7401) mit $(CH_3)_3N$ in Ae. bei n. Temp., F. 209° (Zers.). *1-(p-Chlorbenzyl)-2-dimethylaminomethylbenzimidazol-chlormethylat.* Durch Rk. von 1-(p-Chlorbenzyl)-2-dimethylaminomethylbenzimidazol mit CH_3Cl in Ae. bei n. Temp., F. 215—217° (Zers.). — Analog lassen sich umsetzen: 1-(p-Brombenzyl)-2-brommethylbenzimidazol; 1-(p-Äthoxybenzyl)-2-chlormethylbenzimidazol; 1-(p-Methoxybenzyl)-2-(1'-dimethylaminoäthyl)-benzimidazol; 1-(5'-Chlorfuryl-2'-methyl)-2-(2'-dimethylaminoäthyl)-benzimidazol; 1-(5'-Chlorthienyl-2'-methyl)-2-dimethylaminomethylbenzimidazol. — *Antihistaminica.* (**A. P. 2 728 776** vom 22/7. 1953, ausg. 27/12. 1955.)

A. Brösamle. 4807

Merck & Co., Inc., Rahway, N. J., V. St. A., *1-Phenyl-1-isopropyl-4-[piperidyl-(1')]-2-butanol.* Aus 1-Phenyl-1-isopropyl-4-[piperidyl-(1')]-2-butanon durch katalyt. Hydrierung; Öl. *Hydrochlorid,* F. 140—142°. — *Therapeuticum* u. Zwischenprodukt. (**Schwz. 307 132** vom 21/3. 1951, ausg. 16/7. 1955. A. Prior. 21/3. 1950.)

G. Langer. 4807

F. Hoffmann-La Roche & Co. Akt.-Ges., Basel, Schweiz, *Herstellung von alkylierten Dioxopiperidinen.* Zu Oe. P. 175 570; C. **1954.** 7005 ist nachzutragen: *2.4-Dioxo-1.3.3-tri-methyl-5-oxymethylpiperidin,* F. 111—112°. — Daraus durch katalyt. Red. mit Raney-Ni bei 100—120° *2.4-Dioxo-1.3.3.5-tetramethylpiperidin,* $Kp._{12}$ 143°, mit W. mischbar. — *Heilmittel,* das tiefen u. lang andauernden Schlaf bewirkt. (**Schwz. P. 307 547** vom 5/10. 1951, ausg. 1/8. 1955. **Zusatz zu Schwz. P. 299 531 531; C. 1955. 11 746.**)

R. Link. 4807

Ed. Geistlich Söhne Akt.-Ges. für Chemische Industrie, Wolhusen (Schweiz), *Herstellung neuer Antituberkulotica,* dad. gek., daß man Isonicotinsäurehydrazid (**I**) oder dessen Salze mit $COCl_2$, vorzugsweise im Überschuß, umsetzt u. das Phosgenierungsprod. oder dessen Salze mit p-Aminosalicylsäure oder einem Salz derselben oder mit einem zur Komplexbldg. befähigten Salz eines mehrwertigen Metalles (z. B. des Cu, Ni, Fe, Mn oder Au) reagieren läßt. — Z. B. werden 5 g I in 300 cm³ absol. Dioxan heiß gelöst u. bei 44° in 35 Min. 80 g $COCl_2$-Gas eingeleitet. Die neue Verb. fällt als Salz aus; 8 g (Ausbeute), welches auf bekannte Weise in die freie *Verb.* $C_7H_5O_2N_3$, F. 257° (Zers.), übergeführt wird {vermutlich 2-[Pyridyl-(4)]-1.3.4-oxdiazolon-(5)}. — 4,4 (Teile) p-aminosalicylsaures Na werden in 7,5 W. gelöst u. mit der Lsg. von 4,1 vorst. Verb. in 12,5 2n HCl bei 20—40° versetzt. Es entsteht eine *orangegefärbte Verb.,* F. 165° (Zers.); 6,2 Teile. — Auf ähnliche Weise erhält man aus Lsgg. der Verb. $C_7H_5O_2N_3$ u. $CuSO_4 \cdot 5H_2O$ *grünlichblaue Plättchen.* F. 182° (Zers.); mit $AuCl_3$ eine *Verb.* mit F. 212—213° (Zers.); $CoCl_2 \cdot 6H_2O$ gibt eine *orangegelbe Verb.,* F. >350°; $NiSO_4 \cdot 7H_2O$ führt zu einer *hellgrünen Verb.,* F. >350°; aus $MnSO_4 \cdot 7H_2O$ eine *cremefarbene Verb.,* F. >350°; aus

$FeSO_4 \cdot 7H_2O$ eine *gelbe Verb.*, F. $>350^0$. (**Oe. P. 183 870** vom 2/4. 1954, ausg. 25/11. 1955. Schwz. Priorr. 24/11. u. 7/12. 1953 u. 8/3. 1954.) T. OPPERMANN. 4807

F. Hoffmann-La Roche & Co., Akt.-Ges., Basel, Schweiz, *1-(2'-Methylisonicotinyl)-2-palmitoylhydrazin*, F. aus verd. A. 112—115°, erhält man durch Acylierung von 2-Methylisonicotinsäurehydrazid (I) mit Palmitoylchlorid oder Palmitinsäureanhydrid, bes. in Pyridinlsg. bei erhöhter Temperatur. — I wird durch folgende Rkk. erhalten: 2-Methyl-6-chlorpyridin-4-carbonsäurechlorid + CH_3OH unter Kochen → *2-Methyl-6-chlorpyridin-4-carbonsäuremethylester*, F. 60°. — Dieser wird in CH_3OH gelöst u. in Ggw. von wasserfreiem K-Acetat mit H_2 in Ggw. von Pd-Kohle hydriert → *2-Methylpyridin-4-carbonsäuremethylester*, Kp.$_{17}$ 105—110°, in 75%ig. Ausbeute. — Dieser wird in CH_3OH gelöst u. mit 85%ig. Hydrazinhydrat 2 Std. auf 50° erwärmt. Man erhält **I**, F. 113—114° (aus A.) in 85%ig. Ausbeute. — *Chemotherapeuticum* zur Behandlung von *Tuberkulose*. (**Schwz. P. 310 984** vom 20/11. 1952, ausg. 14/1. 1956.) R. LINK. 4807

F. Hoffmann-La Roche & Co., Akt.-Ges., Basel, Schweiz, *Alkylierte Derivate von Isonicotinsäurehydrazid* erhält man, wenn man eine Verb. der allg. Formel **I**, in der R den Rest eines Alkohols, bes. eines niedermol. aliphat. Alkohols (Methanol, Äthanol) u. X = H oder ein Halogenatom bedeuten, mit Hydrazinhydrat (**II**) oder einem Hydrazinsalz, vorzugsweise in einem Lösungsm. u. bei leicht erhöhter Temp., umsetzt u. das Halogenatom entweder vor oder nach der Rk., z. B. durch katalyt. Hydrierung mit Pd-Kohle in Ggw. eines halogenwasserstoffbindenden Mittels (Alkaliacetat, NH_3) u. eines Lösungsm. (Methanol), durch Wasserstoff ersetzt. — Z. B. löst man 122 (Gewichtsteile) 2-Methylpyridin-4-carbonsäuremethylester (**III**) in 80 Raumteilen Methanol, versetzt mit 60 85%ig. **II** u. erwärmt 2 Std. auf 50°. Das Lösungsm. wird im Vakuum abdestilliert. Man erhält 104 *2-Methylpyridin-4-carbonsäurehydrazid*, F. (aus A.) 113 bis 114°. — Das Ausgangsprod. wird wie folgt hergestellt: 200 2-Methyl-6-chlorpyridin-4-carbonsäuremethylester, F. 60°, werden in 1000 Raumteilen Methanol gelöst, mit 116 K-Acetat (wasserfrei) versetzt u. bei Atmosphärendruck mit 20 Pd-Kohle hydriert. Nach Aufnahme von 1 Mol H_2 arbeitet man in üblicher Weise auf. Man erhält 122 **III**, Kp.$_{17}$ 105—110°. — *Arzneimittel* mit geringer Toxizität zur Bekämpfung der *Tuberkulose*. (**Schwz. P. 307 136** vom 27/6. 1952, ausg. 16/7. 1955.) R. LINK. 4807

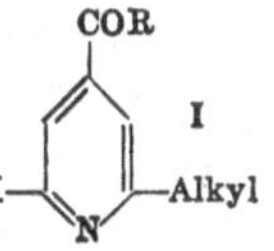

I

„Solco" Gesellschaft für chemische Laboratorien, Akt.-Ges., Basel, Schweiz, *Herstellung von 5-Chlor-8-acetoxychinolin*, F. 83° (Bzn.), dad. gek., daß man 5-Chlor-8-oxychinolin in üblicher Weise mit Essigsäureanhydrid oder Acetylchlorid, gegebenenfalls in Ggw. eines Lösungsm. (CCl_4) u. eines Katalysators (H_2SO_4), durch Kochen unter Rückfluß acetyliert. — *Antimycoticum*. (**Schwz. P. 309 721** vom 11/10. 1952, ausg. 14/1. 1956.) R. LINK. 4807

Eli Lilly & Co., übert. von: **Wilbur J. Doran,** Indianapolis, Ind., V. St. A., *Thiobarbitursäuren* der Formel I (wenn R = Allyl, dann R_2 = 2-Methylbutyl bzw. sek.-Butyl u. R_1 = Äthyl bzw. Allyl; wenn R_1 = CH_3, dann R = Äthyl oder Allyl u. R_2 = 1-Äthylpropyl oder 1-Methylbutyl) erhält man durch Kondensation von N-Alkylthioharnstoff mit einem entsprechend substituierten Malonsäureester oder -diester oder Malonsäurenitril in Ggw. eines alkal. Kondensationsmittels. — Aus Äthyl-(1-methylbutyl)-cyanessigsäureäthylester u. Methylthioharnstoff in Ggw. von Na-Äthylat nach 24std. Erhitzen → 1-Methyl-5-äthyl-5-(1'-methylbutyl)-4-imino-2-thiobarbitursäure, F. 105—108°; daraus mit wss. HCl nach 1std. Erhitzen → *1-Methyl-5-äthyl-5-(1'-methylbutyl)-2-thiobarbitursäure* (**II**), $C_{12}H_{20}O_2N_2S$, aus wss. A., F. 55—58°; daraus mit Na-Äthylat → *Na-Salz*; *K-*, *Ca-* u. *Äthanolaminsalz*. — Äthyl-(1-äthylpropyl)-cyanessigsäureäthylester → 1-Methyl-5-äthyl-5-(1'-äthylpropyl)-4-imino-2-thiobarbitursäure → *1-Methyl-5-äthyl-5-(1'-äthylpropyl)-2-thiobarbitursäure*, F. 57—61°. — Allyl-(1-methylbutyl)-cyanessigsäureäthylester → 1-Methyl-5-allyl-5-(1'-methylbutyl)-4-imino-2-thiobarbitursäure → *1-Methyl-5-allyl-5-(1'-methylbutyl)-2-thiobarbitursäure*, F. 69 bis 70°. *K-Salz*. — Allyl-(1-äthylpropyl)-cyanessigsäureäthylester → 1-Methyl-5-allyl-5-(1'-äthylpropyl)-4-imino-2-thiobarbitursäure → *1-Methyl-5-allyl-5-(1'-äthylpropyl)-2-thiobarbitursäure*, F. 55—57°. — (1-Methylbutyl)-äthylmalonsäureäthylester → **II**, Kp.$_2$ 150—152°. — Allyl-(2-methylbutyl)-malonsäureäthylester + Äthylthioharnstoff → *1-Äthyl-5-allyl-5-(2'-methylbutyl)-2-thiobarbitursäure*, $C_{14}H_{22}O_2N_2S$, Kp.$_{0,1}$ 130—132°. *Na-*, *K-*, *Ca-* u. *Äthanolaminsalz*. — Allyl-sek.-butylmalonsäureäthylester + Allylthioharnstoff → *1.5-Diallyl-5-sek.-butyl-2-thiobarbitursäure*, Kp.$_{0,27}$ 143—157°, aus verd. Methanol, F. 46—50°. *Na-Salz*. — *Hypnotica* u. *Anästhetica*. — Vgl. auch A. P. 2 666 057; C. **1955.** 8450. (**A. P. 2 673 849** vom 2/6. 1952, ausg. 30/3. 1954. **E. PP. 720 826** vom 18/3. 1953, ausg. 29/12. 1954. A. Prior. 4/4. 1952 u. **725 589** vom 23/3. 1953, ausg. 9/3. 1955. A. Prior. 2/6. 1952.) G. KRAUSS. 4807

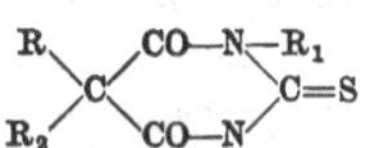

I

Lepetit S. p. A., Mailand, Italien, *Acylhydrazone bicyclischer Terpenketone* der allg. Formel I (A = heterocycl. Rest, der eine NO_2-Gruppe tragen kann; R = H, Carboxy oder Sulfogruppe; R_1 u. R_2 = H oder, falls R = H, R_1 = H u. R_2 = Sulfogruppe oder umgekehrt) erhält man durch Kondensation eines Hydrazids der Formel A—CO—$NHNH_2$ mit dem entsprechenden bicycl. Terpenketon unter Erhitzen in einem niedermol. Alkohol. — Aus Isonicotinsäurehydrazid u. d-Camphosulfonsäure in 95%ig. A. unter Rückfluß nach 30 Min. → *d-10-Camphosulfonsäureisonicotinylhydrazon*, F. 300—302° (Zers.); $[\alpha]_D^{20}$ —73,91° (W.). — *d-3-Camphocarbonsäureisonicotinylhydrazon-Na-Salz.* — *d-3-Camphosulfonsäurenicotinylhydrazon-Na-Salz.* — *d-3-Camphocarbonsäure-5-nitro-2-thenoylhydrazon-K-Salz.* — *d-Campherisonicotinylhydrazon*, F. 196—198°; $[\alpha]_D^{20}$ —47,24° (A.). — Die Verbb. sind *baktericid*, bes. gegen *Tuberkulose* wirksam. (**E. P. 741 260** vom 27/10. 1953, ausg. 30/11. 1955. It. Prior. 30/10. 1952.) G. KRAUSS. 4807

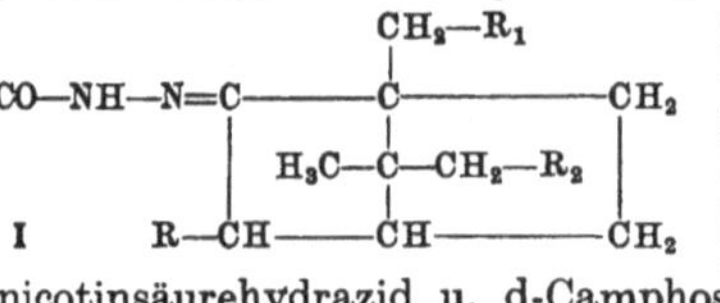

I

Eli Lilly & Co., Indianapolis, Ind., V. St. A., *2-Methyl-3-amino-4.5.6-pyridintricarbonsäuredihydrat*, das sich bei 188—190° zers., erhält man durch Rk. eines 2-Methyl-3-cyan-4.5.6-pyridintricarbonsäuretriesters mit konz. H_2SO_4 u. Rk. des gebildeten 2-Methyl-3-carboxamido-4.5.6-pyridintricarbonsäuretriesters bzw. des entsprechenden 3.4-Carboximids mit einem Metallhypohalogenit [NaOCl, $Ca(OBr)_2$, KOJ] bei erhöhter Temp. u. Ansäuern des gebildeten Reaktionsprod. mit 12n HCl. — *Zwischenprod.* zur Herst. von *Pyridoxin.* (**E. P. 736 344** vom 28/2. 1952, ausg. 7/9. 1955. A. Prior. 16/3. 1951.) R. LINK. 4809

Boots Pure Drug Co. Ltd. (Erfinder: **Stanley William Stroud** und **Henry Maurice Penrose Ranley**), Nottingham, England, *Extraktion von Penicillin* (I) aus Kultur-Fll., dad. gek., daß diese, gegebenenfalls nach Abfiltrieren des Mycels, mit einem lösl. Ca-Salz in fester oder gelöster Form behandelt, dann filtriert, angesäuert u. mit einem im wesentlichen mit W. nichtmischbaren Lösungsm., z. B. einem niederen Alkylacetat, extrahiert werden. Nach den Beispielen werden $CaCl_2$ u. Butylacetat angewendet. (**D. B. P. 941 686** Kl. 30h vom 30/12. 1954, ausg. 19/4. 1956. Anmeldung bekanntgemacht 20/10. 1955. E. Prior. 15/1. 1954.) H. SCHINDLER. 4811

Olin Mathieson Chemical Corp., übert. von: **Morris A. Dolliver**, Stelton, und **Serge Semenoff**, New Brunswick, N. J., V. St. A., *Dihydrostreptomycine*, bes. deren Sulfate erhält man durch elektrolyt. Red. der entsprechenden Streptomycinhydrochloride als Katolyt in nichtalkal. Lsg. u. in Ggw. einer starken anorgan. Säure als Anolyt, die durch ein semipermeables Diaphragma getrennt sind; höchste genannte Ausbeute 94%. — *Dihydrostreptomycinsulfat.* — *Dihydromannosidostreptomycinsulfat.* (**A. P. 2 717 236** vom 9/12. 1949, ausg. 6/9. 1955.) G. KRAUSS. 4811

Distillers Co. Ltd., Edinburgh (Erfinder: **James Burnside Diamond**, Speke, Liverpool), England, *Gewinnung und Reinigung von Polymyxin* unter Verwendung von bei der Herst. von Antibiotica bekannten Ionenaustauschern, dad. gek., daß man eine wss. Lsg. von Polymyxin (I) mit einem Ionenaustauscher, dessen Austauscheig. durch Ggw. von Carboxylgruppen bedingt ist, in Berührung bringt u. dann das adsorbierte **I** mit der Lsg. eines Elektrolyten auslaugt. Als letztere sind HCl, H_2SO_4 oder wss. $CaCl_2$-Lsg. genannt. Die Adsorption soll bei ca. p_H 4,5 erfolgen. Das gesamte Verf. kann im Kreislauf durchgeführt werden. — Mengenbeispiele, Arbeitsschema. (**D. B. P. 941 012** Kl. 30h vom 24/12. 1953, ausg. 29/3. 1956. Anmeldung bekanntgemacht 6/10. 1955. E. Prior. 3/1. 1953.) H. SCHINDLER. 4811

Chemische Fabrik Budenheim Akt.-Ges., Mainz (Erfinder: **Otto Pfrengle** und **Christel Pietruck**), Budenheim/Rh., *Zahnsteinlösendes Zahnreinigungsmittel*, gek. durch einen Geh. an wasserlösl. Diglykolaten, z. B. Alkali- oder (NH_4)-Diglykolaten oder Diglykolaten organ. Basen. (**D. B. P. 940 185** Kl. 30h vom 7/11. 1952, ausg. 15/3. 1956. Anmeldung bekanntgemacht 11/2. 1954.) E. PETERSEN. 4823

G. Analyse. Laboratorium.

W. E. West jr. und **J. W. Westwater**, *Korrektur des Einflusses von Strahlung und Wärmeleitung auf die Temperaturmessung in heißen Gasen.* Der Einfl. von Wärmeleitung u. Strahlung wird üblicherweise angenähert ermittelt, indem in zwei aufeinanderfolgenden Schritten erst der Fehler durch Strahlung unter Vernachlässigung der Leitung u. dann der Fehler durch Leitung unter Vernachlässigung der Strahlung berechnet wird.

Die Addition gibt den Gesamtfehler. Vff. ersetzen in der Differentialgleichung den Ausdruck für die Strahlung durch eine dem Temperaturbereich angepaßte lineare Beziehung (eine Wärmeübergangszahl für Strahlung), wodurch sie für den in Frage kommenden Temperaturbereich eine Lösung unter gleichzeitiger Berücksichtigung von Strahlung u. Leitung erhalten. (Ind. Engng. Chem. **45.** 2152—56. Okt. 1953. Urbana, Ill., Univ. of Illinois.) M. RABES. 5016

Irving F. Stacy, *Ermittlung des Ruhepunktes einer ungedämpften analytischen Waage.* Beschrieben wird eine genaue mathemat. Meth. zur Ermittlung des Ruhepunktes einer analyt. Waage aus drei Ablesungen. Die zwei üblichen Ableitungen zusammen mit der genauesten werden näher erläutert. (J. chem. Educat. **32.** 90—91. Febr. 1955. New York, N. Y., Columbia Univ.) K. PISTOR. 5022

Hans Ulbricht, *Der Fehlereinfluß des Luftauftriebes bei Wägungen.* Für genaue Messungen muß der bei Wägungen auftretende Luftauftrieb berücksichtigt werden. Zur Ermittlung der Meßfehler wird eine Formel abgeleitet. (Z. Ver. dtsch. Ing. **96.** 1141—44. 1/12. 1954. Ebingen/Württbg.) W. WESLY. 5022

S. Sýkora und **J. Váhala,** *Dampfkocher für die Laboratoriumsdestillation.* Zwecks kontinuierlicher Entnahme von Kondensat ist zwischen Unterteil der Kolonne u. Kochgefäß ein besonderer Ansatz eingeschaltet. (Chem. Průmysl **4 (29).** 466—67. Dez. 1954. Výzk. úst. synthet. kaučuku.) K. STEINER. 5038

J. Pinkava, *Eine Destillierblase für kontinuierliche Prozesse.* Es wurde eine Laboratoriumsdestillierblase beschrieben, die auch für schäumende Fll. u. für die Arbeit im Vakuum verwendbar ist. Der App. wird in Form eines U-Rohres konstruiert. Ein Arm wird elektr. geheizt, in dem anderen ist ein Syphon angebracht, durch welchen die Fl. aus dem U-Rohr entnommen werden kann. Die Dämpfe der Fl. aus dem geheizten Arm werden in den oberen Teil des zweiten Armes tangential eingeführt. Dadurch wird der störende Einfl. des Schäumens beseitigt. Oberhalb des geheizten Armes ist ein Thermometer angebracht, das entweder nur für die Temperaturmessung der Dämpfe oder auch zur Regelung der Heizung dient. Der Inhalt des Gefäßes beträgt ungefähr 30 ml. Für eine sehr kleine Leistung oder in hohem Vakuum wird Heizung mittels eines durch die Fl. geführten Widerstandsdrahtes empfohlen. Da der Widerstandsdraht durch Korrosion beschädigt werden kann, wird sein Schutz durch Anbringung eines Glasüberzuges beschrieben. (Chem. Listy **48.** 455—57. März 1954. Žilina, Považské chem. závody n. p.) K. SETÍNEK/Prag. 5038

R. Chromeček, *Apparat für die Molekulardestillation nach Utzinger.* Beschreibung der einfachen Apparatur. (Chem. Průmysl **4 (29).** 428—30. Nov. 1954. Výzk. úst. synth. pryskyřic.) K. STEINER. 5038

Dimitrios Staicopoulos, Ernest Yeager und **Frank Hovorka,** *Elektronische Anordnung zum Messen der Überspannung.* Beschreibung einer Anordnung zur Messung der Überspannung nach der „indirekten" Methode. Es können Unterbrechungsperioden verschied. Länge zwischen 5 u. 100 μsec oder der Hälfte der Wiederholungsperioden eingestellt werden. Die Geschwindigkeit der Schaltwechsel kann zu 20—3000 je Sek. gewählt werden. Die polarisierenden Stromstärken liegen zwischen 10^{-6} u. 10^{-1} Ampere. Die Zeiten für die Potentialmessungen betragen 5 μsec zu beliebig zu wählenden Zeitpunkten nach Ab- bzw. Einschalten. (J. electrochem. Soc. **98.** 68—73. Febr. 1951.) W. KATZ. 5052

Roland Bourrillon und **René Got,** *Technik und Apparatur für die Zonenelektrophorese an Stärke.* Die von Vff. für die Reinigung von Polypeptiden u. Proteinen entwickelte, App. besteht aus einem vertikalen Glasrohr, das im unteren Teil durch eine abnehmbare Sinterglasplatte verschlossen ist u. Stärke enthält. Durch einen horizontalen Ansatz im unteren Teil ist das Rohr mit einem 2. vertikalen Rohr verbunden, das mit Pufferlsg. gefüllt ist. Die Pt-Elektroden befinden sich in 2 Gefäßen am Oberteil der beiden Rohre u. sind durch eine Art Labyrinthsyst. zur Vermeidung von p_H-Verschiebungen von diesen getrennt. Die Elektrophorese kann in Veronal/HCl/Na-Acetatpuffer p_H 8,6 u. μ 0,05 oder in Acetat/Essigsäure p_H 4,5 u. μ 0,05 bei 700—800 V u. 25—30 mA während 24 Std. durchgeführt werden. Die Elektrophorese erfolgt in einem Kühlraum bei 0°; bei einem Rohrdurchmesser von >3 cm ist auch eine Innenkühlung notwendig. Nach der Elektrophorese wird die Stärke nach Entfernung der Sinterglasplatte mit einem Stempel aus dem Rohr gestoßen u. in 1 cm lange Stücke zerschnitten, die einzeln eluiert u. durch Biuret-Rk. oder Spektralphotometrie bei 280 mμ auf ihren Proteingeh. untersucht werden. Als Beleg werden die Ergebnisse einer Auftrennung der Serumproteine angeführt. (Bull. Soc. Chim. biol. **XXXVII.** 915—23. 27/10. 1955. Paris, Fac. de Méd., Labor. de Biochim.) E. SCHWERDTFEGER. 5054

T. H. Mead, *Apparatur und Methode zur zweidimensionalen Papierionophorese.* Durch zweidimensionale Ionophorese bei zwei verschied. p_H-Werten trennt Vf. in 9 Std. ein Gemisch folgender Aminosäuren auf WHATMAN Nr. 20-Papier: *Asparagin-, Glutaminsäure, Cystin, Glykokoll, Serin, Tyrosin, Threonin, Prolin, Oxyprolin, Methionin, Histidin, Alanin, Phenylalanin, Valin, Lysin, Arginin* u. *Leucin* (I). I u. *Isoleucin* sind nicht trennbar. Das Prinzip der Meth. besteht darin, daß nach der Ionophorese in der 1. Richtung mit Phthalatpuffer (0,02 mol., p_H 2,5) der p_H-Wert der Pufferlsg. im Papier dadurch verändert wird, daß das Papier dem konstanten NH_3-Dampfdruck über einer mit NH_3-Lsg. auf p_H 10,6 eingestellten Phthalatpufferlsg. (oder einer verd. NH_3-Lsg. vom p_H 11,6) in der Kammer ausgesetzt wird. Zur Anfärbung wird das trockene Papier durch folgende 3 Bäder gezogen u. jeweils zwischengetrocknet: 1,5%ig. KOH-Lsg. in Isopropanol (II); 2%ig. Essigsäurelsg. in II; 30 ml 0,5%ig. Ninhydrinlsg. in wasserfreiem II + 1,5 ml Kollidin. Trocknung wie üblich. App. u. Meth. werden eingehend beschrieben u. verschied. Versuchsbedingungen geprüft u. diskutiert. Eine Meth. zur Prüfung der Elektrolytströmung wird mitgeteilt. (Biochem. J. **59.** 534—43. April 1955. Cape Town, S. A., South African Council for Scient. and Ind. Res. u. Univ. of Cape Town, Dep. of Pathol., Virus Res. Unit.) K. PRCHAL. 5054

A. C. English, *Trennung von organischen und anorganischen Verbindungen.* Vf. würdigt die Arbeit von MC DONALD u. Mitarbeiter (C. **1951.** II. 1698) u. kommentiert den letzten Abschnitt, in dem Verss. über die Bewegung von Ionen auf einem Filter unter dem Einfl. elektr. u. magnet. Felder betrachtet werden. Er weist auf den Unterschied zwischen der Wrkg. des Massenspektrographen u. dem Einfl. elektr. Felder auf geladene Teilchen in Lsg. hin. Während beim Massenspektrographen eine Beschleunigung erzeugt wird, die nur von Ladung u. M. abhängt, kann die Bewegung gelöster Teilchen nur bis zu einer, in kurzer Zeit erreichten Grenzgeschwindigkeit vorgetrieben werden. Da es Methoden gibt, die verschied. geradlinige Bewegung von Ionen zu untersuchen, ist eine Umwandlung in transversale Richtung nicht unbedingt erforderlich. Die Einführung magnet. Felder hat gegenüber den elektr. keinen Vorteil. (Science [Washington] **113.** 367. 30/3. 1951. Kentucky, Univ., Dep. of Chem.) H. PLUSKAL. 5054

G. C. Krueger, *Untersuchung einer quantitativen Phasenkontrastmethode für nichthomogene Medien.* (Sitzungsbericht.) (Physic. Rev. [2] **98.** 1157. 1195. 15/5. 1955. Univ. of Maine.) E. KLEVER. 5056

Günter Schulz, *Dickenmessung dünner Objekte im Auflicht-Interferenzmikroskop.* Angabe des Prinzips für eine interferometr. Dickenmessung auch undurchsichtiger Objekte mit unbekanntem Brechungsindex in einem modifizierten KRUG-LAUschen Interferenzmikroskop. Beobachtet werden die Auflichtinterferenzen gleicher Dicke an beiden Seiten des Objektes u. an einer Vergleichsfläche. Durch Photographie läßt sich ein niveaulinienartiges Bild der gesamten, beiderseitigen Oberflächenstruktur erhalten. (Naturwissenschaften **43.** 31—32. Jan. 1956. Berlin-Adlershof, Inst. für Optik u. Feinmechan. der Dtsch. Akad. der Wiss.) H.-J. EICHHOFF. 5056

Rudolf Tschoepke, *Die Bestimmung der Doppelbrechung durchsichtiger Minerale im Auflicht.* Vf. fand ein Verf., auch im Auflicht mit Hilfe von Innenreflexen Doppelbrechungen zu messen. Die Innenreflexe zeigen Interferenzfarben, die von der Doppelbrechung des durchstrahlten Minerals abhängen u. durch Kompensation gemessen werden können. (Neues Jb. Mineralog., Mh. **1955.** 143. Juni. Clausthal.) J.-E. HILLER. 5056

Kurt Lehmann, *Versuche zur Herstellung von luminescenzfreien Kohlenan- und dünnschliffen sowie Kohlendünnschnitten.* Es werden Verss. beschrieben, luminescenzfreie Präpp. für die Beobachtung mit durchfallendem Licht herzustellen. Wegen ihrer Unterschiedlichkeit ist eine jeweilige Prüfung der Kitt- u. Lösungsmittel notwendig. Luminescenzfreie Kohlendünnschnitte lassen sich zwar erzielen, doch können Änderungen in der chem. Zus. u. dem Gefüge der Kohlen bei der Herst. auftreten. Zur Herst. von Kohlendünnschliffen werden Gelatine u. Paraffinöl empfohlen. Für luminescenzfreie Kohlenanschliffe hat sich Haftax D 98 bewährt. (Geologie **3.** 1095—99. Dez. 1954.) J.-E. HILLER. 5058

L. W. Graham, J. P. Cranston und **H. J. Axon,** *Vorbereitung von Stahlproben zur mikroskopischen Untersuchung durch eine chemische Poliertechnik.* Die Proben werden mit Schmirgelpapier gereinigt u. 15 Min. bei 35° mit einer Lsg. behandelt, die aus 7 Teilen 10%ig. Oxalsäure, 1 Teil 30%ig. H_2O_2 u. 20 Teilen W. besteht, dann werden sie mit warmem W. gewaschen u. getrocknet. Sie zeigen dann eine bemerkenswerte Korrosionsbeständigkeit, die wahrscheinlich auf die Bldg. einer festhaftenden Eisenoxydschutzschicht zurückzuführen ist. Bei der Behandlung ist eine period. Gasentw. zu beobachten. Die Lsg. wird schnell merklich gelb. Die Polierwrkg. ist daher vermutlich von der Ausbldg. u. dem Abbau eines Oxalatfilmes begleitet. (Res. Corresp., Suppl. zu: Research **8.** Nr. **4.** S 20—S 21. April 1955. Manchester, Univ., Metallurgy Dep.) D. BREDTSCHNEIDER. 5058

J. Lamprecht, *Die Glagolewsche „Punktmethode" und ihre Anwendung.* Es wird die GLAGOLEWsche Punktmeth. zur Durchführung quantitativer Dünnschliffvermessungen dargestellt u. mathemat. begründet. Die notwendige Meßeinrichtung, die in ihrem Hauptteil in einem umgeänderten Kreuztisch besteht, wird beschrieben. (Geologie **3.** 1085—94. Dez. 1954. Halle.) J.-E. HILLER. 5058

L. F. Hopkins und **A. P. Highton,** *Ein neuer Glanzmesser nach der Methode einer genauen Messung der Polarisation des Lichts.* In dem neuen Instrument wird ein Lichtstrahl von der zu untersuchenden Oberfläche (Papier) reflektiert u. so partiell polarisiert. Dann passiert er eine Serie polarisierender Elemente, die abwechselnd gekreuzt auf der Oberfläche eines nichtpolarisierenden, durchsichtigen, rotierenden Zylinders sitzen. Die eine Hälfte der Polarisatoren läßt den polarisierten Anteil durch, die andere nicht. Das auf den Analysator fallende Licht ist so abwechselnd in der einen u. der dazu senkrechten Richtung polarisiert. Bei Drehung des Analysators um den Winkel A herrscht zeitlich konstante Helligkeit. Es gilt: polarisierter Anteil in % $= 100 \cos 2A$, was mit einer Photozelle objektiv u. sehr genau gemessen werden kann, sofern A wie hier klein gehalten wird. (Nature [London] **173.** 1088—89. 5/6. 1954. Northfleet, Kent, Bowaters Developm. and Res. Ltd., Central Res. Labors.) H. LINDBERG. 5063

Ekkehard Preuss, *Zur Spektralanalyse sehr kleiner Substanzmengen.* Bei der Spektralanalyse im Kohlebogen kann durch Verfeinerung der Aufnahmetechnik bei Verwendung von Mikrowaage u. mkr. Präpariermeth. sowie Verkleinerung der Kathodenbohrung auf 0,5 mm, die benötigte Substanzmenge auf $1-10\,\gamma$, ohne Verringerung der Schärfe des Nachw., herabgesetzt werden. Das entscheidende Verhältnis von Linie: Untergrund bleibt auch bei diesen kleinen Mengen günstig. Die Durchführung qualitativer u. quantitativer Analysen wird an Meteoritenmaterial erprobt u. als weiteres Beispiel die Analyse sehr dünner Aufdampfschichten auf Glas genannt. Dadurch, daß ein Teil der Elemente im sichtbaren Gebiet empfindliche Nachweislinien besitzt, ist eine visuelle Beobachtung der Spektren möglich, u., wenn die Linie nur kurze Zeit aufleuchtet, der photograph. überlegen. Durch Benutzung eines Testspektr. kann die Lage der Nachweislinien genau angezeigt werden. (Fortschr. Mineralog. **29/30.** 69. 1951. München.) H. DICKHAUT. 5063

A. A. Pokrowski (unter Mitwirkung von **A. Je. Saitzewa**), *Quantitative Spektroskopie mit Hilfe eines Taschenspektroskopes.* Beschreibung eines mit den einfachsten Mitteln konstruierten Mikromodells, das es möglich macht, das Taschenspektroskop zur quantitativen Spektroskopie zu benutzen. Als Eigenarten dieses Aufsatzes für das Taschenspektroskop können die beträchtliche Verringerung der Unterschiede zwischen den Spektren der zu untersuchenden u. der Eichlsgg., Verringerung des Küvettenvol. für die zu untersuchenden Lsg. bis zu einigen ml u. die Vereinfaehung des Aufsatzes bezeichnet werden. (Бюллетень Экспериментальной Биологии и Медицины [Bull. exp. Biol. Med.] **38.** Nr. 8. 66—69. Aug. 1954.) E. STEINBERG. 5063

Je. L. Berman, *Steelometer St-7.* Das Gerät dient der Schnellspektralanalyse von Metallen u. Legierungen u. eignet sich sowohl für den Bogen als auch für den Funken. Es besitzt ein Dispergierungssyst. aus 3 Prismen. Für die Photometrierung der Spektrallinien besitzt das Gerät statt der Polarisationsprismen photometr. Keile. In einer Tabelle sind die Ergebnisse der Unters. von 8 *Stahl-* u. Legierungssorten zusammengestellt, wobei die zu bestimmenden Elemente, die Grenzkonzz. u. die analyt. Linienpaare angeführt werden. Der mittlere Fehler beträgt 4—7%. (Известия Академии Наук СССР, Серия Физическая [Nachr. Akad. Wiss. UdSSR, physik. Ser.] **19.** 38—40. Jan./Febr. 1955.) O. LEBTAG. 5063

I. MacIntyre und **J. E. S. Bradley,** *Ein Ultraviolett-Flammenphotometer.* Zur Best. von *Ca, Mg, Fe* u. *Cu* in biol. Fll. empfehlen Vff. ein UV-Flammenphotometer, bei dem aus einer Luft-Acetylen-Flamme die gewünschte Wellenlänge durch einen HILGER D 222-Quarzmonochromator isoliert wird. Durch eine besondere Schaltung können auch geringe Lichtintensitäten genau gemessen werden. (Biochem. J. **62.** 38 P. März 1956. London, Postgraduate Med. School.) F. KRUSEN. 5063

D. J. Fricker, *Ein Zirkulationssystem für spektralphotometrische Titrationen.* Beschreibung einer einfachen Anordnung aus Glas, in welcher die zu titrierende Lsg. mit Hilfe einer Zentrifugalpumpe während der Titration durch eine Absorptionsküvette gedrückt wird. Das Gleichgewicht wird 5 Sek. nach der Reagenszugabe erreicht. Das Gerät wird zur spektralphotometr. Best. des Ca-Murexid-Endpunktes benutzt. (Chem. and Ind. **1955.** 426. 16/4. Starcross, Exeter, Devon., Min. of Agric. and Fisheries, Nat. Agric. Advisory serv., South-West Sub-Centre, „Staplake Mount".) H.-J. EICHHOFF. 5063

F. D. Stott, *Ein Titrationsabsorptiometer.* Kurze Beschreibung eines Gerätes zur Titration unter photoelektr. Messung von Probe u. Vergleichsvers. bis zu Farbgleichheit u. gleicher opt. Dichte. *Mg* kann mit Eriochromschwarz als Indicator in Konzz. von γ/ml titriert werden. (Biochem. J. **62.** 36 P. März **1956.** Aylesbury, Stokemandeville Hosp.) F. KRUSEN. 5066

Nobuyuki Tanaka, *Neuere Fortschritte in der Voltametrie.* Überblick über Chronopotentiometrie mit Konvektionselektrode. — 31 Literaturangaben. (Kagaku-no-Ryôiki [J. Jap. Chem.] **9.** Nr. 10. 638—48. Okt. 1955. Sendai, Tôhoku-Univ., Abt. Chem. [Orig.: japan.]) E. MAEKAWA. 5066

K. Engelthaler, *Potentiometrische Titration mit photographischer Aufnahme der Kurven.* Das Verf. beruht auf der Messung der Potentialdifferenz an den Klemmen des während der Titration abgenommenen Elementstroms u. ihrer automat. Registrierung auf photograph. Papier in Abhängigkeit von der Zeit, bei konstanter Zufuhr der Titrationsflüssigkeit. Beschreibung einer einfachen App., ihrer Funktion u. des Arbeitsvorgangs mit Beispielen. (Chem. Průmysl **4** (**29**). 450—53. Dez. 1954. Horní Bříza, Výzk. úst. pro technol. hrubé keramiky.) K. STEINER. 5066

Enrique Virasoro, *Verhalten einfacher Elektroden bei der potentiometrischen Bestimmung von Säuren in nichtwässerigen Lösungen.* Die Best. von *Benzoesäure* (**I**) mit KOH, gelöst in *n-Butanol* (**II**), wurde potentiometr. unter Benutzung verschied. Metalle als Elektroden untersucht. Angewandt wurden 5 ml 0,05%ig. **I**-Lsg., verd. mit 10 ml **II** u. 1 Tropfen Phenolphthaleinindicator, andererseits 0,05n KOH in **II** nach Abfiltrieren der Carbonate. Als Indicatorelektride (IE) eignen sich alle jene Metalle, die beim Äquivalenzpunkt eine scharfe Änderung des Potentials, gemessen in mV, also einen hohen Wert von Δ mV/Δ ml zeigen, wobei die Titrier-Fl. in ml gemessen ist. Andererseits sind Elektroden aus Metallen, die statt einer scharfen eine allmähliche Änderung des Potentials bei der Neutralisation zeigen, als Bezugselektroden (BE) brauchbar. Langsame Einstellung des Potentials kann den Umschlagspunkt verdecken u. die betreffende Elektrode unbrauchbar machen. Diese Eigg. u. ihre Zahlenwerte sind bei jedem Metall stark von der Vorbehandlung, der seitdem verflossenen Zeit u. den adsorbierten Gasen abhängig. Bei Innehaltung der in jedem Fall geeignetsten Bedingungen (vgl. Original) erwiesen sich zur IE als geeignet: Pd, Pt, Au, Te, W, W-Stahl, Mo, Fe, Co, Ni + Ag (82 : 18), Bi, As, Sb, Nb; zur BE: C (Retortenkohle SIEMENS, Kohle H. S., Graphit H. S.), SiC, Ti, In, Be, Ag; wegen der langsamen Potentialeinstellung sind weniger brauchbar als IE: Cu, Bronze, Ni, Cr, U, Ge, Al; als BE: Zn. Aus gleichem Grunde u. infolge nur geringer Abhängigkeit des Potentials vom p_H im sauren Gebiet ist Pb wenig geeignet für beide Zwecke, ebenso Sn u. Cd. Im Gegensatz zu anderen Metallen wechselt während der Neutralisation die Änderung des Potentials bei Zn u. frisch versilbertem Ag zweimal ihre Richtung, so daß der Äquivalenzpunkt bei stärker positivem Potential liegt als im unmittelbar benachberten sauren u. alkal. Gebiet. Mn zeigt gegenüber allen anderen Metallen das entgegengesetzte Verh.: stärker positives Potential im alkal. als im sauren Gebiet. — Beim Vgl. der potentiometr. Neutralisationstitration der **I** mit KOH, beide in **II** gelöst, mit Glas/0,1n HCl–AgCl/Ag als IE erwies sich die BE aus Retortenkohle SIEMENS als genau gleichwertig der gesätt. Kalomel-BE, wobei sich das Potential jener nur im stark alkal. Gebiet etwas langsamer, im Äquivalentpunkt aber augenblicklich einstellte. (Rev. Fac. Ing. Quím. **20.** 83—103. 1951.) W. METZENER. 5066

Cesare Piantanida, *Konduktometrische Analyse.* Darlegung der Grundlagen mit einigen Beispielen acidimetr. u. alkalimetr. Best. von Säure- u. Basengemischen. (Chimica [Milano] [N. S.] **9** (**30**). 52—54. Febr. 1954.) W. METZENER. 5066

K. Damaschke, L. Rothbühr und **F. Tödt,** *Anwendung der elektrochemischen Sauerstoffmeßmethode für Messungen in biologischen Medien und ihre Ausführung.* Die Gesichtspunkte zur Auswahl einer geeigneten Elektrodenkombination zur direkten Messung des O_2-Grenzstroms auf polarograph. Weg werden besprochen. Prakt. Einzelheiten des Meßverf. u. 2 Beispiele werden angegeben. (Biochem. Z. **326.** 424—32. 25/5. 1955. Berlin-Dahlem, Bundesanst. für mechan. u. chem. Materialprüf.) PH. FRESENIUS. 5066

Trebge, *Werkstoff Glas in der p_H-Messung.* In der kurzen Beschreibung wird darauf hingewiesen, daß das Glas der Elektroden zur p_H-Messung einem Quellprozeß unterworfen werden muß. Dann werden verschied. Formen solcher Elektroden kurz beschrieben, bes. für biol. Messungen direkt in den zu untersuchenden Körpern, für Messungen mit bes. konstruierten Gefäßen u. schließlich solche, die Messungen während des Durchflusses der zu kontrollierenden Fl. gestatten. Diese können auch an Schreibgeräte u. Selbstregulierung angeschlossen werden. (Technik **1955.** 135—36. Messesonderheft.) L. KÜHNERT. 5066

Isamu Tate und **Mitsugu Senda,** *Neuere Fortschritte in der Theorie der Polarographie.* Überblick. — 104 Literaturangaben. (Kagaku-no-Ryôiki [J. Jap. Chem.] **9.** Nr. 10. 627—37. Okt. 1955. Kyôto, Univ., Landw. Fak. [Orig.: japan.]) E. Maekawa. 5066

Karel Dráb, *Neue Geräte. Handpolarograph LP 54* (Abb.). Ein leichtes Handgerät für Serienunterss. Größe 27×32×23 cm. Die erhaltenen Polarogramme sind übersichtlich. — *Polarograph LP 55* (Abb.). Automat. Photoregistrierung, staub- u. gasdichtes Gehäuse, vertikale u. horizontale Projektion möglich, fest eingebautes Potentiometer, Reduktorempfindlichkeit in 20 Stufen. — *Dehydratationsgerät LP* (Abb.) für Substanzen, die eingedampft werden sollen u. Erhitzen nicht vertragen. Das W. wird gefroren u. als Eis wegsublimiert. Entwässern bis auf 0,5% der ursprünglichen Feuchtigkeit ist möglich. (Českoslov. Farmac. **4.** 433—35. Okt. 1955.) E. Vevera. 5066

G. Buchanan und **R. L. Werner,** *Ein registrierender Wechselstrom-Polarograph.* Vff. beschreiben einen registrierenden Wechselstrompolarograph, der ein vollständiges Polarogramm von 0 bis —2,0 V in 15 Min. aufzunehmen gestattet, wobei jeder einzelne Tropfen an dem zugehörigen Potential erkennbar ist. An dem Beispiel einer Trennung von Pb^{2+}-, Tl^{+}-, In^{3+}- u. Cd^{2+}-Ionen in Konzz. von ca. 10^{-4} mol. wird die Überlegenheit der Wechselstrompolarographie gegenüber der n. Gleichstrompolarographie gezeigt, die nur für Pb^{2+} u. Tl^{+} bzw. In^{3+} u. Cd^{2+}-Ionen zusammen jeweils eine Stufe erkennen läßt, während auf dem Wechselstrompolarogramm durch die Aufzeichnung der Summenpotentiale alle 4 Metallionen einwandfrei identifiziert werden können. (Austral. J. Chem. **6.** 439—42. Nov. 1953. Sydney, N. S. W., Univ. of Techn., Dep. of Phys. Chem.) W. Niemitz. 5066

H. Berbalk und **W. Stoll,** *Über ein Universalzusatzgerät zum Polarographen „Sargent-Heyrovsky", Modell 13.* Es wird ein Zusatzgerät beschrieben, das folgende Schaltelemente enthält: Vorpotentialgeber, Ladestromkompensator, kapazitive Galvanometerdämpfung, Differentialbrücke, Derivierglied u. Elektrodenumschalter. (Mh. Chem. **86.** 564—75. 1955. Wien, TH, Inst. für organ. Chem.) E. Moisar. 5066

H. Berbalk, *Die schaltungsmäßige und mathematische Behandlung der elektrischen Kurvenderivierung mit kapazitiver Galvanometerdämpfung.* Die im vorst. Ref. beschriebenen Schaltzusätze (kapazitive Galvanometerdämpfung u. Derivierglied) führen zu unvermeidbaren Polarogrammverzerrungen, die mathemat. untersucht u. diskutiert werden. (Mh. Chem. **86.** 576—84. 1955.) E. Moisar. 5066

Tadao Mishima, Mitsuyoshi Shimazu, Kazuo Mori und **Tatsuo Kumagai,** *Selbstregistrierender Infrarotgasanalysator.* (Vgl. C. **1954.** 6548.) Der App. beruht auf einem elektr. Röhrengleichgewichtsanzeiger (mit Steinsalzfenster) für Infrarot. Bestimmt wird CO in Luft u. in CO + CO_2, CO_2 in Luft, CH_4 u. C_2H_2 in Luft u. in jeder der obigen Mischungen. Berechnet für CO_2 ist die Genauigkeit im Bereich 0—0,5% ± 0,05, 5—10% ± 0,1 u. 10—25% ± 0,2. (Rep. sci. Res. Inst. [Kagaku-Kenkyujo-Hokoku] **29.** 353—59. Nov. 1953. [Orig.: japan.]) L. Schuler. 5086

Ss. D. Radosavljević und **M. D. Dragojević,** *Die analytische Bestimmung von Stickstoffmonoxyd und Stickstoffdioxyd in Gasgemischen.* Das Bestimmungsverf. von Klemenc u. Muha (Z. anorg. allg. Chem. **134.** [1924.] 208) — Titration einer sauren $KBrO_3$-Lsg. nach Absorption von NO u. NO_2 in derselben — wird vereinfacht: die angewandte Absorptionslsg. enthält außer einer bekannten Menge $KBrO_3$ auch eine bekannte Menge Säure, aus deren Änderung der Gesamt-N entnommen wird, so daß das Verf. nach Schlösing sowie ein Lunge-Nitrometer entbehrlich werden; statt dessen wird ein einfaches Absorptionsgefäß eingeführt, das sich bewährte. Bei den Verss. zeigte sich, daß als Absorptionssäure HNO_3 geeigneter ist als H_2SO_4, da NO besser von HNO_3 absorbiert wird; dennoch wird NO_2 von einer sauren $KBrO_3$-Lsg. stets besser als NO absorbiert, u. bei diesem Vorgang wird aus dem NO + NO_2-Gemisch kein N_2O_3 gebildet. — Das vorgeschlagene Abänderungsverf. ist zeitsparend. (Гласник Хемиског Друштва Београд [Ber. chem. Ges. Belgrad] **18.** Nr. 5. 311—18. 1953. Belgrad, TH, Technol. Fak., Chem.-techn. Inst.) A. v. Wilpert. 5086

a) Elemente und anorganische Verbindungen.

Kazunobu Kodama, *Fortschritte in anorganisch-quantitativer Analyse.* Überblick über die Arbeiten von 1952 bis 1954. — 148 Literaturangaben. (Kagaku-no-Ryôiki [J. Jap. Chem.] **9.** Nr. 8. 518—23. Aug. 1955. Nagoya, Siritu-Kôgyô-Kenkyûzyo. [Orig.: japan.]) E. Maekawa. 5100

T. J. Janjić und **D. K. Vitorović,** *Eine neue Methode für die qualitative Trennung der basischen Sulfide der zweiten analytischen Gruppe voneinander.* Die bas. Sulfide werden 3 Min. mit einer 6n H_2SO_4 + 0,6n H_2O_2-Lsg. (30 ml W., 10 ml konz. H_2SO_4, 20 ml 3%ig. H_2O_2) gekocht; es bleibt als Nd. HgS + $PbSO_4$: man löst in NH_4-Acetat u. weist

Pb als Chromat nach, HgS wird in einem 2 : 1-Gemisch von konz. HCl u. 3% ig. H_2O_2 gelöst u. als Amalgamfleck auf Cu-Blech nachgewiesen. Die Lsg. (Bi, Cu, Cd) wird mit NH_3 gefällt u. im bas. $BiO(HSO_4)$ das Bi mit alkal. Stannitlsg. nachgewiesen, während die gelöst gebliebenen $Cu(NH_4)_4^{2+}$ u. $Cd(NH_3)_6^{2+}$ wie üblich getrennt werden. — Das Verf. vermeidet das lange Eindampfen der HNO_3-Lsgg., spart somit Zeit u. trennt Bi u. Pb sofort auf einfachere Art. (Гласник Хемиског Друштва Београд [Ber. chem. Ges. Belgrad] **18.** 301—09. 1953. Belgrad, Chem. Inst. der mathemat.-naturwiss. Fak.) A. v. WILPERT. 5106

A. P. Kreschkow, Ss. Ss. Wilborg und **K. I. Filippowa,** *Neue Farbreaktionen auf Oxalate und Sulfite.* Zu 1 ml 0,5% ig. *Benzidin* (I)-Lsg. in 5% ig. Essigsäure wird 1 ml neutraler oder schwach essigsaurer Prüflsg. zugegeben, sodann zum weißen **I**-Salz-Nd. 1 ml 0,2n *Cu-Acetat* (**II**)-Lsg.: in Ggw. von Oxalat- oder SO_3^{2-}-Ion Braunfärbung des Nd. nach 2 Min. (0,15 mg $C_2O_5^{-2}$/ml noch nachweisbar). Zum Nachw. auf Filtrierpapier werden je 1 Tropfen **I**-Lsg. (1% ig) u. **II**-Lsg. verwendet; nachweisbar 20 μg $C_2O_4^{2-}$/Tropfen. Empfindlichkeit des SO_3^{2-}-Nachw.: 0,3—0,4 mg/ml. p_H der Prüflsg. soll 3,5—5 betragen. In Ggw. störender Anionen wird 1 Tropfen Prüflsg. auf Filtrierpapier gebracht, 1 Tropfen n-Essigsäure u. 1—2 Tropfen 0,5n Ca-Acetatlsg. zugegeben (zur Ausfällung der Oxalate); man trocknet ein wenig, wäscht mit W. u. setzt je 1 Tropfen 1% ig. **I**- u. 0,2n **II**-Lsg. hinzu. Salze der Essig-, Wein-, Bernstein- u. anderen organ. Säuren stören nicht die **I**–**II**-Reaktion. (Журнал Аналитической Химии [J. analyt. Chem.] **8.** 306—10. Sept./Okt. 1953. Moskau, Chem.-technol. Mendelejew-Inst.) A. v. WILPERT. G 253

Josef Švasta und **Zdeněk Šulcek,** *Graphitrohstoffe.* Für die Analyse von massivem, fein- u. grobflockigem Graphit werden bewährte Bestimmungsverff. zusammengestellt für SiO_2, Al_2O_3, Ti, Gesamt-Fe, CaO, MgO, Mn, P_2O_5 (auch Zers. mit gleichzeitiger Mn- u. P_2O_5-Best.), FeO, S, CO_2, W., C, Alkalien u. V. (Chem. Rozbory nerostných Surovin **1953.** Nr. 4. 1—46.) R. K. MÜLLER. G 260

E. Papp, *Über den Natriumoxydgehalt des Rotschlammes von Tonerdefabriken und einen neuen elektrolytischen Apparat zur Bestimmung des Natriumoxyds.* Nach krit. Besprechung der verschied. Verff., bes. der Na_2SO_4-Meth., beschreibt Vf. das neue Verfahren. Eine Durchschnittsprobe des Rotschlammes wird bei 110° annähernd getrocknet, fein gepulvert u. durch ein 5000-Maschensieb vollständig gesiebt. Das feine Pulver wird 12 Std. bei 110° getrocknet u. dann gut durchgemischt, da während des Trocknens Entmischung erfolgt. 1 g Substanz wird mit 0,5 g sublimiertem S im Quarztiegel 5 Min. geglüht, die lose M. mit heißem W. ausgespült u. aufgekocht. Die 70—80° warme Suspension wird in den mit Cellophandiaphragma umgebenen Anodenraum der elektrolyt. Zelle (Abb.) gespült, u. dann wird gerührt. In dem Kathodenraum befindet sich dest. W. derselben Temperatur. Man arbeitet mit 110 V Gleichstrom. Nach ca. 5 Min. ist die Stromstärke maximal, sie soll aber 0,5—0,7 A nicht überschreiten. Nach 20 Min. wird die Kathoden-Fl. abgelassen, durch warmes W. ersetzt u. die Elektrolyse fortgesetzt, bis die Stromstärke auf 0,05 A oder noch weiter absinkt. Schließlich wird die gesamte Kathoden-Fl. mit n/10 Säure gegen Methylrot auf rot titriert. Vf. konnte so feststellen, daß 5—15% des Na_2O-Geh. wasserlösl., 60—80% ionenaustauschbar u. 5—25% fest gebunden sind. Demzufolge sind nach der Meth. von VASILEV-VSESOYUZ nur die beiden ersten Anteile des Na_2O, mit der einfachen Elektrolyse die beiden ersten Anteile u. ein geringer Teil des gebundenen Na_2O zu erfassen. Die Kaustifizierungsmeth. nach PFEFFER ergibt auch nur 60—80% des gesamten Na_2O. (Aluminium [Budapest] **2.** 51—55. 1950. Budapest, Aluminium- u. Leichtmetallforsch.-Inst.) J. PLANK. G 274

T. O. Portcastle, *Die Analyse von Zirkonium.* 3. Mitt. *Organische Reagentien.* (2. vgl. C. **1956.** 8998.) Übersicht über die Bestimmungsmethoden u. Abtrennverff. von Zr. Mit Hilfe organ. Reagentien. — 34 Literaturzitate. (Chem. Age **68.** 673—77. 2/5. 1953.) F. WEIGEL. G 322

T. O. Portcastle, *Die Analyse von Zirkonium.* 4. Mitt. *Verschiedene Methoden.* (3. vgl. vorst. Ref.) Zusammenfassung der verschied. Analysenmethoden für Zr. — 32 Literaturzitate. (Chem. Age **68.** 741—45. 16/5. 1953.) F. WEIGEL. G 322

Josef Švasta und **Zdeněk Šulcek,** *Eisenerze.* Zusammenstellung von erprobten Analysenverff. für die Best. von SiO_2, R_2O_3, TiO_2, CaO, MgO, Gesamt-Fe, S, Mn, P_2O_5, FeO, CO_2, Cu, BaO u. V in Fe-Erzen. (Chem. Rozbory nerostných Surovin **1953.** Nr. 1. 1—30.) R. K. MÜLLER. G 354

Josef Švasta und **Zdeněk Šulcek,** *Pyrite.* Zusammenstellung erprobter Analysenverff. für die Best. von SiO_2, Gesamt-Fe, S (oxydative Alkalischmelze; Rösten; Meth. nach JÄRVINEN), Mn, Se, Ni, Co, As, V, Cu, C, Au u. Ag in Pyriten. (Chem. Rozbory nerostných Surovin **1953.** Nr. 2. 1—42.) R. K. MÜLLER. G 354

C. Goldberg, *Eisen in Lötmitteln und Lagermetallen. Schnellbestimmungsmethode.* Zur Schnellbest. von Fe in Lötmitteln u. Lagermetallen wird eine Probe in H_2SO_4 gelöst, verd. u. ein aliquoter Teil abgenommen. Dieser wird mit Al zur Entfernung von vorhandenem Cu gekocht. Cu u. $PbSO_4$ werden abfiltriert. Fe wird im Filtrat colorimetr. mit der Alkalithiocyanatmeth. bestimmt. (Metal Ind. [London] **76.** 451—52. 9/6. 1950. West Springfield, Mass., New England Smelting Works, Inc.) S. HÜTTIG. G 354

S. Greenfield und **L. E. Sparrow,** *Ein absorptiometrisches Analysenverfahren, das sich besonders für Rückstände eignet, die man bei der Stahlchlorierung erhält.* Die Oxyde, die beim Erhitzen eines Stahls in trockenem, O-freiem Chlorstrom zurückbleiben, schließt man erst mit $NaHSO_4$, dann mit Na_2CO_3 auf. Man löst in verd. H_2SO_4 u. photometriert aliquote Teile, um nicht kleine Mengen gravimetr. trennen zu müssen. Für SiO_2 wendet man die Molybdänblaumeth. an, wobei man mit $H_2C_2O_4$ u. $FeSO_4$ red. u. gegen eine Kompensationslsg. mißt. KJO_4 erzeugt in phosphorsaurer Lsg. die Permanganatfarbe, aus der sich der MnO-Geh. ergibt. Fe u. Al trennt man zunächst mit NH_4OH ab; dann erzeugt man in gepufferter Lsg. eine gemeinsame Al–Fe-Färbung durch „Ferron" [Jodoxinsulfonsäure; 8-Oxy-7-jodchinolinsulfonsäure-(5)]. Die mit zwei verschied. Filtersätzen gemessenen Werte bestimmen nach Korrektur den FeO-Wert, während man die Al_2O_3-Menge aus der Differenz mit einer zweiten Eichkurve entnimmt. Die Genauigkeit der Ferronmeth. wird mit Modellversuchen belegt. (Metallurgia [Manchester] **45.** 263—66. 270. Mai 1952.) H. U. v. VOGEL. G 354

F. de Kazinczy, *Probenahme- und Analysenmethoden für die Wasserstoffbestimmung in Stahl.* Bei der üblichen Warmextraktion wird nicht der ganze H_2-Geh. einer Stahlprobe abgegeben. Vf. beschreibt einen verbesserten App. für die Best. des Rest-H_2 durch Vakuumschmelze im Graphittiegel unter Anwendung einer 3stufigen Hg-Diffusionspumpe als Transportpumpe, wobei der Extraktionsteil mit Luft gefüllt wird, während der Sammel- u. Analysenteil unter Hochvakuum verbleibt u. die Sammelseite in mehrere Teilvoll. aufgeteilt wird. Der H_2-Geh. des Gases wird mittels Diffusion durch eine Pd-Membran bestimmt. Bei 600° sind noch mehrere Tage zur völligen Extraktion des Rest-H_2 erforderlich. (Jernkontorets Ann. **139.** 309—25. 1955.) R. K. MÜLLER. G 354

Per Enghag, *Spektrophotometrische Siliciumbestimmung in Stahl und Gußeisen.* Bei der von HILL (C. **1949.** E. 761) u. ARNFELT u. Mitarbeitern (C. **1954.** 155) beschriebenen Si-Best. aus der Extinktion der gelben Silicomolybdänsäurelsg. wird das Extinktionsmaximum bei 100° schon in < 2 Min. erreicht; allerdings wird auch die Umlagerung der β- in die weniger stark gefärbte α-Modifikation beschleunigt, weshalb, bes. bei hohen Si-Gehh., die Erwärmungsdauer besser auf 1,5 Min. herabgesetzt wird. Bei Gußeisen werden besser reproduzierbare Ergebnisse erzielt, wenn man die Probe direkt auf der Kochplatte erhitzt, als wenn man die Auflsg. im Wasserbad vornimmt. Vf. wendet das modifizierte Verf. mit Erfolg bei unlegierten u. legierten Stählen, Si-Stählen (1—4,5% Si) u. Gußeisen an. (Jernkontorets Ann. **138.** 404—13. 1954. Stockholm, Metallograf. Inst.). R. K. MÜLLER. G 354

C. Georg Carlsson und **Lars Danielsson,** *Direktregistrierende spektrographische Phosphorbestimmung in Stahl und Eisenerz.* (Vgl. C. **1953.** 9579). Für die spektrograph. P-Best. wird die Linie 2149,11 Å verwendet, die bei sehr genauer Spalteinstellung mit einem mittelgroßen Spektrographen u. Verstärkerphotozellen von benachbarten störenden Linien getrennt werden kann. Hierfür wurde ein neuer Spalthalter konstruiert. Als Lichtquelle dient ein stark wärmestrahlender Wechselstromfunke mit Hilfszündung. Der P-Geh. kann in Stählen (Erzen) zwischen 0,005 u. 0,1% mit einer Standardabweichung von $\pm$ 5% (10%) bestimmt werden. Für alle C-Stähle kann dieselbe Analysenkurve verwendet werden, dagegen muß bei Ggw. von 1,5% Cr eine bes. Kurve oder Korrektur angewandt werden. Cu stört bis zu 0,4% nicht. Bei Doppelprobe dauert die Analyse 2 Min., wozu noch 1 Min. (Stahl) bzw. bis 15 Min. (Erz) für die Vorbereitung der Probe kommen. (Jernkontorets Ann. **138.** 383—403. 1954.) R. K. MÜLLER. G 354

J. R. Bishop, *Die Bestimmung von Aluminium in Eisen und Stahl mit Hilfe einer chromatographischen Trennung.* Es wird ein schnelles u. apparativ einfaches Verf. zur chromatograph. Trennung des *Al* von größeren Mengen *Fe* durch *Cellulose*-Säulen beschrieben u. diskutiert. Die kalte, ca. 50 γ Al enthaltende HCl-saure Lsg. des Stahls usw. wird mit soviel *Methyläthylketon* (I) versetzt, daß die Lsg. noch eben homogen bleibt, u. auf eine kurze chromatograph. Cellulosesäule gegossen. Fe u. die meisten sonstigen in legierten Stählen vorkommenden Metalle werden durch angesäuertes **I**, danach Al u. Ni durch verd. HCl eluiert u. Al nach der Meth. von WILLARD u. DEAN (C. **1951.** I. 3397) polarograph. bestimmt. Größere Ni-Mengen stören u. müssen aus dem Eluat durch

Hg-Kathodenelektrolyse entfernt werden. Belegversuche. (Analyst **81.** 291—94. Mai 1956. Acton, Metal Box Co. Ltd., Res. Div.) H. HOFMANN. G 354

Kōichi Tanino, *Über die Bestimmung von Chrom in Ferromangan.* Bei der Titration von Cr in Ferromangan mit $Fe(NH_4)_2(SO_4)_2$ ist es nach der Oxydation zu H_2CrO_4 mit $KMnO_4$ vorteilhaft, die Hauptmenge des $MnSO_4$ in MnO_2 zu verwandeln, ehe sich H_2CrO_4 bildet. Keine Adsorption von H_2CrO_4 an MnO_2, in der Hitze leicht filtrierbar u. störungsfreie Titration der H_2CrO_4. (Rep. sci. Res. Inst. [Kagaku-Kenkyujo-Hokoku] **29.** 511—16. Nov. 1953. [Orig.: japan.]) L. SCHULER. G 354

Josef Švasta und **Zdeněk Šulcek,** *Nickel-Kobalt-Erze.* Für die Best. von SiO_2, Cu, Ni, Co (auch polarograph. Ni-Best. mit u. ohne Ggw. von Co), Mn, As, Sb, Bi, Fe, Pb, S, U, Ag u. Au in Ni u. Co enthaltenden Erzen werden erprobte Analysenverff. zusammengestellt. (Chem. Rozbory nerostných Surovin **1953.** Nr. 5. 1—48.) R. K. MÜLLER. G 356

Walter Nielsch und **Gerhard Böltz,** *Zur photometrischen Bestimmung des Kupfers mit Bromwasserstoffsäure.* 2. Mitt. (1. vgl. C. **1956.** 8714). Vff. zeigen, daß die von ihnen beschriebene Meth. (l. c.) zur Best. von Cu mit Hilfe des $CuBr_2$–HBr-Komplexes sich durch Anwendung verschied. Filter zum ELKO II-Filterphotometer auf einen weiten Konzentrationsbereich (2—20 mg Cu/ml) ausdehnen läßt. Sie verwenden als Filter S 42 E, S 47 E, S 53 E, S 59 E, I 62 u. I 66. Fe stört bereits in kleinen Mengen. Eine Tarnung mit H_3PO_4 ist nur in besonderen Fällen möglich, da H_3PO_4 in größeren Mengen stört. Unter Verwendung geeigneter Kunststoffküvetten ist eine Tarnung mit HF möglich. Für zuverlässige Analysen muß sonst Cu vorher spezif. abgetrennt werden. (Z. analyt. Chem. **142.** 427—32. 1954. Laucherthal, Hohenzollern; Fürstl. Hohenzollern. Hüttenverw., Versuchsanst.). H. PLUSKAL. G 358

Ray Rapport, *Ein maßanalytisches Verfahren zur Bestimmung von Zinn in Legierungen auf Kupfergrundlage.* Man löst 1 g Probe in 20 cm^3 Mischung von 300 cm^3 konz. HCl, 500 cm^3 W. u. 15 cm^3 30%ig. H_2O_2, erhitzt nach Beendigung der heftigen Rk., bis die Lsg. zu sd. beginnt, versetzt mit 80 cm^3 verd. HCl u. ca. 0,3 g $HgCl_2$ u. 10 cm^3 30%ig. H_3PO_2, kocht 5 Min., kühlt in CO_2-Atmosphäre ($NaHCO_3$-Pille) auf 15° ab, versetzt mit 10 cm^3 50%ig. NH_4CNS-Lsg., 5 cm^3 10%ig. KJ-Lsg., ca. 0,1 g wasserlösl. Stärke u. titriert mit einer Lsg. von 1,8 g KJO_3, 5 g KJ u. 1 g KOH in 1 Liter W. bis zur bleibenden Blaufärbung. Die im Vgl. mit einer Blindprobe ausgeführte Best. gibt Werte, die vom tatsächlichen Sn-Geh. nur bis zu 0,03% abweichen. (Foundry **81.** Nr. 8. 115. Aug. 1953. Chicago, SiPi Metals Corp.) W. WESLY. G 358

C. L. Lewis und **W. L. Ott,** *Spektrochemische Untersuchung von Palladium nach dem Schwammverfahren.* — C. **1955.** 5382. (Trans. Canad. Inst. Mining Metallurgy Mining Soc. Nova Scotia **56.** 5—8. 1953. Kingston, Ont., Can., Queen's Univ., Spectrograph. Labor.) W. WESLY. G 365

R. D. Sauerbrunn und **E. B. Sandell,** *Photometrische Bestimmung von Osmium mit Thioharnstoff nach Extraktion des Tetroxyds.* Die Best. von 5—1000 g Os durch Extraktion des OsO_4 mit $ClCl_4$ bzw. besser $CHCl_3$, ist der Destillationsmeth. zumindest gleichwertig. Durch Elektrolytzusatz zur sauren, Cl-freien Lsg. u. viermaliges Ausschütteln mit $CHCl_3$ werden 99,8% des OsO_4 extrahiert. Der Extrakt wird mit schwefelsaurer Thioharnstofflsg. versetzt, u. es bildet sich rotes Os $(NH_2CSNH_2)_6^{3+}$, dessen Farbintensität photometr. gemessen wird. Eine Trennung von dem störenden Ru kann durch Red. von Os^{8+} u. Ru^{8+} mit $FeSO_4$ u. nachfolgende Oxydation des Os^{4+} zu Os^{8+} mit HNO_3 bewirkt werden, wobei Ru nicht oxydiert u. daher nicht mit $CHCl_3$ mitextrahiert wird. (Analytica chim. Acta [Amsterdam] **9.** 86—90. Juli 1953. Univ. of Minnesota, Minneapolis, Minn. USA.) K.-H. KÜSSNER. G 366

—, *Die Faustregel als Untersuchungsmethode für Perlen.* Es wird davor gewarnt, die Unterscheidung von Zuchtperlen u. echten Perlen nur mittels einer schweren F. (D. 2,73) z. B. mit Toluol verd. Bromoform oder Methylenjodid vorzunehmen. Es wird gezeigt, daß die D. der echten Perlen nicht immer $>$ 2,73 u. die von Zuchtperlen nicht immer $<$ 2,73 ist. (Dtsch. Goldschmiede-Ztg. **49.** 230—31. Sept. 1951.) M. GEHLEN-KELLER. 5290

b) Organische Verbindungen.

G. Gorbach, G. Dedic und **E. H. Philippi,** *Zur Bestimmung von freien Aminosäuren in biologischem Material.* Die Fällung verschied. reiner Eiweißkörper (*Casein* (**I**), *Blutfibrin* (**II**), *Eialbumin, Edestin*) aus wss. Lsgg. durch *Phosphormolybdänsäure* (**III**), *Phosphorwolframsäure* (**IV**), *Na-Wolframat* (**V**), *Trichloressigsäure* (**VI**) u. CaF_2 (**VII**) wird untersucht. **III** fällt alle untersuchten Proteine prakt. quantitativ u. **IV** nahezu quantitativ. Weniger wirksam waren **VII, V** u. **VI**, geordnet nach fallender Wirksamkeit. Mit **III** u. **IV** wurde bei **I** u. **II** die Mitfällung zugesetzter Aminosäuren (*Arginin, Histidin, Alanin, Asparaginsäure, Valin, Leucin*) untersucht. Die Fällung der bas. Aminosäuren durch **IV** wurde durch die Ggw. von Eiweiß nicht beeinflußt, während bei Fällung durch **III** die freien Aminosäuren quantitativ in Lsg. bleiben. Nach Fällung mit **III** lassen sich die freien Aminosäuren auch ohne Entfernung von **III** störungsfrei papierchromatographieren, während **IV** zuvor durch Pb-Acetat entfernt werden muß. (Hoppe-Seyler's Z. physiol. Chem. **301.** 185—90. 1955. Graz, TH, Inst. für biochem. Technol. und Lebensmittelchem.). E. SCHWERDTFEGER. G 4070

Vladimír Mareček, *Eine verläßliche und schnelle Bestimmungsmethode für Aminosäuren in Eiweißhydrolysaten.* Die Meth. beruht auf der Best. des N in den prim. Aminogruppen (I) nach VAN SLYKE, wobei vorher das NH_3 bestimmt wird. Dann wird auf einem Papierchromatogramm, auf dem man auch die Vergleichssubstanzen wandern läßt, der Geh. der Aminosäuren (II) auf Grund der erhaltenen Flecke ausgewertet. Der N der gefundenen **I** wird mit dem N nach VAN SLYKE in Einklang gebracht. Das Verhältnis der einzelnen **II** im Hydrolysat kann so auf 10—15% Fehler bestimmt werden. Die Flecke, mit $Cu(NO_3)_2$ behandelt, können ausgeschnitten u. nach Extraktion mit CH_3OH im PULFRICH-Photometer mit Filter S 50 bestimmt werden. Fehlergrenze 3%. Einige Beispiele zum besseren Verständnis sind aufgeführt. — 6 Literaturangaben. (Českoslov. Farmac. **4.** 339—43. Sept. 1955. Praha, Výzk. úst. pro oleje a tuky.) E. VEVERA. G 4070

M. B. van Halteren, *Kunstprodukte bei der Chromatographie von cysteinhaltigen Aminosäuregemischen.* Bei der Oxydation von Cystein-haltigen Aminosäuregemischen mit Bromwasser zeigen sich bei der Papierchromatographie in Butanol–Essigsäure–W. nach dem Anfärben mit Ninhydrin zusätzliche Flecken neuer Verbindungen. Auch die Verwendung von Thiomalonsäure statt Cysteins bzw. H_2O_2 statt Bromwasser ergibt ähnliche Neubildungen. Diskussion der chem. Bindung der reagierenden Gruppen. (Nature [London] **168.** 1090—91. 22/12. 1951. Cambridge, Univ., School of Biochem., Bruxelles, Université Libre, Labor. de Morphol. Animale.) K. NEHRING. G 4070

H. D. Springall, *Analytische Chemie der Proteine und Aminosäuren.* Überblick über den derzeitigen Stand der Eiweiß- u. Aminosäureanalytik unter bes. Berücksichtigung der Kugelproteine. 37 Literaturangaben u. Hinweis auf einschlägige Standardwerke. (Roy. Inst. Chem., Lectures, Monogr. Rep. **1954.** Nr. 4. 1—17. North Staffordshire, Univ. Coll.) H. LIESE. G 4070

D. J. R. Laurence, *Trennung von Proteinen mit Elektrodialyse durch Filterpapiermembranen.* Beschreibung einer Elektrodialysezelle mit 5 Abteilungen unter Verwendung von Filterpapier WHATMAN Nr. 50. (Biochem. J. **62.** 36P. März 1956. London, Postgraduate Med. School). F. KRUSEN. G 4070

Jacques Baraud und **Louis Genevois,** *Jodometrische Bestimmung von Tyrosin, Tryptophan und Methionin in nichthydrolysierten, löslichen Proteinen.* Die Einwrkg. von Jod in saurem Medium auf *Tryptophan* (**I**), *Methionin* (**II**) u. *Tyrosin* (**III**) in der Kälte ermöglicht die einfache u. schnelle Best. dieser 3 Aminosäuren in den wichtigsten wasserlösl. Proteinen ohne deren vorherige Hydrolyse. Die nach dieser Meth. bestimmten Gehh. von **I, II** u. **III** in *Rinderserumalbumin, Rinderfibrinogen, Edestin, Casein, krist. Pepsin* u. *Ovalbumin,* von krist. *Albumin, Globulinen* u. *γ-Globulin* aus Pferdeserum stimmten mit den in der Literatur angegebenen, nach anderen Methoden ermittelten Werten überein. Ausführung: In 2 ERLENMEYER-Kolben gibt man je 50 ml n/100 Jodlsg. + 10 ml Citratpuffer (p_H 6) u. 25 ml der eine bekannte Proteinmenge (z. B. 50 mg) enthaltenden Probelösung. Den 1. Kolben läßt man 2 Std. reagieren u. bestimmt den Überschuß durch Titration mit n/100 $Na_2S_2O_3$-Lsg.; das verbrauchte J_2 entspricht der Summe **I** + **II** + **III** u. einem durch *Histidin* (**IV**) verursachten Fehler. Nach Reduktion des J_2-Überschusses wird mit 5 ml 5n HCl angesäuert; das durch die Dissoziation des J-**II**-Komplexes frei gewordene J_2 wird wiederum titriert. Der durch **IV** bedingte Fehler wird durch Titration des 2. Kolbens nach 3 Std. korrigiert. Die doppelte Differenz beider Bestimmungen entspricht der durch **IV** verbrauchten J_2-Menge, die von der 1. Best. abgezogen wird. In einem 3. Kolben wiederholt man den gleichen Vers. bei p_H 4, ebenfalls in Ggw. eines Citratpuffers. Nach 2 Std. titriert man den J_2-Überschuß (nach vorherigem Ansäuern mit 5 ml 5n HCl); das verbrauchte J_2 dient zur Oxydation des **I.** 1 mMol **II** entspricht 2 mVal J_2, 1 mMol **III** entspricht 4, 1 mMol **I** entspricht 6 mVal J_2. (Bull. Soc. chim. France, Mém. [5] **1955.** 1499—1501. Nov./Dez. Bordeaux, Fac. des Sci., Labor. de Chim. Biolog.) K. F. MÜLLER. G 4070

c) Bestandteile von Pflanzen und Tieren.

R. Barer, *Spektrophotometrie geklärter Zellsuspensionen.* Die spektroskop. Unters. von Zellpigmenten im nativen Zustand ist vielfach in Zellsuspensionen infolge der Lichtstreuung, die das Material trübe oder undurchsichtig erscheinen läßt, schwierig. Infolge der Unzulänglichkeit der vorliegenden Methoden zur Korrektur der Lichtstreuung wurde versucht, diese durch Wahl eines Suspensionsmediums mit annähernd gleichem Brechungsindex wie dem der Zellen möglichst weitgehend zu verringern. Zunächst wird der Brechungsindex des peripheren Zellbereichs, der mit dem Medium in Berührung steht, dadurch ermittelt, daß die in Eiweißlsgg. (z. B. Rinderplasmaalbumin, Fraktion V) verschied. Konzz. befindlichen Zellen phasenkontrast- oder interferenzmkr. untersucht werden. Anschließend stellt man Zellsuspensionen in der geeigneten Eiweißlsg. her, wodurch diese schlagartig durchsichtig werden. Bei sehr inhomogenem Zellmaterial, das viele körnige Strukturen aufweist, hinterbleibt eine Reststreuung. Die Absorption der geklärten Suspensionen (z. B. Erythrocyten, Algen, farbstoffhaltige Bakterien, photosynthet. Bakterien, grüne Bakterien) wird in n. Weise gemessen. (Science [Washington] **121.** 709—15. 20/5. 1955. Oxford, Univ. Museum, Dep. of Human Anat.)
K. MAIER. 5660

K. F. A. Ross, *Messung des Refraktionsindex von Cytoplasmaeinschlüssen in lebenden Zellen mit dem Interferenzmikroskop.* Vf. beschreibt an Hand der Unterss. des Nebenkernes von Spermien von Locusta migratoria mit dem Interferenzmikroskop von CHARLES BAKER nach der Meth. von BARER die Messung des Refraktionsindex von Cytoplasmaeinschlüssen. (Nature [London] **174.** 836—37. 30/10. 1954. Oxford, Univ. Museum, Dep. of Zool., Cytol. Labor.) G. WELTZIEN. 5660

W. Niemierko, Stella Nimierko und **P. Włodawer,** *Die Extraktion und Fraktionierung von Phosphorverbindungen in tierischen Geweben.* 1. Mitt. Es wird eine Meth. zur Analyse von P-Verbb. in tier. Geweben beschrieben, die gleichzeitig eine Best. des Lipoid- u. H_2O-Geh. erlaubt. Die trockenen lipoidfreien Substanzen können nach dieser Meth. über eine lange Zeit aufbewahrt werden, ohne daß Zers. der labilen P-Verbb. eintritt. (Acta Biol. exp. [Łódź] **16.** 247—52. 1952. Lodz, Nencki Inst. of Exper. Biol., Dep. of Biochem.). A. LEUSCHNER. 5664

Dudley A. Irwin, *Demonstration von Aluminium in tierischem Gewebe.* Mitt. einer Färbemethode zum Nachw. von Al im Gewebe. (A. M. A. Arch. ind. Health **12.** 218—20. Aug. 1955. Pittsburgh.) H. ZELLER. 5664

T. W. Tibbitts und **L. G. Holm,** *Trichloressigsäure. Colorimetrische Methode zur quantitativen Bestimmung in Pflanzengeweben.* Zur Unters. der in einem Pflanzengewebe enthaltenen *Trichloressigsäure* (I) wird das Rohmaterial mit 0,1 n Essigsäure homogenisiert u. die fettlösl. u. unlösl. Substanzen werden mit einer Filtration durch Asbest abgetrennt. Das Filtrat wird mit Pyridin u. NaOH versetzt u. erhitzt. Es bildet sich eine für I charakterist. rotviolette Färbung, die colorimetr. (Absorptionsmaximum 510 mμ) gemessen wird. Es können mit dem Verf. 25 γ in 1 g frischem Pflanzengewebe nachgewiesen werden. Genaue Arbeitsanweisungen angegeben. (J. agric. Food Chem. **1.** 724—26. 19/8. 1953. Madison, Wis., Wisconsin Univ., Dep. of Horticult.) W. KNÖPKE. 5666

W. Niemierko und **I. Janasik,** *Über den „Reduktionswert" von biologischem Material und eine Mikromethode zur Bestimmung von Glucose und Fructose.* Es wird eine Meth. zur Best. von *Glucose* (I) in tier. Gewebe beschrieben, die auf der Umwandlung von I in Fructose im alkal. Medium beruht. Die Fehlergrenze beträgt ca. 3% u. die bestimmten I-Mengen sind 4—200 μg bzw. 1—5 μg in einer ebenfalls angegebenen modifizierten Mikromethode. Das Verf. ist bei großen Mengen Fructose neben I im biol. Material ungeeignet. (Acta Biol. exp. [Łódź] **16.** 253—60. 1952. Lodz, Dep. of Biochem., Nencki Inst. of Exper. Biol.) A. LEUSCHNER. 5666

d) Medizinische und toxikologische Analyse.

Russell H. Wilson, *p_H des arteriellen Vollbluts.* Das p_H des arteriellen Vollbluts wird mit der Glaselektrode in einem auf konstanter Temp. von 37,5° gehaltenen Wärmeschrank gemessen, der sowohl die Elektrode als auch die Pufferlsg. aufnimmt. (J. Lab. clin. Med. **37.** 129—32. Jan. 1951. Minneapolis, Minn., Univ., Med. School u. Veterans Administrat. Hosp.) W. BRANDT. 5727

M. W. Komendantowa, *Eine Methode zur Bestimmung von p-Aminosalicylsäure (PAS) in biologischen Flüssigkeiten.* Vf. hat eine Meth. zur Best. von PAS in biol. Fll. ausgearbeitet. Sie beruht auf der Rk. zwischen PAS u. diazotierter *Sulfanilsäure* (I). Die Rk. der Azofarbstoffbldg. verläuft hierbei im Medium eines Acetatpuffers. Bei dieser Rk. resultiert eine Verb. von orangegelber Farbe, die sich zum Colorimetrieren

eignet. Zur Best. von PAS im *Blut* empfiehlt Vf. folgende Mikrometh.: Man entnimmt mit der Mikropipette 0,2 ml Blut, mischt es mit der 7fachen Menge W. (1,4 ml) u. fügt zu dem hämolysierten Blut 0,4 ml 15%ig. *Trichloressigsäure* (II), um die Eiweißstoffe zu fällen. Nach 5—10 Min. wird durch ein kleines Filter filtriert u. zentrifugiert. Man entnimmt der Lsg. 1 ml. Ex tempore wird eine Diazoniumlsg. der I hergestellt: Zu 0,4 ml 1%ig. I-Lsg. fügt man 0,1 ml 15%ig. II u. 2 Tropfen 0,5%ig. $NaNO_2$-Lsg. hinzu. Nach sorgfältigem Umrühren läßt man 10 Min. zur Diazotierung stehen. Zum biol. Filtrat werden gleichzeitig 0,6 ml der Diazolsg. u. 1,25 ml gesätt. CH_3COONa-Lsg. zugefügt. Nach 5—10 Min. stellt sich die orangegelbe Färbung der Lsg. ein, die nun colorimetriert u. mit einer Eichlsg. verglichen wird. Außerdem wird eine Makrometh. angeführt. Zur Best. von PAS in *Geweben* müssen aus ihnen eiweißfreie Filtrate hergestellt werden. Die Einwaage des betreffenden Organs (*Leber, Niere, Lunge*) wird in einem Porzellanmörser sorgfältig zerrieben, bis eine homogene M. entsteht. Zu dieser gibt man dest. W. (16 ml auf 500 mg Organgewebe). Man bringt die M. in einen Kolben u. fällt die Eiweißstoffe mit II. Man filtriert u. entnimmt 5 ml. Zum Filtrat gibt man 3 ml Diazolsg. u. 3,8 ml CH_3COONa-Lsg. Die erhaltene Probe wird colorimetriert u. mit der Eichlsg. verglichen. Zur Best. von PAS im Verdauungstrakt (*Magengewebe, Dickdarm* u. a.) bringt man das Material in 10 ml 10%ig. NaOH-Lsg. u. hydrolysiert 30—40 Min. auf dem Wasserbade bei 50°. Das Hydrolysat wird mit 5%ig. HCl neutralisiert u. auf 50 ml gebracht. Zu 10 ml der Mischung fügt man 2,5 ml 15%ig. II. Man entnimmt 5 ml, fügt die Diazolsg. u. die $NaCH_3COO$-Lsg. wie oben hinzu u. colorimetriert. Nach dieser Meth. kann die PAS-Konz. in biol. Fll., bis zu 1 mg% bestimmt werden. (Бюллетень Экспериментальной Биологии и Медицины [Bull. exp. Biol. Med.] **38.** Nr. 8. 74—79. Aug. 1954. Moskau, II. Med. Stalin-Inst., Labor. des Lehrstuhls für Pharmakol.)
E. Steinberg. 5727

Enzo Leone und **Dino Guerritore,** *Über das Harnsäureribosid. Papierchromatographie. Harnsäureribosid* (I), in den Erythrocyten von Säugetieren vorkommend, ist für den Stoffwechsel der *Harnsäure* (II) von Interesse. Vff. entwickelten ein Verf. für den Nachw. u. die quantitative Best. von I. Wegen ihrer günstigen UV-Absorption können Chromatogramme der Derivv. von II ohne Verlust oder Veränderung der Substanzen am besten so ausgewertet werden, daß das Chromatogramm auf Photopapier gelegt u. kurz (5 Sek.) mit UV-Licht (257—260 mμ) belichtet wird, wobei auf dem entwickelten Negativ Mengen der II-Derivv. bis herunter zu 1γ deutlich als helle Flecke erscheinen; nach dieser qualitativen Identifizierung erfolgt die quantitative Best. durch kalte wss. Extraktion der aus dem Chromatogramm herausgeschnittenen Flecken u. Photometrieren des Extraktes. Mit Butanol–Ameisensäure–W. (77:10:13) werden die R_F-Werte für II (0,16) u. deren Derivv. bestätigt; I hat in diesem Gemisch denselben R_F-Wert wie II, beide lassen sich aber mit Propanol–W. (6:4) trennen: $R_{FII} = 0,47$, $R_{FI} = 0,57$. (Atti Accad. naz. Lincei, Rend., Cl. Sci. fisiche, mat. natur. [8] **9.** 98—103. Juli/Aug. 1950. Napoli, Univ., Ist. di Chim. Biol. u. Ist. di Chim. della Fac. di Med.)
W. Kimpel. 5727

W. van Hecke, H. Handovsky und **F. Thomas,** *Statistische Analyse von 597 Aethylalkoholbestimmungen, ausgeführt im Blut, in den Körpersäften und den Organen von insgesamt 93 Leichen. Physiologische und gerichtsmedizinische Bedeutung.* Mit Hilfe der statist. Analyse der Ergebnisse von 597 A.-Bestimmungen bei 93 Leichen finden Vff. folgende Koeffizienten (Konz. des Blutalkohols/Konz. des A. in Organen oder Säften): für *Urin* 0,75, *Cerebrospinal-Fl.* 0,79, *Galle* 0,91, *Testikel*, 105, *Gehirn* 1,37, *Herzmuskel* 1,25, *Skelettmuskel* 1,24, *Milz* 1,24, *Niere* 1,16, *Leber* 1,92. Der Koeff. 0,75 für Urin entspricht im allg. dem, der bei Lebenden während der postresorptiven Phase angenommen wird. Die Spinal-Fl. hat fast denselben Koeff. wie Urin (0,79). Die Leber enthält 51% des Blut-Alkohols. Diese Beobachtung steht in Übereinstimmung mit denen anderer Autoren. Dies wird mit einem enzymat. post mortem-Abbau des A. in der Leber zu erklären versucht. Der Geh. des Gehirns an A. ist niedriger, als in der Literatur angegeben wird. Durch die Übereinstimmung zwischen ihren gefundenen Koeff. u. denen, die andere Autoren beim Tier gefunden haben, halten sich die Vff. für berechtigt, diese Koeffizienten als physiol. zu betrachten. (Ann. Méd. légale Criminol. **31.** 291—338. Juli/Aug. 1951. Gent, Univ., Labor. de Méd. légale.) H. Patzsch. 5762

George W. Roche und **Harold N. Wright,** *Systematische toxikologische Analyse durch spektrophotometrische Methoden.* 1. Mitt. *Organische Nichtalkaloidverbindungen.* Zur spektrophotometr. Best. von nichtflüchtigen, organ. Nichtalkaloidgiftstoffen empfehlen Vff. folgendes Verf.: Gleiche Mengen (5—10 ml oder g) Gewebe oder Fl. u. McIlvain-Puffer (p_H 7) werden homogenisiert. 10 g Homogenat werden mit genau 100 ml Chlf. 10 Min. ausgeschüttelt u. nach dem Absetzen die Chloroformschicht filtriert. Ein aliquoter Anteil wird bei 60° abgedampft, der Rückstand mit A. aufgenommen, filtriert, aufgefüllt u. im Spektrophotometer gemessen. Auswertung durch Absortpions- u. Eichkurven. — Mit dieser Meth. wurden 33 Substanzen hinsichtlich ihrer spektrophotometr. Bestimmbarkeit in wss. alkoh. oder alkal. Lsg. geprüft. Mit zufriedenstellender Genauigkeit können quantitativ bestimmt werden (Konzentrationsbereich; Absorptionsmaximum): *Acetanilid* (0,5—15 γ/ml; 241 mμ in A. u. in 0,5n NaOH), *Acetylphenetidin* (0,5 bis 15; 250,5 in A., 245 in NaOH, 244 in W.), *Antipyrin* (1—30; 223 in A., 243 in W.), *Aminopyrin* (1—30; 237 in A., 264 in NaOH), *Cinchophen* (0,5—20; 258 in A.), *Neocinchophen* (0,5—10; 267,5 in A.), *α-Naphthylthioharnstoff* (1—30; 288 in A., 282 in W.), *DDT* (1—30; 236 in A.), *o-Nitrophenol* (1—40; 272,5 in A., 279 in W.), *p-Phenylendiamin* (0,5—15; 243 in A., 240 in NaOH, 239 in W.), *Santonin* (1—30; 240 in A., 249 in NaOH), *Zimtsäure* (0,5—10; 269 in A. u. in W.) u. folgende Barbiturate im Bereich von 1—25 γ/ml in 0,5n NaOH: *Barbital* (254,) *Amobarbital* (254), *Aprobarbital* (258), *Butabarbital* (258), *Hexethal* (255), *Pentobarbital* (254), *Phenobarbital* (255), *Secobarbital* (255), *Vinbarbital* (255) u. *Thiopental* (233). Qualitativ erfaßbar sind: *Acetylsalicylsäure* (226 in A., 299,5 in NaOH), *Salicylsäure* (235 in A., 299,5 in NaOH, 231 in W.), *Hexylresorcin* (282 in A.), *Hydrochinon* (225 in A.), *2.4-Dinitrophenol* (361 in A.), *2.4.6-Trinitrophenol* (360 in A.), *Pikrotoxin* (253 in A.) u. *Benzoesäure* (227 in A. u. in NaOH, 225 in W.). Ungeeignet ist das Verf. zur Erfassung von *Phenol* u. *Anilin*. (A. M. A. Arch. ind. Hyg. occupat. Med. **8.** 507—17. Dez. 1953. Minneapolis, Minn., Univ. of Minnesota, Med. School, Dep. of Pharmacol.) F. KRUSEN. 5764

Eleanor Berman und **Harold N. Wright,** *Systematische toxikologische Analyse durch spektrophotometrische Methoden. 2. Mitt. Alkaloidgifte.* (1. vgl. vorst. Ref.) 5—10 g Gewebe werden mit 25 ml n/10 HCl 5 Min. homogenisiert. Das Homogenat wird mit 75 ml 95%ig. A. in eine Porzellanschale übergespült, 2 ml 10%ig. Na_2WO_4-Lsg. werden zugegeben, 30 Min. auf ein sd. Wasserbad gebracht, filtriert, mit A. nachgewaschen u. die Filtrate eingedampft. Der Rückstand wird mit 25 ml MCILVAIN-Puffer (p_H 7) aufgenommen, mit weiteren 25 ml Puffer in einen Scheidetrichter verbracht, 50 ml Chlf. werden zugesetzt u. 5 Min. heftig geschüttelt. Nach Schichtentrennung wird das Chlf. in einem weiteren Scheidetrichter 5 Min. mit 100 ml n/10 HCl extrahiert. In der durch Zentrifugieren geklärten, evtl. verd. wss. Schicht wird die Messung im Spektrophotometer vorgenommen. — Mit diesem Verf. wurden in wss. Lsg. 30 Alkaloide hinsichtlich ihrer spektrophotometr. Bestimmbarkeit untersucht. Quantitativ lassen sich bestimmen (Konzentrationsbereich; Absorptionsmaxima): *Strychnin* (5—100 γ/ml; 254,5 mμ), *Brucin* (5—100; 265, 301), *Atropin* (10—1000; 257,5), *Scopolamin* (100—1000; 251,5), *Codein* (10—1000; 284,5), *Apomorphin* (5—1000; 273), *Aminophyllin* (5—100; 270), *Theobromin* (5—100; 270), *Physostigmin* (5—100; 245, 300), *Chinin* (1—50; 250), *Chinidin* (1—50; 250) u. *Cinchonin* (1—50; 235, 315). Qualitativ können erfaßt werden (mμ): *Veratrin* (261, 291), *d-Tubocurarin* (286), *Hydrastin* (250, 306), *Nicotin* (260), *Procain* (275), *Apokodein* (271), *Papaverin* (251, 285, 310), *Narcotin* (312), *Coffein* (270) u. *Berberin* (227,5, 264). Nicht erfassbar sind: *Cocain, Morphin, Diacetylmorphin, Meperidin, Methadon, Pilocarpin, Aconitin* u. *Coniin*. (A. M. A. Arch. ind. Hyg. occupat. Med. **8.** 519—27. Dez. 1953.) F. KRUSEN. 5764

H. Angewandte Chemie.

I. Allgemeine chemische Technologie.

F. F. Bogdanow, *Untersuchung des Einflusses der Stromgeschwindigkeit des Wassers auf den Wärmeabgabekoeffizienten beim Sieden im geneigten Rohr.* Auf Grund von Unterss. über den Einfl. der Strömungsgeschwindigkeit der Fl. auf den Wärmeabgabekoeff. α_2 beim Sieden im geneigten Rohr werden die Kurven $\alpha_2 = \alpha_2$ (W) für verschied. Werte von p (Druck) u. q (spezif. Wärmebelastung) aufgenommen. Es wird gezeigt, daß α_2 eine lineare Abhängigkeit von der Umlaufgeschwindigkeit W aufweist: $\alpha_2 = Cp^n q^m + C_1 W$. Der Mechanismus der Wärmeabgabe beim Sieden einer umlaufenden Fl. im Rohr wird theoret. erörtert. Auf Grund der Versuchsergebnisse schlägt Vf. eine Gleichung vor, welche den Wärmeaustausch beim Sieden umlaufender Fll. beschreibt. (Известия Академии Наук СССР, Отделение Технических Наук [Nachr. Akad. Wiss. UdSSR, Abt. techn. Wiss.] **1955.** Nr. 4. 136—40. April.) O. LEBTAG. 5816

H. E. Affsprung, C. W. Gehrke und **J. W. Browne,** *Elektrochemisches Verhalten von Ionenaustauschermembranen.* Es wird die Darst. von Kationen- u. Anionenaustauschermembranen kurz beschrieben. Gemahlenes Ionenaustauschermaterial (Amberlite IR-120, Dowex 50, Permutit Q, Amberlite IRC-50, Permutit H, Duolite CS-100, Amberlite IRA-400 u. Dowex-2) wird in Polymethacrylat eingebettet. Es kommen Folien von 1 cm im Durchmesser zu Prüfung. Der Widerstand dieser Folien beträgt 3000—6000 Ohm, je nach ihrer Stärke. Letztere schwankt zwischen 0,75 u. 1 mm. Es folgt die Messung der EMK in Abhängigkeit vom Elektrolyten, dem Aktivitätsverhältnis u. der Art der Membranen. Tabellar. Zusammenstellung der Ergebnisse, Diskussion der Ergebnisse, Vgl. mit der Theorie von TEORELL-MEYER-SIEVERS. Mit der NERNSTschen Gleichung wird Übereinstimmung gefunden wenn Aktivität $< 0{,}1$. (J. Dairy Sci. **38.** 734—42. Juli 1955. Columbia, Miss., Univ. of Missouri, Dep. of Agricult. Chem.) R. STEPHAN. 5826

S. R. M. Ellis und **J. M. Thwaites,** *Eine Gleichgewichtsdestillationskolonne geringer Kapazität.* Beschreibung einer Kolonne zur Messung von Dampf-Flüssigkeitsgleichgewichten bin. Gemische mit einer Gesamtkapazität von 40 cm^3. Die Leistungsfähigkeit der Kolonne wird an den Gemischen A.-Bzl. u. n-Propanol-W. geprüft; die für die verschied. Zuss. der Systeme erhaltenen Aktivitätskoeffizienten stimmen gut mit den auf theoret. Wege gewonnenen Werten überein. (Chem. Process Engng. **36.** 358—60. Okt. 1955. Birmingham, Univ., Dep. of Chem. Engng.). H. LEHWALD. 5864

A. Förster, *Untersuchung des Ausströmungsvorganges siedender Flüssigkeiten.* Vf. führte zahlreiche Messungen der Ausströmungsgeschwindigkeit von W. u. CO_2 aus Düsen ohne u. mit gleichzeitiger Verdampfung aus. Ausgehend von 2 verschied. theoret. Annahmen werden die Meßergebnisse in die Form mathemat. Gleichungssysteme gebracht u. Berechnungsmöglichkeiten für verschied. Düsenformen aufgezeigt. (Abh. dtsch. kältetechn. Ver. **1955.** Nr. 10. 4—67. Karlsruhe, TH, Maschinenlabor.) GERHARD GÜNTHER. 5882

O. Linne, *Durchfluß siedender Flüssigkeiten durch Drosselrohre und Mündungen.* Berechnungen über die Ausströmung von sd. W. aus Drosselrohren u. von sd. W. bzw. NH_3 aus Düsen. (Abh. dtsch. kältetechn. Ver. **1955.** Nr. 10. 69—101. Braunschweig, TH, wärmetechn. Inst.) GERHARD GÜNTHER. 5882

E. R. Gilliland, E. A. Mason und **R. C. Oliver,** *Gasströmungsdiagramme von Betten fluidisierter Festkörper.* (Vgl. C. **1953.** 2976.) Der Einfl. der Gasströmung ist wesentlich bei Reaktoren mit fluidisierten Feststoffen. In früheren Unterss. bzgl. der Verweilzeit des Gases, wurde eine Meth. entwickelt, nach der der Einfl. von Ungleichmäßigkeiten im Gasstrom für homogene Rkk. 1. Ordnung vorausgesagt werden kann. Um den Einfl. der Gasströmung auf chem. Rkk. höherer Ordnung zu untersuchen, wurde die Oxydation von Stickstoffoxyd — eine Rk. 3. Ordnung — in einer kleinen Fließbettanlage durchgeführt. Die gemessene Umwandlung der reagierenden Stoffe ist mit derjenigen verglichen worden, die aus den bekannten kinet. Kenntnissen, Verweilzeit-Daten u. gewissen Voraussetzungen bzgl. der Gasströmung vorausgesagt war. Die Verss. wurden in Glasreaktoren mit sphär. Glasperlen als fluidisiertem Feststoff ausgeführt. Die Anwesenheit dieser Perlen hat unter den gewählten Bedingungen einen vernachlässigbaren Einfl. auf die Reaktion. Der Reaktionsverlauf wurde photometr. gemessen. Zum Vgl. wurde die Verweilzeit-Entw. des durch denselben App. strömenden Gases bestimmt. Dabei wurde festgestellt, daß die Kenntnis der Verteilung der Verweilzeit der Gase, die durch einen Reaktor strömen, als gute Meth. zur Beurteilung des Einfl. der Gasströmung bei homogenen Rkk in fluidisierten Betten angesehen werden kann. (Ind. Engng. Chem. **45.** 1177—85. Juni 1953. Cambridge, Mass., Mass. Inst. of Technol.). K. PISTOR. 5904

D. M. Newitt, N. Dombrowski und **F. H. Knelman,** *Mitreißen von Flüssigkeiten.* 1. Mitt. *Der Mechanismus der Tropfenbildung aus Gas- oder Dampfblasen.* In Systemen, in denen Fll. u. Gase sich in Bewegung gegeneinander befinden, tritt die Erscheinung des Mitreißens von Flüssigkeitströpfchen in den Gasstrom (liquid entrainment) auf, deren Auswirkungen meist schädlich sind; bei der Verdampfung, Dest. u. Absorption verursacht sie Verluste oder Verunreinigungen der Prodd. oder vermindert die Trennwrkg. der Kolonnen. Vff. untersuchen theoret. u. experimentell den Mechanismus der Tröpfchenbldg. sowie deren Größenverteilung. Beim Zerplatzen einer Gasblase an der Oberfläche einer Fl. entstehen kleine Tröpfchen mit ca. 60 μ mittlerem Durchmesser aus dem die Blase umhüllenden Flüssigkeitsfilm u. große Tröpfchen von ca. 1 mm, die aus dem nach dem Platzen der Gasblase in der Oberfläche der Fl. zurückbleibenden Krater emporgeschleudert werden. Die Tröpfchenbldg. wird außer von den physikal. Eigg. der Fl. vom Gasblasendurchmesser u. von der Tiefe beeinflußt, in der die Blasen entstehen. Eine Vergrößerung des Blasendurchmessers verursacht die Bldg. von weniger aber größeren großen u. von mehr u. kleineren kleinen Tröpfchen. Die Ausschaltung der Flüssigkeitsverluste durch die großen Tröpfchen in Verdampfern u. Kolonnen kann durch Vergrößerung der Dampfräume bzw. der Bodenabstände erfolgen. Wenn die Gasblasen in sehr geringen Tiefen erzeugt werden, so ergibt sich eine Verringerung der Zahl großer Tröpfchen, außerdem beeinflußt die Blasenentstehungszone die Richtung, in der die Tröpfchen weggeschleudert werden. Schließlich untersuchten Vff. den Einfl. von Prall-

blechen. An diesen assoziieren sich die kleinen Tröpfchen zu großen, welche von einer bestimmten Gasgeschwindigkeit an wieder mitgerissen werden. (Trans. Instn. chem. Engr. **32.** 244—61. 1954. London, Imp. Coll. of Sci. and Technol., Dep. of Chem. Engng.)
D. BREDTSCHNEIDER. 5906

F. H. Garner, S. R. M. Ellis und **J. A. Lacey,** *Größenverteilung und Mitreißen von Tröpfchen.* Vff. messen die Größenverteilung der Tröpfchen u. die insgesamt mitgerissene Flüssigkeitsmenge in einem halbtechn. u. einem 4zölligen Glasverdampfer bei der Verdampfung von W. u. KNO_3-Lösungen. 95% der mitgerissenen Tröpfchen hatten eine Größe unter 20 μ, wegen ihrer geringen M. bildeten sie nur einen kleinen Bruchteil der insgesamt mitgerissenen Flüssigkeitsmenge. Die Tröpfchen bildeten sich beim Zerplatzen der Gasblasen sowohl aus dem Flüssigkeitshäutchen der Blasen als auch aus dem Flüssigkeitsstrahl, der beim konzentr. Einfließen der Fl. in den Krater nach dem Platzen der Blase entsteht. Das Mengenverhältnis der beiden Entstehungsweisen hängt von der Größe der Gasblasen ab, bei Gasblasendurchmessern über 0,5 cm werden Tröpfchen fast nur aus den Blasenhäutchen gebildet. Eine Stabilisierung der Blasen durch gelöste oder suspendierte Feststoffe setzte die Zahl der entstandenen Tröpfchen herab. (Trans. Instn. chem. Engr. **32.** 222—35. 1954. Birmingham, Univ., Dep. of Chem. Engng.)
D. BREDTSCHNEIDER. 5906

Permutit Co. Ltd. (Erfinder: **George Stephen Solt),** London, England, *Ionenaustauscherharz.* Eine Olefinverb. wird mit einer solchen mit mindestens zwei ungesätt-Bindungen polymerisiert; z. B. 82 (g) Styrol mit 4 Divinylbenzol, in $C_2H_2Cl_2$ gelöst u. 6 Std. mit 300 konz. H_2SO_4 (oder CH_3Cl, das später aminiert wird) erhitzt. An diese Prodd. können auch noch kleine Mengen Methacrylsäure in Anwesenheit von Äthylendimethacrylat anpolymerisiert werden. (**E. P. 728 508** vom 8/2. 1952, ausg. 20/4. 1955.)
G. SALZMANN. 5827

Mij. voor Kolenbewerking Stamicarbon N. V., Heerlen (Erfinder: **Johannes Augustinius Zeegers,** Sittard), Holland, *Kontinuierliche, vollständige Regenerierung eines Ionenaustauschers,* der in einer Reihe von hintereinandergeschalteten Säulen enthalten ist, bei welchem jeweils an dem Ende der Säule, an dem die Regenerierlsg. (I) zugeführt wird, eine regenerierte Säule abgeschaltet u. am anderen Ende eine zu regenerierende Säule zugeschaltet u. eine beinahe vollständig umgesetzte I erhalten wird. Die Säulen werden in 2 Gruppen unterteilt; durch die 1. Gruppe wird Regeneriermittel (II) im Überschuß hindurchgeleitet, der Überschuß an II aus der aus der letzten Säule der 1. Gruppe abgeführten Lsg. entfernt u. anschließend die Lsg. durch die 2. Gruppe geleitet. Die nunmehr völlig regenerierte 1. Säule der 1. Gruppe wird abgeschaltet, der 1. Gruppe wird gleichzeitig die 1. Säule der 2. Gruppe als letzte Säule beigeordnet u. am Ende der 2. Gruppe eine neu zu regenerierende Säule eingesetzt. Der Überschuß an II aus der aus der letzten Säule der 1. Gruppe abgeführten Lsg. wird durch Kristallisieren entfernt. — Zeichnung. (**D. B. P. 933 446** Kl. 12d vom 24/10. 1952, ausg. 29/9. 1955. Anmeldung bekanntgemacht 3/3. 1955. Holl. Prior. 24/10. 1951.) E. REICHELT. 5827

David A. Macro, Sheridan, N. Y., V. St. A., *Filtrieren von Flüssigkeiten mittels* einer Filterpatrone, indem die Fll. dem äußeren Ringraum des Filterpatronengehäuses zugeführt u. derart durch ein ringartiges Filterelement geleitet werden, daß sie durch den unteren perforierten Außenteil des Filterelements einströmen, durch den oberen perforierten Innenteil in einen oben mit Löchern versehenen zentralen rohrförmigen Kanal ausfließen u. am Gehäuseboden abgezogen werden. — Abbildungen. (**A. P. 2 707 050** vom 17/12. 1951, ausg. 26/4. 1955.) K. DEMMLER. 5831

Hans Opalsky, Wien, *Entstaubung von Gasen* durch Zusammenbringung des Gasstromes mit W., das zur Herabsetzung der Oberflächenspannung Sulfitablauge als solche oder mit W. verd. enthält. (**Oe. P. 184 173** vom 27/4. 1954, ausg. 27/12. 1955.)
H. HEYER. 5851

Tennessee Valley Authority, übert. von: **Marcus M. Striplin jr.,** Florence, Ala., V. St. A., *Trocknen von Gasen,* dad. gek., daß das Gas bei -60^0 bis 254^0 mit fl. Phosphorsäure, die 75—77 Gew.-% P_2O_5 enthält, in Kontakt gebracht wird. — Zeichnung. (**A. P. 2 734 596** vom 4/9. 1951, ausg. 14/2. 1956.) E. KAHLES. 5855

Dow Corning Corp., übert. von: **Donald R. Weyenberg,** Midland, Mich., V. St. A., *Bis-(trialkoxysilyl)-benzole* der Formel $(RO)_3SiC_6H_4Si(OR)_3$, worin R gesätt., verzweigte aliphat. KW-stoffreste von 4—12 C-Atomen sind, erhält man durch Rk. des entsprechenden Alkohols im Überschuß mit Bis-(trichlorsilyl)-benzol bei $< 20^0$ oder durch Umesterung von Bis-(trimethoxysilyl)-benzol mit dem entsprechenden Alkohol in Ggw. eines alkal. Katalysators. Die Verbb. sind vorwiegend Mischungen von m- u. p-Isomeren u. dienen als *Hydraulikflüssigkeiten,* da sie gegen Hydrolyse stabil sind u. gute Schmiereigg. sowie günstige Viscositäts-Temperaturcharakteristik aufweisen. — Durch Rk. von 2-Äthylhexanol im Überschuß mit m-Bis-(trichlorsilyl)-benzol bei 15⁰ erhält man *m-Bis-(tri-2-ethylhexyloxysilyl)-benzol.* Das Gemisch wird mit NH_3-Gas neutralisiert u. der überschüssige Alkohol bei bis zu 150⁰ u. 2—5 mm Druck entfernt. Nach Erhitzen mit Ruß erhält man das reine Produkt. Entsprechend erhält man *m* u. *p.-Bis-(tri-sek.-butoxysilyl)-*, *p-Bis-(triisoamyloxysilyl)-* u. *Bis-(tri-tert.-butoxysilyl)-benzol.* (**A. P. 2 713 064** vom 7/12. 1953, ausg. 12/7. 1955.) J. MÜHLEISEN. 5893

Alfred Wurbs, Heidelberg, *Durchführung von chemischen Reaktionen zwischen Alkaliamalgamen und die Reaktionskomponenten in gelöster, suspendierter oder emulgierter Form enthaltenden Flüssigkeiten,* dad. gek., daß die Fl. in gleichmäßiger Verteilung von unten her durch die Amalgamschicht mit solcher Geschwindigkeit je Querschnittsflächeneinheit hindurchgedrückt wird, daß von der Reaktionsfl. nach der Abtrennung vom Hg nicht größere Hg-Mengen in Form feiner Tröpfchen mitgeführt werden. Bei Rkk. unter Anwendung eines konz. Amalgams kann das in der elektrolyt. Zelle gebildete Amalgam direkt am unteren Ende der Hg-Schicht zugeführt u. der Hg-Überschuß vom oberen Ende abgeführt u. zur Zelle zurückgeleitet werden. — Red. von in Solventnaphtha gelöstem $C_6H_5NO_2$ zu $(C_6H_5)_2N_2H_2$ u. eines Sulfit-Bisulfitgemisches zu *Hyposulfit.* (**D. B. P. 941 481** Kl. 12g vom 4/6. 1953, ausg. 12/4. 1956. Anmeldung bekanntgemacht 13/10. 1955.) W. MATTHAES. 5897

Badische Anilin- & Soda-Fabrik Akt.-Ges., Ludwigshafen/Rh. (Erfinder: **Wilhelm Flesch,** Heidelberg), *Verfahren zum Anheizen von Wirbelschichtöfen,* dad. gek., daß man das umzusetzende Gut durch von oben zugeführte heiße Stoffe unter Zugabe von Luft an der Oberfläche zum Glühen bringt, dannn durch Einführen von Gasen, bes. Luft, von unten her eine Durchwirbelung vornimmt u. diese Maßnahmen gegebenenfalls mehrmals wiederholt, bis die gesamte Schicht in den für die Umsetzung erforderlichen glühenden Zustand gebracht ist, worauf der Wirbelschichtprozeß durch Einblasen von Gasen durch die umzusetzende aufzuwirbelnde M. von unten her in üblicher Weise durchgeführt wird. Das Erhitzen der Oberflächen kann durch glühenden festen Brennstoff, glühendes Reaktionsgut, heißes Gas oder Verbrennen eines fl. Brennstoffes erfolgen. — *Abrösten von Schwefelkies, Vergasen körniger Brennstoffe, katalyt. Reaktionen.* (**D. B. P. 940 650** Kl. 12g vom 1/7. 1954, ausg. 22/3. 1956. Anmeldung bekanntgemacht 29/9. 1955.) W. MATTHAES. 5905

II. Betriebsschutz. Feuerschutz.

Robert H. Emerick, *Die Lagerung und Handhabung von Heizöl.* Verschied. Möglichkeiten der Heizölförderung vom Lagerbehälter zum Brenner u. zweckmäßige Größen der Lagerbehälter werden diskutiert. (Heating Air Condit. Sheet Metal Contractor **46.** Nr. 11. 42—45. Aug. 1955.) H. EISENBARTH. 5930

H. Drössler, *Der Bergbau im Spiegel staubhygienischer Betrachtungen.* Allgemeingehaltener Hinweis auf die Staublungenschäden in österreich. Bergbau-, Eisen- u. Keramik-Betrieben mit einigen statist. Daten u. Aufruf zu stärkerer Beachtung der Staubgefahren seitens der Montanwissenschaft u. -technik. (Berg- u. hüttenmänn. Mh. montan. Hochschule Leoben **100.** 84—86. Jan. 1955. Leoben.) H. ECKHARD. 5932

J. Fripiat, *Die Gefahr der Entflammung von Gasgemischen durch Funken von Leichtmetallen.* Es werden besprochen: Funkenbldg. bei Al-Anstrichen, bei Mg-Legierungen sowie bei Mg- u. Al-Legierungen. (Ann. Mines Belgique **1955.** 114—18. Jan.) E. BOYE. 5936

W. Dittrich, *Selbstentzündung von synthetischen Ölen.* Es wurde das Selbstentzündungsverh. von SiO_2-Estern, Polysiloxanen u. vergleichsweise von Bzl. sowie handelsüblichem Mineralöl untersucht. Es zeigte sich, daß die Selbstentzündlichkeit der Siliconöle von der der organ. Radikale abhängt. Da die Selbstentzündungstempp. von aromat. KW-stoffen am höchsten liegen, ist auch das nur ringförmige KW-stoffradikale enthaltende Siliconöl am schwersten brennbar, z. B. Tetrakresoxysilan, während Siliconöle, die nur aliphat. Ketten tragen, z. B. Tetrabutoxysilan, bei tieferer Temp. zünden als handelsübliches Trafoöl. (Technik **10.** 465—67. Aug. 1955. Abt. Niederspannungsschaltgeräte, Dresden, des VEB Konstruktion u. Entwicklung für Apparatebau, Leipzig.) R. SEIFERT. 5936

H. Ruhfus, *Brandgefahr in Härtereien und Vergütungsanlagen.* Die bes. durch die Verwendung von Härteölen in Härtereien u. Vergütungsanlagen mögliche Brandgefahr kann in ausreichendem Maße vermindert werden durch die Wahl geeigneten Öles, genügend großer Härtebehälter, einer ausreichenden, aber nicht zu starken Kühlung sowie den Einsatz von entsprechenden Löschgeräten. (Industrie-Anz. **72.** 325—26. 14/4. 1950.) H. HOCHSTEIN. 5944

Joseph Guelich, Chemical safety supervision. New York: Reinhold. (227 S. m. Abb.) 8⁰. $ 4,50.

III. Elektrotechnik.

Jewg. Filipow, *Die kubischen Ferrite und ihre technischen Eigenschaften im Hinblick auf ihre Verwendung in der Schwachstromtechnik.* Allg. über die verschied. magnet. Dielektrika u. die elektr., mechan. u. magnet. Eigg. der kub. Ferrite. (Техника (София) [Technik (Sofia)] **5.** Nr. 1. 13—18. Jan./Febr. 1956.) O. LEBTAG. 5958

E. Willihnganz, *Die Blei–Säure-Autobatterie.* Konstruktion, elektr. Kapazität, mechan. Stabilität u. Lebensdauer von Blei–Starter-Akkumulatoren für Kraftfahrzeuge werden zusammenfassend dargestellt. Neuerdings haben Verss. gezeigt, daß bei einer Herabsetzung der Säuredichte von 1,285—1,300 auf 1,260 zwar die Kapazität etwas verringert, die Konstanz der Kapazität während der gesamten Lebensdauer aber verbessert werden kann. (J. electrochem. Soc. **99.** 234 C—236 C. Sept. 1952. Depew, N. Y., Gould-Nat. Batteries, Inv.) W. REUSSE. 5970

H. C. Riggs, *Blei-Säure-Batterien für Antrieb und Beleuchtung von Elektrofahrzeugen.* Die besonderen Anforderungen an Bleisammler, die als Kraftquellen für Elektrofahrzeuge verwendet werden sollen, sind zusammengestellt: Hohe Spitzenströme beim Anfahren, Entladung bis nahezu 0, Erschütterungsfestigkeit. Die positiven Platten werden durch Glasfaserschichten oberflächlich verfestigt u. sind aus demselben Grund gitterartig profiliert. Die Kapazität liegt je nach Größe zwischen 100 u. 2800 A/Stunde. Die Kennlinien u. typ. Entladungskurven im prakt. Betrieb werden mitgeteilt. (J. electrochem. Soc. **99.** 236 C—238 C. Sept. 1952. Philadelphia, Pa., Electric Storage Battery Co.) W. REUSSE. 5970

Upton B. Thomas, *Ortsfeste Blei–Säure-Batterien.* Die besonderen Eigg. von ortsfesten Bleisammlern werden beschrieben: Aufbau u. Struktur der Anoden u. Kathoden, Ausbildung der Separatoren, Qualität des Elektrolyten u. Ausbildung der Gefäße. Bei großen Anlagen ist Ventilation zur Vermeidung von Explosionen notwendig. Ferner werden elektr. Kennlinien mitgeteilt u. Selbstentladung u. Lebensdauer behandelt. (J. electrochem. Soc. **99.** 238C—241C. Sept. 1952. Murrey Hill, N. Y., Bell Telephone Labor.) W. REUSSE. 5970

John J. Lander, *Selbstentladung der positiven Platte in der Blei–Säure-Zelle.* Vf. hat den Mechanismus der Selbstentladung von Pb-Akkumulatoren untersucht, indem er gut formierte u. geladene Batterien über 46 Monate stehen ließ. Nach der Ladung wurde der Elektrolyt ausgegossen u. in verschied. Versuchssammlern durch Elektrolyte mit den Dichten 1,385; 1,345; 1,290 u. 1,245 aufgefüllt. Nach 46 Monaten wurden beide Elektroden durch Aufnahme von Röntgendiagrammen u. durch chem. Analyse untersucht. Das Pb sämtlicher Platten enthielt 12% Sb. Vf. entnimmt seinen Messungen, daß die Selbstentladung der Anode mit großer Wahrscheinlichkeit durch Korrosion des Sb (Oxydation durch PbO_2) erfolgt. Zu beachten ist auch die Fähigkeit des mol. H_2, PbO_2 in Ggw. von H_2SO_4 zu reduzieren. (J. electrochem. Soc. **99.** 339—42. Sept. 1952. Washington, D. C., Naval Res. Labor.) W. REUSSE. 5970

C. C. Rose und **A. C. Zachlin,** *Zellen für geringe Entladung.* Vff. bringen eine kurze Beschreibung der mit Elektroden aus reinem Pb aufgebauten sogenannten LD (low-discharge)-Batterien, die eine außergewöhnliche geringe Selbstentladung (15% ihrer Kapazität pro Jahr) haben u. sich daher bes. für die langdauernde Entnahme schwacher Ströme bei ziemlich konstanter Spannung eignen. Eine halbjährliche oder jährliche Wiederaufladung genügt. Die elektr. u. mechan. Eigg. der drei Typen DA-2-1, DD-5-1 u. DH-5-1 sind tabellar. zusammengestellt. (J. electrochem. Soc. **99.** 243C—244C. Sept. 1952. Cleveland, O., Willard Storage Battery Co.) W. REUSSE. 5970

Fayette C. Anderson, *Die Edison–Nickel–Eisen–Alkalihydroxyd-Zelle.* Zusammenfassende Darst. der Wirkungsweise, des Aufbaus u. der modernen Handelsformen des EDISON-Sammlers. Lade- u. Entladekennlinien sowie (in einer tabellar. Übersicht) die elektr. u. mechan. Daten einiger Handelstypen werden mitgeteilt. (J. electrochem. Soc. **99.** 244C—248C. Sept. 1952. West Orange, N. J., Thomas A. Edison, Inc., Storage Battery Div.) W. REUSSE. 5970

Sven Bergstrom, *Nickel–Cadmium-Batterien. Taschentyp.* Der Ni–Cd-Akkumulator unterscheidet sich vom EDISON-Sammler dadurch, daß Fe durch Cd ersetzt wird. Die resultierende Entladungsspannung wird dadurch zwar etwas verkleinert, die Selbstentladung aber vermindert. Die positive Elektrode besteht aus $Ni(OH)_3$, die negative aus Cd, die erste wird bei der Entladung in $Ni(OH)_2$, die letzte in $Cd(OH)_2$ übergeführt. Der Elektrolyt besteht aus KOH in wss. Lsg. u. gelegentlich in geringer Konz. LiOH. Mittlere D. des Elektrolyten 1,190. Bei höherer D. erhält man bessere Konstanz bei niedrigen Tempp., dafür aber geringere Lebensdauer. Elektr. Kennlinien u. elektr. u. mechan. Daten einiger Handelstypen werden mitgeteilt. Anwendungsgebiete sind Fernsprechdienst, Notlicht, Zugbeleuchtung. (J. electrochem. Soc. **99.** 248C—250C. Sept. 1952. Copiague, N. Y., Nife Inc.) W. REUSSE. 5970

G. B. Ellis, H. Mandel und **D. Linden,** *Nickel–Cadmium-Batterien mit gesinterten Platten.* Die neueste Entw. der Ni–Cd-Sammler bevorzugt gegenüber der als Taschentyp bezeichneten Aufbauform der Elektroden diejenige mit gesinterten Platten. Die Sinterung aus Metallpulver in nichtoxydierender Atmosphäre liefert Elektroden mit stark poröser Struktur. Der besondere Vorzug der gesinterten Elektroden besteht in dem günstigeren Wirkungsgrad. Die Leistung bei der Ladung verhält sich zu derjenigen der Entladung wie 1,2:1, bei gewöhnlichen Ni–Cd-Sammlern liegt das Verhältnis bei 1,4/1—1,6/1. (J. electrochem. Soc. **99.** 250C—252C. Sept. 1952. Fort Monmorth, N. J., Signal Corps Engng. Labor., Power Sourves Branch.) W. REUSSE. 5970

Wilfred F. Niklas, *Einige Gesichtspunkte zur Elektrodenherstellung und kalten Emission in Kathodenstrahlröhren.* In Kathodenstrahlröhren tritt manchmal an Stellen hoher Feldstärke Feldemission auf, die sogenannte kalte Emission, die bes. bei den Fernsehröhren schädlich ist. Die kalte Emission ist abhängig vom Elektrodenmaterial, Oxydschicht auf diesem Material, Geometrie der Oberfläche, Oberflächenbelag, Reinheit der Elektroden, chem. Nachbehandlung u. Reinigung durch Ultraschall. Die Einflüsse dieser Faktoren werden besprochen. (Ceram. Age **66.** Nr. 2. 13—15. Aug. 1955. New York City, CBS Labor.) H. SCHOLZE. 5974

Standard Téléphone et Radio Soc. An., Zürich, Schweiz, *Massekern.* Als isolierendes Bindemittel für die z. B. aus 78—82 (%) Ni, 16—19 Fe u. bis 4 Mo bestehenden Magnetpulverteilchen dient ein Gemisch aus 90—99 anorgan. Substanz [z. B. koll. Ton, Na_2SiO_3, $Mg(OH)_2$] u. 1—10 hochmol. organ. Substanz (z. B. Phenol- oder Harnstoff-Formaldehyd-Kondensaten, Polystyrol oder Casein). (**Schwz. P. 267 517** vom 31/10. 1946, ausg. 16/6. 1950. E. Prior. 29/8. 1944.) H. KESSEL. 5959

Centre National de la Recherche Scientifique (Erfinder: **Charles Guillaud** und **Serge Medvedieff),** Frankreich, *Dauermagnet.* Zur Herst. wird ein Gemisch aus Fe_2O_3 u. Co_2O_3 von einer solchen mol. Zus., daß 1,8 $\leqq$ Fe/Co $\leqq$ 3 ist, gepreßt u. bei ca. 1050° in inerter Atmosphäre gebrannt. (**F. P. 1 019 184** vom 6/2. 1950, ausg. 19/1. 1953.) H. KESSEL. 5959

Soc. des Accumulateurs Fixes et de Traction, Soc. An., Seine, Frankreich, *Nickelsinterelektrode für alkalische Stromsammler.* Auf ein gelochtes u. vernickeltes Metallband wird eine zähe Suspension von Ni-Pulver aufgebracht, getrocknet, bei 900—1000° in reduzierender Atmosphäre gesintert u. mit der akt. M. versehen. Das Ni-Pulver ist aus Carbonyl hergestellt, weist einfadenförmiges Korn auf, hat eine scheinbare D. $\leqq$1 u. wird mit der gleichen Menge Fl. gemischt. Die Fl. ist eine wss. Lsg. eines lyophilen Kolloids, bes. eine Lsg. von 1—3% eines NH_4- oder Alkalisalzes der Carboxymethylcellulose. (**F. P. 1 077 036** vom 17/3. 1953, ausg. 3/11. 1954.) B. SCHMIDT. 5971

Soc. des Accumulateurs Fixes et de Traction, Soc. An., Seine, Frankreich, *Nickel-Sammlerelektrode.* Für Elektroden, die durch Auftragen einer Metallsuspension auf ein Metallband, Trocknen, Pressen u. Zerschneiden des Bandes hergestellt werden, dient als suspendierter Ausgangsstoff schwammartiges Cd, das bei großer kathod. Stromdichte durch Elektrolyse von mit Fe-Salz versetztem Cd-Salz erhalten wird. Dem Cd kann 20—60% dendrit. Cu beigemengt sein. Der Ausgangsstoff kann auch mit 40—80% Cu u. gegebenenfalls einem geringen Zusatz von Fe-Pulver vermengtes Cd-Oxyd oder Hydroxyd sein. (**F. P. 1 079 869** vom 17/3. 1953, ausg. 3/12. 1954.) B. SCHMIDT. 5971

Soc. des Accumulateurs Fixes et de Traction, Soc. An., Seine, Frankreich, *Negative Sammlerelektrode.* Auf einem vernickelten u. verkupferten gelochten Band oder Gewebestreifen aus Metall wird auf beiden Flächen die akt. M., die aus einem pulverigen Gemisch von Fe oder Fe-Oxyd mit 30—70% mikrokrist. dendrit. Cu besteht u. in der 10—20-fachen Menge einer zähfl. wss. Lsg. von einigen % eines lyophilen Kolloids suspendiert ist, als Schicht aufgebracht. Nach dem Trocknen wird die Schicht mit einem Druck von wenigstens 1 t/cm² gepreßt u. auf wenigstens 600° in neutralem oder reduzierendem Gas erhitzt, so daß sie gesintert wird. Danach wird das Band zu Elektrodenplatten zerschnitten. (**F. P. 1 080 578** vom 17/3. 1953, ausg. 10/12. 1954.) B. SCHMIDT. 5971

Soc. des Accumulateurs Fixes et de Traction, Soc. An., Seine, Frankreich, *Sammlerseparator.* Zur Herst. eines mikroporösen, verformbaren Separators, bes. für gasdichte alkal. Stromsammler, wird ein Pulvergemisch aus einem Superpolyamid, z. B. Nylon, u. einem Füllstoff auf 240—280° erwärmt u. als 0,1—0,4 mm starke Folie durch eine Düse in W. gepreßt. Die Füllstoffe sind in Säure lösl., z. B. wasserfreies $CaCO_3$, $MgCO_3$, MgO, oder in 10% NaOH lösl., z. B. Al oder Zn. Der Füllstoffzusatz beträgt z. B. 25%. — 2 Beispiele. (**F. P. 1 098 718** vom 27/1. 1954, ausg. 18/8. 1955.) B. SCHMIDT. 5971

Donald C. Porter, Bakersfield, Calif., V. St. A., *Herstellung von Elektroden für Primärelemente.* Zwei Blatt Filtrierpapier in der Form der gewünschten Elektrode werden einseitig mit MnO_2 überzogen u. diese Seiten so zusammengebracht, daß ein inniger Kontakt entsteht. Auf die eine der freien Außenseiten wird mit Hilfe des Metallspritzverf. Cu u. auf die andere Zn gebracht. Diese Elektrode liefert mit Fruchtsäuren, z. B. durch Einbringen in eine Citrone, Strom, der für Spielzeuge verwendet werden soll. (**A. P. 2 678 342** vom 5/6. 1952, ausg. 11/5. 1954.) F. Laass. 5971

Albert Flor, Nürnberg (Erfinder: **Wilhelm Weber,** Berlin), *Gasentladungsleuchtröhre oder Kathodenstrahlröhre.* Als Bindemittel für den Leuchtstoff dienen feste, weiche, abreibbare Stoffe, z. B. hochpolymerisierte Kieselsäureester oder Silicone, in kleinstückiger Form, die beim Schütteln in der Röhre abrollen u. auf der Gefäßwand Spuren von genügender Haftfähigkeit für den Leuchtstoff hinterlassen. (**D. B. P. 939 162** Kl. 21f vom 18/1. 1951, ausg. 16/2. 1956. Anmeldung bekanntgemacht 31/1. 1952.) H. Kessel. 5975

Hartford National Bank & Trust Co., Hartford, Conn., V. St. A., übert. von: **Willi Ernst Steuck,** Hamburg, *Elektrode für elektrische Entladungsröhren.* Mit Al überzogenes Fe-Blech wird ca. 1 Sek. auf 500—1000° erhitzt u. anschließend eine halbe bis einige Min. in dest. W. gekocht. (**A. P. 2 721 156** vom 14/5. 1954, ausg. 18/10. 1955. D. Prior. 29/6. 1953.) R. Schreiner. 5975

L'Outillage R. B. V., Seine, Frankreich (Erfinder: **L. Guyot**), *Herstellung von Fluorescenzschirmen.* Der Schirm wird erzeugt durch einen Nd. aus einer lauwarmen wss. Lsg. von Fluorescenzpulver u. einer größeren Menge Borax, als in der gleichen Menge kalten W. lösl. ist. (**F. P. 1 085 953** vom 19/6. 1953, ausg. 8/2. 1955.) G. Grote. 5975

Robert William Pringle, Kenneth Irwin Roulston und George McLeod Brownell, Winnipeg, Manitoba, Can., *Scintillationszähler* arbeitet mit Einkristallen aus NaJ (mit Tl aktiviert) von polyedr. Struktur u. einer Impulsverlängerungsschaltung. (**E. P. 732 893** vom 10/11. 1950, ausg. 29/6. 1955. Can. Prior. 10/11. 1949. A. Prior. 12/1. 1950. **A. P. 2 686 266** vom 12/1. 1950, ausg. 10/8. 1954. Can. Prior. 10/11. 1949.) H. Kessel. 5979

Philips Electrical Industries Ltd., London, England (Erfinder: **William Frederick Cox**), *Scintillationszähler für α-Strahlen.* Die fluorescierende Substanz ist in Pulverform mit Hilfe eines für α-Strahlen prakt. durchlässigen Bindemittels (z. B. Celluloseacetat) unmittelbar auf der Rückseite des Eintrittsfensters aufgebracht, das aus einer dünnen Al-Folie besteht, deren etwaige lichtdurchlässige Fehlstellen mit einem lichtdichten Farblack ausgefüllt sind. (**E. P. 691 925** vom 9/6. 1950, ausg. 27/5. 1953.) H. Kessel. 5979

IV. Wasser. Abwasser.

Werner Stumm, *Calciumcarbonat-Schutzschichtbildung auf Eisen.* Ausführliche Beschreibung u. Abb. einer App. zur Prüfung der $CaCO_3$-Schutzfilmbldg. auf blanken Gußeisenproben unter besonderer Berücksichtigung der Härte des W., seines p_H-Wertes u. des Geh. an gelöstem O_2. Den Versuchswässern wurde ^{45}Ca in einer Konz. von ca. $3 \cdot 10^{-4}$ mC/Liter hinzugegeben. Dadurch war es möglich, mit Hilfe eines Geiger-Müller-Zählrohres die Aktivität des $CaCO_3$-Nd. direkt auf der Fe-Probe, also ohne Ablösen des Films, zu ermitteln. In jeder Versuchslsg. wurde das Verhältnis der Impulszahl (verursacht durch das ^{45}Ca) zum Gesamt-Ca-Geh. festgestellt. Dieser wurde durch Titration mit *Komplexon* u. *Murexid* als Indicator bestimmt. — Die Verss. ergaben, daß die Menge des auf der blanken Fe-Fläche abgeschiedenen $CaCO_3$ abhängt vom Sättigungsindex, der Pufferkapazität u. dem Geh. an gelöstem O_2 im Wasser. — 7 Abb., 1 Zahlentafel, 21 Literaturnachweise. (J. Amer. Water Works Assoc. **48.** 300—10. März 1956. Zürich, Schweizer Bundesinst. für Wasserversorgung u. Abwasserreinigung.) H. Eckstein. 6010

A. Ammann, *Wasserentkeimung durch ultraviolette Strahlen.* Beschreibung des Stevar-App., der 12—17 Liter vorfiltriertes W./Min. durch eine Spirale derart durchwirbelt, daß es um eine 18 cm lange Quarzlampe einen Weg von 2 m zurücklegt u. in 0,2 Sek. durch UV-Strahlen so entkeimt wird, daß die bakteriolog. Befunde einwandfrei sind. Mit automat. Steuerung versehene Anlagen werden für Einzelhäuser verwendet. (Schweiz. Ver. Gas- u. Wasserfachmännern, Monatsbull. **34.** 14—17. Jan. 1954. Zürich, Actinag A. G.) H. Mühlmeister. 6028

Lorand Macher, *Neuzeitliche Speisewasseraufbereitung.* Überblick über Verff. zur Entcarbonisierung, Alkalisierung, Enthärtung durch Fällung oder Ionenaustausch, Entölung, Entsäuerung, Enteisenung u. Entsalzung sowie ihre analyt. Überwachung. (Brauwelt, Ausg. B **96.** 1—7. 3.—6/1. 1956. München.) H. Mühlmeister. 6030

S. R. M. Ellis und **C. Moreland,** *Hydrazin als Sauerstoffentferner.* Die Bedingungen der C. **1956.** 226 empfohlenen Entfernung des gelösten O_2 aus Kesselspeisewasser mit Hydrazin (I) werden untersucht; bei der Rk. zwischen I u. O_2 entstehen nur W. u. N_2, gelöste Feststoffe als Rückstand treten nicht auf. Bei $>165^0$ verflüchtigt sich I, die Rk. soll also vor Eintritt in den Kessel beendet sein. Je reiner das W., desto langsamer die Rk., sie wird beschleunigt durch Erhöhung des p_H 9 auf 10 jedoch mit weiterer Erhöhung verlangsamt. Katalyt. beschleunigend wirken Cu- u. Co-Ion, metall. Cu-Oberflächen, Glaswolle u. C. Bes. wirkungsvoll ist eine geschichtete Säule von akt. C, bei deren Einschaltung in den Speisewasserzulauf schnelle Rk. bei nur geringem I-Überschuß erzielt wird. (Chem. Process Engng. **37.** 47—50. Febr. 1956. Birmingham, Univ., Dep. of Chem. Engng.) H. MÜHLMEISTER. 6030

M. Kehren und **H. Denks,** *Abwassertechnische Probleme.* Überblick über die Methoden zur Abwasserreinigung unter besonderer Berücksichtigung gewerblicher, vor allem textiltechn. Abwasserprobleme. (Z. ges. Textilind. **58.** 305—12. 20/4. 1956. M. Gladbach-Rheydt, Textilprüfanstalt u. Textilingenieurschule.) W. NIEMITZ. 6036

R. Rupert Kountz, *Vereinfachte Behandlung von Molkereiabwasser.* (Milk Dealer **45.** Nr. 4. 60—61. 64. Jan. 1956. University Park, Pa., Pennsylvania State Univ., Sanit. Engng.) — C. **1956.** 7632.) H. MÜHLMEISTER. 6036

H. O. Henkel, *Beseitigung chemischer Abwässer in Tiefbrunnen.* 380—570 Liter konz. NaCl-Sole/Std. mit geringem Geh. an gelösten Metallsalzen u. organ. Verbb. aus der Fabrikation von Adiponitril, einem Zwischenprod. für Nylon, werden seit März 1953 abwechselnd durch 2 ca. 1500 m tiefe, 1,2 km voneinander entfernte Brunnen in den sandigen Untergrund versenkt. Zur Vermeidung einer Verstopfung der aufnehmenden Schichten soll sie bei 60^0 in 8 Std. keinen Nd. geben, sie wird deshalb nach Neutralisieren mit NaOH, Abkühlen u. Absetzen durch ein Grobkohle- u. ein Porocarbonfilter filtriert, ehe sie den Eindrückpumpen mit $30-40^0$ u. p_H 7,5—8 zugeführt wird. Einrichtung mit korrosionsfesten Werkstoffen, geolog. Verhältnisse, Betrieb u. Erfahrungen werden im einzelnen beschrieben; die allmählich nachlassende Schluckfähigkeit (Diagramm) konnte vorübergehend durch Wiederaufbohren der 15 m langen Injektionszone in 1200 m Tiefe u. stetig nach einer Änderung der Solezus. verbessert werden. (Chem. Engng. Progr. **51.** 551—54. Dez. 1955. Victoria, Tex., E. J. Du Pont de Nemours & Co.) H. MÜHLMEISTER. 6036

Maxim Lieber, *Gesamt-Chrombestimmung im Wasser nach Behandeln mit Permanganat und Natriumazid.* Die Probe wird mit 5 ml H_2SO_4 (1:1) angesäuert, mit 1 ml 1,26%ig. Na_2SO_3-Lsg. versetzt u. nach 10 Min. eingedampft, bis weiße Dämpfe auftreten u. die Lsg. klar wird. Nach Abkühlen u. Verdünnen auf ca. 50 ml fügt man unter Kochen tropfenweise $KMnO_4$-Lsg. (0,632 g $KMnO_4$/100 ml) in schwachem Überschuß hinzu, kocht 10 Min. lang auf u. versetzt tropfenweise mit 5%ig. NaN_3-Lsg., bis die Lsg. farblos wird. Die abgekühlte Lsg. wird im 50 ml-NESSLER-Rohr mit 2,5 ml *Diphenylcarbazidlsg.* vermischt u. nach 5 Min. photometriert. Der NaN_3-Zusatz dient zur Beseitigung des $KMnO_4$-Überschusses. Für genaue Bestt. Blindvers. erforderlich. (Vgl. SALTZMAN, C. **1954.** 5360.) (J. Amer. Water Works Assoc. **48.** 295—99. März 1956. Hempstead, N. Y., Nassau County Dep. of Health.) H. ECKSTEIN. 6060

V. Anorganische Industrie.

Victor A. Hann, *Technische Probleme bei der Verwendung großer Ozonmengen.* Kurze Beschreibung der Herst. großer Mengen 2—10%ig. O_3 aus Luft bzw. O_2, der O_2-Wiedergewinnung u. bes. des Explosionsschutzes durch rechtzeitige Materialeinspritzung in die entstehende Explosionswelle, kurze Hinweise auf die Giftigkeit des O_3 u. die Instabilität der meisten Ozonide. (Chem. Engng. Progr. **51.** 523—27. Nov. 1955. Philadelphia, Penn., Welsbach Corp.) H. ECKHARD. H 239

S. H. Smiley und **C. R. Schmitt,** *Kontinuierliche Umsetzung von Fluor.* F reagiert mit Wasserdampf nach der Formel $F_2 + H_2O = 2\,HF + \frac{1}{2}\,O_2$ mit blauer Flamme u. Explosionsgefahr. In einer Versuchsapp. durchgeführte Verss. mit vorgeheiztem F_2 u. überhitztem Wasserdampf zeigten glatten Verlauf der exothermen Reaktion. Mit unverd. F_2 u. mit 75, 50, 25 u. 13%ig. F_2-Luftgemischen, 200—2900% Dampfüberschuß u. 260 bzw. 400^0 Eingangstemp. ergaben die Verss., daß bei F_2-Konz. über 50% bei 260^0 Eingangstemp. u. 200—500% Dampfüberschuß augenblicklich vollständige Rk. eintritt, bei geringerer F_2-Konz. sind 400^0 erforderlich. Monel bewährte sich bei den scharfen Beanspruchungen als Baustoff für die im einzelnen beschriebenen Apparatteile (Überhitzer, Reaktor, Waschturm). (Ind. Engng. Chem. **46.** 244—47. Febr. 1954. Oak Ridge, Tenn., Carbide and Carbon Chem. Co., Design and Developm. Dep.) H. MÜHLMEISTER. H 246

T. A. Kantyka und **H. R. Hinckllef f,** *Die adiabatische Absorption von Chlorwasserstoff.* (Vgl. C. **1955.** 11655.) Die bei der Absorption von HCl in W. freiwerdende Wärme wird dadurch abgeführt, daß in der Nähe des Kp. der entstehenden Säure gearbeitet wird u. W. in den Gasstrom verdampft. Die adiabat. Absorption eignet sich deshalb bes. zur Aufarbeitung von verunreinigtem HCl-Gas, wie es bei der Chlorierung organ. Substanzen als Beiprod. anfällt, denn die organ. Stoffe können nicht kondensieren u. die Qualität der Säure herabsetzen. Vff. geben die theoret. Grundlagen der Meth. u. legen dar, daß trotz der Existenz eines azeotrop. Gemisches mit 20,2% HCl die Erzeugung einer 36%ig. Säure möglich ist. Eine Versuchsanlage zur Herst. von 28 Gallonen/Std. 28%ig. HCl aus einem $HCl-Cl_2$-Gemisch mit 50—100% HCl, das mit organ. Stoffen gesätt. ist, wird beschrieben. (Trans. Instn. chem. Engr. **32.** 236—43. 1954. Manchester, I. C. I. Ltd., Dyestuffs Div.) D. BREDTSCHNEIDER. H 247

Stabilovolt G. m. b. H. (Erfinder: **Erwin Müller**), Berlin, *Entfernung von Stickstoffspuren aus Edelgasen,* wobei das unreine Edelgas zusammen mit einem im Überschuß zugeführten unedlen Gas einer elektr. Entladung ausgesetzt wird u. die zwischen den Beimengungen u. dem unedlen Gas gebildeten Verbb. sowie das überschüssige unedle Gas entfernt werden, dad. gek., daß das im Überschuß zugeführte unedle Gas H_2 ist u. die elektr. Entladung zwischen Elektroden aus Alkali- oder Erdalkalimetallen betrieben wird. Zur Erhaltung einer gewissen H_2-Beimengung wird die Entladung zwischen Elektroden betrieben, deren Adsorptionskraft für $H_2 <$ die der Alkali- oder Erdalkalimetalle ist u. die Reaktionsprodd. aus dem zugesetzten H_2 u. dem zu entfernenden N_2 werden durch starke Kühlung entfernt. (**D. B. P. 937 824** Kl. 12i vom 8/12. 1944, ausg. 19/1. 1956. Anmeldung bekanntgemacht 26/6. 1952.) A. ZÜRN. H 230

Wilhelm Beckmann, Ludwigshafen/Rh., *Katalytische Gewinnung von Ammoniak* in Reaktionsöfen, in denen die reagierenden Gase nacheinander durch mehrere Katalysatorschichten geleitet werden u. zwischen die Katalysatorschichten kaltes Gas eingeführt wird. Nach der letzten Schicht werden die Gase durch unmittelbar an die Schicht anschließende, mit Katalysator gefüllte Röhren geleitet u. für die mittelbare Kühlung des in den Röhren untergebrachten Katalysators bis auf optimale Reaktionstemp. wird frisches, bereits erwärmtes Synthesegas bzw. Kreislaufgas benutzt, das dabei auf Reaktionstemp. vorgewärmt wird. (**D. B. P. 938 546** Kl. 12k vom 2/10. 1948, ausg. 2/2. 1956. Anmeldung bekanntgemacht 5/7. 1951.) H. NEBELSIEK. H 243

Koppers Co., Inc., Del., V. St. A., *Gewinnung von Ammoniak aus einem ammoniakhaltigem Gas.* Das verunreinigte NH_3-haltige Gas wird mit einer H_2SO_4 enthaltenden Fl. gewaschen u. das so gewonnene Ammonsulfat kristallisiert. Hierzu wird ein zylindr. Kristallisierkessel verwendet, der einen Gaseinlaß u. Auslaß enthält. Während das zu reinigende Gas durch den Waschraum strömt, wird die Wasch-Fl. eingesprüht u. das Ganze in einem Sammelbecken aufgefangen. Die Wasch-Fl. wird bis zur Sättigung im Kreislauf geführt. — Vorr., Zeichnung. (**E. P. 739 145** vom 16/11. 1953, ausg. 26/10. 1955. A. Prior. 24/2. 1953.) E. KAHLES. H 243

Imperial Chemical Industries Ltd. (Erfinder: **Richard Brooks**), London, England, *Herstellung von Ammonbicarbonat* durch Einleiten äquimol. Mengen CO_2 u. NH_3 in eine Fl., die an NH_4HCO_3 u. Ammonsesquicarbonat nahezu gesätt. ist, unter Verwendung eines Absorptionsturmes. Die Fl. wird dann gekühlt, das auskrist. NH_4HCO_3 abgetrennt u. die Mutterlauge wieder verwendet. (**E. P. 742 386** vom 9/6. 1952, ausg. 30/12. 1955.)

H. NEBELSIEK. H 260

Ernst H. Riesenfeld, Anorganisch-chemisches Praktikum. 17. Aufl. Neubearb. v. **H. Remy.** Zürich: Rascher. 1956. (XX + 462 S. m. Abb.) 8°. Fr. 24,80.

VI. Silicatchemie. Baustoffe.

Bobby L. Joyner und **William C. Bell,** *Wirkung der partiellen Entglasung auf den elektrischen spezifischen Widerstand natriumhaltiger Gläser.* Es wurde die Wrkg. der partiellen Entglasung auf den spezif. Widerstand von 3 Na-haltigen Gläsern bestimmt. Widerstandsmessungen wurden über einen Temperaturbereich von 130—550° gemacht. Es wurde gefunden, daß der Widerstand der Gläser durch partielle Entglasung beeinflußt wurde. Die Natur dieser Änderung erwies sich als proportional der Änderung im Na_2O-Geh. der glasigen Phase, die nach der Entglasung zurückblieb. Die Änderung des Widerstandes kann also durch Phasengleichgewichtsdiagramme vorausgesagt werden. (J. Amer. ceram. Soc. **36.** 263—66. 1/8. 1953. Raleigh, N. C., North Carolina State College, Dep. of Engng. Res.) R. WALKER. 6200

A. Dietzel und **H. Mostetzky,** *Vorgänge beim Wasserentzug aus einem keramischen Schlicker durch die Gipsform.* 1. Mitt. Die physikal. Grundlagen des in der Keramik üblichen Schlickergießverf. wurden theoret. u. prakt. verfolgt. Es handelt sich um einen mit der Wärmeleitung vergleichbaren Diffusionsprozeß. Das Zweiphasensyst. Gips/Schlikker geht in das Dreiphasensyst. Gips/Scherben/Schlicker über. Die Diffusionsgleichungen wurden abgeleitet u. die Verteilung der Wasserkonz. im Syst. Gips/Schlicker am Ort x zur Zeit t bestimmt. Schon die Herst. der Gipsformen ist von großem Einfl. auf die Porenstruktur u. damit auf den Diffusionskoeff. von W. in Gips. Auch die Schlickerkonsistenz, d. h. Viscosität, beeinflußt das Diffusionsverhalten. Es wird gezeigt, daß die Grenze „naß–trocken" proportional $\sqrt{t}$ vorrückt, d. h. der Scherben zeigt parabol. Wachstum. (Ber. dtsch. keram. Ges. e. V. **33.** 7—18. Jan. 1956. Würzburg, M.P.I. für Silikatforschung.) H. SAALFELD. 6216

Karl Heinz Obst und **Gerhard Trömel,** *Untersuchungen über die Möglichkeiten der Verbesserung von Silicasteinen durch Zusatz von Aluminiumorthophosphat $AlPO_4$.* Auf Grund der bekannten zwischen SiO_2 (I) u. $AlPO_4$ (II) bestehenden weitgehenden geometr. Übereinstimmung der Kristallstruktur wurde durch betriebliche Unters. festgestellt, daß durch Zusatz von II zu techn. Silicamassen die Umwandlung des Quarzes zu Cristobalit erheblich beschleunigt werden kann. Auch die Feuerfestigkeit so hergestellter Steine wird bei nicht zu langem Erhitzen beträchtlich erhöht. Bei längerem Erhitzen über 1600° tritt jedoch das Erweichen früher ein als sonst. Laborverss. zeigten, daß I u. II keine Mischkristalle bilden. Bei 1600° entweicht sehr lebhaft P_2O_5. Es verbleiben die nach dem Syst. Al_2O_3–SiO_2 zu erwartenden Phasen. Der F. des I wurde zwischen 1690—1700°, der F. von II über 1950° bestimmt. (Tonind.-Ztg. **79.** 195—204. Juli 1955. Düsseldorf, Max-Planck-Inst. für Eisenforschung.) G. FRIKELL. 6218

Fabio Ferrari, *Der wirtschaftlichste Zement.* Inhaltlich ident. in der C. **1954.** 8192 referierten Arbeit. (Ann. Chimica **44.** 702—08. Sept. 1954.) P. ECKERT. 6222

K. Walz, *Verwendung von heißem Zement (Literaturzusammenstellung).* Aus der Zusammenstellung geht hervor, daß die Verarbeitung von warmem Zement an sich keinerlei Wertminderung des fertigen Betons ergibt. (Zement-Kalk-Gips **8** (**44**). 315—19. Sept. 1955.) K. SEIDEL. 6222

K. M. Alexander, *Der Einfluß des Wasserzementfaktors auf den Beitrag pulverförmiger Zumischungen zur Festigkeit verschnittener Portlandzementmörtel.* Vf. ersetzt in Zementmörteln bis zu 65% des Portlandzementgeh. durch pulverförmige Zumischungen von vulkan. Flugasche, Quarz u. dolomit. Kalkstein u. mißt die Festigkeiten. Bei kleinen Wasserzementfaktoren tritt durch die Zumischungen eine Erhöhung der Festigkeiten gegenüber reinen Zementmörteln ein, während die Festigkeiten bei hohen Wasserzement faktoren mit steigenden Zumischungen sinken. Dies wird auf Unterschiede in der Raumfüllung durch Zement, W. u. Zumischungen erklärt. Es wird eine Gleichung zur Berechnung der Festigkeiten verschnittener Zementmörtel mit hohen Gehh. an inerten Zumischungen aus Angaben über solche mit kleinen Zumischungen entwickelt, die für hohe u. niedrige Wasserzementfaktoren gilt. (Austral. J. appl. Sci. **6.** 61—77. März 1955. Melbourne, Austr., Commonwealth Sci. and Ind. Res. Org. Div. of Ind. Chem.) D. BREDTSCHNEIDER. 6222

Mario Appiano, *Mitteilung über Auswaschversuche an abgebundenen Puzzolanzementen.* In ergänzender Zusammenfassung zu einer unlängst erfolgten Veröffentlichung zum Thema der Auswaschbarkeit abgebundener Puzzolan–Portlandzement-Gemische (I) (C. **1954.** 6087) teilt Vf. mit, daß für I in Abhängigkeit von den Ausgangskomponenten ein Minimum an Auslaugung durch W. ermittelt wird, welches jederzeit reproduzierbar ist, daß jedoch bei ungenügendem oder übermäßigem Puzzolangeh. größere Gewichtsverluste der zerkleinerten Proben ermittelt werden. (Ann. Chimica **44.** 701. Sept. 1954. Casale Monferrato, Labor. Centrale Ricerche e Controlli della Unione Cementi Marchino e C.) W. ANIKA. 6222

Walter Kosack, *Beobachtungen über den Einfluß verschiedener Temperaturen auf die Rohwichte und Viscosität von Sanden.* Inhaltlich ident. mit C. **1956.** 3403. (Silikattechnik **6.** 445. Okt. 1955.) K. SEIDEL. 6224

Édouard Casimir Veisblat, England, *Sicherheitsglas.* Als Zwischenschicht dienen Polyester, z. B. die Kondensationsprodd. aus Phthalsäureanhydrid u. Allyl- u. ähnlichen Alkoholen, aus Terephthalsäure oder Sebacinsäure u. Glykol oder anderen Polyalkoholen, die in Lsgg. in Styrol oder HCOOH oder auch als orientierte Filme angewandt werden. — Man bringt auf das Glas eine Klebschicht aus 30 (Gewichtsteilen) Polyvinyläthyläther u. 70 99%ig. HCOOH u. spritzt nach Trocknen darauf eine Schicht aus 45 Äthylenglykolterephthalat u. 55 HCOOH u. preßt zusammen. (**F. P. 62 527** vom 14/2. 1952, ausg. 15/6. 1955. **Zusatz zu F. P. 1 040 919; C. 1954. 7726.**) M. PANKOW. 6201

Compagnie Générale de la Céramique du Bâtiment, Frankreich, *Keramische, steingutartige Mischung,* bei der als Schmelzmittel an Stelle von natürlichen Mineralien der Feldspatklasse Koks oder Kohle mit schwachem Aschegeh. benutzt werden. (**F. P. 1 100 652** vom 14/5. 1954, ausg. 22/9. 1955.) H. HEYER. 6217

Rudolf Schröter, Herbert Krönert, Riesa, **Alfred Gärtner,** Fichtenberg, und **Paul Beier,** Reichsdorf, *Herstellung temperaturwechselbeständiger Silicasteine aus Quarziten.* Es werden Quarzite verwendet, die bei hohen Tempp. dichtbrennen u. die aus groben u. feinen Quarziten bestehen, von denen die feinkörnigen beim Brennen leicht umwandelbar sind u. beide nach Vermischung mit Silicabruch, Kalkmilch u. Sulfitablauge gepreßt, getrocknet u. gebrannt werden. — Beispiel: 400 kg dichtbrennender Quarzit von 4—8 mm Korngröße, 550 kg leicht umwandelbarer Quarzit von 0—2 mm, 50 kg Silicabruch, 50 Liter Kalkmilch u. 4 Liter Sulfitablauge. (**D. P. [DDR] 5 569** Kl. 80b vom 11/5. 1951, ausg. 5/12. 1953 [Wirtschaftspatent].) H. HEYER. 6219

Ludwig Schneider, Erfurt, *Herstellung von Gegenständen aus keramischen Werkstoffen mit Metallbindung, insbesondere großen Gefäßen oder Rohren.* In die Wandung des noch plast. oder in Kanäle des gebrannten keram. Werkstoffes werden Metallbindungseinheiten eingebracht u. miteinander u. mit der Wandung verspannt. Die für die Metalleinlagen benötigten Kanäle können mittels Pflanzenfasern oder Werk- oder Kunststoffen gebildet werden, die im Glüh- bzw. Glattbrande ausbrennen. Die verbleibenden Zwischenräume nach dem Einbringen der Einlagen können durch Glasur oder durch Kunststoffe ausgefüllt werden. (**D. P. [DDR] 6 898** Kl. 80b vom 12/5. 1950, ausg. 20/3. 1954 [Wirtschaftspatent].) H. HEYER. 6221

Walther Weise, Leipzig, *Herstellung von Hartbeton aus Normenzement* u. *Zusätzen, wie natürlichem u. künstlichem Hartgestein,* bzw. *Mineralien.* Die Zusätze, bes. Kupferschlacke, werden zu ca. 50% auf eine Korngröße von 0,1—1,0 mm, zu 30% auf eine solche von 1,0—2,0 mm u. zu 20% auf eine Korngröße von 2,0—4,0 mm zerkleinert, mit NaOH ausgewaschen u. verarbeitet. (**D. P. [DDR] 6 581** Kl. 80b vom 27/3. 1952, ausg. 23/12. 1954 [Ausschließungspatent].) H. HEYER. 6225

VII. Agrikulturchemie. Schädlingsbekämpfung.

Emil Chroboczek und **Teresa Karwowska,** *Untersuchungen über den Einfluß der verschiedenen Nährstoffe auf die Entwicklung gesteckter und gesäter Zwiebeln.* Nach einer Literaturübersicht (unter Angabe der von verschied. Autoren gefundenen für Zwiebeln besten NPKCa-Düngermengen) werden die eigenen Verss. beschrieben, bei welchen sowohl Zwiebelsaat wie -setzlinge in Topfverss. wie auch auf freiem Felde gezüchtet wurden. Bei den Topfverss. wurde nährsalzarmer Sand unter Zusatz von $1^1/_2$% Gartentorf verwendet, während die Feldverss. auf den Versuchsfeldern in Skierniewice auf „bielica"- u. Lößböden durchgeführt wurden. Als Mineraldünger wurden in den Topf- wie Feldverss. neben der Nulldüngung O alle Dreierkombinationen der 4 Stoffe NPKCa u. Ca allein gegeben; 3—10 fache Wiederholung auf Parzellen von üblicher Größe; Vorfrüchte: Roggen, Mohn, Möhren, Gerste. — Ergebnisse der 4 Serien: In den Feldverss. reagierten sowohl Setzlinge wie Saat gegen Mangel zuerst an K, dann P, dann N; in den Topfverss. war die Mangelfolge genau umgekehrt; die Ertragsunterschiede waren bei den Setzlingen erheblicher als bei der Saat. Topfverss.: P-Mangel minderte den Kornertrag, K-Mangel jenen an Grünteilen. Bestes p_H 7,4. Blattmessungen (Farbe, Menge, Größe) zeigten in einigen Fällen Düngungsabhängigkeit, Tausendkorngewicht u. Keimfähigkeit schwankten nur unbedeutend. Die Feldverss. wurden durch Meltaubefall beeinträchtigt. Ausführliche Angabe der Erträge sowie weitere Ergebnisse. (Roczniki Nauk rolniczych [Polish agric. Annu.] **54.** 361—95. 1950. Skierniewice, Hochschule für Landwirtsch., Inst. für Gemüsebau.) A. v. WILPERT. 6304

A. D. Gogatischwili, *Materialien zur Kenntnis von Böden mit einem Überfluß an Mangan.* Unterss. der Böden im Tschiatur-Gebiet (Mn-Erze) zeigten, daß diese von geringer bis mittlerer Fruchtbarkeit u. humusarm sind. Überschüssiges Mn im Boden hemmt Wachstum u. Ertrag der Weinreben, jedoch sind die Weine hochqualitativ. Eine Erhöhung des Mn-Geh. in der Weinrebe u. im Wein auf den Mn-reichen Böden wurde nicht ermittelt. (Сообщения Академии Наук Грузинской ССР [Mitt. Akad. Wiss. GrusinSSR] **16.** 47—54. 1955. Tbilissi, Inst. für Bodenkunde, Agrochem. u. Melioration der Akad. der Wiss. der GeorgSSR.) M. GORDIENKO. 6304

Kenneth C. Walker, *Parathionspritzrückstände an Beeren, Äpfeln und Birnen.* Parathionspritzrückstände auf Steinobst sind ungefähr proportional der Zeit, die nach der Spritzung u. Analyse der geernteten Früchte verstreicht. Parathion wird zu 80 bis 85% in 12—13 Tagen u. zu 93—100% innerhalb 30—32 Tagen von der Oberfläche der damit gespritzten Äpfel flüchtig. (Advances in Chem. Ser. Nr. **1.** 123—27. April 1950. Wenatchee, Wash., Washington Agricult. Exp. Stat.) G. LENHARD. 6312

G. E. Carman, W. H. Ewart, M. M. Barnes und **F. A. Gunther,** *Absorption von DDT und Parathion durch Früchte.* DDT (I) u. Parathion (II) dringen nach Spritzungen verhältnismäßig schnell in die Schale von Citrusfrüchten ein. Bei Anwendung n. Dosierungen konnten **I** u. **II** dagegen nicht im Saft oder Mark der Früchte mit der Dehydrohalogenierungsmeth. bzw. der Farb-Rk. modifiziert, nach GUNTER u. BLINN, nachgewiesen werden. Wurden die Analysen 1 Tag nach der Spritzung durchgeführt, so wurden von **I** 17,1 p.p.m., von **II** 15,9 p.p.m. gefunden. Dieser Geh. fällt mit der Zeit nach der Behandlung auf 3 p.p.m. (53 Tage) ab. Spektrograph. Messungen der Benzolextrakte **I**-behandelter Orangen zeigten im Vgl. zu den Kurven der Standardverbb. Abweichungen von den Absorptionsbanden an. (Advances Chem. Ser. **1950.** Nr. 1. 128 bis 136. April. Riverside, Calif., Univ. of California, Citrus Exp. Stat.)
G. LENHARD. 6312

H. Ekstrand, *Untersuchungen über Berberis und Schwarzrost.* 2. Mitt. *Keimversuche mit Berberis vulgaris L., mit besonderer Berücksichtigung der Wirkungen von Natriumchlorat auf die Keimung.* Das Fruchtfleisch der Berberitze enthält keimungshemmende Stoffe, davon befreite Samen keimen rascher, z. B. auch solche aus von Vögeln verdauten Früchten. $NaClO_3$ in Mengen von 500 kg/ha wirkt deutlich keimungswidrig, bei 1500 kg/ha gehen alle Keimlinge ein. Vermutlich wirken sehr geringe Mengen stimulierend auf die Keimung. Ausrottung ist mit 4500 kg/ha gewährleistet. (Statens Växtskyddsanst., Medd. **1955.** Nr. 69. 1—29.) R. K. MÜLLER. 6312

W. S. Stewart, H. Z. Hield und **B. L. Brannaman,** *Wirkungen von 2.4-D und verwandten Substanzen auf Fruchtabfall, Ertrag, Größe und Qualität von Valencia-Orangen.* (Vgl. C. **1954.** 6808.) Durch *2.4-D*-Präpp. konnte bei Valencia-Orangen der Fruchtabfall von 35,1% vermindert werden. Bzgl. einer Fruchtvergrößerung erwiesen sich 2.4-D- u. *2.4.5-T*-Mittel als wirkungsvoll; nicht wirksam dagegen waren Mittel auf Basis Dinitro-o-kresol, Dinitro-o-cyclohexylphenol, Triäthanolaminsalz des Dinitro-o-sek.-butylphenols, Dicyclohexylaminsalz des Dinitro-o-kresols, Polyäthylenpolysulfid + Zn-Dimethyldithiocarbamat, Trijodbenzoesäure, Tricapryldiphenyloxyd, Ferrosulfat, Naphthalinessigsäure, Na-Cyanamid, Bordeaux-Brühe. (Hilgardia **21.** 301—29. März 1952. Riverside, Calif., Citrus Exp. Stat.) C. GRIMME. 6312

S. Rehm, *Cyperusbekämpfung bei Kulturpflanzen.* Bericht über die Vernichtung der stark wuchernden Unkräuter Cyperus esculentus L. u. Cyperus rotundus L. Ersteres kann durch geeignete Kulturmaßnahmen, wie Tiefpflügen, weitgehend ausgerottet werden, während bei letzterem vor allem die chem. Bekämpfung mit *2.4-D-* u. *2.4.5-T* in Frage kommt. — 23 Literaturhinweise. (Farming South Africa **30.** 224—27. April 1955. Pretoria, Gartenversuchsstation, Div. für Gartenkultur.) C. GRIMME. 6312

G. Ignatowitsch, *Eine chemische Methode zur Bekämpfung der Polysporose des Leins.* Durch Spritzen mit 20 kg/ha *Kupferoxychlorid* (I) in der Knospenbildungs- u. Blütephase wurde der Polysporosebefall von Leinsaaten von 13,6—42,7% kranker Stengel (Kontrolle) auf 2,7—7,1% herabgedrückt. Durch Zugabe von 1% ig. *KCl* (II)-Lsg. (als Blattdüngung) sank der Befall auf 1,9—4,8%. *Tetramethylthiuramdisulfid* (III) verminderte die Zahl der kranken Stengel auf 10,0—12,4%, bei Zugabe von **II** auf 2,6—21,3%. Auch Anthraknose u. Fusariose wurden durch **I** + **II** auf $^1/_4$ herabgesetzt. Mit der Krankheitsverminderung durch **I** verband sich eine Ertragssteigerung der Stengel u. durch **II** auch eine Qualitätsverbesserung der Faser. In Laborverss. wurde bei Reinkulturen von Polyspora lini u. Fusarium lini durch 3—5% ig. Lsgg. von **I** oder **II** eine beträchtliche, durch 8% ig. Lsgg. eine Massenvernichtung dieser Pilze erreicht. (Земледелие [Ackerbau] **4.** Nr. 1. 93—96. Jan. 1956. Pskow, Zonale Versuchsstat. für Leinbau.) E. LINTER. 6312

Kazuo Nose, *Über die Zersetzung von Bordeaux-Brühe infolge der Bildung löslicher Cu-Komplexe.* In einer $CuSO_4$–NaOH-Trinatriumcitrat-Mischung ist das Molverhältnis Cu/Citrat des Cu–Citratkomplexes in stark alkal. Lsgg. 1 : 1; in weniger alkal. Lsgg. besteht die Proportion 1 : 1 neben 1 : 2. In $CuSO_4$–$Ca(OH)_2$–Glucose-Mischungen bildet sich ein Cu–Glucose-Komplex, worin Cu/Glucose 1 : 1. Bei saurem Medium ist die Wirksamkeit von Cu^{2+} in $CuSO_4$–Trinatriumcitrat-Mischung bedeutend geringer als in $CuSO_4$–Glucose-Mischung. Unter den stark alkal. Bedingungen auf der mit *Bordeauxbrühe* besprühten Pflanzenoberfläche bildet Cu einen Komplex mit Glucose oder ähnlichen Stoffen u. geht in Lösung. Sobald der gebildete lösl. Komplex in die Zelle (mit p_H 5—7) aufgenommen wird, zerfällt er unter Freiwerden von Cu^{2+}, das als biol. akt. angesehen wird. (J. agric. chem. Soc. Japan [Nippon Nôgeikagaku Kaishi] **28.** 87—90. Jan. 1954. Nishigahara, Nat. Inst. agric. Sci. [Orig.: japan.; Auszug: engl.]) L. SCHULER. 6312

C. F. Fredericksen und **J. H. Lilly,** *Messung der Reaktion von Drahtwürmern gegenüber Bodeninsekticiden durch Zusetzen von radioaktivem Kobalt.* Vff. markierten Drahtwürmer mit radioakt. Co u. stellten Messungen der Bewegungen in Böden an, die mit *Lindan* (**I**), *Aldrin* (**II**), *Dieldrin* (**III**) bzw. *Heptachlor* (**IV**) behandelt worden waren. Bei **I** u. **II** nahm die Bewegungsintensität am schnellsten ab, während **IV** etwas langsamer u. **III** nur sehr wenig wirksam waren. (J. econ. Entomol. **48.** 438—42. Aug. 1955. Ames, Io., Iowa State Coll.) W. KNÖPKE. 6312

T. Rosborough, *Die Verwendung von Dieldrin gegen Erioischia brassicae Bruchi.* Die Anwendung von Dieldrin als 1,5% Staub wirkt stärker schützend gegen den Befall durch den Schädling als die bisherige Kalomelbestäubung (Konz. 4%). (Chem. and Ind. **1953.** 947. 5/9. Circester, Royal Agric. Coll.) C. GRIMME. 6312

D. G. Harcourt, W. G. Matthewman, L. M. Cass und **W. G. Friend,** *Versuche mit verschiedenen Insekticiden gegen die Kohlfliege auf Rettich in den Jahren 1948—1950.* Eine 66—83%ig. Abtötung des Schädlings bewirkten *BHC, Heptachlor, Dieldrin, Lindan, Parathion* u. *Chlordan. Kalomel* u. $HgCl_2$ sowie *DDD* u. *Methoxychlor* erwiesen sich als unbefriedigend in der Wirkung. *BHC-, Toxaphen-* u. *DDT-Stäube* u. *BHC-Spritzpulver* zeigten Schädigungen am Rettich. *Toxaphen-Spritzpulver* war dagegen nur wenig phytotoxisch. (Sci. Agric. **32.** 214—18. April 1952. Ottawa, Can., Sci. Serv., Field Crop Insect Labor.) W. LORENZ. 6312

Irwin Hornstein, William N. Sullivan und **Ching Hsi Tsao,** *Dauerwirkung von Mischungen organischer Phosphorinsekticide mit chlorierten Terphenylen.* Vff. kombinierten die organ. Phosphorsäureester *Malathion, Diazinon, Parathion, Bayer L13/59, dehydrochloriertes L 13/59* (**I**; Dimethyl-2.2-dichlorvinylphosphat) u. *Diäthyl-2.2-dichlorvinylphosphat* (**II**) mit *chlorierten Terphenylen* (**III**; Handelsname „*Arochlor 5460*"), um die Dauerwrkg. der Mittel zu verbessern. Bei allen Wirkstoffen mit Ausnahme von Malathion, wurde eine Verlängerung der Dauerwrkg. bei dem Mischungsverhältnis von Insekticid zu **III** wie 1 : 4 festgestellt. Bemerkenswerte Resultate zeigten sich bei der Unters. von **I** u. **II**, die allein nur ca. 2 Std. wirksam sind, während die Mischungen mit **III** noch nach 60 Tagen eine 100%ig. Abtötung der Testtiere (Musca domestica, Periplaneta americana, Tribolium confusum) erbrachte. (J. econ. Entomol. **48.** 482—83. Aug. 1955. Entomol. Res. Branch, Agr. Res. Serv. U.S.D.A.) W. KNÖPKE. 6312

J. W. Geyer und **J. J. Matthee,** *Durch eine Bienenart verursachte Holzstrukturschäden.* Es wurde festgestellt, daß eine Bienenart (Xylocopa Caffra var. Mossambica) in Weichhölzern Schäden verursachen kann. Das Aussehen u. die Lebensweise dieser Biene wird eingehend beschrieben. Vf. schlägt Besprühen der Nester mit *DDT* vor; Erfahrungen bzgl. der Bekämpfung liegen noch nicht vor. (Farming South Africa **30.** 45—48. Febr. 1955. Pretoria, Landwirtsch. Untersuchungsinst.) K. SEIFERT. 6312

A. Keese, *Hausbockbekämpfung mit Heißluft in Deutschland.* Die Vorteile der Heißluftbehandlung von vom Hausbock befallenenen Gebäudeteilen werden geschildert: Sie kann zu jeder Jahreszeit angewendet werden, sie ist unschädlich, sie treten keine Beschädigungen auf u. schließlich wird durch das Verf. restlose Abtötung der Käfer u. Larven garantiert. (Desinfekt. u. Gesundheitswes. **47.** 38—39. März 1955. Hannover, Druba G.m.b.H., Abt. Schädlingsbekämpfung.) K. SEIFERT. 6312

C. F. H. Jenkins, *Flöhe und ihre Bekämpfung.* (Vgl. C. **1956.** 4257.) Zur Bekämpfung der Flöhe wird Besprühen der Innenräume mit DDT (1 lbs. pro 500 Quadratfuß einer 10%ig. Lsg.) vorgeschlagen. Auf Behandlung der Wirtstiere wird bes. hingewiesen u. dafür Waschen mit 0,5%ig. DDT oder 0,1%ig. BHC empfohlen. Bei Katzen soll das Fell mit Pyrethrum u. Derris-Puder eingerieben werden. Auch die ältere Behandlung mit Kerosinemulsion ist eingängig. (J. Agric. Western Australia **3.** 667—69. Nov./Dez. 1954.) K. GENEST. 6312

J. Rémond, *Neue chemische Produkte zur Nagerbekämpfung.* Schrifttumsbericht mit besonderer Berücksichtigung von *Dicumarol, Warfarin* u. *Tomorin.* (Rev. Produits chim. **56.** 278—82. 31/8. 1953; **58.** 226—27. 30/6. 1955.) C. GRIMME. 6312

A. R. Tomlinson, C. Marshall und **C. D. Gooding,** *Kaninchenbekämpfung mit „1080". Versuche in Manjimup, Januar—Juli 1954.* „*1080*" (**I**; *Na-Fluoracetat*) wird zur Bekämpfung der Kaninchenplage empfohlen. 54,4% der **I**-Köder, aber nur 25,4% von P-Ködern wurden aufgefressen. Sowohl Äpfel als auch Hafer können als Köder benutzt werden. Die Wirksamkeit von **I** betrug 90—100%. Eine sek. Vergiftung der Fauna oder von Vögeln war nicht festzustellen. Füchse werden durch **I** vergiftet. (J. Agric. Western Australia **3.** 721—25. Nov./Dez. 1954.) K. GENEST. 6312

R. H. Carter, *Stand der analytischen Methoden mit Berücksichtigung der Bestimmung kleiner Mengen von Insekticiden.* Allg. Ausführungen zur Methodik des Nachw. der modernen Insekticide, z. B. DDT. (J. econ. Entomol. **48.** 424—25. Aug. 1955.) W. KNÖPKE. 6328

Jeremiah Forster Twomey, St. Boniface, Manitoba, und **Frank Herbert Peto,** Vancouver, Brit. Columbia, Canada, *Zusammenstellungen zur Anregung des Pflanzenwachstums,* bestehend aus Estern, Amiden oder Salzen der 2.4-Dichlorphenoxyessigsäure oder 2.4.5-Trichlorphenoxyessigsäure im Gemisch mit Sulfaten des Fe, Mn, Zn, Cu u. Co u. Borax u. einem üblichen Trägerstoff. (**E. P. 735 045** vom 29/7. 1952, ausg. 10/8. 1955. Can. Prior. 4/2. 1952.) H. NEBELSIEK. 6297

Monsanto Chemicals Ltd., Fulmer (Erfinder: **Marjorie Mary Baron,** Birkenhead, und **Raymond Charles Tincknell,** Baring Crescent), England, *Unkrautvernichtungsmittel,* gek. durch ein wasserlösl. Gemisch aus einem oder mehreren aliphat. oder cycloaliphat. Aminen u. einer oder mehreren herbiciden Chloraryloxyalkylcarbonsäuren (**I**), wobei die letzteren in einem erheblichen Überschuß über die den Aminen äquivalente Menge anwesend sind. Derartige Amine sind Dimethyl-, Triäthyl- u./oder Triäthanolamin; die **I** können sein- 2.4-Dichlor-, 4-Chlor-, 2-Methyl-4-chlor-, 2.4.5-Trichlor- u./oder 2.4-Dichlor-5-methylphenoxyessigsäure. (**D. B. P. 940 383** Kl. 451 vom 18/5. 1954, ausg. 15/3. 1956. Anmeldung bekanntgemacht 22/9. 1955. E. Priorr. 18/5. 1953 u. 30/4. 1954.) H. NEBELSIEK. 6313

United States Rubber Co., New York, N. Y., V. St. A., übert. von: **John C. R. Warren,** Elmira, Ontario, Can., *Unkrautbekämpfungsmittel,* das bes. kälteresistent bei Transport u. Lagerung ist, bestehend aus *Alkylestern der 2.4-Dichlorphenoxyessigsäure* im Gemisch mit KW-stoffölen, wie Kerosin oder Naphtha. Man verwendet als tox. Stoff entweder ein Gemisch aus 30—60 (Gew.-%) Isopropyl- u. 70—40 sek.-Butylestern oder aus 20—55 Isopropyl- u. 80—45 Äthylestern oder aus 65—30 Isobutyl- u. 35—70 n-Butylestern oder aus 35—65 Isobutyl- u. 65—35 sek.-Butylestern oder aus 10—40 Isopropyl- u. 90—60 Isobutylestern der 2.4-Dichlorphenoxyessigsäure. (**A. PP. 2 721 124, 2 721 125,** beide vom 16/12. 1952, **2 721 126** vom 7/3. 1953, **2 721 132** u. **2 721 133,** beide vom 21/1. 1953, alle ausg. 18/10. 1955.) H. NEBELSIEK. 6313

United States Rubber Co., New York, N. Y., V. St. A., übert. von: **John C. R. Warren,** Elmira, Ontario, Can., *Unkrautbekämpfungsmittel,* das bes. kälteresistent bei Transport u. Lagerung, z. B. bei -20^0, ist, bestehend aus *Alkylestern* der *2.4.5-Trichlorphenoxyessigsäure* im Gemisch mit KW-stoffölen, wie Kerosin u. Naphtha. Man verwendet als tox. Stoff entweder ein Gemisch aus 50—15 (Gew.-%) Isopropyl- u.50—85 n-Butylestern oder aus 5—55 Isopropyl- u. 95—45 sek.-Butylestern oder aus 80—40 Isopropyl- u. 20—60 Äthylestern oder aus 40—75 Isobutyl- u. 60—25 sek.-Butylestern oder aus 20—50 Isopropyl- u. 80—50 Isobutylestern der 2.4.5-Trichlorphenoxyessigsäure. (**A. PP. 2 721 127** vom 7/1. 1953, **2 721 128, 2 721 129,** beide vom 13/1. 1953, **2 721 130** u. **2 721 131,** beide vom 21/1. 1953, alle ausg. 18/10. 1955.) H. NEBELSIEK. 6313

Mathieson Chemical Corp., übert. von: **John W. Churchill,** Kenmore, N. Y., und **Jonas Kamlet,** Easton, Conn., V. St. A., *Perchlormethylmercaptan* (**I**), CCl_3SCl, $Kp._{760}$ 146,5—148°; n_D^{20} 1,5484; D. 1,7—1,72. Die durch Chlorieren von CS_2 mit der theoret. Cl_2-Menge in Ggw. eines Katalysators (J_2) u. ohne Belichtung unterhalb 30° erhaltene Reaktionsmischung wird mit überschüssigem CS_2 erhitzt, wobei die als Nebenprodd. gebildeten S-Chloride, wie SCl_2 u. S_2Cl_2, in **I** u. S übergeführt werden. $2\ S_2Cl_2 + CS_2 \rightarrow$ **I** $+ 5\ S \cdot 2\ SCl_2 + CS_2 \rightarrow$ **I** $+ 3$ S. Man kann die Reaktionsmischung auch mit SO_3 auf ca. 90° erhitzen, wodurch ebenfalls die S-Chloride zerstört werden, so daß das **I** in beiden Fällen durch Dest. abgetrennt werden kann. $S_2Cl_2 + SO_3 \rightarrow SOCl_2 + S + SO_2 \cdot 2\ SCl_2 + 2\ SO_3 \rightarrow 2\ SOCl_2 + 2\ SO_2$. — Zwischenprod. zur Herst. von *Zusatzmitteln* für *Dieselkraftstoffe* u. bes. von *Fungiciden* (vgl. nachst. Ref.; A. P. 2 696 502). (**A. PP. 2 664 442** vom 27/12. 1950, ausg. 29/12. 1953 u. **2 666 081** vom 18/12. 1950, ausg. 12/1. 1954.) G. KRAUSS. 6313

Mathieson Chemical Corp., übert. von: **William P. ter Horst,** Lewiston, N. Y., V. St. A., *Kondensationsprodukt aus Perchlormethylmercaptan* $CSCl_4$ *und Styrol* erhält man durch Erhitzen der beiden in Bzl. in Ggw. von Benzoylperoxyd auf ca. 80—90°; Fl. schwerer als W., lösl. in Chlf. u. Mineralölen; Cl-Geh. 40,7%; S-Geh. 10,7%. — *Fungicid* u. *Miticid,* Testverss. an *Monilinia fructicola* u. *Tetranychus bimaculatus.* (**A. P. 2 696 502** vom 8/1. 1952, ausg. 7/12. 1954.) G. KRAUSS. 6313

A. Gyselinck, Gent, Belgien, *Mittel gegen Pilzkrankheiten an lebendem Holz.* Verwendet werden pulverisierte Präpp., Lsgg., Extrakte oder Destillate von *Eucalyptus globulus* u. *Thymus*-Pflanzen, z. B. *Thymol* (Isopropyl-m-kresol), gegebenenfalls gemischt mit Füll- u. Klebstoffen, synergist. wirksamen Zusätzen usw. (**Belg. P. 510 744** vom 17/4. 1952, ausg. 23/10. 1953.) A. KALIX. 6313

Böhme Fettchemie G. m. b. H. (Erfinder: **Gustav Lietz**), Düsseldorf, *Herstellung von pulverförmigen Schädlingsbekämpfungsmitteln.* Wirkstoffe der allg. Formel $X_3C-CH\langle^{Y}_{Z}$, in denen X F-, Cl- oder Br-Atome u. Y u. Z KW-stoffreste, die auch substituiert sein können, bes. halogenierte, aromat. Reste, bedeuten, werden aus einer verd., wss., hochsd., organ. Lösungsmittel enthaltenden Dispersion durch Einrühren von pulverförmigen Trägerstoffen niedergeschlagen, worauf der Nd. filtriert u. bei n. oder mäßig erhöhter Temp. getrocknet wird. — Beispiel für den Wirkstoff: . (**D. B. P. 938 633** Kl. 45l vom 6/10. 1944, ausg. 2/2. 1956. Anmeldung bekanntgemacht 17/7. 1952.) H. NEBELSIEK. 6313.

E. L. Bruce Co., übert. von: **Frank H. Lyons**, Memphis, Tenn., V. St. A., *Insekticides Mittel*, bestehend aus der wss. Lsg. eines Natriumorthosilicats mit β-Naphthol, Phenol, einem halogensubstituierten Phenol, Kresol, einem halogensubstituierten Kresol, Anthrol u. hydroxylsubstituierten Phenolen. — Auf 1—3 (Mol) der letzteren verwendet man 1 Na-Orthosilicathydrat. — Man fügt zu der verd. Orthosilicatlsg. $(NaOH)_4SiO_2$ den anderen Bestandteil zu u. rührt so lange, bis alles in Lsg. ist. — Anwendung *gegen Termiten*. (**A. P. 2 711 987** vom 23/3. 1954, ausg. 28/6. 1955.) H. NEBELSIEK. 6313

VIII. Metallurgie. Metallographie. Metallverarbeitung.

Manfred Bachmann, *Der Antimonerzbergbau in Ostthüringen*. Beschrieben werden die an die NW- u. die SO-Seite (Schleizer bzw. Greizer Bezirk) des Bergaer Sattels gebundenen Antimonitvorkommen. Es handelt sich um kleine Lagerstätten auf erzgebirg. streichenden Gängen (z. T. als steile Aufschiebungen erkannt) in ordovig. bis oberdevon. Gesteinen. Sie gehören zu den reinen Antimonitlagerstätten, die nach der Entfernung vom Magmaherd als apomagmat. u. nach der Bildungstemp. als epithermal anzusprechen sind. Es werden Angaben über die derzeitige Aufbereitung, Verhüttung sowie über die Erzvorräte gemacht. — Schrifttumsangaben. (Z. Erzbergbau Metallhüttenwes. **8.** 7—14. Jan. 1955.) H. HOCHSTEIN. 6360

K. N. Cederquist, *Elektrodenmassen für in Elektrostahlöfen zu verwendende Söderbergelektroden*. Als Ursache zweier Explosionen an Elektrostahlöfen wird mit großer Wahrscheinlichkeit ein Geh. der Elektrodenmassen an Holzteer oder Prodd. aus solchem ermittelt; diese Bestandteile erlitten bei relativ niedriger Temp. Zers. unter Bldg. von Gas u. Wasser. Der Hauptfehler der Massen beruhte auf dem Bindemittel. Für die Elektrodenprüfung wird ein Verf. ausgearbeitet, wobei Probeelektroden in einem Metallzylinder, von unten beginnend, verkokt werden. Bei einer Erweichungsprobe wird Verformung u. Rißbldg. an kleinen Probezylindern beim Erhitzen bis zur Verkokung beobachtet. Mit Schweröl als Flußmittel versetztes Hartpech liefert bessere Elektroden als Weichpech. Zusatz von oberflächenakt. Stoffen zur Paste oder zum Pech hat kein positives Ergebnis gezeitigt. (Jernkontorets Ann. **139.** 893—922. 1955.) R. K. MÜLLER. 6370

W. D. McMillan, *Die Gasatmosphäre für Glühöfen*. Übersicht über Zus. u. chem. Rkk. der in Glühöfen verwendeten Gase, die Ursachen von ferrit. u. perlit. Rändern, die die Entkohlung verzögernden Zuss. der Gase u. die Anwendung von brennbaren Gasen. Die in N_2-reichem Gas erzielten Ergebnisse werden aufgeführt. — Aussprache. (Trans. Amer. Foundrymen's Soc. **58.** 365—75. 1950. Chicago, Ill., Internat. Harvester Co., Form Implement Div. Foundries.) W. WESLY. 6372

Edgar Marburg, *Einfluß einer beschleunigten Erstarrung auf die Gleichmäßigkeit der Blöcke*. Die meisten *Stahl*-Blöcke beenden die Erstarrung in senkrechter Richtung schneller als in waagerechter, was durch Seigerungserscheinungen bei der Erstarrung u. a. nach Schwefelabdrücken festgestellt wurde. Es wird ein Einfl. der Erstarrungsgeschwindigkeit in Quer- u. Längsrichtung u. ein Einfl. der Blockform auf die Blockgüte festgestellt. Der Vorgang der Seigerung bei der Erstarrung der Blöcke wird erörtert. Die innere Fehlerfreiheit in den Blöcken hängt auch noch von einer entsprechenden Breite des senkrecht verlaufenden Kerns ab. — 20 Schrifttumsangaben. Diskussion. (J. Metals **5.** Nr. 2. Sect. 1. Trans. AIME **197.** 157—72. Febr.; Nr. 11. Sect. 2. Trans. AIME **197.** 1553 bis 1556. Nov. 1953. Pittsburgh, U. S. Steel Co.) H. HOCHSTEIN. 6382

R. Ennulat, *Die durch die metallischen Werkstoffe bedingten praktischen Grenzen der elektrischen Meßtechnik*. 2. Mitt. *Einfluß der metallischen Werkstoffe auf die Meßunsicherheit*. (1. vgl. C. **1956.** 7071.) Die Eigg. der Normalwiderstandswerkstoffe u. der Werkstoffe für Band- bzw. Spitzenlagerung, Federn u. Dauermagnete werden beschrieben. Es wird festgestellt, daß bei Normalelementen u. Normalwiderständen die besten Werkstoffe bis zur prakt. tragbaren Grenze ausgenutzt werden u. eine wesentliche Verbesserung nicht zu erwarten ist. Dagegen erscheint es möglich, durch Verwendung besserer Bandmaterialien bei der Spannbandaufhängung im Präzisionsgerätebau Verbesserungen zu erzielen. — Schrifttumsstellen. (Metall **9.** 758—63. Sept. 1955. Frankfurt/M. Hartmann & Braun Akt.-Ges.) F. VIER. 6388

P. Kozakevitch, G. Urbain und **M. Sage,** *Oberflächenkräfte zwischen Eisen und Schlacke sowie die Bildung von Eisenkügelchen in Hochofenschlacke.* (Vgl. auch C. **1956.** 9638.) Für die Reinigung von Fe spielen die Oberflächenkräfte zwischen der Schmelze u. der Schlacke eine wichtige Rolle. Je größer die Oberfläche, um so rascher geht beispielsweise die Entschwefelung vor sich. Entgegen diesen mit einer Formel für den Verteilungskoeff. belegten Ergebnissen zeigen die in der Schlacke befindlichen Eisenkügelchen mit steigender Größe geringeren S-Gehalt. Hierfür werden theoret. Erklärungen vorgelegt. (Iron Coal Trades Rev. **170.** 963—67. 29/4. Revue de Métallurgie **52.** [1953.] 139—60. 1955. St. Germain-en-Laye, Inst. de Recherche de la Sidérurgie.)
H.-J. HEINRICHS. 6390

Sam F. Carter, *Kupolöfen mit basischem Futter zum Schmelzen von Eisen.* Beschreibung der Bauart, des Betriebes u. des Ausbringens eines kleinen Kupolofens mit bas. Futter. Die Ergebnisse von Verss. zur Verminderung des P- u. S-Geh. werden in zahlreichen Zahlentafeln wiedergegeben. Die Basizität der Schlacken (Analysen) vermindert den S- u. (gemeinsam mit Oxydationsmitteln) den P-Gehalt. Durch Verwendung besonderer Schmelzmittel (CaC_2) läßt sich der S-Geh. auf 0,010—0,030% senken. (Trans. Amer. Foundrymen's Soc. **58.** 376—92. 1950. Birmingham, Ala., American Cast Iron Pipe Co.) W. WESLY. 6400

T. G. Demidowa und **M. N. Kunjawski,** *Wärmebehandlung von hochwiderstandsfähigem Gußeisen mit kugelförmigem Graphit.* (Vgl. C. **1956.** 3137.) Untersucht wurden an Mg-haltigen Gußeisensorten der Zus.: 2,8—3,5 (%) C; 1,8—2,9 Si; 0,40—1,06 Mn; bis 0,3 Cr u. 0,065—0,095 Mg, die strukturellen Veränderungen bei den graphitisierenden Zerss. des eutekt. u. des sek. Zementits bei Tempp. von 850—1050°, der Prozeß der Sphäroidisierung u. Graphitisierung des eutektoiden Zementits bei isothermem Glühen unterhalb der krit. Temp. oder bei langsamem Abkühlen im Temperaturbereich der eutektoiden Umwandlung, ferner der Prozeß des Inlösunggehens des C in der γ-Phase u. die Umwandlungsvorgänge bei Austenitunterkühlung. Auf Grund der experimentellen Ergebnisse werden als geeignete Wärmebehandlungsarten empfohlen: Zur Enthärtung von weißem oder halbweißem Gußeisen — Glühen bei 850—950° von $1^1/_2$—$5^1/_2$ Std. Dauer; zur Erzielung geringerer Härte u. besserer Zähigkeitseigg. von Gußeisen mit einem Geh. an gebundenem C von nicht über den eutektoiden — 5—8 Std. Glühen bei 700—750°, oder Abkühlen mit 2—8°/Min. Abkühlungsgeschwindigkeit im eutektoiden Umwandlungsintervall (eine besonders günstige Kombination von guter Festigkeit u. Zähigkeit ist bei ca. 1,0% Mn-Geh. mit dem Gefüge: körniger Perlit + kugeliger Graphit verbunden); zur Erzielung hoher Härte u. Festigkeit — Normalisierung oder Ölhärtung. In weiteren Verss. wird nachgewiesen, daß durch isotherme Aushärtung (vorliegend 900/300°) eine bedeutend höhere Widerstandsfähigkeit gegenüber Anfressungen u. Verschleiß als durch n. Vergüten auf die gleiche Festigkeit (vorliegend 900°/500°) zu erreichen ist. (Вестник Машиностроения [Nachr. Maschinenbau] **35.** Nr. 10. 30—34. Okt. 1955.)
V. EHMCKE. 6404

A. F. Mohri, *Einfluß der Standzeit in der Kokille und der Warmbedingungen im Tiefofen auf die Güte des Stahls.* 2. Mitt. (1. vgl. C. **1952.** 7725.) Zahlenmäßige Angaben. (Ind. Heating **18.** 1405—14. Aug. 1951.) K. KREITZ. 6408

R. C. Buehl und **M. B. Royer,** *Entphosphorung in einem seitlich blasenden basischen Konverter.* Beim Verblasen von Spiegeleisen zur Gewinnung einer hoch-Mn-haltigen Schlacke für die Fe–Mn-Erzeugung im Hochofen entfällt ein Vormetall mit 3(%)P. Wird beim Verblasen dieses Vormetalls bei 0,25 P abgeschlackt, so erhält man eine Schlacke mit 18—25 P_2O_5 mit hoher Zitratlöslichkeit. Bei weiterem Blasen erhält man einen Stahl mit dem üblichen niedrigen P-Geh. u. 0,005 N. — Bei der Red. von Phosphaten zur Gewinnung von P entsteht auch Fe–P mit 20—23 P, 0,7 Mn, unter 0,1 C u. Si. Dieser Fe–P läßt sich zu Stahl verblasen ,u. zwar durch wiederholtes Abschlacken, wobei eine Schlacke mit hohem Geh. an zitratlösl. P_2O_5 anfällt. Beschreibung des Konverters mit wassergekühlten Düsen u. einer Vorr. zum Einblasen des vorgewärmten Kalkes. (U. S. Dep. Interior, Bur. Mines, Rep. Invest. **1955.** 1—20. Febr.) K. STEIN. 6408

O. O. Miller, *Einfluß der Austenisierungstemperatur und -zeit auf die Austenitkorngröße von Stahl.* Es wird der Einfl. der Austenisierungszeit u. der -temp., der anfänglichen Austenitkorngröße u. der vorhandenen Einschlüsse auf die Austenitkorngröße bei Austenisierungszeiten bis zu 5000 Std. u. Austenisierungstempp. bis 1260° untersucht. γ-Grobkornstähle zeigen ein kontinuierliches oder graduelles isotherm. Kornwachstum, das durch eine empir. Gleichung beschrieben werden kann, welche Korngröße u. Zeit miteinander für jede konstante Austenisierungstemp. verbindet. γ-Feinkornstähle zeigen zunächst ein unterdrücktes Kornwachstum für einen Zeitabschnitt, der um so länger ist, je niedriger die Austenisierungstemp. ist; danach zeigen sie ein relativ schnelles Kornwachstum zwischen 980—1095° bis zu einer Korngröße, die die der γ-Grobkorngröße übersteigen kann. Oberhalb 1095° unterscheiden sich beide Stahlsorten nicht mehr wesentlich. Es besteht kein Hinweis darauf, daß es möglich ist, bei einer Erhitzungsdauer von 5000 Std. bei 815° oder 200 Std. bei 1040° eine konstante Korngröße zu erhalten. Hinsichtlich der Wrkg. der Austenisierungszeit wird festgestellt, daß die γ-Grobkornstähle ein graduelles Kornwachstum zeigen, dessen Geschwindigkeit um so größer ist, je höher die Austenisierungstemp. ist. γ-Feinkornstähle haben dagegen ein Minimum der Korngröße u. der Kornwachstumsgeschwindigkeit im Bereiche der Tempp. von 980—1095°. Bei den mit *Si* u. *Al* desoxydierten γ-Feinkornstählen ist ein Minimum von ca. 0,015% säurelösl. oder „metall." Al erforderlich, um den Feinkorneffekt zu erzielen. Al in Form der Verbb. Al_2O_3 u. AlN ist vermutlich ebenfalls verantwortlich für das behinderte Kornwachstum. *Zr* als Enddesoxydierungsmittel ist weniger, *VC* etwa ebenso wirksam hinsichtlich des Feinkorneffektes wie Al. Im übrigen ist die Art des Stahlherstellungsverf. kaum von Einfl. auf die Austenitkorngröße, wenn man von den Elementen absieht, die schwerlösl. Sondercarbide bilden. Schließlich wird noch festgestellt, daß das isotherm. Kornwachstum nicht aufhört, auch wenn der zwischen den Kristalliten liegende Winkel bei 120° eine geometr. regelmäßige Form erreicht hat. Diese Feststellung steht im Gegensatz zu der vor mehreren Jahren aufgestellten Hypothese, daß das Kornwachstum nach Erreichen eines Winkels von 120° zwischen den Kristallitbegrenzungen zum Stillstand kommt. (Trans. Amer. Soc. Metals **43.** 260—87. 1951.) O. WERNER. 6408

Jean Daurat, *Bearbeitung von nichtrostendem Stahl.* Übersicht über Ausführung, Wirkungsweise u. Überwachung der Verff. zur Verarbeitung von rostfreiem Stahl: Bohren, Gewindebohren, Ausdrehen, Abdrehen, Gewindeschneiden, Fräsen, Spindelherst., Feilen, Aussägen u. Schmieren. (Métallurgie Construct. mécan. **85.** 191. 193—95. März. 275. 277. 279. 281. April. 387—89. Mai. 487—89. Juni. 557—59. 561. Juli. 619—21. Aug. 711. 713. 715. Sept. 791. 793. Okt. 885. 887. Nov. 1953.) W. WESLY. 6410

Adolfo Antonioli, *Hochvergütbare Konstruktionsstähle auf Nickelbasis.* 1. Mitt. *Metallurgie und Metallographie.* Anknüpfend an die besonderen Eigg. des Ni: hohe Beständigkeit gegen Oxydation u. Carbidbldg., gute Vergütbarkeit u. geringe Alterung, werden hochvergütbare italien. Konstruktionsstähle für besonders hohe Beanspruchungen mit einem Grenzgeh. bis (%) 2,5 Ni bei Cr–Ni- bzw. 1,6 bei Ni–Cr–Mo- u. Ni–Mo-Stählen ausführlich besprochen. An Hand von Tabellen u. Kurventafeln gibt Vf. einen Überblick über Herst., Zus., metallurg. Verh. bei der Wärmebehandlung, Härtbarkeit, Anlassen u. Normalisieren. Die bei verschied. Proben schon durch einfaches Normalisieren erhaltenen mechan. Kennwerte deuten auf eine hohe Beständigkeit gegen tiefe Temperaturen. Höher legierte Ni-Stähle ergaben Beständigkeitswerte bei sehr tiefen Tempp., wie sie mit keinem andern Legierungselement erreicht werden. Martensit. Stahl mit 8,5% Ni ergab so nach doppelter Normalisierung bei 900 u. 800° u. doppeltem Anlassen bei 570 u. 425° eine Resilienz von 20 kg/cm² bei gewöhnlicher Temp. u. von 10 kg/cm² bei —196°. (Nickel [Milano] **1955.** Nr. 56. 1—13. Juni.) A. SANDER. 6410

A. E. Nehrenberg, *Umwandlung 12%iger rostfreier Chromstähle mit niedrigem Kohlenstoffgehalt.* Quantitative Angaben über die Änderung 12,5%ig. Cr-Stähle hinsichtlich ihres Geh. an Delta-Ferrit bei C-Gehh. von 0,06, 0,10 u. 0,12%. Zwischen 1480° u. 1700° F nimmt der Geh. an Austenit mit der Temp. zu, von 1700°—2000° F hat der Austenitgeh. ein Maximum; der Geh. an Delta-Ferrit ein Minimum. Zwischen 1700 u. 2000° F enthielt ein Stahl mit 0,12% keinen Delta-Ferrit, während die beiden anderen Stähle 9% bzw. 2% Ferrit enthielten. Um eine völlig ferrit. Struktur zu erzielen, waren Tempp. von 2475—2525° F notwendig. Die Solidustemp. fällt von 2650—2600° F ab mit Steigerung des C-Geh. von 0,06% auf 0,12%. Aus isothermen Umwandlungskurven wird gefolgert, daß bei dem 12,8%ig. Stahl mit 0,06% C sich proeutektoider Ferrit noch vor dem Ferrit–Carbid-Aggregat im „perlit." Bereich bei den höheren Tempp. bildet. In Stahl mit 0,12% C bilden sich Ausscheidungen von proeutektoidem Carbid an den Austenitkorngrenzen vor der Bldg. des Aggregates. Bei der Umwandlung bei 1400° F u. darunter enthält der proeutektoide Ferrit weniger C als der Delta-Ferrit, der bei der Austenisierungstemp. vorhanden ist. Der C-Geh. des Delta-Ferrits nimmt in dem Maße ab, wie die Umwandlung sich im „perlit." Bereich vollzieht, was zur Folge hat, daß sich im Delta-Ferrit die Carbide nicht ausscheiden können, wenn sich die Umwandlung innerhalb dieses Bereiches vollständig vollzogen hat. (Metal Progr. **60.** Nr. 5. 64—69. Nov. 1951. Harrison, N. J., Crucible Steel Co. of Amer., Spaulding Works, Res. Labor.) O. WERNER. 6410

W. Stauffer, *Einige Probleme der warmfesten, hitzebeständigen Stähle vom Standpunkte des Verbrauchers.* Vf. behandelt das Verh. warmfester hitzebeständiger Stähle für Dampfturbinen für hohe Dampftempp. sowie für Gasturbinen. Im einzelnen werden behandelt: 1. die Streuung der Dauerstand-Festigkeitswerte, 2. der Dauerstand-Langzeitvers. von Schweißgut aus niedrig legiertem Mo-Stahlguß, 3. Innendruckverss. mit verschied. Rohrwerkstoffen, 4. Dauerstand- u. Zeitstandverss. mit niedrig legiertem Stahlguß, 5. Schweißgut von warmfesten, hitzebeständigen Stählen, 6. Einfl. der Verbrennungsgase u. der Aschebestandteile auf warmfeste hitzebeständige Stähle u. die zerstörungsfreie Prüfung von Gußstücken aus warmfesten, hitzebeständigen Stählen. (Schweiz. Arch. angew. Wiss. Techn. **17.** 353—64. Dez. 1951. Zürich, Escher Wyss A.G.) O. WERNER. 6410

R. W. Holliday, *Untersuchung des Chippewa–Kupfer–Nickel-Vorkommens bei Rockmont, Douglas County, Wis.* Zusammenstellung von Cu-Bestimmungen. Das Vork. wurde als nicht abbauwürdig befunden, da in ca. 500 Erzproben fast nur Cu-Gehh. unter 0,01% gefunden wurden. (U. S. Dep. Interior, Bur. Mines, Rep. Invest. No. 5114. 1—11. März 1955.) H. ECKHARD. 6432

Friedrich Johannsen und **Ulrich Kuxmann,** *Das Gleichgewicht zwischen Sauerstoff und Schwefel in flüssigem Kupfer bei 1150°.* Da die bisherigen Unterss. über die SO_2-Löslichkeit in reinem fl. Cu u. Cu-Schmelzen mit Gehh. an O_2 oder S keine Klarheit erbrachten, wurden mit einer neuentwickelten Versuchsapp. Messungen der Gaslöslichkeit in reinem Cu u. eingehende Verss. über die Gleichgewichts-Rk. zwischen O_2 u. S in Cu-Schmelzen für einen weiten Konzentrationsbereich bei 1150° u. verschied. Gasdrucken durchgeführt. Die Best. der SO_2-Löslichkeit in reinem Cu stellte für die aus den Endgehh. der Schmelzen berechneten Kennzahlen K eine angenähert geradlinig steigende Tendenz mit wachsendem Gasdruck fest. Verss. über die Gleichgewichts-Rk. zwischen O_2 u. S in Cu-Schmelzen bei 1150° u. Gasdrucken von 760 in 100 mm Hg ergaben eine Abhängigkeit der Kennzahl K vom SO_2-Druck u. der Konz., bes. vom O_2-Gehalt. Auf Grund theoret. Betrachtung wird dargelegt, daß die Gleichgewichts-Rk. zwischen O_2 u. S in Cu-Schmelzen unter Bldg. von SO_2 verläuft, das vorwiegend als Gas aus der Schmelze entweicht, zu einem geringen Anteil jedoch als solches in der Schmelze gelöst vorliegt. Die Löslichkeit von SO_2-Gas in fl. Cu stellt sich als umgekehrte Rk. dar. Als wahrscheinlichste Werte der Kennzahlen für 1150° Schmelztemp. wurden gefunden: $K_1 = 1,6 \pm 0,1 \cdot 10^{-5}$, $K_1' = 50 \pm 1$, $K_2 = 3,0 \pm 0,3 \cdot 10^{-5}$, $K_3 = 0,060 \pm 0,006$. — 18 Schrifttumsangaben. (Z. Erzbergbau Metallhüttenwes. **8.** 45—59. Febr. 1955. Clausthal, Bergakad.) H. HOCHSTEIN. 6432

James G. Dick, *Die Merkmale der in Messing- und Bronzegießereien verwendeten Metalle.* Übersicht über die Anforderungen, die an die zur Herst. von Messing u. Bronze verwendeten Legierungsbestandteile bzgl. chem. Zus. u. mechan. Eigg. zu stellenden Anforderungen, die Verff. zur Herst. der Legierungen u. deren Prüfung. — Aussprache. (Trans. Amer. Foundrymen's Soc. **58.** 208—16. 1950. Montreal, Canadian Bronze Co., Ltd.) W. WESLY. 6432

Bernard N. Ames und **Noah A. Kahn,** *Die Einwirkung der Überhitzungs- und Gießtemperaturen auf die physikalischen Eigenschaften und die Erstarrungsmerkmale von Zinnbronzen.* Unterss. über die Einw. der Überhitzungs- u. Gießtempp. mit oder ohne Verwendung von P–Cu zur Desoxydation auf Zugfestigkeit, Dehnbarkeit, Makro- u. Mikrogefüge, D. u. Druckdichtigkeit von Sn-Bronzen zeigen: Bei Anwendung geeigneter Schmelzatmosphären ist die Höhe der Überhitzungstemp. unbedenklich. Die Gießtemp. übt dagegen einen großen Einfl. auf die physikal. Eigg. der Legierungen aus. Das Optimum an mechan. Eigg geht einher mit einer krit. Kristallisationsgeschwindigkeit. Die Untersuchungsergebnisse werden in zahlreichen Zahlentafeln, Diagrammen u. Lichtbildern wiedergegeben. — 24 Literaturhinweise. Aussprache. (Trans. Amer. Foudrymen's Soc. **58.** 229—60. 1950. New York, Naval Shipyard, Mat. Labor.) W. WESLY. 6432

Sam F. Carter, *Manganrückgewinnung bei der Stahlerzeugung in elektrischen Öfen mit saurem Futter.* Die in 5 Jahren an Elektroöfen mit saurem Futter gemachten Erfahrungen über die Mn-Wiedergewinnung (Analysen von Metall u. Schlacke vor u. nach der Mn-Zugabe) werden in Zahlentafeln wiedergegeben. Die Einfll. von Schlackenzus., Metallzus., Temp., Zeit, Schlackenfließbarkeit u. Schlackenmenge werden untersucht. — Aussprache. (Trans. Amer. Foundrymen's Soc. **58.** 471—91. 1950. Birmingham, Ala., American Cast Iron Pipe Co.) W. WESLY. 6436

Gerald A. Munson und **Fremont F. Clarke,** *Abbau und Aufkonzentrierung von Spodumen in den Black Hills, Süd Dakota.* Kurze Beschreibung des Erzes u. seiner Begleitmineralien u. Verunreinigungen, der ursprünglichen Handauslesearbeit u. der späteren Schwerkraftaufbereitung mit anschließender Flotation. — Fließschema. (Mining Engng. **7.** Trans. AIME 202. 1041—45. Nov. 1955. Minneapolis, Minn., North Carolina Operations and Lithium Corp. of America.) H. ECKHARD. 6442

Reuben B. Ellestad und **Fremont F. Clarke,** *Extraktion von Lithium aus seinen Erzen.* Die Li-Extraktion aus Spodumen, Petalit u. einigen anderen Li-Mineralen kann durch Extraktion mit H_2O nach Rösten mit Kalk oder nach Vorbehandlung mit Ca-Salzen, durch Basenaustausch mit Alkalisulfaten u. nach dem LITHIUM-CORP.-Verf., Rösten u. Aufschluß mit H_2SO_4, Lösen mit H_2O, erfolgen. Kurze Besprechung der grundsätzlichen Vor- u. Nachteile. — 16 Literaturstellen. (Mining Engng. **7.** Trans. AIME **202.** 1045—47. Nov. 1955. Minneapolis, Minn., Lithium Corp. of Amer.) H. ECKHARD. 6442

F. Erdmann-Jesnitzer und **H. Kahle,** *Verformung von vielkristallinem Magnesium.* Die Verformung wird durch Stauchung von stranggepreßtem u. danach weichgeglühtem Mg mit 99,78% Reinheitsgrad mit einem Verformungsgrad von 25% vorgenommen, wobei über die Stempel u. die dazwischenbefindliche Probe eine passende Messinghülse geschoben war, um während des Preßvorgangs zusätzliche seitliche Drücke entstehen zu lassen. Auf Grund der Messungen u. Gefügeunterss. wird angenommen, daß die entstehenden Schubrisse im Sinn einer Preßschweißung ausheilen, im Gegensatz zu früheren Annahmen, wonach die rißfreie Verformung durch die oberhalb der Sprungtemp. einsetzende Gleitung nach den Pyramidenflächen ermöglicht wird. — Schrifttumsstellen. (Metall **9.** 776—79. Sept. 1955. Freiberg/Sa., Bergakademie.) F. VIER. 6444

J. W. Meier und **M. W. Martinson,** *Die Entwicklung der hochfesten Magnesiumlegierung ZK 61.* Die Eigg. der Mg-Gußlegierung ZK 61 mit 6% *Zn* u. über 0,7% *Zr* werden beschrieben. Zur Zr-Einführung dient vor allem eine $ZrCl_4$-Schmelze. Die Härtung erfolgt bei 425—500°, das Anlassen bei oder unter 150°. Die Alterung ohne vorherige Wärmebehandlung bei Zimmertemp. verleiht ZK 61 mechan. Eigg., die die jeder anderen wärmebehandelten Mg-Gußlegierung übertreffen. Ein Vgl. der mechan. Eigg. verschied. Fe- u. NE-Gußlegierungen zeigt, daß ZK 61 das höchste Festigkeits-Gewichts-Verhältnis aller handelsüblichen Gußlegierungen aufweist. — 29 Literaturangaben. Diskussion. (Trans. Amer. Foundrymen's Soc. **58.** 742—51. 1950. Ottawa, Can., Bur. of Mines, Phys. Metallurgy Res. Labor.) W. WESLY. 6444

E. Gebhardt, M. Becker und **S. Dorner,** *Dichte und Viskosität von Schmelzen aus Aluminium und Aluminiumlegierungen.* Aus Bestimmungen der D. von Al-Schmelzen bei 800 u. 900° nach dem indirekten Auftriebverf. ergibt sich, daß Zusätze von *Fe* u. *Ti* das spezif. Vol. stärker erniedrigen, als es der Mischungsregel entspricht, was auf die Existenz von Nahordnungsbereichen in der Schmelze zurückzuführen sein dürfte. Bei Zusätzen von *Cu* entspricht die Abnahme der Mischungsregel. Durch Messungen der Viscosität wurde bei reinen Al-Schmelzen eine kontinuierliche Temperaturabhängigkeit festgestellt; dasselbe gilt für *Al–Zn*-Schmelzen. Zusätze von Cu, Mg, Fe u. Ti ergaben eine starke Erhöhung der inneren Reibung des fl. Al, bei einem Zusatz von 1% Fe um fast 10%. — 28 Schrifttumsstellen. (Aluminium **31.** 315—21. Juli/Aug. 1955. Stuttgart.) F. VIER. 6446

André Guilhaudis, *Wärmebehandlungen zur Stabilisierung von Aluminiumlegierungen mit 5% Magnesium gegenüber den Einflüssen einer Niedertemperaturerwärmung.* 1. u. 2. Mitt. Al-Legierungen mit 5% Mg können durch eine Erhitzung auf Tempp. von 70 bis 200° für eine interkristalline Korrosion anfällig gemacht werden. Es wird ein Überblick über den Einfl. verschied. Wärmebehandlungen zur Verringerung der schädlichen Wrkg. einer Niedertemperaturbehandlung, unter bes. Berücksichtigung des Einfl. der der Wärmebehandlung folgenden Abkühlgeschwindigkeit, gegeben. Hieraus ergibt sich u. a., daß alle zur Verringerung der interkristallinen Korrosion wirksamen Wärmebehandlungen die Legierungen in einen heterogenen Gefügezustand überführen. Hierbei nimmt die Konz. von Mg in fester Lsg. durch Ausscheidung von Mg_5Al_8 ab. — Schrifttumsangaben. (Rev. de l'Aluminium **32.** 717—25. Juli/Aug. 795—801. Sept. 1955. Montpellier, Univ.) H. HOCHSTEIN. 6446

Volkmar Gerold, *Über die Aushärtung von Aluminium–Silber-Legierungen.* 9. Mitt. *Röntgenographische Untersuchungen über die Kalthärtung.* (8. vgl. KÖSTER u. FREI, C. **1956.** 1804.) Die Kalthärtung von Al–Ag-Legierungen wird durch kugelförmige Entmischungszonen mit einem Radius R $>$50 Å verursacht, wobei das an Ag verarmte Gebiet in der Umgebung des Ag-reichen Teiles als zur Zone gehörig betrachtet wird. Bei einer wechselweisen Glühbehandlung (Kalthärtung–Rückbldg.–Kalthärtung...) wächst der Zonendurchmesser kontinuierlich an, während Härte u. Leitfähigkeit zwischen zwei Grenzwerten hin u. her pendeln. Unter Benutzung eines einfachen Modells für die Struktur dieser Zonen findet man, daß die für die Wärmebehandlung charakterist. Größe das entmischte Vol. ist, also das Prod. aus Anzahl der Zonen u. Vol. einer Zone. Es verhält sich bei der Wärmebehandlung wie die Härte. Eine genauere Betrachtung der Theorie der Streuung zeigt, daß noch andere Modellvorstellungen möglich sind, wodurch die Best. eines entmischten Vol. seine Berechtigung verliert. An seiner Stelle läßt sich jedoch ein Entmischungsgrad $\varkappa_Z = v\varkappa'$ angeben (v = Volumenanteil der Zonen, $\varkappa'$ = Entmischungsgrad innerhalb der Zonen), der in erster Näherung den Anteil derjenigen Ag-Atome angibt, die durch Platzwechsel aus den äußeren Bereichen in den Kern der Entmischungszonen eingewandert sind. Für die 20%ig. Legierung ist bei der Kalthärtung $\varkappa_m = 0,2$, bei der Rückbldg. $\varkappa_m = 0,1$. Neben diesen großen Entmischungszonen sind noch kleine Komplexe von Ag-Atomen vorhanden, die keinen Einfl. auf die Kalthärtung haben. Man erhält für sie einen Entmischungsgrad $\varkappa_m$, der von der gleichen Größenordnung ist wie $\varkappa_Z$. Bei der Rückbldg. vergrößert sich $\varkappa_m$ im gleichen Maß wie $\varkappa_Z$ abnimmt. Es bleibt also der Gesamtmischungsgrad $\varkappa = \varkappa_Z + \varkappa_m$ während der Kalthärtung u. Rückbldg. konstant. Es wird eine Deutung der Vorgänge gegeben, wonach eine bei der Kalthärtung entstandene Zone sich bei der Rückbldg. nicht auflöst. Es wird lediglich der Entmischungsgrad $\varkappa'$ innerhalb der Zone verringert, wobei Ag-Atome aus dem mit Ag angereicherten Gebiet der Zone in die Ag-ärmeren Gebiete teilweise zurückdiffundieren. Dabei bleiben Inseln von kleinen Ag-Komplexen bestehen, die den Entmischungsgrad $\varkappa_m$ erhöhen. Bei dieser Deutung bleibt der Volumenanteil v der Entmischungszonen im wesentlichen konstant. — 29 Schrifttumsangaben. (Z. Metallkunde **46.** 623—31. Sept. 1955. Stuttgart, Max-Planck-Inst. für Metallforschung.) H. HOCHSTEIN. 6446

Werner Köster und **Alfons Knödler,** *Über die Aushärtung von Aluminium–Silber-Legierungen.* 10. Mitt. *Temperaturabhängigkeit des elektrischen Widerstandes.* (9. vgl. vorst. Ref.) Bestimmt wird die Temperaturabhängigkeit des elektr. Widerstandes von Al–Ag-Legierungen mit 3,5—55,6 Gew.-% Ag nach verschied. Wärmebehandlungen. In Übereinstimmung mit BORELIUS wurde festgestellt, daß der Widerstand der aus dem Gebiet homogener Mischkristalle in W. von 20° abgeschreckten Legierungen nicht dem zu erwartenden Wert des idealen Mischkristalls entspricht. Der Widerstand liegt vielmehr infolge einer während des Abschreckens rasch verlaufenden Zustandsänderung erheblich unterhalb dieses Wertes: Der ε' genannte Zustand ist nach GUINIER durch kugelige Entmischungszonen in homogener Phase von $>$50 Å Durchmesser u. nach GEROLD durch einen Entmischungsgrad $\varkappa_z$ gekennzeichnet. Der langwelligen Konzentrationsschwankung sind kurzwellige Konzentrationsschwankungen mit einem Entmischungsgrad $\varkappa_m$ überlagert. Der ε'-Zustand ist als ein durch seine Stabilität bevorzugtes Entmischungsstadium anzusehen. Beim Anlassen bis zu 150° bildet sich aus ε' unter weiterer Abnahme des Widerstandes u. Steigerung der Härte ein Zustand η_s'aus. Er unterscheidet sich von ε' dadurch, daß durch Verringerung der kurzwelligen Konzentrationsschwankungen $\varkappa_m$ innerhalb der Zonen der Entmischungsgrad $\varkappa_z$ in den ihren Durchmesser beibehaltenden Zonen erhöht wird. Die Ausbldg. des η_s'-Zustandes liegt dem als Kalthärtung bezeichneten Vorgang zugrunde. Dabei ist der temperatutbedingte Aushärtungsgrad durch den seinerseits temperaturbedingten Entmischungsgrad $\varkappa_z$ der Ag-Atome in den Zonen bestimmt. Entstehung u. Rückbldg. des Kalthärtungszustandes spielt sich im Übergang zwischen den atomist. Strukturen von η_s' u. ε' ab. Bei Abschreckung in W. von 100° stellt sich ein zweites durch seine Stabilität bevorzugtes Entmischungsstadium ε ein. Es unterscheidet sich von ε' durch geringe Widerstandswerte. Die Ausscheidung von $AlAg_2$ (γ') setzt, vom ε-Zustand ausgehend, bei etwa um 25° höheren Tempp. ein, als wenn ursprünglich der ε'-Zustand vorliegt. Der Entmischungsgrad von ε ist vermutlich größer als der von ε'. Aus dem ε-Zustand bildet sich seinerseits unter Abnahme des Widerstandes u. Steigerung der Härte ein Kalthärtungszustand η_s aus. Wie zwischen η_s' u. ε' besteht auch zwischen η_s u. ε ein metastabiles Gleichgewicht. Bei Ag-Gehh. unter 20% entstand bei schroffer Abschreckung nicht sogleich der ε'-Zustand. ε' bildete sich erst während der Erhitzung aus, ohne daß zuvor der Zustand η_s' durchlaufen wurde. Bei Ag-Gehh. oberhalb 45% entstand bei milder Abschreckung nicht sofort der ε-Zustand. Die Widerstandsänderung beim Übergang von ε' zu η_s' u. ε zu η_s nimmt mit steigendem Ag-Geh. zu. Sie ist im zweiten Fall geringer als im ersten. Der Betrag der Kalthärtung, gemessen an der Härtesteigerung, scheint von dem Entmischungsstadium ε' oder ε nicht wesentlich beeinflußt zu werden. Die Rückbldg. der beiden η-Zustände beginnt unabhängig vom Ag-Geh. bei etwa 150°. Ihre oberen Grenztempp. unterscheiden sich voneinander nicht nennenswert. Auf Grund des elektr. Widerstandes senkt er sich mit abnehmendem Ag-Geh. entsprechend den theoret. Überlegungen von DEHLINGER u. KNAPP zu tieferen Tempp. ab. Die Ausscheidung von γ' beginnt mit steigendem Ag-Geh. bei tieferen Temperaturen. — 15 Schrifttumsangaben. (Z. Metallkunde **46.** 632—39. Sept. 1955. Stuttgart, Max-Planck-Inst. für Metallforschung.) H. HOCHSTEIN. 6446

Werner Köster und **Willy Knorr,** *Eigenschaftsänderungen während der Aushärtung einer Aluminium–Silicium-Legierung.* Die Leitfähigkeit, Thermokraft u. Verwindezahl einer Al-Legierung mit 1,2% Si wird beim Anlassen nach dem Abschrecken aus dem Gebiet der festen Lsg. auf ihre Änderung mit der Zeit bei Tempp. zwischen 100 u. 375° untersucht. Leitfähigkeit u. Thermokraft streben verhältnismäßig gleichartig einem von der Temp. abhängigen Endwert zu. Geringe Unterschiede weisen darauf hin, daß beide

Eigg. verschieden auf die Teilchengröße der Ausscheidungen reagieren. Die Verwindezahl nimmt bei Beginn der Ausscheidungen ab u. durchläuft ein Minimum. Anzeichen, die auf eine Kalthärtung zurückzuführen sind, wurden nicht gefunden. (Z. Metallkunde **45.** 616—17. Okt. 1954.) F. VIER. 6446

Karl Torkar und **Helmut Götz,** *Zur magnetischen Analyse von Kupfer–Nickel Sinterkörpern.* Zur Messung der Sättigungsmagnetisierung wurde in Anlehnung an die sonst zur Messung paramagnet. Stoffe verwendete Zylindermeth. eine magnet. Waage für ferromagnet. Stoffe entwickelt, mittels der man genau die Abhängigkeit der Magnetisierung von der Feldstärke u. die CURIE-Temp. bestimmen kann. Diese Abhängigkeit sowie die CURIE-Temp. wird bei Cu–Ni-Mischkristallen von verschied. Zus. ermittelt. Die Temperaturabhängigkeit der Sättigungsmagnetisierung hierbei kann nicht durch die „reduzierte Normalkurve" dargestellt werden. Die gemessenen Kurven weichen mit zunehmendem Cu-Geh. immer stärker von der Normalkurve ab. Daher müssen die gemessenen Kurven der vollständig homogenisierten Proben verwendet werden. Durch dieses Verf. können bis zu 92% der homogenisierten Probe durch die magnet. Analyse erfaßt werden. Die fehlenden 8% sind durch die Nichtreproduzierbarkeit des Ausläufers im CURIE-Gebiet bedingt. Bei nicht homogenen Proben mit breiter Mischkristallverteilung vermindert sich dieser Fehler durch die Flachheit der Kurven, so daß die Meth. für die Unters. des Sintervorganges als quantitativ angesehen werden kann. Auf dieser Basis wurden Preßkörper aus 12 (%) Cu u. 88 Ni nach Sintern bei verschied. Tempp. zwischen 500 u. 1200° magnet. analysiert u. die Verteilungskurven der Mischkristallzuss. aufgestellt. Die Genauigkeit der Meth. erlaubt auch Rückschlüsse über nicht ferromagnet. Mischkristalle. — Schrifttumsangaben. (Z. Metallkunde **46.** 371—77. Mai 1955. Graz, TH.) H. HOCHSTEIN. 6474

A. F. Dobbrodt, *Zur Kenntnis der Wolframsintercarbide und ihre Anwendung im Bergbau.* Übersicht. Geschichtliche Entw., Herst. u. Anwendung. (Mines Mag. **43.** Nr. 7. 13—14. 30. Juli 1953. Detroit, Mich., General Electric. Co., Carbology Dep.) W. WESLY. 6476

Hermann Pfisterer und **Hildegard Kasperek,** *Bruchgefügeuntersuchungen an Sinterhartmetallen.* Die Unters. von Bruchgefügen mit dem Elektronenmikroskop wird zur Gefügeanalyse von drei üblichen Hartmetallsorten herangezogen. Es gelingt, in ungeätzten Bruchaufnahmen die verschied. Phasen zu identifizieren u. besseren Einblick in ihren Aufbau zu bekommen als durch licht-mkr. Schliffaufnahmen. — Schrifttumsabgaben. (Z. Metallkunde **46.** 574—78. Aug. 1955. Karlsruhe, Siemens-Halske Akt.-Ges.) H. HOCHSTEIN. 6476

E. A. Leech, P. Gregory und **R. Eborall,** *Eine Warm–Schlag–Zug-Prüfung und ihre Beziehung zu den Warmarbeitseigenschaften.* Eine einfache Anordnung an dem n. IZOD-Schlaghammer gestattet, Zugproben mit Verformungsgeschwindigkeiten von ca. 250 sec^{-1} zu brechen. Durch Anordnung eines Ofens in der Nähe dieser Prüfmaschine können die Prüfungen bei hoher Temp. durchgeführt werden. Das Verh. einer Auswahl von Werkstoffen aus *Cu*-Legierungen bei dieser Warm–Schlag–Zug-Prüfung wurde mit ihrem n. bekannten Arbeitsverh. verglichen. Ein Vgl. wurde auch noch zwischen der Duktilität von einer nach dem neuen Verf. geprüften Bronze u. ihrer Neigung zur Kantenrissigkeit beim Warmwalzen bei verschied. Temp. angestellt. (J. Inst. Metals **83.** 347—53. März 1955. London.) H. HOCHSTEIN. 6480

Heinz Schlechtweg, *Spannungsmessungen an Gußeisen.* Die Formeln der HOOKEschen Elastizitätslehre sind bei Gußeisen, wenn die Messung im jungfräulichen Zustand unter steigender Belastung vorgenommen wird, nicht brauchbar, da sie nur für einen von der Spannung unabhängigen Elastizitätsmodul gelten. Es werden Formeln entwickelt, denen der wahre Elastizitätsmodul zugrunde liegt, wobei seiner Veränderlichkeit Rechnung getragen ist. An der Durchrechnung eines Beispiels wird die Richtigkeit des Verf. belegt. (Z. Metallkunde **45.** 690—94. Dez. 1954. Kettwig, Pädagog. Akademie; Köln, Univ.) F. VIER. 6480

Friedrich Fraunberger, *Über eine Hochfrequenzmethode für metallkundliche Untersuchungen an magnetischen Legierungen.* Beschrieben wird eine Meth., die zur Klärung allg. metallkundlicher Probleme geeignet ist. Als Beispiel wird angeführt, wie die Bldg. von Fe_3O_4 an der Oberfläche eines *Stahl*-Drahtes sich im Skineffekt auswirkt u. auf welche Weise die γ–ε-Umwandlung bei *Co* im Temperaturgang der Hochfrequenzpermeabilität zum Ausdruck kommt. — Schrifttumsangaben. (Z. Metallkunde **46.** 749—51. Okt. 1955. München, Univ.) H. HOCHSTEIN. 6480

M. Dühmke und **K.-G. Georgi,** *Ein interferenzoptisches Gerät zur Messung der Dicke dünner Metallschichten.* Ausführliche Beschreibung des Geräts (mit Abbildungen u. schemat. Skizzen) u. seine Arbeitsweise. (Metall **7.** 1000—02. Dez. 1953. Braunschweig.) M. WINIKER. 6480

Samuel Spring, *Die Bestimmung des Wirkungsgrades der Metallputzerei.* Man spritzt einen Wassernebel gegen die zu untersuchende Metalloberfläche. Der Nebel sammelt sich an den verunreinigten Stellen zu feinen Tropfen, die nicht rasch zusammenfließen u. so ein scharf umrissenes Gebiet bilden. Dieser Zustand bleibt längere Zeit (ca. 20 Min.) bestehen, so daß man eine Zeichnung der Metalloberfläche auf Millimeterpapier anfertigen u. den Verschmutzungsgrad quantitativ auswerten kann. (Metal Finishing **50.** 65–68. Febr. 1952. Philadelphia, Pa., Pennsylvania Salt Mfg. Co., Res. and Develop. Dep.) W. WESLY. 6482

Irmtraud Pfeiffer, *Eigenoxydation zur Gewinnung von Folien für die Elektronenmikroskopie von Metallen.* Die Technik des Oxydabdruckverf. wird beschrieben. An Hand von Aufnahmen, die von verschied. Legierungen hergestellt wurden, wird gezeigt, wie das genannte Verf. die Wiedergabe von lichtmkr. nicht auflösbaren Korngrenzenausscheidungen sowie von feinsten intrakristallinen Ausscheidungen in der Größenordnung von 10^{-5} bis $2 \cdot 10^{-6}$ cm als scharf begrenzte, deutlich erkennbare Teilchen erlaubt. Das Auftreten von Verarmungszonen in der Umgebung grobkristalliner Ausscheidungen bei allg. vorhandenen feinkristallinen Ausscheidungen kann sichtbar gemacht werden. Ein besonderer Vorteil des Verf., der in der Ausbildungsmöglichkeit von Korngrenzen u. anderen Gefügeeinzelheiten ungeätzter Schliffe besteht, wird dargelegt. Ein weiterer Vorteil liegt in der guten Kontrastwrkg. der Aufnahmen ohne vorangegangene Bedampfung der Oxydhäute sowie in der Tatsache, daß Ausscheidungen u. Einschlüsse beim Ablöseprozeß der Oxydhaut an dieser haften bleiben u. somit der direkten Beobachtung u. selektiven Beugung zugänglich sind. (Z. Metallkunde **46.** 569–73. Aug. 1955. Hanau, Vakuumschmelze Akt.-Ges.) H. HOCHSTEIN. 6482

C. J. L. Booker, J. L. Wood und **A. Walsh,** *Elektronenmikrographien von dicken Oxydschichten auf Aluminium.* Nach der Meth. von BRADLEY (vgl. C. **1956.** 5955) hergestellte Kohlenstoffabdruckfilme von der Außenoberfläche u. von Schnittflächen dicker Al-Oxydschichten zeigen deutlich den porösen Aufbau dieser Schichten. (Nature [London] **176.** 222–23. 30/7. 1955. London, Sir John Cass Coll., Dep. of Chem.; Northampton, Polytechn. Inst., Dep. of Appl. Phys.) F. LENZ. 6482

Heribert Herglotz, *Das Doppelkegelverfahren und seine Eignung für Untersuchungen der Verformung und der Textur.* Das einzige Verf., das es gestattet, alle in 4 π ausgestrahlten Interferenzen ungeschmälert aufzuzeichnen, ist das Doppelkegelverf. nach REGLER. Es erlaubt daher, übersichtliche Beobachtungen über die Auswirkungen von Verformungen auf das Kristallgefüge zu untersuchen. Eine ungewohnte Betrachtungsweise der Formel von POLANYI ist das Ergebnis dieser Beobachtungen. (Z. Metallkunde **46.** 620 bis 622. Sept. 1955. Wien.) H. HOCHSTEIN. 6484

Guenter Kemmnitz, *Eine Methode zur Bestimmung des gesamten Verformungszustandes aus einer Röntgenaufnahme.* 2. Mitt. (1. vgl. C. **1952.** 4682.) Es werden die Formeln der Hauptverformungen, Schubwinkel u. Dilatationen abgeleitet für die Best. dieser Größen aus einer Röntgenaufnahme. Außerdem wird die Gleichung für den Ringabstand des verformungsfreien Werkstoffzustandes angegeben. Auf die direkte Messung dieses Ringabstandes wird hingewiesen. (Z. Metallkunde **46.** 720–21. Sept. 1955.) H. HOCHSTEIN. 6484

F. Ebert und **H. G. Diercks,** *Überlagerungsinterferenzen bei Röntgen-Grobstrukturprüfungen.* Bei groben Körnern im Prüfling u. bevorzugten Kristallitrichtungen kann die Intensität der einzelnen Interferenzstrahlen so stark werden, daß der Film Schwärzungsflecken aufweist, die mit Materialfehlern verwechselt werden können. Sie können aber leicht daran erkannt werden, daß sie beim Drehen des Prüflings verschwinden u. an anderen Stellen wieder auftauchen, während die von Materialfehlern herrührenden Flecken der Bewegung folgen. (Aluminium **31.** 335–37. Juli/Aug. 1955. Hamburg.) F. VIER. 6484

E. Siebel, *Problem der Blechumformung.* Behandelt werden: Tiefziehen im Anschlag, Ziehkante, Tiefziehen im Weiterschlag, Streckziehen u. Aufweiteziehen. — 7 Literaturhinweise. (Metall **7.** 970–73. Dez. 1953. Stuttgart, TH, Staatl. Materialprüfungsanst.) M. WINIKER. 6490

J. Y. Riedel, *Schutz von Warmarbeitswerkzeugen bei der Wärmebehandlung.* Warmarbeitswerkzeugstähle können in Öfen ohne Verwendung von Schutzgasen gehärtet werden, wenn die Werkzeuge zuvor mit Cu plattiert u. dann zum Schutze der Cu-Plattierung in ein Material mit aufkohlenden Eigg. eingepackt werden. Später wird die Cu-Plattierung leicht vom Stahl entfernt, wobei eine saubere Oberfläche zurückbleibt. Die so behandelten Werkzeuge brauchen nach der Härtung nicht geschliffen zu werden, da sowohl eine Auf- wie auch Entkohlung der Oberfläche vermieden wurden. (Metal Progr. **65.** Nr. 3. 85—87. März 1954. Bethlehem Steel Co.) H. HOCHSTEIN. 6492

E. J. Pavesic, *Nitrierung nach dem Floe-Verfahren.* Bei dem zweistufigen Verf. von FLOE wird anschließend an eine kurze Behandlung des Metalls mit 15—25%ig. dissoziiertem NH_3 bei 975°F die Temp. auf 1050°F u. die Dissoziation auf 83—86% erhöht. Dabei wird die Bldg. der störenden Deckschichten vermieden u. der NH_3-Verbrauch sowie die erforderliche Zeit herabgesetzt. (Canad. Machinery Manufact. News **66.** Nr. 9. 174. Sept. 1955. Lindberg Engng. Co.) D. BREDTSCHNEIDER. 6492

W. K. Neweshin, *Einfluß der Zusammensetzung des Zwischenelektrodenmediums auf den Verschleiß der Kathodenplatte und die Geschwindigkeit des Schneidens von Metallen durch Elektroerosion.* Stoffe, die Elemente mit einer geringen Austrittsarbeit der Elektronen enthalten, verursachen im fl. Zwischenelektrodenmedium eine Herabsetzung des Verschleißes der Kathode beim Schneiden. In W. beträgt die relative Abnützung einer Stahlkathode bei 100 A 140%. Andere Metalle nützen sich bedeutend stärker ab. In Öl u. Kerosin ist die Abnützung 1,5—2mal größer. Eine Steigerung der Konz. an Na-, Li- u. K-Salzen verringert sie. Bei Ba- u. Ca-Salzen bewirkt erhöhte Konz. größere Beständigkeit von Ni- u. Zn-Platten, während Stahlscheiben leichter zerstört werden. In einer konz. Lsg. von $Na_2B_4O_7 \cdot 10\,H_2O$ (**I**) beträgt die Abnützung einer Stahlplatte 18%, in konz. Borsäure (**II**) 70%. Von den untersuchten zweikomponentigen Lsgg. zeigte das Gemisch aus 40 (g/Liter) **I** u. 50 **II** die beste Wirkung. Den geringsten Verschleiß zeigte das Gemisch aus 40 (g/Liter) **I**, 50 **II** u. 20 $K_2B_4O_7$ (0,42% bei 100 A). Die Erhöhung der Geschwindigkeit des Schneidens hängt nicht von der chem. Zus., sondern vom physikal. Zustand des fl. Mediums ab. Bes. groß ist der Einfl. koll. Lsgg. u. beständiger Suspensionen, in deren Ggw. sich die Geschwindigkeit auf das 2—4fache im Vgl. zu W. steigert. Dies erklärt sich aus der verminderten Wärmeleitung des Mediums. (Электричество [Elektrizität] **1954.** Nr. 8. 52—57. Aug.) O. POLLAK v. EMHOFEN. 6502

R. S. Babcock, *Die Sauerstoffschneidbrennverfahren in Stahlgießereien.* Übersicht. (Trans. Amer. Foundrymen's Soc. **58.** 346—58. 1950. Newark, N. J., Linde Air Products Co.) W. WESLY. 6502

Charles Étienne und **François Flusin,** *Die Oberflächenbehandlung von Aluminium und seinen Legierungen.* 1. Mitt. *Mechanisches Polieren.* Überblick über Verff. u. Vorrichtungen. (Rev. de l'Aluminium **32.** 821—30. Sept.; 921—31. Okt. 1955.) F. VIER. 6510

Philippe Brouillet, *Beitrag zur Untersuchung der Elektrolyse in sehr konzentrierten Lösungen. Beispiel des Elektropolierens.* Es wurde untersucht, unter welchen Bedingungen auf der Oberfläche der Elektrode die Existenz einer Schicht absorbierter Ionen zustande kommt. Dabei ist die Energie, mit der die Ionen absorbiert werden, derjenigen zum Auflösen des Metalls weit überlegen, so daß die Metallionenwanderung direkt von dem so gebildeten elektr. Feld ohne einen chem. Umsatz bewirkt wird. Beim elektrolyt. Polieren bilden wasserfreie Anionen, z. B. ClO_4^-, diese Oberflächenschicht. Diese Theorie wird durch prakt. Verss., u. a. Messungen beträchtlicher Anodenspannungen u. der Ausbldg. einer wasserfreien Schicht in der Nachbarschaft der Anode bewiesen. Für den direkten Durchgang gelösten Metalls gilt das Gesetz von FARADAY, wie durch quantitative Verss. mit Al-Lsgg. bewiesen wurde. Die prakt. Anwendbarkeit der entwickelten Theorie wurde an Beispielen, wie elektrolyt. Polieren, gezeigt, wobei exakte Werte für Badzus. u. elektr. Bedingungen unter Kontrolle des Ergebnisses z. B. an den schwierig zu polierenden Metallen *Ge* u. *Pt* gemacht wurden. — 73 Literaturstellen. (Métaux **30.** 141—54. April; 192—219. Mai; 243—57. Juni 1955.) G. FRIKELL. 6514

E. R. Thews, *Zur elektrolytischen Aufarbeitung schwefelsaurer Kupferbeizen.* Moderne Verff. zur Wiedergewinnung von Cu in Form reinen Elektrolytkupfers u. der H_2SO_4 als frischer Beizlsg. aus verbrauchten schwefelsauren Cu-Beizen. (Chem. Techn. **5.** 437—40. Aug. 1953. Berlin.) E. MIESSGANG. 6516

J. K. Wilson und **O. Wright,** *Eintauchzinnplattierung.* Dichte u. anhaftende Sn-Überzüge lassen sich auf den meisten Metallen, einschließlich Gußeisen, Messing, Cu u. Stahl, durch einfaches Eintauchen in eine heiße, gewöhnlich für Elektroplattierungen verwendete Stannatlsg. in Berührung mit Al gewinnen. Das Verf. wird im einzelnen beschrieben. (Metal Finishing **50.** 69—70. Febr. 1952. London, D. Napier and Son, Ltd.) W. WESLY. 6524

P. Déhais, *Korrosionsfestigkeit elektrolytisch aufgebrauchter Sn-Legierungsüberzüge.* Sn-Legierungen außer Sn–Pb können nur auf elektrochem. Wege niedergeschlagen werden. Die dabei erzielte Korrosionsfestigkeit (**I**) dieser Überzüge weist gegenüber derjenigen reiner Komponenten unvorhergesehene u. neue Eigg. auf. *Sn–Zn*-Überzüge auf *Stahl* zeigen eine gleiche oder verbesserte **I** von Zn oder Cd, verbunden mit der Dauerhaftigkeit von Sn, verbesserten Glanz u. verbesserte Unempfindlichkeit gegen mechan. Deformationen. Auch *Sn–Ni*-Überzüge haben gegenüber Ni–Cr-Überzügen verbesserte Eigenschaften. Weitere noch nicht abgeschlossene Verss. mit Legierungen aus *Sn–Cd*, *Sn–Pb*, *Sn–Cu* u. mit tern. Systemen, wie *Sn–Cu–Zn*, lassen Verbesserungen der **I** u. der dekorativen Wrkg. erwarten. (Métaux **30.** 185—91. Mai 1955.) G. FRIKELL. 6524

H. Bardot, *Verwendung von elektrischen Leitern aus anodisch oxydiertem Aluminium im Flugzeugbau. Isolation und Wärmeabstrahlung der verwendeten Aluminiumoxydüberzüge.* Abhängigkeit der Eigg. von der anod. Behandlung. Oxydschichtdicken von 10 μ liefern zufriedenstellende Ergebnisse. (Métaux **28.** 19—23. Jan. 1953.) A. SCHAAL. 6530

S. Spring und **Ludwig K. Schuster,** *Phosphatüberzüge als Schmiermittel bei der Kaltverformung von Metallen.* Durch die Phosphatierung von Metallen erhält man sehr fest haftende Überzüge, die aber zahlreiche Poren enthalten. Für die Kaltverformung erweisen sich diese Poren als günstig, da man in sie organ. Schmiermittel einbauen kann, die eine wesentliche Herabsetzung der Reibung bewirken. (Iron Steel Engr. **29.** Nr. 5 64—71. Mai 1952. Philadelphia, Pa.) H.-J. HEINRICHS. 6532

A. P. Antykow, *Über die Antikorrosionseigenschaften von Alumohemicellulose.* Es wird gezeigt, daß Alumohemicellulose (I) eine große inhibitor. Wrkg. bei Lsgg. in verd. H_2SO_4 von 0,2—0,95% hat. Auch bei 85% ig. H_3PO_4 ist eine allerdings geringere inhibotor. Wrkg. vorhanden. Gegenüber HCl u. HNO_3 übt **I** keine Schutzwrkg. aus. Rostüberzüge auf zu schützenden Oberflächen verringern die Schutzwrkg. von **I** gegen Korrosion durch verd. H_2SO_4 u. den O_2 der Luft. Gegen die korrodierende Wrkg. des Luft-O_2 wird eine säurebeständige Lackschicht mit 2—5% reiner **I** empfohlen. **I** kann bei der Viscoseherst., in deren Abfallaugen 1,8—4% **I** enthalten sind, gewonnen werden. (Журнал Прикладной Химии [J. angew. Chem.] **25.** 39—45. Jan. 1952.) A. KUNZE. 6538

V. Romanovsky, *Korrosionsuntersuchung im tropischen Klima.* Einrichtungen u. Arbeitsbedingungen der Korrosionsforschungsstation von ABIDJAN (Elfenbeinküste) u. Tabellen über den Temperatur- u. Feuchtigkeitsverlauf in einem Jahre sowie das period. Auftreten von korrosionsfördernden Organismen. (Corrosion et Anti-Corrosion **4.** 53—59. Febr. 1956. Centre de Recherches et d'Études Océanograph.) H.-G. MOSLÉ. 6540

Erz- u. Kohle-Flotation G. m. b. H. (Erfinder: **Joseph Siebel**), Bochum, *Aufbereitung zinkblendehaltiger Erze durch Flotation.* Vor oder zusammen mit dem zur Trübe gegebenen *Kupfersalz*-Zusatz setzt man einzeln oder in Kombination miteinander *Kobaltsalze*, bes. Kobaltnitrat u. Kobaltsulfat, *Quecksilbersalze*, bes. Mercurichlorid, *Silbersalze*, bes. Silbernitrat, *Ferrosalze*, bes. Ferrosulfat u. Ferrocyankalium, *Ammonsalze*, bes. Ammonpersulfat, H_2S u. *Alkalisulfide*, sowie *Aldehyde*, bes. Formaldehyd, Formaldehyd–Bisulfit, *Chloralhydrat* u. *Furfurol* zu (D. B. P. 938 241). Zur Beschleunigung der Aktivierung setzt man Aldehyde, Chloralhydrat, Furfurol, wasserlösl. Selensalze, z. B. Selendioxyd, $BaCl_2$, Ferrisalze, Sulfide, u. Oxydationsmittel, z. B. Ammonpersulfat allein oder in Kombination, zu. (D. B. P. 938 242). (**D. B. PP. 938 241** u. **938 242** Kl. 1 c vom 23/4. 1955, ausg. 26/1. 1956. Anmeldungen bekanntgemacht 28/7. 1955.) W. HAUSWALD. 6363

Erz- u. Kohle-Flotation G. m. b. H. (Erfinder: **Joseph Siebel**), Bochum, *Aufbereitung carbonatischer, oxydischer oder oxydierter sulfidischer Erze oder anderer Mineralien durch Flotation.* Zur Sulfidierung werden neben alkal. Mitteln, wie *Alkalisulfiden* oder Laugen, *Thioacetamid*, *Thioformamid* oder *Thioharnstoff* verwendet, die man den Erzen schon bei der Feinmahlung zusetzen kann. Die Dosierung der alkal. Mittel wird so gewählt, daß der krit. p_H-Wert nicht überschritten wird. (**D. B. P. 938 243** Kl. 1 c vom 23/4. 1955, ausg. 26/1. 1956. Anmeldung bekanntgemacht 28/7. 1955.) W. HAUSWALD. 6363

Kurd von Haken, Murnau, und **Kenneth Robert Marsden,** Chicago, Ill., V. St. A., *Gewinnung von Eisen oder Stahl aus armen Eisenerzen.* Bei der Red. von Fe_2O_3 zu Fe_3O_4 u. FeO, bei der Rückoxydation dieser niederen Oxyde zur Bldg. von γ-Ferrioxyd, bei der magnet. Scheidung der Gangart vom zerkleinerten Erz sowie bei der Red. des so erhaltenen Eisenoxyds zu Eisen oder Stahl werden Erze verwendet, die auf eine Korngröße von unter 7 mm zerkleinert sind. Hiermit wird die erste Red. bei einer Temp. unterhalb von 520° ausgeführt, während die Rückoxydation bei von 440 auf 270° abnehmenden Tempp. in Ggw. von feinverteiltem W. oder Wasserdampf zur Kühlung ausgeführt wird. Vor der Zerkleinerung u. magnet. Scheidung wird die Kühlung auf unter 100° durchgeführt, während die zweite Red. der Oxyde in Form von Staub bei Tempp. bis zu 900° erfolgt. (**E. P. 736 079** vom 28/5. 1952, ausg. 31/8. 1955.) H. HOCHSTEIN. 6391

Dominique Jean Baptiste Grasso, Belgien, *Umwandlung von Eisenerz zu Eisen oder Stahl.* Bei der Umwandlung von Eisenerz zu Eisen oder Stahl ohne Verwendung von metallurg. Koks u. ohne Raffinationsmitteln werden die metallurg. Maßnahmen in der Reihenfolge: Entschwefelung, H_2-Red. u. Schmelzen vorgenommen. Der hierbei in den ersten beiden Verfahrensstufen erhaltene Eisenschwamm wird vor dem Schmelzen durch Druck agglomeriert, wobei dem Eisenschwamm noch Kohle, Kalk, W-Schwamm zugeführt werden können. Auch kann die Reihenfolge der vorzunehmenden Maßnahmen wie folgt geändert werden: H_2-Red., Schmelzen u. Entschwefeln, wobei gegebenenfalls noch die Endentschwefelung entfallen kann. (**F. P. 1 076 918** vom 10/11. 1952, ausg. 3/11. 1954.) H. Hochstein. 6393

Mond Nickel Co. Ltd. (Erfinder: **Arthur Donald Busby** und **Ronald Herbert Thomas Dixon**), London, England, *Herstellung von Gußeisen mit Kugelgraphit.* Legiertes u. unlegiertes Gußeisen, in dem Kugelgraphit durch Zusatz von *Mg* zum geschmolzenen Gußeisen erzeugt wird, wobei dafür gesorgt wird, daß ein Teil des zugesetzten Mg im Gußeisen nach der Schmelzbehandlung verbleibt, dad. gek., daß der vorwiegende Teil des Graphits in sphärolith. Form trotz der Ggw. von geringen *Ti*-Gehh. verbleibt, indem ein Teil des Mg, u. zwar nicht mehr als die Hälfte, in Form von nitriertem Mg dem Gußeisenbad zugesetzt wird. (**E. P. 739 160** vom 12/9. 1952, ausg. 26/10. 1955.) H. Hochstein. 6405

National Lead Co., New York, N. Y., V. St. A., übert. von: **R. P. Lee** und **H. G. Rodman,** *Entfernen von Verunreinigungen aus metallischem Titan,* dad. gek., daß man das durch Rk. von $TiCl_4$ mit Mg erhaltene durch Mg u. $MgCl_2$ verunreinigte Ti mit einer sauren Lsg. eines *Fe-Salzes* einer Mineralsäure, wie *HCl*, H_2SO_4 u. HNO_3, behandelt. (**Belg. P. 520 666** vom 12/6. 1953, ausg. 30/6. 1953. A. Priorr. 14/6. u. 9/7. 1952.) G. Apel. 6449

Hans Lachenmeyer, Nördlingen (Miterfinder: **Eugen Schneider,** Wernau/Neckar), *Erneuern von ausgeschlagenen Glocken,* bes. Bronzeglocken, dad. gek., daß nach entsprechender Gesamterhitzung der Glocke die ausgeschlagenen Stellen in diesem Zustand mit Metall durch Aufschweißen, Aufschmelzen oder Aufspritzen ausgefüllt werden. (**D. B. P. 891 348** Kl. 49h vom 8/6. 1951, ausg. 28/9. 1953. Anmeldung bekanntgemacht 4/12. 1952.) F. Vier. 6507

J. M. Voith G. m. b. H. (Erfinder: **Hans Koepke**), Heidenheim/Brenz, *Reinigen von Maschinen oder Maschinenteilen.* Dem zu reinigenden Gegenstand u./oder dem ihn bespülenden oder durchströmenden Medium werden Schwingungen z. B. Schallwellen, derart aufgedrückt, daß sich der Schmutzbelag ablöst oder dieser abgespült werden kann. Das Verf. wird z. B. zum Reinigen von Turbinenrechen verwendet. (**D. B. P. 937 683** Kl. 48d vom 27/1. 1951, ausg. 12/1. 1956. Anmeldung bekanntgemacht 7/2. 1952.) F. Markhoff. 6511

N. H. Brundin, Höganäs, Schweden, *Regenerieren von Metallbeizen.* Beim Beizen von Stahl u. Eisen mit einer wss. Lsg. von NH_4HSO_4 wird gelöstes Fe mit NH_3 bei gleichzeitigem Luftdurchblasen ausgefällt. Das abgeschiedene $Fe(OH)_3$ wird abfiltriert, das Filtrat nach Eindampfen auf 370° erhitzt zwecks Regenerieren des NH_4HSO_4. (**Schwed. P. 142 596** vom 4/10. 1950, ausg. 20/10. 1953.) K. H. Kähler. 6513

E. I. du Pont de Nemours & Co., Wilmington, Del. (Erfinder: **Harold J. Barett,** Niagara Falls, und **C. J. Wernlund,** Tonawonda, N. Y.), V. St. A., *Bad für die elektrolytische Abscheidung von Zinnüberzügen* besteht aus der Lsg. einer zweiwertigen Sn-Verb., bes. *Alkalistannit,* mit einem Geh. an geringen Mengen von *Polyvinylalkohol* oder anderen wasserlösl. Polyvinylverbindungen. (**D. B. P. 882 505** Kl. 48a vom 21/11. 1939, ausg. 9/7. 1953. Anmeldung bekanntgemacht 9/7. 1942. A. Prior. 28/11. 1938. **Zusatz zu D. R. P. 687 136; C. 1940. I. 4018.**) F. Markhoff. 6525

Henkel & Cie. G. m. b. H. (Erfinder: **Hans Rogner,** Düsseldorf, und **August Kettenbach,** Wissenbach), *Spülflüssigkeit für phosphatierte Metalle* bestehen aus der wss. Lsg. von Na_2SiO_3 u. $NaNO_2$. (**D. B. P. 937 448** Kl. 48d vom 9/11. 1940, ausg. 5/1. 1956. Anmeldung bekanntgemacht 5/3. 1953.) F. Markhoff. 6533

IX. Organische Industrie.

H. Steiner, *Organische Schwerchemikalien.* Fortschrittsberichte 1954. — 64 Literaturangaben. (Rep. Progr. appl. Chem. **39.** 239—53. 1954. Trafford Chem. Developm. Ltd.) G. Trewendt. 6550

James L. Jezl, *Neuerliche Fortschritte in der Naphthensäure-Technologie.* Aufführung der chem. u. physikal. Kenndaten einer niedrig- u. einer hochmol. Naphthensäure. Die mit solchen Säuren durchgeführten Rkk. werden aufgezählt u. die Verwendung dieser Reaktionsprodd. als Emulgatoren, Zusätze in der Farben- u. Lackindustrie, als Weichmacher, oberflächenakt. Stoffe, Additive zu Ölen, zum Wasserabstoßendmachen von Gegenständen, als Textilöle, Flotationsmittel, Dispergiermittel, Mittel zur Verhinderung der Korrosion, Haftmittel u. Ausgangsstoff für Tier- u. Pflanzenvertilgungsmittel usw. aufgezählt. (Petroleum Processing **8.** 89—90. Jan. 1953. Sun Oil Co.) K. O. MÜLLER. H 2000

Knapsack-Griesheim Akt.-Ges. (Erfinder: **Kurt Sennewald, Franz Pohl,** Knapsack, und **Horst Westphal,** Hürth), *Herstellung von 1.1.2-Trichloräthan* aus 1.2-Dichloräthylen u. HCl, dad. gek., daß die Rk. bei Tempp. bis zu 110°, u. zwar in einer 1. Stufe von 50 bis 70° unter Druck, z. B. bei 10—40 atü, u. dann in einer 2. Stufe bei Tempp. bis zu 110° ohne Druck erfolgt. In der 2. Stufe kann auch unter Druck, z. B. bei 1—40 atü, gearbeitet werden. (**D. B. P. 939 324** Kl. 12o vom 10/4. 1954, ausg. 23/2. 1956. Anmeldung bekanntgemacht 25/8. 1955.) J. MÜHLEISEN. H 510

Dow Chemical Co. (Erfinder: **Charles Richard Noddings, George W. Waldron** und **John William Corey**), Midland, Mich., V. St. A., *Diolefine* mit konjugierten Bindungen erhält man aus Olefinen mit mindestens 4 C-Atomen u. Wasserdampf bei Tempp. bis 750° in Ggw. eines Ca–Ni-Orthophosphates, das auf 1 (Atom) Ni 6—12 Ca enthält. Die Innenwände des Reaktionsraumes sowie die Träger für das Katalysatorbett sollen aus inerten Stoffen, wie Ni-freiem Chromstahl oder aus keram. Material bestehen. — n-Butylen → *1.3-Butadien.* (**E. P. 724 776** vom 6/1. 1953, ausg. 23/2. 1955.) G. KÖNIG. H 520

Badische Anilin- & Soda-Fabrik Akt.-Ges., Ludwigshafen/Rh., *Thiolverbindung* $HS-CH_2CH_2-NH-CO-CH_3$ erhält man durch Rk. von Äthylenimin mit Thioessigsäure, Öl, $Kp._7$ 138—140°, das sich an der Luft verändert. Gibt mit Keten ein luftbeständiges *S-Acetylderiv.*, $Kp._{15}$ 181—183°. — Zwischenprod. für Heilmittel, Kosmetica u. Textilhilfsmittel. Es eignet sich zum *Verformen* von *eiweißartigem Fasermaterial* (Haare, Wolle, Leder, Sehnen), bes. zum *Entkräuseln* oder *Wellen* von Haaren, zur Herst. dauerhafter *Bügelfalten* in Wollstoffen u. zum *Prägen* von *Leder* oder anderen tier. Fasern. Zweckmäßig ist eine Nachbehandlung mit schwachen Oxydationsmitteln (H_2O_2). — Vgl. auch E. P. 718 063; C. **1955. 7583.** (**Schwz. P. 304 712** vom 3/4. 1952, ausg. 1/4. 1955. D. Priorr. 25/4. u. 25/5. 1951.) G. KRAUSS. H 600

Badische Anilin- & Soda-Fabrik Akt.-Ges. (Erfinder: **Kurt Eder** und **Alfred Helms**), Ludwigshafen/Rh., *Gewinnung eines Gasgemisches für die Oxoreaktion,* dad. gek., daß man durch Spaltung von KW-stoffen (z. B. nach D. B. P. 837 992; C. **1953.** 1426, aus Braunkohlenteer oder durch Spaltung von Propan mit O_2 erhältlich) gebildetes olefinreiches Gas mit einem solchen Teil des Abgases der Oxo-Rk., dessen KW-stoffe zu CO u. H_2 aufgespalten wurde, versetzt, daß im Gemisch das Verhältnis Olefin : CO : H_2 ca. 1 : 1 : 2 bis 1 : 2 : 1 beträgt. (**D. B. P. 936 567** Kl. 12o vom 25/2. 1953, ausg. 15/12. 1955. Anmeldung bekanntgemacht 23/6. 1955.) O. SCHÖN. H 650

Badische Anilin- & Soda-Fabrik Akt.-Ges. (Erfinder: **Werner Hagen,** Heidelberg, und **Hans Häuber**), Ludwigshafen/Rh., *Herstellung von Aldehyden* durch Oxoreaktion, dad. gek., daß man ein Kreislaufgas verwendet, das überwiegend aus CO besteht, während man den für die Umsetzung erforderlichen H_2 mit etwa der gleichen Menge CO als Frischgas zuführt. Dadurch wird die als unerwünschte Neben-Rk. verlaufende Hydrierung der Olefine u. Aldehyde zurückgedrängt. (**D. B. P. 932 124** Kl. 12o vom 13/2. 1953, ausg. 25/8. 1955. Anmeldung bekanntgemacht 3/3. 1955.) O. SCHÖN. H 670

Stamicarbon N. V., Heerlen, Holland, *Acrylsäurenitril* erhält man durch Dehydratisierung von Äthylencyanhydrin bei $< 250°$ in Ggw. einer Mischung von Alkaliformiaten, die bei der Reaktionstemp. fl. sind, u. zweckmäßig von 0,5—3% HCOOH, die z. B. als NH_4-Formiat zugesetzt werden kann. — In den Beispielen werden als Dehydratisierungskatalysatoren Mischungen aus 20 (%) Na-Formiat u. 80 K-Formiat bzw. 1 : 1 bzw. 2 : 3 bzw. Li- : K-Formiat = 1 : 1 verwendet. Höchste genannte Ausbeute 97%. (**E. P. 720 878** vom 7/4. 1953, ausg. 29/12. 1954. Holl. Prior. 10/4. 1952.) G. KRAUSS. H 810

Mathieson Chemical Corp., Baltimore, Md., übert. von: **Robert M. Thomas,** Niagara Falls, N. Y., V. St. A., *Acrylsäurenitril* erhält man durch Rk. von Acetylen mit HCN bei erhöhter Temp. in Ggw. einer wss. Lsg. von CuCl u. Alkalimetallhalogeniden, deren Konz. dem günstigsten eutekt. Gemisch in der Lsg. entspricht u. wenigstens 70, bes. 72—78% beträgt u. wobei die Lsg. wenigstens 1,03—1,10 Mol CuCl je Mol Alkalimetallchlorid enthält. Man verwendet z. B. eine Lsg. aus 0,8 (Mol) KCl, 0,2 NaCl, 1,035 CuCl, 0,04 $BiCl_3$ u. 3,2 W. u. erhält dann eine Mischung aus 92% *Acrylonitril,* 0,5% Acetaldehyd, 0,2%

HCN, 1,0% Mono- u. Divinylacetylen u. 6,2% Wasser. (**A. P. 2 653 965** vom 21/7. 1951, ausg. 29/9. 1953. **E. P. 723 935** vom 27/6. 1952, ausg. 16/2. 1955. A. Prior. 21/7. 1951.) G. KRAUSS. H 810

British Petroleum Co. Ltd., übert. von: **Leslie S. Thornes,** Sunbury-on-Thames, England, *Harnstoff* läßt sich in eine Ölsuspension (I) überführen, indem man ihn bei erhöhter Temp. (ca. 140°) mit einem öligen KW-stoff (Petroleumfraktion) in Berührung bringt, wobei sich eine Emulsion des fl. Harnstoffs im Öl bildet, u. die Emulsion durch rasche Zugabe von weiterem Öl abkühlt u. so in eine Suspension von festem Harnstoff in Öl übergeführt wird. I eignet sich zur Herst. von *Harnstoffaddukten*, bes. zur Reinigung von Petroleum. — Schema. (**A. P. 2 731 457** vom 16/5. 1951, ausg. 17/1. 1956. E. Prior. 17/5. 1950.) A. BRÖSAMLE. H 880

Süddeutsche Kalkstickstoff-Werke Akt.-Ges. (Erfinder: **Hermann Kronacher** und **Walter Dichtl**), Trostberg, *Herstellung von Blausäure* aus $CaCN_2$, CO u. H_2 durch Anwendung des bekannten Wirbelschichtverf. unter Zusatz von Verdünnungsmitteln, z. B. staubförmigem Carbid. Der Geh. an HCN im abziehenden Gas erreicht denselben Betrag wie bei der Herst. von HCN aus CO u. NH_3 in Ggw. von Katalysatoren. (**D. B. P. 938 125** Kl. 12k vom 26/9. 1952, ausg. 26/1. 1956. Anmeldung bekanntgemacht 28/7. 1955.) H. NEBELSIEK. H 890

Ruhrchemie Akt.-Ges., Oberhausen/Rhld. (Erfinder: **Heinz Noeske,** Oberhausen, und **Helmut Kolling,** Duisburg), *Herstellung von aliphatischen Aminen*, dad. gek., daß man Aldehyde zunächst bei $< 0°$ liegenden Tempp. mit NH_3 oder Aminen vermischt u. erst dann bei erhöhtem Druck u. erhöhter Temp. in Ggw. von Hydrierungskatalysatoren in fl. Phase hydriert. Ausführungsform des Verf., dad. gek., daß man senkrechte, mit fest angeordneten Hydrierkatalysatoren gefüllte Druckrohre verwendet, durch die das auf 0° gekühlte Aldehyd-NH_3- oder Aldehyd-NH_3-Amin-Gemisch, vorzugsweise mit Lösungsmitteln verd., kontinuierlich bei erhöhtem Druck u. erhöhter Temp. zusammen mit H_2 geleitet wird. — *Propylamin.* Man mischt Propionaldehyd mit Methanol, kühlt auf $-15°$, leitet NH_3 ein, versetzt mit einem Ni-Katalysator, führt in einen auf $-5°$ gekühlten Autoklaven über, füllt 70 at H_2 ein u. erhitzt unter Rühren so lange auf 130°, bis die H_2-Aufnahme beendet ist. — Analog werden hergestellt: *Heptylamin–Diheptylamin-Gemisch*; *2-Methylpentylamin*; *Hexanolamin*; *Butylamin–Dibutylamin-Gemisch*. (**D. B. P. 936 211** Kl. 12q vom 1/1. 1952, ausg. 7/12. 1955. Anmeldung bekanntgemacht 21/1. 1954.) G. LANGER. H 910

Vereinigte Glanzstoff-Fabriken Akt.-Ges., Wuppertal/Elberfeld, *2.5-Dichlorterephthalsäure* (I) erhält man durch Rk. von Bzl., CH_2O (II) u. Cl_2 in Ggw. von $ZnCl_2$ (III) u. W. u. gegebenenfalls CCl_4 oder CH_2Cl_2 als Lösungsmittel, u. Verseifung des erhaltenen Zwischenprod. mit NaOH. Man tropft z. B. innerhalb 6 Std. 45,5 g einer 40%ig. wss. II-Lsg. zu 50,4 III in 47 Bzl., leitet bei 50° 1½ Std. lang Cl_2 ein u. erhält *1.4-Bis-(trichlormethyl)-2.5-dichlorbenzol* (F. 150°), aus dem man durch Verseifung unter Rückfluß I, F. 305—307° erhält. Zwischenprod. zur Herst. plast. Massen. (**E. P. 737 626** vom 26/8. 1953, ausg. 28/9. 1955. D. Prior. 28/8. 1952.) O. MÜLLER-MEININGEN. H 1220

Dow Chemical Co., Midland, Mich., V. St. A., *Hexachlorcyclohexan* erhält man durch Photochlorierung einer Mischung aus 90—4 (%) Bzl. u. 10—96 Methylen- oder Äthylenchlorid bei $+10$ bis $-40°$. Zweckmäßig verwendet man die 5—30fache Menge an Lösungsm., bezogen auf Benzol. Höchste genannte Ausbeute an *γ-Hexachlorcyclohexan* in Ggw. von Methylenchlorid 23,8 (Infrarotbest.), bzw. 25 (polarograph. Best.) in Äthylenchlorid 24,4 bzw. 26,4. — Tabellen. (**Belg. P. 519 705** vom 5/5. 1953, ausg. 13/5. 1955.) G. KRAUSS. H 1810

Heyden Chemical Corp., New York, N. Y., übert. von: **David X. Klein,** Upper Montclair, und **George W. Benz,** Garfield, N. J., V. St. A., *Kristallisation von 2-Oxynaphthalin-3-carbonsäure* (I). Zu einer auf 75—100° erwärmten wss. Lsg. eines Alkalisalzes von I gibt man eine organ. Säure mit einer Dissoziationskonstanten zwischen 1,34 u. $6{,}3 \cdot 10^{-5}$, z. B. Essig-, Propion-, Butter-, Croton- oder Benzoesäure. (**A. P. 2 723 290** vom 17/8. 1951, ausg. 8/11. 1955.) K. FABEL. H 2700

Dow Chemical Co., Midland, Mich., übert. von: **Frederick C. Bersworth,** Framingham Center, Mass., V. St. A., *Epoxyaminocarbonsäuren* der Formel $R—NH_2$, worin R eine Epoxyalkylgruppe bedeutet, u. worin eines oder beide H-Atome durch eine Carboxymethyl- oder Carboxyäthylgruppe ersetzt sind, dienen als *Chelatbildner* u. *Zwischenprodukte*. — *Di-Na-Salz* der *2.3-Epoxypropylamin-N.N-diessigsäure*. Man setzt 2.3-Dioxypropylamin in W. mit NaCN, CH_2O u. NaOH um, dest. das W. im Vakuum ab, suspendiert den Rückstand in Xylol oder Toluol u. erhitzt so lange auf 110°, bis kein abgespaltenes W. mehr azeotrop abdestilliert. — Analog werden die *Di-Na-Salze* der *3.4-Epoxybutyl-*, *3.4-Epoxyhexyl-*, *6.7-Epoxydodecyl-*, *9.10-Epoxyoctadecyl-* u. *2.3-Epoxybutylamin-N.N-diessigsäure* erhalten. (**A. P. 2 712 545** vom 30/4. 1954, ausg. 5/7. 1955.) G. LANGER. H 3030

Universal Oil Products Co., übert. von: **Herman Pines**, Chicago, Ill., V. St. A., *Thiophenderivate.* Thiophen oder in 3.4-Stellung substituierte Derivv. werden mit CH_2O + HCl chlormethyliert. Dann wird das Cl durch Kochen mit Na_2CO_3-Lsg. durch OH ersetzt. Hergestellt werden: *2.5-Bis-[chlormethyl]-thiophen*, $Kp._5$ 106—108°, u. *2.5-Bis-[oxymethyl]-thiophen*, $Kp._1$ 162—166°. — Zwischenprodukte. (**A. P. 2 721 870** vom 29/2. 1952, ausg. 25/10. 1955.) K. FABEL. H 3071

Gaz de France (Service National), Frankreich, *Trennung von Pyridinbasen* aus Gemischen mit Kp. 140—145°, wie sie bei der Steinkohlenextraktion anfallen, die neben Pyridin die 3 Picoline u. 2.6-Lutidin enthalten, gelingt durch eine azeotrope Dest. mit W. u. anschließende Dekantation. Der Fortgang der Trennung wird in einer chromatograph. Säule verfolgt, die 2 (Gew.-%) $CuCl_2$, 6 Glycerin, 2 W. u. 25 Al_2O_3 enthält u. in der sich die Basen durch verschied. Färbungen nachweisen lassen. — Zeichnung. (**F. P. 1 051 167** vom 6/7. 1951, ausg. 13/1. 1954.) S. MEIER. H 3231

American Cyanamid Co., New York, N. Y., übert. von: **John J. Roemer**, Tamaqua, Pa., und **Donald W. Kaiser**, Hamden, Conn., V. St. A., *Amino-iso-melamin* (**I**, **X** = NH_2), *Pikrat*, F. 233°, erhält man durch Rk. von Alkalidicyanoguanidin (**II**) mit überschüssigem Hydrazinmonohydrochlorid in wss. Medium bei 90—100°. — *Oxyisomelamin* (**I**, X = OH), Zers. bei 323—325°, erhält man ähnlich durch Rk. von **II** mit Hydroxylaminhydrochlorid in Glykolmonoäthyläther bei ca. 50°. — Zwischenprodukte. (**A. PP. 2 729 639** u. **2 729 640** vom 9/5. 1955, ausg. 3/1. 1956.) A. BRÖSAMLE. H 3313

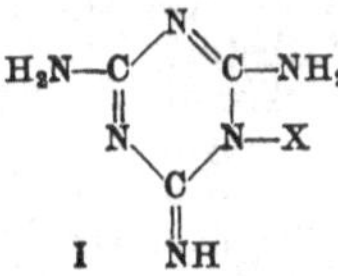

I

British Oxygen Co. Ltd., übert. von: **William Owen Jones**, London, England, *Guanamine.* Man setzt Dicyandiamid (**I**) u. ein Nitril in fl. NH_3 miteinander um, u. zwar in Ggw. eines Katalysators (Alkali-, Erdalkalimetall, Alkalihydroxyd, Alkaliamid) u. bei ca. 60—100°. — **I** + Benzonitril → *Benzoguanamin.* — *Phenylacetoguanamin*, F. 244°. — *Acetoguanamin.* — *4-Cyanovaleroguanamin*, F. 254—257°; als Nitril wird hier Adiponitril verwendet. (**A. P. 2 735 850** vom 18/2. 1954, ausg. 21/2. 1956. E. Prior. 18/2. 1953.) A. BRÖSAMLE. H 3313

Howard S. Gable, Kansas City, Mo., übert. von: **Glenn W. Kerr**, Mission, Kans., V. St. A., *Cyanursäure* (**I**) erhält man durch Rk. von Harnstoff mit $SOCl_2$ bei Wasserbadtemp. unter Rückfluß, gemäß der Gleichung $3\,OC(NH_2)_2 \xrightarrow{+\,SoCl_2}$ **I** + $3\,NH_3$. (**A. P. 2 729 637** vom 29/6. 1953, ausg. 3/1. 1956.) A. BRÖSAMLE. H 3313

British Celanese Ltd., London, England (Erfinder: **James Gordon Napier Drewitt**), *Ester und Lactame von 6-Aminocarbonsäuren*, dad. gek., daß man 4-Cyan-2-buten-1-carbonsäureester oder ein alkylsubstituiertes Deriv. hiervon selektiv hydriert, wobei die Doppelbindung u. die Nitrilgruppe, nicht aber die Estergruppe, red. werden. — *Caprolactam.* Man versetzt *1.3-Butadien-1-carbonsäureäthylester* mit KCN u. HCN in W., erwärmt auf 50°, reinigt den erhaltenen rohen *4-Cyan-2-buten-1-carbonsäureäthylester* u. red. diesen mit H_2 u. RANEY-Ni bei 100—120° u. 250—500 lbs./sq.inch. (**E. P. 743 246** vom 29/7. 1952, ausg. 11/1. 1956.) G. LANGER. H 3371

Jean Quereyron, Frankreich, *Konzentrate von Carotinoiden.* Man löst die Carotinoide enthaltenden Öle in Bzl. u. behandelt die Lsg. mit akt. Tonsubstanzen (z. B. Montmorillonit). — Z. B. löst man 20 (g) Palmöl (mit 0,74% Carotinoiden) in 20 Bzl. u. verrührt 2 Min. mit 10 „Jagolith" bei n. Temperatur. Dann filtriert man die Lsg. ab u. wäscht die blaugefärbte Tonsubstanz sofort mit einem Gemisch von Bzl. u. Alkohol. Durch Eindampfen dieses Filtrates erhält man 300 mg Öl mit 3% Carotin. (**F. P. 1 091 423** vom 15/1. 1954, ausg. 12/4. 1955.) T. OPPERMANN. H 3550

Asger Poulsen, Lyngby, Dänemark, *Erhöhung der Gelierbarkeit von Naturstoffen.* Man erhöht die Gelierbarkeit von Naturstoffen u. ihren wss. Extrakten, z. B. *Algenextrakten*, indem man den Lsgg. vor der Filterbehandlung Salze solcher Kationen zusetzt, wie sie durch das Filter abgegeben werden. Erfolgt z. B. im Filter ein Austausch von Ca-Ionen aus der Lsg. gegen Na-Ionen, so fügt man NaCl in einer Menge zu, die wesentlich größer als die durch das Filter aufgenommene ist. Die Gelierbarkeit wird hierdurch stark erhöht. (**Dän. P. 72 068** vom 13/1. 1945, ausg. 29/1. 1951.) J. SCHMIDT. H 3950

American Cyanamid Co., New York, N. Y., V. St. A., *Herstellung von substituierten Amiden* erfolgt nach der allg. Gleichung R'(R")N—P(OZ)OZ' + R—COOH → R—CO—

N(R')(R'') + HO−P(OZ)(OZ') (R u. R' = organ. Reste, R'' = H oder organ. Rest). — Beispiele: Diäthylanilinphosphit (I) + Carbobenzoxyglycin (III) in sd. absol. Toluol → 76% *Carbobenzoxyglycylanilid*, F. 147—148° (50%ig. A.). — I + Carbobenzoxy-dl-phenylalanin (II) → 72% *Carbobenzoxy-dl-phenylalaninanilid*, F. 158—160°; *l-Verb.* F. 173 bis 174° (Chlf.), $[\alpha]_D^{26}$ −5,4° (3%ig. Chloroformlsg.). — Diäthyl-α-carbäthoxy-β-phenyläthylaminphosphit + III → 86% *Carbobenzoxyglycylphenylalaninäthylester*, F. 90—91° (A.). — Glycin + Diäthyl-dl-α-carbäthoxy-β-phenyläthylaminphosphit (V) + HCl → *Glycyl-dl-phenylalaninäthylesterhydrochlorid*, F. 160—162°. — Dibutyl-2-chloranilinphosphit + Eisessig (IV) → *o-Chloracetanilid*, F. 86—87° (PAe.). — I + IV → *Acetanilid*, F. 112—113°. — I + C_6H_5COOH → *Benzanilid*, F. 156—160°. — IV + V → *N-Acetyl-dl-phenylalaninäthylester*, F. 57—58° (Ae.-PAe.). — I + Phthalyl-dl-β-phenylalanin → *Phthalyl-dl-β-phenylalaninanilid*, F. 208—209° (absol. A.). Das Verf. ist wertvoll zur *Polypeptidsynthese*. — Vgl. auch A. P. 2 617 794; C. **1954.** **5399.** D. B. P. 905 975; C. **1955.** **6136.** (**E. P. 715 341** vom 22/11. 1951, ausg. 15/9. 1954. A. Prior. 1/12. 1950.) O. MÜLLER-MEININGEN. H 4070

X. Färberei. Organische Farbstoffe.

—, *Farbstoffe und Textilhilfsmittel.* Prod. der CASSELLA FARBWERKE MAINKUR AG., Frankfurt/M.-Fechenheim: *Indanthrengelb F2GC Plv. fein für Färbung* ist ein Küpenfarbstoff, der als Selbstfarbstoff sowie als Kombinations- u. Nuanciergilbe für Vorhang-, Dekorations-, Möbel- u. Fahnenstoffe geeignet ist u. sehr gute Licht-, Wasch-, Chlor-, Peroxyd- u. Buntbleichechtheiten aufweist. — Prodd. der CHEMISCHEN FABRIK GRÜNAU AG., Illertissen: *Arbyl N* wäscht, reinigt, egalisiert u. emulgiert Textilfasern aller Art, wie Baumwolle, Leinen, Wolle, Reyon, Zellwolle, Acetatseide, Perlon usw. — *Egalisal CS*, ein Wollschutz u. Egalisiermittel, das die Schädigung u. den Abbau der Wolle verhindert. — *Osimol* ist ein Egalisiermittel für Metallkomplexfarbstoffe. Es verzögert das Aufziehen der Farbstoffe vor dem Kochen, erschöpft die Farbflotte aber trotzdem. — *Lamephan*, ein kationakt. Weichmacher, bes. für die Avivage von Reyonartikel, Zellwolle u. Baumwolle. — *Lamephan AW*, ein anionakt. Weichmacher auf Eiweißbasis für Baumwolle, Reyon, Zellwolle u. Acetat. — *Molvenin F*, in heißem W. ist das gelbliche, feinkörnige Pulver leicht lösl. u. hat sehr gute Klebkraft. Verwendbar zum Schlichten von Baumwolle, Zellwolle, Wolle, Reyon, Leinen u. Mischgarn. — Prod. der CHEMISCHEN FABRIK HARD DR. G. EBERLE, Bregenz/Vorarlberg: *Ebrolan F* ist ein gut egalisierendes Faserschutz- u. Egalisiermittel beim Färben von Wolle auch bei langer Färbedauer. Eignet sich bes. beim Färben mit Nachchromierungs- u. Metachromfarbstoffen. — Prodd. der CIBA AG., Basel: *Chlorantinlichtblau B5GL* dient zum Färben von Garn u. Stück aus Baumwolle, Kunstseide u. Zellwolle in reinen Blautönen mit guten Allgemeinechtheiten. Das Prod. eignet sich für die Kunstharzausrüstung u. das FOULARD-Färbeverfahren. — *Chlorantinlichtmarineblau BRLL* u. *RLL* färben Baumwolle, Kunstseide u. Zellwolle in lichtechten Marineblautönen, die sich für Kunstharzausrüstungen eignen. Die Prodd. sind leichtlösl., egalisieren gut u. sind für die Apparatefärberei sowie das Hochtemperaturfärbeverf. verwendbar. Prodd. der COMPAGNIE FRANÇAISE DES MATIÈRES COLORANTES, Paris: *Cuprodiazollichtblau NL* u. *Cuprodiazollichtbordeaux RL* färben Baumwolle u. Viscose mit sehr guten Licht- u. Naßechtheiten. Letztere wird durch Fixogen TN extra fl. in Verbindung mit Kupfersulfat, in ammoniakal. Mittel, wesentlich verbessert. — *Diazaminreinblau 6G* färbt Baumwolle u. Viscose bei 60—80° mit sehr guter Licht- u. Naßechtheit. — *Solasolscharlach BS*, ein Küpenfarbstoff, färbt u. bedruckt Cellulose- u. Acetatfaser sowie Seide in Rosatönen mit guten Allgemeinechtheiten. — *Solanilbraun G* ergibt beim Bedrucken von Baumwolle, Cellulose- u. Acetatfaser, auch Wolle u. Seide, sehr tiefe Brauntöne. Sehr gute Echtheitseigenschaften. — *Acetochinonlichtrot BZ* u. *Acetochinonlichtbraun GRL* zum Färben von Acetatfaser. Die Färbungen weisen gute Licht- u. Echtheitseigg. auf u. sind mit *Decolorant S* vollständig weiß ätzbar. — Prodd. der FARBWERKE HOECHST AG., Frankfurt/M.-Höchst: *Hostapal WN-Marken* für die Woll- u. Halbwollausrüstung u. bes. als Netzmittel für die verschied. Faserarten. — Die Musterkarte „*Remastral-Farbstoffe*" veranschaulicht die Echtheitseigg. der lichtechten substantiven Farbstoffe. — *Alizarinchromgrau RL*, ein einheitlicher Chromfarbstoff, der im Nachchromierungs- als auch Metachromverf. anwendbar ist. Mit seinem guten Egalisiervermögen u. sehr guten Echtheitseigg. ist das Prod. als Selbst- u. Kombinationsfarbstoff für die Wollechtfärberei von losem Material, Kammzug u. Webgarnen sowie Stückware geeignet. Ebenfalls geeignet für den Direktdruck auf Wolle, Baumwolle sowie für Buntätzen auf Wolle u. Polyamidfasern u. den Vigoureuxdruck auf Wolle. — Prodd. der J. R. GEIGY AG., Basel: *Tinonchlorschwarz 3BA fein Pulver für Färberei* von Baumwolle, Kunstseide u.

Zellwolle auf Stück, Strang u. Spulen. Der Küpenfarbstoff liefert ein blaustichiges Schwarz, speziell für Apparatefärberei u. geeignet für Allwetter-, Buntbleich-, Dekorations- u. Waschartikel. — *Tinonchlorgelb GRL fein Pulver für Färberei und Pulver bzw. Teig „M"-dispers,* ein warmfärbender Küpenfarbstoff mit rotstichigem Gelbton. Gutes Egalisiervermögen, gute Allgemeinechtheiten. Nicht ätzbar, eignet sich das Prod. für die Apparatefärberei u. das Pigmentfärbeverfahren. Der Farbstoff eignet sich für Buntbleiche-, Wasch- u. Innendekorationsartikel. — Prodd. der KREUSSLER & CO., Wiesbaden-Biebrich: *Azit-Farbstoffsortiment* für das Färben von Polyacrylnitrilfasern ohne Hochtemperaturen. Mit *Azit Schwarz S konz.* werden Polyacrylnitrilfasern schwarz gefärbt. Nach gleicher Meth. eignen sich ebenfalls für: dunkelblau: *Azit-Schwarz extra,* marineblau: *Azit-Marineblau,* Kornblau: *Azit-Kornblau,* blauviolett: *Azit-Violett B,* rotviolett: *Azit-Violett R,* mittelgrün: *Azit-Mittelgrün,* orange: *Azit-Orange R* u. gelb: *Azit-Gelb R.* — Prodd. der RUDOLF & CO., CHEMISCHE FABRIK GMBH., Wolfratshausen: *Rucorit CB* als Hilfsmittel in der Natriumchloritbleiche. Hartwasserbeständig, gewährleistet das Prod. einen hohen Korrosionsschutz beim Arbeiten in Edelstahlapparaturen. *Rucosal AB* ist ein Walk- u. Waschmittel mit guter Netz- u. Emulgierwrkg. u. sehr gutem Schmutztragevermögen. — Prodd. der MONSANTO CHEMICALS LTD., London: *Syton 2-X für die Erhöhung der Haltbarkeit von Stoffen* ist eine stabile koll. Dispersion kleinster amorpher Silicatteilchen in W.; es erzielt größere Haltbarkeit und Scheuerfestigkeit. — *Syton W-20 für die Kammgarn- u. Streichgarnspinnerei sowie Schlichterei.* Das Prod. erhöht die Reißfestigkeit u. Elastizität des Garnes u. verhütet ein Rutschen des Fadens. Der Schmälze zugesetzt, erhöht es die Spinnleistung, leicht auswaschbar, beeinträchtigt es nicht das Färben u. Ausrüsten von Garnen u. Geweben. — Prodd. der DR. QUEHL & CO., GMBH., Speyer/Rh.: *Ultra-Imprägnierung mit Contraqua ultra und Fixierlsg. U* erzielt auf vegetabil., tier. u. synthet. Fasern einen sehr guten Wasserabperleffekt als Einbadimprägnierung. — *Contraqua L 70,* ein Nachimprägnierungsmittel für die Trockenimprägnierung. — *Quecodur D* in Verb. mit *Gadalan A* zur Ausrüstung von Haareinlagestoffen mit vollem, kräftigem Griff. — *Queco-Rückenappretur R* für die rutschfeste Ausrüstung von Teppichen u. Läufern. Als Rakelappretur eingesetzt, kann das Prod. noch mit einer 3—5%ig. Stärkelsg. verdickt werden. — *Queco-Schlichte DKN,* eine Kunstseiden- u. Zellwollschlichte mit gutem Netzvermögen. — *Konservan CN 2* tritt an Stelle des Konservan CN, aufgebaut auf Kupfernaphthenatbasis in Emulsionsform mit einem 4,5%ig. Kupfergehalt. — *Quecotex special,* ein örtlicher Fettlöser in der Naßdetachur für sehr verschmutzte Waren, die anschließend noch gewaschen werden. — *Quecolin KB,* ein Weichmacher für Reyon u. Zellwolle, auch Baumwollgeweben, mit guter Beständigkeit gegen Wasserhärten. — Prodd. der CHEMISCHEN FABRIK THEODOR ROTTA, Mannheim: *Melanol WH,* ein Veredlungsmittel für Textilien aus nativer u. regenerierter Cellulose. Das Prod. erzielt vollen, weichen Griff u. sehr guten Abperleffekt. — *Melanol NO* findet als nichtionogener Weichmacher Verwendung in der Hochveredlung von Baumwolle, Zellwolle u. Kunstseide. — *Melanol D14* ist ein kationakt. Weichmacher für Baumwolle, Zellwolle, Kunstseide u. synthet. Fasern, verwendbar in der Knitterechtausrüstung. — Prodd. der SANDOZ AG., Basel: *Ekalin MFK* ist eine helle Paste von neutraler Rk. u. nichtionogenem Charakter, die als Egalisiermittel für das Färben von Wolle u. Seide mit Lanasynfarbstoffen in schwach saurem Bade eingesetzt wird. Egale Töne von reibechter Färbung. — *Ombrophob C* rüstet Textilmaterialien aller Faserarten sowie Leder u. Papier wasserabstoßend aus. Gegen Wäsche u. Trockenreinigung beständig, weist das Gut einen weichen Griff auf. — *Elfugin SG, Elfugin V* u. *Elfugin UW* verhüten das elektrostat. Aufladen von Textilmaterialien, vor allem aus synthet. Fasern. — *Lanasyndunkelviolett RL* färbt u. bedruckt Wolle, Seide u. synthet. Polyamidfasern. Gute Licht-, Wasch-, Schweiß- u. Alkaliwalkechtheit. Als Selbstfarbe u. Nuancierelement für die Herst. von Modetönen verwendbar. — Prodd. der VEB FARBENFABRIK WOLFEN, Wolfen, Kr. Bitterfeld: Musterkarte über *„Ätzdruck auf Baumwollstoffen".* — Eine weitere Musterkarte gibt einen Überblick über die *„Vegan-, Veganecht- u. Veganmetachromfarbstoffe".* (Melliand Textilber. **37.** 463—66. April 1956.) P. ECKERT. 7018

W. Clarke, *Alcian „X"-Farbstoffe in der Textildruckerei.* (Vgl. C. **1956.** 7940.) Beschreibung der Eigg. der Alcian „X"-Farbstoffe u. ihrer Anwendung. (De Tex **14.** 1387—90. 15/10. 1682. 15/12. 1955. Manchester, Imperial Chem. Ind. Ltd., Dyestuffs Div.) W. WESLY. 7018

Erwin Klingsberg, *Qualitative und quantitative Analyse von Küpenfarbstoffen durch Papierchromatographie.* Unter N_2-Atmosphäre ist die chromatograph. Trennung von Küpenfarbstoffen in Leukoform gelungen. In einer alkal. Lsg. von Na-Hydrosulfit läßt man den Küpenfarbstoff unter N_2-Atmosphäre auf synthet. Fasern laufen. Da Cellulose eine größere Affinität zum Farbstoff hat, geben Dacron, Nylon oder Orlon eine schärfere Auftrennung. Die Papierchromatographie hat verschied. Vorteile, die Farbstoffmengen sind gering, sie erfordert geringe Wartung, was bes. für die sauerstoffempfindlichen Leukoküpenfarbstoffe, deren Analyse unter N_2 ausgeführt werden muß, wichtig ist. Die quantitative Auswertung der Chromatogramme gelingt spektrophotometr., wobei als Lösungsm. *Dimethylformamid* gute Ergebnisse liefert. Als Entwickler des Farbstoffes dient eine Lsg. von 10 g Na-Hydrosulfit in 100 ml 10%ig. *Tetraäthylenpentamin.* Das Chromatogramm wird in einem beschriebenen App. unter bestimmten Vorsichtsmaßregeln ausgeführt, dann der Streifen mit dest. W. gewaschen u. getrocknet. Der Farbfleck wird ausgeschnitten u. spektrophotometr. gemessen, wobei 5 mm Küvetten verwendet werden. Vf. gibt die quantitative Analyse für Best. des absol. u. relativen Geh. an Farbstoff an. (J. Soc. Dyers Colourists **70.** 563—67. Dez. 1954. Bound Brook, N. J., American Cyanamid Co., Res. Div.) J. MILLER. 7086

VEB Farbenfabrik Wolfen, Wolfen (Erfinder: **Karl Brodersen**), *Fixierungsmittel für substantive Färbungen* aus Kondensationsprodd. von Cyanamid mit CH_2O, dad. gek., daß die Kondensationsprodd. mit NH_3 u. CH_2O in mineralsaurer Lsg. nachkondensiert, gereinigt u. gegebenenfalls getrocknet werden. Die Prodd. verbessern nicht nur die Wasserechtheit, sondern auch die Waschechtheit der Färbungen. (**D. P. [DDR] 7 484** Kl. 8m vom 24/5. 1952, ausg. 8/1. 1954 [Wirtschaftspatent].) G. HOPPE. 7007

Kurashiki Rayon Kabushiki Kaisha, Kurashiki, Okayama (Erfinder: **Tetsuro Osugi, Kenichi Tanabe** und **Osamu Morimoto**), Japan, *Verbessern der Färbeeigenschaften von Polyvinylalkoholfasern.* Man behandelt solche Fasern, die in W. bei 80° nicht mehr als 5% schrumpfen, mit einer Lsg., die 0,5—15% CH_2O oder Acetaldehyd oder Verbb., die in Ggw. von Säuren diese Aldehyde bilden, ferner eine anorgan. Säure u. nicht mehr als 5% eines Alkali- oder NH_4-Salzes dieser Säure enthält, so lange, daß 25—50% der Hydroxylgruppen acetalisiert werden. Die so behandelten Fasern sind gegen kochendes W. widerstandsfähig, ohne daß ihre Farbstoffaffinität vermindert ist. — Tabellen. (**E. P. 737 130** vom 18/4. 1953, ausg. 21/9. 1955.) H. v. SCHILLER. 7017

Farbwerke Hoechst Akt.-Ges., vormals Meister Lucius & Brüning (Erfinder: **Wilhelm Happe**), Frankfurt/M., *Herstellung von echten Färbungen* auf Wolle oder Polyamidfasergut oder deren Mischungen mit sauren Farbstoffen, welche die Gruppe $-SO_2-CH=CH_2$ oder $-SO_3-CH_2-CH_2-X$ (worin X Halogen oder die Gruppe $-O-SO_3H$ bedeutet) einmal oder mehrmals enthalten, dad. gek., daß man dem Färbebad Polyglykoläther höhermol. Oxyverbb. (I) u. Harnstoff (II) zusetzt. I sind z. B. Kondensationsprodd. höhermol. Alkohole bzw. Phenole mit Äthylenoxyd, bes. Alkylphenyl- oder Alkylnaphthylpolyglykoläther, erhalten durch Umsetzung von Phenolen oder Naphtholen mit Olefinen oder Alkylhalogeniden u. weitere Kondensation mit Äthylenoxyd; ferner Kondensationsprodd. von Fettalkoholen, z. B. Oleylalkohol, mit Äthylenoxyd. Es werden je ca. 0,5—5% (berechnet auf das Gewicht der Ware) an I u. II dem Färbebad zugesetzt oder auch durch Mischen gleicher oder verschied. Mengen von I u. II Präpp. hergestellt. (**D. B. P. 933 271** Kl. 8m vom 6/4. 1952, ausg. 22/9. 1955. Anmeldung bekanntgemacht 24/3. 1955.) H. v. SCHILLER. 7021

VEB Chemische Fabrik Grünau, Berlin-Grünau (Erfinder: **Hans-Dieter Selle**), *Herstellung von Kondensationsprodukten aus Dicyandiamid und Formaldehyd* in Ggw. von Säuren, dad. gek., daß die Kondensation ohne Wärmezuführung bei 30—40° durchgeführt wird. Die Prodd. erhöhen die Naßfestigkeit substantiver Färbungen, ohne deren Lichtechtheit wesentlich herabzusetzen u. ermöglichen eine *Knitterfestausrüstung* von Cellulosetextilien, z. B. auch Acetatseide, bei nur ca. 105° zur Endkondensation (**D. P. [DDR] 6 916** Kl. 8k u. 8m vom 25/9. 1952, ausg. 15/3. 1954 [Wirtschaftspatent].) G. HOPPE. 7029

VEB Chemische Fabrik Grünau, Berlin-Grünau (Erfinder: **Hans-Dieter Selle**), *Herstellung beständiger Kondensationsprodukte aus Dicyandiamid und Formaldehyd* in Ggw. von Säuren nach D. P. [DDR] 6 916, dad. gek., daß nach beendeter Kondensation durch Zusatz von Basen, z. B. NH_3, ein p_H-Wert von 5,0—6,5 eingestellt wird. (**D.P. [DDR] 6 917** Kl. 8k u. 8m vom 18/12. 1952, ausg. 26/5. 1954 [Wirtschaftspatent]. **Zusatz zu D. P. [DDR] 6 916; vgl. vorst. Ref.**) G. HOPPE. 7029

Sandoz Akt.-Ges., Basel, Schweiz, *Herstellung eines metallhaltigen Azofarbstoffes.* 1-Oxy-2-amino-4-nitrobenzol → 1-Oxy-2-acetylamino-4-tert.-butylbenzol. Der Farbstoff wird mit Kobaltacetatlsg. metallisiert. Wolle, Seide, Leder u. Polyamidfasern werden rotstichig braun gefärbt. (**Schwz. P. 307 189** vom 22/8. 1952, ausg. 16/7. 1955. **Zusatz zu Schwz. P. 303 283; C. 1956. 2032.**) U. SIEVERS. 7053

Sandoz Akt.-Ges., Basel, Schweiz, *Herstellung eines Monoazofarbstoffes.* 1-Amino-4-(4'-amino)-phenylaminoanthrachinon-2.6-disulfonsäure (Na-Salz) wird mit Cyanurchlorid kondensiert. Zu diesem Monokondensationsprod. wird die Aminoazoverb. aus 2-Amino-1-carboxybenzol-5-sulfonsäure → 1-(4'-Amino)-phenyl-3-methyl-5-pyrazolon u. Aminobenzol gegeben. Man scheidet das tern. Kondensationsprod. mit NaCl ab, schlämmt es mit W. auf u. kupfert mit $CuSO_4$-Lsg. in Ggw. von NH_3. — Baumwolle u. regenerierte Cellulose werden gelbstichiggrün gefärbt. (**Schwz. P. 308 273** vom 3/10. 1952, ausg. 16/9. 1955.) U. SIEVERS. 7053

Sandoz Akt.-Ges., Basel, Schweiz, *Herstellung eines kupferhaltigen Azofarbstoffes.* (1-Aminobenzol-4-sulfonsäure → 2-N-Phenylamino-5-oxynaphthalin-7-sulfonsäure) ← 4.4'-Diamino-3.3'-dimethoxy-1.1'-diphenyl → 1-(2'-Naphthyl)-3-methyl-5-pyrazolon-6'.8'-disulfonsäure. Der erhaltene Farbstoff wird mit $CuSO_4$ in Ggw. von NH_3 gekupfert. Baumwolle u. regenerierte Cellulose werden grau gefärbt. (**Schwz. P. 306 380** vom 9/7. 1952, ausg. 16/6. 1955.) U. SIEVERS. 7055

Sandoz Akt.-Ges., Basel, Schweiz, *Herstellung eines metallisierbaren Polyazofarbstoffes.* 2-Amino-5-nitrobenzol-1-carbonsäure → 1-Phenyl-3-methyl-5-pyrazolon-4'-sulfonsäure. Man red. den erhaltenen Monoazofarbstoff an der NO_2-Gruppe, diazotiert u. kuppelt mit 1-Amino-3-methylbenzol. Das Na-Salz der erhaltenen Verb. wird in wss. Lsg. mit Fumarsäuredichlorid kondensiert. — Baumwolle u. regenerierte Cellulose werden rotorange gefärbt. (**Schwz. P. 307 859** vom 30/4. 1952, ausg. 16/8. 1955. **Zusatz zu Schwz. P. 304 388; C. 1956. 269.**) U. SIEVERS. 7055

XIa. Farben. Anstriche. Lacke. Naturstoffe.

—, *Harze, trocknende Öle, Firnisse und Anstrichfarben.* Fortschrittsberichte 1954 über natürliche u. synthet. Harze (39 Literaturangaben), trocknende Öle, Siccative u. Firnisse (48 Literaturangaben, Pigmente u. Anstrichfarben (21 Literaturangaben) sowie Lösungsmittel (6 Literaturangaben). (Rep. Progr. appl. Chem. **39.** 618—39. 1954.) G. TREWENDT. 7090

J. J. Rankin und **L. J. Behan**, *Bleifreies Zinkoxyd in modernen Schutzanstrichen.* Herst., Eigg. u. Anwendung des durch einen elektrotherm. Prozeß aus Zinkerzen hergestellten bleifreien ZnO werden beschrieben. (Paint Ind. Mag. **70.** Nr. 11. 17—19. Nov. 1955.) E. PREU. 7092

C. Boelhouwer, F. A. de Roos und **H. I. Waterman**, *Darstellung von styrolisierten Leinölen.* In Verss. wurde der Einfl. der Darstellungsmeth. auf die Eigg. (Viscosität, Klarheit, Brechungsindex) der styrolisierten Öle untersucht. Klare styrolisierte Leinöle lassen sich durch 4—6std. Durchleiten von Styroldampf durch das Öl bei 280—300° gewinnen. (Chem. and Ind. **1953.** 1287—89. 28/11. Delft, Univ., Labor. für chem. Technologie.) B. SCHEIFELE. 7096

H. Courtney Bryson, *Dehydratisierung von Ricinusöl.* Ricinusöl wurde mit Zusätzen von 0,1—1,0% 98%ig. H_2SO_4 bei 220, 250, 280° dehydratisiert u. das resultierende Ricinenöl auf SZ., AZ., JZ., Trockenfähigkeit, Farbbeeinflussung, Brechungsindex u. als Lackmedium für modifizierten Phenolharzlack untersucht. (Paint, Oil chem. Rev. **116.** Nr. 3. 12. 14. 16—18. 20. 29/1. 1953.) B. SCHEIFELE. 7096

Leopold Bartosik, *Beschleunigung der Öltrocknung durch organische Peroxyde.* Bericht über Unterss., aus denen hervorgeht, daß durch Zusatz von mittels Co aktivierbaren *organ. Peroxyden* (I), z. B. Anonperoxyd, eine raschere Trocknung von Ölen erzielt werden kann, bes. im Zusammenwirken mit Mn-haltigen Trockenstoffen. Co als Trockenstoff bewirkt zusammen mit I eine noch raschere Oberflächentrocknung, wobei der Öllackfilm geschlossen wird u. an der Oberfläche keinen Luft-O_2 mehr aufnehmen kann, so daß er an der Unterlage noch schlechter trocknet als ohne Zusatz von **I**. Die Hauptwrkg. der **I** besteht also anscheinend in einer Verstärkung der Oberflächentrocknung, der durch möglichste Einsparung von Co als Trockenstoffmetall entgegengewirkt werden kann. Einen Ersatz für Luft-O_2 stellen die **I** nicht dar. (Farbe u. Lack **61.** 368—71. Aug. 1955. Wien-Rodaun.) M. WINIKER. 7096

F. Schollick, *Bewertung und Anwendung von Aminharzen.* Mit Butanol oder höheren Alkoholen veräthertе, lösl. Aminharze sind mit Harzen, Weichmachern u. Lösungsmitteln gut verträglich. Der Löser muß neben KW-stoff auch genügend prim. Alkohol enthalten, wenn eine Kombination mit sauren Alkyden u. dgl. erfolgt. Bei säurehärtenden Amin–Alkydharzlacken kann die Gelierdauer durch Zusatz von prim. Alkohol verlängert werden. Amin–Alkydharzlacke mit Zusatz von Nitrocellulose (1:2:1), die 30 Min. bei 110° eingebrannt wurden, lieferten glanz- u. wetterbeständige Filme, die sich jedoch nur schwierig ausbessern ließen. Kombinationen von Aminharzen mit Epichlorhydrin- oder Äthoxylinharzen zeigten wesentlich höhere Haftfähigkeit u. Alkaliresistenz als Amin–Alkydharzlacke, doch müssen erstere bei ca. 200° ca. 20 Min. eingebrannt werden. (Paint, Oil Colour J. **123.** 224. 227. 23/1. 1953.) B. SCHEIFELE. 7096

Wouter Bosch und **Henry Y. Wong**, *Der Einfluß der Mahlfeinheit und der Alterung von flüssigen Anstrichfarben auf die Spannungs-Verformungs-Eigenschaften von Alkydanstrichfilmen.* Verss. an feingemahlenen, gealterten, getrockneten, mit Cr-Orange (I), ZnO u. TiO_2 pigmentierten Alkydharzanstrichen zeigen, daß die Dehnung der Filme mit der Zeit abnimmt, wenn der Farbträger mit I oder ZnO pigmentiert worden ist, wobei im Falle des ZnO eine stärkere Abnahme als im Falle des I auftritt. Bei Verwendung von TiO_2 übt die Alterung des Films nur einen geringen Einfl. auf die Dehnung u. Zugfestigkeit aus. Die Dehnung nimmt in dem Maße zu, wie die fl. Farbe altert. Der Einfl. der Mahlfeinheit auf die mechan. Eigg. der Filme ist nicht eindeutig; jedoch scheinen gröbere Teilchen eine etwas größere Zugfestigkeit zu verursachen. (Off. Digest Federat. Paint Varnish Product. Clubs **27.** 996—1005. Dez. 1955. Fargo, N. D., North Dakota Agric. Coll.) W. WESLY. 7106

J. van Loon, *Die Wasseraufnahme von Öl-, Lack- und Anstrichfarbenfilmen.* 3. Mitt. (2. vgl. C. **1956.** 7091.) Zur Unters. gelangte die Wasserabsorption von Öl- u. Lackfilmen bei Lagerung in dest. W. u. der Geh. an wasserlösl. Bestandteilen der Filme, die Leinölfirnis als eine Komponente enthielten. Dem Einfl. der Filmdicke wurde besondere Beachtung geschenkt. 20—25 μ starke u. dickere Filme ergaben in Wasseraufnahme deutliche Unterschiede. Bes. war in der ersten Phase der Absorption die Wasseraufnahme der dickeren Filme nahezu unabhängig von der Filmdicke u. bestand augenscheinlich aus einem Diffusionsvorgang. Die in % des Ausgangsgewichts der Filme ausgedrückte Menge der wasserlösl. Bestandteile war bei Filmen ähnlicher Zus. von deren Dicke nahezu unabhängig. Mit der Wasserfestigkeit hängt auch der Korrosionswiderstand der Filme zusammen. (Verfkroniek **26.** 18—22. Jan. 1953.) B. SCHEIFELE. 7106

W. W. Cranmer, *Benzinfeste Behälteranstriche.* Inhaltlich ident. mit der C. **1956.** 5971 referierten Arbeit. (Petroleum [London] **16.** 68—73. 77. März. 91—92. 99. April 1953.) B. SCHEIFELE. 7106

O. L. Nikles, *Anwendungsmöglichkeiten für Überzüge auf Epoxy-Basis.* Kurze Zusammenfassung der Vorteile der Epoxyharzüberzüge, bes. in Hinblick auf 3 verschied. Härtungsmethoden: mit verschied. Fettsäuren, mit den Hydroxylgruppen anderer hochmol. Harze u. mit polyfunktionellen Aminen. (Products Finishing **20.** Nr. 3. 42. 44. 46. 47. Dez. 1955. Shell Chem. Corp.) L. KEMPF. 7106

P. E. Tucker und **T. W. Watson**, *Silicon-Wachspolituren. Grundsätzliches zur Rezeptur.* Fl. Silicone (I) enthaltende Wachspolituren im Viscositätsbereich 200—500 cSt besaßen bessere Eigg. hinsichtlich Glanz, leichter Anwendbarkeit, geringem Schmieren u. langer Haltbarkeit. Bei Verwendung von 0,5—2% Hartwachs allein u. 1,5—3% I wurden die Eigg. des Poliermittels sichtlich verbessert. Terpentin als Lösungsm. ist besser als Xylol u. Leichtbenzin. (Manufact. Chemist **26.** 536—40. Dez. 1955. Midland, Silicones Ltd.) J. BÖSS. 7118

Standard Oil Development Co., V. St. A. (Erfinder: **Arthur Donald Green**), *Thermische Verdickung von siccativen polydiolefinischen Ölen.* Man vermischt die Öle mit einem Cycloolefin u. erhitzt das Gemisch auf 200—300°. — Z. B. versetzt man 160 g Öl, hergestellt aus 100 (Teilen) Butadien-(1.3), 100 „Vasol", 40 Dioxan, 0,2 Isopropanol u. 1,5 Na (Korngröße 10—50 μ) mit 18 g Dicyclopentadien u. erhitzt das Ganze 1½ Std. auf 250°. Das Reaktionsprod. (Öl) besitzt eine Viscosität von 10 Poise u. enthält 50% nichtflüchtige Substanz. (**F. P. 1 075 408** vom 24/2. 1953, ausg. 15/10. 1954. A. Prior. 1/5. 1952.) T. OPPERMANN. 7097

Universal Oil Products Co., Chicago, übert. von: **Joseph A. Chenicek**, Bensenville, und **Robert H. Rosenwald**, Western Springs, Ill., V. St. A., *Überzugsmittel* auf der Grundlage trocknender Öle, die zu Hautbldg. neigen, wie Leinöl, Ricinusöl, Holzöl, Oiticicaöl, enthalten als *Hautverhinderungsmittel* 2-tert.-Butyl-4-methoxyphenol. (**A. P. 2 715 072** vom 26/3. 1949, ausg. 9/8. 1955.) M. BÖTTCHER. 7107

Dow Chemical Co., Midland, übert. von: **Carl L. Dibert**, St. Louis, Mich., V. St. A., *Weichmacherhaltiger Polystyrollatex für Überzüge* auf Gewebe, Papier, Mauerwerk, Gips, Beton oder als Bindemittel für Fasermatten. Je 50 (g) Styrol (Vinyltoluol) u. α-Methylstyrol, 3 Polyäthylenglykoloctylphenylmonoäther (oder andere Weichmacher) werden bei 50° verrührt, mit 107,2 einer wss. Emulsion des Na-Salzes von Dodecylbenzolsulfonsäure (3 g) auf 70° erwärmt u. mit je 0,6 $K_2S_2O_8$ u. $NaHCO_3$ versetzt. Dann wird 4 Std. bei 85° polymerisiert. (**A. P. 2 700 026** vom 28/4. 1953, ausg. 18/1. 1955.) G. SALZMANN. 7107

Van Den Doel & Fray C. V., **Cornelis Wilhelmys Fray**, Yoorburg, und **Anna Cornelia Van Den Doel-Yis**, Scheveningen, Holland, *Korrosionsschutzmittel für Metalloberflächen*, bestehend aus einer oder mehreren makromol. Ätherverbb. vom Typ der Äthoxylinharze, wie sie durch Rk. eines mehrwertigen Phenols (Dioxydiphenylpropan) mit Epichlorhydrin in alkal. Medium erhalten werden, u. einem oder mehreren gegen Korrosion schützenden Pigmenten, bes. einem Chromat u. einem Molybdat. — Beispiel: 20 (Teile) „Araldit"-Lackharz 985 E. C. 1, 60 „Araldit"-Lackharz 985 E. C. 3, 35 eines Gemisches von Pb-Chromat, -Molybdat u. -Sulfat, 15 Diacetonalkohol, 5 Toluol u. 3 Äthylacetat. Nach dem Auftragen auf die Metallfläche wird der Lack bei 232° 15 Min. lang eingebrannt. — Vgl. auch F. P. 1 065 420; C. **1955.** 2311. (**E. P. 730 180** vom 24/10. 1951, ausg. 18/5. 1955. Holl. Prior. 31/10. 1950.) W. GRÄGER. 7107

Atlantic Refining Co., Philadelphia, übert. von: **Donald T. Jones,** Springfield, Pa., V. St. A., *Korrosionsschutzmittel für Metalle,* die mit wss. Lsgg. in Berührung kommen. Der wss. Lsg. werden Alkali- oder Erdalkalisalze der Sebacinsäure oder der Azelainsäure (Na-, Li- oder Ba-Salze) in geringen Mengen (0,8—3%) zugesetzt. (**A. P. 2 726 215** vom 19/4. 1952, ausg. 6/12. 1955.) W. GRÄGER. 7107

XIb. Plaste (Kunstharze. Plastische Massen).

J. Aleman Vega, *Terileno, Buna und Plexiglas aus nationalen Rohstoffen.* Ableitung einer Reihe von Zwischenprodd. u. Synthesen vom α-Pinen bzw. p-Cymol. Die Kunstfaser „Terileno" ist ein polymeres Kondensationsprod. von Äthylenglykol u. Terephthalsäure. (Rev. Plásticos **4.** 30—**34.** 61. Jan./Febr. 1953. Departemento de Plásticos.) B. SCHEIFELE. 7170

Giuseppe Guzzetta, *Polyäthylen–Paraffin-Mischungen.* Durch Zusatz von 3—20% Polyäthylen läßt sich der F. von Paraffin um 10—30° erhöhen. Die Paraffin–Polyäthylen-Gemische liefern zudem einen glänzenderen, elastischeren u. haltbareren Film als einfache Paraffinimprägnierung. (Materie plast. **19.** 433—34. Nov./Dez. 1953.) B. SCHEIFELE. 7172

P. Platzek, *Die Bedeutung der Regelmäßigkeit im Molekülbau von Vinylpolymeren.* Inhaltlich ident. mit der C. **1956.** 5974 referierten Arbeit. (Chem. pharmac. Techniek **10.** 393—95. 15/8. 1955.) W. WESLY. 7172

Jesus Lumbreras, *Wärmestabilisierung von Vinylharzmischungen.* Verss. zur Kenntnis von Wärmeabbau, Stabilisierung u. Stabilisatoren von Vinylharzkompositionen. (Rev. Plásticos **4.** 35—41. 65. Jan./Febr. 1953. Iberplastica.) B. SCHEIFELE. 7172

H. H. Kuhn, *Rilsan — das französische Polyamid. Rilsan* (als Faser) bzw. *Rilsanite* (als Kunststoffrohstoff) ist eine polykondensierte 11-Aminoundecansäure u. wird aus Ricinusöl durch Umesterung, Crackung, Hydrolyse, Bromierung, Aminierung u. Polykondensation in großem Maßstabe hergestellt. Vf. schildert die Darst., Eigg., Verarbeitung u. Verwendung. (Chem. Rdsch. [Solothurn] **9.** 126—29. 15/3. 1956.) L. KEMPF. 7180

F. D. Dexter, *Steifheitsmesser mit konstanter Belastung für dünne plastische Filme.* Zur Ermittlung des Elastizitätsmoduls (Steifheit) von Elastomeren wird ein Instrument entwickelt, bei dem eine bekannte Zugspannung rasch auf eine ringförmige Materialprobe ausgeübt wird. Aus Belastung, Dicke der Filmprobe u. Dehnung wird der Modul berechnet. Es können Steifheitswerte von dünnen Filmen bis herab zu 0,002 Zoll Dicke gemessen werden. Prüfdauer 2 Minuten. Beschreibung des Gerätes (Abb.), Messung, Entw. einer Gleichung für die Spannung in ringförmigen Prüflingen. (ASTM Bull. **1953.** 40—43. Sept. Bound Brook, N. J., Bakelite Co., Developm. Labors.) B. SCHEIFELE. 7210

Esso Research and Engineering Co., Del., übert. von: **Delmer L. Cottle,** Highland Park, und **David W. Young,** Westfield, N. J., V. St.A., *Amide* entstehen beim Erhitzen von Carbonsäuren mit Aminen in Ggw. von $B(OH)_3$ in einem Lösungsm., das wasserentziehend wirkt, wie Bzl., Toluol, Xylol. — *N-Stearoyl-p-aminophenol* F. 125—127°. — *N-Lauroyl-p-aminophenol.* — *N-Tridecanoyl-3-pentadecyl-4-aminophenol.* — *Tristearoyl-3.3'-imino-bis-propylamin.* — *N-Lauroyl-p-aminothiophenol.* — *Antioxydantien* für *Harze* u. *plast. Massen.* (**A. P. 2 711 415** vom 22/3. 1952, ausg. 21/6. 1955.) G. LANGER. 7171

General Electric Co. (Erfinder: **Robert Charles Osthoff** und **Simon William Kantor),** Schenectady, N. Y., V. St. A., *Herstellung von festen Polymethylen* mit Mol.-Gew. mindestens 500000 durch Zus. von Diazomethan (**I**), dad. gek., daß das **I** in einem Äther, bes. Diäthyläther, gelöst ist u. die Lsg. dann mit BF_3 oder einem Ätherat, bes. dem Diäthylätherat dieser Verb., in Berührung gebracht wird. Verbesserung der physikal., bes.

elektr. Eigg. des Polymerisats. — Beispiel. Tabelle. (**D. B. P. 940 610** Kl. 39c vom 21/3. 1954, ausg. 22/3. 1956. Anmeldung bekanntgemacht 22/9. 1955. A. Prior. 20/3. 1953.) H. SCHINDLER. 7173

William E. Leistner, Brooklyn, und **Arthur C. Hecker,** Richmond Hill, N. Y., V. St. A., *Stabilisiertes Polyvinylchlorid,* gek. durch einen Geh. an Erdalkali- oder Metall-Alkyl- bzw. Arylphenolaten, z. B. Nonyl- bzw. Amylphenolat, Cd- (Zn-, Pb-) Naphthenat bzw. -2-Äthylhexoat, Zn-Caprylat, Zn-Laurat oder Cd-Dodecylphenolat, gegebenenfalls unter Zusatz von Trialkylphosphit. (**A. P. 2 716 092** vom 4/2. 1953, ausg. 23/8. 1955.) G. SALZMANN. 7173

N. V. de Bataafsche Petroleum Mij., Den Haag, Holland, *Polymerisieren von Vinylchlorid allein oder mit anderen olefinisch ungesättigten Verbindungen,* dad. gek., daß die Monomeren in der zugeführten Emulsion zum größten Teil in Tröpfchen von 0,02 mm Durchmesser vorliegen u. daß das Verhältnis der Konzz. von Monomeren u. Polymeren im Reaktionsraum 0,12—0,30 beträgt. — Z. B. wurde in einen Autoklaven 1,5 Liter einer 20%ig. Polyvinylchloridsuspension eingeführt, deren wss. Phase 0,25 (%) $K_2S_2O_8$, 0,25 $NaHCO_3$ u. 0,94 Na-Mersolat (**I**) enthielt u. auf 45° erwärmt. Dann wurde in den Autoklaven eine Vinylchloridemulsion allmählich eingeführt (hergestellt aus 30 [g] **I**, 1000 fl. Vinylchlorid, 8 $K_2S_2O_8$, 8 $NaHCO_3$ u. 3155 W.), während die D. des Reaktionsgemisches im Autoklaven durch gleichzeitiges Ableiten eines Anteils konstant auf 1,067 gehalten wurde. Die abgezogene Dispersion enthielt 20 (Teile) Polyvinyl-, 5 monomeres Vinylchlorid auf 80 Wasserphase. Die Polymerisationsgeschwindigkeit betrug 70—80 g je Liter u. Stunde. Die Viscosität einer 0,5%ig. Lsg. des Polymerisats in Cyclohexanon betrug 3,40 Centipoise bei 25°. (**Oe. P. 184 370** vom 11/11. 1953, ausg. 10/1. 1956. Holl. Prior. 14/8. 1952.) T. OPPERMANN. 7173

Celanese Corp. of America, New York, N. Y., übert. von: **Calvin E. Schildknecht,** Montclair, und **Mary L. Wallace,** Summit, N. J., V. St. A., *Herstellung von Mischpolymerisaten aus Acrylnitril und N-Vinyllactamen* in Ggw. von anorgan. Persulfaten u. Na-Metabisulfit in wss. Medium, das mit Na_2HPO_4 gepuffert ist, einen p_H-Wert von 5—8 aufweist u. CO_2 gelöst enthält. In den Mengenbeispielen ist als Lactam N-Vinylpyrrolidon genannt, dem geringe Mengen Vinylisobutyläther, Isobutylen, Isopropenylacetat oder Diäthylfumarat zugesetzt werden können. Als weitere Reaktionskomponenten sind aliphat. cycl. Carbonate oder Lactone genannt, z. B. Äthylen- u./oder Propylencarbonat oder Äthylketonperoxyd oder γ-Butyrolacton. — Mengenbeispiele. Fäden, Filme. (**A. P. 2 713 573** vom 1/11. 1952, ausg. 19/7. 1955. **E. PP. 736 065** vom 2/11. 1953, ausg. 31/8. 1955 u. **743 825** vom 30/10. 1953, ausg. 25/1. 1956. Beide A. Prior. 1/11. 1952.) H. SCHINDLER. 7173

United Kingdom Atomic Energy Authority, London (Erfinder: **Arthur Charlesby** und **Maurice Ross**), England, *Glattflächige Kunstharzschaumkörper* erhält man durch Behandlung von *Polyacrylsäureestern* vor dem Verschäumen mit durchdringenden, radioakt. Strahlen. — Z. B. wird ein Körper aus polymerem Methacrylsäureester mit Erweichungspunkt 125° im Kernreaktor bei 75° bis zur Aufnahme von $24 \cdot 10^6$ r bestrahlt; der schwachgelblich verfärbte Körper expandiert beim Erhitzen auf 130° auf das 6fache Volumen. Als Weichmachungsmittel kann z. B. Dibutylphthalat zugesetzt sein. (**E. P. 730 476** vom 15/8. 1952, ausg. 25/5. 1955.) H. MÖLLERING. 7173

Distillers Co. Ltd., England, *Emulsionspolymerisation von Styrol* unter Verwendung

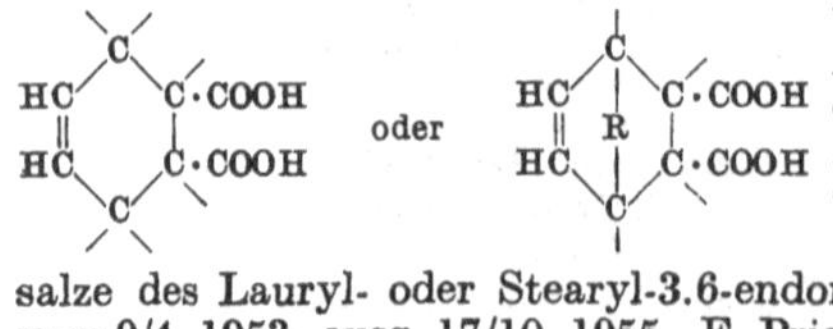

von 0,25—10 Gew.-% der wss. Phase eines Alkali-, Amin- oder NH_4-Salzes eines Monoesters der Δ^4-Tetrahydrophthalsäure oder deren Analogen der nebenst. Formeln (R = CH_2 oder $CH_2 \cdot CH_2$) mit einem gesätt. aliphat. Alkohol mit 5—32 C-Atomen. Genannt sind die Alkalisalze des Lauryl- oder Stearyl-3.6-endomethylen-Δ^4-tetrahydrophthalats. (**F. P. 64 025** vom 9/4. 1953, ausg. 17/10. 1955. E. Prior. 18/4. 1952. **Zusatz zu F. P. 998 345; C. 1953. 9 722.**) M. PANKOW. 7173

Soc. An. Manufactures de Caoutchouc Industriel P. Lacollonge, Rhône, Frankreich, *Schutzschichten gegen Röntgenstrahlen und radioaktive Strahlung* aus Platten, die aus abwechselnden Pb-Folien u. Folien aus Kunstharzen bestehen. Statt der Pb-Folien kann man auch mit Pb-Pulver gefüllte Kunstharzschichten verwenden. (**F. P. 63 413** vom 20/10. 1952, ausg. 13/9. 1955. **Zusatz zu F. P. 1 063 423; C. 1955. 9682.**) M. PANKOW. 7173

Eastman Kodak Co., übert. von: **Sterling S. Sweet, Maurice H. van Dorn** und **Philip T. Newsome,** Rochester, N. Y., V. St. A., *Lösen von Polyalkylen-* bzw. *Arylen-*

terephthalaten zur Herst. von Fäden, Filmen, Schichten u. dergleichen. Als Lösungsm. dient Trifluoressigsäure. (**A. P. 2 710 848** vom 25/6. 1953, ausg. 14/6. 1955.) G. SALZMANN. 7177

VEB Filmfabrik Agfa Wolfen, Wolfen, Krs. Bitterfeld (Erfinder: **Kurt Maurer,** Rostock), *Herstellung stickstoffhaltiger Polykondensationsprodukte.* Man setzt Aminocarbonsäureester (vorzugsweise 2 Mol) mit Dialdehyden (vorzugsweise 1 Mol) um u. polymerisiert die Reaktionsprodd. gegebenenfalls nach, wobei die zunächst öligen, in W. schwerlösl. Kondensationsprodd. in wasserunlösl., in organ. Lösungsmitteln mäßig lösl. Stoffe übergehen, die bei höherer Temp. verformt, zu Fäden gezogen oder als Lacke verwendet werden können. — 5,5 g Glycinäthylester werden in 25 cm^3 A. unter Kühlung mit 1,5 g polymerem Glyoxal in 25 cm^3 A. versetzt; man läßt über Nacht stehen u. fällt mit W. ein Öl, das im Vakuum getrocknet wird. Es wird durch weiteres Erhitzen im Vakuum bei 4 Torr u. 100—200° sehr fest. Andere Glycinester, Leucinester, γ-Aminobuttersäureester können mit Glyoxal, Succindialdehyd oder Terephthalaldehyd umgesetzt werden. (**D. P. [DDR] 5480** Kl. 39c vom 1/7. 1941, ausg. 8/10. 1954 [Wirtschaftspatent].) M. PANKOW. 7181

VEB Filmfabrik Agfa Wolfen, Wolfen, Krs. Bitterfeld (Erfinder: **Edgar Krumbein,** Dessau), *Herstellung von wasserunlöslichen harzartigen Kondensationsprodukten durch Einwirkung von Epichlorhydrin auf Ammoniak.* Man erhitzt die alkoh. Lsg. der Komponenten im geschlossenen Gefäß bis zur Bldg. eines wasserunlösl. Kondensationsprod., behandelt das Prod. mit kalter Alkalilauge, wäscht mit W. u. trocknet. Die Harze sind in W., Säuren u. Laugen unlösl., nehmen Schwermetallsalze u. Farbstoffe auch aus sehr verd. Lsgg. auf u. können mit verd. Säuren u. Laugen wieder regeneriert werden. Sie können auch zur Absorption saurer Gase (H_2S) dienen. — 9,3 g Epichlorhydrin u. 25 cm^3 12%ig. methylalkoh. NH_3 werden im geschlossenen Rohr 1 Std. auf 110° erhitzt. Nach Waschen mit CH_3OH u. W. u. 2n NaOH weißes Harz, das sich >140° langsam zersetzt. (**D. P. [DDR] 5 321** Kl. 39c vom 2/7. 1941, ausg. 24/9. 1954 [Wirtschaftspatent].) M. PANKOW. 7181

VEB Film- und Chemiefaserwerk Agfa Wolfen, Wolfen, Krs. Bitterfeld (Erfinder: **Paul Schlack,** Berlin-Treptow), *Herstellung von basischen Polyurethanen.* Man bringt N. N-Di-[oxyalkyl]-piperazine, auch in Ggw. von anderen Glykolen oder Aminoalkoholen, mit Diisocyanaten, bes. Polymethylendiisocyanaten, zur Umsetzung. Bes. hochmol. Prodd. erhält man bei Verwendung von solchen Lösungsmitteln für das Ausgangsmaterial, die das Reaktionsprod. als gequollene M. abscheiden. Überschuß an Diisocyanaten ergibt versetzte Prodd., Einbau nichtbas. Glykole, Herabsetzung der Säurelöslichkeit. Die nur noch heißlösl. Polyurethane erstarren ähnlich Gelatine zu steifen, elast. Gelen u. können zur Herst. lichtempfindlicher Schichten u. Überzüge dienen. Filme aus den Polyurethanen können wegen ihrer guten Kratzfestigkeit als Klarscheiben, auch als Verpackungsmaterial, Verdickungsmittel für den Textildruck dienen u. mit Gerbstoffen u. Alkylierungsmitteln unlösl. gemacht werden. — Äquivalente Mengen von N.N'-Di-[β-oxyäthyl]-piperazin (F. 139°) u. Hexan-1.6-diisocyanat werden 2½ Std. unter N_2 in Chlorbenzol auf 130° erwärmt, die Reaktionsmasse in 2n Essigsäure von 40° gelöst u. mit NH_4OH gefällt. (**D. P. [DDR] 5 367** Kl. 39c vom 25/4. 1952, ausg. 20/9. 1954 [Wirtschaftspatent].) M. PANKOW. 7181

N. V. de Bataafsche Petroleum Mij., Holland, übert. von: **Edward C. Shokal, Albert C. Mueller** und **Paul A. Devlin,** *Schwefelhaltige Kondensationsprodukte.* Außer der in A. P. 2 633 458; C. **1955.** 1391 angegebenen Kondensation von Polyepoxyd mit H_2S kann man das Polyepoxyd auch mit mehrwertigen Mercaptoverbb. reagieren lassen; man nimmt z. B. aliphat. Dithiole mit 2—18 C-Atomen oder heterocycl. Dithiole mit 7—20 C-Atomen oder aus 2-Chloräthyl-CH_2O-Acetal u. etwas 1.1.1-Trichlorpropan u. Na-Polysulfid u. Red. erhaltene Thioplaste. Einwertige Epoxyverbb. (Epichlorhydrin, 2.3-Epoxypropoxybenzol) u./oder einwertige Mercaptane können bei der Kondensation anwesend sein. Verwendung der Kondensationsprodd. (fl. bis harzartig) zur Herst. von Gieß- u. Preßmassen, Kleb- u. Imprägniermassen, Fäden u. Fasern, Umhüllungen für elektr. Apparate. Man kann sie durch Rk. mit der Epoxygruppe (Alkali, Amine), mit der Mercaptogruppe (PbO_2, organ. Peroxyde) oder mit der OH-Gruppe (Diisocyanate, Dialdehyde, Polycarbonsäuren) härten. — Man mischt 19 (Teile) eines aus Biophenol erhaltenen fl. Äthoxylinkondensationsprod. mit 15 Thiokol LP-2 (s. A. P. 2 466 963; C. **1950.** I. 1421) u. 0,33 2.4.6-Tri-[dimethylaminoäthyl]-phenol als Härtungsmittel u. erhält nach 3 Std. bei Raumtemp. ein weiches Harz. (**F. P. 1 071 862** vom 17/11. 1952, ausg. 6/9. 1954. A. Prior. 17/11. 1951.) M. PANKOW. 7185

Phillips Petroleum Co., Bartlesville, Okla., V. St. A., *Koagulieren von Olefin–SO_2-Harzen.* 200 cm^3 eines z. B. aus 46,7 (Gewichtsteilen) 1-Buten, 88,3 SO_2, 1 Na-Laurylsulfat, 0,5 NH_4NO_3 u. 180 W. bei 35° hergestellten Latex wird mit 15 g eines gleichartigen Harzpulvers versetzt u. auf 41° erwärmt. Nach dem Filtrieren u. Waschen erhält man ein bei 150° formbares Pulver. (**E. P. 727 436** vom 24/12. 1952, ausg. 30/3. 1955. A. Prior. 3/1. 1952.) G. SALZMANN. 7185

General Electric Co., New York, übert. von: **Moyer M. Safford** und **Arthur M. Bueche**, Schenectady, N. Y., V. St. A., *Wärmegehärtete, elastische, reißfeste Organopolysiloxanmasse*, bestehend aus einem durch Alkalihydrolyse von Octamethylcyclotetrasiloxan bei 150° (6 Std.) gewonnenem Polydimethylsiloxan (bzw. Polymethylphenylsiloxan) mit 1,98—2,02 organ. Gruppen je Si-Atom, <10(%) kurzfaserigem oder körnigem Polytetrafluoräthylen, 10—300 Füllstoff (SiO_2-Aerogel, γ-Tonerde, TiO_2, Kohlenstoff u. dgl.) u. Benzoylperoxyd. Die M., die heiß verpreßt wird, ist gegen Mineralöl u. Toluol beständig. Verwendung als elektr. Isoliermaterial, Stoßdämpfer, zur Herst. von Dichtungen. (**A. P. 2 710 290** vom 3/4. 1953, ausg. 7/6. 1955.) G. SALZMANN. 7189

Soc. An. Manufactures de Caoutchouc Industriel P. Lacollonge, Rhône, Frankreich, *Schichtstoffe aus Kunstharz.* Sie enthalten zwischen 2 starren Kunstharzschichten eine weiche, mit einer Verstärkung versehene, z. B. eine mit einem Gewebe aus Natur- oder Kunstfäden, Glas, Metall verstärkte. (**F. P. 63 878** vom 7/10. 1952, ausg. 13/9. 1955. **Zusatz zu F. P. 1 063 423; C. 1955. 9682.**) M. PANKOW. 7205

C. E. Schildknecht, ed. Polymer processes. London: Interscience Publrs. 1956. (934 S. m. Abb.) 156s.

XIII. Ätherische Öle. Parfümerie. Kosmetik.

G. R. A. Short, *Ätherische Öle.* Fortschrittsberichte 1954. — 103 Literaturangaben. (Rep. Progr. appl. Chem. **39.** 747—58. 1954. Hackney, London, W. J. Bush & Co., Ltd.) G. TREWENDT. 7262

H. H. G. McKern, M. C. Spies und **J. L. Willis**, *Ätherisches Öl aus Eucalyptus maculata Hooker.* Zwei aus Blättern u. Zweigspitzen mit Wasserdampf dest. äther. Öle von *Eucalyptus maculata* aus Neusüdwales, Moorebank (I) u. Batemans Bay (II) waren fast gleich, zwei aus Queensland, Brisbane (III) u. Tiaro (IV) unter sich u. gegen I u. II verschieden. Die Eigg. von I—IV waren: Ausbeute 0,49, 0,78, 1,0, 1,1%; $D._{15}^{15}$ 0,9201, 0,9208, 0,8758, 0,8712; $[\alpha]_D$ +6,70, +2,25, +30,85, +33,62°; n_D^{20} 1,4857, 1,4835, 1,4727, 1,4702; in 10 Voll. 70%ig. A. sämtlich unlösl., in 80%ig. A. I u. II in 1 bzw. 8,4 Voll. klar lösl., III trübe in 10 Voll.; SZ. 1,1, 2,0, 1,5, 1,1; EZ. 6,1, 6,5, 6,2, 3,4; EZ. nach Acetylierung 46,8, 19,6, 18,9, 16,8. Nachgewiesen wurden in I u. II 26 bis 27% *Cineol, d-α-Pinen, Dipenten, d-Limonen, Cadinen, Cadinol,* ein *l-Sesquiterpen* (V), das bei der Dehydrierung *Cadalen* liefert, u. eine geringe Menge einer süß riechenden nicht identifizierten Substanz. Bei III u. IV war d-α-Pinen Hauptbestandteil, bei III im Gemisch mit *Isovaleraldehyd,* Dipenten, *Terpinolen, Terpineolester* (?), je einem *l*- u. d-V, dehydriert zu *Azulen* u. einer V-Alkoholfraktion, dehydriert zu Cadalen u. Azulen, bei IV mit *Guajol,* Dipenten, einem *l*-V u. einem süßriechenden nicht identifiziertem Körper. Die Ggw. von Guajol deutet auf Verwandtschaft zu E. citriodora, der sich morpholog. nicht von IV unterscheidet. (J. Proc. Roy. Soc. New South Wales **88.** 15—21. 1954. Sydney, Mus. of appl. Arts and Sci.) H. MÜHLMEISTER. 7262

P. H. van der Hoog, *Die Grundstoffe der modernen kosmetischen Industrie.* Überblick. Als Emulgatoren werden Triäthanol- u. Isopropanolamin empfohlen wegen der prakt. neutralen Emulsionen. (Parfümerie u. Kosmet. **36.** 379—81. Aug. 1955.) H. MÜHLMEISTER. 7284

T. Ruemele, *Emulsionen des Kosmetikers.* Bei der Bldg. von Emulsionen beschränkt sich die Ausbreitung hydrophober Substanzen mehr oder weniger auf solche polarer Natur, während die Neigung dazu bei nicht polaren Ölen gering ist wegen der größeren Kohäsion zwischen W. u. Öl gegenüber der Adhäsion im Öl. Wirklich polare Öle sind durch monomol. Filmausbreitung auf feuchten Oberflächen gek. während nichtpolare durch Zusatz polarer Gruppen, wie äther. Öle, zwar eine bessere Ausbreitungsneigung bekommen, aber mehrfachmol. Filme bilden. Die Hautdurchdringung der Emulsionen ist um so besser, je feiner u. stabiler sie sind. Über Arten u. Eigg. der Emulsionen vgl. C. **1955.** 5199. (Parfümerie u. Kosmet. **36.** 382—83. Aug. 1955.) H. MÜHLMEISTER. 7284

J. Sfiras, *Laboratoriumsnotiz über die Emulsionen des Vaselinöls.* An 17 Diagrammen u. 1 Tabelle wird die Bldg. der Emulsionen von 20—75% Vaselinöl mit W. u. Polyäthylenglykol-400-Monostearat als Emulgator verfolgt u. die dabei beobachtete Viscosität u. Thixotropie beschrieben. (Recherches **1955.** Nr. 5. 38—44. Juni. Argenteuil, Roure Bertrand Fils & Justin Dupont.) H. MÜHLMEISTER. 7284

T. Ruemele, *Zusätze zu Kaltwellenlösungen.* (Vgl. C. **1954.** 5870.) Krit. Besprechung des Zusatzes von Emulgatoren, Netzmitteln, Harnstoff, Al-Tartrat, Zn-Tetraminsulfat, Alkylhaliden, NaCl, $CaCl_2$, Na_2SO_4, $MgSO_4$, hygroskop. Verbb., katalyt. wirkenden Körpern wie Mn-Salzen u. Aminonaphtholen, Riechstoffen u. a. u. der mit ihnen erreichten nützlichen u. schädlichen Einwirkungen. (Perfum. essent. Oil Rec. **46.** 374—76. Nov. 1955.) H. MÜHLMEISTER. 7284

Laboratoires D'Expansion Scientifique Moderne, Seine, Frankreich, *Saure Grundstoffe für kosmetische und ähnliche Verwendung.* Man kondensiert unter Druck ein Triglycerid oder eine Fettsäure mit >6 C-Atomen mit einem Aldehyd oder Keton, sulfoniert gegebenenfalls das Kondensationsprod. u. neutralisiert das Sulfonat. — Man erhitzt eine Mischung aus 60 g Trioxymethylen, 4,5 cm^3 H_2SO_4 von 66° Bé, 150 g Glasperlen u. 100 g Stearinsäure auf 60°, dann langsam auf 90° u. läßt schließlich auf 150° ansteigen, wobei in geschlossenem Gefäß gearbeitet wird. Die Verbb. werden statt Fettsäureestern des Glykols oder der der Polyglykole verwendet, ihre Sulfonsäuren für schäumende Toilettenprodd. wie Haarwaschmittel, Rasiermittel. Teilweise erzeugen sie eine gewisse Lokalanästhesie. (**F. P. 1 082 224** vom 10/8. 1953, ausg. 28/12. 1954.) G. WELTZIEN. 7285

Micro Processing Equipment, Inc., Des Plaines, Ill., V. St. A. (Erfinder: **Donald Eddy Marshall**), *Tablettieren von Pulvern.* Man tablettiert in Ggw. von Gasen, indem man das Pulver in eine gasgefüllte Kammer bringt u. diese zu der gewünschten Form zusammenpreßt, wobei kein Gas entweichen darf. Man erhält z. B. bei äußerst feinen gleichmäßigen Pulvern mit Partikelgröße von 1—2 μ sich cremeartig anfühlende Produkte. Das Verf. eignet sich daher bes. zur Herst. von *Rasierseifenpulvern, Gesichtspudern, Zahnputzmitteln* usw. in gepreßter Form. — Zeichnung. (**E. P. 786 591** vom 31/3. 1952, ausg. 14/9. 1955.) C. LÜTTGEN. 7285

General Aniline & Film Corp., New York, N. Y., übert. von: **Emily M. Owen,** West Orange, N. J., und **Saul R. Buc,** Easton, Pa., V. St. A., *Stabilisiertes Creme-Shampoo.* Man setzt diesem zum Schutz gegen Mikroorganismen N-Methylolphthalimide zu, die am Benzolring durch Br, Cl, NH_2- u. NO_2-Gruppen substituiert sein können, z. B. N-Oxymethyl-3-methyl-; -4-methyl-, -4.5-dibrom-; -4-chlor-, -3.4-dichlor-, -3-nitro-, 4-nitro-5-amino-, -6-aminophthalimid. — Beispiel: 10 (Teile) Glycerylmonostearat, 20 Polyglykolmonostearat (400 Glykolmoll.), 10 Lanolin, 40 Na-Laurylsulfat, 5 Na_2SO_4, 106 W., 2 Riechstoff. Der M. werden zur Konservierung 0,3% N-Oxymethylphthalimide zugesetzt. (**A. P. 2 711 397** vom 28/12. 1949, ausg. 21/6. 1955.) E. PETERSEN. 7285

Sarmio, Soc. à r. l., Marokko, *Dauerwellenverfahren.* Man behandelt die Haare mit einer Mischung von Lsgg. auf der Basis von Bisulfiten der für Dauerwellen üblichen Art u. prim., sek. u. tert. Amiden der allg. Formel $RCONR_1R_2$ (R, R_1, R_2 = H oder ein organ. Rest), wie Acetamid, Dimethyl-, Diäthylacetamid, Diacetamid, Triacetamid u. a., bei p_H 5—11. (**F. P. 1 078 973** vom 27/10. 1952, ausg. 24/11. 1954.) G. WELTZIEN. 7285

Union Française Commerciale et Industrielle, Marokko, *Haarfarbe.* Sie enthält eine Verb. der Formel C_6H_2—*2.4.5-OH*—*1-X* (X = z. B. H, Alkyl, Alkoxyl, Halogen, Oxyalkyl, jedoch nicht SO_3H oder CO_2H), wie 2.4.5-Trioxytoluol, 1.2.4-Trioxybenzol, 2.4.5-Trioxybrombenzol oder 2.4.5-Trioxynitrobenzol ein Alkali u. ein Reduktionsmittel, u. kann als Pulver oder Creme hergestellt werden. — Für eine wasch- u. lichtfeste Mahagoniefarbe emulgiert man 20 (Gewichtsteile) Glykolstearat in 77 W. mittels Laurylalkoholsulfonat, gibt 2.4.5-Trioxytoluol u. 0,4 Thioglykolsäure u. bei der Verarbeitung 10 einer 10%ig. Sodalsg. zu, läßt ½ Std. bei 35—40° auf die Haare einwirken, wäscht u. trocknet. (**F. P. 1 083 574** vom 2/6. 1953, ausg. 11/1. 1955. Marokkan. Prior. 9/5. 1953.) G. WELTZIEN. 7285

XIV. Zucker. Kohlenhydrate. Stärke.

H. C. S. de Whalley, *Zucker.* Fortschrittsberichte über Rohr- u. Rübenzucker. — 62 Literaturangaben. (Rep. Progr. appl. Chem. **39.** 759—70. 1954. Keston, Kent, Tate & Lyle Res. Labors.) G. TREWENDT. 7400

Ehrhardt Hanf, *Die Vergilbungskrankheit der Zuckerrübe im süddeutschen Raum unter besonderer Berücksichtigung der Verhältnisse in Rheinhessen/Pfalz.* Als Spritzmittel für Großaktionen zur direkten Bekämpfung der Überträger der Vergilbungskrankheit, der Blattläuse Myzodes persicae u. Doralis fabae, hat sich *Metasystox* bewährt. Dasselbe ist von gleicher Wirksamkeit wie *Systox* u. bietet infolge seiner geringeren Giftigkeit nicht unwesentliche Erleichterungen bei Großaktionen. Allerdings muß es in höherer

Konz., nämlich 800 cm^3 auf 400 Liter W./ha, angewendet werden. (Höfchen-Briefe **8.** 226—31. 1955. Worms, Versuchsstelle, Arbeitsgemeinschaft Vergilbung.) M. WINIKER. 7406

Marcello Morini, *Die Entmineralisierung des Dünnsaftes in einer halbtechnischen Anlage.* Die verwendete Anlage besteht aus 3 Paaren von Austauschersäulen. Die Regeneration der Kationenaustauscher erfolgt mit 3 % ig. H_2SO_4, die der Anionenaustauscher mit 2,5 % ig. NH_4OH. Kochverss. mit dem gereinigten Dünnsaft bestätigen die Zunahme der Zuckerausbeute mit der erzielten Entfernung der Nichtzucker. (Ind. saccarif. ital. **47.** 353—59. Sept./Okt. 1954.) R. K. MÜLLER. 7412

Michel Ansart, *Rheologie der Stärkemilch und der Stärkekleister.* Vf. sucht nachzuweisen, inwieweit die Viscosität von *Stärke* (**I**)-Milch u. **I**-Kleister bei üblichen Konzz. nicht dem NEWTONschen Gesetz gehorcht. Die mit dem Viscosimeter FANN gewonnenen Diagramme von Suspensionen von **I** aus Kartoffel u. Maniok zeigen, daß bis zu Konzz. von 36% (20° Bé) das NEWTONsche Gesetz Gültigkeit hat. Im Falle verkleisterter **I** zeigen die Lsgg. schon von 2% ab einen pseudoviscosen Charakter. Die Höhe dieser Pseudoviscosität hängt nicht nur von den Herstellungsbedingungen ab, sondern auch von der Art des angewandten Viscosimeters. (Stärke **7.** 136—41. 1955. Corbeil/Frankreich, Etabl. Doittau.) M. ULMANN. 7448

Bronisław Nowakowski, *Anwendung elektromagnetischer Bestimmung der Wasserstoffionenkonzentration in der Zuckerindustrie.* Im Hinblick auf die Bedeutung der genauen u. schnellen p_H-Best. in Zuckersäften bei der Ausfällung der hydrophilen Koll. mit Kalk wird die Verwendung der Meßkette Sb–Hg_2Cl_2-Elektrode im Betrieb empfohlen, deren EMK auf eine hochohmige Spule wirkt, die wiederum mit einem Zeiger gekoppelt ist, der direkt den p_H-Wert anzeigt. (Gaz. Cukrownicza **57.** 187—89. 1955.) F. URBAN. 7474

XV. Gärungsindustrie.

Eric Kneen, *Die Abhängigkeit der Schwächung der Brauereiwürze von den Malzeigenschaften.* Die Schwächung der Brauereiwürze („brewery wort attenuation") ist der Prozentsatz der Minderung ihres Extraktgeh. durch die Gärung. Nach Versuchsreihen mit 110 g Malz wird über den Einfl. des Verdünnungsgrades u. der D. der Würze, der Gärungstemp., -zeit u. -behälter, der Hefetypen, des Hopfens, der Malzfeinheit u. der Einmaischungs- u. der Maischungstemp. auf die Schwächung der Würze (41 bis 65%) berichtet. Bei enzymschwachem Malz erhöhten nicht Amylasen, aber Proteasen wie Ficin, Papain u. Trypsin die Schwächung um 4—8%, Zusätze von autolysierter Hefe, NH_4Cl, Asparagin, Tyrosin, Glycin, Pepton u. Trypton um 1—6%. (Amer. Brewer **88.** Nr. 8. 55—60. Aug. 1955. Milwaukee, Wis., Kurth Malting Comp.) H. GUDE. 7540

I. A. Preece und **A. M. MacLeod,** *Brauen, Mälzen und verwandte Verfahren.* Fortschrittsberichte 1954. — 139 Literaturangaben. (Rep. Progr. appl. Chem. **39.** 780—98. 1954. Edinburgh, Heriot-Watt-Coll.) G. TREWENDT. 7544

Heinz von Fries, *Schimmelpilzgärungen.* (Vgl. C. **1956.** 566.) Übersicht über die Herst. von *Glucon-*, *Oxal-*, *Fumar-*, *Koji-* u. *Itaconsäure* sowie über die Stärkeverzuckerung durch Schimmelpilzgärung. (Chemiker-Ztg. **78.** 349—51. 5/6. 1954. Bayrischzell.) T. OPPERMANN. 7578

Irwin Stone, Romola Ettinger und **Carlyle Gantz,** *Bestimmung von Kupferspuren in Malzgetränken ohne Veraschung.* 0,5%ig. *Zn-Dibenzyldithiocarbamatlsg.* in CCl_4 wird als Reagens in H_2SO_4-saurer Lsg. zur photometr. Cu-Best. im Bereich von 0—2 p.p.m. in Bier u. Ale vorgeschlagen. 2—10 p.p.m. Fe, Sn, Ni u. Cr stören nicht. Die CCl_4-Extraktion des Cu-Komplexes wird durch die Eigenfarbe des *Biers* nicht wesentlich beeinflußt. Eine Analyse dauert 1 Std., wobei etwas höhere Werte als nach Veraschung mit der Na-Diäthyldithiocarbamatmeth. gefunden werden. Eichkurve im Original. (Analytic. Chem. **25.** 893—95. Juni 1953. Wallerstein Lab. Commun. **18.** 27—32. März 1955. New York, N. Y., Wallerstein Labor.) K. GENEST. 7600

VEB Farbenfabrik Wolfen, Wolfen, Krs. Bitterfeld (Erfinder: **Gustav Butschek,** Dessau-Heideburg, **Günther Hilgetag** und **Alfred Rieche,** Wolfen), *Verbesserung der Färbung, Güte und Filtrierbarkeit von Pilzen.* Man unterwirft die pilzhaltigen, verarbeiteten Maischen oder die von Züchtungs-Fl. befreiten Pilze, die auf Sulfitablaugen oder ihren Schlempen gezüchtet wurden, zweckmäßig nach Konz. einer sauren Nachbehandlung etwa mit zellstoffreier Sulfitablauge oder saurem Waschwasser bis zu $p_H < 4$. (**D. P.** [**DDR**] **6 322** Kl. 6a vom 3/10. 1943, ausg. 21/1. 1954 [Wirtschaftspatent].) G. WELTZIEN. 7507

National Distillers Products Corp., Virgina, übert. von: **Werner C. Muller**, Reading, und **Russell H. Gause**, Glendale, O., V. St. A., *Whiskyherstellung.* Wss., von der Vergärung u. Dest. von Getreidemaischen kommender A. wird über 5 Kolonnen rektifiziert u. konz., wodurch eine, mit flüchtigen Estern angereicherte A.-Fraktion mit einem A.-Geh. von 180—192 „proof" erhalten wird. (**A. P. 2707164** vom 29/12. 1950, ausg. 26/4. 1955.) J. KETTNER. 7537

Oswald Raudszus, Ruhmannsfelden, *Brauverfahren,* nach welchem Hopfendolden, gemahlener Hopfen oder Hopfenextrakte mit mechan. Schwingungen im Bereich des Hörschalls in erwärmter Würze oder W. zur Erhöhung der Löslichkeit u. Extraktion der Bitterstoffe des Hopfens behandelt werden, worauf die auf diese Weise gehopfte Würze oder das W. in bekannter Weise zu Bier weiterverarbeitet werden. (**E. P. 713 888** vom 24/4. 1952, ausg. 18/8. 1954. D. Prior. 27/4. 1951.) J. KETTNER. 7545

Aktiebolaget Separator, Stockholm, Schweden (Erfinder: **T. V. Hanno**), *Reinigung von Bierwürze durch kombiniertes Sedimentations- und Zentrifugierverfahren.* Die gekochte Würze wird zunächst in den unteren Teil eines Absetzbehälters geleitet. Die sich am Boden absetzenden Teile werden unmittelbar einer Zentrifuge zugeführt, während die sich oberhalb bildende klare Würze abgehebert u. mit der von der Zentrifuge ablaufenden Würze vereinigt wird. — Abbildung. (**Schwed. P. 143 234** vom 10/2. 1943, ausg. 15/12. 1953.) K. H. KÄHLER. 7545

Miles Laboratories, Inc., Elkhart, Ind., V. St. A., *Citronensäure* durch submerse Vergärung kohlehydrathaltiger Nährsubstrate mittels *Aspergillus niger* durch Zugabe von Cu in ionisierter Form zum Nährsubstrat (500 Teile pro Million). (**E. P. 742 972** vom 19/11. 1953, ausg. 4/1. 1956. A. Prior. 5/1. 1953.) J. KETTNER. 7579

XVI. Nahrungs-, Genuß- und Futtermittel.

A. Scheunert, *Volksernährung und Vitaminierung der Lebensmittel.* Allg. Ausführungen. (Vgl. auch C. **1956.** 881.) (Dtsch. Gesundheitswes. **9.** 1373—81. 18/11. 1954. Potsdam-Rehbrücke, Inst. für Ernährungsforschung.) F. KRUSEN. 7642

Robert R. Williams, *Anreicherung von Lebensmitteln.* Allg. Ausführungen. (Food Manufact. **29.** 472—75. 1/12. 1954.) F. KRUSEN. 7642

H. M. R. Hintzer und **H. de Miranda**, *Untersuchungen über die Qualität von diploidem und tetraploidem Roggen hinsichtlich der Brotbereitung.* Die Backfähigkeit von Roggen hängt, bes. im feuchten Klima der Niederlande, vom Ausmaß des Auswuchses ab, welches seinerseits die Höhe des *α-Amylase* (**I**)-Geh. bestimmt. Die Unterss. ergaben, daß tetraploider Roggen weniger Proteine als diploider enthält, daß seine **I**-Aktivität niedriger ist u. daß er in der Backfähigkeit dem diploiden Roggen überlegen ist. (Cereal Chem. **31.** 407—14. Sept. 1954. Wageningen, Niederlande.) R. WOLLER. 7670

L. S. Cuendet, Elof Larson, C. G. Norris und **W. F. Geddes**, *Der Einfluß des Wassergehaltes und anderer Faktoren auf die Haltbarkeit von Weizenmehl bei 37,8°.* Die Haltbarkeit von Weizenmehl, welches bei 37,8° gelagert wird, hängt vom Ausmahlungsgrad, Wassergeh. u. gegebenfalls von ClO_2-Behandlung ab. Für lange Lagerung bestimmte Mehle sollten nicht mit Oxydationsmitteln behandelt sein. Erniedrigung des Wassergeh. unter den n. vorhandenen Geh. führt zu einer merklichen Steigerung der Haltbarkeit. Die Veränderungen der Lipoide im Mehl fallen bei der Lagerung am meisten auf, aber für die Erniedrigung des backtechn. Wertes sind neben diesen auch andere Bestandteile verantwortlich zu machen, bes. bei Vollmehl. (Cereal Chem. **31.** 362—89. Sept. 1954. St. Paul, Minn., Univ. of Minnesota, Dep. of Agric. Biochem.) R. WOLLER. 7670

James W. Pence, N. F. Weinstein und **Dale K. Mecham**, *Unterschiede in der Komponentenverteilung in Albuminpräparationen aus Durum- und Common-Weizenmehl.* Papierelektropherogramm-Unterss. ergeben, daß das aus Durumweizenmehl gewonnene *Albumin* (**I**) sich charakterist. von dem aus Vulgare- (Common-) Weizenmehl isolierten unterscheidet. Ersteres enthält viel α-**I**, aber wenig β- u. γ-**I**, während bei letzterem β-**I** überwiegt (bes. die β-2- u. β-3-Komponenten. Erntejahr u. -ort scheinen keinen Einfl. zu haben. Innerhalb der Club- u. Commonweizen-Varietäten feststellbare Unterschiede in der Komponentenverteilung sind weniger ausgeprägt. (Cereal Chem. **31.** 396—406. Sept. 1954. Albany, Calif., U. S. Dep. of Agric., Agric. Res. Serv., Western Utiliz. Res. Branch.) R. WOLLER. 7670

—, *Über das Schicksal des synthetischen Vitamin B_1 in Mehl, Teig und Gebäck.* Erörterung der Verluste an *Vitamin B_1* (**I**) im einzelnen, die sich aus Mehlbehandlung, Mehllagerung, Teigbereitung, Backprozeß u. schließlich der Haltbarmachung des Schnittbrotes durch Hitzesterilisation erfahrungsgemäß ergeben. Vf. hält es zwar für geboten, diesen Verlust durch anderweitige Darreichung von **I** auszugleichen, hält aber eine

Vitaminisierung von Mehl u. Brot für durchaus ungeeignet, da hierdurch eine unnötige Verteuerung von Mehl u. Brot eintritt u. auch die zugesetzte Vitaminmenge zu einem großen Teil wieder in Verlust gerät. Er empfiehlt daher Zusatz von synthet. I zur Milch nach dem molkereimäßigen Sterilisieren oder Pasteurisieren, zumal Vitaminverluste dann nicht zu erwarten sind. (Müllerei **6.** Nr. 30, wiss. Müllerei **1953.** 49—52. 25/7.) R. BEYTHIEN. 7674

Barbara M. Kennedy, Loraine R. Fletcher und **Adelia R. Sabiston,** *Untersuchungen über die Beimischung von fettfreier Milchtrockenmasse zu Weizenvollbrot.* 1. Mitt. *Teigeigenschaften und Backversuche.* Angaben über Wasserabsorption in Teigen aus verschied. Weizenmehlen ohne u. mit Zusatz von fettfreier Milchtrockenmasse (I). Hinsichtlich des Brotvolumens verhalten sich die Mehle (21 Sorten) unterschiedlich, doch wird allg. der beste Effekt bei einem Geh. zwischen 6 u. 22% I erreicht. I u. Hefe bewirken eine größere Veränderung des Brotvol. als $KBrO_3$ (II). Die nachteiligen Auswirkungen von II-Überdosierungen werden durch I gemildert. — Angaben über Backdauer u. -temperatur. (Cereal Chem. **31.** 347—61. Sept. 1954. Berkeley, Calif., Univ. of California, Dep. of Home Economics.) R. WOLLER. 7674

Hermann Ohler, *Über Backmarmeladen.* Gegen einen Zusatz von 5—12% Stärkesirup zu Füllmarmeladen des Backgewerbes ist nichts einzuwenden, bes. da er auch zähigkeitssteigernd wirkt. Der Sirup wird zweckmäßig nach Beendigung des Marmeladenkochprozesses der M. hinzugefügt. (Stärke **7.** 5—6. 1955. Coburg, Konserventechn. Praktikum.) M. ULMANN. 7674

Shōjirō Ōmata und **Teruo Ueno,** *Über die Farbe von Shoyu* (*Sojasauce*). 1. Mitt. *Farbe von Shōyu und dessen spezifisches Verhalten zu Aktivkohle.* Bei Unters. der Farbe von *Sojasauce* (I) mit dem registrierenden Spektralphotometer nach HARDY von 400—740 mμ ergibt sich ein dominanter Wellenbereich von 590—620 mμ, mit einer Erregungsreinheit von 86—88% u. einer Lichtdurchlässigkeit von 0,14—0,17. Im sichtbaren Spektr. hat I eine viel stärkere Absorption im kürzeren Wellenbereich als im langen ohne ausgesprochenes Maximum. Selbst bei Änderungen im Herstellungsverf. bleibt die Form der Durchlässigkeitskurve unverändert. Die Farbtiefe, bezogen auf 1% Gesamt-N, nimmt ab in der I-Reihe Aminosan (durch Tieftemperaturzers.), Shinshiki, Kiage u. Aminosan (durch Zers. bei höherer Temp.). Im Gegensatz zu Aminosan-I zeigt Kiage-I nach Behandlung mit Aktivkohle im längeren Wellenbereich einen kennzeichnenden Absorptionseffekt. — 8 Kurvenbilder. (J. agric. chem. Soc. Japan [Nippon Nôgeikagaku Kaishi] **27.** 570—75. Sept. 1953. Naniwa Univ. [Orig.: japan. Auszug: engl.)] L. SCHULER. 7684

Shōjirō Ōmata und **Teruo Ueno,** *Die Farbe von Shoyu* (*Sojasauce*). 2. Mitt. *Ursachen für die Farbänderung während des Lagerns.* (1. vgl. vorst. Ref.) Die Farbänderung während der Lagerung rührt nicht von einer enzymat. Rk. her, sondern vor allem von der Einw. der Luft; Temp. u. Licht haben geringen Einfluß. Bei Vertiefung der Farbe durch Belüftung zeigt die Form der Durchlässigkeitskurve keine bemerkenswerte Änderung. — 9 Kurvenbilder mit Tabellen. (J. agric. chem. Soc. Japan [Nippon Nôgeikagaku Kaishi] **27.** 575—80. Sept. 1953. [Orig.: japan., Auszug.: engl.]) L. SCHULER. 7684

J. F. Kefford, *Gefrorene konzentrierte Obstsäfte.* Vf. beschreibt Herstellungsverff. für gefrorene konzentrierte Fruchtsäfte in Großanlagen. Verschied. Evaporierungsmethoden u. ein Verf. zur Konzentrierung des Saftes durch Gefrieren werden erwähnt u. Maßnahmen zur Wiedergewinnung der flüchtigen Aromastoffe, Konservierung u. Standardqualitäten beschrieben. Die Fabrikationsübersicht umfaßt gefrorene Orangen-, Citronen-, Ananas-, Äpfel-, Trauben- u. Tomatenkonzentrate. — 164 Literaturangaben. (Food Manufact. **29.** 439—43. 1/11. 483—88. 1/12. 1954. Hombebush, N. S. W., C. S. I. R. O., Div. of Food Preserv.) F. KRUSEN. 7706

H. L. Allard, *Milcharten.* (Vgl. C. **1952.** 5183 u. 5664.) Es wird berichtet über die Auflösbarkeit von konz. gezuckerter Milch u. von Milchpulver, über die Herst. von konz. gezuckerter Milch u. ihre Zus., sowie über die grundsätzlichen Vorteile. (France-Pharmacie **4.** 371—73. Nov. 1951.) E. BOYE. 7756

R. B. Dawidow und **W. K. Anissimowa,** *Der Jodgehalt der Milch.* (Vgl. C. **1954.** 7764.) Der J-Geh. (in γ/kg) ist in der Erstmilch (Colostrum) wesentlich höher (86—320; im Mittel von 5 Kühen 158) u. in der Periode vor dem Versiegen der Milch wesentlich geringer (33) als in der Milch während der n. Lactationsperiode (67). Die Erstmilch enthält am meisten J während der ersten 2 Tage nach dem Kalben (im Mittel von 7 Kühen 186 bzw. 237), am wenigsten am 9. u. 10. Tage (im Mittel 81). Der J-Geh. der n. Milch ist am höchsten während der ersten 3 Monate (79, 106 bzw. 100), am niedrigsten im 8. u. 9. Monat (57 bzw. 62). Im 1. Monat der Tragzeit beträgt die J-Menge 39, im 6. Monat 48, im Mittel aus 7 Monaten 62. Während des Stallaufenthalts enthält die Milch 1½ mal mehr J als während der Weidezeit (86 bzw. 57), während der heißen

Monate August—September 2—2½mal weniger als in den kalten Monaten Dezember bis Januar (52 bzw. 107). Durch die technol. Bearbeitung der Milch, speziell durch die Pasteurisation, sinkt der J-Geh. der Milch um 22% ab (von 62 auf 49 γ/kg). (Известия Тимирязевской Сельскохозяйственной Академии [Nachr. Landwirtsch. Timirjasew-Akad.] **1954.** Nr. 2. 47—54.) E. RENTZ. 7756

J. Boogaerdt, *Instabilität von Milch infolge eines hohen Gehalts an Calciumionen.* Von verschied. Autoren wurde eine Anomalie bei Milch beobachtet, die mit wechselnder Häufigkeit auftrat u. sich durch Ausflocken beim Kochen oder sogar schon beim Transport oder kurzem Aufbewahren bemerkbar machte. Es wurde angenommen, daß dies durch abnorm hohen Geh. an Ca-Ionen verursacht wurde. Der Nachweis war jedoch nur indirekt möglich. Mit einer neuen Meth. unter Verwendung von Murexid als Ca-Indicator wurde der Geh. an Ca-Ionen im Ultrafiltrat von 4 Arten anomaler Milch untersucht. Es wurde in allen Fällen ein deutlich bis stark erhöhter Geh. gefunden (14,8—27 mμ% gegenüber 8,0—14,4 bei n. Milch). (Nature [London] **174.** 884. 6/11. 1954. Utrecht, Univ., Labor. of Vet. Biochem.) J. SCHWAIBOLD. 7756

H. Lagoni und **K. H. Peters,** *Einige Versuche zum Problem der Kanten- und der Schimmelbildung bei gelagerter Butter.* Wird die „Kanten"-Bldg. bei gepackten Butterstücken, die auf Wasserverarmung beruht, durch eine wasserdampfundurchlässige Verpackungsfolie (**a**) zu verhindern gesucht, erhöht sich damit die Gefahr eines Pilzwachstums. Vff. untersuchten mehrere, nicht näher bezeichnete **a** verschied. Durchlässigkeiten bei verschied. Tempp. u. fanden eine **a** mittlerer Durchlässigkeit am geeignetsten. (Molkerei- u. Käserei-Ztg. **7.** 196—97. 16/2. 1956. Kiel, Bundesforschungsanstalt für Milchwirtschaft, Physikal. Inst.) F. GÜNTHER. 7758

R. Bennett, J. J. Devlin, *Bewertung von Kuchenmehlen.* Vff. geben Empfehlungen zur Laboratoriumsunters. von Kuchenmehlen u. teilen Rezepte für solche backfertigen Mehle mit. (Food Manufact. **29.** 479—82. 1/12. 1954.) F. KRUSEN. 7798

H. Miller, J. Edgar und **A. G. O. Whiteside,** *Ein verbesserter Mikro-Teigausdehnungstest zur Ermittlung der Weizenqualität.* Vff. beschreiben einen Teigausdehnungstest, der der Ermittlung der Weizenqualität dient. Sie gehen von einem aus 5 g Mehl bereiteten Teig aus, den sie nach 45 Min. Gärzeit in den Ausdehnungsapp. bringen. Die Übereinstimmung zwischen Brotvol. u. Ausdehnungstest ist sehr gut. (Cereal Chem. **31.** 433—38. Sept. 1954. Ottawa, Can., Canada Dep. of Agric., Exp. Farm Service, Cereal Corps Div.) R. WOLLER. 7800

Carlos Lopez Bustos, *Beitrag zur chemischen Untersuchung von Kichererbsenmehl.* 1. Mitt. Durch Extraktion mit 96%ig. A. im Soxhlet erhält man 8% „*Extrakt 96*" (**I**) mit 3,1 (%) N, 0,32 P, 4—5 Asche, Mol.-Gew. ca. 239. Wird der Rückstand in der Kälte mit 70%ig. A. behandelt, so erhält man einen „*Extrakt 70—96*" (**II**) mit 5,3 (%) N, 0,87 P, 6—7 Asche mit hauptsächlich K. **I** ist hygroskop., riecht honigartig, Geschmack süß. Reduziert FEHLING-Lsg. nach Hydrolyse, die Dämpfe geben dann mit Anilinacetatpapier Rotfärbung. **II** enthält 31% Galaktose. (Farmac. nueva **16.** 467—70. Okt. 1951.) J. ALTPETER. 7804

Carlos Lopez Bustos, *Beitrag zur chemischen Untersuchung von Kichererbsenmehl.* 2. Mitt. (1. vgl. vorst. Ref.) Durch sd. HCl wird der „Extrakt 96" hydrolysiert; die gegen Kongo neutralisierte Lsg. gibt mit Phenylhydrazin ein Osazon, F. 187—188°. Die mit 96%ig. A. erhaltenen Extrakte enthalten N, vermutlich in Phosphatiden, Chlorophyll, Proteinen, Alkaloiden, Asparagin, anderen Aminosäuren als Glucoside, Divicin u. Convicin, Glucosamin. — In der Asche wurden z. B. gefunden MgO 0,88 (%), CaO 0,78, Fe_2O_3 0,06, auf den Extrakt berechnet. — *Uronsäuren* wurden mit *2.4-Dinitrophenylhydrazin* nach Dest. des bei HCl-Hydrolyse abgespaltenen Furfurols bestimmt. (Farmac. nueva **16.** 521—26. Nov. 1951.) J. ALTPETER. 7804

Carlos Lopez Bustos, *Beitrag zur chemischen Untersuchung von Kichererbsenmehl.* 3. Mitt. (2. vgl. vorst. Ref.) In dem Extrakt mit 96%ig. A. lassen sich durch Einw. von verd. H_2SO_4, Ausfällen des Überschusses mit $BaCO_3$ u. Ausfällen der lösl. Ba-Salze mit A. Ba-Salze der *Uronsäuren* abtrennen. — Die alkoh. Extrakte enthalten keinen Sulfid-S, doch enthalten die Aschen Sulfate in geringen Mengen. — Die *Monophosphorsäureester* der Oligosaccharide bilden lösl. Ba-Salze. Die Ba-Salze liefern mit 25%ig. HNO_3 *Muconsäure*, was die Anwesenheit von *Galakturonsäure* beweist. — Neben *Saccharose* ist in etwa gleicher Menge (2,7—2,9%) *Stachyose* vorhanden. — Durch Extraktion mit Ae. oder Bzl. im Soxhlet erhält man aus dem zuvor bei 70° getrockneten Mehl ca. 1,22% Extrakt, der ca. 12,34% Fette enthält. 52% des Unverseifbaren bestehen offenbar aus einem Sterin, F. 129—130°. (Farmac. nueva **16.** 577—80. Dez. 1951.) J. ALTPETER. 7804

Stanley A. Watson und **Yoshiro Hirata,** *Eine Methode zur Bestimmung der Naßmahlbarkeit von eingetauchtem Mais und Körnersorghum.* Die Mahlbarkeit von eingetauchtem Mais u. Körnersorghum ist erkennbar durch die Leichtigkeit der Loslsg. der Stärke (I) aus dem Endosperm von dünnen Longitudinalschnitten (40 μ, Gefriermikrotom). Die Schnitte werden in W. geschwenkt, um die während des Eintauchens losgelöste I zu beseitigen, u. dann mit J_2 gefärbt. Die Körner werden schließlich auf ihren Geh. an Horn- u. Mehlendosperm, ferner die Schnitte auf ihren Anteil an losgelöster I geschätzt. Aus den erhaltenen Zahlen läßt sich die Mahlbarkeit errechnen. (Cereal Chem. **31.** 423—32. Sept. 1954. Argo, Ill., George M. Moffett Res. Labors., Corn Prod. Refining Co.) R. WOLLER. 7806

Kjell Baalsrud, *Proteolytischer Abbau von Hering.* Um die Frage der geringen Haltbarkeit von frischem Hering (bes. des Aufplatzens von solchem aus dem Sommerfang) zu klären, wird die proteolyt. Wirksamkeit der Eingeweide u. des Mageninhalts von Heringen sofort u. einige Zeit eingeteilt nach dem Fang sowie der ihnen als Nahrung dienenden Krebstiere u. Flügelschnecken gegenüber einem Caseinsubstrat bestimmt (Meth. von GROB, J. gen. Physiol. **29.** [1946.] 219). Als Einheit wird die Menge Enzym gewählt, die 1 mg Casein je ml Gemisch von Casein + Versuchspräp. in 60 Min. bei p_H 8,1 u. 37° abbaut; das unumgesetzte Casein wird mit überschüssiger Säure gefällt u. nephelometr. gemessen. — Besondere Verss. zeigen die starke Zunahme der Aktivität mit der Temp. u. ihren Durchgang durch ein Maximum bei p_H 8. — Die Autolyse im Muskel ist von untergeordneter Bedeutung. Nach 5tägiger Lagerung mit u. ohne Eingeweide ist die Proteolyse im 1. Fall 38% größer als im letzteren. Sehr stark wirksam sind die proteolyt. Enzyme im Darmkanal, bes. beim Sommerhering, während beim Winterhering mit der Schrumpfung des weitgehend außer Funktion gesetzten Verdauungssyst. auch die proteolyt. Aktivität zurückgeht. Die Haltbarkeit des Winterherings ist wahrscheinlich durch Bakterienwrkg. bestimmt u. wird durch bakterienhemmende Stoffe verbessert. — Die proteolyt. Aktivität der Fischnahrung, bes. Flügelschnecken, ist an sich gering u. deren ungünstige Wrkg. auf die Haltbarkeit wahrscheinlich indirekt, da die Schwerverdaulichkeit der Schalen stärkere Abscheidung der Verdauungsenzyme verursacht. (Tidsskr. Kjemi, Bergves. Metallurgi **11.** 71—73. Mai 1951. Bergen.) G. VON DECHEND. 7852

L. Radema und **H. Mulder,** *Methoden zur Bestimmung des Fettgehaltes der Milch.* 3. Mitt. *Die Korrektur der nach der Gerber-Methode gefundenen Kurven.* (1. u. 2. vgl. Nederl. Melk- en Zuiveltijdschr. **2** [1948.] 204, 210.) Es wird für die Niederlande, wo der Fettgeh. der Milch auf ca. 3,75% geschätzt wird, die Benutzung einer Milchpipette von 10,77 cm³ an Stelle einer solchen von 11 cm³ vorgeschlagen. Bei einem Fettgeh. zwischen 2,64 u. 4,88% übersteigt die Differenz zwischen den Werten nach GERBER u. denjenigen nach RÖSE-GOTTLIEB nicht 0,02%. Für Milch mit anderem Fettgeh. oder bei dem Wunsch nach größter Genauigkeit können rechner. Korrekturen der Ablesungen vorgenommen werden. (Nederl. Melk- en Zuiveltijdschr. **5.** 104. 1951. Sep.) H. DUTTENHÖFER. 7856

F. Ss. Loginow, *Schnellmethode zum Nachweis von Brucelloseagglutininen in der Kuhmilch.* Die Ring-Rk. auf Brucellose bei Vollmilch ist 2,5mal empfindlicher als die Agglutination im Reagensglas oder auf der Platte. Ihre langsame Entw. kann durch Zentrifugieren (1½—2 Min.) mit einfacher Handzentrifuge beschleunigt werden, so daß das Ergebnis bereits nach 3—5 Min. abgelesen werden kann. Von 617 untersuchten Proben ergaben 42,3% positive Resultate gegenüber 17,4% nach dem Plattenverf. u. 17,6% nach dem Reagensglasverfahren. (Журнал Микробиологии, Эпидемиологии и Иммунобиологии [J. Mikrobiol., Epidemiol. Immunobiol.] **1955.** Nr. 10. 55—56. Okt. Sibir. zonales Veterinärinst.) F. DU MANS. 7856

Siemens-Schuckertwerke Akt.-Ges., Berlin und Erlangen (Erfinder: **Eugen Sauter,** Nürnberg), *UV-Bestrahlung von Lebensmitteln* mittels Einrichtungen, durch welche die während des Bestrahlungsvorganges abnehmende Strahlungsstärke durch Erhöhen der zugeführten elektr. Leistung ausgeglichen wird. (**D. B. P. 940 157** Kl. 53c vom 31/7. 1952, ausg. 8/3. 1956. Anmeldung bekanntgemacht 15/9. 1955.) H. MAASS. 7635

Siemens-Schuckertwerke Akt.-Ges., Berlin und Erlangen (Erfinder: **Wilhelm Mosch,** Nürnberg, und **Paul Wenk,** Erlangen), *Bearbeitung von Gut,* bes. von *Lebensmitteln,* unter dem Einfl. von Schwingungen, gek. durch die Anwendung von Schwingungen, die mit Wechselstrom einer Frequenz von ca. 10 kHz erzeugt werden. — Schwingungserzeuger. (**D. B. P. 940 156** Kl. 53c vom 24/7. 1952, ausg. 8/3. 1956. Anmeldung bekanntgemacht 15/9. 1955.) H. MAASS. 7643

Lucas Kiers, Webster Groves, Mo., V. St. A., *Mürbungsmittel für Backzwecke.* Ein aus Hirnsubstanz, Rückenmark oder Pankreas durch Extraktion mit A. gewonnenes

Lipoid (I) in Pulverform wird in W. dispergiert u. einer geschmolzenen Mischung von Glycerinmono- u. -distearat, Stearinsäure, Glycerin, Lecithin u. Glycerinester eines hydrierten pflanzlichen Öles beigefügt. **I** kann auch direkt dem Backmehl oder einer backfertigen Mischung zugesetzt werden. Erhöhte Frischhaltung des Gebäcks. (**A. P. 2 733 149** vom 10/7. 1950, ausg. 31/1. 1956.) W. KRANZ. 7675

Brabender o. H. (Erfinder: **Carl Wilhelm Brabender, Wilhelm Kuhlmann** und **Bernd Pagenstedt**), Duisburg, *Herstellung eines Backhilfsmittels.* Ein Mehl–Wasser-Gemisch wird in Ggw. von Luft oder O_2 mittels einer hochtourigen Maschine so stark u. so lange geschlagen, bis ein Zerfall der durch Wasseraufnahme gequollenen Eiweißmicelkolloide in kleine bzw. kleinste Teile eingetreten ist. Vor der mechan. Bearbeitung können dem Teig Enzyme, Ascorbinsäure, Diastasepräpp. u. Milcherzeugnisse zugesetzt werden. Das Prod. wird bei $<50^0$ getrocknet. (**D. B. P. 943 041** Kl. 2c vom 8/12. 1953, ausg. 9/5. 1956. Anmeldung bekanntgemacht 24/11. 1955.) W. KRANZ. 7675

Vitamins Ltd., London (Erfinder: **Joseph Green** und **Franklin Clermont Scott**), England, *Haltbare Vitaminpräparate* durch Aufsaugenlassen von öligen Vitaminkonzentraten, z. B. aus Fischleber, durch feingemahlene Leguminosensamen, wie Linsen, Erbsen, Pferdebohnen oder weiße Bohnen. Freifließendes Pulver von hoher Vitaminstabilität. (**E. P. 739 157** vom 14/7. 1952, ausg. 26/10. 1955.) K. HEINZE. 7685

Wallace & Tiernan Co., Inc., übert. von: **Henry C. Marks, Glen Ridge** und **Frede B. Strandskov,** Clifton, N. J., V. St. A., *Verhinderung des Verderbs von Früchten.* Man bringt auf die Oberfläche der Früchte eine geeignete Menge J_2 u. behandelt mit einem nichtkorrodierenden oxydierenden Gas, zwecks Rk. mit dem verteilten Jod. Auf diese wird das J_2 in eine wirksame Form gebracht. (**A. P. 2 715 582** vom 15/2. 1950, ausg. 16/8. 1955.) H. MAASS. 7689

James J. Gustaf, East Orange, **Patrick F. McDevitt** und **Arthur J. Blake,** Jersey City, **Edwin W. Phillips,** Milburn, **Charles W. Hutchinson,** Bayonne, **Raymond J. Lamb,** Ridgewood, **Frank Fessler** und **Richard Low,** Newark, N. J., V. St. A., *Gewinnen flüchtiger Aromastoffe.* Man leitet durch das aromahaltige Gut bei $<212^0$ F ein inertes, nichtkondensierbares Gas (I) u. kondensiert den aus **I**, Wasserdampf u. Geruchsstoffen bestehenden Gasstrom in mehreren Stufen bei jeweils tieferen Tempp. unter Rückführen von **I** in das Verfahren. — Zeichnung. (**A. P. 2 714 573** vom 14/8. 1950, ausg. 2/8. 1955.) C. LÜTTGEN. 7715

Andreas Waltherus Wilhelmus Kemps, Oss, Holland, *Haltbarmachen von Fleisch oder Fleischwaren,* wie Rauchfleisch, Pökelfleisch oder Wurst, welche man zur Konservierung mit Salz oder einer Salzlsg. behandelt, dad. gek., daß man an Stelle von Kochsalz NH_4Cl benutzt. (**Holl. P. 74 530** vom 4/2. 1952, ausg. 15/4. 1954.) H. MAASS. 7751

N. V. Goudsche Machinefabriek, Gouda, Holland, *Herstellung von Fischmehl.* Feinzerkleinertes Fischmaterial wird, gegebenenfalls nach Zusatz eines Emulgiermittels, z. B. Lecithin oder ein Glycerinteilester, in Form einer dickfl. Emulsion gebracht u. dann in dünner Schicht auf Heißwalzen getrocknet. Bei Verwendung von Fettfisch wird das Fett vor der Trocknung extrahiert. (**D. B. P. 940 620** Kl. 53g vom 7/4. 1954, ausg. 22/3. 1956. Anmeldung bekanntgemacht 22/9. 1955. Holl. Prior. 7/4. 1953.) W. KRANZ. 7753

Luxema, Soc. An., Luxemburg, *Sterile Butter.* Therm. empfindliche Stoffe, wie Lactose oder Albumin, werden aus der Butter entfernt, indem man die Sahne mit dem 2—5fachen Vol. W. maceriert, das W. entfernt u. danach gegebenenfalls mit zweckmäßig Diacetyl erzeugenden Kulturen, wie Streptococcus lactis oder Mikrococcus cremoris, bei 18—35^0 besamt oder auch Diacetyl direkt zusetzt, konz. u. bei 100^0 unter Luftabschluß sterilisiert. (**F. P. 1 083 608** vom 15/6. 1953, ausg. 11/1. 1955. Belg. Priorr. 17/6. 1952 u. 27/4. 1953.) G. WELTZIEN. 7759

Julius Hans Friedel, Dresden, *Herstellung von Käsereihilfsstoff.* Man extrahiert Labferment mit einer Lsg. von Kalksalpeter (I). — 15 kg **I** werden in 85 Liter W. gelöst, auf p_H 5—6 gestellt u. mit der Lsg. 200 geschnitzelte Kälbermagen extrahiert. (**D. P. [DDR] 5 756** Kl. 53e vom 25/2. 1949, ausg. 19/12. 1953 [Ausschließungspatent].) G. WELTZIEN. 7761

Julius Hans Friedel, Dresden, *Herstellung von Labextrakt.* Man verwendet Citronensäure (I) oder deren Salze. — Vor dem Extrahieren wird die Extraktions-Fl. mit ca. ½% **I** auf p_H 5—6 gestellt. Nach Extraktion u. Erschöpfung der Magen an Labstoff wird die mit Lab u. Magenschleim angereicherte Extraktions-Fl. mit weiterer **I** auf p_H 4 gestellt, so daß die Schleimstoffe sich absetzen. Die klare Fl. wird abgehebert u. mit Soda auf p_H 5 gestellt. Sie enthält außer Labextrakt **I** u. **I**-Salze, die das Wachstum der Milchsäurebakterien begünstigen. (**D. P. [DDR] 5 793** Kl. 53e vom 25/2. 1949, ausg. 13/11. 1953 [Ausschließungspatent].) G. WELTZIEN. 7761

Johann Georg Friedel und **Julius Hans Friedel,** Dresden, *Herstellung von Naturkäse mit eßbarer Rinde.* Man behandelt den Käse während der Salzung, Reifung u. Lagerung mit paracaseinquellenden u. kalkentziehenden Mitteln, bes. Citronen- oder Weinsäure u. deren Salzen, allein oder in Verbindung mit Seifen. — 20 (kg) Rinderpreßtalg, 22 Cochin Cocosöl u. 8,5 Ricinusöl werden geschmolzen, 5 Glycerin u. 8 W. unter Rühren zugegeben, auf 38° eingestellt u. mit 22 NaOH (38° Bé) verseift, gegebenenfalls unter weiterem Zusatz von NaOH bis zur Transparenz. Der Ansatz wird getrocknet, fein vermahlen, mit 3 Na_2HPO_4 u. 1 Na-Caseinat versetzt u. dient zum Einreiben von Käse. (**D. P. [DDR] 6 331** Kl. 53e vom 22/9. 1950, ausg. 22/1. 1954 [Ausschließungspatent].) G. WELTZIEN. 7761

Trojan Powder Co., New York, N. Y. übert. von: **Alvin J. Striegel,** Shimerville, und **Franklin B. Wells,** Allentown, Pa., V. St. A., *Silierungsmittel für Grünfutter,* bestehend aus einer Mischung von Ca-Formiat u. einer Aminosäure, z. B. Lysin, die auf einen pflanzlichen Trägerstoff, z. B. getrocknetes Hydrolysat von Sojabohnenprotein, gebunden ist. Der Mischung kann noch ein Nitrit, z. B. $NaNO_2$, zugesetzt werden. (**A. P. 2 731 348** vom 21/8. 1953, ausg. 17/1. 1956.) W. KRANZ. 7783

Walter Hermann Steckel, Berlin, *Kontinuierliche Herstellung von Trockenflocken für Futterzwecke.* Die bei der Entzuckerung von Zuckerrüben nach D. B. P. 813 139 auf dem Filtermedium zurückbleibende Marksubstanz wird kontinuierlich so stark gepreßt, daß ein Preßkuchen entsteht, der durch Preßluft u. Abnehmer abgehoben u. sodann zerkleinert wird, um als faserfreie flockenartige Preßlinge in die Darre transportiert u. im Trommeltrockner getrocknet zu werden. (**D. B. P. 942 552** Kl. 53 g vom 24/12. 1953, ausg. 3/5. 1956. Anmeldung bekanntgemacht 10/11. 1955. **Zusatz zu D. B. P. 813 139; C. 1952. 304.**) W. KRANZ. 7787

XVII. Fette. Seifen. Wasch- u. Reinigungsmittel. Wachse. Bohnermassen usw.

N. L. Narayana Murthy und **B. H. Iyer,** *Das Öl aus den Samen von Poinciana regia.* Vff. extrahieren aus den Samen von Poinciana regia mit CCl_4 ein bräunlich-gelbes Öl, dessen Fettsäuren bestimmt werden. Es handelt sich um: 0,42% Palmitin-, 16,63% Stearin-, 31,42% Olein-, u. 51,53% Linolensäure. Die strukturelle Zus. wird nach der Aceton/Permanganat-Spaltungsmeth. bestimmt zu: dreifach gesätt., zweifach gesätt.-einfach ungesätt., einfach gesätt.-zweifach ungesätt. u. dreifach ungesätt. Glyceridkomponenten. (J. Indian Inst. Sci. **36.** Sect. A 155—59. Juli 1954. Bangalore, Indian Inst. of Sci., Dep. of Org. Chem.) R. LENSCHAU. 7894

P. N. Tschukow, *Über die Widersprüche im Aufsatz: „Einige Wege zur Steigerung der Glycerinausbeute beim Kontaktverfahren der Fettspaltung" von D. A. Roshdesstwenski.* Es werden an Hand von zahlenmäßig belegten Angaben die in dem genannten Aufsatz von ROSHDESSTWENSKI (vgl. C. **1956.** 4304) gemachten Schlußfolgerungen krit. untersucht. Die Schlußfolgerungen sind ohne genügende Analysen der prakt. Daten gemacht u. sind an sich widersprechend. Dies ist darauf zurückzuführen, daß sich der Vf. hierbei der Unterlagen aus alten Fabriken oder ausländ. Praxis bediente, mit denen die sowjet. Industrie nicht zu vergleichen ist. (Маслобойно-Жировая Промышленность [Öl- u. Fett-Ind.] **20.** Nr. 3. 32—35. 1955.) R. RICHTER. 7908

Friedrich Asinger, Franz Ebeneder und **Gerd Richter,** *Zur Kenntnis der Produkte der gemeinsamen Einwirkung von Schwefeldioxyd und Chlor auf aliphatische Kohlenwasserstoffe im ultravioletten Licht.* 6. Mitt. *Über den Einfluß von Disulfonaten auf die oberflächenaktiven und waschtechnischen Eigenschaften von Monosulfonaten.* (5. vgl. J. prakt. Chem. [4] **2.** [1955.] 37—52.) Vff. untersuchten den störenden Einfl. schlecht wirkender Disulfonate auf die capillarakt. u. waschtechn. Eigg. von Gemischen dieser Stoffe mit Monosulfonaten gleicher Kettenlänge. Die starke Oberflächenaktivität von Octadecanmonosulfonat bleibt bis zu einem Geh. von 80% Octadecandisulfonat prakt. konstant. Hingegen wirkt sich bei den Sulfonaten mit kürzerer Alkylgruppe, z. B. bei den Mersolaten (C-Zahl ca. 14,5) ein Disulfonatgeh. von mehr als 15% bereits deutlich nachteilig aus. Die Herst. von Octadecanmonosulfonat u. die Isolierung des Octandisulfochlorids u. -trisulfochlorids aus der Rk. von Octadecan mit SO_2 u. Cl werden beschrieben, ebenso die Herst. von reinstem Octadecandisulfonat-(1.12) aus Ricinolmethylester. (J. prakt. Chem. [4] **2.** 203—27. 1955. Leuna, Hauptlabor. Leuna Werke.) G. KÜHNHANSS. 7912

Friedrich Asinger und **Gerd Richter,** *Zur Kenntnis der Produkte der gemeinsamen Einwirkung von Schwefeldioxyd und Chlor auf aliphatische Kohlenwasserstoffe im ultravioletten Licht.* 7. Mitt. *Über die Abhängigkeit der oberflächenaktiven und waschtechnischen Eigenschaften von über die Sulfochlorierung erhältlichen Paraffinsulfonaten von der Länge des hydrophoben Restes.* (6. vgl. vorst. Ref.) Die capillarakt. u. waschtechn. Eigg. von

Paraffinsulfonaten sind stark von der Länge des mit der hydrophilen Gruppe verbundenen hydrophoben Restes abhängig. Die Oberflächenaktivität u. Schaumwrkg. der Sulfonate steigen mit zunehmender Kettenlänge bis etwa zum Pentadecan u. fallen dann mit länger werdender Alkylgruppe wieder ab. In dem von den Vff. untersuchten C-Zahlenbereich zeigen Sulfonate mit 15—18 Kohlenstoffatomen die beste entfettende Wrkg. für Wolle. In der Weißwäsche verhalten sich ebenfalls die Sulfonate aus den höhersd. Fraktionen am besten. (J. prakt. Chem. [4] **2.** 228—32. 1955. Leuna, Leuna-Werke, Hauptlabor.) G. KÜHNHANSS. 7912

Friedrich Asinger, Hans Eckoldt und **Gerd Richter,** *Zur Kenntnis der Produkte der gemeinsamen Einwirkung von Schwefeldioxyd und Chlor auf aliphatische Kohlenwasserstoffe im ultravioletten Licht.* 8. Mitt. *Über die Abhängigkeit der oberflächenaktiven und waschtechnischen Eigenschaften der 8 theoretisch möglichen isomeren n-Hexadecansulfonate von der Stellung der Sulfogruppe in der Molekel.* (7. vgl. vorst. Ref.) Vff. zeigen am Beispiel der Hexadecanmoll., daß die Netz- u. Schaumwrkg., die entfettende Wrkg. bei der Wollwäsche u. die Wrkg. bei der Weißwäsche (Baumwollwäsche) von Monosulfonaten mit einheitlichem hydrophoben Rest von der Stellung der Sulfogruppe in der Mol. abhängt. Die Netz-, Schaum- u. Entfettungswirkungen, die fast immer im Zusammenhang stehen, werden bei Verwendung des Hexadecylrestes als hydrophobem Anteil immer günstiger, je weiter sich die Sulfonatgruppe gegen die Molekelmitte verschiebt. Demgegenüber nimmt die Weißwaschwrkg. mit Verschiebung der hydrophilen Gruppe nach dem Molekelinneren ab. Die verschied. stellungsisomeren Hexadecanmonosulfonate wurden durch Neutralisation der dazugehörigen Hexadecansulfonsäuren mit Natronlauge erhalten. Die Sulfonsäuren wurden ihrerseits durch Oxydation der entsprechenden Mercaptane mittels Ozon hergestellt, während die Mercaptane durch Umsetzung der entsprechenden Hexadecylbromide mit einer absol. wasserfreien alkoh. Lsg. von NaSH bereitet wurden. (J. prakt. Chem. [4] **2.** 233—42. 1955. Leuna, Leuna-Werke, Hauptlabor.) G. KÜHNHANSS. 7912

Pierre Desnuelle und **Michel Burnet,** *Das chromatographische Verhalten der Oxyfettsäuren.* Verss. zur chromatograph. Trennung u. Best. von Ricinol-, 12-Oxystearin-, 12-Ketostearin-, trans-9.10-Dioxystearin-, Laurin-, Myristin- u. Palmitinsäure in natürlichen *Fetten* u. *Ölen* zeigen, daß das beste Verf. in der Teilungschromatographie mit umgekehrten Phasen besteht, unter Verwendung von Kautschukpulver als festem Träger, Bzl., neutralem Erdnußöl oder Bzn. (Kp. 100—130°) als stationärer Phase u. wss. Lsgg. mit 30—55% Aceton als mobiler Phase. Die Oxyfettsäuren können anschließend maß- oder gewichtsanalyt. bestimmt werden. (Bull. Soc. chim. France [5] **1956.** 268—74. Febr. Marseille, Fac. des Sci., Labor. Nat. des Matières grasses.) W. WESLY. 7932

Metallgesellschaft Akt.-Ges. (Erfinder: **Artur Milbers,** Frankfurt/M., und **Karl Sondermann,** Sprendlingen), *Raffinieren fetter Öle* mit Alkalien oder anderen Neutralisationsmitteln, dad. gek., daß die Neutralisation in mehreren, zweckmäßig in einem Gefäß vereinigten Stufen durchgeführt wird, die das Gemisch kontinuierlich durchfließt, u. daß in jeder Stufe eine Umwälzung des Gemisches nach dem Prinzip der Mammutpumpe durchgeführt wird, wobei zweckmäßig Wasserdampf als Fördermittel dient. — Zeichnung. (**D. B. P. 908 051** Kl. 23a vom 3/3. 1950, ausg. 8/3. 1956. Anmeldung bekanntgemacht 21/8. 1952.) C. LÜTTGEN. 7875

Benjamin Clayton, übert. von: **Morris Mattikow** und **David Perlman,** New York, N. Y., V. St. A., *Raffination minderwertiger Fette.* Man verestert die freien Säuren von Fetten, z. B. Raffinationsölen, mit niederen aliphat. Alkoholen, bes. CH_3OH, wäscht mit wss. Alkalilaugen zur Entfernung der färbenden Anteile u. dest. die gebildeten Ester ab. — Schema. (**A. P. 2 721 872** vom 19/2. 1952, ausg. 25/10. 1955.) C. LÜTTGEN. 7875

Rino Pisoni, Busto Arsizio, Italien, *Kontinuierliche Herstellung von gepreßter Waschseife,* dad. gek., daß die heiße fl. Seifenmasse in dünner 1—10 mm, vorzugsweise 2 mm, starker Schicht durch einen aus zwei zylindr. Kühlelementen gebildeten Hohlraum kreisringförmigen Querschnittes geführt u. anschließend gegebenenfalls nach weiterer Homogenisierung durch ein Mundstück gepreßt wird. Hierbei kann während oder unmittelbar vor dem Auspressen noch eine Erwärmung erfolgen. — 12 Abbildungen. (**Oe. P. 184 270** vom 20/12. 1952, ausg. 10/1. 1956. It. Priorr. 26/4. u. 5/9. 1952.) T. OPPERMANN. 7911

Rino Pisoni, Busto Arsizio, Italien, *Kontinuierliches Kühlen von Waschseife, dad.* gek., daß die heiße fl. Seife unter Druck einer den Querschnitt des gewünschten Seifenstabes aufweisenden, zu einem Ring gebogenen Rinne zugeführt, dort mittels eines um die Rinne im Gegenstrom geführten Kühlmittels gekühlt, durch eine Drehbewegung von der Rinne gelöst u. hierauf der dadurch gebildete Stab in einzelne Stücke zerschnitten wird. — 5 Abbildungen. (**Oe. P. 184 271** vom 18/2. 1953, ausg. 10/1. 1956.) T. OPPERMANN. 7911

Diversey Corp., Chicago, Ill., V. St. A., *Waschpulver.* Die Partikel bestehen aus einem alkal. Mittel, z. B. Soda, Na-Tripolyphosphat, Metasilicat, auf die H_2SO_4-haltige Alkylsulfonsäuren oder saure Alkylschwefelsäureester aufgesprüht werden. (**E. P. 741 453** vom 30/7. 1953, ausg. 7/12. 1955. A. Prior. 13/4. 1953.) C. LÜTTGEN. 7913

XVIIIa. Holz. Cellulose. Zellstoff. Papier. Papierdruck. Celluloid. Linoleum.

V. Prey, E. Waldmann und **H. Swoboda,** *Über den alkalischen Abbau von Hemicellulosen.* 3. Mitt. (2. vgl. C. **1955.** 6042.) Hemicellulosen (**HC**) aus Fichte u. Stroh wurden einem alkal. Abbau unterworfen, der in ähnlicher Weise verläuft wie bei Buchenholz-**HC**. Nach einem Abbau bei 190° sind von allen **HC**-Fraktionen 20% wieder fällbar, die unabhängig vom Ausgangs-Durchschnittspolymerisationsgrad (**DP**) etwa den gleichen **DP** von 70—80 aufweisen. Erfolgt der Abbau bei 100, 130 oder 160° so ist der **DP** der wieder fällbaren **HC** vom Ausgangs-**DP** nur wenig verschieden. Da die Fichten-**HC** sich in Alkalien nur wenig lösen (0,5% des Holzes) wurde von der Holocellulose nach Entfernung des Lignins ausgegangen. Die Untersuchungsergebnisse zeigen aber, daß für das unterschiedliche Verh. der **HC** von Gräsern u. Laubholz einerseits u. von Nadelhölzern andererseits gegenüber Alkalien wahrscheinlich nur die Art der Verknüpfung mit den übrigen Holzbestandteilen verantwortlich sein kann. (Holzforschung **9.** 10—14. 1955. Wien, TH, Inst. für Organ. Chem.) H. ROSSOW. 7954

Ying-Pe Chang, *Anatomie der Rinde von gewöhnlichen nordamerikanischen Zellstoffhölzern.* Vf. hat die Anatomie der Rinde von 57 Laub- u. Nadelhölzern Nordamerikas untersucht. Auf den ersten 24 Seiten werden eine Liste der Baumarten aufgeführt, die Untersuchungsmethoden angegeben u. die Bezeichnungen der Gewebeelemente festgelegt. In dem Hauptteil der Schrift (175 Seiten) wird die mkr. Struktur des prim. u. sek. Phloems von 20 Arten gesondert unter Hinzufügung von mkr. Bildern beschrieben. Die für die jeweilige Art besonderen Charakteristika werden hervorgehoben. Neben der Beschreibung der Gewebekomplexe werden Gestalt u. Größe der Bastfasern, Wachstums- u. Verholzungsprobleme behandelt. Das Schlußkapitel bringt auf 40 Seiten eine vergleichende Zusammenstellung der Gewebeelemente. (Tappi Monogr. Ser. **1954.** Nr. 14. 1—249. New York, N. Y.) W. WERGIN. 7956

Pietro Ghisoni, *Ausschalten der Gerüche aus Kraftzellstoffabriken.* Zuerst werden die kondensierbaren Anteile der Abgase an indirekten Wasserkühlern kondensiert u. zum ersten Cl_2-Turm zugegeben. Die nichtkondensierbaren Anteile werden zusammen mit Erdgas verbrannt. Zur Beseitigung der Geruchsstoffe der Verbrennung werden die Gase auf 50—54° gekühlt, mit Cl_2 oxydiert u. dann zur Verringerung der Korrosion wieder erwärmt u. durch den Schornstein in die Atmosphäre gelassen. (Tappi **37.** 201—05. Mai 1954. Mailand, Cartiera Vita Mayer & Co.) H. BECKER. 7958

Hilding Bergström, *Die Wasser- und Luftverunreinigung durch Sulfatfabriken.* An Hand des Fabrikationsschemas eines Sulfatzellstoffwerkes werden die schlecht riechenden u. giftigen Bestandteile in Abwässern u. Abgasen mitgeteilt, von denen bes. unangenehm CH_3SH, $(CH_3)_2S$, H_2S u. $(CH_3)_2S_2$ sind. In einer Tabelle wird der Geh. dieser Stoffe an den verschied. Betriebsstellen in mg/Liter sowie die Menge in g/Tonne Zellstoff angegeben. Weiter macht Vf. Vorschläge zur Unschädlichmachung der riechenden Stoffe durch Austreiben aus den Fll. mit Rauchgas sowie durch Verbrennen des unkondensierbaren Abgases. (Svensk Papperstidn. **56.** 75—80. 15/2. 1953.) E. BORCHERS. 7960

Sven Walldén, *Sinterung von Kiesabbrand.* Schwefelkiesabbrand muß vor der Verhüttung im Hochofen bei 1300° gesintert werden, um Reste von S, As u. Pb auszutreiben sowie um ihn härter u. grobkörniger zu machen. Die Sinterung erfolgt durch vorheriges Anteigen mit 7—8% W. sowie Zugabe eines Brennstoffes, wobei außer Koks- u. Holzkohlestaub Schwefelkies als Brennstoff dient. Vf. beschreibt die nach dem Verf. von ROLFSEN im Sulfitzellstoffwerk Alfredshem der Mo & Domsjö AB von der AB Celleco gebaute Sinteranlage. Sie arbeitet kontinuierlich im Anschluß an einen Röstofen der Bauart NICHOLS-FREEMAN u. erzeugt ein für Hoch- u. Stahlöfen geeignetes Fe-Erz sowie ein Abgas mit 3—5% SO_2, das dem Röstofen zugeführt wird. — 10 Abbildungen. (Svensk Papperstidn. **58.** 818—24. 30/11. 1955. Skelleftehamm, Bolidens Gruv AB.) E. BORCHERS. 7962

R. H. Roschier, *Über die Zukunftserwartungen hinsichtlich der Herstellung eines halbchemischen Fasermaterials.* Vortrag. — Als halbchem. Stoff wird ein Prod. bezeichnet, das aus Nadel- oder Laubholz durch Sulfitkochung u. anschließende Vermahlung in 60—80%ig. Ausbeute erhalten wird u. eine Mittelstellung zwischen Holzschliff u. Zellstoff einnimmt. Da durch die Kochung mit $CaHSO_3$ oder Alkalilauge eine unerwünschte Herauslsg. der Hemicellulose erfolgt, wird neutrales Na_2SO_3 bevorzugt, das nur Lignin herauslöst. Um während der Kochung einen p_H-Wert von mindestens 7 zu halten, werden $NaHCO_3$ oder Na_2CO_3 (1—10%) als Puffer zugegeben. Es wird bei 160—170° gekocht; Zeit u. Chemikalienmenge (4—30%) hängen von der erstrebten Qualität des Prod. ab. Bei 7—15% Chemikalienzusatz erhält man 80% Stoff, der aber hart u. nur zu Karton geeignet ist; für Papierstoff muß der Zusatz auf 20—25% erhöht werden. Die Ausbeute sinkt mit steigendem Verhältnis Na_2SO_3/Holz u. Na_2SO_3/Na_2CO_3. Bei genügend hohem Chemikalienzusatz erhält man einen festen u. hellen Stoff. Der hohe Geh. an Hemicellulose bewirkt bei der Vermahlung eine Verleimung der Faser infolge Hydratisierung, wodurch die Steifheit u. Härte des Prod. erhöht wird. Wesentlich ist eine vollständige Durchfeuchtung der Späne vor Beginn der Druckerhitzung. Der halbchem. Stoff wird zu Papier nur in Mischung mit langfaserigem Material verwendet. — Die Verwendungsmöglichkeiten der Prodd. u. die Regeneration der Ablaugen werden diskutiert. (Suomen Kemistilehti **28.** Nr. 7—8. A 200—04. 1955.) S. BECKMANN. 7964

Phrix-Werke Akt.-Ges., Hamburg (Erfinder: **August Wolter,** Braunschweig), *Herstellung eines für die chemische Weiterverarbeitung geeigneten Zellstoffes* aus cellulosehaltigen Rohstoffen mit nichtkaustifizierten Laugen, dad. gek., daß die Rohstoffe, z. B. Stroh, Esparto-, Alfagras, mit verd. Mineralsäure vorbehandelt u. während des Aufschlusses das aus Soda gebildete CO_2 u. gegebenenfalls H_2S in an sich bekannter Weise abgezogen werden. (**D. B. P. 938 229** Kl. 55b vom 25/5. 1943, ausg. 26/1. 1956. Anmeldung bekanntgemacht 4/9. 1952.) G. VOGEL. 7957

Mo och Domsjö Aktiebolag, Ornskoldsvik, übert. von: **Erik K. M. Hägglund,** Stockholm, Schweden, *Erzeugung von gebleichtem Hartholzzellstoff* mit hoher Festigkeit u. in hoher Ausbeute, dad. gek., daß die Späne ca. 4—12 Std. mit Calciumbisulfitkochsäure bei ca. 110—120° gekocht werden, so daß die Ausbeute des zerfaserten Stoffes 50—60 u. der Hemicellulosegeh. noch mindestens 30% des Rohstoffes betragen, der Stoff in der 1. Stufe mit Cl_2 in 1,3facher Menge bzgl. der ROE-Zahl des Stoffes, gebleicht, bei erhöhter Temp. mit alkal. Lsg. gewaschen, in der 2. Stufe bei ca. 5% Stoffdichte mit einem Chlorit oder ClO_2 (ca. 1,5% wirksames Cl) fertiggebleicht u. gewaschen wird. Das Prod. hat eine Reißlänge von 10000—11000, einen Berstfaktor von 60—70, einen Mahlgrad von 40—45 nach SCHOPPER-RIEGLER u. eine Weiße von mindestens 80% G.E. (**A. P. 2 719 788** vom 6/11. 1950, ausg. 4/10. 1955. Schwed. Prior. 14/11. 1949.) G. VOGEL. 7963

L'Avébène (Soc. An.), Frankreich, *Herstellung von Zellstoff aus Stroh, Holz und dergleichen für Papier oder Reyon.* Das Verf. des F. P. 988 649, wonach man Stroh mit neutralem NH_4-Sulfit aufschließt, wird dahin abgeändert, daß man an Stelle des NH_4-Sulfits ein neutrales Sulfit einer anderen Base oder ein Gemisch von Sulfiten verschied. Basen verwendet (z. B. K- oder K- u. NH_4-Sulfit), welche ebenfalls gleichzeitig einen wertvollen Dünger ergeben. Durch Zusatz von mineral. Düngern kann man Dünger mit verschied. N-, K- oder H_3PO_4-Geh. erhalten. (**F. P. 59 938** vom 10/1. 1950, ausg. 21/9. 1954. **Zusatz zu F. P. 988 649; C. 1952. 6785.**) T. OPPERMANN. 7963

Soc. d'Électro-Chimie, d'Électro-Métallurgie et des Aciéries Électriques d'Ugine, Frankreich (Erfinder: **William A. Stone** und **John George Matarese**), *Bleichen von Sulfit- und Sulfatzellstoff.* Man behandelt den Zellstoff zuerst mit ClO_2 oder einem in W. lösl. Chlorit u. Cl_2 u. dann mit einer wss. Hypochloritlösung. — Z. B. bleicht man einen aus Fichtenholz hergestellten Sulfitzellstoff (Konsistenz 2,5%) 30 Min. mit 10 kg akt. Chlor in Form von Na-Chlorit u. 5 kg Chlor je t. Den filtrierten u. gewaschenen Zellstoff vermischt man bis zu einer Konsistenz von 10% mit 10 kg NaOH je t bei 60°. Nach abermaligem Waschen u. Durchmischen des Zellstoffs bis zu einer Konsistenz von 12% behandelt man ihn mit 4,5 kg akt. Chlor in Form von Ca-Hypochlorit 2 Std. bei 35°. (**F. P. 1 071 422** vom 24/2. 1953, ausg. 31/8. 1954. A. Prior. 26/3. 1952.) T. OPPERMANN. 7963

Eastman Kodak Co., Rochester, übert. von: **Lester W. A. Meyer** und **Margaret H. Broyles,** Kingsport, Tenn., V. St. A., *Gegen UV-Strahlung stabilisierte Celluloseester* für plast. Massen erhalten neben einem Weichmachungsmittel 0,5—1% 3-Mono-tert.-butylhydrochinonmonosalicylat. (**A. P. 2 716 071** vom 24/11. 1953, ausg. 23/8. 1955.) G. SALZMANN. 7971

XVIII b. Textilfasern.

—, *Der Einfluß von Alkali auf Textilien beim Reinigen und Bleichen.* Inhaltlich ident. mit der in C. **1955.** 6425 referierten Arbeit. (Textile J. Australia **30.** 47—51. 21/3. 1955.) P. ECKERT. 8032

Walter Frenzel und **Hans Meumann,** *Gewinnung und Verarbeitung von Cocosfasern.* 45 Schrifttumsnachweise. (Faserforsch. u. Textiltechn. **7.** 143—52. April 1956. Dresden, TH, Inst. für Textiltechn.) P. ECKERT. 8056

Sven Sönnerskog, *Einige Äther der Cellulose und der Stärke.* Wasserlösl. *β-Oxyäthylcellulose* (**I**) wird durch Einw. von Äthylenoxyd (**II**) auf Alkalicellulose (**III**) hergestellt. Es werden in der Hauptsache Verff. beschrieben, bei denen **II** mit einem inerten Verdünnungsmittel (Bzn. oder Petroleum) oder gasförmig in Xanthogenierungstrommeln zugesetzt wird. In beiden Fällen läßt man **II** in einem Molverhältnis von 2,75: 1 auf **III** einwirken. **III** wird in derselben Weise hergestellt wie in der Viscoseindustrie mit einem Preßfaktor von 2,5—2,9. Substitutionsgrad des wasserlösl. Prod. bei. ca. 1,0—1,2. Viscositätseigg. werden beschrieben. Man kann aus Äthern vom Substitutionsgrad von 0,1 bis 0,2 die alkalilösl., aber nicht wasserlösl. sind, Kunstseide spinnen mit einer Festigkeit von 1,0—1,5 g/den. Die Verspinnung wird ausgeführt auf gewöhnlichen Viscosemaschinen mit n. Viscosespinnbädern. Wirtschaftlichkeit ist besser als bei Alginatseide. Techn. wichtige Äther durch Verätherung von **I** mittels Äthylchlorid. So lassen sich Mischäther aus 1,4 Molen **II** mit einem Überschuß von Äthylchlorid in 3 Std., beginnend mit 35° u. endend mit 110°, herstellen, die ähnliche Eigg. haben wie Methylcellulose. Auch die Herst. von Cyanoäthyloxyäthylcellulose mit Acrylnitril wird beschrieben. Vollkommene Löslichkeit in Aceton. Durch Oxydation mit Stickstoffdioxyd kann **I** in Carboxymethylcellulose übergeführt werden. Stärke wird ähnlich wie Cellulose durch **II**-Behandlung in Oxyäthylstärke verwandelt. Sie ist schon bei einem Substitutionsgrad von 0,54 vollkommen wasserlöslich. (Acta polytechn. [Stockholm] Nr. 157. Chem. includ. Metallurgy Ser. 4. Nr. **4.** 1—72. 1954. Ljungaverk.) A. MÖHRING. 8076

Tatsuya Imoto und **Minoru Imoto,** *Untersuchungen an Polyvinylchlorid.* 6. Mitt. *Naßspinnen von Polyvinylchlorid aus seiner Lösung in Schwefelkohlenstoff-Aceton-Mischung.* (5. vgl. C. **1956.** 4021.) Inhaltlich ident. mit der C. **1956.** 4021 referierten 6. Mitt. (J. Inst. Polytechn., Osaka City Uni., Ser. C **3.** 101—06. Nov. 1952.) H. STEFFENS. 8080

Herbert Zuber, Klaus Traumann und **Helmut Zahn,** *Nachweis und Bestimmung von Cystein in Wolle mit 1-Fluor-2.4-dinitrobenzol.* 12. Mitt. *Über Reaktionen aromatischer Fluorverbindungen mit Aminosäuren und Proteinen.* (11. vgl. ZAHN u. GERSTNER, Biochem. Z. **327.** [1955.] 209.) Nach Umsetzung verschied. vorbehandelter Wolle mit 1-Fluor-2.4-dinitrobenzol bei 60° u. p_H 5,2 mit anschließender Hydrolyse mit 6n HCl, Papierelektrophorese des Hydrolysates u. Extraktion des S-Dinitrophenylcysteins vom Papierstreifen mit 0,03n HCl erfolgte dessen Best. bei 320—340 mμ im UNICAM-Spektrophotometer. Nach dieser Meth. wurde der Geh. an Cystein in verschied. Präpp. ermittelt. Fehlerquellen u. Korrekturfaktoren vorst. Meth. u. die Wrkg. verschied. Vorbehandlung der Wolle werden diskutiert. (Z. Naturforsch. **10b.** 457—62. Aug. 1955. Heidelberg, Univ., Chem. Inst.) H. LIESE. 8108

Hiromichi Hara, Hiroshi Sado und **Itsuo Hashimoto,** *Eine vereinfachte Querschnittsmethode zur Beobachtung von Mantel-Kern Effekten bei Reyon.* Beschreibung einer einfachen Meth. zur Beobachtung von Mantel-Kern Effekten in Reyonfasern unter Verwendung einer Rasierklinge zum Schneiden u. 0,1% Oxaminblau 4R-Lsg. zum Anfärben der Querschnitte. Ergebnisse werden mitgeteilt. (Textile Res. J. **26.** 44—46. Jan. 1956. Hofu City, Yamaguchi, Japan, Hofu Inst. Kanegafuchi Spinning Co., Ltd.) H. G. FRÖHLICH. 8112

VEB Farbenfarbrik Wolfen, Wolfen (Erfinder: **Felix Seidel** und **Günther Essbach**), *Optische Aufhellungs- und Bleichmittel* für pflanzliche u. tier. Fasern. Man verwendet *Naphthimidazole* der allg. Formel **I**, in der R ein Phenyl- bzw. Styrylrest ist u. an den mit x bezeichneten Stellen eine oder 2 SO_3H-Gruppen stehen, z. B. *2-Styrylnaphtho-[2'.1':4.5]-imidazol-x.x-disulfonsäure* (erhalten durch Sulfonierung des Kondensationsprod. aus 1.2-Naphthylendiamin u. Zimtsäure), *2-Styrylnaphtho-[2'.1':4.5)-imidazol-5'-sulfonsäure* (aus dem Kondensationsprod. von 1-Nitrobenzolazo-2-aminonaphthalin-5-sulfonsäure u. Zimtaldehyd durch Abspaltung des Nitroanilinorestes mittels F_2 u. HCl). (**D. P.** [**DDR**] **5 958** Kl. 8i vom 24/5. 1952, ausg. 2/12. 1953 [Wirtschaftspatent].) G. HOPPE. 8027

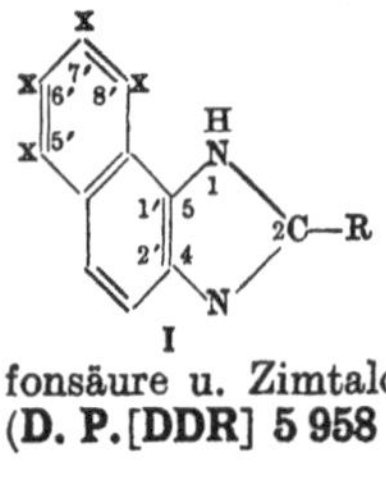

I

Badische Anilin- & Soda-Fabrik Akt.-Ges., Deutschland, *Veredeln von Textilien aus Cellulose.* Man imprägniert die Textilien mit Lsgg. von Methylolverbb. von Monoureinen u. gegebenenfalls noch mit Methylolverbb. des Harnstoffs, des Melamins u. dgl. oder mit polyfunktionellen Substanzen mit reaktionsfähigem H-Atom, welche mit den Methylolureinen unter Bldg. harzartiger Kondensationsprodd. reagieren. — Z. B. versetzt man 1000 (Teile) einer wss. 12%ig. Lsg. eines Vorkondensats von Glyoxalmonourein u. CH_2O (Molverhältnis 1:2) mit 4 NH_4Cl u. gießt die Lsg. in eine Emulsion von 30 eines Gemisches aus Zr- oder Al-Hydroxyd enthaltendem Paraffin u. Wachs in 100 Wasser. Mit diesem Gemisch imprägniert man ein Baumwollgewebe, drückt es aus u. trocknet es bei 70°. Danach kalandert man das Gewebe unter Druck bei 120° u. erhitzt es dann 5 Min. auf 130°. Das Gewebe zeigt einen an eine Chintzappretur erinnernden, wasserdichten Überzug. (**F. P. 1 061 107** vom 30/7. 1952, ausg. 8/4. 1954. D. Prior. 18/8. 1951.) T. OPPERMANN. 8033

United States of America, übert. von: **Harold P. Lundgren** und **Charles H. Binley,** Berkeley, und **Andrew S. Yeiser,** El Cerrito, Cal., V. St. A., *Antistatische Ausrüstung von Wolle.* Man behandelt das Gut mit der Lsg. eines *β-Propiolactonpolymerisats* (Mol-Gew. 800—1400 u. F. 80—85°) in Aceton u. trocknet anschließend. (**A. P. 2 715 592** vom 12/12. 1952, ausg. 16/8. 1955.) H. MÖLLERING. 8061

Mayser's Hutfabrik, Deutschland, *Zubereiten von Tierhaaren, insbesondere von Kaninchen- und Hasenhaaren, zum Filzen.* Man behandelt die Haare mit einer Lsg., welche ca. 30—60 (g) H_2O_2 u. 40—70 HCl oder 80—100 H_2O_2 u. 50—70 HNO_3 je Liter enthält. (**F. P. 1 040 633** vom 16/3. 1951, ausg. 16/10. 1953.) T. OPPERMANN. 8067

Courtaulds Ltd., England, *Herstellung von Viscosefäden.* Man verspinnt in übliche Sulfat–H_2SO_4-Bäder, setzt aber der Lsg. u./oder dem Bad ca. 1/1000 Mol Polyalkylenpolyamin pro 100 g Viscose zu. Die Fäden zeigen eine glatte, nicht gekerbte Oberfläche, im Querschnitt Bohnenform u. keine Kernbldg., sie werden zweckmäßig heiß gestreckt u. eignen sich zur Verarbeitung in Kautschukreifen. Man kann ungereifte Viscose verspinnen. Als Polyalkylenpolyamine sind Diäthylentriamin bis Pentamethylenhexamine u. deren Alkylierungsprodd. mit aliphat. Alkylierungsmitteln genannt. (**F. P. 1 077 588** vom 12/12. 1952, ausg. 9/11. 1954. E. Prior. 13/12. 1951.) M. PANKOW. 8075

Comptoir des Textiles Artificiels (S. à r. l.), Seine, Frankreich (Erfinder: **Nicolas Drisch** und **Paul Herrbach**), *Verspinnen von Viscose* mit einem Polymerisationsgrad von 7—800 mit 6% Cellulose u. 3—5% Alkali, die ohne Reifung der Alkalicellulose u. der Viscose erhalten wurde u. eine Viscosität von wenigstens 300 Poise hat sowie ein $\gamma > 70$. Man verwendet Spinnbäder, die bis 30 g/Liter H_2SO_4 u. wenigstens 50 g/Liter, bes. mehr als 80 g/Liter Na_2SO_4, enthalten, u. streckt die Fäden stark. Sie zeigen hohe Biegungsfestigkeit. (**F. P. 63 131** vom 15/1. 1952, ausg. 24/8. 1955. **Zusatz zu F. P. 993 756; C. 1953. 1422.**) M. PANKOW. 8075

American Patents Corp., Republik Panama, *Kunstfäden aus Proteinen.* Man läßt Proteine N-haltige Stoffe (Harnstoff, Thioharnstoff) u. Fettstoffe absorbieren, verspinnt die Proteinlsgg. u. härtet die Fäden mit CH_2O. — Man löst 10 kg Harnstoff (Krist.) in 50 Liter W., emulgiert darin 10 kg gebleichtes Walöl, gießt die Emulsion u. 1000 kg Milchcasein mit 10% Feuchtigkeit zu 2950 Liter W. u. mischt 3 Std., löst in einer Lsg. von 190 Liter NaOH (D. 1,320) u. 700 Liter W. u. verspinnt. Die erhaltenen Fäden zeigen erhöhte Festigkeit. (**F. P. 1 058 841** vom 5/2. 1952, ausg. 19/3. 1954.) M. PANKOW. 8079

Paul Schlack, Berlin, *Herstellung von linearen Polythioäthern.* Inhaltlich ident. mit D. B. P. 927 768; C. **1956.** 1482. (**D. P. [DDR] 5 357** Kl. 39c vom 5/11. 1944, ausg. 23/3. 1954 [Ausschließungspatent].) M. PANKOW. 8081

Comptoir des Textiles Artificiels, Viscose Française & Givetizieux (Soc. en Nom Collectif), Seine, Frankreich, *Verspinnen von Acrylnitrilpolymeren und -mischpolymerisaten.* Man löst eine Dispersion von Polymerenpulver in Dimethylformamid (I) durch unmittelbares Erhitzen vor dem Verspinnen auf 110—130°, kühlt auf 50° unter Bldg. einer Pseudolsg. u. verspinnt sofort in ein Bad aus 30—70 Vol.-% A. u. 70—30 Vol.-% I von Raumtemp., streckt den Faden frei in Luft um ca. 100% u. danach in sd. W. um ca. 200—500%. Vorr. zur Durchführung des Verfahrens. (**F. P. 1 073 357** vom 26/8. 1952, ausg. 24/9. 1954.) M. PANKOW. 8081

Soc. Rhodiaceta, Seine, Frankreich (Erfinder: **Paul Jacques Corbière** und **Jean Rosset**), *Herstellung von Fäden aus Acrylnitrilpolymerisaten und -mischpolymerisaten.* Man verspinnt die Lsgg. in Kammern, deren Wände eine Temp. $<30°$, z. B. 17—18° oder —10 bis —20° aufweisen. Die Fäden sind wenig verfärbt. (**F. P. 64 012** vom 27/3. 1953, ausg. 17/10. 1955. **Zusatz zu F. P. 1 056 662; C. 1955. 6657.**) M. PANKOW. 8081

Soc. Rhodiaceta, Seine, Frankreich (Erfinder: **Jaques Corbière**), *Lösungen von Acrylnitrilpolymeren oder -mischpolymeren,* die außer dem Lösungsm., Quellungsmittel oder Nichtlöser CS_2 enthalten. — Man mischt bei 110° 10 (Teile) Polyacrylnitril, 70 m-Nitrophenol u. 20 CS_2 u. erhält eine spinnbare Lösung. (**F. P. 62 401** vom 22/4. 1947, ausg. 14/6. 1955. **Zusatz zu F. P. 913 164; C. 1949. E. 2335.**) M. Pankow. 8081

Imperial Chemical Industries Ltd., London, England (Erfinder: **Winston Costain** und **John Gray**), *Mischpolyamide* erhält man durch Erhitzen von Hexamethylendiamin (I) oder einem ein Amid bildendes Deriv. von **I** mit etwa äquimol. Mengen eines Gemisches von Adipin (**II**)- u. Sebacinsäure, das 68—90 Gew.-% **II** enthält bzw. mit amidbildenden Derivv. dieser Säuren, bis die Reaktionsprodd. eine relative Viscosität von mindestens 35 aufweisen. — 1600 (Teile) Hexomethylendiammoniumadipinat u. 400 Hexamethylendiammoniumsebacinat, gelöst in 2000 W., werden in einem Autoklaven unter N_2 auf 210—250° u. Abdest. von W. 3 Std. erhitzt. Im Verlauf von $^3/_4$ Std. wird auf Normaldruck entspannt u. weiter unter N_2 $^3/_4$ Std. auf 280° erhitzt. Das geschmolzene Polymer wird dann durch eine dünne Öffnung gepreßt, in W. gekühlt u. in Chips geschnitten. Verwendung für *Fäden* mit hoher Zugfestigkeit u. geringer Steifheit. (**E. P. 742 713** vom 5/12. 1952, ausg. 4/1. 1956.) J. Mühleisen. 8081

United States of America, übert. von: **Edward R. Frederick,** Pittsburgh, Pa., V. St. A., *Polsterfüllung.* Monofile, durch Wärme schrumpfbare *Fäden,* bes. aus *Polyäthylen,* werden mit einem Bindemittel, z. B. einem Butadien–Acrylnitril-Kautschukklebmittel, überzogen, mit Federstaub von Landgeflügel bedeckt, getrocknet u. anschließend einer therm. Schrumpfung, bei z. B. 121°, unterworfen. Bei einer ca. 40%ig. Verkürzung der geschnittenen Fäden tritt eine Kräuselung u. Spiralbldg. ein. Das Material eignet sich bes. für *Heeresschlafsackfüllungen.* (**A. P. 2 713 547** vom 8/8. 1952, ausg. 19/7. 1955.) H. Möllering. 8081

XIX. Brennstoffe. Erdöl. Mineralöle.

Anton Lissner und **Werner Göbel,** *Zur Klassifikation der Braunkohlen.* Es kann erst auf Grund weiterer Unterss. von verschied. Braunkohlenarten möglich sein, eine Klassen- u. Gruppeneinteilung festzulegen. (Freiberger Forschungsh., Reihe A 1955. **36.** 7—20. Juni.) E. Boye. 8124

Roland Wasmuht und **Carl Abramski,** *Untersuchungen zur Herstellung von Hüttenkoks aus hochflüchtigen venezolanischen Kohlen.* Untersucht wurden die Kohlen von 6, dem Tertiär angehörenden Kohlenlagerstätten. Besprochen werden die Lagerstättenverhältnisse u. Vorräte sowie die Unterss. von 46 Schlitzproben (Gehh. an W., Asche, flüchtigen Bestandteilen, fixem C, S, Heizwert). Die Werte lagen für flüchtige Bestandteile zwischen 35 u.52%, für Asche meist unter 6%, für S bei ca. 1% u. für H_0 zwischen 6900 u. 8500 kcal/kg. Weiter werden besprochen die Verkokbarkeit (Tiegelverkokung, Retortenverkokung), Grundunters. der Ausgangskohlen (Ruhrkokskohle u. 6 venezolan. Kohlen), Grundunterss. von Mischungen, Verkokbarkeit der Ausgangskohlen u. die Verkokung von Mischungen. (Glückauf **92.** 150—60. 4/2. 1956. Essen.) E. Boye. 8126

Naoyuki Tōdō, *Untersuchungen über die Wassergasreaktion.* 4. Mitt. *Zusammensetzung von Beschleunigern und ihre Widerstandskraft gegen eine Vergiftung mit Schwefelwasserstoff.* Verschied. Arten von Beschleunigern mit verschied. Zus. wurden auf ihre Beständigkeit gegenüber der Einw. von H_2S untersucht. Die Aktivität von Beschleunigern mit einem Geh. an Cr_2O_3 u. Al nimmt ab mit dem steigendem H_2S-Geh. des Gases, doch hört die Wrkg. vollkommen auf, wenn der S-Geh. in den Beschleunigern einen bestimmten Wert erreicht hat. Reines Cr_2O_3 hat eine bessere Widerstandskraft gegen die Giftwrkg. des S, als wenn ihm Al zugemischt wurde. Beschleuniger mit einem Geh. an Ca u. Mg verhalten sich anders als der Cr_2O_3-Beschleuniger. Sie können größere Mengen an H_2S binden, selbst wenn die Aktivität schon nachgelassen hat. Diese Wrkg. gegenüber H_2S bleibt auch noch erhalten, wenn die Beschleuniger schon beträchtlich höhere Mengen an S aufgenommen haben gegenüber den genannten. Die Zumischung von Mg zum Ca ist von großem Vorteil. K-Bichromat-Beschleuniger zeigen eine Wrkg. gegenüber dem H_2S, die kaum nachläßt, selbst wenn sie schon größere Mengen an S aufgenommen haben. Die Beschleuniger gewinnen ihre alte Wirksamkeit gegenüber H_2S zurück, wenn sie einige Zeit mit einem H_2S-freiem Wassergas behandelt wurden. Die Beschleuniger mit Cr_2O_3 zusammen mit Ca u. einem kleinen Zuschlag an Mg scheinen die besten Beschleuniger für industrielle Zwecke zu sein, da sie am besten giftfest gegenüber H_2S sind. Es handelt sich in der Hauptsache um Oberflächen-Rkk., die von der Gestaltung der Oberfläche weitgehend abhängig sind. (Rep. Government chem. ind. Res. Inst., Tokyo **50.** 295—302. Sept. 1955. [Orig.: japan.; Auszug: engl.]) F. Rosendahl. 8152

Heinz-Gerhard Franck, *Die neuere Entwicklung der Straßenteerforschung.* Vortrag. Vf. gibt an Hand des Schrifttums u. eigener Arbeiten einen ausführlichen Überblick über die neueren Fortschritte der Straßenteerforschung. Dabei wurde das Bindemittel in den Mittelpunkt der Betrachtungen gestellt. Durch experimentelle Unterss. auf breitester Basis u. unter Zuhilfenahme mathemat. u. physikal.-chem. Methoden ist es gelungen, die Wissenschaft des Straßenteers auf eine exakte Grundlage zu stellen. Auch Gemische von Straßenteer mit Bitumen werden in den Kreis der Betrachtungen gezogen. (Bitumen, Teere, Asphalte, Peche verwandte Stoffe **4.** 273—81. Okt. 1953.) F. ROSENDAHL. 8176

R. A. Cattell (und Mitarbeiter), *Erdöl und Naturgas Forschungsprogramm des Bureau of Mines 1953.* Zusammenstellung der 1953 durchgeführten Arbeiten mit zahlreichen Hinweisen auf die Originalarbeiten. (U. S. Dep. Interior, Bur. Mines, Inform. Circ. **1955.** Nr. 7717. 1—76. Juni.) H. SYDOW. 8186

H. Ruf, *Über die neuen Verfahren zur Herstellung klopffester Automobiltreibstoffe.* Allg. verständlicher Überblick über moderne katalyt. Crack- u. Reformierverff. mit Fließbildern u. Ausbeuteangaben. (Chem. Rdsch. [Solothurn] **9.** 1—5. 1/1. 1956.) H. SYDOW. 8200

R. Courtel und **B. Bernelin,** *Anwendung der optischen Methoden zur Prüfung der Schmierfette.* Mit Hilfe opt. Methoden läßt sich die fibrige Textur der Fette auf Seifenbasis bei einer Größenordnung der Fasern von Mikrons verfolgen. Eine große Anzahl solcher Fette aus Labor. u. Industrie werden mkr. im Phasenkontrast- u. im Interferenzphasenkontrastverf. sowie im polarisierten Licht untersucht u. die Ergebnisse in einer Reihe von Aufnahmen mitgeteilt. Die Verff. arbeiten schnell u. ohne die Struktur zu beeinflussen. Sie erlauben eine laufende Kontrolle der Produktion, die Verfolgung der Änderung im Gebrauch u. Abschätzungen über deren weiteres Verhalten. Auch die Änderung der Struktur mit der Temp. ist zu verfolgen. Das Verf. wurde mit Erfolg seit über einem Jahr in mehreren französ. Fabriken erprobt. (Rev. Inst. franç. Pétrole Ann. Combustibles liquides **9.** 202—13. Mai 1954. Inst. Franç. de Pétrole, Dep. Lubrificants. K. L. WOLF. 8222

Theodore A. Renshaw, *Wirkung von Scherung auf Lithiumfette und ihre Seifenphase.* Es werden nach Scherbeanspruchung einerseits im „ball bearing Shear"-App., andrerseits im Navy Grease Worker elektronenmkr. einige Fette untersucht, die als qualifiziert auf der Militärliste unter der Bezeichnung Mil-G-3278 aufgeführt sind u. extremen Ansprüchen genügen. Es handelt sich um Fette, die zusammengesetzt sind aus einer Lithiumseife u. synthet. zweibas. Estern. Die Aufnahmen zeigen, daß größere Scherbeanspruchung nicht immer eine fortschreitend geringere Konsistenz bedingt. Vielmehr spielt auch die Art der Scherung eine Rolle. Das mechan. Zusammenbrechen der Fettkonsistenz steht in keiner unmittelbaren Beziehung zu dem Längen-Breitenverhältnis der Seifenfasern. (Ind. Engng. Chem. **47.** 834—38. April 1955. Philadelphia, Pa., Naval Air Exp. Station.) K. L. WOLF. 8222

Walter Radmacher und **Paul Mohrhauer,** *Schnellbestimmung des Wassergehaltes von Steinkohlen und Koks.* Das „freie" W. wird durch eine konz. $ZnCl_2$-Lsg. (**I**; D. ca. 1,75), der zur Wasserdampfdruckerniedrigung LiCl (**II**) zugegeben wird (zu 200 cm^3 **I** 60 g **II**), aufgenommen u. die Abnahme der D. von **I** ermittelt, woraus dann an Hand einer Eichkurve der Wassergeh. der Kohle oder des Kokses bestimmt werden kann. (Glückauf **92.** 166—71. 4/2. 1956. Essen.) E. BOYE. 8246

Stamicarbon N. V., Heerlen, Holland, *Verbrennen feinkörniger, schwer zündbarer Brennstoffe* (**I**). Diese werden kontinuierlich in ein Brennstoffbett (**II**) eingeführt, in welchem sie durch einen Verbrennungsluftstrom in wirbelnder Bewegung gehalten werden, wobei **II** durch teilweise Brennstoffverbrennung auf 600—1000° gehalten wird. Die nicht verbrannten, vorgewärmten **I** werden im Gleichstrom mit Verbrennungsluft in einer Feuerung weiterverbrannt. — Abb., Vorrichtung. (**Schwz. P. 309 492** vom 10/2. 1953, ausg. 16/11. 1955. Holl. Prior. 19/2. 1952.) E. DREWS. 8129

Ruhrgas Akt.-Ges., Essen, *Beseitigung des Mitreißens von feinverteiltem Brennstoff in einem Gasstrom eines Gaserzeugers,* dad. gek., daß oberhalb der Vergasungszone eine Filterschicht aus Brennstoffstücken in den Schacht eingebracht wird, wobei die Brennstoffstücke mit einem dünnen Film einer Fl., wie Teer, Pech oder Erdölrückständen, überzogen sind. (**E. P. 739 752** vom 12/1. 1954, ausg. 2/11. 1955. D. Prior. 13/1. 1953.) E. KAHLES. 8149

Carl Still (Erfinder: **Josef Schmidt,** Recklinghausen), *Verfahren zur Entfernung von niedrig siedenden Kohlenwasserstoffen und von Wasser aus Gasen.* Ein fl., im Gegenstrom gestuft geführtes Waschmittel wird unter Tiefkühlung bei erhöhtem Druck verwendet. Der Hauptteil des Waschmittels mit n. Temp. wird über den ersten größeren

Teil des Gaswaschweges u. der kleinere Restteil des Waschmittels nach seiner Tiefkühlung über das letzte Teilstück des Waschweges dem Gas entgegengeführt. — Vorr., Zeichnung. (**D. B. P. 938 149** Kl. 26d vom 15/12. 1942, ausg. 26/1. 1956. Anmeldung bekanntgemacht 28/5. 1953.) E. KAHLES. 8165

John W. Beckman, Oakland, Calif., V. St. A., *Reinigung der Brenngase von Schwefelverbindungen.* In das Gas wird $<350^0$F feinstverteiltes, festes $CaCO_3$ eingeblasen. (**A. P. 2 718 453** vom 3/1. 1951, ausg. 20/9. 1955.) E. KAHLES. 8173

Esso Research and Engineering Co., Elizabeth, N. J., V. St. A., übert. von: **Walter Joseph Paltz, Samuel Budd Lippincott** und **Charles Anschel Cohen,** *Herstellung öllöslicher Erdölsulfonsäuren.* Man mischt ein Erdöl-KW-stofföl (**I**) mit einem Erdölbenzin (**II**), wobei **I** unverd. eine Viscosität von 100—2000 SAYBOLT-Sek. bei 100^0F hat. **II** ist eine aliphat. Erdölfraktion, frei von Olefinen u. Aromaten (Kp. 100—200^0C). **II** soll in genügender Menge anwesend sein, um die Viscosität des **I** auf <100 SAYBOLT-Sek. bei 100^0F herabzusetzen. Die entstandene Mischung wird einmal durch intensives Mischen einer Säurebehandlung (H_2SO_4) (<15 Min.) bei höchstens 160^0F unterworfen. Man fügt W. zu der so sulfonierten Mischung in einer Menge von nicht >50 Vol.-%, bezogen auf H_2SO_4, u. läßt absitzen. Es bildet sich eine Ölschicht aus, die die Erdölsulfonsäuren enthält u. eine wss. Schicht von Säureschlamm, die man trennt. (**E. P. 736 728** vom 15/5. 1953, ausg. 14/9. 1955.) P. UNGER. 8193

Esso Research & Engineering Co., Elizabeth, N. J., V. St. A. (Erfinder: **Kenneth John Gough**), *Süßen von Erdölkohlenwasserstoffdestillaten* durch Behandlung mit $CuCl_2$, wobei anwesende Mercaptane in Disulfide übergehen. Man leitet berechnete Mengen wasserfreien HCl in die Behandlungszone um die Verluste zu ergänzen, die durch die Entfernung des mit dem gesüßten Prod. abgezogenen W. entstanden sind. (**E. P. 739 912** vom 21/1. 1953, ausg. 2/11. 1955.) P. UNGER. 8195

Badische Anilin-& Soda-Fabrik Akt.-Ges. (Erfinder: **Ludwig Raichle,** Ludwigshafen/Rh.), *Verfahren zum Betrieb einer Ölverarbeitungsanlage,* bei der Dest., Druckhydrierung u. zweckmäßig auch Cracken miteinander verbunden sind u. wobei die Vergasungsmittel zur Wassergaserzeugung u. das zu konvertierende Wassergas mit Wasserdampf gesätt. u. gegebenenfalls die konvertierten Gase mit Kupferlauge gereinigt werden, dad. gek., daß die Abwärme der Dest., Crackanlage u. Hydrieranlage, einschließlich der Kompressoren, für die H_2-Erzeugung in der Weise nutzbar gemacht wird, daß sie in Form von Kondensat oder erwärmtem Kühlwasser einem oder mehreren voneinander getrennten Warmwasserkreisläufen zugeführt wird, die zur Sättigung der Vergasungsmittel u. der zu konvertierenden Gase mit Wasserdampf sowie gegebenenfalls zur Aufbeizung der Kupferlauge zum Zwecke der Wiederbelebung dienen. — Zeichnungen. (**D. B. P. 940 726** Kl. 23b vom 26/4. 1952, ausg. 22/3. 1956. Anmeldung bekanntgemacht 12/8. 1954.) E. KAHLES. 8199

Comp. Française des Procédés Houdry, Frankreich (Erfinder: **Heinz Heinemann** und **Thomas H. Millikan jr.**), *Reformieren von Leicht- und Schwerbenzinfraktionen.* Man reformiert die Benzinfraktionen in Ggw. eines Pt-Tonderde- oder eines anderen Edelmetallkatalysators bei einem H_2-Partialdruck von vorzugsweise 7 at/cm^2 u. 450 bis 560^0 u. unter Zusatz von ca. 0,002—0,004 Gew.-% Halogen oder einer halogenentwickelnden Verb. (z. B. Chlf., CCl_4, Cl_2, J_2, HCl-, HBr-Dampf, n-Butyljodid). (**F. P. 1 081 762** vom 30/7. 1953, ausg. 22/12. 1954. A. Prior. 30/7. 1952.) T. OPPERMANN. 8201

XXIV. Photographie.

A. Hautot, *Betrachtungen über experimentelle Methoden beim Studium des latenten Bildes.* Vf. diskutiert die Schwierigkeiten, die sich bei der Erklärung der versuchsmäßigen Ergebnisse verschied. Forscher beim Studium des latenten Bildes ergeben. Die Theorie vom latenten Bild zerfällt in zwei Einzelprobleme, in Unterss. über die Eigg. der Keime, die durch aktin. Strahlung oder durch Teilchen großer Energie bei verschied. Tempp. entstehen, u. in Unterss. über die Eigg. der Zentren, an denen sich die Belichtungskeime bilden. Bei der Auslegung der Ergebnisse dieser Verss. ergeben sich folgende Schwierigkeiten: 1. die Mikrokristalle einer Halogensilberemulsion sind hinsichtlich ihrer Größe nicht ident., 2. die lichtempfindliche Schicht einer photograph. Emulsion enthält mehrere Kornlagen übereinander u. 3. das latente Bild kommt dadurch zustande, daß sich nur einige Moll. der Halogensilberkörner verändern. Man kann die Eigg. des latenten Bildes ferner nur dann studieren, wenn es beträchtlich vergrößert wird. Zwei Methoden der Verstärkung des latenten Bildes sind im allg. gebräuchlich: die Entw. mit einem chem. Entwickler u. die Belichtung zu einem direkten Silberbild durch Photolyse. Eine gewisse Ergänzung zu diesen Methoden stellt die Auswertung makroskop. Phänomene dar, die in großen Einkristallen beobachtet wurden. Die durch chem. Entw. erhaltenen

Schwärzungen gestatten keinen einfachen Schluß auf die genaue Natur der Keime des latenten Bildes, auch nicht auf die exakte Feststellung ihrer Anzahl. Bei der physikal. Entw. ergibt sich ein beträchtlicher Empfindlichkeitsverlust. Bei der Unters. der photolyt. Vorgänge erhebt sich die Frage, ob das latente Bild u. das direkte Bild bzgl. ihrer Natur, Struktur u. Größe der Keime ident. sind. Die Möglichkeiten hierzu werden im einzelnen diskutiert. Ferner werden die Methoden betrachtet, die Kenntnis der physikal. Eigg. von Einzel- u. Polykristallen auf dünne Halogensilberschichten anzuwenden, ebenso wie die Änderungen, die sie durch andere elektromagnet. oder Korpuskularstrahlen erleiden. Es kann gesagt werden, daß die Möglichkeit besteht, gewisse allg. Vorgänge zu beschreiben, die Halogensilberkristalle u. Emulsionskörnern gemeinsam sind. — Trotz aller Fortschritte jedoch gehören die Probleme, die eine genaue Kenntnis der Empfindlichkeitszentren u. der latenten Bildkeime erfordern, zum größten Teil in das Gebiet der Spekulation. Keine der heutigen Theorien ist zufriedenstellend. Hinsichtlich Vers. u. Theorie wird das Problem der Photographie mehr u. mehr von der physikal. Chemie der Festkörper abhängen. (Z. wiss. Photogr., Photophysik Photochem. **50 I.** 243—52. 1955. Lüttich, Univ., Labor. des Phys. Gén.) W. GÜNTHER. 8594

A. Hautot, *Die Wirkungsweise von Oxydationsmitteln auf das latente Innenbild.* Es liegen zahlreiche Unterss. über die Behandlung photograph. Emulsionen mit Oxydationsmitteln u. deren Wrkg. auf das latente Innenbild (7 Literaturhinweise) vor. Vf. bereichtet zusammenfassend über eigene Verss. u. über Arbeiten der Lütticher Schule zum Thema der Oxydation der Innenkeime durch eine *Chromsäure*-Lsg. mit u. ohne Zusatz von Halogensilberlösungsmitteln. STEVENS (vgl. u. a. C. **1953.** 9699) hat angenommen, daß die Chromationen der Oxydationslsg. die an die Körner adsorbierten Bromionen oxydieren, u. daß die so gebildeten Bromatome in das Gitter eindringen u. dort die Keime des Innenbildes oxydieren. Diese Hypothese ist mit folgenden Beobachtungen in Einklang zu bringen: Der der Oxydationsbehandlung vorangehende Wascheffekt wird darauf beruhen, daß durch das Waschen die an der Kornoberfläche adsorbierten Bromionen entfernt werden, wodurch die nachfolgende Wrkg. des Oxydationsmittels beeinträchtigt wird. Das Ausbleichen wird durch Zugabe einer kleinen Menge KBr zur Oxydationslsg. beschleunigt, weil Bromionen am Korn adsorbiert werden. Im Gegensatz dazu wird die Ausbleichung durch $AgNO_3$ zur Oxydationslsg. behindert, weil jetzt Ag^+-Ionen in beträchtlicher Menge am Korn adsorbiert werden. Bei gegebener KBr-Konz. wächst die Anzahl der adsorbierten Bromionen, die oxydiert werden können, mit der Konz. des Oxydationsmittels. Bei den AgCl-Emulsionen liegen die Verhältnisse ganz anders. In Chloridemulsionen übt die Oxydationslsg., wenn kein Lösungsm. zugesetzt wird, eine Wrkg. aus, die fast unabhängig von der Konz. u. der Dauer der Behandlung ist. Das latente Oberflächenbild wird hierbei vollständig zerstört, das Innenbild aber nicht angegriffen. Als Erklärung hierfür nimmt Vf. an, daß das Innenbild der AgCl-Emulsion erst dann der Oxydationslsg. zugänglich wird, wenn die Körner einer beträchtlichen Auflösung unterworfen werden. Das würde bedeuten, daß AgCl-Körner eine kompaktere Struktur besitzen als *AgBr*-Körner, weil das Chromation ohne Zusatz eines wirksamen Chloridlösungsm. keinen Zugang zu der inneren Oberfläche hat. Trotz gewisser Schwierigkeiten erklärt die Hypothese von STEVENS die Versuchsergebnisse, doch sind neue Unterss. notwendig, um das Problem endgültig aufzuklären. (Z. wiss. Photogr., Photophysik Photochem. **50 I.** 267—82. 1955.) W. GÜNTHER. 8594

Viron V. Jones, *Kornwachstum von Silberbromid in hochdispersen Gelatinelösungen.* Nach einführenden Bemerkungen über *Gelatine*-Prüfmethoden, wobei der Wunsch geäußert wird, zu einer internationalen Terminologie zu kommen (Hemmstoffe = restrainers, Antireifkörper = antiripeners, Antischleiermittel = antifoggants), beschreibt Vf. seine Meth., die auf Trübungsmessungen von stark verd. *Bromsilberemulsionen* beruht, die unter Ausschluß von NH_3 bei p_H 7,0 u. beim Äquivalenzpunkt hergestellt werden. Mit Hilfe dieser Trübungsmessungen kann gezeigt werden, daß Gelatine in gewissen Konzz. in einem hochdispersen Bromsilbersyst. das Kornwachstum fördert. Dieser Effekt ist eine grundsätzliche Eig. aller Gelatinen, die nicht durch Waschen oder „Inertisierung" beeinflußt wird. Die opt. Trübungsmessungen zeigen deutlich das Gegenspiel zweier Faktoren, des Hemmstoffes, der das Kornwachstum herabsetzt, u. einer in der Gelatine natürlich vorkommenden Komponente, die das Wachstum beschleunigt. Die beschriebene Meth. eignet sich zum Nachw. der natürlichen Hemmstoffe in photograph. Gelatinen u. zur Auswertung synthet. Hemmstoffe u. Beschleuniger der physikal. Reifung. Eine Erniedrigung des p_H verringert das Kornwachstum. Dieses kann durch eine Reihe von Substanzen außer der Gelatine selbst beschleunigt werden, z. B. durch NH_3, *Guanidincarbonat, Äthylendiamintetraessigsäure, Pyridin, Chinolin, Morpholin* u. *Piperidin.* Als künstliche Hemmstoffe erweisen sich *Guanylsäure, Thiazolidin-4-carbonsäure, Hefe-*

nucleinsäure u. *Cystein.* Das in photograph. Handelsgelatinen beobachtete Kornwachstum wird durch den geringen Geh. an S-Sensibilisatoren nicht wesentlich beeinflußt. Abschließend werden die Vorstellungen über den physikal. Mechanismus des Kornwachstums in der Gelatine diskutiert. — 17 Literaturhinweise. (Z. wiss. Photogr., Photophysik Photochem. **50 I.** 138—50. 1955. Binghamton, N. Y., ANSCO, Res. Labor.)

W. GÜNTHER. 8596

F. Klötzer, *Ein Beitrag zur Erklärung des Sabatiereffektes.* Zur Unters. der Vorgänge, die sich beim Auftreten des SABBATIER-Effektes in nächster Nähe der sich entwickelnden AgBr-Körner abspielen, wurden unbelichtete Platten während der Entw. mit abgestuft belichteten in Kontakt gebracht. Es zeigte sich dabei, daß an den unbelichteten u. schwach belichteten Stellen *AgBr* in Lsg. geht, bis die Konz. einen gewissen Sättigungswert erreicht hat. An den stärker belichteten Stellen ist das in viel geringerem Maß der Fall, vermutlich weil das gelöste Ag-Salz beim Entwicklungsvorgang verbraucht wird. Nach Beendigung der Entw. bzw. nach dem Fixieren verhält sich ausgeschiedenes Ag in dieser Beziehung wie unbelichtetes AgBr, d. h., es bildet sich in seiner Nähe anscheinend ebenfalls eine Ag-Salzlsg., die den Empfindlichkeitsverlust benachbarter unbelichteter Körner im Entwickler herabmindert, indem die Ag-Salzkonz. dadurch erhöht wird. Es wird vermutet, daß durch das Anlösen der obersten AgBr-Schicht der Körner die desensibilisierende Wrkg. hervorgerufen wird. Diese Vorgänge könnten auch beim n. Entwicklungsvorgang eine Rolle spielen. (Z. wiss. Photogr., Photophysik Photochem. **50 II.** 386—92. 1955. Berlin-Charlottenburg, Inst. für Angew. Photochemie u. Filmtechnik.)

W. GÜNTHER. 8598

E. A. Kirillow, *Über die Struktur im Absorptionsspektrum des Silberhalogenids.* (Vgl. C. **1954.** 2317.) Das spektrale Absorptionsbild in sehr dünnen, durch Lichteinw. verfärbten, kristallinen Schichten von Silberhalogeniden ist sehr kompliziert. Eine große Anzahl schmaler Banden legt sich über die breite Bande u. bildet eine Art Feinstruktur. Vom Vf. wurde diese Erscheinung systemat. untersucht u. mit der Rolle, die die Empfindlichkeitszentren beim photograph. Prozeß spielen, in Verbindung gebracht. Die Feinstruktur im Spektr. des photochem. verfärbten Halogensilbers wird atomar verteiltem Ag in Form einzelner Atome oder kleinen Gruppen zugeschrieben, die mit dem Kristall schwach verbunden, hauptsächlich an dessen Oberfläche verteilt sind. Für den Ablauf der Erscheinungen, die im Halogensilber bei Belichtung stattfinden, leitet Vf. folgendes Schema ab. Am Anfang des Prozesses, der mit der Loslösung oder Erregung eines Elektrons des Halogenions beginnt, scheiden sich an der Kristalloberfläche Ag-Atome ab, die kleine Aggregate von mol. Dimension bilden. Die Elementarteilchen wachsen allmählich auf Kosten sich neu bildender Ag-Atome an. Ähnliche Aggregate können bei der Reifung auch in noch nicht belichteten Einkristallen der Emulsion entstehen. Unter diesen Bedingungen spielen sie die Rolle von Empfindlichkeitszentren, in deren Nähe sich die neuen unter Lichteinw. entstehenden Ag-Atome abscheiden. Durch Anlagerung einer geringen Anzahl neuer Atome oder durch Temperaturschwankungen wird das Gleichgewicht gestört. Das Ergebnis der Gleichgewichtsstörung ist die Bldg. einer n. metall. Struktur. Die Umgestaltung verläuft mit einer Energieausstrahlung, u. wenn sie im Entwicklungsprozeß stattfindet, so spielen die Aggregate die Rolle eines Zentrums, das die Entw. katalyt. beschleunigt. Das vom Vf. vorgeschlagene Schema kann für alle Theorien über das latente Bild Anwendung finden, die als erste Etappe des Prozesses die Ag-Abscheidung an der Kristalloberfläche annehmen. — Absorptionskurven von *AgBr* u. *AgCl* bei verschied. Kornkonzz. vgl. Original. — 18 Literaturhinweise. (Z. wiss. Photogr., Photophysik Photochem. **50 I.** 253—67. 1955. Odessa, Univ., Physikal. Inst.)

W. GÜNTHER. 8600

Herausgeber u. verantwortlich für den Inhalt: Prof. Dr. Maximilian Pflücke, Berlin N 4, Schiffbauerdamm 19, Fernsprecher: 425571. Redaktion: Chefredakteure Dr. Eugen Klever und Prof. Dr. Maximilian Pflücke. Verlag: Akademie-Verlag GmbH, Berlin W 8, Mohrenstraße 39 (Fernsprecer 200386, Postscheckkonto Berlin 35021), u. Verlag Chemie, GmbH, Weinheim/Bergstraße (Fernsprecher 2017 u. 2965, Postscheckkonto Frankfurt/M. 145314 u. Berlin-West 7430). Bestell- u. Verlags-Nr.: 1007/127. Das Chemische Zentralblatt erscheint wöchentlich. Preis des Jahrganges einschl. Autoren-, Patent-, Sach- und Formelregister: DM 680,—; einseitig bedruckte Ausgabe: DM 750,—. Abgabe der Zeitschrift nur mit sämtlichen Registern.

Satz u. Druck: VEB Leipziger Druckhaus, Leipzig, III/18/203. IX. 56.
Veröffentlicht unter der Lizenznummer 1212 des Amtes für Literatur und Verlagswesen der Deutschen Demokratischen Republik.
Printed in Germany.

FSC
www.fsc.org
MIX
Papier | Fördert gute Waldnutzung
FSC® C083411

Kolibri 360 GmbH
Ferdinand-Jühlke-Straße 7
99095 Erfurt, Deutschland
produktsicherheit@kolibri360.de